国 家 电 网 公 司
电力科技著作出版项目

电网智能运检

周安春 主编

中国电力出版社
CHINA ELECTRIC POWER PRESS

内 容 提 要

智能运检是电网运检未来发展的方向，同时，它也需要积极适应“互联网+”智慧能源的发展要求。本专著在总结“智能运检工程”建设经验的基础上，旨在将智能技术与电网运检业务深度融合，更好地开展电网运检工作。

本专著分析、总结了电网设备、通道、运维、检修、生产管理智能运检先进技术原理、应用方法及成效，并对智能运检发展方向提出思考。本专著分为8章，分别为绪论、电网智能运检理论和内涵、电网状态感知技术、设备智能巡检技术、运检数据处理技术、电网故障诊断和风险预警技术、电网设备智能化技术、电网运检智能分析管控系统与应用。

本书可供从事智能运检技术的科研人员、电力系统科技工作者、工程技术人员和管理人员使用，也可为高等院校电气工程专业师生提供有益参考。

图书在版编目（CIP）数据

电网智能运检 / 周安春主编. —北京：中国电力出版社，2019.11（2021.12 重印）
ISBN 978-7-5198-3747-1

Ⅰ. ①电… Ⅱ. ①周… Ⅲ. ①智能控制–电网–运营②智能控制–电网–检修
Ⅳ. ①TM76

中国版本图书馆 CIP 数据核字（2019）第 278831 号

出版发行：中国电力出版社
地　　址：北京市东城区北京站西街 19 号（邮政编码 100005）
网　　址：http://www.cepp.sgcc.com.cn
责任编辑：高　芬　罗　艳（yan-luo@sgcc.com.cn，010-63412315）
责任校对：黄　蓓　郝军燕
装帧设计：张俊霞
责任印制：石　雷

印　　刷：三河市万龙印装有限公司
版　　次：2020 年 4 月第一版
印　　次：2021 年 12 月北京第二次印刷
开　　本：710 毫米×1000 毫米　16 开本
印　　张：27.25
字　　数：514 千字
印　　数：1001—1500 册
定　　价：198.00 元

《电网智能运检》

编 委 会

主　　编　周安春

执行主编　谭洪恩　胡海舰

副 主 编　毛光辉　陈云辉

编写组成员　贺兴容　徐玲铃　苏少春　张星海
尹德君　金　焱　冯权龙　邵　进
范松海　龚奕宇　李旭旭　马小敏
刘益岑　唐乐谕　苟　杨　袁　野
李彩云　罗　磊　刘小江　张文海
马　玫　廖文龙　卜翔航

前 言

电力是现代文明的动力基础，是大工业和大消费的血液，是经济社会发展的先行官，影响着国民经济和社会生活的方方面面。电网大面积停电给现代社会造成了巨大的经济损失，影响大范围人民的生活和生产。

运维检修业务是保障电网设备安全和大电网安全运行的核心环节，目前，我国电网规模覆盖国土面积的 95%以上，是重要的国家能源配置平台，运营着全世界电压跨度最大（380V～1000kV），输电线路最长（最长直流线路达到3100km），地形地貌最复杂（从西部高山峻岭到东部沿海地区），各种发电方式（火电、水电、太阳能、风能等）和输电方式（交流、直流、柔直）并存的电网。电网运检系统肩负着设备的运维检修、质量监督和安全管理重任，对保障大电网安全运行起着非常重要的作用。

当前，电网运检仍然面临着多重因素的影响，设备质量问题仍是当前困扰之一；输电通道环境极其复杂，外力因素时刻威胁设备安全；电网设备增长迅速与人员基本稳定的矛盾加大了运检任务难度；传统的运检模式难以适应时代发展及电网发展要求。因此，迫切需要信息化技术与电网运检业务的创新融合来提升运检效率效益，保障电网设备安全运行。

智能运检核心是以“大云物移智”等信息通信新技术与传统运检业务融合为主线，开展智能运检关键技术应用，推动运检体系的自动化、智能化、集约化变革，强力支撑国家电网公司建设具有卓越竞争力的世界一流能源互联网企业的新时代战略目标。

本专著是在国家电网公司开展“智能运检工程”建设经验的基础之上形成的阶段性成果。执笔者均来自国家电网公司各级运检人员，对运检业务有着相当深刻的认知。迫切希望通过新技术，将人从繁琐重复的运检工作中解放出来，在写作过程中，不断返回到运检业务实践中去追问和反思：智能技术如何与电网运检业务深度融合。通过不断地还原和揭示电网运检业务场景，不断地在实践和理论之间循环往复，重新挖掘和梳理电网运检智能化的脉络。在看似平铺直叙的内容背后，有一种忠于实践的电网运检科学精神，使内容既具有厚实的理论深度，又相当地“接地气”。

本专著紧密围绕国家“互联网＋”、新一代人工智能等战略，以智能电网发展为统领，以提高设备状态管控力和运检业务穿透力为主线，从状态感知、智能巡检、数据处理、故障诊断、风险预警、设备智能化等方面阐述电网智能运检的核心内容。本专著将展现一个“既熟悉又陌生”的电网运检。说熟悉，是因为关于电网运检，已有很多的成套理念、工作流程、技术标准、设备和装置管理规范，这些都在厚厚的运检规章制度中，并铭记在一代又一代运检人员的心中；说陌生，是因为在本专著里，有新的技术领域，勾勒出设备状态全景化、数据分析智能化、运检管理精益化、生产指挥集约化为基本特征的智能运检概念、框架和内涵，重新思考在新时代大背景下电网运检的方向和选择。

本专著写作过程中借鉴和吸收了国内外关于物联网、人工智能、电气工程等学科的研究成果，在此向各位文献作者表示感谢。如有个别之处因笔者疏忽未标明出处，在此深表歉意。受知识面和能力所限，尽管笔者做了最大努力，但是书中仍然会不可避免地存在一些缺点和不足，恳请各位读者提出宝贵意见和建议，以使本书不断改进。

《电网智能运检》编委会

2019 年 10 月

目 录

第1章 绪　　论

1.1 国家战略对电网智能化提出变革要求

当前，世界政治、经济格局深刻调整，能源供求关系深刻变革，我国能源资源约束日益加剧，生态环境问题突出，调整结构、提高能效和保障能源安全的压力进一步加大；我国正经历着一场以“节约、清洁、安全”为方向的能源变革，能源发展呈现开发规模化、结构多元化、消费电气化、技术智能化的重要特征。

1. 能源电力发展对电网智能化的要求

2014年6月，国务院办公厅印发《能源发展战略行动计划（2014－2020年）》，明确了2020年我国能源发展的总体目标、战略方针和重点任务，提出了大力发展风、水、太阳能等可再生能源，加强电源与电网统筹规划，科学安排调峰、调频、储能配套能力，切实解决弃风、弃水、弃光问题。

2016年11月，国家发展和改革委员会、国家能源局印发的《电力发展“十三五”规划》指出了升级改造电网，推进智能电网建设，加大城乡电网建设改造力度，基本建成城乡统筹、安全可靠、经济高效、技术先进、环境友好、与小康社会相适应的现代电网，适应电力系统智能化要求，全面增强电源与用户双向互动，支持高效智能电力系统建设。

随着能源互联网的业务变革，国家电网有限公司（简称公司）电网大规模建设、新能源快速发展，分布式电源、电动汽车与储能等多元化负荷不断涌现和大量接入，电网功能和形态正发生显著变化，呈现出愈加复杂的多源性特征，对电网的安全运行和供电质量带来严峻挑战，迫切需要提前研判并掌握新技术发展趋势，对多元化负荷进行主动监测和优化调控，确保电网有效承载和适应智能电网发展要求。

2. 信息通信技术发展对电网智能化的推动

2016年3月，国家发展和改革委员会、国家能源局印发《关于推进“互联网＋”智慧能源发展的指导意见》，提出推动能源与信息通信基础设施深度融合、发展能源大数据服务应用、营造开放共享的能源互联网生态体系等任务，鼓励能源企业运用大数据技术对设备状态、电能负载等数据进行分析挖掘与预测，开展精准调度、故障研判和预测性维护，提高能源利用效率和安全稳定运行水平，进一步明确了智能化运检发展方向。

2016 年 7 月，中共中央办公厅、国务院办公厅印发《国家信息化发展战略纲要》，明确提出着力提升经济社会信息化水平，夯实发展新基础，推进物联网设施建设，优化数据中心布局，加强大数据、云计算、宽带网络协同发展，增强应用基础设施服务能力，加快电力、民航、铁路、公路、水路、水利等公共基础设施的网络化和智能化改造。12 月，国务院印发《"十三五"国家信息化规划》，旨在贯彻落实"十三五"规划纲要和《国家信息化发展战略纲要》，提出了推广能源互联网的发展绿色生产模式，进一步加快了电网的智能化转型。

近年来，新一轮世界科技革命和产业变革孕育兴起，现代信息通信技术为社会发展带来了极其深刻的影响，引发了传统产业形态、分工和组织方式的变革。十八大以来，我国深入推进"互联网+"行动计划、大数据战略和新一代人工智能发展规划，加快推进制造业、服务业等行业的数字化、网络化、智能化。现代信息技术与传统电网生产结合已然成为一种发展的必然趋势，特别是以"大数据""云计算""物联网""移动互联""人工智能"（统称"大云物移智"）为代表的新一代信息通信新技术为当前运检工作变革升级提供了历史机遇。利用新一代信息通信技术对运检业务进行全方位、全角度、全链条改造，将推动电网生产和管理方式的变革，实现对生产环境、过程及要素的实时交互、协同、认知和决策，提升大电网安全生产运行水平，为电网庞大资产的管理带来全新的手段甚至根本性创新，全面提升运检业务创新能力，提升管理效率效益，促进公司瘦身健体、提质增效。

1.2 电网发展对运检专业带来新的挑战

"十三五"期间，坚强智能电网发展促使电网设备规模快速增长，截至 2018 年 11 月，公司已建成投运 18 个特高压工程（见表 1-1）。截至 2020 年，公司将新增 110kV 及以上线路 40.1 万 km（较"十二五"末增长 45%）、变电容量 24.7 亿 kVA（较"十二五"末增长 68%），新增 35kV 及以下配电线路 79.7 万 km（较"十二五"末增长 21%）、配电变压器容量 2.93 亿 kVA（较"十二五"末增长 28%）。

表 1-1　　公司特高压工程概况（截至 2018 年 11 月）

工程名称			电压等级	线路长度（km）	变电/换流容量（万 kVA/万 kW）	投运时间
在运	交流	晋东南—南阳—荆门	1000kV	640	1800	2009/2011 年
		淮南—浙北—上海	1000kV	2×649	2100	2013 年
		浙北—福州	1000kV	2×603	1800	2014 年
		锡盟—山东	1000kV	2×730	1500	2016 年
		蒙西—天津南	1000kV	2×608	2400	2016 年
		淮南—南京—上海	1000kV	2×738	1200	2016 年
		锡盟—胜利	1000kV	2×240	600	2017 年
		榆横—潍坊	1000kV	2×1049	1500	2017 年
	直流	向家坝—上海	±800kV	1907	1280	2010 年
		锦屏—苏南	±800kV	2059	1440	2012 年
		哈密南—郑州	±800kV	2192	1600	2014 年
		溪洛渡—浙西	±800kV	1653	1600	2014 年
		宁东—浙江	±800kV	1720	1600	2016 年
		酒泉—湖南	±800kV	2383	1600	2017 年
		晋北—江苏	±800kV	1119	1600	2017 年
		锡盟—泰州	±800kV	1620	2000	2017 年
		上海庙—山东	±800kV	1238	2000	2017 年
		扎鲁特—青州	±800kV	1234	2000	2017 年
在建	交流	苏通GIL综合管廊	1000kV	—	—	2019 年
		北京西—石家庄	1000kV	2×228	—	2019 年
		潍坊—临沂—枣庄—菏泽—石家庄	1000kV	2×820	1500	2019 年
		蒙西—晋中	1000kV	2×304	—	2019 年
	直流	准东—皖南	±1100kV	3324	2400	2018 年

1. 电网建设给运检工作带来的压力

“十三五”期间，统筹推进送端电网和受端电网协同发展是电网企业面临的重点任务。在特高压交直流混合大电网建设期，电网运行特性和送受端电网相互影响将会对电网运行带来显著影响。同时，随着与周边国家电网互联互通工程的建设，与传统电网相比，未来电网运行环境也更加复杂多变，电网运行风险概率增加。在特高压电网形成过程中，系统呈现“强直弱交”结构，直流故障下存在受端交流支撑不强、潮流转移能力不足、电压支撑弱等风险。一方面，500kV 受端电网难以承受多回直流同时闭锁带来的冲击；另一方面，交流系统故障对直流系统造成扰动，诱发直流换相失败甚至闭锁。强直弱交混合电网运行特性十分复杂，容易由一个小故障引发电网的 $N-2$ 甚至 $N-3$ 事故，安全运行压力巨大。为保障大电网的安全稳定运行，对运维检修提出了更高的要求，需要借助先进的通信、信息技术和控制技术，实现电网运行状态智能监测、故障诊断智能化的目标。

2. 电力体制改革对运检业务带来新的挑战

随着电力体制改革深入推进，配电增量业务放开、输配电价改革等改革措施将对公司经营和发展产生深远的影响，对电网运检业务带来新的挑战。输变电方面，电力体制改革要求电网企业对各电压等级的资产、费用、供输售电量、线变损率等逐步实现独立核算、独立记录。配电方面，随着电力体制改革的深化，公司将面临售电侧引入竞争、投资主体多元化的新形势，对电网的安全可靠、供电质量、运行效益、优质服务提出更高要求，迫切需要着力提升电网投资效率、管理水平、供电可靠性、电网设备故障处理效率。现有的管理方式和管理手段不能满足分电压等级的输配电价核定的需要，必须厘清电网存量资产，做实电网有效资产，树立起以资产为对象的输配电成本管理理念，以智能化手段加强对实物资产的精益化管理。

1.3 公司战略对运检专业提出更高要求

2018 年，公司确立了新时代“168”战略体系，实现发展战略的与时俱进和优化提升。提出公司发展新时代战略目标是建设具有卓越竞争力的世界一流能源互联网企业，并确立了始终坚持把建设特高压为骨干网架、各级电网协调发展的坚强智能电网，打造广泛互联、智能互动、灵活柔性、安全可控的新一代电力系统作为核心任务。在公司 2018 年年度工作会议上，进一步强调了构建智能运检体系，强化状态检修和带电作业，深化直升机、无人机和智能巡检技术应用工作，作为确保大电网运行安全的重要支撑与保障。

1. 坚强智能电网发展下传统运检模式不适应性凸显

传统的电网运维与检修模式采用年度停电检修方式，部分地区、部分专业人员配置率甚至不足 50%，与快速增长的电网规模间的矛盾日益突出。现有在线监测的数据实时性、准确性、稳定性不够，主要设备的各重要状态参量在线监测技术仍未实现全面突破。电力设备状态相关信息分散于各业务应用系统，信息与资源分散，异构性严重，横向共享和纵向贯通困难，而且数据质量参差不齐，数据集成和融合分析的难度较大，影响设备状态评估诊断的效果和效率。部分设备的关键状态信息无法实时获取，设备的自检能力、自我修复能力及可靠性不足，制约对设备状态的实时诊断。

信息获取方式传统、来源单一，设备状态感知仍以停电检修、离线试验为主，在线监测、带电检测、机器人、无人机等先进手段的数据利用率不高，使得传统管理方式对生产一线运检工作的管控力度不足，不能满足状态实时可知可控的要求；受通信通道、通道带宽等因素影响，设备、现场信息的实时化、可视化、互动化水平有限，难以实时查询各系统数据，制约了生产现场智能管控水平，人员和装备难以确保特高压及跨区电网安全稳定运行。

2. 电网安全运行风险高、运行维护难度大

重要输电通道环境复杂，发生故障时，会对核心骨干网架、战略性输电通道、重要用户等产生严重影响；重要输电通道内输电线路同时故障时，可能造成四级及以上电网事件。输电线路“三跨”（跨越高速铁路、高速公路、重要线路）事关公共安全和电网安全大计，在特高压长距离输电通道沿途，雷电、覆冰、大风、山火、泥石流等自然灾害和外力破坏引发大面积停电的风险因素将长期存在，电网自然灾害示例如图 1-1 所示。

以四川地区为例，四川地跨青藏高原、云贵高原、秦巴山地、四川盆地等地貌，山地、高原和丘陵占总面积的 91.8%，地形复杂，地质脆弱，气候多变；“西电东送”“电力天路”“川藏联网”等众多重要电力工程的电网设备、设施广泛分布在高海拔、重冰区、无人区、原始森林以及洪灾泥石流频发地区：500kV 及以上输电线路穿越中重冰区 1809km、地质灾害易发区 1080km、山火易发区 650km、多雷区近 1.2 万 km，自然环境恶劣、交通极为不便，输电线路及通道运维检修、应急抢修等工作开展难度大、强度高，给运检管理和业务实施带来诸多困难。

(a)　(b)　(c)　(d)

图 1-1　电网自然灾害示例

（a）覆冰；（b）山火；（c）泥石流；（d）雷电

基于以上背景及公司发展战略，迫切需要主动适应能源革命和电力体制改革等机遇的挑战，以实现电网更安全、服务更优质、运检更高效为目标，以设备、通道、运维、检修、生产管理智能化为主线，以推动新一代信息通信技术、智能运检技术与传统运检技术的深度融合为手段，引领运检技术变革，建成以运检智能化为核心的现代运检管控体系。

第 2 章　电网智能运检理论和内涵

2.1　电网智能运检基本概念

2016 年 12 月，公司发布了《智能运检白皮书》，提出了智能运检的概念：以“大云物移智”等新技术为支撑，以保障电网设备安全运行、提高运检效率效益为目标，具有本体及环境感知、主动预测预警、辅助诊断决策及集约运检管控功能，是实现运检业务和管理信息化、自动化、智能化的技术、装备及平台的有机体。智能运检主要特征如图 2－1 所示。智能运检以电网运行的安全性、可靠性、经济性为前提，全面推进现代信息技术与运检业务的深度融合，具备设备状态全景化、数据分析智能化、运检管理精益化、生产指挥集约化（简称“四化”）特征，从而大幅提升设备状态管控力和运检管理穿透力。

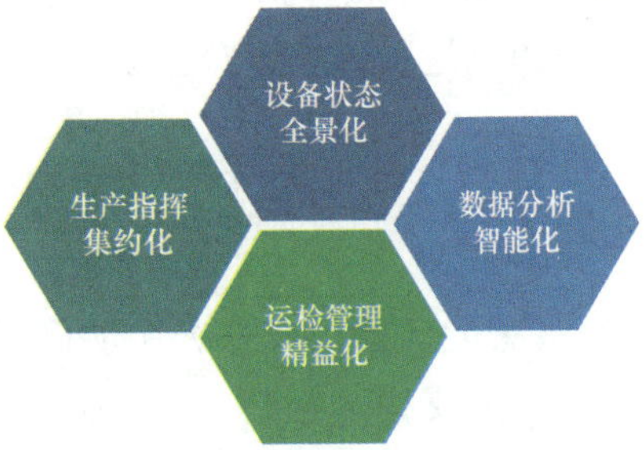

图 2－1　智能运检主要特征

2.2　电网智能运检建设思路

电网智能运检的建设围绕公司“168”战略工作的内在要求，以实现电网更安全、运检更高效、服务更优质为目标，主动适应国家和公司层面“互联网＋”战略、电网发展及体制变革需求。

应用“大云物移智”等新技术，以电网运检智能化分析管控系统（简称管控系统）全面融合运检专业多源系统数据，发挥集约化生产指挥中枢作用，以推动现代信息通信技术与传统运检技术融合为主线，以智能运检九大典型技术领域为重点，以设备、通道、运维、检修和生产管理智能化为途径，全面构建智能运检体系，全面提升设备状态管控力和运检管理穿透力，大力支撑公司坚强智能电网建设，引领世界范围的智能运检管理模式变革。智能运检体系架构如图 2–2 所示。

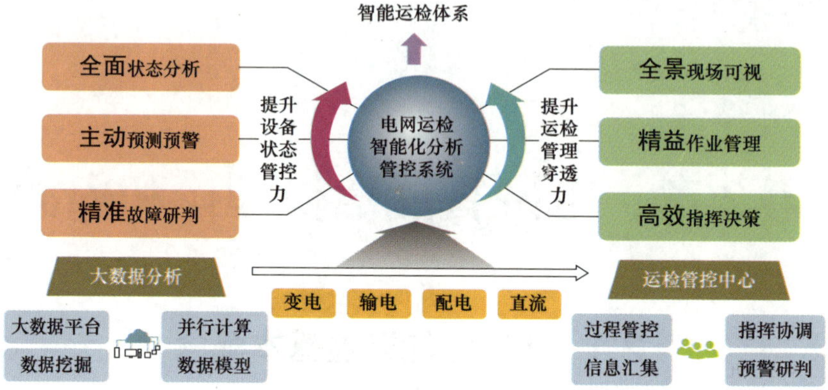

图 2–2　智能运检体系架构图

《智能运检白皮书》提出，到 2021 年，初步建成智能运检体系。突破传统运检模式在信息获取、状态感知及人力为主作业方式等方面的困局，全面提升设备状态感知能力、主动预测预警能力、辅助诊断决策及集约运检管控能力，全面提高运检效率和效益。

2.3　电网智能运检发展重点内容

《智能运检白皮书》中明确以智能运检九大典型技术领域为重点，以关键信息技术为支撑，构建“ 二维互动感知—四类融合分析—三层集约管控”智能运检体系。

二维互动感知：实现设备本体与传感器一体化技术、基于物联网的互联感知技术等两个维度的设备状态信息互动感知。

四类融合分析：实现环境预警数据、立体巡检数据、不停电检测数据、设备评价大数据的深度融合分析。

三层集约管控：实现指挥决策层、业务管理层、现场作业层的集约管控。

2.3.1　二维互动感知

1. 基于“一体化、标准化、模块化”的智能化设备

推进设备本体与状态传感器一体化融合设计制造，提升设备自感知、自诊断能力，实现设备状态全面可知、可控。从设备运检角度提出海量、常用、主要设备的设计、制造、基建等环节标准化典型需求，推进设备模块化设计制造，同类设备、模块之间可替换技术路线的实现，大幅减少运维检修工作难度。

重点内容：

（1）研究基于内置新型传感器的设备状态监测与评估诊断方法及模型。一是研究基于光、电、化学等多种物理效应的，具有高灵敏度、高稳定性、高可靠性的新型感知元件，准确反映设备运行状态；二是研究利用多源传感器数据进行设备运行状态综合评估的基础模型，实现对设备正常、异常、故障等状态的实时监测与诊断，优化就地控制策略，提升设备本质状态自感知、自诊断、自控制能力。

（2）推进设备制造企业开展设备本体与状态传感器一体化融合设计制造。从传感元件选型、传感技术研究、一体化设计制造等方面入手，开展高压运行工况及复杂运行环境下的传感器内置可靠性研究，推动设备厂家主动开展一体化设计和制造技术优化，基于运检专业需求导向，逐步建立新型自感知智能化设备研究制造的良好市场氛围。

（3）建立统一技术标准体系，推进设备标准化及模块化设计制造。针对海量、常用、主要设备，联合主要设备厂家，深入分析同类设备不同型式的结构特点，逐步提出适应运检专业的典型设计制造需求，在不影响性能的前提下，强调同类型设备结构一致性，优化现有设备设计制造技术标准，并同步提出物资采购、基建、运维等环节的设备模块化技术建议，大幅提高同类设备、模块之间的可互换性，有效减少运检工作复杂性。

2. 基于物联网的设备状态及运检资源感知体系

依托射频识别（RFID）、二维码、智能芯片等智能识别技术，结合各类设备状态传感器、在线监测装置、智能穿戴、移动终端、北斗定位等感知手段，构建电网设备及运检资源物联网，实现电网设备、运检资源信息互联互通，建立统一数据模型，实现设备识别、状态感知、资源展示无缝衔接，有力支撑全面设备状态管控和资源实时配置。

重点内容：

（1）全面开展与现有信息系统融合的设备智能识别技术推广应用。制定涵盖设备、装备、车辆及备品备件等的智能识别标签（RFID、二维码、智能芯片等）编码及应用标准，与 PMS2.0 系统和其他专业系统深度融合应用，打通与设计、物资、建设等上游设备编码的共享通道，从而实现运检资源全面互联互通，为提升运检环节信息共享能力和设备全寿命管理打下坚实基础。

（2）从机制建设、技术研究和检测提升等方面，全面提升在线监测装置实用化水平。结合现有制度及标准体系，建立在线监测装置的运维管理机制，实现入网检测、安装、运维、检修、退役全过程管控；研究适合输电专业应用的成本低、可靠性高且适合大量配置的新型在线监测装置，研究现场实用化电源技术、数据可靠传输技术，打通适应视频、图片等大数据传输的内外网穿透及安全隔离技术的高速信息通道，构建适合现场管控的设备状态“大监测”基础传感网，全面提升监测装置可靠性、有效性，支撑管控平台设备感知。

（3）全面开展基于物联网的运检资源管控体系建设。综合应用 RFID、二维码等智能识别技术及传感器、智能穿戴、移动终端、北斗定位等感知技术，实现人与设备互联、人与装备互联，打造电网设备运检物联网；依托管控系统的数据融合功能，构建基于物联网的运检资源管控体系，实现运检资源的快速识别、实时管理、可视展示、合理调配和全程管控，为运检生产指挥决策提供有力支撑。

2.3.2 四类融合分析

1. 基于环境监测的通道预测预警体系

深化气象、雷电、覆冰、山火、台风、地质灾害、外力破坏等通道环境的实时监测预警系统建设，结合现场巡检、在线监测、自动气象站等现场数据，进行实时订正和联合分析，实现多系统海量数据融合，推进大尺度预警信息微观化研究和应用，有效提升通道环境预测预警精度。

重点内容：

（1）完善防雷与线路故障研判中心建设。结合分布式故障诊断系统与智能视频/图像监测系统，与雷电预警传感站、省市雷电监测预警中心等组成雷电风险智能化监测预警与线路故障研判体系，在三大直流沿线建设基于多普勒雷达的实时雷电观测网，开展输电线路雷害及故障原因的大数据分析，提升线路雷害及其他类型故障预判水平。

（2）加强电网防灾减灾中心建设，深化山火卫星监测、密度预测、预警与反馈系统，构建多维监测来源的覆冰监测预警网络体系，逐步提升覆冰预测计算能力，提高覆冰预警精度。

（3）完善台风监测预警中心建设，依托台风数值预报数据、微气象监测、地面观测点、地面测风雷达、移动观测站等，构建台风、飑线风等风害天气的预测预警监测网，精确预警线路杆塔薄弱环节，实现超前预报，精准应对，及时消除大风灾害对电网的影响。

（4）建立线路舞动计算中心，开展基于实时气象、地形、塔线结构特征等多数据的舞动自动化、精细化预测。

（5）提升数值气象中心预报预警能力，研究高低温、寒潮、覆冰、雷害、强降水等气象灾害的微观化预报预警体系；充分利用现有海量微气象在线监测数据，对数值气象数进行实时修正，逐步提升数值气象中心计算能力，分阶段从现有 9×9km 过渡到 1×1km，提升数值气象预报预警精度。

（6）深化输电通道地质灾害评估预警，开展地质灾害监测及致灾因子辨识，建立多源分析地质灾害评估预警系统。

（7）强化输电通道灾害防治能力与故障处置能力，推广应用复合材料杆塔、直流融冰、防舞间隔棒等装备技术，提升线路“六防”（防覆冰、防雷击、防污闪、防鸟害、防外力破损、防风偏）能力。

2. 基于智能装备的立体巡检体系

应用直升机、无人机、巡检机器人等智能装备，构建全方位、多角度的线路、变电站立体化巡检体系。建立直升机、无人机巡检数据中心，实现巡检数据的实时录入和智能分析，建立变电站设备状态远程监控系统，实现巡检信息收集自动化、巡检结果处理智能化，逐步减少人工巡视直至完全改变传统巡检方式。

重点内容：

（1）基于大数据融合，建立直升机、无人机巡航数据中心。建立大数据分析中心，分析视频、激光点云、倾斜摄影、高清图片等海量数据，建立典型设备缺陷图库和典型缺陷专家知识库，智能分析线路通道环境实时状况，提升智能巡检数据自动化处理水平，实现对输电线路设备和通道缺陷的高精度和快速分析。

（2）建立健全移动巡检作业闭环管理流程和技术支撑平台。建立直升机、无人机“巡检规划、巡视执行、故障检修、结果反馈”的全过程闭环管理流程，并以具备巡检数据智能化处理与辅助分析功能的统一平台为支撑，精益立体巡检体系管理。

（3）建立变电站设备状态远程监控系统。将站内设备信号（状态、告警、越限等）、机器人巡检结果、蓄电池信息、在线监测数据等信息连接到集控中心、运维班、各级生产管理部门，并汇集到管控系统，实现远程监盘、数据融合分析等功能，确保各级运检人员全面实时、精准有效地掌握设备运行状态，切实提升设备状态管控力。

（4）升级机器人巡检标准和巡检能力。建立巡检机器人统一巡检数据模型、安全接入和分析方法，统一与 PMS2.0 系统的接入规范，提升机器人监控后台和集中管理系统的标准化水平；研究红外/紫外/可见光融合监测等机器人搭载新型感知装置，应用隧道机器人和室内轨道机器人巡视系统，提高机器人平台的综合检测能力，实现室内外一体化、全天候、全方位、全自主智能巡检。

3. 基于不停电检测的状态检修技术

开展成熟检测技术深化应用和不停电检测新技术探索，建立基于设备不停电检测的体系和技术标准。通过不停电检测，基本掌握设备状态，准确预测设备隐患/故障，通过停电试验，完成设备深度评估，优化制订检修策略，大幅降低设备停电时间，大幅减少检修资源投入，实现社会效益和经济效益的全面提升。

重点内容：

（1）开展成熟技术深化应用和新技术研究试验。提升变压器局部放电检测、容性设备介质损耗及电容量检测、SF_6气体成分检测、GIS设备X射线数字成像等成熟技术的现场应用水平；开展基于无线智能传感器的带电检测、变电站全站局部放电快速检测等新技术的研究试验。通过丰富不停电检测技术手段，保证设备状态检测的灵敏性和准确性，提高设备潜伏性缺陷的挖掘能力，从而降低设备损耗，延长资产使用寿命，减少人身伤害风险，显著提高运检工作效率、效益。

（2）推进大数据分析及检测结果应用。依托运检智能化分析管控系统和大数据分析技术，建立融合不停电检测数据和其他信息（在线监测、出厂信息、停电试验、历史数据）的设备状态多源数据自动分析模式，实现设备状态的实时评估及精准预测。建立基于关联性分析的数据校验体系，将历史检测数据、同类型检测数据、设备状态信息等相关大数据进行比对分析，实现异常数据的智能甄别，提升设备隐患/故障预测能力，为制订检修策略提供科学准确的判断依据。

（3）建立基于不停电检测的状态检修体系，适应电网迅速发展新形势。研究建立以不停电检测为主、例行试验为辅的输变电设备状态检修体系。制订设备状态检修试验项目及要求，修订状态检修标准，建立以不停电检测数据为基础的输变电设备状态评价方法，实现基于不停电检测的电网设备状态检修，逐步替代停电例行试验，大幅减少停电时间，提供电可靠性，使设备状态管理由“事后应对”向“事前防范”转变，全面提升设备状态管控力。

4. 基于大数据分析的评价诊断辅助决策技术

通过大数据分析技术在运检专业的深化应用，融合海量视频、图像、设备信息、运检业务、通道环境信息、调度系统等多源数据，在数据挖掘基础上，建立动态评价、预测预警、故障研判等分析模型，实现数据驱动的设备状态主动推送，提高设备状态评价诊断的智能化和自动化水平。

重点内容：

（1）系统提升运检数据利用效率。建立面向运检领域的公共数据模型，贯通PMS2.0系统、在线监测系统、调度系统等应用系统间的数据交互，改善分散平台间数据通信问题，实现信息与资源共享，有效支撑多源数据集成提取和融合分析，提升运检数据利用效率。

（2）规范提升多源系统数据质量。开发通用数据治理专用工具，融入各专业数据完整性、准确性的分析规则，将工具治理落实到基层单位，及时发现各类数据质量问题，落实相关数据治理机制，滚动解决相关问题，提升多源系统数据的完整性、准确性和及时性。

（3）提升设备状态分析和状态预测水平。融合电网、设备状态和自然环境等各类信息，建立基于大数据的设备状态评价和趋势预测模型，充分利用设备大量状态信息之间关联关系进行数据挖掘和模型分析，依托大数据可视化技术，实时展示设备状态，提高设备状态评价及预测的智能化水平。

（4）提升设备故障诊断能力。构建基于故障案例的设备故障树和故障谱，利用大数据分析技术，修正传统输变电设备故障诊断模型，快速、精准定位故障。研发故障推演、故障关联分析和专家会诊功能模块，建立故障实时诊断系统，深度分析故障原因，支撑电网故障处置，实现由“经验驱动”向“数据驱动”的转变。

（5）提升海量运检数据处理技术。利用大数据平台，实现海量数据融合分析，显著提升数据处理能力。完善非结构化运检数据的处理技术，研究可见光视频图片、红外热像、紫外成像等非结构化图像数据预处理技术，建立主要设备典型缺陷的图像样本库，提高非结构化数据处理效率，实现各类典型缺陷的智能识别和判断。

2.3.3　三层集约管控

1. 基于管控系统的生产指挥决策体系

应用“大云物移智”等新技术，依托管控系统信息汇集、数据分析及信息流转功能，构建基于管控系统及运检管控中心的生产指挥决策体系，精确掌握设备实时状态全景，全面管控运检业务及资源，实现决策指令、现场信息在运检管控中心和作业现场实时交互，大幅提升运检管控决策科学性，提高现场作业执行效率。

重点内容：

（1）全面开展电网运检管控中心建设，主要负责信息汇集、过程管控、预警研判和指挥协调四大类共计 18 项业务。一是汇集省、地市检修公司管理信息和生产信息，并及时反馈、发布和跟踪；二是协助运检部进行运维、检修等日常生产作业过程管控；三是通过辅助监视各类运检数据，转发或发布各类预告警；四是实现抢修指挥、供电保障、协助人员车辆及装备等资源调配等功能。

（2）建立基于物联网和移动互联技术的生产现场与运检管控中心信息互联互通体系。无人机/直升机、巡检机器人、移动终端等现场巡检信息和运检资源在管控中心实时展示，预警信息、专家建议等指令信息通过移动终端及时下达至多个生产现场，增强指挥决策信息流转的及时性和准确性，实现管控中心与生产现场的实时交互。

（3）建立基于管控平台的大数据融合分析辅助决策体系。对在线监测信息、设备故障缺陷、气象等信息开展大数据分析，实现运维、检修规则与设备状态的自动匹配，提出运检计划建议；结合运检现场地理位置、交通情况、实时运检资源配置情况，构建运检承载力自动分析模型，实现资源智能调配、运检作业路径优化等；依托平台对检修后相关数据进行智能甄别，分析影响因素，建立检修质量智能评估体系，辅助检修计划优化。

（4）建立总部—省—地市—班组全面贯通、高效穿透的指挥体系。打通各级管控系统纵向信息交互通道，依托系统平台、移动终端等，使底层信息能直接连接到各级管理机构，各级指挥机构能实时穿透到各个作业现场，实现班组级现场管控，彻底改变传统的分散指挥模式下指令层层衰减、基层信息易失真的弊病，有效提升生产管理穿透力。

2. 基于移动作业的全流程业务管控

构建以移动作业为基础，以变电专业的验收、运维、检测、评价、检修和输电专业移动巡检为主线的全业务过程管控体系，通过各个环节 APP 和移动终端的全面应用，实现物资采购、基建、运维、检修、退役等各环节在信息系统及模块间的数据联动贯通。实现作业数据移动化、信息流转自动化，显著提升运检作业现场管理穿透力。

重点内容：

（1）制定移动作业 APP 应用建设标准。针对变电专业验收、运维、检测、评价、检修移动作业和输电专业移动巡检等业务，统一信息系统数据接口、统一数据规范、规范接入安全防护策略，按照“接口标准化、应用多元化”的原则，建立适应各专业相关信息系统的移动作业应用体系，确保不同 APP 数据表达一致，各业务数据之间全面共享、有效融合。

（2）推进基于移动终端的多元化 APP 开发应用。在接口标准化基础上，全面开展各类移动 APP 开发，与 PMS2.0 系统、管控系统等进行数据融合。依托移动终端，实现人员、设备、装备等识别、定位，设备巡检信息、检测记录和试验结果录入以及远程会商、应急抢修等功能，提高现场作业信息化水平，提高巡检数据录入的及时性和准确性，增强指挥管理人员对作业现场的全流程管控能力。

（3）依托管控平台，建设移动作业 APP 应用信息共享平台，建立各单位移动 APP 应用备案制度，收集各单位移动 APP 的功能设计思路及应用模块，并在平台上进行展示，不断提升各单位移动终端应用水平。

3. 基于新技术、新装备的现场作业效率提升

在设备标准化、智能化基础上，利用图像智能识别、 3D 打印、机械臂等新技术、新装备，优化传统运检现场工作方式，实现立体化运维、安全高效带电

作业、智能工厂化检修等方面的升级，有效提升运检效率，推进运检现场工作智能化。

重点内容：

（1）深入开展新技术、新装备在运检现场安全管控中的融合应用。将图像智能识别技术、定位探测技术、电子声光警示技术、复合绝缘杆塔等应用于生产现场，建立基于管控系统和移动互联技术的运检现场远程监控系统，强化日常运检、设备内检、高空作业等运检现场的安全管控能力。

（2）基于新技术、新装备形成设备运检新方法。研究基于图像识别（红外/可见光等）的巡检技术；建立智能工厂化检修体系，打造 GIS 拆装智能辅助平台；研究设备集成、智能选线等新技术，建设备品备件及检修工具的 3D 打印技术应用系统，提高运维检修作业的信息化、自动化水平，全面提高运检工作效率。

（3）加强新材料的研究及在检修作业中的应用。研究应用植物绝缘油、环保型 SF_6 混合气体、复合材料等新型材料，通过优化设备性能，延长设备检修周期及使用寿命，提高检修质量效率，保障设备本质安全。

2.4　电网智能运检关键支撑技术

“十三五”时期是全面建成小康社会的决胜阶段，是信息通信技术变革实现新突破的发轫阶段，是数字红利充分释放的扩展阶段。信息化代表新的生产力和新的发展方向，已经成为引领创新和驱动转型的先导力量。在电网智能运检领域，大数据技术、云计算技术、物联网技术、移动互联技术、人工智能技术是最为核心的关键技术。

2.4.1　大数据技术

1. 大数据技术应用背景

随着智能电网的建设与发展，电网设备状态监测、生产管理、运行调度、环境气象等数据逐步在统一的信息平台上的集成共享，推动电网设备状态评价、诊断和预测向基于全景状态的综合分析方向发展。然而，影响电网设备运行状态的因素众多，爆发式增长的状态监测数据加上与设备状态密切相关的电网运行信息，电网设备状态数据具备典型大数据特征，传统的数据处理和分析技术无法满足要求，主要体现在：

（1）数据来源多。数据分散于各业务应用系统，主要来源包括输变电状态监测系统、PMS2.0 系统、调度系统等，各系统相对独立、分散部署，数据模型、格式和接口各不相同。

（2）数据体量大、增长快。电网设备类型多、数量庞大，与设备状态密切相关的智能巡检、在线监测、带电检测等设备状态信息以及电网运行、环境气象等信息数据量巨大且飞速增长。

（3）数据类型异构多样。电网设备状态信息除了通常的结构化数据以外、还包括大量非结构化数据和半结构化数据，如红外图像、视频、局部放电图谱、检测波形、试验报告文本等，各类数据的采集频率和生命周期各不相同。

（4）数据关联复杂。各类设备状态互相影响，在时间和空间上存在着复杂的关联关系。

（5）数据质量有待提升。台账信息、在线监测、运行检修、故障缺陷以及环境气象等数据在采集传输过程中，由于监测装置状况、通道状况、系统运行、硬件平台、省市转发、人为因素等环节出错，均会影响数据质量，数据质量问题的诊断发现自动化程度不够，基本依赖人工进行问题定位，然后逐条修正，效率低下且极易再次人为出错。

在此背景下，面向数据挖掘、机器学习和知识发现的大数据分析和处理技术得到广泛的关注，成为推动行业技术进步和科学发展的重要手段。电力行业大数据的应用涉及整个电力系统在大数据时代下发展理念、管理体制和技术路线等方面的重大变革，是新一代电力系统在大数据时代下价值形态的跃升。近年来，电网大数据基础技术及其应用的研究逐步开展，并在智能配用电、电力系统仿真、电网安全分析、电力负荷预测等方面取得一定的成效。为了更好地掌握电网设备运行状态，提高设备运行风险管控水平，2015 年以来，国家科技部、国家自然科学基金、国家电网和南方电网等部门和单位陆续开展了大数据技术在电网设备状态评估中的研究和应用，取得了阶段性的研究进展。

2. 大数据技术应用方向

智能运检的大数据分析主要是指利用日渐完善的电网信息化平台获取大量设备状态、电网运行和环境气象等设备状态相关信息，基于统计、机器学习等大数据分析方法进行融合和深度挖掘，从数据内在规律研究的角度发掘出设备状态评估、诊断和预测的潜在有效价值，建立多源数据驱动的设备状态评估模型，实现设备个性化的状态评价、异常状态的快速检测、状态变化的准确预测以及故障的智能诊断，全面、及时、准确地掌握设备健康状态，为设备智能运检和电网优化运行提供辅助决策依据。

电网设备状态大数据分析是传统数据挖掘技术的提升和变革，核心优势是从海量数据中提取客观规律，不需要建立复杂的物理数学模型，主要体现在：

（1）从数据分析的角度揭示电网设备状态、电网运行和气象环境参量之间的关联关系和内在变化规律，捕捉设备早期故障的先兆信息，追溯故障发展过程，预测故障发生的概率，从而及时发现、快速诊断和消除故障隐患，保障电网设备运行安全。

（2）利用多维统计分析、机器学习等方法获得不同条件、不同维度电网设备状态变化的个性化规律，实现多维度、差异化的全方位分析，大幅提高电网设备状态评价和预测的准确性。

（3）推动信息技术与设备运维检修的深度融合，实现多源海量数据的快速分析、主动预测预警和故障智能研判，提升设备状态评估的效率和智能化水平。

3. 大数据技术在智能运检中的典型场景

（1）面向设备状态评估的历史知识库。对设备状态相关的状态监测、带电检测、试验、气象、运行以及设备缺陷和故障记录等海量历史数据进行多维度统计分析和关联规则挖掘，从电压等级、设备厂家、设备类型、运行年限、安装地区等多个层面和多个维度揭示设备状态变化的统计分布规律、设备缺陷和故障的发生规律及设备状态的关联变化规则，形成基于海量数据挖掘分析的历史知识库，为设备家族性缺陷分析、状态评价、故障诊断和预测提供支撑，为状态检修辅助决策提供依据。

（2）设备状态异常的快速检测。电网设备在实际运行过程中，受到过负荷、过电压、突发短路、恶劣气象、绝缘劣化等不良工况和事件的影响，设备状态会发生异常变化，这些异常运行状态如不能及时发现并采取有效措施，会导致设备故障并造成巨大的经济损失。从不断更新的大量设备状态数据中快速发现状态异常变化是设备状态大数据分析的重要优势。

设备异常或故障类型很多，但故障样本很少，反映故障发展过程数据变化的样本更少，很难利用少量数据样本建立准确的异常检测模型、设定异常检测判断参数和阈值。大数据分析可以改变传统固定阈值的检测方法，基于海量的正常状态数据建立数据分析模型，利用纵向（时间）和横向（不同参数、不同设备）状态数据的相关关系变化判断设备状态是否发生异常，及时发现潜在故障隐患。目前，一些研究采用聚类分析、状态转移概率和时间序列分析等方法进行状态信息数据流挖掘，实现设备状态异常的快速检测，取得了一定的效果，基于高维随机矩阵、高维数据统计分析等方法建立多维状态的大数据分析模型，利用高维统计指标综合评估设备状态变化，也展现了良好的应用前景。

（3）设备状态的多维度和差异化评价。由于电网设备的分布性和电网的复杂性，要对电网设备进行全面和准确的状态评价，需要考虑电网运行、设备状态以及气象环境等不同来源的数据信息，同时结合设备当前和历史状态变化进行综合分析。近年来，考虑多参量的设备状态评价方法受到较多的关注，主要利用预防性试验、带电检测、在线监测的数据结合故障记录、家族缺陷等对设备整体健康状态进行分析，采用的方法包括累积扣分法、几何平均法、健康指数法等简单数学方法以及模糊理论、神经网络、贝叶斯网络、证据推理、物元理论、层次分析等智能评价方法。但现有方法主要基于某个时间断面的数据对设备状态进行评价，大数据的主要优势是通过融合分析实时和历史数据，实现多维度、差异化评价。

在多维度评价方面，基于电网设备物理模型特征参量的内在联系，结合主成分分析法、关联分析法等数据挖掘分析方法，确定与设备关键性能相关的特征参量及其与设备关键性能状态间的耦合关系，建立不同部件、不同性能对应的关键特征参量集，形成电网设备多维度状态评价的指标体系。

在差异化评价方面，传统的设备状态评价大都采用统一标准的计算模型参数、权重和阈值，难以保证对不同类型、不同地区设备具备普遍适用性。大数据技术通过对大量设备状态历史数据、变化趋势以及缺陷和故障记录进行多维度统计分析和关联分析，获得数据的统计分布规律、相关关系和演变趋势，从而对不同设备类型、不同地区、不同厂家甚至不同时间段的评价模型参数、权重和阈值进行修正和完善，实现设备状态的差异化评价。其中，各状态量的关联度、权重以及差异化阈值的确定是设备状态大数据评价的核心。

（4）设备状态变化预测和故障预测。设备状态变化预测是从现有的状态数据出发寻找规律，利用这些规律对未来状态或无法观测的状态进行预测。传统的设备状态预测主要利用单一或少数参量的统计分析模型（如回归分析、时间序列分析等）或智能学习模型（如神经网络、支持向量机等）外推未来的时间序列及变化趋势，未考虑众多相关因素的影响。大数据分析技术可以挖掘设备状态参数与电网运行、环境气象等众多相关因素的关联关系，基于关联规则优化和修正多参量预测模型，使预测结果具备自修正和自适应能力，提高预测的精度。

设备故障预测是状态预测重要环节，主要通过分析电网设备故障的演变规律和设备故障特征参量与故障间的关联关系，结合多参量预测模型和故障诊断模型，实现电网设备的故障发生概率、故障类型和故障部位的实时预测。目前的研究主要采用贝叶斯网络、Apriori 等算法挖掘故障特征参量的关联关系，进而利用马尔科夫模型、时间序列相似性故障匹配等方法实现不同时间尺度的故障预测。

（5）设备故障智能诊断。对已发生故障或存在征兆的潜伏性故障进行故障性质、严重程度、发展趋势的准确判断，有利于运维人员制订针对性检修策略，防止设备状态进一步恶化。传统的故障诊断方法主要基于温度分布、局部放电、油中气体以及其他电气试验等检测参量，采用横向比较、纵向比较、比值编码等数值分析方法进行判断。由于设备故障机理复杂、故障类型和现场干扰的种类繁多，简单数值分析的诊断方法准确率不高，许多情况下需要多个专家进行综合分析确诊，诊断效率很低，且容易受到不同专家主观经验的影响。

随着人工智能及机器学习算法的快速发展，神经网络、支持向量机、模糊推理、贝叶斯网络、故障树、随机森林等智能方法在电网设备故障诊断中得到不少应用，取得较好的成效。基于一定规则综合利用多种智能算法、建立故障诊断相关性矩阵等融合分析方法，可以有效提高诊断的准确性。

近年来，带电检测、在线监测、智能巡检技术大量推广应用，采集了海量的状态检测数据。利用大数据分析平台和人工智能技术可以对海量数据样本进行自动学习实现故障智能诊断，达到甚至超过多个专家分析会诊的能力。基于大数据样本智能学习需要构建足够数量的缺陷、故障和现场干扰样本数据库，一方面通过深度学习等先进的机器学习手段建立设备故障智能诊断模型，另一方面可以通过大数据匹配和关联算法搜索相似的缺陷或故障案例，为设备故障分析提供参考。另外，利用智能学习算法对海量的状态检测图像和声音进行设备故障的自动辨识也是颇具应用价值的关键技术。目前深度信念网络、深度卷积网络等深度学习方法已在局部放电、油中气体故障诊断以及红外图像处理等方面取得了研究和应用进展。

2.4.2　云计算技术

1. 云计算技术应用背景

大数据针对的是“数据”，关心的是对数据的处理，从数据中挖掘出所需的信息，更好地指导企业的发展。而云计算着重于“计算”，关心的是数据的处理能力。大数据与云计算的区别在于：

（1）目的不同：大数据的目的是充分挖掘海量数据中的信息，以发现数据中的价值；云计算的目的是通过互联网更好地调用、扩展和管理计算及存储资源和能力，以节省企业的计算能力部署成本。

（2）对象不同：大数据的处理对象是数据；云计算的处理对象是 IT 资源、处理能力和应用。

（3）推动力量不同：大数据的推动力量是从事数据存储与处理的软件厂商和拥有大量数据的企业；云计算的推动力量是 IT 设备厂商以及拥有计算和存储资源的企业。

（4）带来的价值不同：大数据能发现数据中的价值，从而带来收益；云计算则节省了 IT 部署成本。

大数据与云计算的关系对比见表 2－1。

表 2-1　　大数据与云计算的关系对比

关系		大数据	云计算
相同点		相互依赖，实现数据的最大价值服务；需要大量的资源	
差异	背景	具有价值的数据不能被有效地处理	互联网技术在实际应用中的不断发展
	目的	实现数据资源利用率的最大化	实现硬件设备利用率的最大化
	对象	数据	IT 资源、处理能力和应用
	价值	发现数据中的价值	节省 IT 部署成本

如果说大数据是一座蕴含巨大价值的宝藏，云计算则可以被看作是挖掘宝藏的得力工具，即云计算为大数据提供了有力的工具和途径，大数据为云计算提供了有价值的用武之地。云计算能为大数据提供强大的存储和计算能力，以及更高速地数据处理，更方便地提供服务；而来自大数据的业务需求，则为云计算的落地找到更多更好的实际应用，大数据若与云计算相结合，将相得益彰，互相都能发挥最大的优势。

由于大数据中的云计算平台能够存储大量的数据，加之计算方式的优势，使得其在对电网设备进行评估的过程中能够满足对数据存储的需求及数据处理的要求，保证了对电气设备进行评估的高准确性和及时性，实现生产指挥的高效与集约。大数据、云计算、智能电网三者的相互关系如图 2-3 所示。

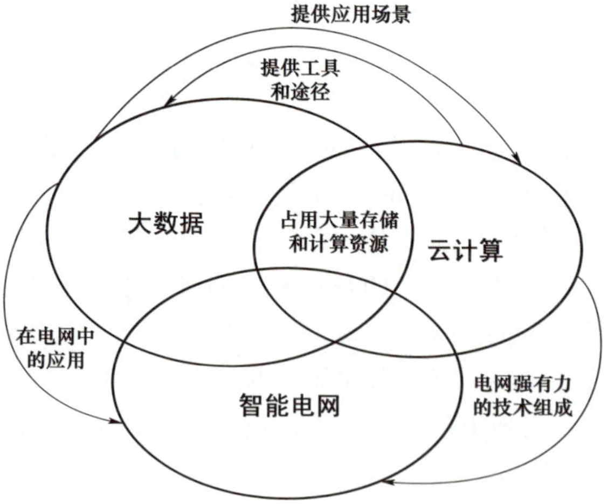

图 2-3　大数据、云计算、智能电网三者的相互关系

2. 云计算技术应用方向

我国电网正快速演变为汇聚多维度海量异构数据与多类型庞大复杂计算的系统，并在电力的发、输、变、配、用等领域表现出不同的特点。在输变电领域，一方面，特高压电网的大规模建设使得电网企业对供电可靠性、安全性、

经济性等方面的要求越来越高；另一方面，设备状态监测涉及设备越来越多、监测项目越来越广、监测数据越来越多样化，产生了大量的多源异构设备状态监测数据，如红外图像、视频监控、超声（特高频）指纹、分解物组分等。另外，经过多年运行积累，国家电网拥有海量的设备、电网、环境等历史数据，涵盖了设备从出厂、采购、投运、运行、试验、检修到报废整个生命周期中留下的不同信息，这些庞大的数据已逐渐形成输变电设备状态大数据。

输变电设备状态大数据构成复杂，从数据结构上可分为结构化数据和非结构化数据，这些大数据的复杂需求对技术实现和底层计算资源提出了高要求，因此，如何对输变电设备状态大数据进行有效管理、分析，使之服务于电网，提高电网的供电可靠性，是电网运检业务发展的新方向。

现代信息处理中的云计算技术具备弹性伸缩、动态调配、资源虚拟化、支持多租户、支持按量计费或按需使用以及绿色节能等基本要素，正好契合了新型大数据处理技术的需求，也正在成为解决大数据问题的未来计算技术发展的重要方向。

3. 云计算技术在智能运检中的典型场景

电网具有规模大、模型复杂、多级、多层次等显著特点。特别是随着大量传感器、移动数据终端的应用，电网将规模更大、复杂性更高、分布更广。针对智能运检信息处理的应用需求，结合云计算的虚拟化、平台管理、海量分布式存储、数据管理以及并行编程模式等关键技术，可以实现基于云计算的智能运检信息高效处理。

（1）异构资源的整合优化。各业务信息系统存在不同的平台、应用系统和数据格式，导致信息与资源分散，异构性严重，横向不能共享，上下级间纵向贯通困难。例如，电力系统中存在监视、控制、维护、能量管理、配电管理、ERP 等各类信息系统，大多处于相互分离状态，彼此不能有效结合，数据信息不能集成共享。

云计算可以充分整合电力系统现有的业务数据信息与计算资源，建立业务协同和互操作的信息平台，满足智能运检对信息与资源的高度集成与共享的需要。与网格计算采用中间件屏蔽异构系统的方法不同，云计算利用服务器虚拟化、网络虚拟化、存储虚拟化、应用虚拟化与桌面虚拟化等多种虚拟化技术，将各种不同类型的资源抽象成服务的形式，针对不同的服务用不同的方法屏蔽基础设施、操作系统与系统软件的差异。例如，云计算的基础设施层采用经过虚拟化后的服务器资源、存储资源与网络资源，能够以基础设施即服务（IaaS）的方式通过网络被用户使用和管理，从而可以更有效地屏蔽硬件产品上的差异。

（2）基础设施资源的自动化管理。云计算主要以数据中心的形式提供底层资源的使用，从一开始就支持广泛企业计算，普适性更强。因此，云计算更能满足智能运检信息平台中数据中心建设的需要。

同时云计算技术的扩容非常简单，可以直接利用闲置的 x86 架构的服务器搭建，且不要求服务器类型相同，大幅降低建设成本，并借助虚拟化技术的伸缩性和灵活性，提高资源的利用率。传统数据中心通常建立在计算机集群之上，意外的硬件损坏不可避免；而云计算技术通过将文件复制并且储存在不同的服务器，解决了硬件意外损坏这个潜在的难题。另外，几乎所有的软件和数据都在数据中心，便于集中维护，且云计算对用户端的设备要求最低，几乎不存在维护任务。

（3）海量电网数据的可靠存储。在智能电网不断建设的背景下，运检相关信息的数据量是非常巨大的。智能运检使状态监测数据向高采样率、连续稳态记录和海量存储的趋势发展，远远超出传统电网状态监测的范畴。不仅涵盖一次系统设备，还囊括了二次系统设备；不仅包括实时在线状态数据，还包括设备基本信息、试验数据、运行数据、缺陷数据、巡检记录等离线信息。数据量极大，且对可靠性和实时性要求高。以谐波电压采集系统为例，如图 2－4 所示，假设每 10ms 采集 1 次数据，三相电压在 1 个月内就达到了 7.5 亿条数据记录，对于关系数据库来说，在一张有 7.5 亿条记录的表内进行结构化查询语言（SQL）查询，效率极其低下乃至不可忍受，所以不采用传统的关系数据库，而采用基于列存储的数据管理模式，以支持数据高效管理。

云计算采用分布式存储的方式来存储海量数据，并采用冗余存储与高可靠性软件的方式来保证数据的可靠性。云计算系统中广泛使用的数据存储系统之一是 Google 文件系统（GFS）。GFS 将节点分为 3 类角色：主服务器（master server）、数据块服务器（chunk server）与客户端（client）。主服务器是 GFS 的管理节点，存储文件系统的元数据，负责整个文件系统的管理；数据块服务器负责具体的存储工作，文件被切分为 64MB 的数据块，保存 3 个以上备份来冗余存储；客户端提供给应用程序的访问接口，以库文件的形式提供。客户端首先访问主服务器，获得将要与之进行交互的数据块服务器信息，然后直接访问数据块服务器完成数据的存取。由于客户端与主服务器之间只有控制流，而客户端与数据块服务器之间只有数据流，极大地降低了主服务器的负载，并使系统的 I/O 高度并行工作，进而提高系统的整体性能。因此，云计算可以满足智能电网信息平台对海量数据存储的需要，相比较 IBM 的通用并行文件系统（GPFS）和 Sun 公司的 Lustre 等传统分布式文件系统，由于采用廉价计算机、中心服务器模式、不缓存数据以及在用户态来实现，可以在一定规模下达到成本、可靠性和性能的最佳平衡。

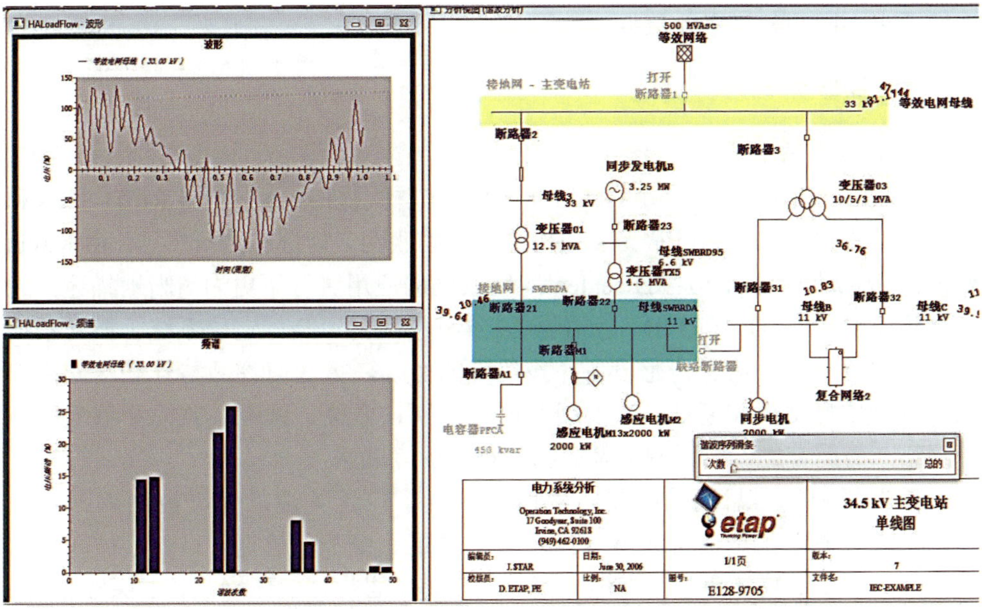

图 2-4　谐波电压采集分析系统

（4）各类电网数据的高效管理。电网数据广域分布、种类众多，包括实时数据、历史数据、文本数据、多媒体数据、时间序列数据等各类结构化和半结构化数据，各类数据查询与处理的频率及性能要求也不尽相同。例如，电网设备状态数据包括实时在线状态数据以及设备基本信息、试验数据、运行数据、缺陷数据、巡检记录、带电测试数据等离线信息，其中有结构化的采集密集的时间序列数据（包括输电线路监测的短路、泄漏电流的采样数据，故障录波器的暂态波形和事故数据）和非结构化数据（包括输电线路覆冰、舞动、危险点的图片和视频等），对在线状态数据的处理性能要求远高于离线数据。

云计算的数据管理技术能够满足智能电网信息平台对分布的、种类众多的数据进行处理和分析的需要。以作为云计算中数据管理技术的 BigTable 为例，BigTable 是针对数据种类繁多、海量的服务请求而设计的，这正符合上述智能电网信息平台的特点与需要。与传统的关系数据库不同，BigTable 把所有数据都作为对象来处理，形成一个巨大的分布式多维数据表，表中的数据通过一个行关键字、一个列关键字以及一个时间戳进行索引。BigTable 将数据一律看成字符串，不作任何解析，具体数据结构的实现需要用户自行处理，这样可以提供对不同种类数据的管理。另外，采用时间戳记录各类数据的保存时间，并用来区分数据版本，可以满足各类数据的性能要求，具有很强的可扩展性、高可用性以及广泛的适用性。因此，云计算能够高效地管理智能运检信息中类型不同、性能要求不同的各类多元数据。

2.4.3 物联网技术

1. 物联网技术应用背景

物联网由 MIT 的 Kevin Ashton 于 1998 年首次提出，他指出将 RFID 技术和其他传感器技术应用到日常物品中构造一个物联网。紧接着的第二年，由 Kevin Ashton 带头建立的 Auto－ID center 对物联网的应用进行了更为清晰地描述：通过射频识别（RFID）（RFID＋互联网）、红外感应器、全球定位系统、激光扫描器、气体感应器等信息传感设备，按约定的协议，把任何物品与互联网连接起来，进行信息交换和通信，以实现智能化识别、定位、跟踪、监控和管理的一种网络。简而言之，物联网就是“物物相连的互联网”。

作为新一代信息通信技术，物联网引发了广泛关注，并已被纳入国家战略，物联网被看作是信息领域一次重大的发展、变革和机遇，目前，物联网已经在公共服务、物流零售、智能交通、安全、家居生活、环境监控、医疗护理、航空航天等多行业多领域得到应用，涵盖了工业、环境和社会的各个方向。物联网技术在智能电网中具有广阔的应用空间，能够全方位地提高智能电网发、输、变、配、用等各个环节的信息感知深度和广度，实现智能电网的信息化和智能化。

2. 物联网技术应用方向

电力物联网是一个实现电网基础设施、人员及所在环境识别、感知、互联与控制的网络系统。其实质是实现各种信息传感设备与通信信息资源的（互联网、电信网甚至电力通信专网）结合，从而形成具有自我标识、感知和智能处理的物理实体，实体之间的协同和互动，使得有关物体相互感知和反馈控制，形成一个更加智能的电力生产、生活体系。

智能电网通过在物理电网中引入先进的感知与识别技术、通信技术、智能信息处理技术和其他信息技术，可以将发电厂、高压输电网、中低压配电网、用户等传统电网中层级清晰的个体无缝地整合在一起，使用户之间、用户与电网企业之间实时地交换数据，这将大大提高电网运行的可靠性与综合效率。

物联网作为通信、信息、传感、自动化等技术的融合，具有全面感知、可靠传递和智能处理的特征。全面感知就是让物品会说话，将物品信息进行识别，利用 RFID、传感器、二维码等能够随时随地采集物体的动态信息，并通过网络传输后台，进行信息共享和管理。可靠传递指信息通过现有的通信网络资源进行实时可靠传输。智能处理就是通过后台的庞大系统来进行智能分析和管理。真正达到人与物、物与物的沟通。物联网技术在智能运检中的应用方向可概括为以下三点：

（1）状态感知。通过射频识别（RFID）、二维码、传感器等感知、捕获、测量技术对物体进行实时信息收集和获取。

（2）信息互联。先将物体接入信息网络，再借助各种通信网络（如因特网等），可靠地进行信息实时通信和共享。

（3）智能融合。通过各种智能计算技术，对获取的海量数据信息进行分析和处理，从而实现智能化决策和控制。

3. 物联网技术在智能运检中的典型应用场景

（1）在输变电设备状态监测方面。智能运检对输变电设备运维与管控提出了新要求，以状态可视化、管控虚拟化、平台集约化、信息互动化为目标，实现设备运行状态可观测、生产全过程可监控、风险可预警的智能化信息系统。功能需求包括电网系统级的全景实时状态监测、电网设备全寿命周期状态检修、基于态势的最优化灵活运行方式、及时可靠地运行预警、实时在线仿真与辅助决策支持、电网装备持续改进等。

输变电设备在线监测与故障诊断是智能运检建设的重要组成部分。物联网作为“智能信息感知末梢”，可监测的内容主要包括气象条件、覆冰、导地线微风振动、导线温度与弧垂、输电线路风偏、铁塔倾斜、污秽度等。设备监测不仅包含电网装备的状态信息，如设备健康状态、设备运行曲线等，还包含电网运行的实时信息，如机组工况、电网工况等。

将物联网技术引入到设备故障诊断中，一方面，利用无线传感器网络强大的信息采集能力，可大大提高设备的在线监测水平，获取更多在线监测信息；另一方面，利用射频识别技术，物联网也可以为设备的故障诊断提供巡检信息，将这些信息与设备本体属性进行关联，获取设备的预防性试验和缺陷等信息。借助智能信息融合诊断方法，综合分析和处理物联网中各方面的信息，实现更为准确的诊断，有利于提高诊断系统的可靠性，从而有利于电网安全稳定运行。

（2）在输变电设备智能巡检方面。电网设备智能巡检主要借助电网设备上安装的射频识别标签，记录该设备的数据信息，包括编号、建成日期、日常维护、修理过程及次数，此外还可记录设备相关地理位置和经纬度坐标，以便构建基于地理信息系统的电网分布图。在电力巡检管理方面，通过射频识别、全球定位系统、地理信息系统及无线通信网，监控设备运行环境，掌握运行状态信息，通过识别标签辅助设备定位，实现人员的到位监督，指导巡检人员按照标准化与规范化的工作流程进行辅助状态检修与标准化作业等。

物联网利用强大而可靠的通信网络，不仅可以将在线监测信息、巡检信息实时、准确地传送到信息平台中，还可以将诊断结果及时地发送给相关工作人员，以便对设备进行维修，确保故障诊断的实时性。

以电缆运检为例，RFID 的安装可以实现电缆及通道的非开挖巡视，如图 2－5～图 2－7 所示，巡视过程只需利用移动终端即可调出电缆及通道的基本信息，一旦环境发生变化，巡检人员可以拍照记录实时导入并上传，数据准确性和及时性得到有效保证，提高了巡视效率。如果发现缺陷或者隐患，利用缺陷管理功能录入相关缺陷或者隐患，待缺陷或隐患消除后，利用巡检管理纳入历史记录并可查询。同时，后台软件作为数据存储和服务支撑平台，实现数据同步、管理、查询、上传等功能。

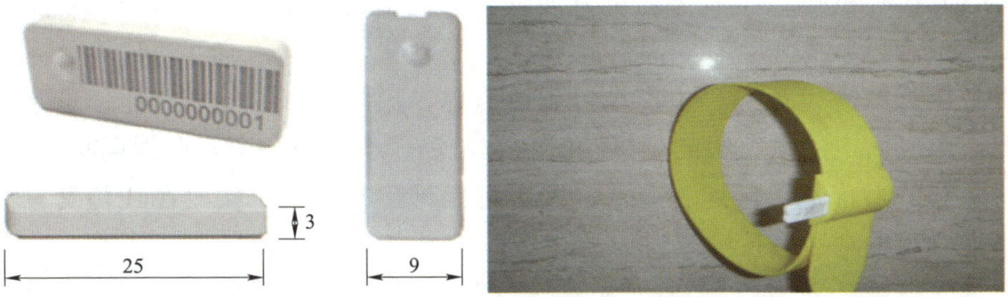

图 2－5　电子标签样图

图 2－6　电子标签现场安装效果图

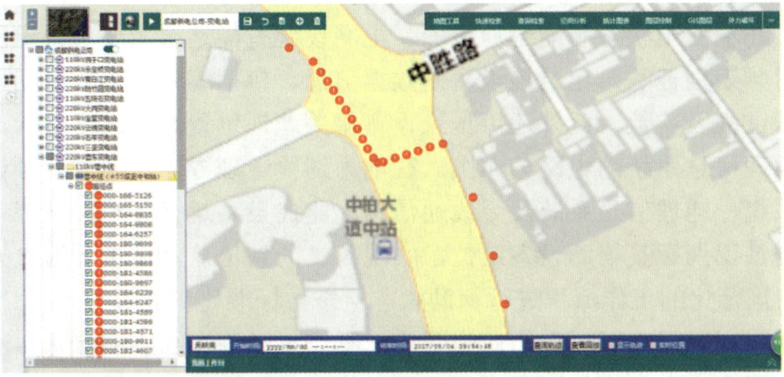

图 2－7　电子标签在电缆网监控中的应用

（3）在设备全寿命管理方面。资产全寿命周期成本管理是指从资产的长期效益出发，全面考虑资产的规划、设计、建设、购置、运行、维护、改造、报废的全过程，在满足效益、效能的前提下使资产全寿命周期成本最小的一种管理理念和方法。

电网资产全寿命周期管理是安全管理、效能管理、全周期成本管理在资产管理方面的有机结合，是立足我国基本国情，深入分析电网企业的技术特征和市场特征，总结电网资产管理实践、适应新的发展要求提出来的科学方法。国际大电网会议在 2004 年提出要用全寿命周期成本来进行设备管理，鼓励制造厂商提供产品的全生命周期成本（LCC）报告。

电子标签是物联网的内核，应用电子身份标签，可以建立包括人员、物资、设备、装备、身份管理体系，在设备制造阶段即建立设备档案库，并逐步增加设备运输、仓储、安装、试验、验收、投运、巡视、检修、拆除（位移）、退役等过程信息，支撑设备全寿命周期管理；通过人员、装备电子标签的定位识别，实现运检资源的合理调配和运检进度管控；通过设备身份智能检测与识别技术，实现对设备的快速定位，支撑设备巡检和历史数据查询，支撑备品备件、工器具、仪器仪表的出入库智能管理；通过各类传感器监测电网设备的全景状态信息，并与设备本体属性进行关联，评估设备状态并预估寿命，为周期成本最优提供辅助决策等功能，实现电力资产全寿命周期管理。

（4）在生产过程现场安全管控方面。电力运维和检修工作中，因人员误入间隔或带电区域导致的人身、设备事故时有发生。通过物联网技术、带电感知技术的研究和现场应用，可以实现作业前安全风险区域划分，作业期间实施过程管控，实现室内、室外条件下运维检修人员和电网设备的精确定位，对误入间隔、误入带电区域等情况进行预判和预警，有效提高现场安全管控水平。

2.4.4　移动互联技术

1. 移动互联术应用背景

设备巡视、检修、维护、增容扩建现场管理等工作的模式多是工作人员携带图表到现场查询，用图表记录巡检、检修、试验信息、设备运行状况及设备缺陷，回到班组后再将现场作业信息的结果录入 PMS2.0 系统中或以纸质文档保存。随着电网设备数量的增加和规模的扩大，巡检环境也更加复杂，传统巡检方式面临着巡检操作过于依赖巡检人员的经验与状态、纸笔记录对环境要求较高、巡检的真实性依赖于巡检人员自觉、巡检数据不易于保存与查阅、不能对人员设备实行信息化管理等问题，很容易出现如漏巡、漏记、补记、不按时或定时巡检和修试，不按章理巡视、检修和试验，纸质图表较难维护更新带来数据的准确性无法保证等诸多不足与人为失误因素。

随着4G/5G移动通信网络以及移动终端技术的迅猛发展，特别是移动上网、数据业务等功能的普及，供电企业开始采用移动应用作为企业信息化的扩展。建立基于移动网络的数据传输和数据安全机制，将电网运检信息实时无线同步到移动终端，实现数据共享互动和移动多元化应用，改变了传统通过现场人工记录数据并录入系统的工作。

基于移动互联技术可以建设一套先进、科学、可操作性强的现场移动作业系统，包括采用现代物联网、移动互联和图像识别、移动视频等技术，形成更加完善的运维检修远程技术支撑平台，使生产运维工作规范化、流程化、电子化、远程化，改变因地理距离扩大带来的传统运检工作中效率低下和烦琐的现状。

2. *移动互联技术的应用方向*

随着网络技术朝着越来越宽带化的方向发展，移动通信产业将走向真正的移动信息时代。随着集成电路技术的飞速发展，移动终端已经拥有了强大的处理能力，移动终端正在从简单的通话工具变为一个综合信息处理平台。这也给移动终端增加了更加宽广的发展空间。

随着国家电网集约化转型升级以及移动终端技术的逐步成熟，在需求与技术的双重驱动下，移动终端在电网企业日常运营，特别是智能运检技术中具有极高的应用价值。基于移动终端技术建立现场移动作业平台，可以统一规范各单位巡视、检修、高压试验、继电保护等专业现场作业。

通过移动终端技术可以提高内部沟通效率，减少重复的管理成本，提高电网和设备可靠性，提升企业形象和市场竞争力。利用移动作业终端，建立集中的现场作业数据平台，可以加强对作业结果的分析，大幅提高现场安全管控水平和管理决策水平。同时，标准化移动作业是从传统的设备检修方法向设备状态检修发展的不可或缺的支撑保障，也是保证电网设备评级和状态检修制度切实可行和有效实施的手段。主要应用方向体现如下：

（1）智能化。智能移动终端能提供标准化的作业流程和规范，为操作人员提供智能指导、智能判断、智能统计、智能分析的辅助作用。

（2）互联网化。随着电力专用网络的推广和普及，移动智能运检作业一定是基于互联网的，互联网化的移动作业终端能进一步加快精益化管理目标的实现。

（3）平台化。移动智能运检方式一定以智能装备为基础，形成一套由移动作业终端、站内机器人和设备传感器多种方式相结合的平台化体系，多种运检方式将长期并存和互补。

3. *移动互联技术在智能运检中的典型场景*

（1）设备快速识别。运检人员在进行设备巡视和检修时，需要确定当前设备的各项基础信息、历史运行数据以及缺陷数据等，通过以上技术手段结合智能移动终端，巡检人员能通过智能终端能快速获取设备 ID，然后利用此 ID 快速从服务器查询出所需的各类数据信息，从而加快巡视和检修工作速度，提高工作效率。

采用基于图像识别的仪器仪表读数识别技术能让移动智能终端具备通过拍照或视频实时识别设备读数的能力，在班组巡视过程中遇到需要抄录的数据项时，可快速自动读取设备读数，避免手工录入，节省录入时间，配合头戴式增强现实智能移动设备能极大弥补设备录入数据不方便的短板，增强头戴式智能移动设备的实用价值。

此外，为运检管控中心和各级管理人员提供作业进展情况、人员轨迹、现场风险信息、作业质量信息，通过移动作业终端获取人员的实时位置，与历史轨迹比对，对工作人员的到岗到位情况进行检查。利用高精定位技术，特别是基于北地基增强的高精定位技术能将定位精度提升至厘米级，终端能精确获取当前位置，可用于引导、规划巡检人员的行进路径，管理和监督巡检人员的到岗到位状态，能提高巡检效率和质量。

（2）即时通信与专家会商。通过移动终端可以实现与运检指挥中心的值班人员、设备部等相关部门的技术管理支撑人员的即时通信和实时穿透收取消息。指挥中心可以指定推送到特定单位、特定手机，APP 收到后可进行回复，反馈现场问题，并且通过接单的方式实现 APP 工作的派发。

将智能语音技术（TTS/STT）运用于一线员工实时通信中，班组成员可直接使用 STT 技术将自身的语音转换为文本，从而达到快速录入如巡视结果、缺陷以及隐患的描述信息等文本信息。如遇紧急情况自己无法判断故障或问题时，可以与专家组现场组会沟通，互发语音、文字、图片、短视频等。此外，还可添加联系人、组建群组、收发群组信息及个人信息等。

此外，手持式智能移动终端或者头戴式智能移动终端，通过应用增强现实技术，班组成员可通过终端屏幕查看叠加在真实设备中的辅助显示信息，也可用于远程专家系统、培训系统以及巡视系统中。

（3）缺陷及故障等的快速诊断。部分专业设有状态监测典型案例库，可以供移动终端随时调用，而且案例库是开放式的大数据库，内容可不断更新完善。通过终端的专家系统模块，可将异常图谱跟专家系统典型案例库中的典型图谱进行比对来辅助判断，解决问题。

近两年来，受益于大量的样本数据，深度神经网络在图像识别、语音识别领域获得重大突破，其识别准确率大幅提升，将深度神经网络移植到移动终端，使移动终端具备识别电网设备和设备缺陷的能力。班组成员通过智能移动终端实现设备缺陷识别，并能够快速查找设备及部件资料以及历史缺陷信息的资料，自动标注缺陷位置、生成缺陷描述信息，帮助班组成员快速录入缺陷信息。

（4）专业任务匹配与安排。通过班组移动作业平台，分专业开展不同作业任务，进而可以对多专业的工作情况直接掌控。以变电专业巡视为例，通过移动作业实现任务全过程管理，如图 2－8 所示。

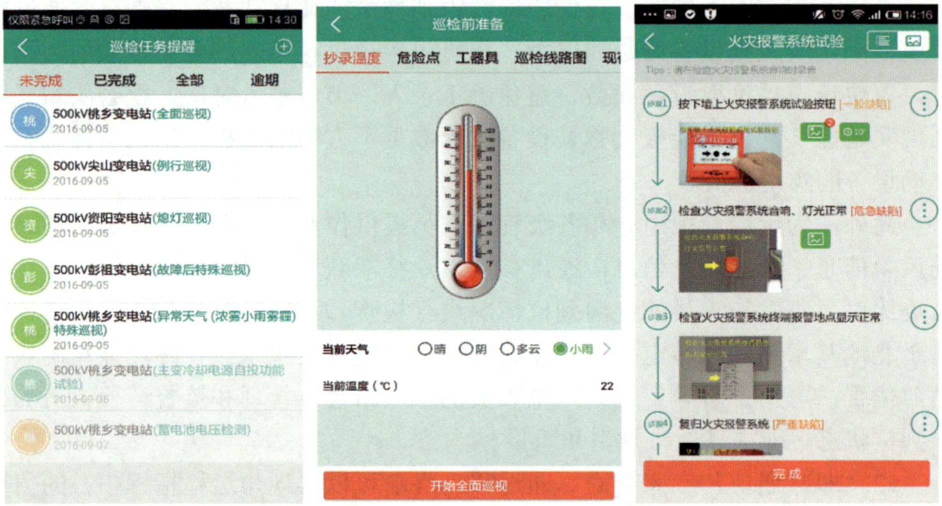

（a）　　　　（b）　　　　（c）

图 2－8　移动终端在运检作业中的使用流程

（a）任务下达；（b）作业准备；（c）作业执行

2.4.5　人工智能技术

1. 人工智能技术应用背景

人工智能（Artificial Intelligence，AI）是一门前沿和交叉学科。《MIT 认知科学百科全书》中定义“人工智能既是一种涉及智能机器建造的工程学科，又是一种涉及人类智能计算建模的经验学科”。国际人工智能协会（AAAI）将人工智能定义为“科学地理解思维和智能行为的机制，并将其赋予机器”。在目前流行的 AI 教科书中对人工智能的定义是“智能主要与理性行为相关，要采取一个环境中最好的可能行为，智能体要像人一样合理地思考、合理地行动”。经过 60 多年的演进，大数据驱动知识学习、跨媒体协同处理、人机协同增强智能、群体集成智能、自主智能系统等已成为新一代人工智能的发展重点，其特点如下：

（1）高动态、高维度、多模式分布式大场景跨媒体感知。目前的研究重点包括超越人类视觉能力的感知获取、面向真实世界的主动视觉感知及计算、自然声学场景的听知觉感知及计算、自然交互环境的言语感知及计算、面向异步序列的类人感知及计算、面向媒体智能感知的自主学习、城市全维度智能感知推理引擎等技术。低成本低能耗智能感知、复杂场景主动感知、自然环境听觉与语言感知、多媒体自主学习等理论将成为未来研究趋势。

（2）持续增量自动获取知识，具备概念识别、实体发现、属性预测、知识演化建模能力。目前的研究重点包括知识计算和可视化交互引擎、研究创新设计、数字创意和以可视媒体为核心的商业智能等知识服务技术。基于知识加工、深度搜索和可交互核心技术形成涵盖数十亿实体规模的多源、多学科和多数据类型的跨媒体知识图谱将成为未来研究趋势。

（3）学习与思考接近或超过人类智能水平的混合增强智能。目前的研究重点包括“人在回路”的混合增强智能、人机智能共生的行为增强与脑机协同、复杂数据和任务的混合增强智能学习方法、云机器人协同计算方法、真实世界环境下的情境理解及人机群组协同等技术。基于人机协同共融的情境理解与决策学习、机器直觉推理与因果模型、联想记忆模型与知识演化等理论，形成环境自适应、知识自学习及精确结果预判的强人机协作模式将成为未来研究趋势。

（4）跨媒体知识表征、分析、挖掘、推理、演化和利用。目前的研究重点包括跨媒体统一表征、知识图谱构建与学习、智能生成等技术。基于关联理解与知识挖掘、知识演化与推理等技术完成互联网多模态数据信息统一表征、实体关联关系分析及潜在信息挖掘的智能模式将成为未来研究趋势。

（5）多风格、多语言、多领域的自然语言智能理解和自动生成。目前的研究重点包括短文本的语义计算与分析、跨语言文本挖掘技术和面向机器认知智能的语义理解、多媒体信息理解的人机对话系统等技术。基于自然语言的语法逻辑、字符概念表征和深度语义分析的核心技术推进人类与机器的有效沟通和自由交互，形成多语言统一表征，文字、语音、图像等多媒体同维度语义表示、多轮对话语义记忆以及目的性自然语言生成等能力将成为未来研究趋势。

人工智能是当前最具颠覆性的技术之一，各国政府、研究机构和企业已积极行动，制订技术战略、密切跟踪最新技术发展，当前，人工智能加速发展，已经具备在各领域落地应用的条件。党中央、国务院高度重视人工智能技术的发展，将其上升为国家战略，2017 年 7 月，国务院印发《新一代人工智能发展规划》。国家科技部公布首批人工智能开放创新平台，推进人工智能创新和规模化应用，促进人工智能与实体经济深度融合。人工智能技术作为新一轮产业变革的核心驱动力、经济发展的新引擎，将带动各行业形成智能化新需求，催生一大批智能化新技术、新产品、新产业，推动社会从数字化、网络化向智能化飞跃。

2. 人工智能技术的应用方向

智能电网的发展，也为人工智能技术应用提供了广阔的平台，2017 年 8 月，国家电网启动人工智能相关工作，形成《人工智能专项规划》。基于数据驱动的电力人工智能技术将发挥越来越重要的作用，并将成为电网发展的重要战略方向和电网智能化发展的必然解决方案。人工智能技术是助力新一代电力系统建设的重要支撑，是推动电网管理方式创新的重要引擎，人工智能技术在电网建设、经营、决策、管理等领域中具有广阔的应用前景，将对提高大电网驾驭能力、保障能源安全，更好地服务经济社会发展发挥积极作用。新一代人工智能的发展将推动电网的生产方式变革，提升大电网生产运行水平，促进公司瘦身健体、提质增效，提升业务创新能力。

（1）人工智能可有效提升驾驭复杂电网的能力，如基于人工智能的新一代电网仿真技术将基于环境识别、复杂内外部条件认知，以数据为基础，自动提取电网稳定特征，实现对电网运行方式稳定性和措施有效性的快速判断；利用人工智能技术实现新能源发电波动、电网运行状态、用户负荷特性和储能资源的整体预知，提高新能源消纳水平和源、网、荷、储的实时交互协同。

（2）为电网庞大资产的管理带来全新的手段甚至根本性创新。面对数量庞大的电网基础设施和设备，靠人工已经难以完成运维检修任务，而且存在安全风险。未来将大量利用实体化的人工智能载体，如机器人、无人机等对输电线路和电网关键设备进行巡检，并结合卫星遥感、雷达等数据基于人工智能技术对线路和设备的状态进行综合分析。人工智能在提高劳动生产力的同时，将带来管理方式和行为伦理上的变革。

（3）电网未来将以数据为核心，数据将成为公司最核心的资产之一，未来电网对人工智能的终极应用是对数据的处理，实现数据—信息—知识—决策的价值实现。

3. 人工智能技术在智能运检中的典型场景

（1）输变电设备巡检及输电通道风险评估。综合利用直升机、无人机、巡线（巡检）机器人、视频、图像等对输变电设备本体和输电通道环境进行立体巡检和风险评估将成为未来电网巡检的主要手段。目前，对于立体巡检获得的海量可见光图片及视频、红外图像、激光扫描三维图像和遥感图像，主要通过人工方式用肉眼分辨筛选出缺陷位置、缺陷类型和输电通道环境变化情况，效率低下且重复工作量巨大。图像识别是新一代人工智能技术最具应用价值并且应用效果最好的领域之一，公司在输电本体和通道缺陷、防外破图像识别，变电开关刀闸位置、表计识别等方面均有很多尝试，并取得了不错的效果，对提高一线班组数据分析辨别效率有极大帮助。因此基于图像识别、知识图谱构建及推理等新一代人工智能算法，有效处理立体巡检获得的图像及视频数据，准确识别出输变电设备本体的缺陷和输电线路通道的潜在风险，可以大幅提高输变电设备巡检和输电通道风险评估的精度和效率。

（2）电网主要灾害预警预报。电网主要灾害的成灾机理非常复杂，对灾害发生可能性和严重程度的预警、预测需综合考虑气象参数、地形地貌特征和线路自身结构特性等的耦合影响，无法用传统的方法建立考虑全部影响因素的物理和数学模型。因此，有必要结合已有电网主要灾害事故记录，避开对成灾机理的解析模型研究，利用深度学习算法及跨媒体分析推理技术等挖掘主导影响因素，建立影响参数和灾害特征之间的映射关系，基于小样本深度学习技术，完善基于气象—监测—线路结构—灾害发生—破坏程度等环节的一体化灾害智能预警模式，解决目前由于灾害数据稀缺而导致预警精度不足问题。

（3）输电线路无人机智能巡检。输电线路无人机巡检技术可大幅提高巡视人员的工作效率，目前的无人机巡检需要多名技术人员配合操作，对操作人员的技术水平有着较高的要求，在复杂线路巡检过程中增加了由于操作失误而引发安全事故的风险，因此需要开展无人机的自主巡航和主动避障等技术的研发。无人机的设备识别和故障识别受到拍摄视角、背景环境等多重因素的影响，需要开展适用于复杂环境背景的输电线路无人机多场景目标自动识别研究，开展自主巡检策略研究，实现对重点施划区域异常部件/部位的多视角自主检测。

（4）输变电设备故障智能诊断和状态评估。我国输电线路运营规模已经跃居世界首位，目前积累了大量多源异构的故障、缺陷及隐患数据，亟需突破常规深度学习只针对二维空间语义信息建模的限制，对现有海量数据进行智能融合和深层特征提取，对输电线路的潜在缺陷进行深层识别和评估，并重点解决老旧线路运行状态评估的难题。变电设备状态评估和故障诊断技术需要摆脱以往基于单一逻辑法则的方式，利用人工智能技术应用多维度设备状态信息，建立应用多源异构数据的广域多维度深度学习复合模型，通过对变电站设备状态数据的深度学习，实现对设备故障的准确研判和设备状态的评估分析，大幅提升设备状态评价的准确性和时效性。

（5）变电站机器人智能巡检。巡检机器人已经在变电站得到了大量应用，传统的机器人需要磁轨和激光导航，无法主动避障。新一代巡检机器人将基于导航图像的知识积累和深度学习，通过空间导航和智能巡检规划，优化巡检路径和重点排查区域的规划，根据不同的巡检视角开展变电站设备标牌识别、自动读表等，利用巡检机器人的光、声、热等检测手段，实现对变电站设备状态的诊断评估。此外，传感器是变电设备状态获取的重要元件，目前的传感器设计功能单一，传感器与信号处理分离，无法实现检测数据的就地化处理，无法实现传感器之间的信息互享，需要加强传感终端的智能化水平，研究智能传感器群组策略，需要对传感器的无效数据进行预筛查和清理，应用人工智能技术实现设备状态就地感知和研判，实现对设备状态的初步诊断分析，进一步提升变电站巡检中的智能化水平。

（6）配用电设备健康状态智能管控。配电网点多、面广、量大，仅凭借人工难以实现对海量配电设备与计量装置的有效监测、运维、评价与风险预警。分布式能源的大量接入，使得配电网不确定小样本环境下的多模态耦合特征愈发突出，亟待借助智能感知、大数据、云计算等技术，利用深度强化学习、对抗学习等理论打破配用电运维监测、评价分析的技术瓶颈，对配电网内的配电设备与计量装置的健康状况等进行全方位、多视角在线监测、评价与风险预警，快速、准确、智能定位设备故障点，提升资产全寿命周期管理水平。

（7）现场高效作业与安全风险智能预警。作业现场存在小型分散、作业点多面广、安全监管难、人身安全风险大等问题，需要研究通过视频抓取、图像识别、跨媒体感知、智能穿戴、机器智能学习、计算机视觉等技术，实现现场作业风险管控、作业工器具在线安全诊断、作业人员行为智能感知、作业风险智能预警、作业模拟真实场景在线培训等，减少人工差错，增强现场作业安全性和效率，提升现场作业的标准化、自动化、智能化水平。

第3章 电网状态感知技术

电网状态感知是应用各种传感、量测技术实现对状态的准确、全面感知，用于评估设备运行状态，实现对设备状态的精准管控，电网状态感知包括对设备本体以及外部环境通道的状态感知，是构成电网智能运检应用的数据基础，电网状态感知技术的应用对于保障电网及设备的安全运行有重要意义。目前已有一批成熟技术在实际中得到应用，发现了大量设备缺陷及外部威胁，对保障电网及设备的安全运行起到了重要作用，本章对设备带电检测、输变配电的在线监测、卫星遥感等技术的原理和应用进行介绍。

3.1 带电检测技术

电力设备带电检测是指在不停电状态下利用检测装置对高压电气设备状态进行检测，从而掌握设备运行状态。该方法一般采用便携式设备在带电状态下进行检测，有别于安装固定监测装置进行长期连续的在线监测。带电检测是发现设备潜伏性缺陷的有效手段，是预防设备故障的重要措施之一。本节对红外热像、局部放电、紫外成像、设备结构检测等检测技术进行介绍。

3.1.1 红外热像检测技术

自然界中，一切温度高于绝对零度（−273.16℃）的物体都会辐射出红外线，辐射出的红外线带有物体的温度特征信息。通过对设备红外辐射量的检测可实现对设备温度的测量，基于设备温度的横向、纵向对比可实现设备运行状态诊断。

1. 红外热像仪基本原理

红外辐射是指电磁波谱中比微波波长短、比可见光波长长（$0.75\mu m<\lambda<1000\mu m$）的电磁波。实际的物体都具有吸收、辐射、反射、穿透红外辐射的能力，吸收为物体获得并保存来自外界的辐射；辐射为物体自身发出的辐射；反射为物体弹回来自外界的辐射；透射为来自外界的辐射经过物体穿透出去，电

磁辐射频谱图如图 3-1 所示。但对大多数物体来说，对红外辐射不透明，即透射率 $\tau=0$，所以对于实际测量来说，辐射率 ε 和反射率 ρ 满足：$\varepsilon+\rho=1$。

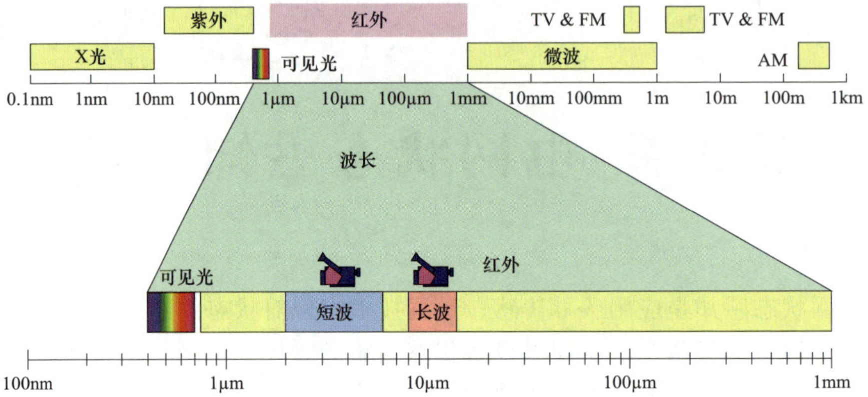

图 3-1　电磁辐射频谱图

实际物体的辐射由两部分组成：自身辐射和反射环境辐射（见图 3-2）。光滑表面的反射率较高，容易受环境影响（反光）；粗糙表面的辐射率较高。电力设备的红外检测，实质是对设备（目标）发射的红外辐射进行探测及显示的过程。设备发射的红外辐射功率经过大气传输和衰减后，由检测仪器光学系统接收并聚焦在红外探测器上，并把目标的红外辐射信号功率转换成便于直接处理的电信号，经过放大处理，以数字或二维热图像的形式显示目标设备表面的温度值或温度场分布。红外测温原理示意图如图 3-3 所示。

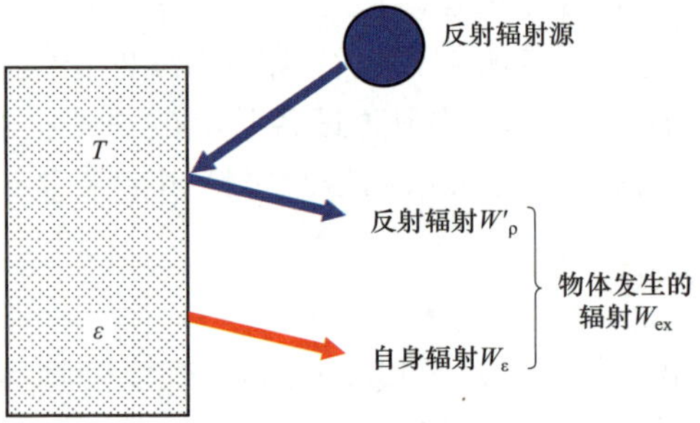

图 3-2　实际物体的红外辐射

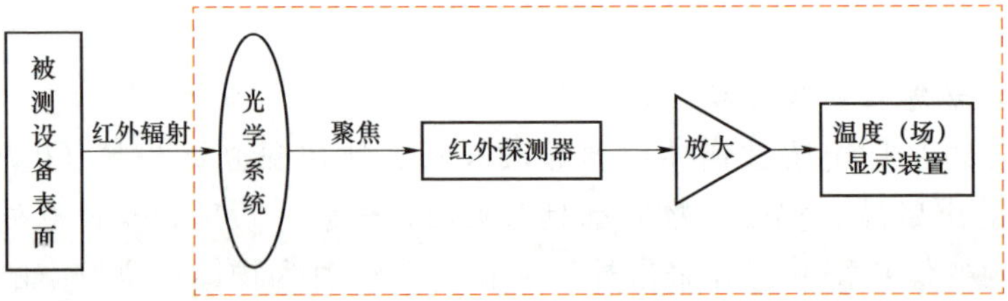

图 3-3　红外测温原理示意图

2. 电网设备发热机理

从红外检测与诊断的角度可将高压电气设备的发热故障分为外部故障和内部故障。

外部故障是指裸露在设备外部各部位发生的故障（如长期暴露在大气环境中工作的裸露电气接头故障、设备表面污秽以及金属封装的设备箱体涡流过热等）。从设备的热图像中可直观地判断是否存在热故障，根据温度分布可准确地确定故障的部位及故障严重程度。

内部故障则是指封闭在固体绝缘、油绝缘及设备壳体内部的各种故障。由于这类故障部位受到绝缘介质或设备壳体的遮挡，通常难以直观获得故障信息。但是依据传热学理论，分析传导、对流和辐射三种热交换形式沿不同传热途径的传热规律（对于电气设备而言，多数情况下只考虑金属导电回路、绝缘油和气体介质等引起的传导和对流），并结合模拟试验、大量现场检测实例的统计分析和解体验证，也能够获得电气设备内部故障在设备外部显现的温度分布规律或热（像）特征，从而对设备内部故障的性质、部位及严重程度作出判断。从发热机理上讲，电气设备主要发热原因可分为以下五类。

（1）电阻损耗（铜损）增大故障。电力系统导电回路中的金属导体都存在相应的电阻，因此当通过负荷电流时，必然有一部分电能按焦耳－楞茨定律以热损耗的形式消耗掉。由此产生的发热功率为

$$P=K_f I^2 R \tag{3-1}$$

式中 P——发热功率，W；

I——通过的电荷电流，A；

R——载流导体的直流电阻值，Ω；

K_f——交流电路中计及趋肤效应和邻近效应时使电阻增大的系数。当导体的直径、导电系数和导磁率越大，通过的电流频率越高时，趋肤效应和邻近效应越显著，附加损耗系数 K_f 值也越大。因此，在大截面积母线、多股绞线或空心导体，通常均可以认为 $K_f=1$，其影响往往可以忽略不计。

式（3-1）表明，如果在一定应力作用下导体局部拉长、变细，或多股绞线断股，或因松股而增加表面层氧化，均会减少金属导体的导流截面积，从而造成增大导体自身局部电阻和电阻损耗的发热功率。对于导电回路的导体连接部位而言，式（3-1）中的电阻值应该用连接部位的接触电阻 R_j 来代替，并在 $K_f=1$ 的情况下，改写成 $P=I^2R_j$。

电力设备载流回路电气连接不良、松动或接触表面氧化会引起接触电阻增大，该连接部位与周围导体部位相比，就会产生更多的电阻损耗发热功率和更

高的温升，从而造成局部过热。

（2）介质损耗增大故障。除导电回路以外，固体或液体（如油等）电介质也是许多电气设备的重要组成部分，该种介质在交变电压作用下引起的损耗，通常称为介质损耗。并可表示为

$$P=U^2\omega C\tan\delta \tag{3-2}$$

式中 U——施加的电压，V；

ω——交变电压的角频率；

C——介质的等值电容，F；

$\tan\delta$——绝缘介质损耗因数。

由于绝缘电介质损耗产生的发热功率与所施加的工作电压平方成正比，而与负荷电流大小无关，因此称这种损耗发热为电压效应引起的发热，即电压致热型发热故障。

式（3-2）表明，即使在正常状态下，电气设备内部和导体周围的绝缘介质在交变电压作用下也会有介质损耗发热。当绝缘介质的绝缘性能出现故障时，会引起绝缘介质的介质损耗（或绝缘介质损耗因数 $\tan\delta$）增大，导致介质损耗发热功率增加，设备运行温度升高，该种原因引起的设备发热温升通常仅有几摄氏度，所以对于测量装置要求较高。介质损耗的微观本质是电介质在交变电压作用下将产生两种损耗：一种是电导引起的损耗；另一种是由极性电介质中偶极子的周期性转向极化和夹层界面极化引起的极化损耗。

（3）铁磁损耗（铁损）增大故障。由绕组或磁回路组成的高压电气设备，由于铁芯的磁滞、涡流而产生的电能损耗称为铁磁损耗或铁损。由于设备结构设计不合理、运行不正常，或者由于铁芯材质不良，铁芯片间绝缘受损，导致出现局部或多点短路现象，可分别引起回路磁滞或磁饱和或在铁芯片间短路处产生短路环流，增大铁损并导致局部过热。另外，对于内部带铁芯绕组的高压电气设备（如变压器和电抗器等），如果出现磁回路漏磁，还会在铁制箱体产生涡流发热。由于交变磁场的作用，电器内部或载流导体附近的非磁性导电材料制成的零部件有时也会产生涡流损耗，因而导致电能损耗增加和运行温度升高。

（4）电压分布异常和泄漏电流增大故障。有些高压电气设备（如避雷器和输电线路绝缘子等）在正常运行状态下有一定的电压分布和泄漏电流，当出现故障时，将改变其分布电压 U_d 和泄漏电流 I_g 的大小，并导致其表面温度分布异常。此时的发热虽然仍属于电压效应发热，但发热功率由分布电压与泄漏电流的乘积决定，即

$$P=U_d I_g \tag{3-3}$$

（5）缺油及其他故障。油浸式高压电气设备由于渗漏或其他原因（如变压器套管未排气）而造成缺油或假油位，严重时可以引起油面放电，并导致表面

温度分布异常。这种热特征除放电时引起发热外，通常主要是由于设备内部油位面上下介质（如空气和油）热容系数不同所致。

除了上述各种主要故障模式以外，还有由于设备冷却系统设计不合理、堵塞及散热条件差等引起的热故障。

3. 红外检测要求

（1）一般检测环境要求。检测时应尽量避开视线中的遮挡物，如门和盖板等；环境温度一般不低于 5℃，相对湿度一般不大于 85%；天气以阴天、多云为宜，夜间图像质量为佳；不应在雷、雨、雾、雪等气象条件下进行，检测时风速一般不大于 5m/s；户外晴天要避开阳光直接照射或反射进入仪器镜头，在室内或晚上检测应避开灯光的直射，宜闭灯检测；检测电流致热型设备，最好在高峰负荷下进行，如不满足，一般也应在不低于 30%的额定负荷下进行，同时应充分考虑小负荷电流对测试结果的影响。

（2）精确检测环境要求。除满足一般检测的环境要求外，还应满足以下要求：风速一般不大于 0.5m/s；设备通电时间不小于 6h，最好在 24h 以上；检测应在阴天、夜间或晴天日落 2h 后；被检测设备周围应具有均衡的背景辐射，应尽量避开附近热辐射源的干扰，某些设备被检测时还应避开人体热源等的红外辐射；避开强电磁场，防止强电磁场影响红外热像仪的正常工作。

（3）飞机巡线检测基本要求。除满足一般检测的环境要求和飞机适行的要求外，还应满足以下要求：禁止夜航巡线，禁止在变电站和发电厂等上方飞行；飞机飞行于线路的斜上方并保证有足够的安全距离，巡航速度以 50～60km/h 为宜；红外热成像仪应安装在专用的带陀螺稳定系统的吊舱内。

（4）现场操作方法。

1）一般检测。仪器在开机后需进行内部温度校准，待图像稳定后方可开始工作。一般先远距离对所有被测设备进行全面扫描，发现有异常后，再有针对性地近距离对异常部位和重点被测设备进行准确检测。仪器的色标温度量程宜设置在环境温度加 10～20K 的温升范围。有伪彩色显示功能的仪器，宜选择彩色显示方式，调节图像使其具有清晰的温度层次显示，并结合数值测温手段，如热点跟踪、区域温度跟踪等手段进行检测。应充分利用仪器的有关功能，如图像平均、自动跟踪等，以达到最佳检测效果。环境温度发生较大变化时，应对仪器重新进行内部温度校准，校准方法按仪器的说明书进行。作为一般检测，被测设备的辐射率一般取 0.9。

2）精确检测。检测温升所用的环境温度参照物应尽可能选择与被测设备类似的物体，且最好能在同一方向或同一视场中选择。在安全距离允许的条件下，红外仪器宜尽量靠近被测设备，使被测设备（或目标）尽量充满整个仪器的视场，以提高仪器对被测设备表面细节的分辨能力及测温准确度，必要时，可使用中、长焦距镜头。线路检测一般需使用中、长焦距镜头。为了准确测温或方便跟踪，应事先设定几个不同的方向和角度，确定最佳检测位置，并可做上标记，以供复测用，提高互比性和工作效率。正确选择被测设备的辐射率，特别要考虑金属材料表面氧化对选取辐射率的影响。将大气温度、相对湿度、测量距离等补偿参数输入，进行必要修正，并选择适当的测温范围。记录被检设备的实际负荷电流、额定电流、运行电压，被检物体温度及环境参照体的温度值。

4. 红外检测技术应用

（1）手持式、便携式红外热像仪。手持式、便携式红外热像仪在电力设备带电检测中已经广泛使用，具有灵活、使用效率高、诊断实时的优点，是目前常规巡检普测和精确测温的主要使用方式。

（2）连续监测式红外热像仪。连续监测式红外热像仪主要用于无人值守变电站、重点设备的连续监测，以红外热成像和可见光视频监控为主，智能辅助系统为辅，具有自动巡检、自动预警、远程控制、远程监视以及报警等功能。主要包括固定式和移动式。固定式为定点安装，可实现重点设备的长时间连续监测，运行状态变化预警。移动式的优势是布点灵活，可监测设备覆盖全面，适合隐患设备的后期分析监测、缺陷设备检修前的运行监测。连续监测式红外热像仪如图 3-4 所示。

图 3-4　连续监测式红外热像仪

（3）线路巡检车载式、机载吊舱式红外热像仪。车载红外监控系统主要应用于城市配网和沿路线路检测，可大幅提高巡检效率。小型无人机主要指旋翼型无人机，搭载小型红外热像仪可实现测温、拍照、录像、存储等基本巡检工作。单次飞行可实现少量杆塔巡检工作。中型无人机主要搭载 6～8kg 吊舱完成巡检工作，配合出色的飞控可以实现超视距 3～4km 范围内的线路巡检任务，可搭载高清相机和热像仪，可叠加地理信息坐标、定位杆塔、实时测温分析等。大型无人机可搭载 20kg 及以上吊舱设备完成数十千米范围的线路巡检工作，红外、紫外、可见光数据可以通过地面控制站实时传输，地面数据分析系统可系统化处理采集到的所有数据。直升机巡检系统主要依靠 30kg 左右的光电吊舱设备对超高压、特高压线路进行巡检，可记录红外、紫外、可见光等数据。车载式、机载吊舱式红外热像仪如图 3-5 所示。

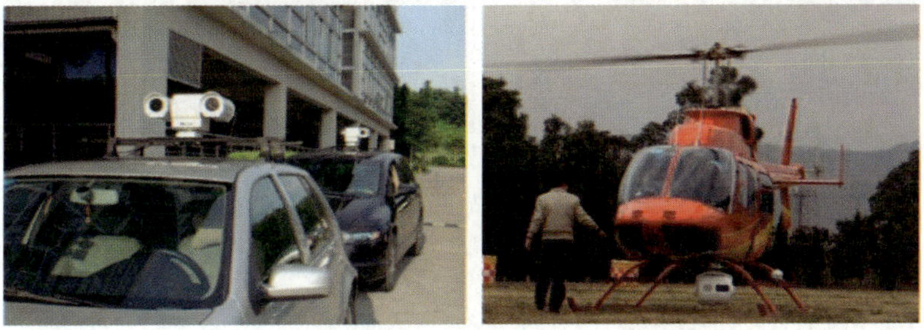

图 3-5　车载式、机载吊舱式红外热像仪

（4）巡检机器人红外热像仪。变电站智能巡检机器人集机电一体化、多传感器融合、磁导航、机器人视觉、红外检测技术于一体，解决了人工巡检劳动强度大等问题。通过对图像进行分析和判断，及时发现电力设备的缺陷、外观异常等问题。

5. 典型故障/缺陷

通过典型实际案例红外热像图的分析，诊断设备各种故障的形式，图 3-6 分别展示了变压器、断路器、电压互感器等主要红外热像缺陷。

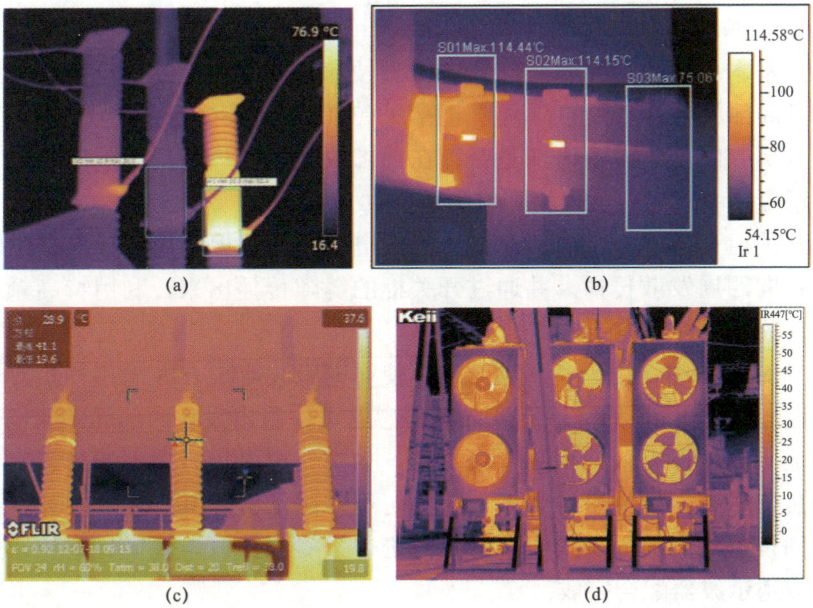

图 3-6　典型缺陷/故障红外热像图（一）

（a）断路器 C 相内部发热；（b）主变压器本体螺栓发热；（c）主变压器套管局部温度高表面污秽；（d）主变压器高压侧右面散热器故障

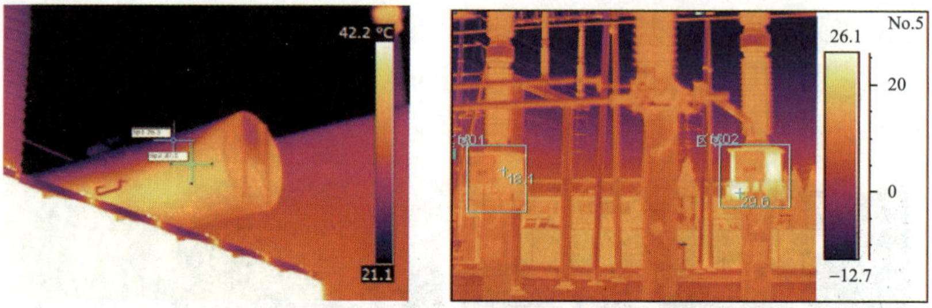

(e) (f)

图 3-6 典型缺陷/故障红外热像图（二）

（e）油枕隔膜脱落；（f）电压互感器电磁单元匝间短路

3.1.2 局部放电检测技术

局部放电是电气设备在故障发展初期最为重要的表现特征之一，当设备存在局部放电时，通常会同时产生各类信号，包括特高频信号、超声波信号、高频信号等，针对不同的设备类型及放电原因，选择对应检测方法即可实现对设备局部放电的准确检测。特高频和超声波局部放电检测技术主要应用于 GIS 设备、开关柜、配网架空线路等的局部放电检测，高频局部放电检测技术主要应用于变压器、电缆等的局部放电检测，暂态地电压局部放电检测技术主要应用于开关柜等的局部放电检测。

1. 特高频局部放电检测技术

（1）基本原理。特高频局部放电检测技术基本原理是通过特高频传感器对电气设备局部放电时产生的特高频电磁波（300MHz～3GHz）信号进行检测，通过特征分析判断电气设备内部是否存在局部放电以及诊断局部放电类型、位置及严重程度，实现局部放电检测，如图 3-7 所示。

在开关柜设备中，当内部存在局部放电时，开关柜中局部放电产生的特高频信号将向四周发散传播，并通过开关柜的缝隙传播出来，利用特高频传感器可实现开关柜局部放电的检测。

在 GIS 设备中，由于其同轴结构，使得电磁波能在 GIS 管道内进行长距离传播，通过 GIS 设备的浇注孔或内置传感器可检测出设备内部局部放电。由于其频带范围高，可有效地抑制背景噪声，如空气电晕等。由于通信、广播等类型的干扰信号有固定的中心频率，因而可用带阻法消除其影响。另外，还可通过在不同位置测到的局部放电信号的时延差来对局部放电源进行定位，此时通常需要应用示波器配合完成。

（2）特高频局部放电检测装置组成。特高频局部放电检测装置一般由特高频传感器、信号放大器、检测仪主机及分析诊断单元组成，其组成示意图如图 3-8 所示。特高频传感器负责接收电磁波信号，并将其转变为电压信号，再

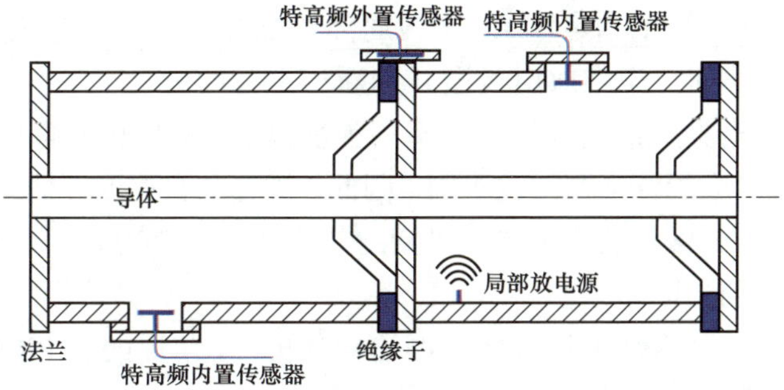

图 3－7　特高频检测法基本原理图

经过信号处理与放大，由检测仪器主机完成信号的 A/D 转换、采集及数据处理工作。然后将预处理过的数据经过网线或 USB 数据线传送至分析主机，分析诊断软件将数据进行实时显示，并给出局部放电缺陷类型诊断结果。

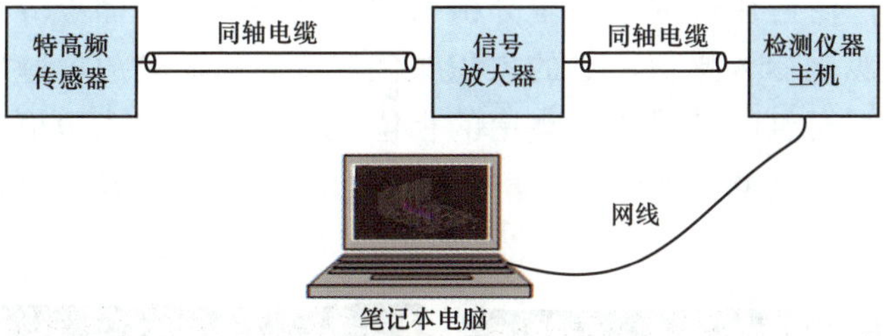

图 3－8　特高频局部放电测试仪组成示意图

1）特高频传感器：也称为耦合器，用于传感 300M～3000MHz 的特高频无线电信号，其主要由天线、高通滤波器、放大器、耦合器和屏蔽外壳组成，天线所在面为环氧树脂，用于接收放电信号，其他部分采用金属材料屏蔽，以防止外部信号干扰。特高频传感器的检测灵敏度常用等效高度 H 来表征，单位为 mm，其计算方法为

$$H=U/E \tag{3-4}$$

式中　U——传感器输出电压，V；

E——被测电场强度，V/mm。

2）信号放大器（可选）：一般为宽带带通放大器，用于传感器输出电压信号的处理和放大。通常信号放大器的性能用幅频特性曲线表征，一般情况下在其通带范围内放大倍数为 17dB 以上。

3）检测仪器主机：接收、处理耦合器采集到的特高频局部放电信号；对于电压同步信号的获取方式，通常采用主机电源同步、外电源同步以及仪器内部自同步三种方式，获得与被测设备所施电压同步的正弦电压信号，用于特征谱图的显示与诊断使用。

4）分析主机（笔记本电脑）：安装局部放电数据处理及分析诊断软件，对采集的数据进行处理，识别放电类型、判断放电强度。

（3）放电缺陷类型识别与诊断。不同类型缺陷产生的信号幅值不一样，危害程度也不一样，对应的特征谱图也不同。因此，进行危害程度评估时，识别缺陷类型就显得特别重要，常见的典型缺陷包括：电晕放电、空穴放电、沿面放电、自由金属颗粒放电和悬浮电位放电。

特高频信号显示除基本的时域波形信号分析外，常用的有 PRPS 和 PRPD 两种分析谱图，如图 3-9 所示。PRPS（Phase Resolved Pulse Sequence）即脉冲序列相位分布谱图，它是一种实时三维图，一般情况下 x 轴表示相位，y 轴表示信号周期数量，z 轴表示信号强度或幅值。PRPS 分析谱图是特高频法局部放电类型识别最主要的分析谱图。

PRPD（Phase Resolved Partial Discharge）分析谱图是指局部放电相位分布谱图，也是一种广泛应用的局部放电分析谱图。它是一种平面点分布图，点的横坐标为相位，纵坐标为幅值，点的累积颜色深度表示此处放电脉冲的密度，根据点的分布情况可判断信号主要集中的相位、幅值及放电次数情况，并根据点的分布特征来对放电类型进行判断。PRPD 谱图也是特高频法局部放电类型识别常用的分析谱图。

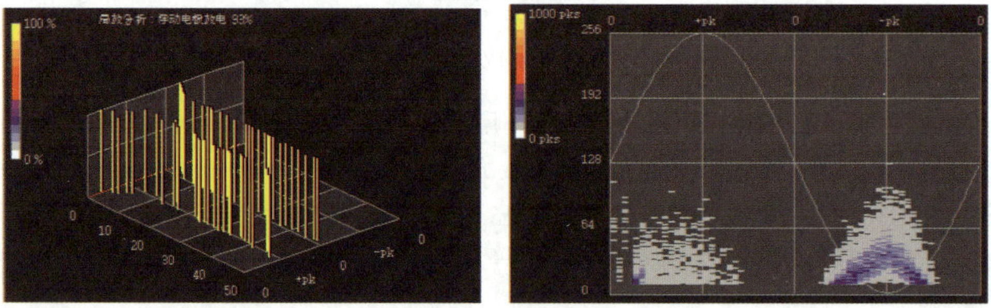

（a）　　　　　　　　　　　　　　　　　　（b）

图 3－9　常用特高频分析谱图

（a）PRPS 分析谱图；（b）PRPD 分析谱图

通过对谱图的放电相位特征、周期性特征、聚集性特征、信号幅值特征进行综合分析，即可实现对悬浮放电、尖端放电、空穴放电等的判断，在本节不再对缺陷特征及诊断方法进行介绍。

（4）局部放电源定位。特高频法的主要定位方法有幅值比较定位法、时差定位法、定相定位法、三维空间定位法等。

1）幅值比较定位法。幅值比较定位法的基本思路是距离放电源最近的传感器检测到的信号最强。当在多个点同时检测到放电信号时，信号强度最大的测点可判断为最接近放电源的位置。该方法一方面受测量点的限制无法精确判断故障位置；另一方面，当放电信号很强时，在较小的距离范围内难以观察到明显的信号强度变化。并且当设备外部存在干扰放电源时，也会在不同位置产生强度类似的信号，难以有效定位，同时也难以区分设备内部或外部的放电。

2）时差定位法。时差定位法的基本思路是距离放电源最近的传感器最先接收到放电信号。具体的时差定位适用于采用高速数字示波器的带电检测装置，定位原理如图 3－10 所示。将传感器分别放置在 GIS 上两个相邻的测点位置，通过读取两传感器接收到的信号时间差，利用式（3－5）即可计算得到局部放电源的具体位置

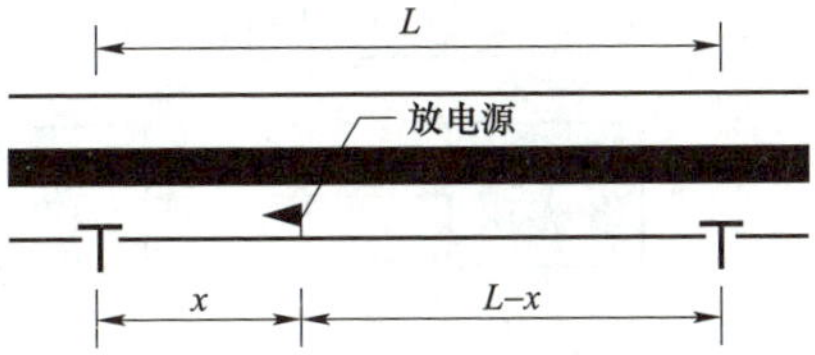

图 3－10　GIS 中局部放电源定位原理图

$$x=\frac{1}{2}(L-c\Delta t) \tag{3-5}$$

式中　x——放电源距离左侧传感器的距离，m；

L——两个传感器之间的距离，m；

c——电磁波传播速度，3×10^{8}m/s；

Δt——两个传感器检测到的时域信号波头之间的时差，s。

2. 超声波局部放电检测技术

（1）基本原理。电力设备内部存在局部放电时，通常会同时产生频率不小于 20kHz 的超声信号。超声波法（Acoustic Emission，AE）通过在设备腔体外壁上安装接触式超声波传感器或采用非接触式的超声传感器来检测局部放电产生的超声信号，并结合检测信号特征判断是否存在局部放电。该方法的特点是检测方法不受电磁干扰，但易受环境噪声或机械振动影响。由于超声信号在电力设备常用绝缘材料中的衰减较大，超声波检测法的灵敏度和范围有限，但具有定位准确度高的优点。接触式超声波局部放电检测原理示意图如图 3－11 所示。

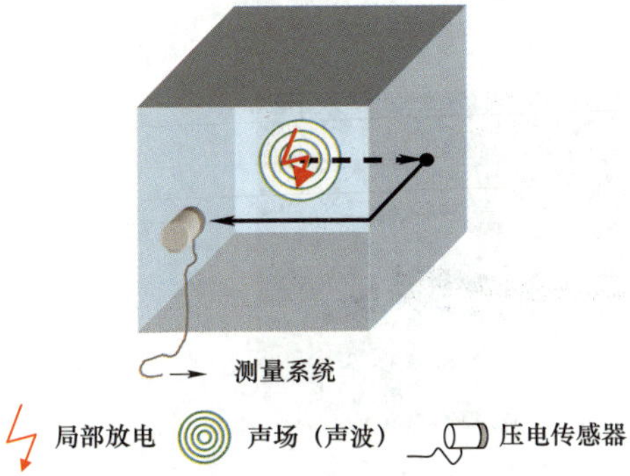

图 3－11　接触式超声波局部放电检测原理示意图

（2）超声波局部放电检测装置组成。典型的超声波局部放电检测装置一般可分为硬件系统和软件系统两大部分。硬件系统用于检测超声波信号，软件系统对所测得的数据进行分析和特征提取并做出诊断。硬件系统通常包括超声波传感器、信号处理与数据采集系统，如图 3－12 所示；软件系统包括人机交互界面与数据分

析处理模块等。此外，根据现场检测需要，还可配备信号传导杆、耳机等配件，其中信号传导杆主要用于开展电缆终端等设备局部放电检测时，为保障检测人员安全，将超声波传感器固定在被测设备表面；耳机则用于开关柜局部放电检测时，通过可听的声音来确认是否有放电信号存在。

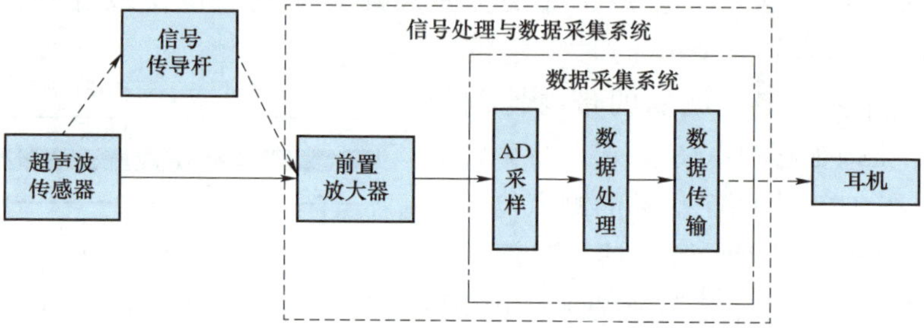

图 3－12　超声波局部放电检测装置硬件系统

超声波传感器将声发源在被探测物体表面产生的机械振动转换为电信号，它的输出电压是表面位移波和它的响应函数的卷积。理想的传感器应该能同时测量样品表面位移或速度的纵向和横向分量，在整个频谱范围内（0～100MHz 或更大）能将机械振动线性地转变为电信号，并具有足够的灵敏度以探测很小的位移。

目前还无法制造上述这种理想的传感器，现在应用的传感器大部分由压电元件组成，压电元件通常采用锆钛酸铅、钛酸铅、钛酸钡等多晶体和铌酸锂、碘酸锂等单晶体，其中，锆钛酸铅（PZT－5）接收灵敏度高，是声发射传感器常用压电材料。

电气设备局部放电检测用超声波传感器通常可分为接触式传感器和非接触式传感器，如图 3－13 所示。接触式传感器一般通过超声耦合剂贴合在电气设备外壳上，检测外壳上传播的超声波信号；非接触式传感器则是直接检测空气中的超声波信号，其原理与接触式传感器基本一致。传感器的特性包括频响宽度、谐振频率、幅度灵敏度、工作温度等。

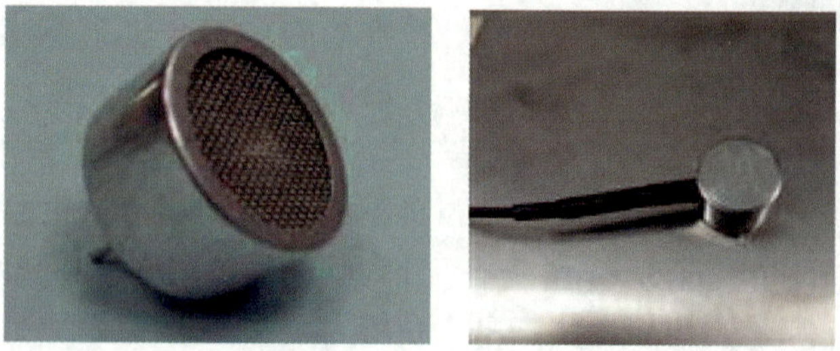

（a）　　　　　　　　（b）

图 3－13　超声波传感器实物图

（a）非接触式传感器；（b）接触式传感器

（3）超声波局部放电带电检测方法。当开关柜内部存在局部放电时，产生的超声波信号会沿空气传播，因此，通过在开关柜缝隙处应用非接触式传感器可实现对开关柜局部放电的检测。GIS 内部发生局部放电时，通过在 GIS 外部安装超声波传感器进行检测，对 GIS 设备进行超声波局部放电检测选择传感器的频率范围为（20～100）kHz，谐振频率为 40kHz。该方法的检测频率一般在 100kHz 内，对于 SF_6 气体中的颗粒跳动、尖端放电、悬浮电位、异物和连接不良比较灵敏，但对于绝缘件内部空隙、裂缝等缺陷灵敏度较低。GIS 超声波局放检测流程如图 3－14 所示。

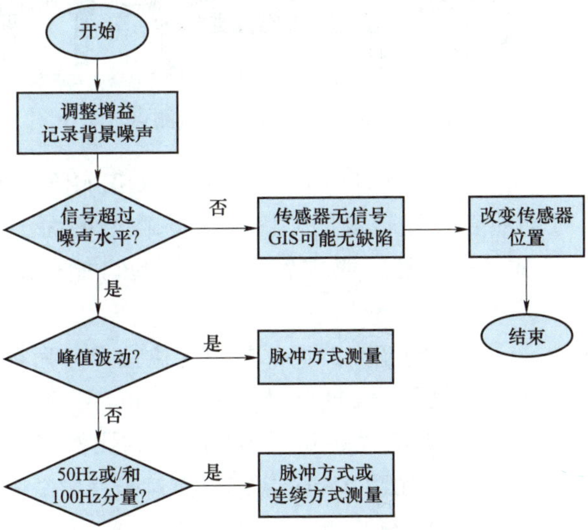

图 3－14　GIS 超声波局部放电检测流程

1）检测背景信号。检测前，应注意尽量清理现场的干扰声源。检测现场附近的排风扇旋转、施工机械摩擦、物体与 GIS 壳体摩擦、临近的带电导体电晕等都会带来干扰。推荐的背景检测点是 GIS 外壳底架，并选择各相测点的最小值。对于初步判断超声波信号异常的部位，应在该部位附近重新检测背景信号。

2）测点的选择。对于开关柜，超声信号测点为开关柜缝隙处，利用非接触式超声传感器进行测量。对于 GIS 设备，由于超声波信号随距离增加而显著衰减，故检测选点不宜太少，否则很可能漏掉异常点。GIS 超声波局部放电检测点示意图如图 3－15 所示。选择测点的基本原则：① 内部结构易出问题的部位，如筒体下部，开关触头等；② 测点间距离不宜大于 3m，每两个盆式绝缘子之间至少 1 个测点；③ 断路器、隔离开关、接地开关等有活动部件的气室取点应增多；④ 观察历史趋势时应与前次检测取相同测点；⑤ 三相共箱的

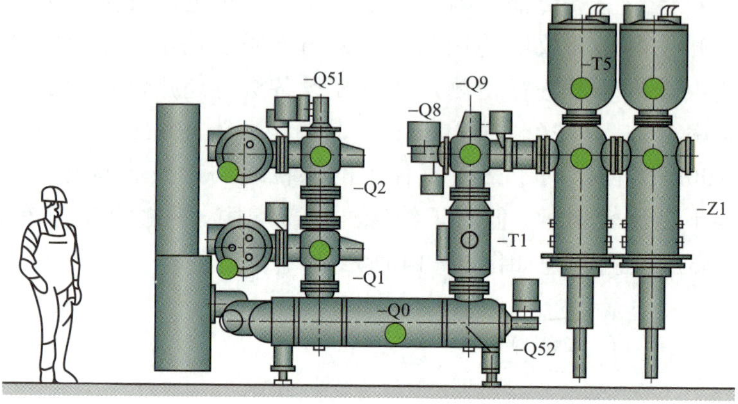

图 3-15　GIS 超声波局部放电检测点示意图

GIS 建议在横截面上每 120° 至少 1 个测点；⑥ 在 GIS 转角处和 T 形连接处前后应各测 1 点；对于外壳直径较大的 GIS 应考虑在横截面上适当增加测点；⑦ 在水平安装的盆式绝缘子处，应增加测点，颗粒可能残留在这些绝缘子上并产生局部放电。

3）信号源定位。GIS 中的超声波局部放电定位技术分为频率定位技术和幅值定位技术。频率定位技术是利用 SF_6 气体对超声波信号中的高频信号的吸收作用，通过分析超声波信号高频部分（50～100kHz）的比例来区分缺陷位于中心导体上还是外壳上，具体流程如图 3-16 所示。而对于稳定缺陷，可以利用幅值定位与时差定位技术进行精确定位。

4）GIS 的异常声响分析。当 GIS 设备存在异常声响时，这种现象可能是由于内部松动、设备动静触头对应不正或设备运行引起振动等因素造成，此时应改变超声波信号检测频段，并加以设备的振动分析和特高频检测等其他检测手段进行综合分析。此外，由于设备的设计和布局的原因，在设备运行时可能引起设备某段区域存在共振现象。这种共振现象频率一般比较低，人手能感觉出来，同时不伴有超声波局部放电信号。

5）特殊部位的分析。在工作状态下，电压互感器和电流互感器的内置绕组和铁芯会产生周期性的交变电磁场，由此可能产生特有的超声波信号。因此对电压互感器和电流互感器气室应进行特殊分析。该特有的超声波信号一般具有较强的单倍频和多倍频信号规律性，波形具有典型对称性特征。所以检测者可以通过检测信号的周期性和对称性等特征来判断信号是否源于局部放电之外的其他原因。

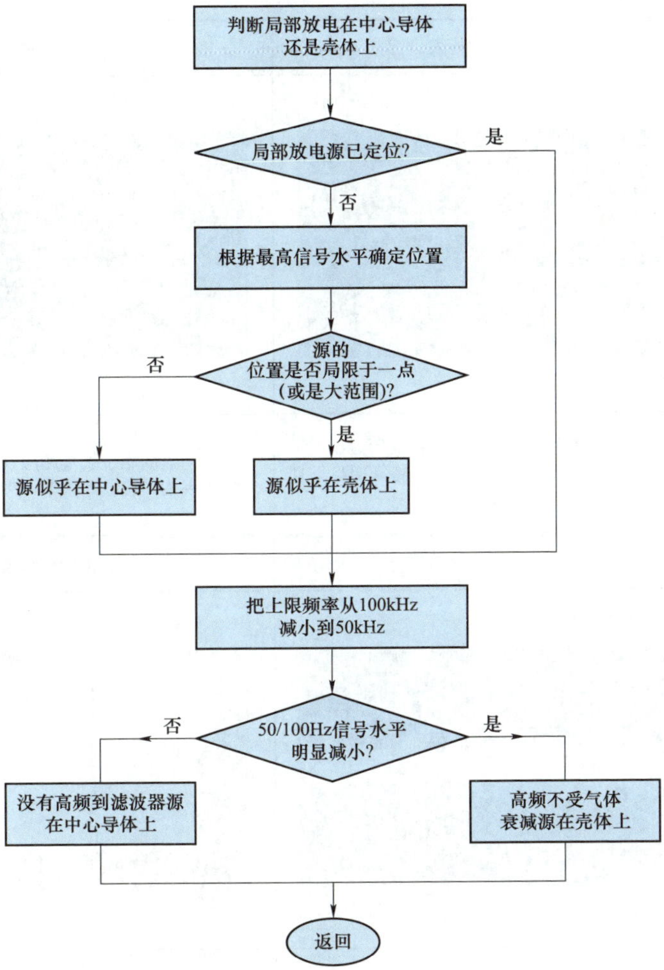

图 3-16　基于频率超声局部放电源定位技术流程

（4）不同类型缺陷的图谱特征。

1）电晕缺陷。当被测设备存在金属尖刺时，在高压电场作用下会产生电晕放电信号。电晕放电信号的产生与施加在其两端的电压幅值具有明显关联性，在放电谱图中则表现出典型的 50Hz 相关性及 100Hz 相关性，即存在明显的相位聚集效应。但是，由于电晕放电具有较明显极化效应，其正、负半周内的放电起始电压存在一定差异。因此，电晕放电的 50Hz 相关性往往较 100Hz 相关性要大。此外，在特征指数检测模式下，放电次数累积谱图波峰位于整数特征值 2 处，表 3-1 为电晕缺陷超声波检测典型图谱。

表 3-1　　电晕缺陷超声波检测典型图谱

<table>
<tr><th>检测模式</th><th>连续检测模式</th><th>相位检测模式</th></tr>
<tr><td>典型谱图</td><td>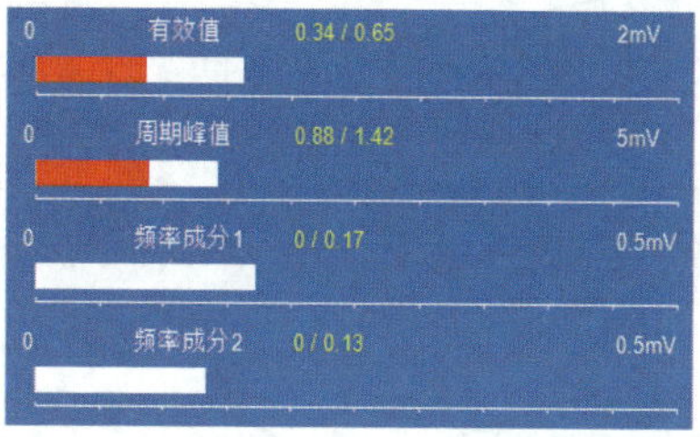
</td><td>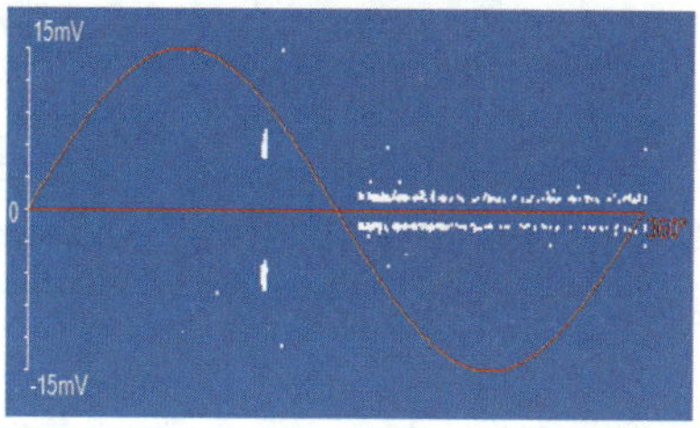
</td></tr>
<tr><td>谱图特征</td><td>（1）有效值及周期峰值较背景值明显偏大；
（2）频率成分 1、频率成分 2 特征明显，且频率成分 1 大于频率成分 2</td><td>具有明显的相位聚集相应，但在一个工频周期内表现为一簇，即“单峰”</td></tr>
<tr><td>检测模式</td><td>时域波形检测模式</td><td>特征指数检测模式</td></tr>
<tr><td>典型谱图</td><td>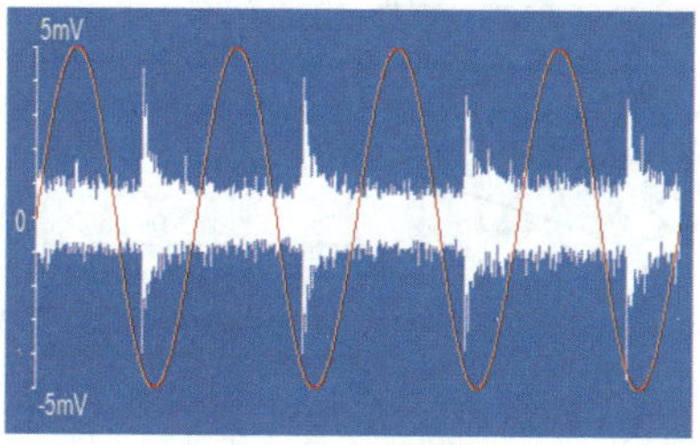
</td><td>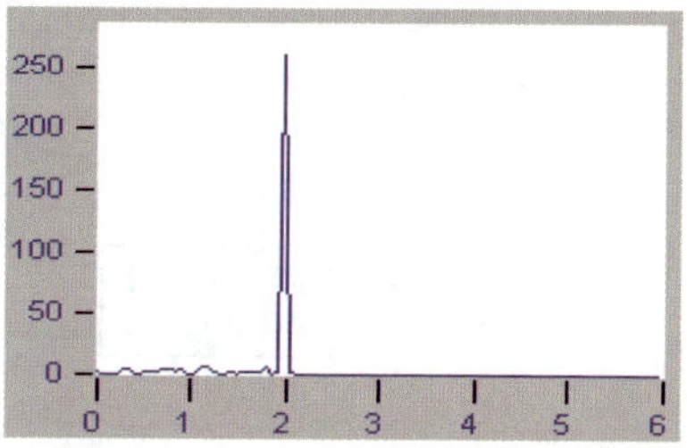
</td></tr>
<tr><td>谱图特征</td><td>有规则脉冲信号，一个工频周期内出现一簇（或一簇幅值明显较大，一簇明显较小）</td><td>有明显规律，峰值聚集在整数特征值处，且特征值 2 大于特征值 1</td></tr>
</table>

2）悬浮电位缺陷。当被测设备存在悬浮电位缺陷时，在高压电场作用下会产生局部放电信号。局部放电信号的产生与施加在其两端的电压幅值具有明显关联性，在放电谱图中则表现出典型的 50Hz 相关性及 100Hz 相关性，即存在明显的相位聚集效应，且 100Hz 相关性大于 50Hz 相关性。此外，在特征指数检测模式下，放电次数累积谱图波峰位于整数特征值 1 处，表 3-2 为悬浮电位缺陷超声波检测典型图谱。

表3-2　　　　悬浮电位缺陷超声波检测典型图谱

检测模式	连续检测模式	相位检测模式
典型谱图	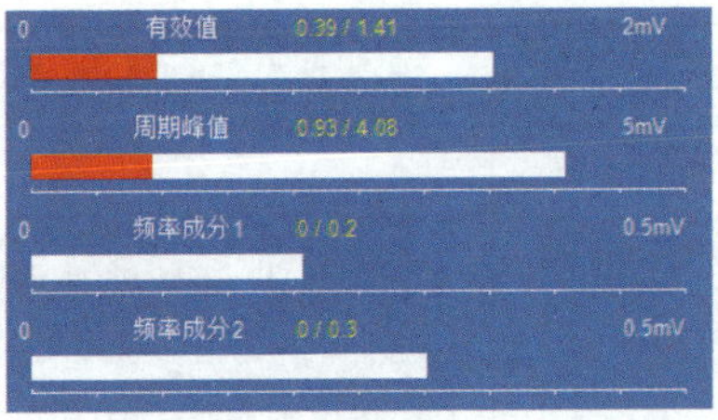	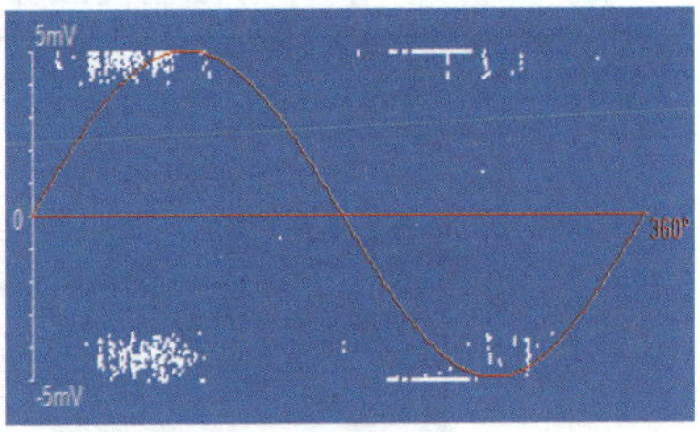
谱图特征	（1）有效值及周期峰值较背景值明显偏大； （2）频率成分1、频率成分2特征明显，且频率成分1大于频率成分2	具有明显的相位聚集相应，在一个工频周期内表现为两簇，即“双峰”
检测模式	时域波形检测模式	特征指数检测模式
典型谱图	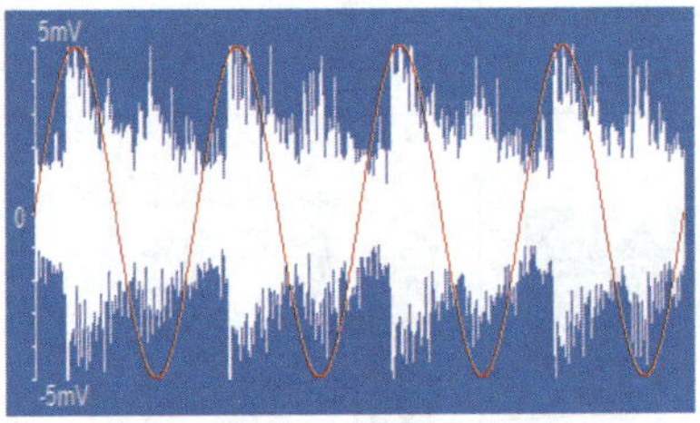	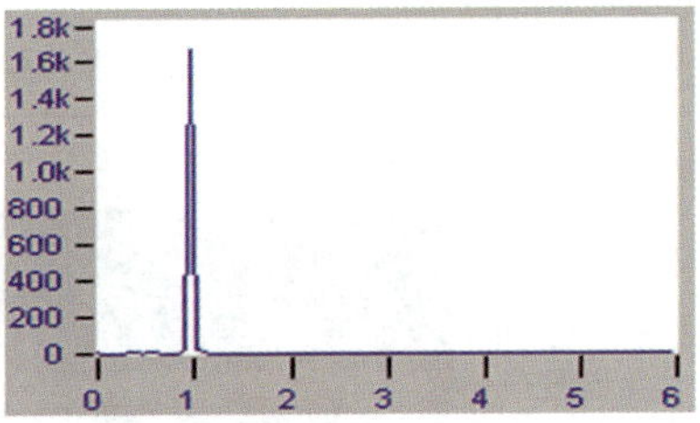
谱图特征	有规则脉冲信号，一个工频周期内出现两簇，两簇大小相当	有明显规律，峰值聚集在整数特征值处，且特征值1大于特征值2

3）自由金属颗粒。被测设备内部存在自由金属微粒缺陷时，在高压电场作用下，金属微粒因携带电荷会受到电动力的作用，当电动力大于重力时，金属微粒会在设备内部移动或跳动。但是，与悬浮电位缺陷、电晕缺陷不同，自由金属微粒产生的超声波信号主要是由其运动过程中与设备外壳的碰撞引起，与放电关联较小。由于金属微粒与外壳的碰撞取决于金属微粒的跳跃高度，其碰撞时间具有一定随机性，因此在开展局部放电超声波检测时，该类缺陷的相位特征不是很明显，即50、100Hz频率成分较小。但是，由于自由金属微粒通过直接碰撞产生超声波信号，因此其信号有效值及周期峰值往往较大。此外，在时域波形检测模式下，检测谱图中可见明显脉冲信号，但信号的周期性不明显。表3-3为自由金属颗粒缺陷超声波检测典型图谱。虽然自由金属微粒缺陷无明显相位聚集效应。但是，当统计自由金属微粒与设备外壳的碰撞次数与时间的关系时，却可发现明显的谱图特征。该谱图定义为“飞行图”，通过部分局部放

电超声波检测仪提供的“脉冲检测模式”即可观察自由金属微粒与外壳碰撞的“飞行图”，进而判断设备内部是否存在自由金属微粒缺陷。

表 3-3　　自由金属颗粒缺陷超声波检测典型图谱

检测模式	连续检测模式	相位检测模式
典型谱图	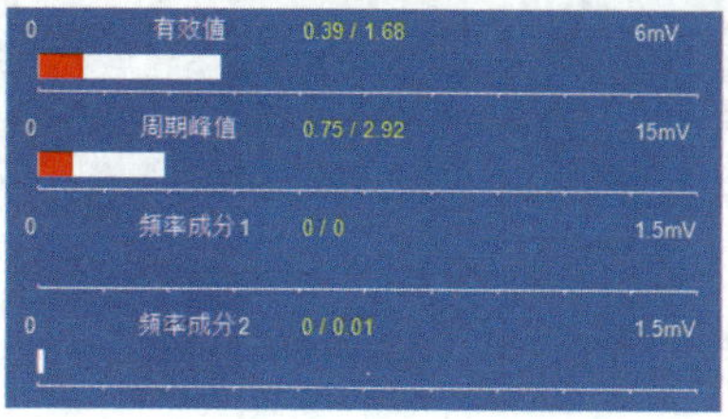	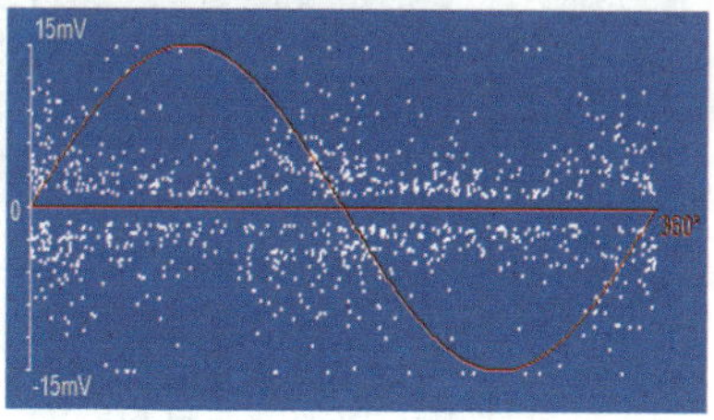
谱图特征	（1）有效值及周期峰值较背景值明显偏大； （2）频率成分 1、频率成分 2 特征不明显	无明显的相位聚集相应，但可发现脉冲幅值较大
检测模式	时域波形检测模式	特征指数检测模式
典型谱图	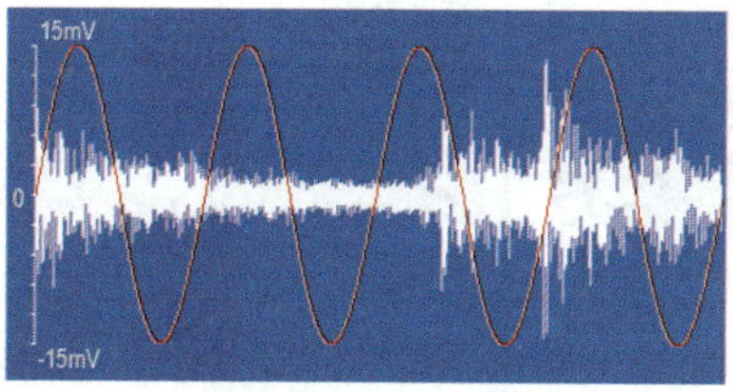	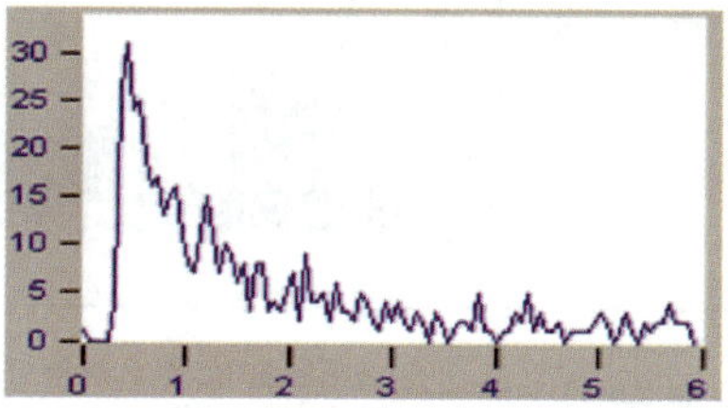
谱图特征	有明显脉冲信号，但该脉冲信号与工频电压的关联性小，具有一定随机性	无明显规律，峰值未聚集在整数特征值

3. 高频局部放电检测技术

高频局部放电信号范围通常为 3～30MHz，通过对各类设备接地电流中高频信号的检测分析，实现对设备局部放电的检测，该方法已广泛应用于电力电缆及其附件、变压器、电抗器、旋转电机等电气设备局部放电检测。为能准确检测到被测电流信号中的高频信号，通常采用罗氏线圈进行检测，经过信号分析、处理实现局部放电检测。

（1）高频局部放电检测装置组成。常用的高频局部放电检测装置包括：传感器、信号处理单元、信号采集单元和数据处理终端。高频局部放电检测装置结构如图 3-17 所示，装置实物如图 3-18 所示。

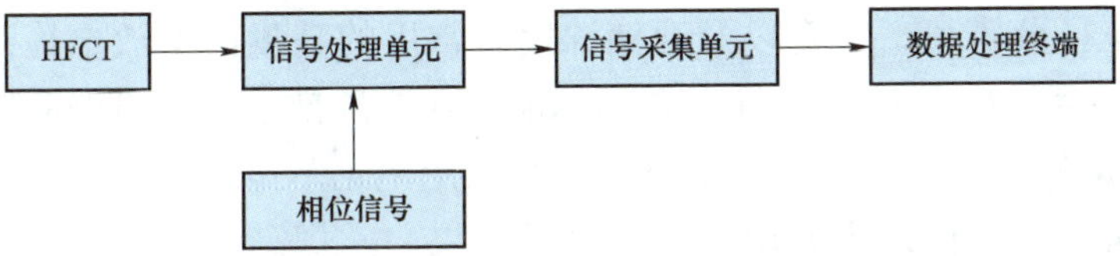

图 3－17　高频局部放电检测装置结构图

图 3－18　高频局部放电检测装置实物图

1）传感器。高频电流传感器（High Frequency Current Transformer，HFCT）按安装位置不同，主要分为接地线 HFCT 和电缆本体 HFCT。安装在电气设备接地线或电缆交叉互联系统上的 HFCT，内径一般为几十毫米；安装在单芯电力电缆本体上的 HFCT，内径一般在 100mm 以上，传感器灵敏度相对接地线 HFCT 较低。

接地线 HFCT 又可根据检测需要分为分体式和整体式。分体式 HFCT 线圈可开合，方便测试时安装和拆卸，可以使用一个传感器对设备多个位置进行测量。整体式 HFCT 需要在设备接地线安装时同时进行安装，适合长期监测用。现有的 HFCT 下限截止频率大多在 1MHz 以下，上限截止频率为几十 MHz。一般要求传感器的－6dB 下限截止频率不高于 1MHz，上限截止频率不低于 20MHz，在输入 10MHz 正弦电流信号时传输阻抗不小于 5mV/mA（频带以及传输阻抗定义见 GB/T 7354《高电压试验技术局部放电测量》）。

2）信号处理单元。针对传感器的输出信号，需要进行滤波和放大。实际测量中会有各类噪声和干扰信号，因此需要配合硬件滤波器或后续数字滤波功能进行滤波。滤波过后信号幅值会有一定程度的衰减，须经过宽带放大器放大，从而达到提高局部放电信号信噪比的目的。对于具有电压同步功能的高频局部放电检测装置，可以通过外部触发信号为检测装置提供电压同步。同步信号可由分压电容、电源或工频电流互感器提供。某些设备还会对经过滤波放大的局部放电脉冲信号进行检波处理，从而降低对后续信号处理的要求。信号处理单元的性能主要由上、下限截止频率和放大倍数来衡量。一般要求仪器能够在叠加（40～500）kHz 固定频率正弦信号的情况下能够有效检测出 100pC 放电量。

3）信号采集单元。信号采集单元主要有数据采集卡构成，将实际采集到的模拟信号转化为可供进一步处理的数字信号。信号采集单元的主要性能参数为采样率、采样分辨率、带宽以及存储深度。常用的高频局部放电检测设备采样率在几 MS/s 到 100MS/s。采样率越高越能够还原局部放电信号的高频分量。

4）数据处理终端。数据处理终端往往采用笔记本电脑，安装有专门的数据处理与分析诊断软件，主要用于显示测量结果。常规高频局部放电检测装置所提供的检测结果包括：单脉冲时域波形显示、单周期（20ms）时域波形显示、多周期局部放电 $Q-\theta$ 谱图、PRPD 谱图、局部放电脉冲频谱分析等。有些仪器还具有数字滤波功能、局部放电类型模式识别功能、局部放电定位功能、多通道同步测量以及多种测量检测方法联合测量等功能。一般要求仪器的整机灵敏度不小于 100pC，并且能够有效检测且识别出电晕放电。

（2）高频局部放电检测方法。高频局部放电检测具有非嵌入式检测，不同电气设备结构区别较大，从而对应的高频检测方法略有不同，但检测原理及局部放电检测装置基本一致。

1）电力电缆高频局部放电检测。电力电缆局部放电带电测试前，需对检测系统进行性能校验，其方法可参考 IEC 60270《高电压试验技术 局部放电测量》。电力电缆局部放电带电测试时，HFCT 测量位置示意及实物安装图如图 3－19 和图 3－20 所示，HFCT 卡装在电缆本体、中间接头接地线以及终端接地线上。对于直埋电缆，可以在电缆中间接头检修工井电缆外护套交叉互联接地线或直接接地线上卡装 HFCT 方法进行检测，如果条件允许可以开挖电缆接头及本体，在电缆接头和本体上卡装 HFCT 进行辅助检测；对于隧道内电缆，应综合采用以上两种方法进行检测；对于电缆终端头，在保证安全、具有充分手段和条件情况下，可在电缆终端头接地线上卡装 HFCT 进行局部放电检测。

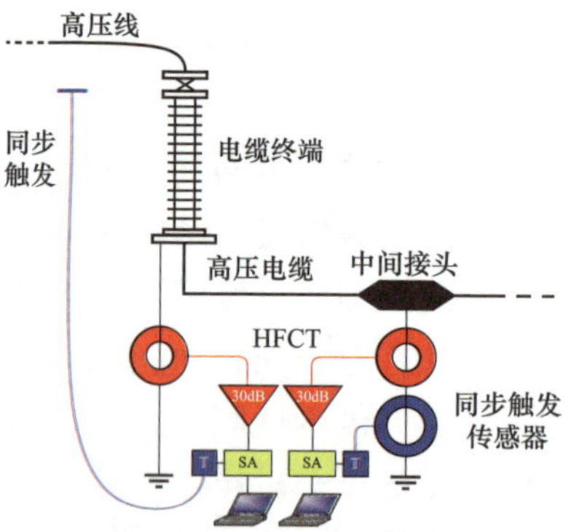

图 3－19　电缆本体及接头 HFCT 安装示意图

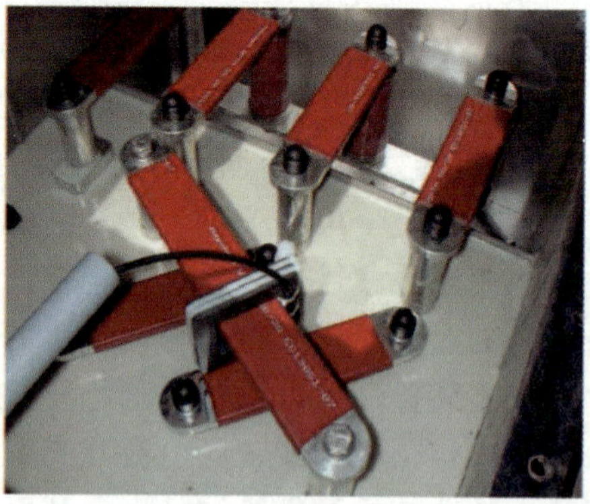
图 3－20　中间头三相交叉接地箱内 HFCT 安装图

测试过程主要包括：

a. 安装高频局部放电传感器，连接检测装置的电源线、信号线、同步线、数据传输线等一系列接线，并开始检测。

b. 观察数据处理终端（笔记本电脑）的检测信号时域波形与对应的 PRPD 谱图，排除干扰并判断有无异常局部放电信号。

c. 确定存在异常局部放电信号后，可利用去噪、模式识别以及放电聚类等方法进一步识别。

d. 对放电源进行定位，结合放电特征及放电缺陷诊断结果给出检测诊断结论，并提出检修建议。

2）其他电气设备高频局放检测。对于其他电气设备，如旋转电机、开关设备以及变压器等，利用高频电流互感器进行局部放电检测方法与电缆类似，都是在连接设备电缆本体或接地线上进行测量，带接地引下线设备的高频局部放电检测原理图如图 3－21 所示。对于这些设备，在进行局部放电测试前，同样需要对局部放电检测系统进行校验，以确保检测设备的正常运行。由于开关柜、旋转电机等正常运行时电压均较高，在进行传感器安装、设备调试过程中务必佩戴相应等级的绝缘手套以及在一定的电气安全距离内操作，确保人身安全。对于其他电气设备，如变压器、互感器等，利用高频局部放电检测传感器定位的应用较少，对应的局部放电源定位可采用超声波、特高频等方法实现。

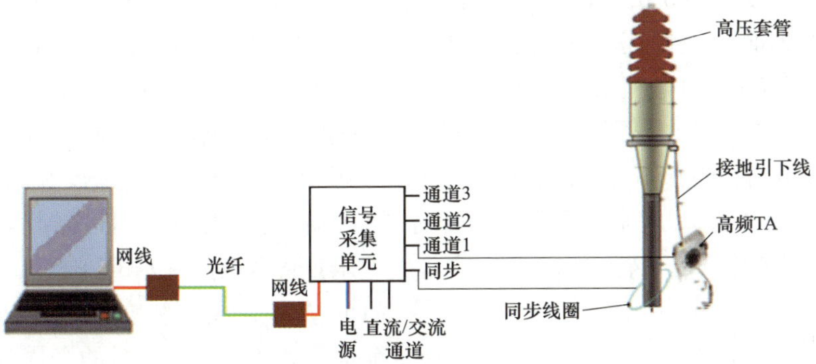

图 3－21 带接地引下线设备的高频局部放电检测原理图

4. 暂态地电压局部放电检测技术

当设备发生局部放电现象时，带电粒子会快速地由带电体向接地的非带电体快速迁移，如设备的柜体，并在非带电体上产生高频电流行波，且以光速向各个方向快速传播。受集肤效应的影响，电流行波往往仅集中在金属柜体的内表面，而不会直接穿透金属柜体。但是，当电流行波遇到不连续的金属断开或绝缘连接处时，电流行波会由金属柜体的内表面转移到外表面，并以电磁波形式向自由空间传播，且在金属柜体外表面产生暂态地电压，而该电压可用专门设计的暂态地电压传感器进行检测。具体如图 3－22 所示。

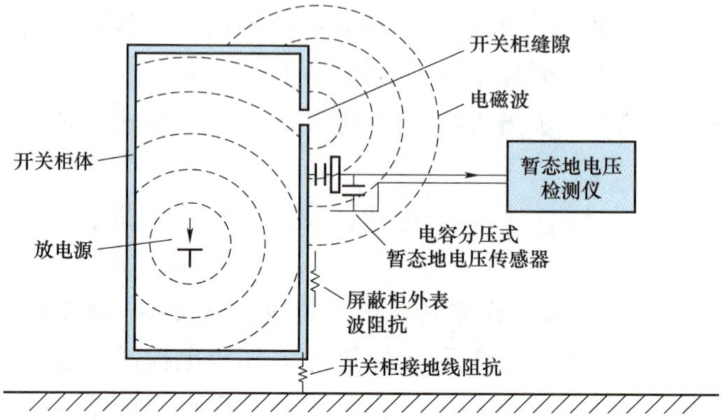

图 3-22　暂态地电压信号的产生机理示意图

由于柜体存在电阻，局部放电产生的电流行波在传播过程中必然存在功率损耗，金属柜体表面产生的暂态地电压也就不仅与局部放电量有关，还会受到放电位置、传播途径以及箱体内部结构和金属断口大小的影响。因此，暂态地电压信号的强弱虽与局部放电量呈正比，但比例关系却复杂、多变且难以预见，无法根据暂态地电压信号的测量结果定量推算出局部放电量的多少。暂态地电压传感器类似于传统的 RF 耦合电容器，其壳体兼做绝缘和保护双重功能。当金属柜体外表面出现快速变化的暂态地电压信号时，传感器内置的金属极板上就会感生出高频脉冲电流信号，此电流信号经电子电路处理后即可得到局部放电的强度。如果在柜体表面同时放置两只暂态地电压传感器，则局部放电源发出的电磁波脉冲经过不同的路径先后传播到两只暂态地电压传感器，仪器通过比较或者测量电磁脉冲到达两只传感器的时间先后或者大小，则可以判断出局部放电源的空间位置。暂态地电压传感器原理示意图如图 3-23 所示。

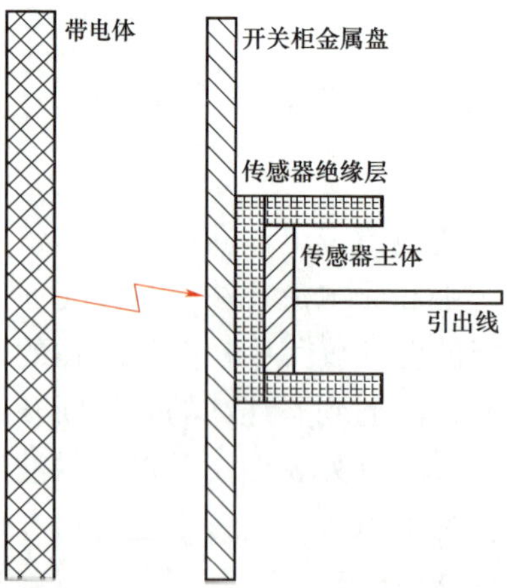

图 3-23　暂态地电压传感器原理示意图

（1）基本原理。暂态地电压传感器是一个前面覆盖有 PVC 塑料的金属盘，并用同轴屏蔽电缆引出。PVC 塑料一方面充当绝缘材料，另一方面对传感器起到保护和支撑作用。测量时，暂态地电压传感器抵触在开关柜金属柜体上面，裸露的金属柜体可看作平板电容器的一个极板，而暂态地电压传感器则可看作平板电容器的另一个极板，中间的填充物则为 PVC 塑料。

对于由金属柜体、PVC 材料和暂态地电压传感器构成的平板电容器来说，金属柜体表面出现的任何电荷变化均会在暂态地电压传感器的金属盘上感应出同样数量的电荷变化，并形成一定的高频感应电流。该高频电流经引出线输入到检测设备内部，并经检测阻抗转换为与放电强度成正比的高频电压信号。经检测设备处理后，则可得到开关柜局部放电的放电强度、重复率等特征参数。耦合电容器的电压—电流关系为

$$i_{PD} = C\frac{du_{tev}}{dt} \tag{3-6}$$

式中　i_{PD}——暂态地电压传感器输出的电流信号；

u_{tev}——测量点处的暂态地电压信号；

C——用电容量表征的暂态地电压传感器设计参数。

式（3－6）表示的高频电流信号在检测设备内部被检测阻抗变换为电压信号

$$u_m = RC\frac{du_{tev}}{dt} \tag{3-7}$$

值得注意的是，根据式（3－7），不同厂家设计的暂态地电压检测仪器可能在同一次检测中得到不同的检测结果，主要原因有：暂态地电压检测设备的测量结果与暂态地电压传感器的设计参数密切相关，如果不采取补偿措施，不同的传感器设计参数可能会得到不同的检测结果；暂态地电压检测设备的测量结果与暂态地电压信号的频谱特性密切相关。不同放电类型的放电，即便具有相同的放电强度，暂态地电压检测设备也可能会给出不同的检测结果；暂态地电压法的测量结果与检测仪器内部的阻抗参数有关。

（2）暂态地电压局部放电检测方法。高压开关柜的局部放电检测在开关柜的结构和频谱特性方面与其他电气设备存在明显区别。首先，放电部件封闭于金属壳体内，检测设备的传感器难以深入开关设备内部，因此检测过程难以排除环境电磁噪声的影响。其次，开关柜及其部件主要采用空气绝缘或环氧树脂固体绝缘，绝缘强度较弱，电磁放电的频谱较低，基本上与环境电磁噪声的频带重合。因此，高压开关柜的暂态地电压检测必须遵循一定的程序，才能得出准确的结论，基本流程如图 3-24 所示。

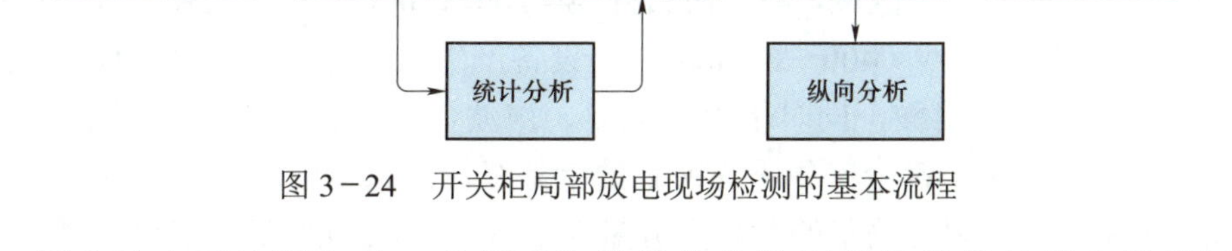

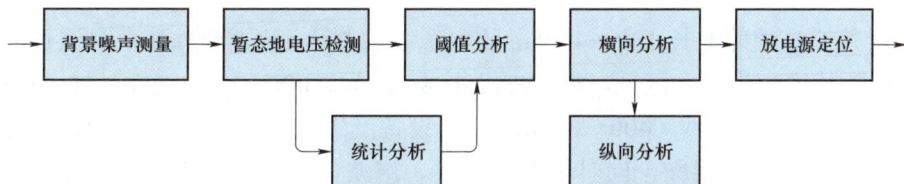

图 3－24　开关柜局部放电现场检测的基本流程

暂态地电压检测之前，必须采取措施首先检测现场的背景噪声并做好记录。然后，开始按照正常程序检测开关柜的暂态地电压数据，并按照一定的阈值准则综合背景噪声和实测数据，评估开关柜的实际局部放电数据。注意，阈

值准则一般情况下仅能给出开关柜是否存在局部放电的信息，而放电程度的表征是很不严格的，但这种分析方法比较直接和快捷。另外，也应当考虑背景噪声的波动特性，每隔一段时间就应当复测背景噪声，以保证背景噪声的时效性。

在简单阈值分析无法给出正确的放电信息时，特别是放电程度相对偏弱时，还可以利用横向分析技术实现对单台或多台开关柜局部放电活动的判断。与阈值分析和横向分析技术相比，统计分析则可以从宏观角度分析和发现开关柜局部放电状态的发展演化，既能帮助企业制订正确的检修策略，也能为阈值分析提供更加符合企业自身实际的判断准则。纵向分析则是通过特定开关柜局部放电检测数据的发展变化，帮助运维人员发现配电设备存在的潜伏性缺陷。对于高压开关柜设备，在每面开关柜的前面、后面均应设置测试点，具备条件时，在侧面设置测试点，检测位置可参考图 3－25。

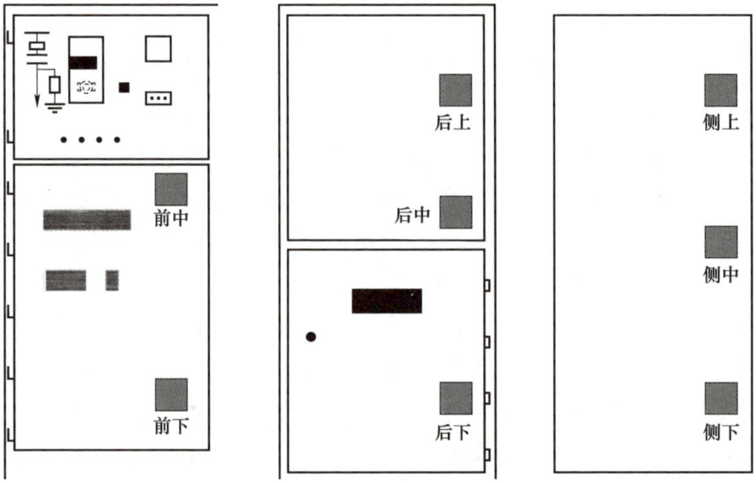

图 3－25　暂态地电压参考检测位置示意图

3.1.3　紫外成像检测技术

紫外线是辐射波长 100～400nm 的电磁波的总称。依据紫外线自身波长的不同，将紫外线分为三个区域，即短波紫外线（280～100nm）、中波紫外线（315～280nm）和长波紫外线（400～315nm）。当设备产生放电时，空气中的氮气电离，产生臭氧和微量的硝酸，同时辐射出光波、声波，还有紫外线等。光谱分析表明，电晕、电弧放电都会产生不同波长的紫外线，波长范围在 230～405nm。在此光谱范围中，太阳传输来的紫外光分量在 240～280nm 的光谱段极低，称此光谱段为太阳盲区。因此可通过对设备周围紫外线的检测来判断设备是否存在异常放电。电磁波分类如图 3-26 所示。

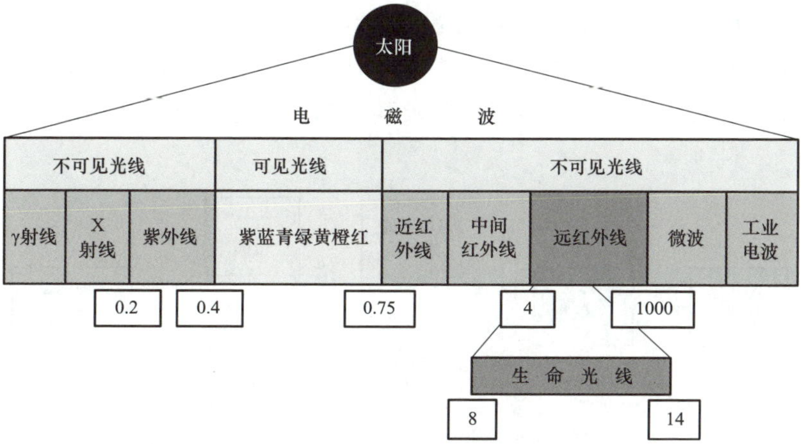

图3－26 电磁波分类（单位：μm）

(1) 基本原理。紫外成像检测技术是用于观察和检测日盲（太阳盲区240～280nm）紫外光信号，并将紫外图像信号转换成可见光图像信号，进行观察和测量。利用该技术可以观察到许多用传统光学仪器观察不到的物理、化学、生物现象；因为其工作在日盲波段，所以它的工作不受日光的干扰，图像清晰、工作可靠、使用方便。目前已利用紫外成像技术进行输电线路和变电站电气设备的电晕及表面放电检测工作。设备电晕放电现象如图3－27所示。

图3－27 设备电晕放电现象

在发生外绝缘局部放电的过程中，周围气体被击穿而电离，气体电离后的放射光波的频率与气体的种类有关，空气中的主要成分是氮气（N_2），氮气在局部放电的作用下电离，电离的氮原子在复合时发射的光谱（波长为280～400nm）主要落在紫外光波段。利用特殊仪器接收放电产生的太阳日盲区内的紫外信号，经处理成像并与可见光图像叠加，达到确定电晕位置和强度的目的，这就是紫外成像技术的基本原理。

因为电晕放电会放射出波长范围在230～405nm内的紫外线，而紫外光滤光器的工作范围为240～280nm，由于电晕信号只包括很少的光子，这个比较窄的波长范围产生的影像信号比较微弱，影像放大器的工作是将微弱的影像信号变成可视的高清晰度影像。

利用紫外线束分离器，紫外成像检测仪将属于的影像分离成两部分。第一部分影像经过盲光过滤太阳光线后被传送到一个影像放大器上，影像放大器将紫外光影像发送到一个装有CCD装置的照相机内；同时，被探测目标的第二部分影像被成像物镜发送到第二台CCD照相机内。通过特殊的影像处理工艺将两个影像叠加，最后生成显示电气设备及其电晕的图像，其工作原理如图3－28所示。

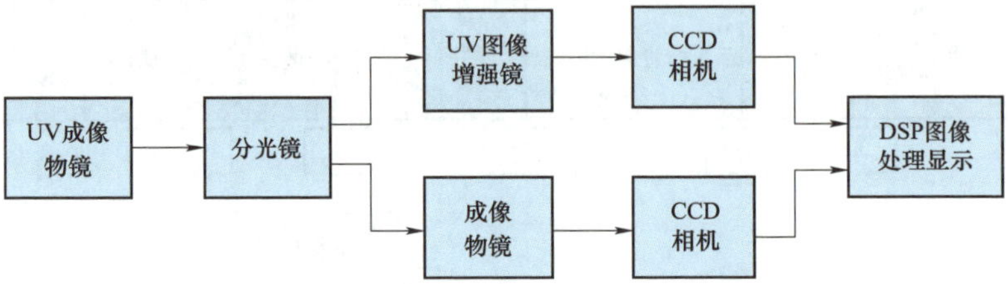

图3－28　紫外成像检测技术原理图

（2）紫外成像检测诊断方法。主要根据电气设备电晕状态，对异常电晕的属性、发生部位和严重程度进行判断和缺陷定级。通过检测电气设备光子数：5000～8000/S视为一般缺陷，超过10000/S视为严重缺陷，绝缘设备有贯通性放电为紧急缺陷。根据电晕放电缺陷对电气设备或运行的影响程度，一般分成三类。

第一类：设备存在的电晕放电异常，对设备产生老化影响，但还不会引起事故，一般要求记录在案，注意观察其缺陷的发展。

第二类：设备存在的电晕放电异常突出，会导致设备加速老化，但还不会马上引起事故。应缩短检测周期并利用停电检修机会，有计划安排检修，消除缺陷。

第三类：设备存在的电晕放电严重，可能导致设备迅速老化或影响设备正常运行，在短期内可能造成设备事故，应尽快安排停电处理。

支柱绝缘子出线位置电晕放电和端部均压环电晕放电分别如图3－29和图3－30所示。

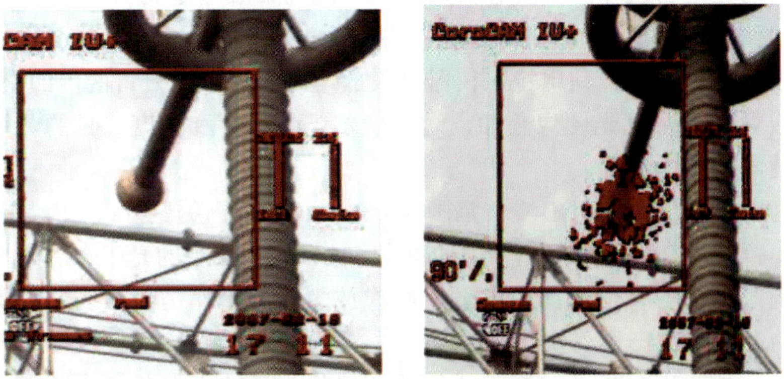

图3－29　支柱绝缘子出线位置电晕放电

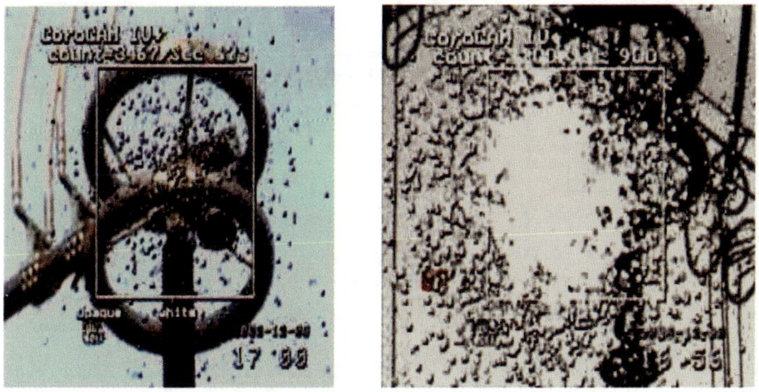

图 3－30　支柱绝缘子端部均压环电晕放电

3.1.4　设备结构检测技术

1. *声学振动检测技术*

声学振动检测技术可以实现支柱瓷绝缘子快速普查，目前已在国内开始应用和推广，但是总的来看应用范围还不够普及，技术人员对该技术和设备的掌握水平仍需要提高。对于绝缘子串和绝缘瓷套以及非瓷质绝缘子的检测技术尚需要开展更为深入的研究。

（1）声学振动检测基本原理。声学振动检测其实就是传统的敲击检测，如敲击瓷碗、敲击车轮都是传统声学振动检测案例，都是利用可听的频率范围作为检测的频谱宽度，即 20～20000Hz。在生活中通过声音判断砂锅质量，通过敲击砂锅听其发出声音，不同质量的砂锅其声音不同，优质砂锅声音清脆，劣质砂锅声音沉闷，通过耳朵的听觉对比便能辨别出来。

烧结程度好，密度高，声音清脆；烧结程度不好，密度低，声音沉闷。如果砂锅有裂缝，敲起来的声音会有沙哑，所以挑选砂锅的时候用手敲一下砂锅，如果声音清脆的表示质量比较好。实际上声音反应的是频率，频率反映的是刚度。瓷瓶同砂锅的加工工艺及原料基本相同，所以它们有共同的特性，因此用同样的方法也能够检出瓷瓶质量好坏。

利用声学振动检测技术来判定被检测试件缺陷，其特点是简便、快速、有效。敲击检测就是其中最简单常用的一种方法。从激励方式角度出发，声学振动检测技术可分为敲击振动检测和声阻抗检测。其分类方法详如图 3－31 所示。

对于高压支柱瓷绝缘子的振动检测来说，原理也是类似的，只是不能用敲击听声音来判别，需要采用现代化的诊断手段，有较为翔实的方法和原理。声学振动检测的技术基础是激励被测工件产生机械振动声波，测量其振动的特征来判定工件质量的检测技术。该方法用于在不切断工作电压的情况下对支柱式绝缘子（带电检测）的机械力学状态进行诊断分析，其特点在于经济且易实现。

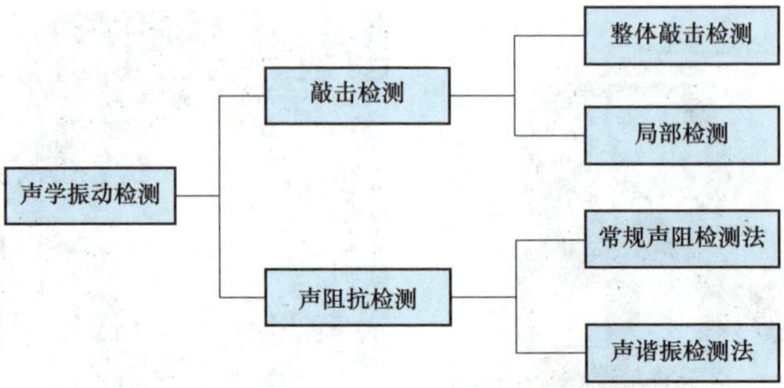

图 3－31　声学振动检测方法分类

（2）声学振动检测仪基本组成。声学振动检测仪是专门针对支柱瓷绝缘子进行裂纹检测的专用测试仪器，通过检测支柱瓷绝缘子的振动频率，判定绝缘子是否存在损伤。仪器主要由探伤仪、分析软件、延长绝缘杆等组成。其中，探伤仪起激励和采集振动信号的作用，由发射探针、接收探针、记录存储单元等部分组成，外观结构图如图 3-32 所示，发射器探针用于发送振动信号，接收器探针用于接收振动信号，记录存储单元用于存储采集到的振动数据；分析软件将采集到的数据信号通过信号处理转换成功率谱密度曲线，便于分析判断；延长绝缘杆能够实现带电状态下的检测。

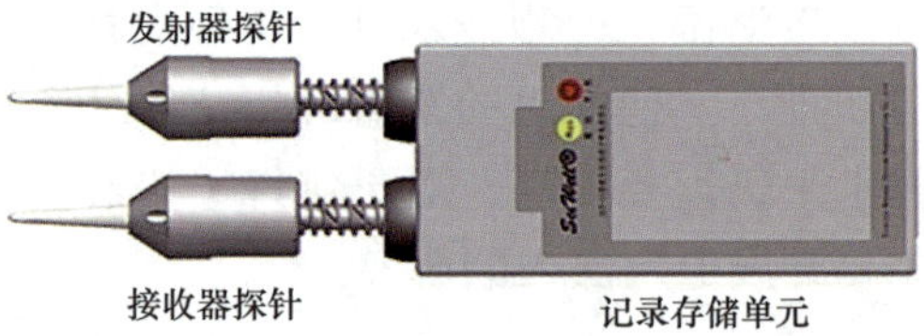

图 3－32　声学振动检测仪外观结构图

声学振动检测仪具有操作简单、响应速度快、抗电磁干扰能力强、体积小、重量轻且供电电路简单、可方便与 PC 机通信等特点。声学振动检测仪外观结构图如图 3-32 所示。

声学振动检测仪的基本工作原理方框图如图 3－33 所示，嵌入式系统控制 DA 输出端口产生一连串具有特定功能的复杂信号，此信号涵盖支柱瓷绝缘子的所有振动频率，先经滤波器滤波处理，将电源引入的干扰信号滤除掉、经功率放大器放大至所需的功率后，进行隔离升压用以驱动激振器产生激振信号，此信号经发射探针施加到被测支柱瓷绝缘子上。同时利用接收探针接收此信号，嵌入式系统对此信号进行采集、放大、处理，将其转换为数字信号，存储到内部 FLASH 中，至此采样完毕。嵌入式系统中嵌入的专业分析软件对此信号进行分析，以功率图谱的形式在显示器上显示出来，同时自动分析绝缘子的机械性能，即时语音播报检测结果。当需要打印检测报告或导出原始数据时，可利用仪器上的 USB 接口将数据上传给 PC 机，计算机中的分析软件对此信号进行进一步分析，并自动生成测试报告。

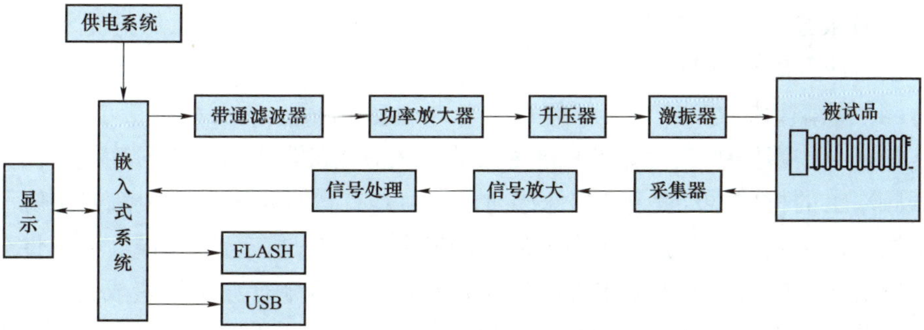

图 3－33　声学振动检测仪基本工作原理方框图

（3）声学振动检测方法。支柱瓷绝缘子的基本检测方法是按照评估支柱绝缘子机械强度状况准则，对支柱瓷绝缘子施加一定的激励脉冲信号，使支柱瓷绝缘子受到激发产生振动，采集并记录工件的振动特征，并通过频谱分析得到其振动频谱，据此可以判断支柱瓷绝缘子是否开裂破损。声学振动检测示意图如图 3－34 所示。

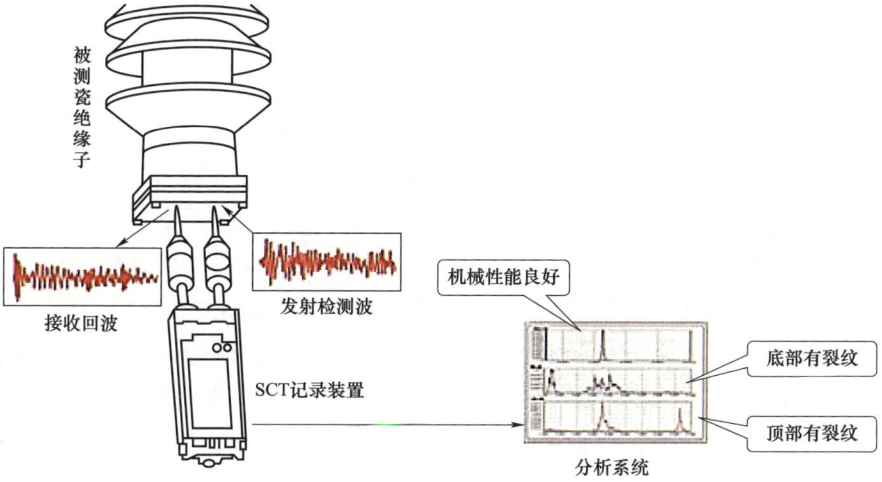

图 3－34　声学振动检测示意图

声学振动检测的基本流程为：正确将绝缘杆与仪器相连接→接通电源→手持绝缘杆，将仪器触头与绝缘子法兰相接触→对绝缘子施加一定的力，使其产生激发信号，并保持 1～6s→待听到提示音后，方可停止激发，信号采集完毕→将采集到的信号导入电脑中的分析软件，并转换成反应频谱图→对转换后的频谱图进行判读，判定绝缘子合格与否。

在对支柱瓷绝缘子进行振动检测过程中，要严格符合相关带电作业规定，配备绝缘杆、绝缘手套等，严禁在雷雨天进行作业；此外，检测时应保证激发触头与绝缘子进行良好的接触，并且尽量保持垂直，从而实现对绝缘子有效激发；信号采集时要尽量对绝缘子的不同部位进行采集，并注意做好记录，发现有疑问时应及时进行复查。

（4）缺陷诊断方法。对于任何系统来讲，其振动都出现在阻抗最小的路径上，尤其是在某些谐振频率上出现的自由振动（严格地讲是接近谐振频率的，因为在谐振频率上的机械振动是极其不稳定的）。由具有宽频带脉冲声波激发绝缘子的自由振动，能够产生在驻波频率上的振动载荷。驻波是在分布系统（如弹性介质中）里出现的振动，由幅度相等而传播方向相反的两个行波干涉造成的（驻波不同于行波，不携带能量）。绝缘子里的驻波频率由其长度和制作绝缘子材质中的声速所决定。用在电压 110～500kV 的瓷绝缘子，其驻波频率在 4000～4500Hz。

当上部或下部法兰区域存在缺陷（裂纹），假设裂纹使其刚度降低 50%，裂纹前后质量分布为 1/10 的情况下，通过对底部法兰施加一定的载荷激发使绝缘子振动，比较有缺陷和没有缺陷绝缘子的动态特性。通过计算有缺陷和没有缺陷绝缘子频率比，得出的结果表明，裂纹出现在底部法兰导致出现带有明显振幅的低于基础频率（频率≈4500Hz）45%的附加频率。也就是说，伴随基础频率出现了完全低于基础频率的附加频率（1000～2000Hz）。而在上部法兰出现裂纹时导致出现带有明显振幅的基础频率 2 倍以上的附加频率（8000～10000Hz）。

上述内容可作为绝缘子工作能力的评价判据。支柱式绝缘子保持机械强度的基本判据乃是其特征频率在时间上的不变化特性（即振幅—频率特性的不变性），高于和低于绝缘子振动驻波频率分量的存在都表明在上部或下部法兰存在缺陷。

完好的绝缘子都有在频域 3000～6000Hz（典型值为 4500Hz）的振动功率谱密度评定图，实际上，绝缘子是由铁法兰、绝缘体及水泥构成的组合体，并非真正的一个整体，因此在实际测量时，往往会有多个波谱的存在，恰恰反映了加工工艺，在该频域范围内属于正常。如果测出的频谱图在 2000Hz 以下有明显的波峰即说明下法兰部位存在缺陷，在 8000Hz 以上出现即说明上法兰部位存在缺陷。

1）机械状况良好的绝缘子频谱图。完好的支柱瓷绝缘子，在其振动功率谱密度评定图上会出现频域 3000～6000Hz（典型值为 4500Hz）的波峰，如图 3－35 所示。

2）底部法兰有缺陷的绝缘子频谱图。底法兰有缺陷损伤的绝缘子，在振动功率谱密度图上，除了频域 3000～6000Hz 的基本（决定性的）峰外，还有低于 2000Hz 频率区域的峰值，如图 3－36 所示。

3）顶部法兰有缺陷的绝缘子频谱图。顶部法兰有缺陷的绝缘子，在振动功率谱密度图上，除了频率 4500Hz 的基本（决定性的）峰外，还有高于 9000Hz 频率区域的峰值，如图 3－37 所示。

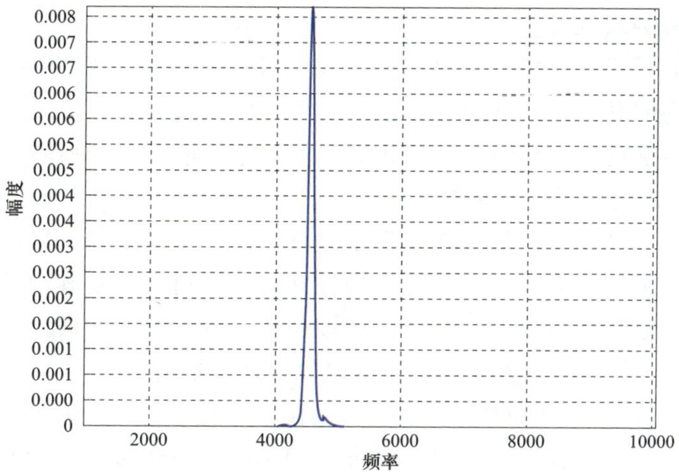

图 3－35　完好绝缘子振动功率谱密度评定示例图

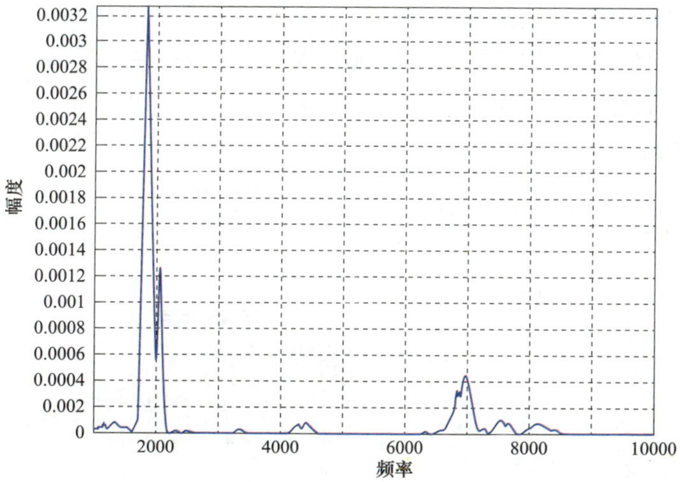

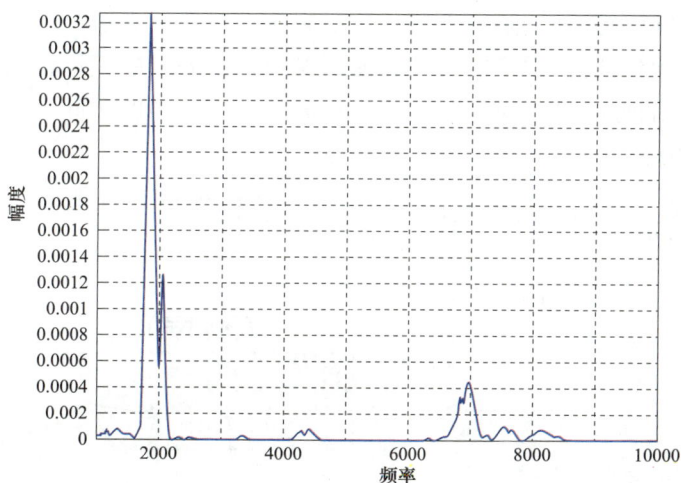

图 3－36　底部法兰有裂纹的绝缘子振动功率谱密度评定示例图

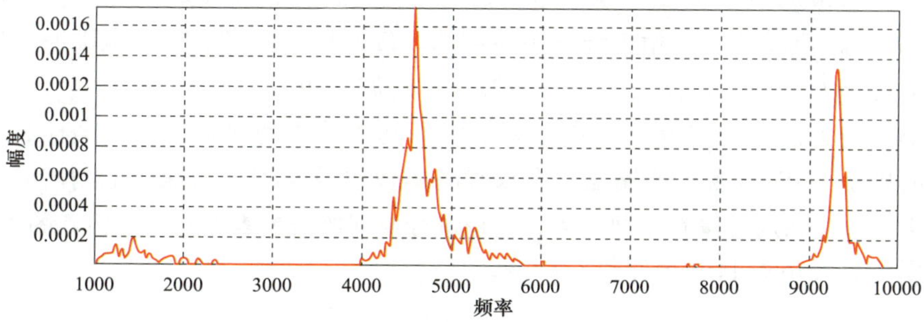

图 3－37　顶部法兰有裂纹的绝缘子振动功率谱密度评定示例图

2. 基于超声的设备内部缺陷检测

不同于基于超声的局部放电检测，基于超声的设备内部缺陷检测是利用超声波与工件的相互作用，就反射、透射和散射的波进行研究，对工件进行宏观缺陷检测，包括几何特性测量、组织结构和力学性能变化的检测和表征，并进而对其特定应用性进行评价的技术。

（1）检测基本原理。其工作原理是通过声源产生超声波，采用一定的方式使超声波进入工件，超声波在工件中传播并与工件材料以及其中的缺陷相互作用，使其传播方向或特征发生改变，通过检测改变后的超声波，并对其进行处理分析，判断工件本身内部是否存在缺陷以及缺陷的特性。

（2）检测方法。以脉冲反射法为例，如图 3－38 所示，声源产生的脉冲波进入到工件中，超声波在工件中以一定方向和速度向前传播，遇到两侧声阻抗有差异的界面时，部分声波被反射，检测设备接收和显示，分析声波幅度和位置等信息，评估缺陷是否存在或存在缺陷的大小、位置等。两侧声阻抗有差异的界面可能是材料中某种缺陷（不连续）如裂纹、气孔、夹渣等，也可能是工件的外表面。声波反射的程度取决于界面两侧声阻抗差异的大小、入射角以及界面的面积等。通过测量入射声波和接收声波之间声传播的时间，可以得知反射点距入射点的距离。

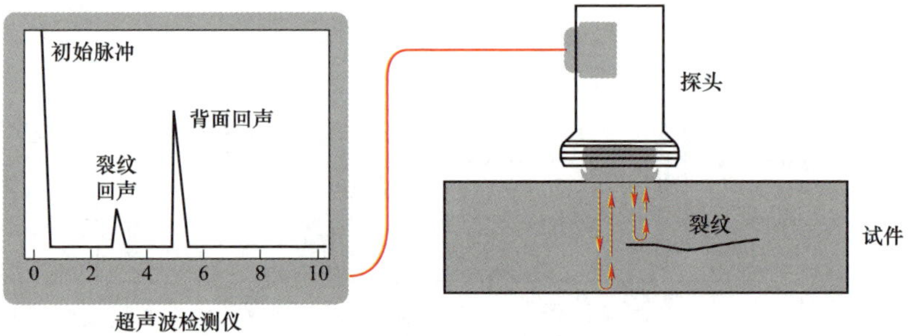

图 3－38　脉冲反射法检测原理图

超声波检测方法很多，按技术特点可分为 A 型脉冲反射法、衍射时差法（TOFD）、超声导波法和相控阵超声检测法（PAUT）等。其中 A 型脉冲反射法按波形可分为纵波法、横波法、表面波法、爬波法等。

（3）典型的缺陷诊断。在电力系统中，基于超声的设备内部缺陷检测方法主要应用于 GIS 设备、断路器、金属设备本体以及其焊缝的探伤检测，对于评估设备本体状态及质量有重要作用，也是进行金属监督的重要技术手段，图 3－39 为金属监督人员对 GIS 焊缝进行检测。

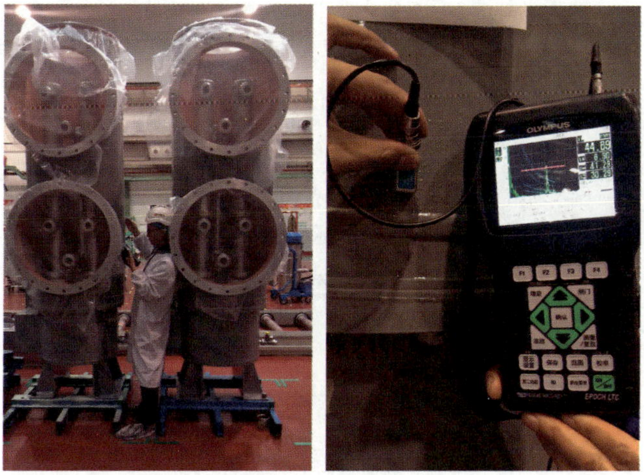

图 3－39　对 GIS 焊缝进行检测

3. 基于声学成像设备异响检测

当高压电气设备存在异响时，通常表明设备状态存在异常，应用声学成像技术可准确定位设备异响源，辅助诊断故障设备。

（1）检测基本原理。声学成像技术中传声器声阵列是由多个声传感器单元按照一定规律排列组成，声学成像技术应用传声器阵列接收空间中的声音信号并进行相应处理，其测试关键是传声器阵列的拓扑结构和后处理算法。

现有的后处理算法主要包括常规波束形成算法（CBF）、空间谱估计算法（DOA）、清除法（CLEAN）及反卷积算法（DAMAS）四大类。DOA 算法采用子空间法对空间信号的波达方向进行超分辨率估计，CLEAN 算法通过将传声器阵列接收信号的互谱矩阵中的已识别声源产生的互谱去除掉来消除与该声源有关的旁瓣，DAMAS 算法采用 Gauss－Seidel 迭代方法对真实声源位置与阵列点传播函数进行解卷积运算反向求解真实声源位置。但是以上三种算法均有应用的局限性，并不适用于所有异响测试，而 CBF 算法由于计算效率高、性能稳定等优点得到了广泛应用。CBF 算法原理如图 3－40 所示，核心思想是将声源测量面划分网格，由于阵列中传声器所处的位置不同，因此声源信号到达每个传声器的时间有所不同，选定参考传声器后，可以计算出其他传声器接收信号与参考传声器接收信号的时间差（Δt），将声源面上的声源网格点到传声器的信号进行延时处理（delay）后与传声器阵列接收到的信号进行叠加（sum），当网格点与声源位置重合时输出值最大，当网格点与声源位置不一致时输出值被减小，从而便可以获得声源的位置等信息。

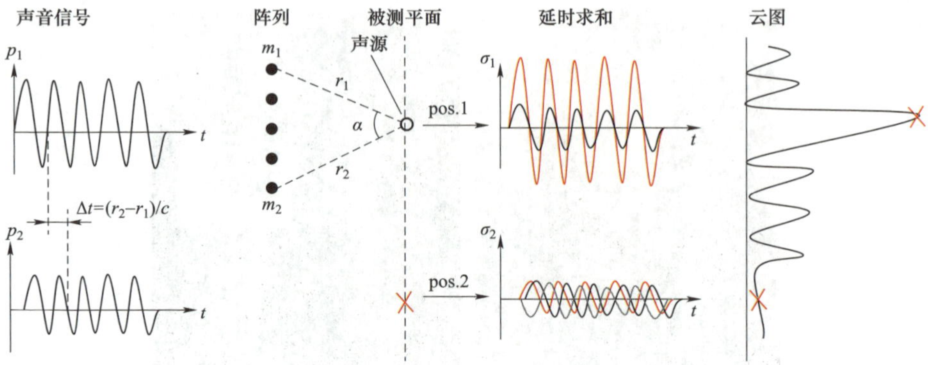

图 3-40 常规波束形成算法原理图

（2）检测应用。声学成像技术对于稳态、瞬态声源都能有效识别，对电气设备可进行带电检测，且最远测量距离可达 100m 以上，近年来已成功应用于电抗器、变压器、GIS 等设备的异响定位（见图 3-41）。声学成像技术在电力行业应用还处于起步、积累阶段，一方面需完善底层测试数据积累，针对不同设备的不同异响问题形成正确的分析方式；另一方面需形成标准检测流程，从设备选择到现场操作都需形成一整套标准流程，提高检测质效。

图 3-41 基于声学成像的电抗器异响识别

3.1.5 SF_6 泄漏带电检测技术

SF_6 气体因其良好的绝缘性和灭弧性能已在电力系统中得到了大量应用，存在于各类充气设备，对于 SF_6 气体泄漏的检测已成为保障该类设备正常运行的重要带电检测内容之一。SF_6 气体的泄漏检测机理主要基于气体的各种性质，负电晕检测技术、电子捕获检测技术、负离子捕获检测技术、紫外电离检测技术利用的是 SF_6 气体的负电性；红外吸收技术、光声光谱技术、激光红外成像技术是利用了 SF_6 气体红外光谱的特征吸收的性质，下面分别针对各种检测技术对其工作原理进行详细阐述。

（1）负电晕检测技术。电晕放电是指带电体表面在气体或液体介质中出现的局部的自持放电现象，常发生在不均匀电场中电场强度很高的区域内，如高压导线的周围、带电体的尖端附近等。因为在尖端电极附近，电荷密度很大，局部电场强度很强，超过了气体的电离场强，使气体发生电离和激励，出现电晕放电，发生电晕放电时在电极周围可以看到发光的电晕层，并伴有“咝咝”声。电晕放电的极性由曲率半径小的电极的极性决定。如果曲率半径小的电极带正电，发生的电晕为正电晕；反之则称为负电晕。负电晕检测技术中，采用了具有高频脉冲负电晕连续放电效应的检测器，当检测器中存在 SF_6 气体时，SF_6 气体的负电性对负电晕放电有一定的抑制作用，致使电晕电流减小。这些随负电性气体浓度而变化的电晕电流通过信号放大电路转换成浓度指示值。

（2）电子捕获检测技术。电子捕获检测技术常采用放射性同位素 Ni_{63} 作为检测器的离子发射体，且配有载气（一般为 Ar）。当载气通过放射源时，放射源产生 β 射线的高能电子使载气电离形成正离子与慢速电子，向极性相反的电极定向迁移形成基流。SF_6 气体的负电性决定了它能捕获载气电离形成的慢速电子，从而形成负离子。待检 SF_6 气体负离子与载气正离子复合成为中性化合物，而使原有的基流减少，基流的减少量与被测气体的浓度成一定数量的比例关系，将变化了的基流转为浓度指示信号输出，从而达到检测气体浓度的要求。

（3）负离子捕获检测技术。负离子捕获检测技术是利用空气、SF_6 或各种卤素气体在高频电磁场的作用下电离程度的差异而形成的一种检测技术。假设电离腔内通过的是纯的空气，腔体吸收高频电场和磁场所给予的能量，致使谐振回路内的功率因数显著下降，同时引起高频振荡器的振荡幅值大大下降。当空气中含有 SF_6 或卤素等负电性气体时，负电性气体具有很强的俘获电子的能力，致使电离腔中的电离度减弱，振荡器的振荡幅值上升，上升的幅值与被测气体的负电性气体浓度成比例变化，从而通过信号放大器将信号转为浓度输出值。

（4）紫外电离检测技术。紫外电离检测技术是利用紫外线将检测气体中的氧气和 SF_6 气体离子化，根据它们的离子迁移速度和对电子吸收的能力的差异，迅速简便地测定出在检测的气体中所包含的微量 SF_6 的浓度。

在光电面与加速电极之间通过被测气体，使被测气体中的氧气和 SF_6 气体吸附在这些光电子上。这些光电子在光电面和加速电极之间施加的电压作用下，被电离为离子状态，以各自的迁移速度向光电面移动。由于氧气和 SF_6 气体的负电性不相同，对光电子俘获能力不相同，则形成不同的迁移速度。利用这种速度差别形成的离子流的相位差，将相位改变的离子流检测出来，就可检出 SF_6 气体的存在及浓度。式（3-8）表示与上述迁移速度有关的离子电流

$$i=\sum_{k=1}^{n}\frac{eV_{\mathrm{k}}}{d} \tag{3-8}$$

式中 e——离子的电荷；

V_k——离子迁移速度；

d——光电面和加速电极间的距离；

n——离子数；

i——离子电流。

由于 d 是固定的，离子电流 i 由离子电荷和离子迁移速度所决定，对 SF_6 气体来说则主要由离子数来决定，离子数则指示气体中的 SF_6 浓度。这样检测器就可以定量地检测出 SF_6 的浓度。

（5）红外吸收技术。当红外光通过待测气体时，这些 SF_6 气体分子对特定波长（$975cm^{-1}$）的红外光有吸收，其吸收关系服从朗伯－比尔（Lambert－Beer）吸收定律。由朗伯－比尔定律可知，光的吸收系数与物质的浓度有关。通过吸收介质的长度与透射光强满足以下关系

$$I(\lambda, I) = I_0 e^{-\alpha Cl} \tag{3-9}$$

式中 I、I_0——透射和入射光强；

α——一定波长下的单位浓度、单位长度介质的吸收系数；

l——待测气体与光相互作用的长度；

C——待测气体的浓度。

式（3-5）可转化为

$$C = -\frac{1}{l\alpha}\ln\frac{I(\lambda, I)}{I_0} \tag{3-10}$$

由此可知，在波长 λ 下，若气体的吸收系数 α 可以测量，则 SF_6 气体浓度 C 可以从 λ 光的输入光强 I 和输出光强 I_0 的变化量求出。

（6）光声光谱技术。光声光谱技术与红外吸收技术的原理类似，都是利用气体对红外光的特征吸收。然而，二者在定量 SF_6 气体浓度时存在差异。在光声光谱技术中，样品吸收光能，并立即以释放热能的方式退激。释放的热能使样品和周围介质按光的调制频率产生周期性加热，从而导致介质产生周期性压力波动，这种压力波动可用高灵敏的微音拾音器和压电陶瓷传声器检测，并通过放大得到光声信号。压力波动的大小与光的吸收作用强弱存在定量关系，再利用朗伯－比尔（Lambert－Beer）吸收定律对气体浓度进行换算，相当于间接检测气体对光的吸收作用，从而可以利用这个原理检测出 SF_6 气体的泄漏及其浓度。

（7）激光成像技术。SF_6 气体由于其具有极强的红外吸收特性，当激光遇到 SF_6 气体时，会被 SF_6 气体吸收，激光强度将明显减弱。SF_6 激光成像检漏仪主要就是利用 SF_6 气体该特性以及反向散射/吸收理论。其工作原理为：由激光发射器瞄准被测设备区域发出入射激光，经过背景反射会形成反向散射激光进入

激光摄影机成像系统；在没有泄漏气体的情况下，所产生的反向散射激光与反向散射阳光产生的图像相同。在有泄漏气体的情况下，发出的入射激光遇到泄漏的 SF_6 气体，则其能量会被吸收一部分，返回到激光摄影机成像系统的激光强度由于经过气体烟雾的吸收将会减弱，从而导致无泄漏与有泄漏两种情况下的反向散射激光产生差异，最终造成各自的激光成像不同。SF_6 气体浓度越浓，吸收就越大，激光成像对比度也越大。在这种方式下，一般的非可视气体将在视频中可见，其泄漏源和移动方向都可以方便确定。

气体烟雾后面必须要有固定的背景，以便将激光反射到取景器进行成像。也就是说气体必须在激光检漏仪和一个背景平面之间通过，该平面将激光反射回检漏仪以便显示图像。在没有泄漏气体的情况下，所产生的背景画图像与使用普通摄像机时反射阳光产生的图像相同。然而在有泄漏气体出现时，发出的入射激光遇到泄漏的 SF_6 气体，则其能量会被吸收一部分，返回到激光检漏仪成像系统的激光强度由于经过气体烟雾的吸收将会减弱，区域的试品图像将产生对比或变暗，气体浓度越浓，吸收越大，对比度也会越明显。SF_6 气体泄漏激光成像检漏原理如图 3－42 所示。该技术使正常不可见的 SF_6 气体泄漏在标准视频显示中可视化，检测人员在监视器上就可实时检测 SF_6 气体由此可以发现有无 SF_6 气体泄漏。

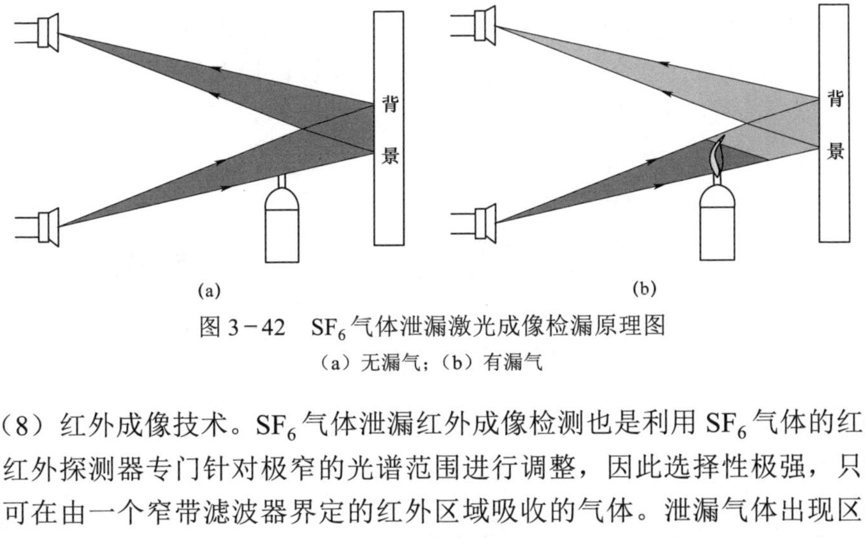

图 3－42　SF_6 气体泄漏激光成像检漏原理图

（a）无漏气；（b）有漏气

（8）红外成像技术。SF_6 气体泄漏红外成像检测也是利用 SF_6 气体的红外特性。红外探测器专门针对极窄的光谱范围进行调整，因此选择性极强，只能检测到可在由一个窄带滤波器界定的红外区域吸收的气体。泄漏气体出现区域的视频图像将产生对比变化，从而产生烟雾状阴影。气体浓度越大，吸收强度就越大，烟雾状阴影就越明显，从而使不可见的 SF_6 气体泄漏变为可见，进而确定其泄漏源及移动方向，使检测人员能够快速、准确地找到泄漏点。与激光检漏仪相比，无需反射背景，所以适用范围更广，同时因为无需激光发射器，所以重量也更轻。

SF_6气体泄漏红外成像原理图如图 3－43 所示，当物体发出的红外辐射通过空气与 SF_6气体组成的混合气体时，由于 SF_6气体对红外辐射的吸收能力更强，上方通过 SF_6气体的红外辐射与下方通过空气的红外辐射相比，明显变弱了。

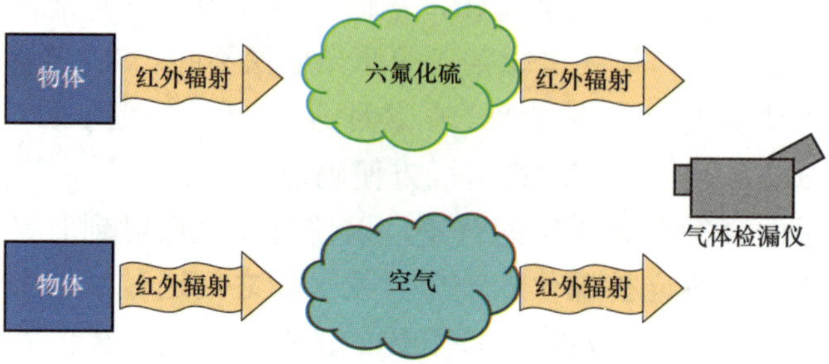

图 3－43　SF_6气体泄漏红外成像原理图

3.2　变电在线监测技术

变电在线监测技术是应用先进传感、检测及通信技术搭建的监测系统，可实时掌握设备关键状态量，预测设备状态发展趋势、保障设备健康稳定运行，解决了离线检测方法需要停电进行、检测工作量大、掌握设备状态不及时等问题。变电在线监测系统可分为过程层、站控层和主站层，系统框架图如图 3－44 所示。过程层为分散在各个设备上的各类型在线监测设备，监测数据通过有线或无线

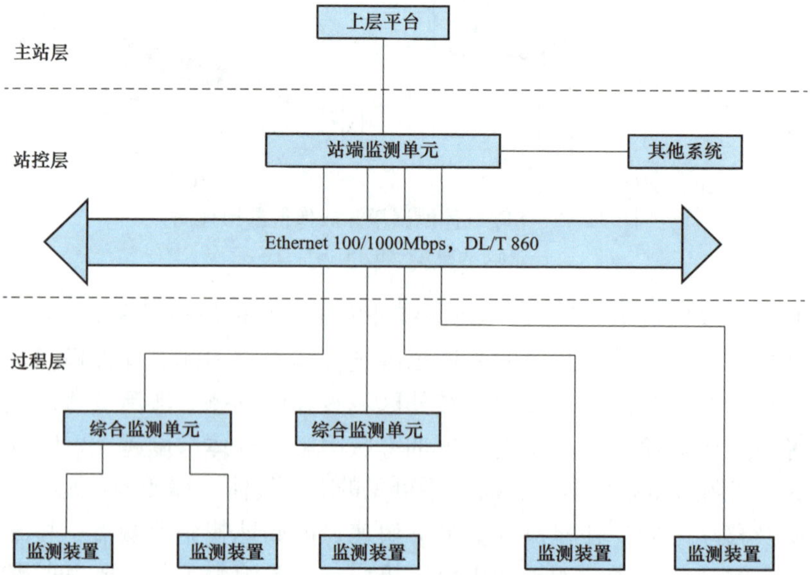

图 3－44　变电在线监测系统框架图

等方式将数据上传至站控层（站端监测单元），数据传输采用 DL/T 860《变电站通信网络和系统》，站端监测单元实现对所采集的状态监测数据进行全局监视管理、显示，在站端实现数据的查询、分析及诊断，同时具备将数据上传至主站层的能力。

针对不同变电设备、不同的状态量，选择不同的检测原理，应用各种量测、传感技术实现对变电设备状态在线监测。主要监测的状态量包括油中溶解气体、局部放电、铁芯接地电流、油中微水、介质损耗因数和电容量、金属氧化物避雷器阻性电流、SF_6气体压力和湿度、分合闸线圈电流、泄漏电流、设备内部压力等。严格意义上讲，所有的带电检测技术均可发展成为在线监测技术，对于由 3.1 节中的技术发展而来的在线监测技术，本节主要针对应用较为成熟的油中溶解气体、铁芯接地电流、金属氧化物避雷器绝缘及少油设备压力四种在线监测方法进行介绍。

3.2.1 油中溶解气体在线监测技术

绝缘油是由许多不同分子量的碳氢化合物分子组成的混合物，分子中含有CH_3*、CH_2*和 CH*化学基团，并由 C—C 键键合在一起。在正常运行情况下，油中溶解气体的组分主要是氧气和氮气，但在电或热故障的作用下可以使某些 C—H 键和 C—C 键断裂，伴随生成少量活泼氢原子和不稳定的碳氢化合物自由基，这些氢原子或自由基通过复杂的化学反应迅速重新化合，形成氢气和烃类气体，如甲烷、乙烷、乙烯、乙炔等，也可能生成碳的固体颗粒及碳氢聚合物（X－蜡）。

在不同温度的故障下，产生特征气体有所差异，其中乙烯是在高于甲烷和乙烷的温度（大约为 500℃）下生成的（在较低的温度时也有少量生成），乙炔一般在 800～1200℃下生成，当温度降低时，反应迅速被抑制，作为重新化合的稳定产物而积累，因此，大量乙炔是在电弧的弧道中产生的，当然在较低的温度下（低于 800℃）也会有少量乙炔生成，油起氧化反应时，伴随生产成少量 CO 和 CO_2，并可长期积累，成为数量显著的特征气体。不同故障类型产生的典型气体见表 3－4。

表 3－4 不同故障类型产生的典型气体

故障类型	主要气体组分	次要气体组分
油过热	CH_4，C_2H_4	H_2，C_2H_6
油和纸过热	CH_4，C_2H_4，CO，CO_2	H_2，C_2H_6
油纸绝缘中局部放电	H_2，CH_4，CO	C_2H_2，C_2H_6，CO_2
油中火花放电	H_2，C_2H_2	
油中电弧	H_2，C_2H_2	CH_4，C_2H_4，C_2H_4
油和纸中电弧	H_2，C_2H_2，CO，CO_2	CH_4，C_2H_4，C_2H_4

在故障初期，分解出来的气体在油中对流和扩散，并不断溶解于油中，气体在一定温度和压力下达到溶解和释放的动态平衡，油中溶解度可用奥斯特瓦尔德系数 K_i 表示，当气、液两相达到平衡时，可用亨利（Henry）定律表示：$K_i=C_{oi}/C_{gi}$，其中 C_{oi} 为平衡条件下溶解在油中组分 i 的浓度，单位为 μL/L；C_{gi} 为平衡条件下溶解在气相中组分 i 的浓度，单位为 μL/L；K_i 为油中溶解度，与温度相关。当产气速率大于溶解速率时，会有一部分气体进入气体继电器或储油柜，当气体继电器中出现气体时，分析气体成分同样有助于进行诊断。

针对油中溶解气体的检测主要包括离线检测和在线监测，离线检测方式具有测试精度高、重复性好、分离性能高和适用范围广等优点，但需要熟练操作的试验人员，需要现场取油样，检测周期长，不能连续监测；在线监测可弥补离线检测的缺点，具有连续性好，可实时掌握变压器运行状态，发现和跟踪存在的潜伏性发热和放电故障，并且可避免人工操作不规范带来的影响，减少人员工作强度，降低运行检修成本。油中溶解气体在线监测装置现场如图 3-45 所示。

图 3-45　油中溶解气体在线监测装置现场图

（1）基本原理。油中溶解气体在线监测装置按照测试气体种类可以分为两大类：少组分在线监测装置和多组分在线监测装置。少组分在线监测装置监测变压器油中溶解气体组分少于 6 种，用于缺陷或故障预警。监测量为特征气体中的一种或多种，但至少包括氢气或乙炔。少组分在线监测装置的基本原理是变压器油中溶解气体通过监测装置的渗透膜进入气体检测仪器，作用出电信号，并标定气体含量。

多组分在线监测装置是监测变压器油中溶解气体组分 6 种及以上的监测装

置，用于缺陷或故障预警和故障类型诊断。检测量应包括氢气、甲烷、乙烷、乙烯、乙炔、一氧化碳，常用的是包含二氧化碳在内的 7 种特征气体的监测装置，氧气、氮气为可选监测量。多组分在线监测装置主要是将变压器油在线抽取一部分，通过油气分离装置将油中的气体进行分离，油气分离后，再通过气体检测系统检测各气体的具体含量，最后进行数据处理分析。

油中溶解气体在线监测装置原理构架如图 3-46 所示，其中，油样采集单元实现对变压器油的自动取样，取油方式应保证所取油样代表变压器油的真实情况，并且不能影响被监测设备的安全运行。由于国内外目前都不具备在变压器油中直接检测溶解气体的技术，无论是离线检测还是在线监测，必须首先将溶解气体从变压器油中脱出，气体检测单元再将分离出的气体转换为电信号功能，实现气体组分和含量的检测。

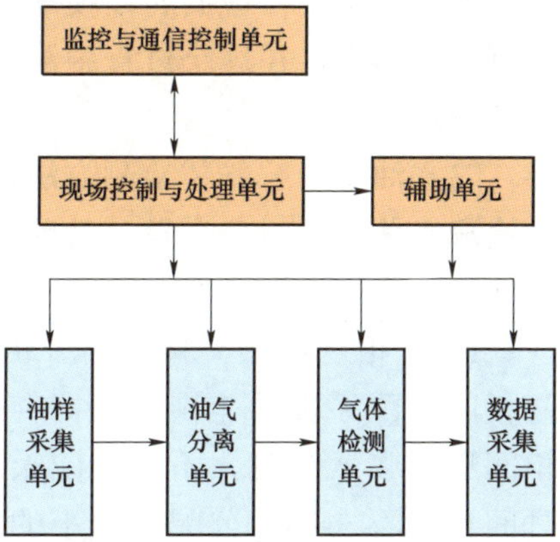

图 3-46　油中溶解气体在线监测装置原理构架图

（2）油中溶解气体脱气方法。目前，常用的油气分离技术主要有薄膜透气法、真空脱气法、动态顶空脱气法、机械振荡式分离法等不同类型。

1）薄膜透气法：基于气体扩散原理，使用只渗透气体分子而不能渗透油的高分析膜，利用膜两侧（变压器油和气室）气体压力的不平衡性，使气体自动从油中向气室扩散实现油气分离。自克兹（Kurz）研制成用高分子塑料分离膜渗透出油中溶解气体的气相色谱仪并装于变压器上进行自动分析后，又相继研制成功了聚酰亚胺、聚六氟乙烯、聚四氟乙烯等各种高分子聚合物分离膜。其中，聚四氟乙烯透气性好，又有良好的机械性能和耐油、耐高温等诸多优点，现被普遍作为油中溶解气体在线监测仪上的透气膜。

2）真空脱气法：根据真空产生方式包括真空泵法和波纹管法，真空泵法是利用真空泵抽取真空将特征气体与被检测油样分离，真空泵法的优点是平衡时间短，使用寿命长，无油耗和二次污染，但对气路的密封性要求高；波纹管法是将变压器油抽进波纹管，用电机带动波纹管反复压缩，多次抽真空，将油中气体抽出，该种方法具有脱气速度快、效率高的优点，但由于波纹管内有残油，可能在下次产生误差，并且波纹管的反复压缩会产生机械磨损，导致使用寿命较短。

3）动态顶空脱气法：通过将油样抽入油气分离模块后，把载气通入油中，在持续的气流吹扫下，样品中的溶解气体组分随载气溢出，并通过一个装有吸附剂的捕集装置进行浓缩，在一定吹扫时间后，样品中的气体组分全部或定量进入捕集器，实现气体分离。该种方法脱气速度快，重复性好，与实验室数据可比性高等特点，但吹扫过程中，载气会对油样产生污染，溶解于油样中的载气很难去除，载气正压吹扫，一旦与变压器相连的电磁阀出现反向渗漏，载气有可能进入变压器本体。

4）机械振荡式分离法：又称为动态顶空平衡法，在脱气过程中，采样瓶内的磁力搅拌子不停地旋转，搅动油样脱气，析出的气体经过检测装置后返回采样瓶的油样中，在这个过程中测量气样的浓度，当前后测量值一致时，认为脱气完毕。

（3）油中溶解气体检测方法。在将油中溶解气体从油中脱离之后，需进一步检测气体中各组分含量，目前常用的检测方法有气相色谱法、光声光谱法和红外光谱法等。

1）气相色谱法又称色谱分析、色层法、层析法，利用混合物中各物质在两相间分配系数的差别，当混合物在两相间做相对运动时，样品各组分在两相间进行多次分配，不同分配系数的组分在色谱柱中的运行速度不同，滞留时间也就不一样，分配系数小的组分会较快地流出色谱柱，分配系数大的组分就越容易滞留在固定相间，流过色谱柱的速度较慢。由于各组分在性质与结构上的不同，相互作用的大小强弱也有差异，因此在同一推动力的作用下不同组分在固定相中的滞留时间有长有短，从而按先后不同的次序从固定相中流出。这种利用两相分配原理而使混合物中各组分获得分离的技术，称为气相色谱法，其分离原理如图 3－47 所示，其检测流程如图 3－48 所示。

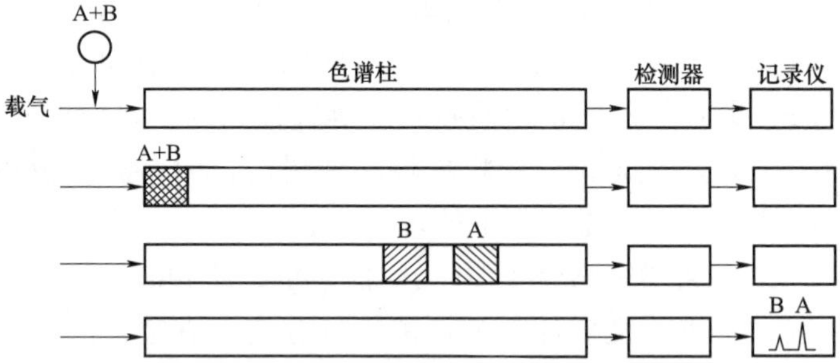

图 3－47　气相色谱法分离原理图

气相色谱法优点是：① 选择性好，分离效能高；② 速度快，用几分钟或几十分钟就可完成一项含有几个或几十个组分的样品分析；③ 样品用量少，对气体样品一般只需 1～3mL 甚至更少，即可完成一个全分析；④ 灵敏度高。通常样品中有十万分之几或百万分之几的杂质也能很容易地鉴别出来；⑤ 适用范围广。气相色谱法是目前多组分在线监测中最常用的气体检测方法，也是目前

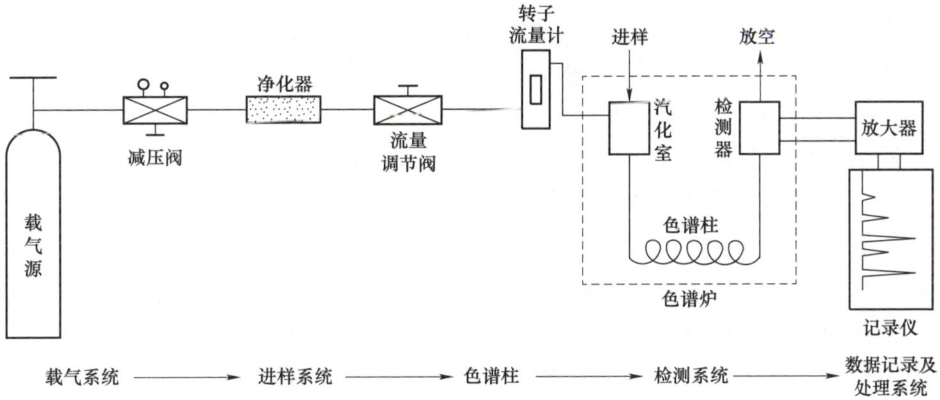

图 3-48　气相色谱法流程图

发展最为成熟的方法，但这种方法具有需要消耗载气、对环境温度很敏感以及色谱柱进样周期较长的缺点。

2）光声光谱法是基于光声效应的气体检测方法，监测原理图如图 3-49 所示。光声效应是由于气体分子吸收电磁辐射（如红外线）而造成的，特定气体吸收特定波长的红外线后温度升高，但随即以释放热能的方式退激，释放出的热能使气体产生成比例的压力波。压力波的频率与光源的斩波频率一致，并可通过高灵敏微音器检测其强度，压力波的强度与气体的浓度成比例关系。光声光谱方法的检测精度主要取决于气体分子特征吸收光谱的选择、窄带滤光片的性能和电容型驻极微音器的灵敏度；分析所需样品量小（仅需 2～3mL），不需载气。

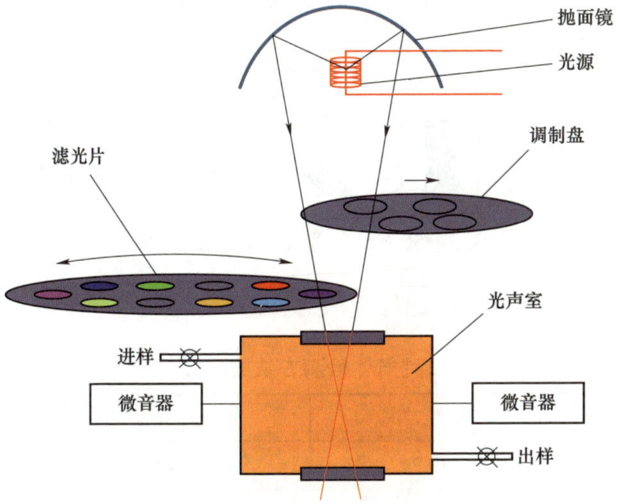

图 3-49　光声光谱法监测原理图

光声光谱法优势为：① 可实现非接触性检测，对气体无消耗；② 无需分离气体，不同气体的成分和含量可直接通过光谱分析确定；③ 各器件的性能稳定，可实现在长期使用中免维护；④ 能够对气体吸收光能的大小进行直接测量，且比傅里叶红外光谱技术灵敏度更高；⑤ 测量的精度高，范围广，同时检测速度快，具有重复性和再现性。一般情况下，多数气体分子的无辐射跃迁主要处于红外波段，因而光声光谱技术对气体的定性定量分析，是通过对气体对相应于特征吸收峰的特定波长红外光的吸收量的测量来实现的。其主要缺点是检测精度还有待提高、高透过率的滤光片难以制造以及对油蒸汽污染敏感，此外，不同原理的在线监测系统各有特色，有的系统仅仅处在试用阶段，难以大面积推广。

3）红外光谱法监测原理是基于气体分子吸收红外光的吸光度定律，吸光度与气体浓度以及光程具有线性关系，由光谱扫描获得吸光度并通过吸光度定律计算可得到气体的浓度，如图 3-50 所示。这种方法具有扫描速度快、测量精度高的特点，但其有价格昂贵、精密光学器件维护量大、检测所需气样较多（至少要 100mL）以及对油蒸汽和湿度敏感等缺点。

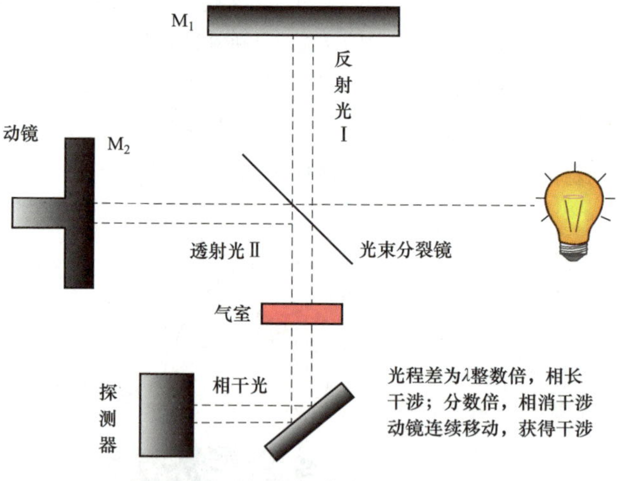

图 3－50　红外光谱法监测原理图

以上三种气体检测方法的比较见表 3－5。

表 3－5　　三种气体检测方法的比较

性能	气相色谱法	红外光谱法	光声光谱法
通用性	很好	H_2 无吸收	好
灵敏性	好	较好	好
气　路	复杂	一般	一般

续表

性能	气相色谱法	红外光谱法	光声光谱法
样气量	很小	较多	小
维护量	较大	较小	较小
扩展量	很好	一般	一般
价 格	一般	高	高

3.2.2 金属氧化物避雷器绝缘在线监测技术

金属氧化物避雷器（MOA）一般是由非线性压敏电阻阀片构成，电阻片的主要成分是 ZnO，同时还含有少量的其他金属氧化物，通过电子显微镜可以观察到直径约为 10μm 的 ZnO 颗粒周围包以由掺杂物所形成的厚度约为 0.1μm 氧化膜。该氧化膜的晶界层的电阻率是变化的，在低压下电阻率很高，在高压作用下电阻率会突然下降，这使电阻片具有很好的非线性保护特性。另外，晶界层的相对介电常数可达 500～2000，所以 ZnO 电阻具有很大的电容量，在运行中流过阀片的电流主要是电容电流。因此 MOA 可看成是一个线性电容和非线性电阻的并联，如图 3－51 所示，在正常工作电压下，总泄漏电流既包含了电容分量也包含了电阻分量。

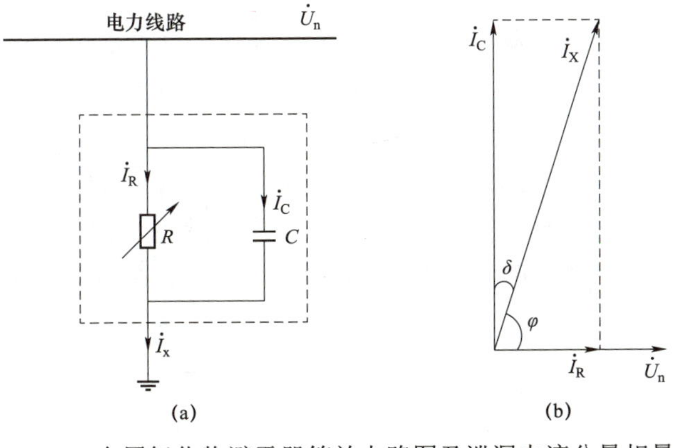

图 3－51 金属氧化物避雷器等效电路图及泄漏电流分量相量图

（a）氧化锌避雷器等效电路；（b）等效电路相量图

随着运行年限的增加，金属氧化物避雷器的伏安特性会发生变化，导致在相同电压作用下流过避雷器的电流增加。当 MOA 老化后，会表现为其内部电阻减小，全电流的阻性分量按指数规律极大地增加、功耗增加，在长期运行下，阻性电流将导致避雷器内部温度升高，严重的甚至会导致避雷器爆炸，因此通过监测阻性电流实现 MOA 的状态监测和健康诊断非常重要。根据在线监测数

图 3－52 金属氧化物避雷器在线监测现场应用图（计数器与在线监测一体化设计）

据，运行人员可以根据监测的数据及其变化的趋势做出判断，有计划地安排设备的维修，这样能够大量节约设备的维修费用，保证供电的可靠性，避免了由电气设备发生故障时停电而造成巨大的经济损失。MOA 在线监测装置的核心在于阻性电流的检测，主要方法包括：基于全电流测量的在线监测法和基于阻性电流测量的在线监测法。金属氧化物避雷器在线监测现场应用如图 3－52 所示。

（1）全电流在线监测。全电流在线监测可通过在避雷器与地之间串接安装交直流毫安表来实现泄漏电流的测量，一般串联在 MOA 的接地端，原理如图 3－53 所示，测量时可采用交流毫安表（图中 A_1），也可采用经桥式整流器连接的直流毫安表（图中 A_2），通过串联装置的读数大小变化来完成运行状态的监测。当避雷器阀片在受潮受污或者劣化时，阀片的阻性电流会明显增加，从而总的泄漏电流也会相应增加。以全电流作为量测信号可以检测出老化或者受潮严重的避雷器，但是对避雷器早期的受潮和老化等渐进影响无法检测。

（2）阻性电流在线监测。阻性电流在线监测可以发现 MOA 的早期老化问题，但由于阻性电流只占 5%～20%，因此仅监测全电流很难判断避雷器的绝缘劣化，故应对阻性电流进行监测，方法如下：

1）阻性电流 3 次谐波法。3 次谐波监测原理如图 3−54 所示，当 MOA 老化时，阻性电流的 3 次谐波分量显著增加，3 次谐波是将电流互感器 TA 套在三相总接地线上，系统中没有谐波存在的理想状态下，三相电流中的容性电流与阻

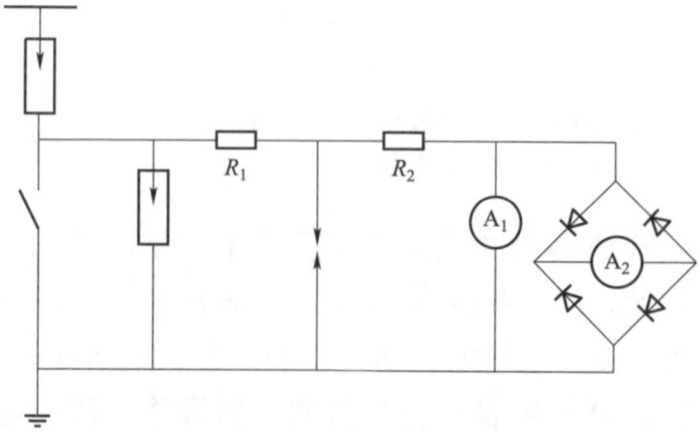

图 3－53 全电流在线监测原理图

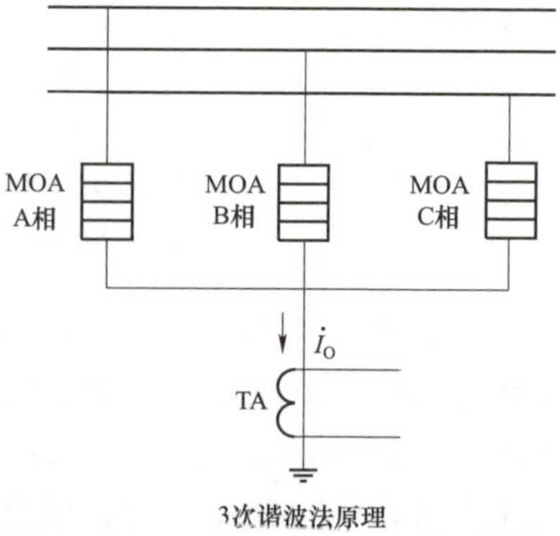

图 3－54 3 次谐波法监测原理图

性电流基波因 120° 相角差抵消，而 TA 测到的是避雷器阻性电流的三相高次谐波分量之和。当避雷器绝缘性能正常时，I_0很小，当某相避雷器出现故障时，因三相泄漏电流基波分量不能相互抵消，会明显增大。该方法不需测量电压，方法简单，但是当系统电压存在谐波分量时，误差较大。

2）谐波分析法。将全电流和母线电压信号进行傅里叶变换，分别求取电压和电流的基波和各次谐波的幅值和相位，该方法能同时测量阻性电流和阻性电流高次谐波分量等重要特征，当电网存在谐波时，该方法能更准确反映特征量情况，具有较高稳定性，是所有在线监测方法中较为全面的方法，其不足是电压和电流相位容易受到三相避雷器相间干扰。

3）容性电流补偿法。通过硬件补偿电路将总泄漏电流中的容性电流补偿掉得到阻性电流。应用中，硬件补偿达不到完全的补偿，因此会造成一定的测量误差。

4）多元补偿法。当电网存在谐波时，避雷器的等效电容会产生基波之外的高次谐波，电压的谐波次数越高，容抗相应变小，容性电流随之增加。与常规的容性电流补偿法不同，多元补偿法针对容性电流各次谐波分别进行补偿，该方法不直接通过电压互感器端获得补偿信号，而是在电压互感器端交流电压过零时发出一个中断信号，以启动 A/D 对避雷器泄漏电流采样，并记录此时电压和全电流之间的相位差，计算机根据相位差自动生成和容性电流各次谐波成分对应的补偿信号。

实践证明，在线监测 MOA 阻性电流对发现早期避雷器缺陷是有效的，系统电压、温度、污秽等因素都会引起 MOA 全电流和阻性电流发生变化，测试时应注意综合分析； 在线监测中发现 MOA 异常时，建议停电做直流实验，以确诊 MOA 是否必须退出运行。

3.2.3　铁芯接地电流在线监测技术

变压器铁芯是变压器内部传递、变换电磁能量的主要部件，正常运行的变压器铁芯必须接地，并且只能一点接地，对变压器的事故统计分析表明，铁芯事故在变压器总事故中已占到了第三位，而铁芯故障的产生，大部分是由于铁芯多点接地引起的。主变压器铁芯平时一点可靠接地时，因为没有环流，接地引下线的电流是较小的，为毫安级。如果变压器铁芯出现多点接地，那么不同的接地点之间会形成环流，环流大小取决于铁芯多点接地的位置和主变压器的负荷情况，通常可达几安培、几十安培甚至上百安培，这个环流使得铁芯出现局部发热、铁耗增大，长时间运行会使得铁芯损毁，甚至使接地装置断裂，致使铁芯出现很高的悬浮电位，产生放电故障，造成绝缘油分解出多种烃类气体，使轻瓦斯或重瓦斯动作，甚至最终使变压器出现整体绝缘故障或事故。变压器铁芯接地电流在线监测，使用穿心式电流传感器测量铁芯接地引下线中的接地电流，通过电流大小及变化趋势判断铁芯是否存在多点接地。现场安装如图 3-55 所示。

图 3-55　变压器铁芯接地电流在线监测装置现场安装图

正常运行的变压器铁芯是单点接地的，如图 3-56 所示。此时流过铁芯接地线中的电流是由于高、低压绕组对铁芯存在的电容造成的。

对于三相变压器，如果三相电压完全对称，理论上流过铁芯接地线的电流为零，但实测电流值一般在几毫安到几十毫安之间；对于单相运行的变压器（如 500kV 变压器），由于绕组与铁芯之间的电容值很小（一般在几千皮法），阻抗很大，计算和实际测试表明，该电流值也在几十毫安以下。但是，铁芯一旦出现多点接地，此时接地导线、铁芯本体、变压器外壳以及大地形成闭合回路，铁芯中的主磁通和漏磁通就会在该闭合回路中感应出环流，如图 3-57 所示。

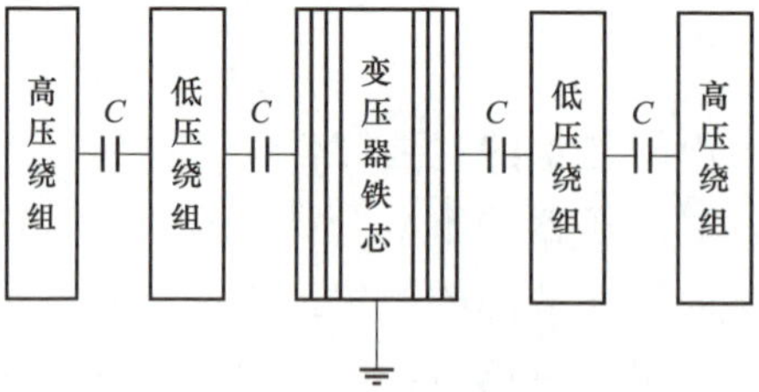

图 3-56　铁芯单点接地示意图

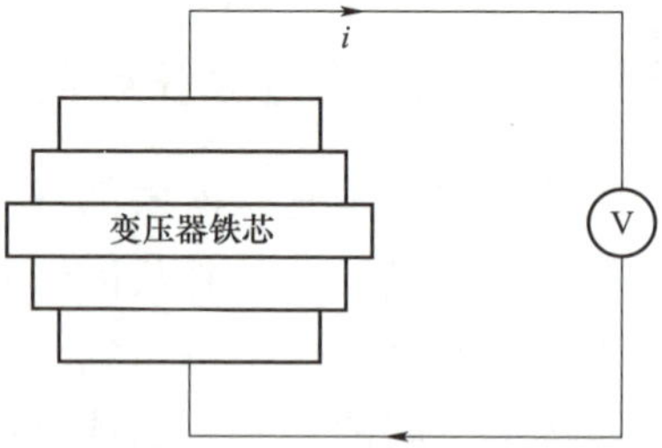

图 3-57　铁芯多点接地示意图

该环流的大小与感应电动势的大小以及回路的总阻抗有关，准确计算回路的电流和感应电动势比较复杂，近似计算可认为回路交链的磁通最大为流过铁芯的总磁通的 1/2，这样回路感应出的电压恰好为绕组匝电压的 1/2。如果忽略大地和接地点的电阻，则整个回路的电阻主要是由变压器铁芯本体造成的，而铁芯是由涂有漆膜的硅钢片叠装而成，硅钢片的电阻与漆膜相比很小，实际上其铁芯电阻主要是由漆膜造成的，其电阻值在几欧到上百欧姆之间，因此在该接地回路中最大可出现几十安的电流。

从上述的分析可知，铁芯在单点和多点接地两种情况下流过接地线中的电流值相差较大，因此，可以通过监测铁芯接地线电流能有效发现多点接地故障。

铁芯接地电流在线监测装置包括铁芯电流传感器、电流数据接收模块、铁芯状态分析软件，并与主 IED（Intelligent Electronic Device，智能电子设备）组成在线监测系统。系统构成及原理如图 3－58 所示。

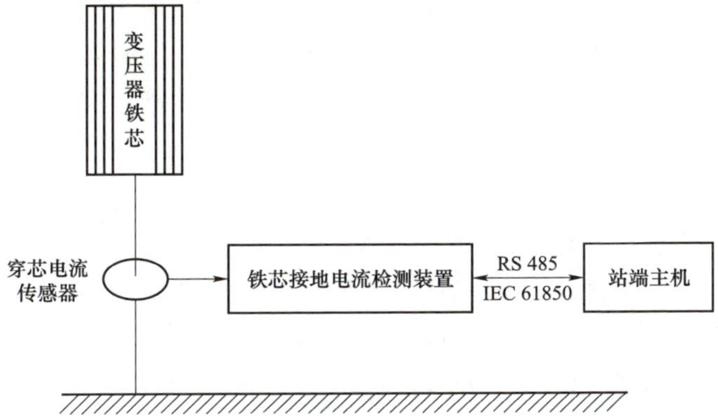

图 3－58　铁芯接地电流在线监测装置原理图

穿芯式电流互感器套装在变压器铁芯接地线上来获取铁芯接地电流信号，电流互感器的二次感应信号接入在线监测装置的测量电路，测量电路与处理器相连，处理器将测量电路的模拟信号进行计算处理后，将测量数据通过 RS 485 通信方式上传至主 IED，主 IED 依据 IEC 61850 通信规约进行主 IED 与站级后台系统的通信。当出现监测数据异常情况时，远方监控的计算机均会发出报警信号，使工作人员可以采取及时有效的处理措施，防止变压器故障的发生，用以保证电力系统的安全稳定运行。

3.2.4　少油设备压力在线监测技术

油浸纸绝缘的套管、互感器等电力少油设备大量应用于电力系统，长期运行中的故障、老化不可避免。如果缺陷不能被及时发现而继续劣化，将导致少油设备绝缘击穿，严重时将发生爆炸、起火事故。不仅导致设备自身损毁，引起跳闸停电，同时爆炸产生的碎片还将造成邻近设备的损伤，扩大停电范围，极端情况下还可能对运维巡视人员造成人身伤害，近年来已发生多起因少油设备内部故障导致的爆炸事故。

少油设备内部缺陷导致的放电、过热都会使绝缘油和绝缘纸分解出气体。

任何气体不依靠化学反应都不能完全溶解到液体中，因此，故障产生的气体会使设备内部压力升高。通过监测设备内部压力这一物理量，同时以局部放电在线监测作为补充，及时对故障类型及严重程度作出判断，可有效监测少油设备内部故障。

1. 设备内部压力与缺陷关系

当少油设备内部存在潜伏性故障时，若热分解产生气体的产气速度很慢，气体仍以分子的形态扩散并溶解于周围油中，即使油中气体含量很高，只要尚未过饱和，就不会有游离气体释放出来。如果故障存在的时间较长，油中溶解气体已达到饱和状态，则会释放出自由气体。如果发生突发性故障，产气速率很高时，分解出的气体除一部分溶于油中之外，另一部分溶解和置换过程来不及充分进行，就会变成气泡上浮，上升至少油设备顶部，引起设备内部气体压强变化。

为验证设备内部缺陷或故障对设备压力的影响，通过实验分析了设备局部放电与设备内部压力的关系，选取 500kV 倒立式电流互感器进行局部放电试验，同时监测试验过程中的试品内部压力，如图 3－59 所示。可以看出伴随着局部放电产生的压力显著增大，放电量增长越快，压力增加越快。2h 试验时间内，内部气体压强增加了 500Pa，初步验证了压力监测的有效性。

为进一步验证其他少油设备内部缺陷与设备压力之间的关系，选取 220kV 正立式 TA 和 110kV 套管进行进一步分析，放电量与内部压力分别如图 3－60 和图 3－61 所示，从图中可以明显看出设备局部放电量与设备内部压力存在正相关，因此证明了基于试品内部压力的在线监测可有效反应少油设备内部缺陷。

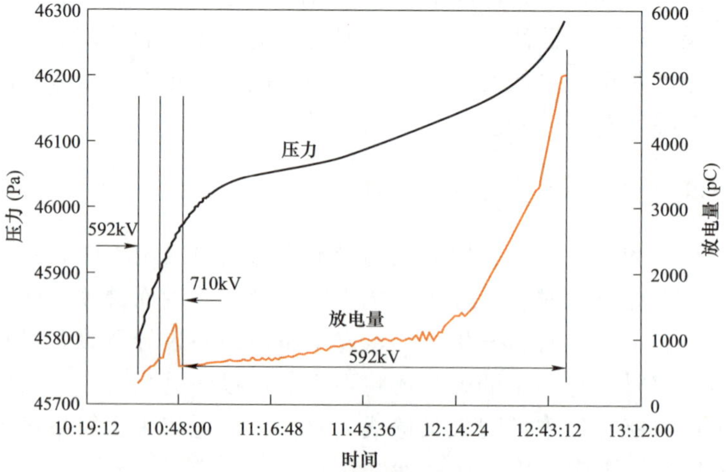

图 3－59　500kV 倒立式 TA 内部压力及局部放电的变化情况

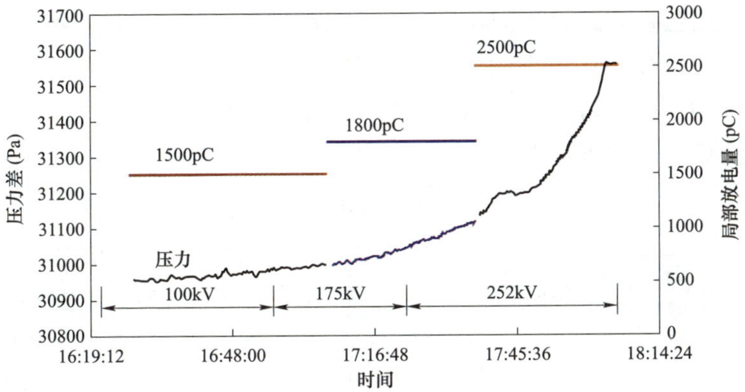

图 3－60　220kV 正立式 TA 内部压力及局部放电的变化情况

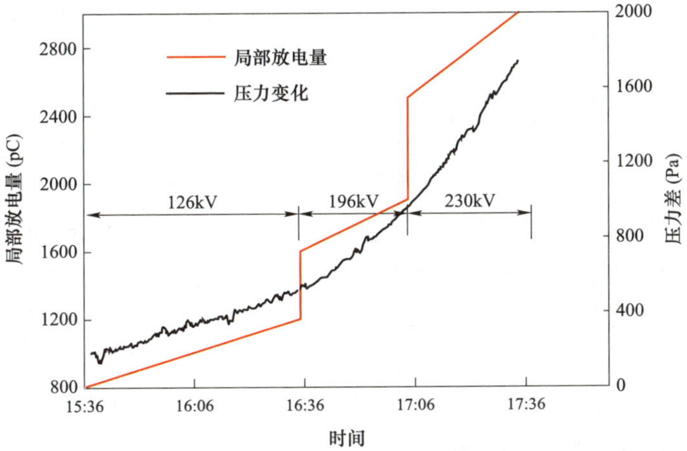

图 3－61　110kV 套管内部压力及局部放电的变化情况

2. 基于压力的在线监测原理

在流体静力学中，定律帕斯卡定律指出，不可压缩静止流体中任一点受外力产生压力增值后，此压力增值瞬时间传至静止流体各点。帕斯卡定律适用于液体中，由于液体的流动性，封闭容器中的静止流体的某一部分发生的压强变化，将大小不变地向各个方向传递。封闭容器中流体压强传递如图 3－62 所示，盛放在密闭容器内的液体，在液体内部任意一点液面高 h 处，根据静压力基本方程，其压强大小为

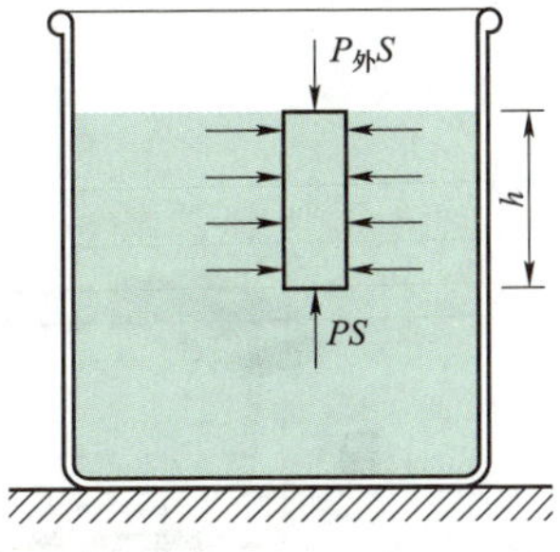

图 3－62　封闭容器中流体压强传递

$$P = P_{外} + \rho g h \tag{3-11}$$

若其外加压强 P 外发生变化为（$P_{外}+\Delta P$）时，只要液体仍保持其原来的静止状态不变，液体中任一点的压强均将发生同样大小的变化。这就是说在密闭容器内，施加于静止液体上的压强将以等值同时传到各点。即对于任意高度 h 处的任意一点，此时压强为

$$P'=(P_{外}+\Delta P)+\rho gh \tag{3-12}$$

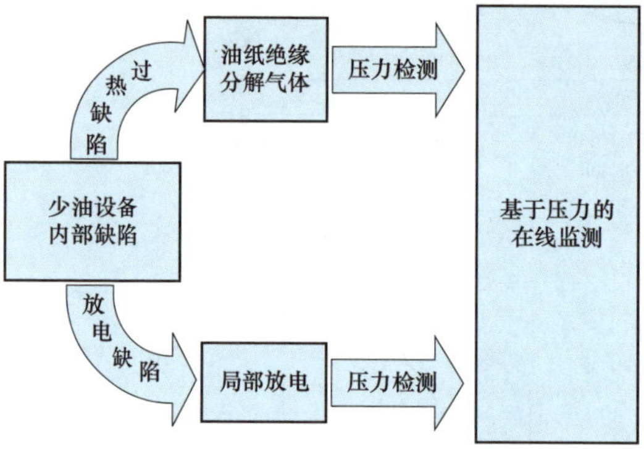

图 3-63 压力和局部放电在线监测原理

帕斯卡定律适用于流体力学中，由于液体的流动性，封闭容器中的静止流体的某一部分发生的压强变化，将大小不变地向各个方向传递。

对于电流互感器、套管等少油设备，其实质上是一封闭容器，内部存的油以及由于各种故障缺陷而会产生气体。当少油设备内部气体压强变化时，由理想气体压强计算方程以及帕斯卡定律，气体各处压强相等，而变化的气体压强将等值不变的传递到油液的各点处。因此，油压的变化也能反映出气体压强的变化，从而反映出设备内部的缺陷或故障。图 3-63 为压力和局部放电在线监测原理。

压力监测适用范围广，任何故障产生的气体压力变化都能被及时感知。不同于采用电气量监测的其他装置，压力是一个直观物理量，测量方法和测量设备简单、可靠，并可有效排除现场的电磁干扰。运行中少油设备的放电性缺陷较多，通过局部放电在线监测可及时判断故障类型及严重程度，对压力监测进行有效的补充，有效及时地发现缺陷，基于压力的在线监测原理如图 3-64 所示。少油设备压力在线监测装置实物图如图 3-65 所示。

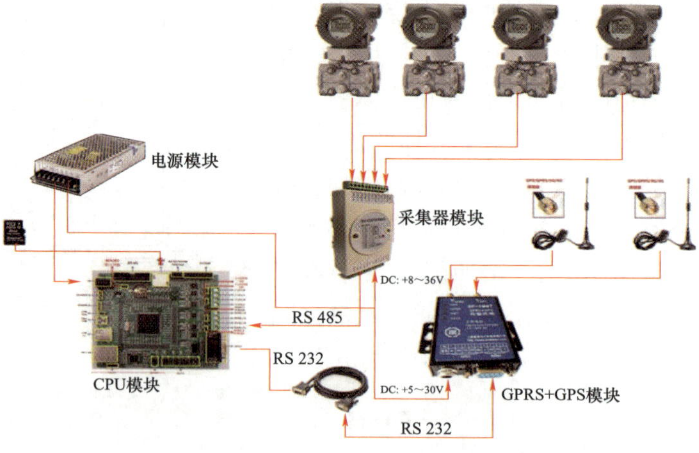

图 3-64 压力在线监测装置原理图

图 3-65　少油设备压力在线监测装置实物图

3.3　输电线路在线监测技术

输电线路在线监测技术是指直接安装在输电线路设备上可实时记录设备运行状态特征量的测量系统及技术，是实现状态监测、状态检修的重要手段。随着现代通信技术的成熟与推广，输电线路在线监测技术取得了长足进步，一系列输电线路在线监测系统相继出现，如输电线路杆塔倾斜在线监测、覆冰在线监测、微气象在线监测、导线舞动在线监测、视频/图像在线监测等，有效提高了现有输电线路的运行安全水平。

输电线路在线监测系统的一般流程是：监测装置实时完成输电线路设备状态、环境信息的采集；通过通信模块及通信网络发送至各级监测中心；监测中心专家利用各种修正理论模型、试验结果和现场运行结果判断输电线路的运行状况，并及时给出预警信息，从而有效防止各类事故的发生。输电线路在线监测系统典型架构如图 3-66 所示。

3.3.1　本体结构监测技术

1. 杆塔倾斜在线监测

正常工况下，铁塔两侧的导线张力基本保持平衡。但当铁塔两侧导线不均匀时（如覆冰情况下），受力平衡状态被破坏，铁塔两侧产生张力差，铁塔会向张力大的一侧发生倾斜、弯曲，张力差超过一定允许值时，将导致铁塔折断、倒塌。

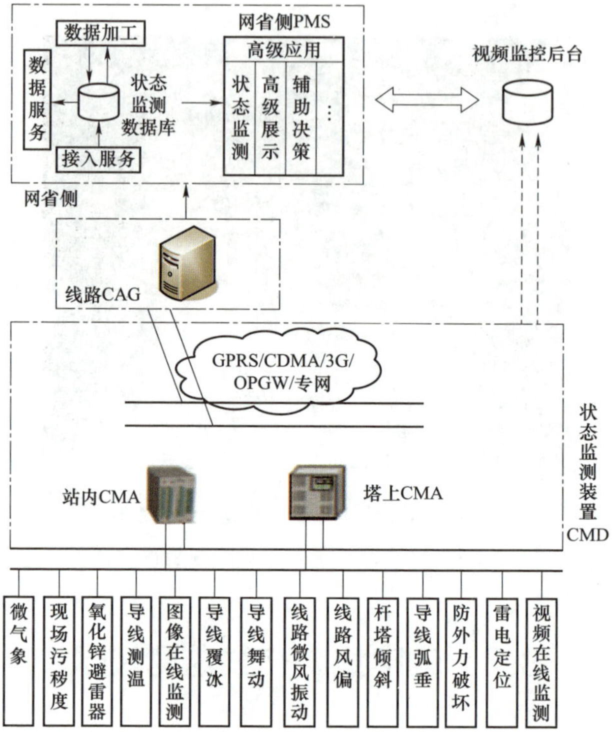

图 3－66　输电线路在线监测系统典型架构图

（1）基于倾角测量法的杆塔倾斜监测。主要原理是利用倾角传感器测得倾斜角，然后计算杆塔倾斜度。双轴倾角传感器分别在杆塔横担和杆塔 2/3 处安装，可采集水平方向和垂直方向的倾角，利用杆塔倾斜度计算模型计算出杆塔的顺向倾斜度、横向倾斜度和综合倾斜度。

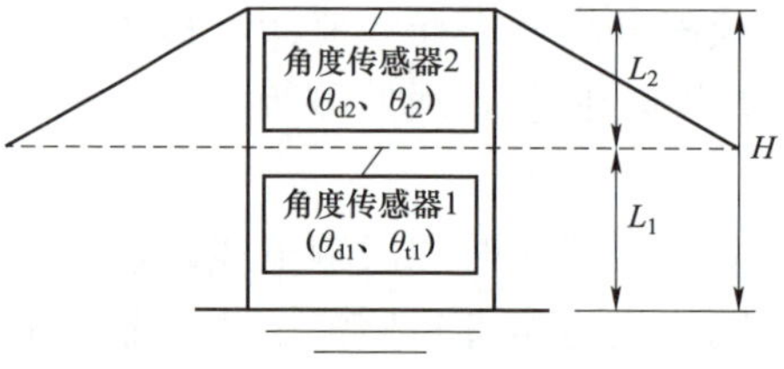

图 3－67　杆塔倾斜度监测装置示意

由图 3－67 可知，顺向倾斜度 G_d、横向倾斜度 G_t，综合倾斜度 G 可分别表示为

$$\left.\begin{aligned} G_d &= \frac{L_1\sin\theta_{d1}+L_2\sin\theta_{d2}}{L_1+L_2} \\ G_t &= \frac{L_1\sin\theta_{t1}+L_2\sin\theta_{t2}}{L_1+L_2} \\ G &= \sqrt{(G_d\cdot G_d+G_t\cdot G_t)} \end{aligned}\right\} \quad (3-13)$$

根据计算得到的杆塔综合倾斜度 G，设定各类杆塔 G 的正常值、提示阈值、预警阈值和报警阈值，见表 3－6。

表 3-6 各类杆塔综合倾斜度范围

杆塔类型	正常值	提示阈值	预警阈值	报警阈值
50m 及以上高度杆塔	$G<3$	$3\leqslant G<4$	$4\leqslant G<5$	$G\geqslant 5$
50m 以下高度杆塔	$G<3$	$3\leqslant G<8$	$8\leqslant G<10$	$G\geqslant 10$
钢筋混凝土电杆	$G<3$	$3\leqslant G<10$	$10\leqslant G<15$	$G\geqslant 5$

（2）基于光纤光栅传感技术的杆塔倾斜监测。光纤光栅传感器是用光纤布拉格光栅作为传感元件的功能型光纤传感器，可以直接传感温度和应力变化（简称应变）以及实现与温度和应变有关的其他许多物理量和化学量的间接测量。通过光纤光栅传感器的应变数据可以反映出杆塔的倾斜状态，将这种方法应用在杆塔的倾斜状态监测中有很大优势。

在设计输电线杆塔倾斜监测传感系统时，最简单、最普遍的光纤光栅为布拉格光栅，其折射率调制深度和光栅周期一般是常数。布拉格光栅会对入射光的宽带光选择性地反射 1 个中心波长（即布拉格波长）与纤芯层折射率调制相位相匹配的窄带光。这样，光纤光栅就起到了光波选择反射镜的作用，只有满足布拉格条件的光才能被光纤光栅反射，布拉格条件可用式（3-14）表示

$$\lambda_B = 2n_{eff}\Lambda \tag{3-14}$$

式中 n_{eff}——光纤基模在布拉格波长上的有效折射率；

Λ——光栅的周期。

λ_B 与 Λ 和 n_{eff} 有关，而 Λ 和 n_{eff} 又受温度和应变的影响。因此，温度和应变的变化可以使反射的布拉格波长 λ_B 相对于原来的光栅的中心波长有波长漂移。其中应力变化引起的布拉格波长变化为

$$\Delta\lambda_\varepsilon = (1-P_e)\bullet\Delta\varepsilon\bullet\lambda_B = K_\varepsilon\bullet\Delta\varepsilon\bullet\lambda_B \tag{3-15}$$

式中 $\Delta\lambda_\varepsilon$——应变变化引起的波长位移；

P_e——光纤的弹光系数；

$\Delta\varepsilon$——应力变化量；

K_ε——光纤布拉格光栅的应变灵敏度系数，光纤布拉格光栅选定后，K_ε 为常数。

对于普通单模石英光纤，$P_e=0.22\mu s$，则有 $K_\varepsilon=0.78\mu s$。当光栅周围所感应到应变时，将导致光栅周期 Λ 或纤芯折射率 n_{eff} 的变化，从而使光纤光栅的中心波长产生位移$\Delta\lambda_\varepsilon$，通过检测光栅波长的位移的变化情况，由式（3-15）即可获得应变量。

使用光纤布拉格光栅这一光纤传感技术来实现输电线杆塔倾斜状态监测时，利用光纤布拉格光栅上应力变化引起的波长位移信息，得到光栅所感应到

的应变信息，从而对应得到杆塔的倾斜状态信息，实现对杆塔倾斜状态的监测。

为了使光纤布拉格光栅能够准确地反应输电线杆塔的倾斜状态变化，必须使光纤布拉格光栅与杆塔同步变形。如果将刻写好的光栅直接与光纤熔接在一起，然后再用专用或特制的黏结剂将它们粘贴在被测杆塔表面上，这样就不能保证杆塔产生的表面应变与光栅所感应到的应变保持同步，也就不能实现有效、可靠地倾斜状态监测。此时可以考虑对光栅进行封装，即用金属材料对光栅进行封装，使得金属封装所感应的应力变化能够反应在光栅上。

光栅固定后，在实际应用的光纤传感系统中，可以采用定点铺设的方式，即将光纤拉直后，按一定的间隔定点粘在杆塔表面。为了能够保证有效地实现监测，在 2 个粘接点之间要使光纤保留一定的富余，使得在杆塔有较大的倾斜时不至于折断光纤，从而不影响监测。

光纤光栅应变的测量关键是对光纤布拉格光栅反射波长变化的解调，因此，提出了许多解调方法来检测反射波长的微小变化，其方法可分为滤波法、干涉法、波长扫描解调法等。其中可调光纤（F－P，Fabry－Perot）滤波器解调法具有体积小、价格低的优点，且可以直接输出对应于波长变化的电信号，是一种较好的解调方案，利用该方法也可同时对多个光纤光栅的波长进行解调。系统框图如图 3－68 所示，光栅传感器以一定的间隔固定在输电线杆塔的表面，匹配液的使用是为了减小光纤端面反射对光路中光信号的影响。

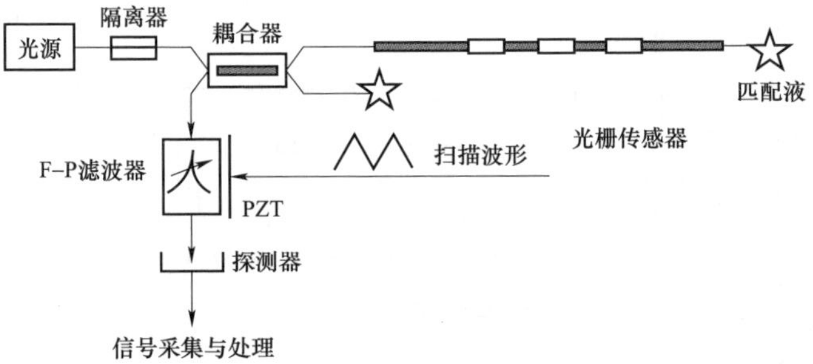

图 3－68　基于光纤光栅的杆塔倾斜监测系统

得到了输电线路杆塔表面的应变数据后，还要将其转变为杆塔的倾斜状态，可以通过与信号采集与处理部分结合实现该功能。从探测器出来的电信号经过采集处理后得到杆塔表面应力变化数据，再将该数据与后台软件平台中的倾斜状态数据库中的数据进行比对，从而方便系统做出合理预警。

2. 导线弧垂在线监测

导线弧垂是导线安全运行的重要指标，导线弧垂应控制在一定的范围之内，弧垂过大，易受到风力的作用而发生舞动；弧垂过小，易因导线存在张力而发生断股等事故，给输电导线的正常运行带来严重影响。

近年来，由于用电负荷增长的需要，许多已有的输电线路为提高输送能力，将导线最高运行允许温度从 70℃提高到 80℃，这时线路弧垂就成为主要制约因素，需要对弧垂进行校验或实时监测，以确保线路运行和被跨越设备的安全。目前实际应用较多的四种方法都是基于间接测量的方法：温度传感器监测法、张力传感器监测法、倾角传感器监测法和图像处理技术测量法。

（1）温度传感器监测法。利用温度传感器监测弧垂的原理是基于输电线路的状态方程

$$\sigma_{o2}-\frac{E\gamma_2^2 l^2\cos^3\beta}{24\sigma_{o2}^2}(1+\tan^2\beta\sin^2\eta_2)=\sigma_{o1}-\frac{E\gamma_1^2 l^2\cos^3\beta}{24\sigma_{o1}^2}(1+\tan^2\beta\sin^2\eta_1)-\alpha E\cos\beta(t_2-t_1) \tag{3-16}$$

式中　σ_{o1}——已知状态 I 下的水平应力，N/mm^2；

σ_{o2}——待求状态 II 下的水平应力，N/mm^2；

γ_1——已知状态 I 下电线综合比载，N/（m • mm^2）；

γ_2——待求状态 II 下电线综合比载，N/（m • mm^2）；

t_1——已知状态 I 下线路温度，℃；

t_2——待求状态 II 下线路温度，℃；

η_1——已知状态 I 下线路风偏角，℃；

η_2——待求状态 II 下线路风偏角，℃；

α——线路温度线膨胀系数，1/°C；

E——线路最终弹性系数，N/mm^2；

l——线路档距，m；

β——线路高差角（°）。

任意状态下的综合比载计算公式为

$$\gamma=\sqrt{\gamma_h^2+\gamma_v^2} \tag{3-17}$$

式中　γ_h——风荷比载，N/（m • mm^2）；

γ_v——垂直比载，无覆冰时即为自重比载，N/（m • mm^2）。

风荷比载计算式为

$$\gamma_h=\frac{v^2 D\alpha\mu_{sc}\mu_z\sin^2\theta\bullet 10^{-3}}{1.6S} \tag{3-18}$$

式中　v——设计基准高度下的基准风速，m/s；

α——风压不均匀系数；

μ_{sc}——电线体形系数（覆冰电线及外径小于17mm 无冰电线的体形系数 $\mu_{sc}=1.2$，外径等于或大于17mm 无冰电线 $\mu_{sc}=1.1$）；

μ_z——风压高差变化系数；

θ——风向与电线轴线间的夹角，(°)；

S——线路导线截面积，mm^2。

不考虑覆冰情况下垂直比载为

$$\gamma_v = \frac{9.80665q}{S} \tag{3-19}$$

式中 q——单位长度导线质量，kg/m；

S——导线截面积，mm^2。

风偏角与风荷比载及综合比载之间关系为

$$\sin\eta = \gamma_h / \gamma \tag{3-20}$$

已知 t_1、σ_{o1}、η_1、γ_1，通过温度传感器和风速风向分别测得 t_2、V 及 θ，可计算出 η_2、γ_2。此时式（3-16）即为 σ_{o2} 的三次方程，利用牛顿法求解得出 σ_{o2}。进而根据式（3-20）求出状态Ⅱ下该档距风偏平面内的弧垂 f'_M 及垂直平面内弧垂 f_M。由于绝大部分情况下风偏很小，事实上两个弧垂值几乎完全相等

$$f_M = f'_M\cos\eta_2 = \frac{\gamma_2 l^2}{8\sigma_{o2}\cos\beta}\cos\eta_2 \tag{3-21}$$

（2）张力传感器监测法。悬挂点不等高架空输电线路风偏下的受力情况如图 3-69 所示，无风时电线位于垂直平面 ABCD 内，电线上仅有铅锤向下的垂直比载 γ_v。当电线受到横向风吹时，垂直作用在电线单位长度上的风荷比载近似认为呈横向沿档距均匀分布，电线各点自垂直面内沿风向移动，直至荷载对 AB 轴的转矩等于零时为止。电线由 C 点移到点 C′，即偏移到风偏平面内的综合比载 γ' 上，$\gamma' = \sqrt{\gamma_h^2 + \gamma_v^2}$，综合比载沿斜档距均匀分布。

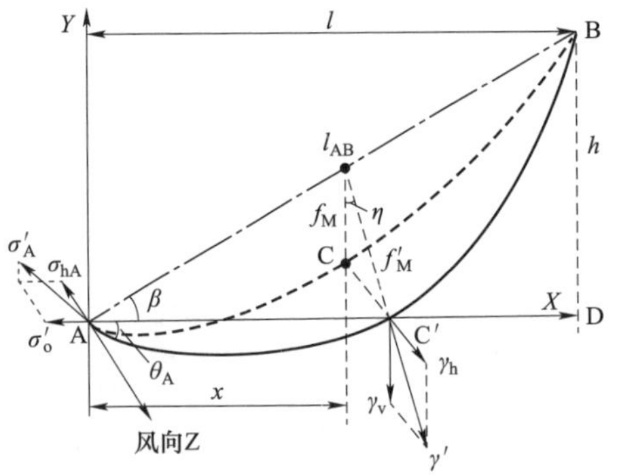

图 3-69 悬挂点不等高架空输电线路风偏下的受力图

悬挂点 A 点的轴向应力为

$$\sigma'_A = \frac{\sigma_0}{\cos\beta} + \gamma'\left(\frac{\gamma' l^2}{8\sigma_0\cos\beta} - \frac{h\cos\eta}{2}\right) \tag{3-22}$$

张力传感器（见图 3-70）所测轴向张力 T 与轴向应力 σ'_A 之间关系为

$$T = \sigma'_A S \tag{3-23}$$

综合式以上两式即可求得水平应力 σ_0 的一元二次方程，进而利用牛顿法计

算出 σ_0。将求得的 σ_0 代入式（3－21）即可得出垂直平面内弧垂 f_M。

（3）倾角传感器监测法。倾角传感器（见图 3－71）所测量的倾角是导线悬挂点线路的切线与水平方向的夹角在垂直平面内的投影，即图 3－69 中所示 θ_A。该倾角与水平应力 σ_0 之间的关系为

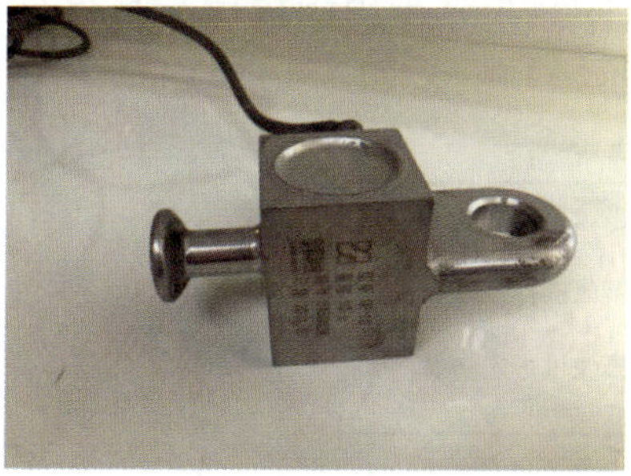

图 3－70　张力传感器

图 3－71　倾角传感器

$$\tan\theta_A = \frac{\gamma_v l}{2\sigma_0 \cos\beta} - \tan\beta \tag{3-24}$$

根据倾角传感器所测量的悬挂点倾角 θ_A，结合式（3-24）即可求出水平应力 σ_0，再与测量的风速风向等参数一同代入式（3－21）即可求出垂直平面内弧垂 f_M。

当风速较小即风偏角很小时可以近似认为垂直比载等于综合比载，风偏角的余弦值为 1，可用式（3-25）来简化计算垂直平面内弧垂 f_M

$$f_M = l(\tan\theta_A + \tan\beta)/4 \tag{3-25}$$

（4）图像处理技术测量法。基于输电导线自身的特点，通过提取输电导线的特征来分析其运行状况。由于安全运行的需要，输电导线上安装有许多双摆防舞器，应用图像处理技术，利用它们在整幅图像中的位置可提取出输电导线的形状特征。

角点是图像的重要局部特征，在实际图像中，轮廓的拐点、线段的末端等都是角点，具有丰富的信息量，便于测量和表示，能够适应环境光照的变化。另外，角点通常被理解为图像中物体边缘上曲率较大的点，具有两个关键特征：角点位于图像中物体的边缘上、角点是边缘上曲率较大的点。目前有很多用于角点提取的检测方法已经被提出，可以根据它们的性质分为三类：第一类是基于形状的角点算子，特征点位于轮廓线的最大曲率处，或两条线段的交点处；第二类是基于信号的角点算子，数字图像用离散的栅格记录连续的信息；第三类是基于模板的角点算子，定位精度可达到子像素，因为它是针对具体的特征点来设计特定模板的，所以这种方法的适用性不强。

基于图像处理的输电导线弧垂在线监测处理流程如图 3－72 所示，它阐述了输电导线弧垂在线监测的整体思路，a、b、c 等段是指各段输电导线。在使用摄像机拍摄监视图像时，首先要对各段进行摄像机标定，确定摄像机的内外参数，存入到右侧的存储器中，以便在坐标系变换时能够随时调用，然后得到各段距离的变换比例，计算出各段输电导线的实际弧垂。采用图像技术监测的现场图和安装效果分别如图 3－73 和图 3－74 所示。

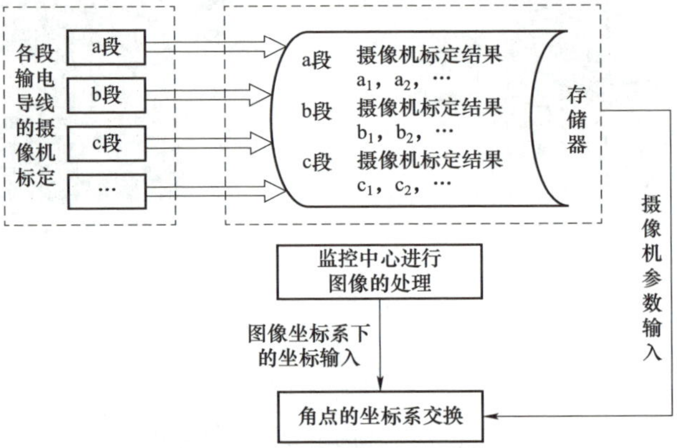

图 3－72　基于图像处理的输电导线弧垂在线监测处理流程图

图 3－73　采用图像技术监测的线路中的被测点

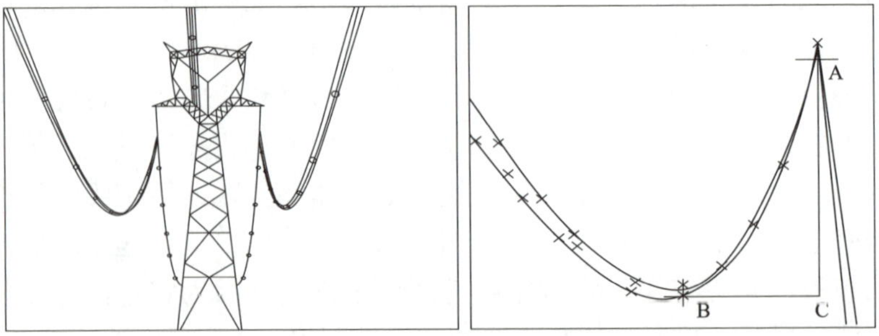

图 3－74　输电线路图和角点检测效果

3. 绝缘子污秽在线监测

当绝缘子上沉积的污秽达到一定程度后，在湿度较大天气中很容易发生污闪，严重影响供电可靠性。据统计，在电力系统总事故数中，污闪事故次数仅次于雷害，但污闪事故所造成的损害却是雷害的 10 倍，因此有必要开展绝缘子污秽监测，提前制订预防措施。

（1）基于泄漏电流的绝缘子污秽监测。污秽绝缘子的表面在受潮时会有更多的导电粒子附着，进而使得在工作电压下运行时会产生更大的泄漏电流。泄漏电流法首先给定正常泄漏电流值 I_1，然后在规定时间 t 内，统计超过 I_1 的脉冲个数及相应的最大泄漏电流，据此来测算绝缘子表面的污秽程度。绝缘子泄漏电流监测传感器如图 3-75 所示。

从运行中污秽绝缘的监视和预报角度出发，可以将自然污秽绝缘子交流闪络过程（升压法）的典型波形图分成三部分，如图 3－76 所示。如果以闪络电压为基准用标幺值表示，A 点和 B 点的电压标幺值分别为 0.5 和 0.9，A 点之前称为非预报区，A、B 之间称为预报区，B 点之后至闪络为危险区。从图 3-76 中可以看出，污秽绝缘子泄漏电流的特点是出现在预报区的泄漏电流呈不稳定状态，常以脉冲群出现，并伴有局部的电弧形成和熄灭。预报区的泄漏电流脉冲幅值相对较小，通常在数十毫安至数百毫安之间。在闪络前，泄漏电流幅值会迅速增大，且频率也随之增高。根据泄漏电流这一特点，可对出现在预报区中的泄漏电流进行监测和预报。

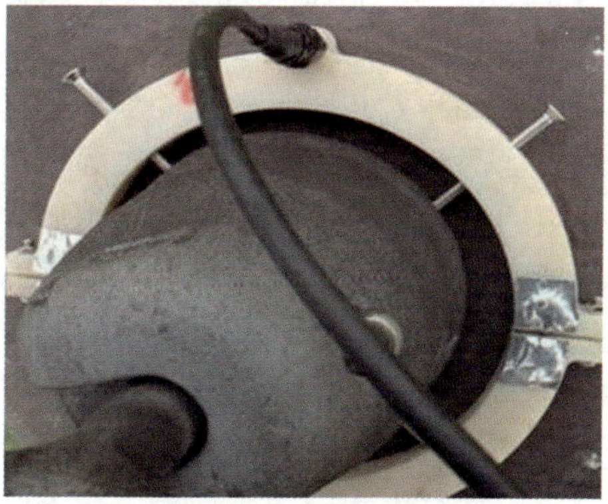
图 3－75　绝缘子泄漏电流监测传感器

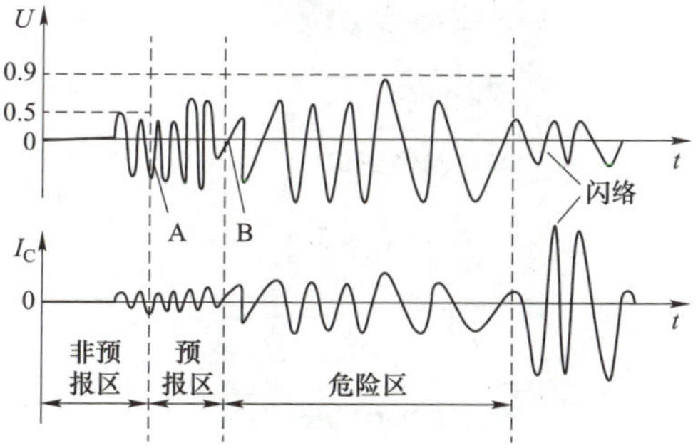

图 3－76　自然污秽绝缘子交流闪络过程的典型波形图

一般将绝缘子整个污秽闪络的全部过程划分为四个区间，即安全区、预报区、危险区、闪络区。在安全区时，绝缘子泄漏电流很小，无放电现象；当将要进入预报区时，泄漏电流明显增大，并伴有较为微弱的电晕声，同时会出现放电现象；预报区内泄漏电流很大，一般在 50mA 以上，而且电晕声越来越大，并出现小火花；快进入危险区时将出现小电弧；进入危险区后泄漏电流迅速增大，电弧逐渐密集，同时有较大的放电声音；污闪发生时，电弧贯穿绝缘子表面，污闪过后，泄漏电流急剧下降。泄漏电流有效值同污秽状态有着极大的相关关系，长期运行及试验分析表明当泄漏电流有效值在50mA以下时，此时绝缘子处于安全区；当泄漏电流增大到50～150mA时，绝缘子处于预报区；当增大到150 mA以上时，绝缘子进入危险区。

（2）光传感测量法。光传感测量法主要基于光场分布和光能损耗进行检测。将低损耗石英玻璃棒和大气抽象为多模传输介质，激光可以通过玻璃棒（基模）或者大气（高次模）进行传输，当玻璃棒上没有污秽时，其折射率大于空气的折射率，那么经过大气的光很少，玻璃棒最后传出的光功率和入射光相差不大；如果玻璃棒有污秽，会改变其折射率，进而影响传出的光功率。因此，可以通过监测输出光的性能变化和环境温湿度的变化来计算绝缘子表面附着的盐密和灰密。光传感污秽监测原理如图3-77所示。

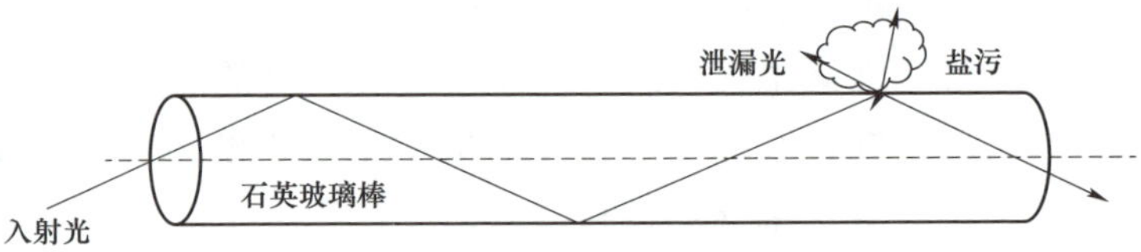

图3－77　光传感污秽监测原理图

基于光传感的污秽监测装置实物如图3－78所示。实际监测过程中，传感器采集光、温度等信息，经信号转换、预处理和A/D转换后由单片机进行数据处理，计算实际监测的盐密和灰密值，并且在实际使用中采用公用网络进行数据传输，最后由后台主机完成盐密、灰密、温度、湿度等数据的显示、预警等功能，如图3-79所示。

图3－78　基于光传感的污秽监测装置

（3）红外成像法。采用红外成像仪获取绝缘子的红外热像图，经过系统库中的图像处理和对比，测算出相应的污秽值。该方法无需运维人员进行高空作业，具有安全、可靠等优点。但在极寒气候环境下，绝缘子温度较低，发热并不明显，无法实现有效测量。图3－80为单个绝缘子的等效电路图，C_0为极间电容，R_j、R_v、R_s分别为瓷件介质极化损耗的等值电阻、体积电阻和表面电阻。

对非劣化绝缘子而言，表面污秽程度和环境湿度是影响其绝缘性能的2个重要因素。污秽绝缘子在干燥状态时，各参数相对洁净时变化很小，在运行电压作用下，绝缘子的发热以介质损耗发热为主；当污层受潮时，R_s 急剧下降，表面泄漏电流增大，绝缘子的发热以表面泄漏电流发热为主。

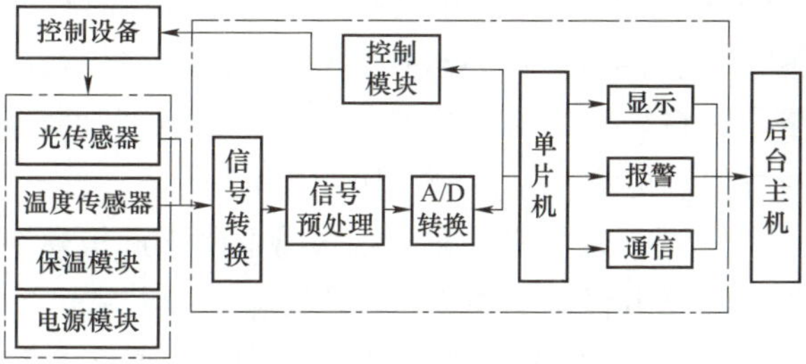

图 3-79　基于光传感的污秽监测系统框架图

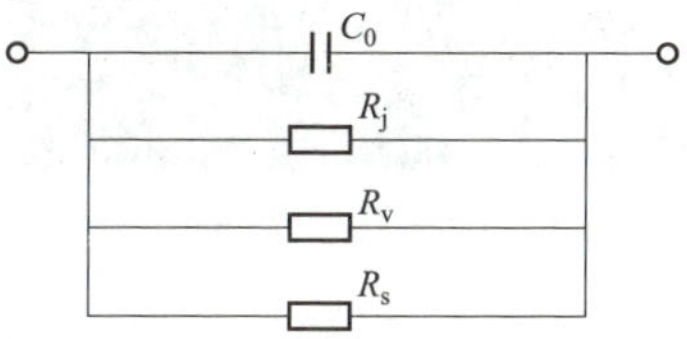

图 3-80　绝缘子等效电路图

在湿污状态，绝缘子串的电压分布不再取决于分布电容，而主要受表面绝缘电阻的影响。同串绝缘子污湿状态相似，各绝缘子绝缘电阻差别较小，因此各绝缘子承载电压基本一致、发热情况也基本相同。电流流过污层产生热效应，引起绝缘子表面温升。绝缘子为轴对称结构，瓷件表面沿爬电方向具有不同的盘径，流过瓷盘面污层的泄漏电流在小盘径处比大盘径处密度大，产生的热效应也不同。

绝缘子表面污秽越严重，环境湿度越大，表面泄漏电流越大，电流流过瓷盘面污层产生的热效应差异也随之增大，因此，可以利用瓷盘面温度分布的不同来表征污秽程度的变化。人工涂污绝缘子红外与可见光图像如图 3-81 所示。

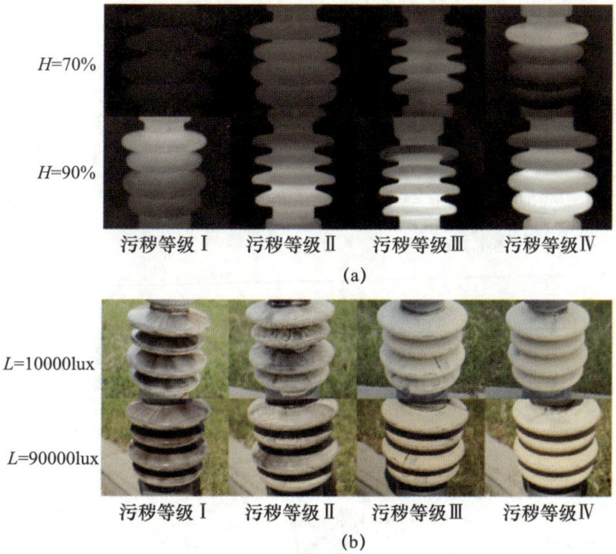

图 3-81　人工涂污绝缘子红外与可见光图像（H 为相对湿度，L 为自然光强度）

（a）红外成像图；（b）可见光图像

图 3－82　导线温度在线监测装置

4. 导线温度在线监测

高压输电线路导线温度在线监测系统，通常利用贴附在导线上的高精度温度传感器进行监测（见图 3－82），并通过 GSM/CDMA/GPRS 或 3G/4G 网络及时将采集到的信息发送给监控中心，从而实现对导线温度的实时监测，如图 3-83 所示。

监测子站主机内置无线传感器网络通信模块、蓄电池充电管理电路等，与导线温度采集单元、太阳能电池板、蓄电池等组成监测子站，其中，导线温度采集单元集成高精度温度传感器、电流互感器，融合传感器、数据采集、无线传感器网络和新电源等技术。

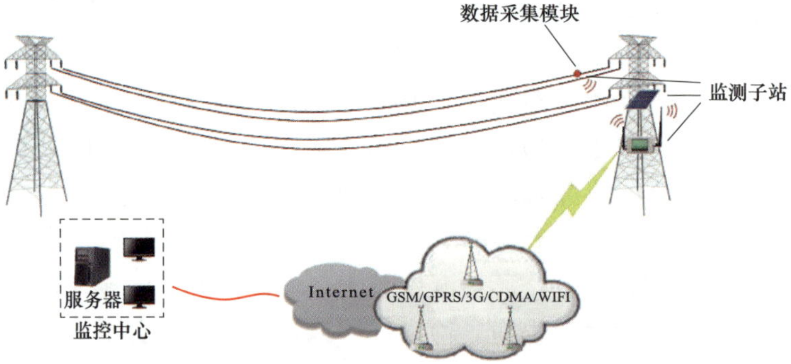

图 3－83　输电导线温度在线监测系统

3.3.2　运行环境监测技术

1. 微气象在线监测

高压输电线路微气象在线监测系统一般安装在杆塔上，可实时采集环境温度、湿度、风速、风向、气压等气象参数，并通过无线公网将监测信息发送给远程监控中心，如图 3-84 所示。

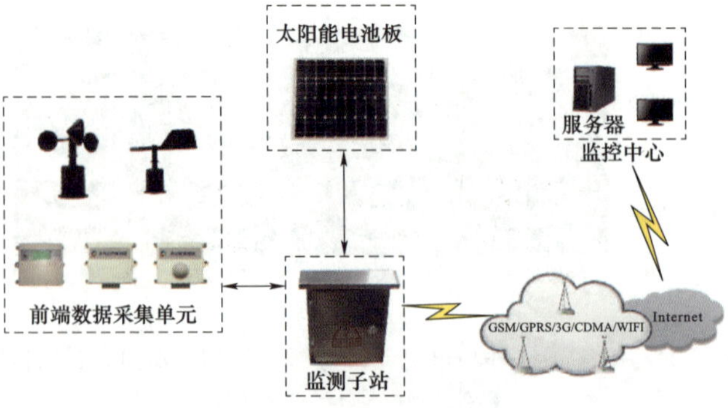

图 3－84　输电线路微气象在线监测系统

监测子站内置网络通信模块、蓄电池充电管理电路等，与前端数据采集单元组成监测子站，其中前端数据采集单元包括风速传感器、风向传感器、温湿度传感器等构成气象环境观测站。

2. 输电线路覆冰在线监测

输电线路一旦覆冰，将会产生诸多难以弥补的危害，严重影响人们的正常生产、生活。气象在线监测系统安装示意图如图 3－85 所示。

图 3－85　气象在线监测系统安装示意图

（1）造成杆塔损坏甚至折断。输电线路上的导线覆冰超过一定厚度，会使杆塔压力承载超重，一旦超过临界值，有可能导致杆塔倾斜甚至折断。

（2）导线跳跃，短路跳闸，供电中断。在输电线路中，有一些导线是垂直排列的，如果下面的输电导线先行脱落覆冰，会引起下层导线跳跃，造成供电系统短路，形成跳闸，供电就会中断，影响人们的正常生产、生活。

（3）导线下垂，引发接地事故。一般遭受覆冰灾害时，输电线路不同导线段的覆冰厚度是不同的，这样就会引起导线不同程度的下垂，绝缘子串将会随之倾斜，有可能引发接地事故。

以前输电线路覆冰情况主要靠人工巡视，这种方式受地理环境、天气状况等因素影响较大，检测效率非常低，而且周期很长。自 2008 年发生冰雪灾害后，输电线路覆冰监测技术的研究与应用逐渐受到重视。就目前的技术手段而言，导线覆冰在线监测可分为以下几类：导线应力测量法、倾角—弧垂法、水平张力—倾角法、测重法、视频/图像法等。图像监测法流程如图 3－86 所示。

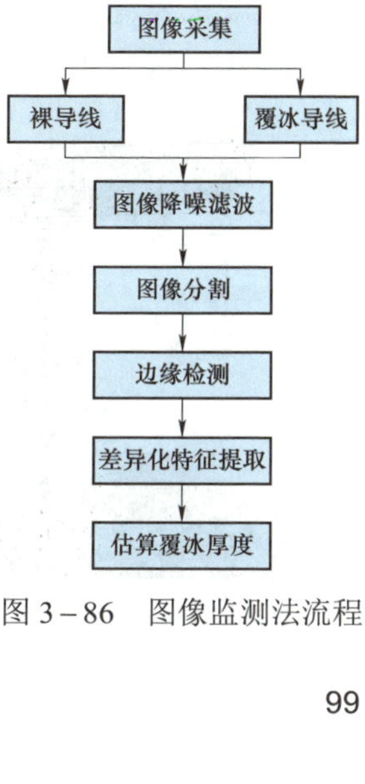

图 3－86　图像监测法流程

（1）视频/图像法。将视频拍摄装置安装在杆塔上，对导线进行拍摄，一旦发现有覆冰现象，就可以将这些数据信息传送到管理后台，进而对图像进行边界检测处理，测量出覆冰厚度。也有通过对安装在高压铁塔上的摄像机和图像采集卡获得的导线与绝缘子覆冰图像进行实时处理，提取其边界轮廓来测量导线与绝缘子上的覆冰厚度。

对覆冰图像的处理可对二维图像采用粗糙集理论和 Gouraud 阴影算法实现导线覆冰厚度的估算；也有学者对导线和绝缘子采用小波变换边缘检测与浮动阈值法边缘跟踪处理相结合的方法，提取导线和绝缘子覆冰边界以获取覆冰实际厚度；部分研究人员基于自适应阈值图像分割和 Hough 变换的导线覆冰厚度自动计算方法。利用邻域平均值滤波、自适应阈值的图像分割和基于 LoG 算子的边缘检测的图像处理技术，对线路覆冰和绝缘子覆冰厚度分别进行了检测，结果较理想。

目前，图像监测法只能作为一种辅助监测手段，因其应用受以下条件限制：

1）当线路覆冰时，摄像机的镜头表面也会覆冰，拍摄到的图像模糊不清，无法辨认。

2）目前摄像机拍摄到的图片分辨率较低，图像处理结果的精度会受到很大影响。

3）受现场拍摄角度限制，自然环境下导线有冰凌导致导线覆冰形状不规则时，二维图像处理结果与实际差异会很大。

4）摄像机拍摄范围有限，档距较大且环境气候不理想时（如有雾）无法全面监测，也无法监测不均匀覆冰。

（2）测重法。测重法是将拉力传感器替换球头挂环，测量垂直档内导线的质量，并根据风速、风向、绝缘子串倾角等数据，计算出风阻系数和绝缘子串的倾斜分量，最终得出覆冰质量，再用 $0.9g/cm^3$ 的冰密度换算为等值覆冰厚度。称重法被认为是现有覆冰载荷力学计算模型中最准确的方法。

目前，拉力在线监测是掌握线路覆冰状况的重要手段和技术，该技术通过覆冰在线拉力监测装置（见图 3-87）实时监测输电线路悬垂绝缘子悬垂拉力的变化以反映导线覆冰状况。但是，目前各拉力传感器生产厂家自行开发的覆冰厚度计算公式不统一，适用环境不同，同等条件下计算结果相差较大，且计算公式过于繁复，所需参数较多，部分参数难以获取，给计算结果带来较大的误差，其工程应用性较差。国网四川省电力公司通过对近 3 年积累的拉力监测数据进行大数据分析，

图 3-87　覆冰拉力在线监测装置

提出了一种等值覆冰厚度计算模型，依据该模型，只需知道综合悬挂荷载变化率、导线型号就可以计算出较为准确的等值覆冰厚度，使该模型更具有通用性。

1）基本假设。现有的等值覆冰厚度计算模型大都基于以下假设条件：覆冰呈圆柱形均匀分布在导线表面；导线覆冰密度取值为 0.9g/cm^3；拉力监测装置相邻档的导线为均匀覆冰；忽略绝缘子串、金具及其覆冰的重量。

2）理论推导。导线覆冰之后，覆冰在线监测力学分析模型如图 3－88 所示，杆塔 A 的悬垂绝缘子串垂直方向的重力增加可用式（3－26）表示

$$\pi[(R_c + D_i)^2 - R_c^2]\rho_i L = (F_i - F_0)\cos\alpha \tag{3-26}$$

式中　α ——风偏角；

L ——杆塔 A 的垂直档距；

R_c ——导线线径；

D_i ——等值覆冰厚度；

ρ_i ——冰密度；

F_i ——覆冰后拉力；

R_0 ——覆冰前拉力。

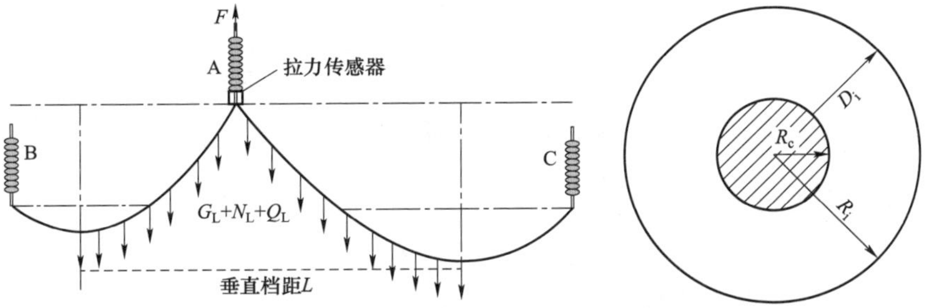

图 3－88　覆冰在线监测力学分析模型

式（3－26）两边同除以 F_0 可得

$$\frac{\pi[(R_c + D_i)^2 - R_c^2]\rho_i L}{F_0} = \frac{\pi[(R_c + D_i)^2 - R_c^2]\rho_i L}{\sigma_0 L} = \frac{(F_i - F_0)\cos\alpha}{F_0} \tag{3-27}$$

式中　σ_0——导线的线密度，可以通过查导线的型号获得，kg/m。

通过式（3－27）可得覆冰厚度的计算公式为

$$D_i = \frac{-2\pi R_c\rho_i + \sqrt{(2\pi R_c\rho_i)^2 + 4(\pi\rho_i)\Delta F\%\sigma_c\cos\alpha}}{2\pi\rho_i} \tag{3-28}$$

式中　$\Delta F\%$——覆冰导线拉力增长百分比。

可以看出，式（3－28）中 D_i 是覆冰导线拉力增长百分比 $\Delta F\%$、风偏角 α 和导线线密度 σ_0 的函数，与其他参数无关。试验验证表明，在均匀覆冰条件下，

档内导线长度和高差等参数对该模型等值覆冰厚度的计算没有影响；现场试验验证表明，该模型计算结果与现场观冰值的平均偏差低于1%。

因此，改进的覆冰厚度计算模型，简化了计算公式，输入参数只包括覆冰拉力变化率、导线型号计算等，解决了现有公式参数多、计算过程繁复、对结果影响大的问题，提高了模型的通用性和工程应用性。

（3）水平张力—倾角法。通过拉力传感器测量耐张段绝缘子串轴向张力、角度传感器测量悬挂点倾角数据，利用线路参数及气象参数得出覆冰质量。在算法上主要依据输电线路状态方程。常用的导线受力分析图如图3－89所示。

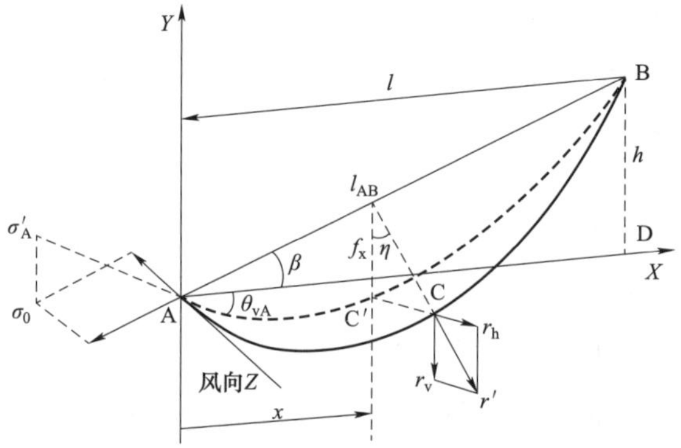

图3－89　导线受力分析图

导线垂直比载平衡方程为

$$r_v = r_0 + r_{wind} + r_{ice} \tag{3-29}$$

式中　r_0——导线自重比载；

r_{wind}——导线垂直风比载；

r_{ice}——覆冰比载。

建立导线综合比载 r 方程

$$r = \sqrt{r_h^2 + r_v^2} \tag{3-30}$$

式中　r_h——水平比载，也即横向风载荷。

在风载荷作用下，导线存在一个风偏角 η，所以综合比载 r 与垂直比载 r_v 也有以下关系

$$r_v = r\cos\eta \tag{3-31}$$

张力传感器置于耐张塔和悬挂绝缘子之间，可以测得导线的轴向张力。架空导线悬挂点A的轴向应力为

$$\sigma_{\mathrm{A}}=\frac{\sigma_0}{\cos\beta}+\left(\frac{rl^2}{8\sigma_0\cos\beta}-\frac{h\cos\eta}{2}\right)r \tag{3-32}$$

式中　σ_0——垂直投影面内导线的水平应力；

　　h——高差。

将二维角度传感器校准后固定于张力传感器表面，可以测量导线风偏角 η 和垂直投影面内悬挂点 A 的夹角 θ_{vA}。垂直投影面内悬挂点 A 夹角 θ_{vA} 存在下列关系

$$\tan\theta_{\mathrm{vA}}=\tan\beta-\frac{r_{\mathrm{v}}l}{2\sigma_0\cos\beta} \tag{3-33}$$

根据传感器测量数据，利用已知线路参数和风速风向数据，可以求出导线的综合比载 r 和垂直投影面内导线的水平应力 σ_0。由综合比载 r 可得出垂直比载 r_{v}，进而求得覆冰比载 r_{ice}，根据公式计算出覆冰厚度。由于耐张塔上的拉力比较大，安装拉力传感器会给结构及安全性问题带来隐患，此外，该模型只能在稳态下求解覆冰厚度，应用范围有限。

（4）倾角—弧垂法。倾角—弧垂法是将采集到导线倾角、弧垂等参数，结合输电线路状态方程、线路参数和气象环境参数，应用专家系统分析导线的覆冰重量和覆冰平均厚度等参数。常用的导线倾角变化监测弧垂的模型如图 3-90 所示。

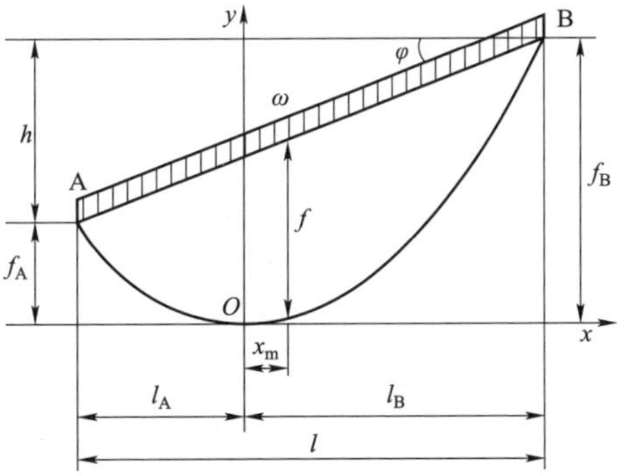

图 3-90　倾角—弧垂法分析模型

覆冰时导线档内最大的弧垂 f 为

$$f=\frac{l^2q}{8T\cos\beta} \tag{3-34}$$

式中　l——档距；

　　q——导线自重载荷和冰载荷之和；

　　T——覆冰导线水平张力。

覆冰时悬挂点 B 导线的倾斜角

$$\theta_{\mathrm{B}}=\mathrm{are}\tan\left(\frac{lq}{2T\cos\beta}+\frac{h}{l}\right) \tag{3-35}$$

由式（3-34）和式（3-35）可得覆冰后弧垂与悬挂点 B 倾斜角的函数

$$f=\frac{l}{4}\left(\tan\theta_{\mathrm{B}}-\frac{h}{l}\right) \tag{3-36}$$

从式（3－36）可知以倾角变化监测弧垂简单可行但精度会较差。

3. 导线舞动在线监测

近些年来，我国受大范围低温、雨雪、冰冻等恶劣天气的影响，多省份输电线路出现了大面积的覆冰、舞动现象，其中舞动使得多条线路发生闪络跳闸、塔材螺栓松动、绝缘子碰撞破损、跳线断裂、间隔棒等金具损坏断裂、掉串掉线、杆塔结构受损、倒塔等不同等级的事故，给电网造成了严重的灾害。

（1）基于张力测量的输电线路导线舞动在线监测。

1）基础理论。舞动前覆冰导线的形状可近似由图 3－91 中实线所示。图 3-91 中 l 为杆塔档距，h_{AB} 为杆塔两端导线高度差，β 为高差角。T_A、T_B 为导线悬挂点轴向张力，T_0 为导线水平张力；$T_{\gamma A}$、$T_{\gamma B}$ 为导线悬挂点竖向张力分量。

根据斜抛物线方法，导线的挠度曲线方程为

$$y_s(x) = x\tan\beta - \frac{W_x(1-x)}{2T_0\cos\beta} \tag{3-37}$$

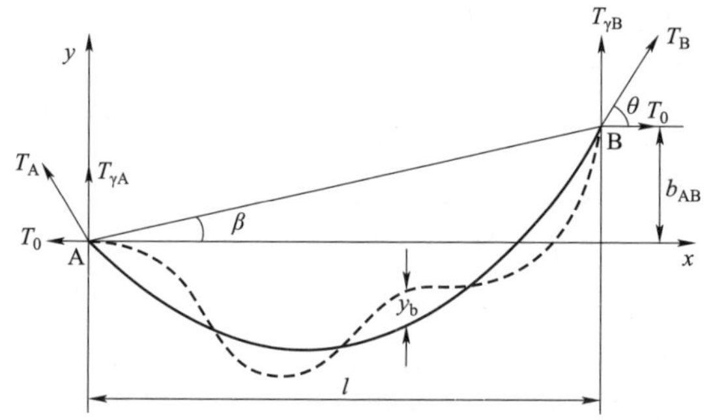

图 3－91　悬挂点不等高示意图

式中　$y_s(x)$——导线上任一点在舞动前的热度 W 为覆冰导线单位长度荷载，N/m。

设导线舞动前的静长度为 L_s，舞动导线在 t 时刻的长度为 L_g，舞动导线在 t 时刻的长度变化量 ΔL 为：$\Delta L = L_g - L_s$。

根据弹性变形的“虎克定律”，导线水平张力变化量为

$$\Delta T_0 = EA\frac{\Delta L}{L_s} = k_c\Delta L = \begin{cases} \dfrac{n^2\pi_{kc}^2 a_0^2}{4l}\sin^2\omega t, & n\text{为偶数} \\ \dfrac{n^2\pi_{kc}^2 a_0^2}{4l}\sin^2\omega t - \dfrac{2Wlk_c a_0}{n\pi T_0\cos\beta}\sin\omega t, & n\text{为奇数} \end{cases} \tag{3-38}$$

式中　E——导线的综合弹性模量，N/mm²；

A——导线的横截面积。

现计算舞动引起的导线悬挂点 B（高悬挂点）竖向张力分量的变化量 $T_{\gamma B}$。舞动前，导线悬挂点竖向张力分量为

$$T_{\gamma B}=\frac{Wl}{2\cos\beta}+T_0\tan\beta \tag{3-39}$$

舞动发生时，导线悬挂点处的斜率为

$$\tan\theta'=\frac{T_{\gamma B}+\Delta T_{\gamma B}}{T_0+\Delta T_0}=\frac{\partial(y_s+y_g)}{\partial t} \tag{3-40}$$

舞动引起的导线悬挂点B竖向张力分量的变化量 $\Delta T_{\gamma B}$ 为

$$\Delta T_{\gamma B}=$$

$$\begin{cases}\dfrac{n^2\pi k_c a_0^3}{4l^2}\sin^3(\omega t)+\dfrac{[N^2\pi^2(Wl+2T_0\sin\beta)+16W]lk_c a_0^3}{8T_0 l\cos\beta}\sin^2(\omega t)-\\ \left[\dfrac{W(lWl+2T_0\sin\beta)k_c}{n\pi T_0^2\cos^2\beta}+\dfrac{n\pi T_0}{l}\right]a_0\sin\omega t,\quad n\text{为奇数}\\ \dfrac{n^2\pi k_c a_0^3}{4l^2}\sin^3(\omega t)+\dfrac{n^2\pi^2(Wl+2T_0\sin\beta)a_2^0}{8lT_0\cos\beta}\sin^2(\omega t)+\dfrac{n\pi T_0 a_0}{l}\sin\omega t,n\text{为偶数}\end{cases}$$

相对覆冰导线舞动前的张力 T_0、T_γ，舞动后引起的导线水平张力和悬挂点张力分量变化的百分比 R_0、R_γ 可分别表示为

$$R_0=\frac{\Delta T_{0\max}}{T_0}\quad R_\lambda=\frac{\Delta T_{\gamma\max}}{T_\lambda} \tag{3-41}$$

由上述导线覆冰动态张力分析可知，导线在悬挂点所承受拉力可认为是最大，因此，需要在悬挂点对导线的张力做实时观测。

2）导线张力实时监测装置。监测装置主要包括采集平台（箱）、调理隔离模块（箱）和拉力传感器，以及与外部连接的各种接口，如电源、以太网通信、GPS 等。监测平台整体结构框图如图 3-92 所示，采集平台是整体的核心，用于采集数据、本地存储处理数据、远程发送数据、接受指令等功能。调理隔离模块的作用是将传感器发来的原始数据进行调理和隔离，调理为采集平台可以直接使用的模拟信号类型及范围，隔离则考虑电气安全，将前后端的设备进行电气分隔，减少相互之间的过电压影响，减少系统全部瘫痪的可能，同时作为模块化设计便于现场检修。

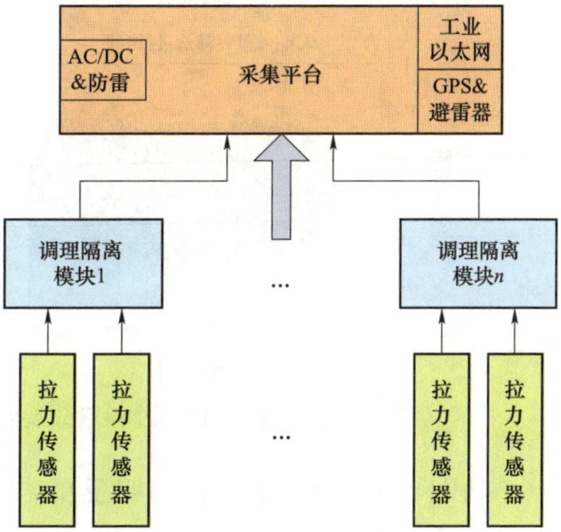

图 3-92 监测平台整体结构框图

传感器主要用的是拉力传感器。

为了保证数据采样率，传感器一般采用 4～20mA 输出的变送型拉力传感器，拉力传感器的外观如图 3－93 所示。

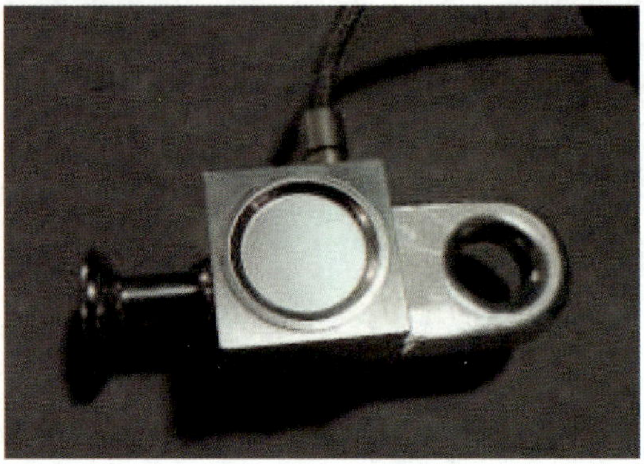

图 3－93　拉力传感器的外观

3）典型案例。以某试验线路舞动张力监测为例，动张力包络线如图 3－94 所示，其中 Ch1、Ch2 代表六分裂导线两个并联的拉力传感器测量结果，Ch3、Ch4 分别代表两个不同的双分裂导线上的拉力传感器测量结果。

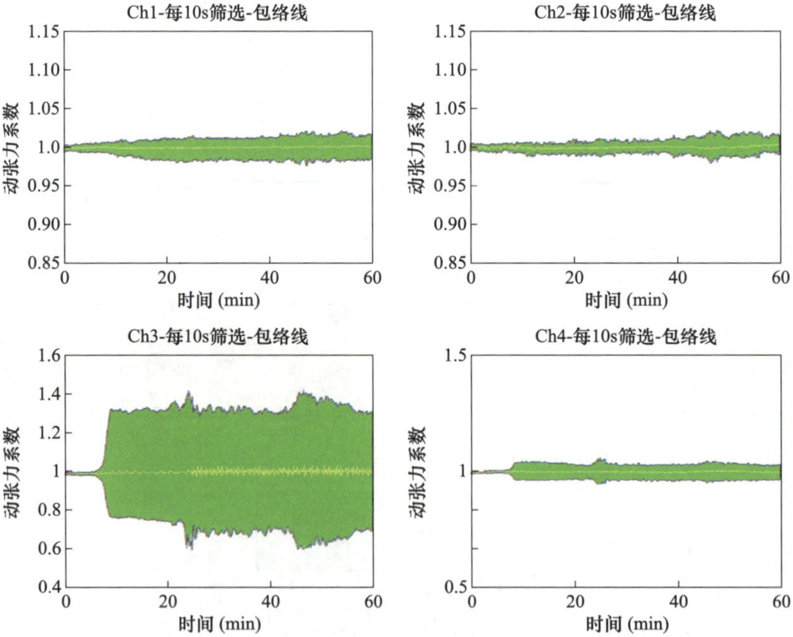

图 3－94　起舞过程双分裂及六分裂导线的动张力包络线

从图 3－94 中可以看出明显的起舞过程，舞动张力随时间的增加逐渐上升。

（2）基于加速度传感器的输电导线舞动监测。

1）基础理论。设加速度传感器测量出的振动加速度为 $a(t)$，单位为 m/s^2；对加速度进行一次积分得到速度值为 $v(t)$，单位为 m/s；再对速度进行一次积分得到位移值为 $s(t)$，单位为 m。加速度传感器所采集的加速度数据不连续，因此，需要进行近似积分。假设初始位移和速度均为零。将每一个时间间隔内的速度和位移的增量加到前一个值上，即为近似的积分运算。利用该原理就可以实现输电导线的舞动监测。基于加速度的导线舞动监测装置如图 3－95 所示。

舞动轨迹还原算法设计流程图如图 3－96 所示，首先对采集到的加速度值采用均值法或 5 点 3 次平滑法的数字滤波技术进行数据预处理，其次对采集到的角速率值进行数据预处理，消除趋势项和直流分量，得到载体坐标下的加速度值，将载体坐标系下的加速度经姿态变换转换成地理坐标系下的值，然后利用时域积分将加速度值转换为位移。

图 3－95　基于加速度的导线舞动监测装置

上述算法的关键在于姿态矩阵的求取，可采用 4 元数法得出载体坐标系和地理坐标系的实时姿态矩阵。设地理坐标系下 3 个单位矢量分别为 $\boldsymbol{ex}$、$\boldsymbol{ey}$、$\boldsymbol{ez}$，则地理坐标系下矢量 $\boldsymbol{R}=x\boldsymbol{ex}+y\boldsymbol{ey}+z\boldsymbol{ez}$，4 元数可以描述一个坐标系相对另一个坐标系的转动，是由一个实数单位和 3 个虚数单位构成，设

$$\boldsymbol{Q}=(q_1,q_2,q_3,q_4)=q_1+q_2\boldsymbol{e}_x+q_3\boldsymbol{e}_y+q_4\boldsymbol{e}_z \tag{3-42}$$

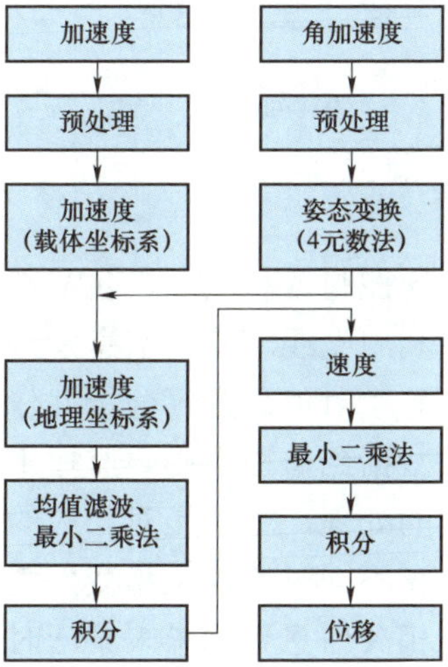

图 3－96　舞动定位算法流程

若悬挂在导线上的舞动无线网络传感器跟随导线扭转时，也就是将固定在传感器上的载体坐标系绕瞬时轴转动一个 α 角，转动后得到地理坐标系下的矢量记为

$$\boldsymbol{R}_1=x_1\boldsymbol{e}_x+y_1\boldsymbol{e}_y+z_1\boldsymbol{e}_z \tag{3-43}$$

则存在如下关系

$$\boldsymbol{R}_1=\boldsymbol{Q}^{-1}\boldsymbol{R}\boldsymbol{Q} \tag{3-44}$$

可得到以下结果

$$\begin{bmatrix} x_1 \\ y_1 \\ z_1 \end{bmatrix}=\begin{bmatrix} q_1^2+q_2^2-q_3^2-q_4^2 & 2(q_2q_3+q_1q_4) & 2(q_2q_4-q_1q_3) \\ 2(q_2q_3-q_1q_4) & q_1^2+q_3^2-q_2^2-q_4^2 & 2(q_3q_4+q_1q_2) \\ 2(q_2q_4+q_1q_3) & 2(q_3q_4-q_1q_2) & q_1^2+q_4^2-q_2^2-q_3^2 \end{bmatrix}\begin{bmatrix} x \\ y \\ z \end{bmatrix} \tag{3-45}$$

式（3-45）等式右边第 1 个矩阵为姿态矩阵，由此可知，只要求出 4 元数 q_1、q_2、q_3、q_4便可得到姿态矩阵，进而实现载体坐标系数据与地理坐标系的转换。采用 4 元数法实现，具有计算量小、计算精度高、可避免奇异性、无歪斜误差、可以全姿态工作等优点。

应用上述算法得到的速度和位移，监控中心根据 1 个档距内的多个节点数据得到整条导线舞动的轨迹，并显示在专家界面上，可实时得到导线的运动情况。

2）多维度舞动监测系统。输电线路舞动监测系统的总体设计方案如图 3－97 所示。监测系统主要由惯性测量传感器（惯性测量传感器是将光纤陀螺仪与加速度传感器进行组合，能同时测量角速度和加速度）和风压传感器测量单元、杆塔监测分机、监控中心等几个部分组成。

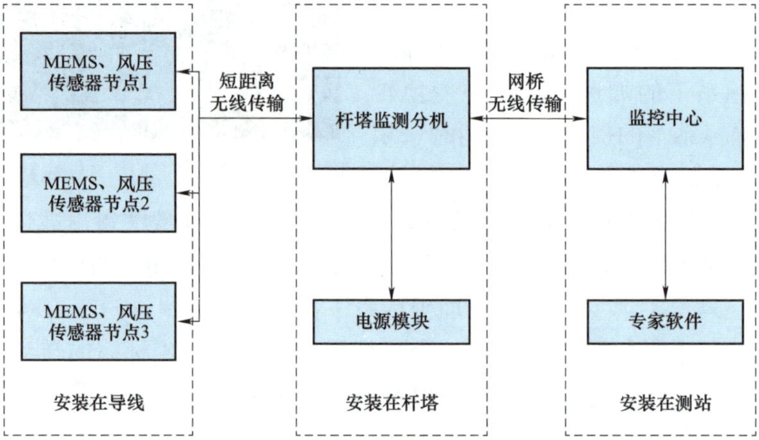

图 3－97　监测系统总体设计方案

各个惯性测量传感器和风压传感器节点具有独立的控制器和电源。各节点与杆塔监测分机之间采取主从式星形网络拓扑结构，利用无线网络将信息发送至杆塔监测分机。杆塔监测分机集中各节点上传的信息，对信息进行分析并作相应数据处理后，通过光纤网络传输的方式输出有效数据到监控中心。监控中心根据相应输电线路舞动信息库信息对数据进行不同的处理，主要是对相应的数据进行拟合，从而实时生成输电导线某一监测节点在不同时期的位移变化图以及整条输电线路的位移变化图，还可以根据得到的相关信息预测未来某一时刻输电线路的位移变化图形。

3）典型案例。以某 500kV 输电线路为例，利用舞动轨迹监测装置监测到输电线路发生了两次大幅度舞动。第一次大幅度舞动发生的时间是 6 月 21 日 23:00:00～6 月 22 日 01:00:00，记录的微气象数据表明，该时段的主导风向为南风，风速在5～10m/s波动，风速变化比较平缓。第二次大幅度舞动发生的时间是6月22日23:30:00～6月23日00:30:00，记录的微气象数据表明，该时段的主导风向为南风，风速在5～10m/s波动，风速变化比较剧烈。舞动监测装置安装位置示意图如图3－98所示。

输电线路第一次大幅度4号测点舞动轨迹如图3－99所示，舞动轨迹图表明，输电线路的水平舞动和竖向舞动在同一测点处的幅度比较接近，但舞动轨迹比较杂乱。分析舞动过程中三个时间段的舞动轨迹，发现整个舞动过程没有明显的起舞—舞动—止舞过程。

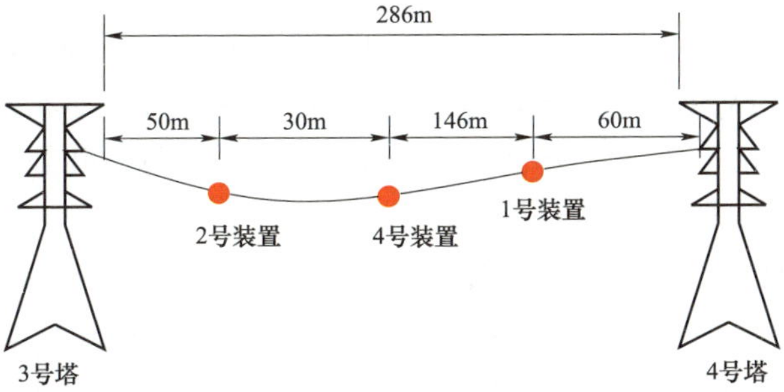

图3－98 舞动监测装置安装位置示意图

输电线路第二次大幅度4号测点舞动轨迹，如图3－100所示，舞动轨迹图表明，输电线路的第二次舞动轨迹具有很强的规律性，舞动过程可以划分为小幅度振动—起舞—舞动—止舞—小幅度振动五个阶段。当输电线路处于小幅度振动阶段时，其水平舞动幅度和竖向舞动幅度接近，舞动轨迹比较杂乱；当输电线路处于起舞阶段时，其舞动幅度有明显的从小变大的过程，舞动轨迹为焦半径逐渐变大的椭圆；当输电线路处于稳定的舞动阶段时，舞动的竖向位移大于水平位移，舞动轨迹为上尖下宽的类椭圆形状；当输电线路处于止舞阶段时，其舞动幅度有明显地从大变小的过程，舞动轨迹为焦半径逐渐变小的椭圆。

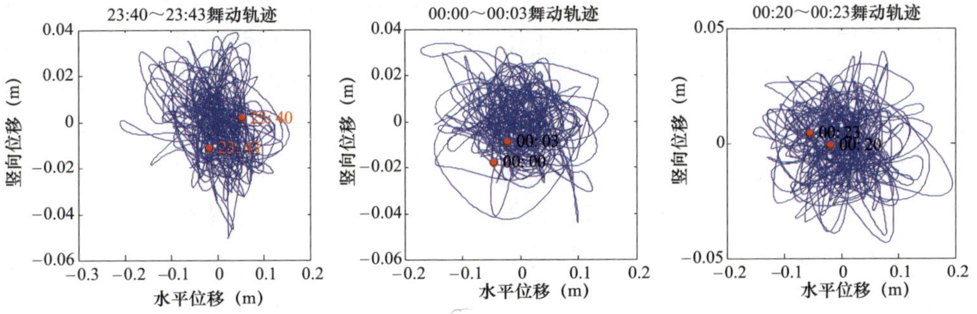

图3－99 第一次舞动4号测点舞动轨迹

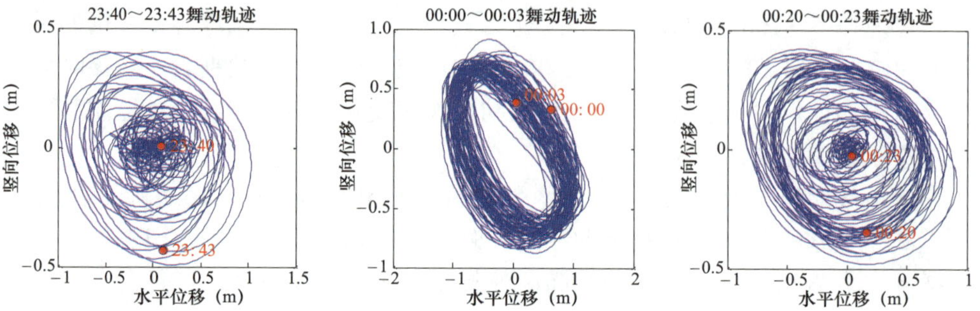

图 3-100　第二次舞动 4 号测点舞动轨迹

对比第一次和第二次轨迹，发现输电线路具有两种不同的舞动状态，其中一种舞动状态是各向舞动幅度接近但舞动轨迹杂乱的舞动状态，另一种舞动状态是竖线舞动幅度大于水平舞动幅度，舞动轨迹为类椭圆的舞动状态。

（3）基于图像匹配的输电导线舞动监测。

1）基础理论。为对输电线路舞动情况进行图像识别，需要选取适当的目标点进行跟踪监测。而该目标点应该能反映出线路的舞动特征，具有一定的代表性，并且在实际应用中应易于监测。由于为了保证分裂导线的子导线之间保持一定的金属距离，每隔一段距离，会在输电线上装设一个支撑件，称为间隔棒。由于这个间隔棒比分裂导线子导线目标明显，其舞动情况可以很好地反映出线路的舞动情况，从而可以选取间隔棒作为考察的对象。

目前，常见的匹配算法主要有基于特征的匹配、基于区域的匹配、基于图像灰度的匹配、基于模型的匹配和基于变化域的匹配。图像匹配主要是把 2 个不同的传感器从同一景物录取的 2 幅图像在空间上进行对准，以确定 2 幅图像之间的平移以及旋转关系。基于轮廓特征的图像匹配算法将待测帧图像与基于轮廓特征创建的导线间隔棒模板进行图像匹配，从而确定待测图像中的导线相对于原始背景图中导线的偏移距离和偏移角度。

模板创建和模板匹配只是整个导线舞动图像匹配监测法中的一部分，但也是最为核心的部分。整个图像匹配监测法包括：从读取现场采集图像，对图像进行预处理，选择感兴趣区域进行图像分割，提取特征元创建模板，再读取待测图像，通过与创建的模板进行模板匹配，确定导线位置，跟踪导线舞动的偏移距离和偏移角度。基于图像匹配的导线舞动监测原理框图如图 3-101 所示。

通过每次匹配可以确定导线上间隔棒的像素坐标，选取匹配度较大的匹配位置记作导线当前位置匹配；再找到第 2 帧图像中导线间隔棒位置，采用程序将这 2 个位置坐矢量相减，即可得到导线舞动的偏移距离。此外，还可算出导线舞动时的偏移角度。导线间隔棒模板如图 3-102 所示，导线舞动匹配结果如图 3-103 所示。

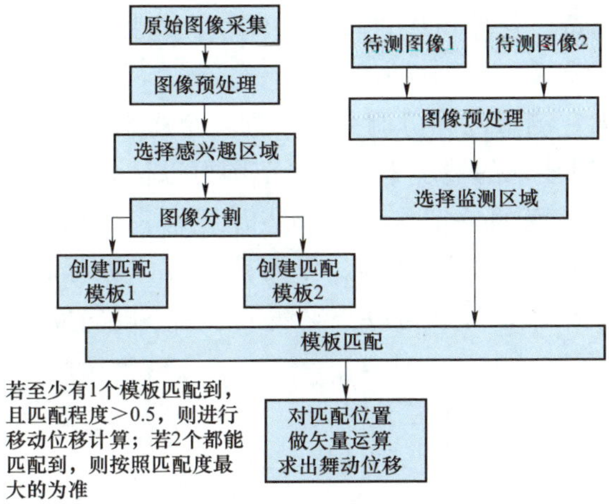

图 3－101　基于图像匹配的导线舞动监测原理框图

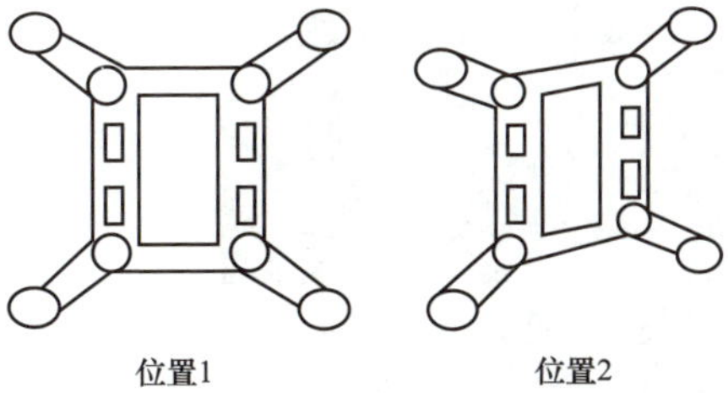

图 3－102　导线间隔棒的模板

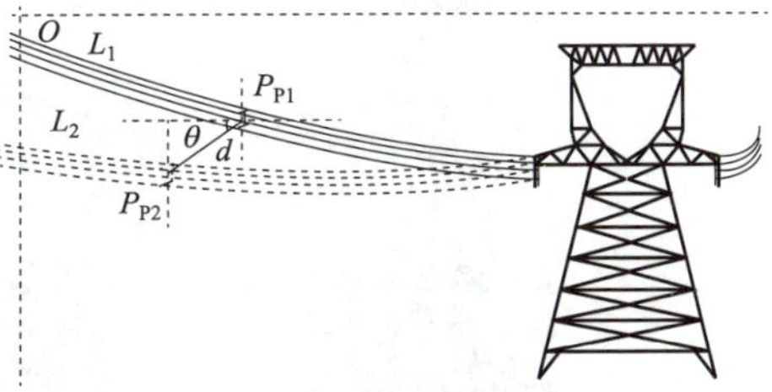

图 3－103　导线舞动匹配结果

与传统方法相比，在静止背景的图像序列中，本方法简单可行，且成本低。实际的测试和实验发现，受外界环境因素干扰很大，对于如何精确提取图像中的特征元、实现更精确的匹配这个问题，仍需要进行深入研究。此外，计算得到的舞动偏移距离和偏移角度为相邻 2 帧图像间的相对量，离实际应用需求尚有一定差距。

2）单目视觉舞动监测系统。基于机器视觉的检测方法，常用的有单目测量和双目测量。双目测量仪在使用过程中是需要通过标定版进行标定的，现场中很难实现标定工作，在实际工程测量中，由于被测物到仪器的距离比较大，而两台摄像机之间的距离比较小。所以，两台摄像机之间的夹角α比较小，将直接影响双目测量效果。

基于单目视觉分析方法的输电线路舞动监测系统在测量电线舞动方面，与传统的测量仪器相比具有以下优势：

a. 非接触式测量。这种电线的舞动，如果采用接触式的仪器，是比较麻烦的，因为需要把传感器固定到软弱的电线上，而且一个接触式的传感器只能测量一个点。

b. 同步多点测量。在摄像机所拍摄的范围内，可以测量多个被测点。

c. 动态实时测量。仪器可以进行动态测试，这样就可以测量电线动态的舞动位移。

d. 测量范围大。测量范围可调，从小到几个厘米，大到几百米均可，在保证测量精度满足测量要求的情况下，测量范围可以达到几百米。

e. 可利用电线表面的特征作为被测点，无需再做标记点。如图 3－104 所示，可以利用电线上的一些连接点，作为被测点，进行测量。如果输电线没有图 3－104 所示的节点，那么可以在电线上涂上不同的颜色，也可以达到做标记的效果。

f. 可进行远距离测量的标定工作。

g. 可移动式。适合于野外恶劣环境实时检测。

红色框即为被测点，
把被测点选在节点上
测量效果最好

图 3－104　输电线的节点可以作为被测点

通过现场利用单摄像机视频测量系统，监测输电线路的舞动状况，结果显示，单摄像机视频测量系统可以完成对输电线路上多个节点的监测工作。能够得到输电线路上各个节点的动态位移曲线，在此基础上，可以得到整条线路的动态舞动曲线。

3）典型案例。某线路发生舞动，对 3～2 号档距南相舞动分析。在视频中，选取线路子间隔棒为分析特征点，利用非接触式视频分析软件可计算出特征点的图上舞动轨迹，通过标定和计算即可得出特征点实际舞动轨迹，图 3－105 为子间隔棒布置图。

通过对两特征点的垂直分量进行数据的筛选与排列，可得出特征点 4 正向最大振幅 1.57m，负向 1.25m，总 2.82m；图 3－106 为出现正向最大和负向最大两时刻时舞动曲线。

基于特征点 5 坐标垂直变化量，可得该点垂直变化量随时间的变化轨迹如图 3－107 所示。

图 3－105　子间隔棒布置图

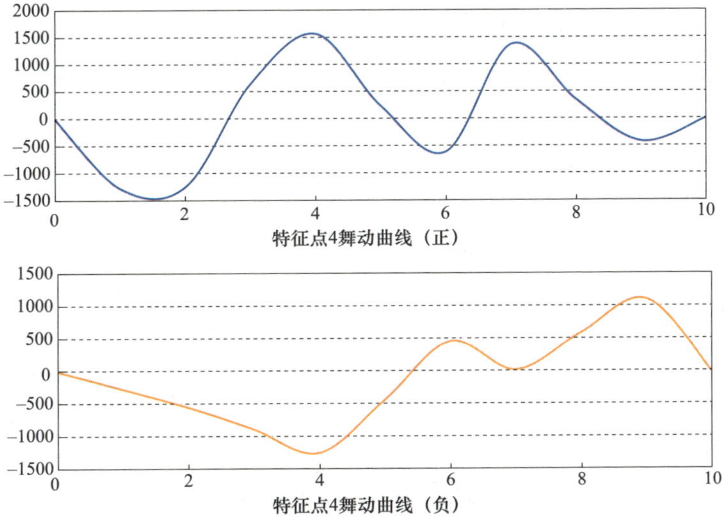

图 3－106　最大舞动曲线

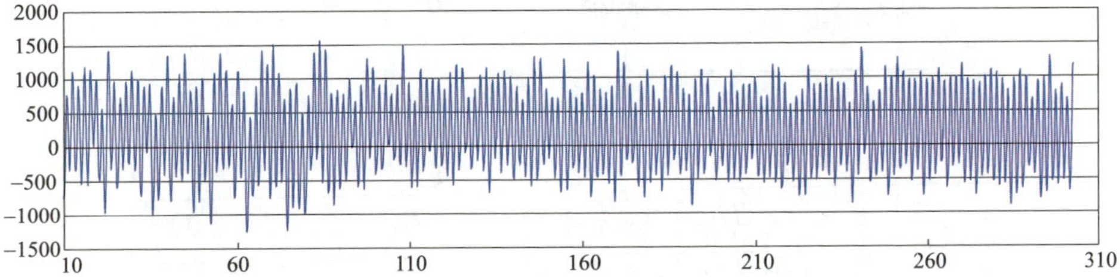

图 3－107　特征点 5（子间隔棒）垂直位移曲线

从图 3-107 中计算出 210～260s 共 28 个舞动周期，160～210s 共 28 个舞动周期，该特征点舞动保持着固有频率。在 160～260s 之间共 56 个舞动周期，计算得出周期 $T=1.7857$s，频率为 $f=0.56$Hz。从以上现场测量的结果可以看出，单目测量技术完全适用于导线舞动轨迹测量，并且精度较高，使用方便。

3.3.3 通道状态监测技术

1. 输电通道可见光视频/图像监测

智能视频监控设备安装在输电线路杆塔上，对线路附近的施工现场进行视频采集、图像处理和智能识别，实现对施工现场吊车等机械设备的运动状态、行为及其对线路的危害情况进行快速智能判断，将监控结果通过无线网络发送至监控主机（PC）和手机端，以便运行人员及时掌握现场情况并采取有效措施，不仅可以有效地减少或预防事故的发生，同时大大提高了工作效率。

为提升线路通道巡视效率和质量，解决传统线路通道防护人工巡视方式存在隐患发现不及时、劳动强度大的问题，在线路重要防护区段规模化安装低成本、小型化、智能化的可视化监拍装置，高频次获取线路通道运行状况；利用智能图像处理技术自动检测识别通道中的危险源，采用监控终端和企业微信等交互手段，将隐患信息第一时间发送至线路运维人员，使线路巡视工作从“多天一巡”变为“一天多巡”。

（1）可视化远程巡检系统总体架构。输电线路可视化远程巡检系统主要由通道智能监拍装置、VPN 专网、可视化远程巡检系统组成，总体架构如图 3-108 所示。系统融合通道隐患图像智能识别算法，充分利用物联网与移动应用等先进技术，实现通道隐患识别及预警信息微信/短信推送，为通道隐患监视、隐患智能识别和隐患及时消除的可视化防护体系提供了强大支撑。

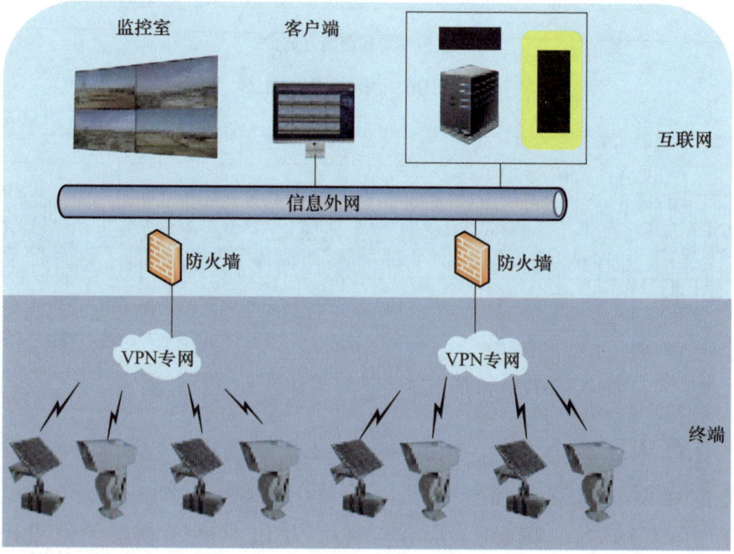

图 3-108　可视化系统总体架构图

（2）通道智能监拍装置。

通道智能监拍装置一般由监拍装置主机单元和供电单元构成，可扩展声光报警单元、夜视单元和扩展镜头单元等，具有图像及视频采集、数据存储、通道隐患目标识别、数据传输、状态管理和电源管理等功能。监拍装置主机单元一般由采集模块、主控与处理模块和远程通信模块等组成，供电单元由储能模块和太阳能板组成，通道智能监拍装置结构如图 3－109 所示。实物及通道监控图如图 3－110 所示。

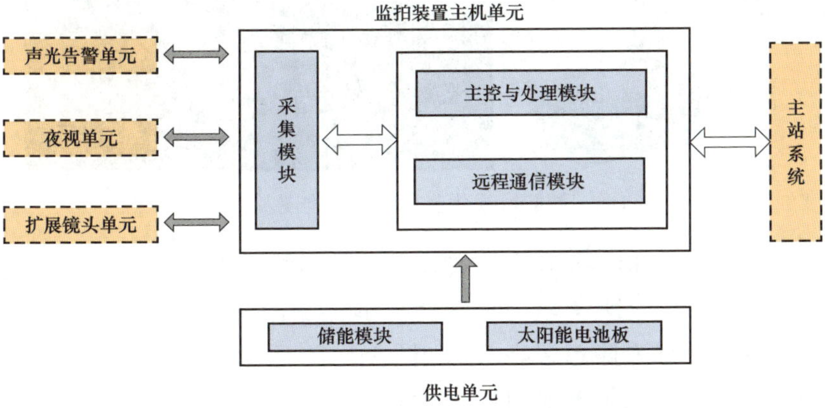

图 3－109　通道智能监拍装置结构图

1）采集模块：采用高清摄像头，物理像素至少 800 万像素，拍照图片清晰细腻，色彩饱满，图片放大细节清晰可辨。工作时按照设定拍照间隔定时对线路通道进行拍照，支持 720P 或 1080P 格式的 15s 短视频录制，可通过可视化远程巡检系统远程控制监拍装置拍照和短视频录制。

2）主控与处理模块：主要对监拍装置的各功能模块进行控制并进行数据及逻辑处理，并及时响应、执行后台发出的指令，实现图像分析、数据处理及图像和视频传输等功能。

3）远程通信模块：主要起数据中转作用，将数据以无线的方式回传至后台及接收后台发出的无线数据指令并转发给主控与处理模块。

4）供电单元：储能模块和太阳能电池板共同组成智能可视化监拍装置的供电单元，其中储能模块采用锂电池与超级电容组合的双模供电模式；太阳能电池板主要将光能转换为电能，一方面维持监拍装置的正常工作，另一方面给储能模块充电。

5）声光报警单元：以语音、告警灯光方式对现场作业人员进行安全提示，且语音内容可自定义。

6）夜视单元：采用星光级低照度彩色专用镜头，物理像素数不低于 200 万，传输图像分辨率不低于 200 万像素数，实现夜间对线路通道的监控。

7）扩展镜头单元：作为线路通道周边情况的辅助监控单元，具备在扩展镜头配合下完成多角度监拍的功能，比如监控塔基等。

图 3－110　智能可视化监拍装置实物图及通道监控图

（3）可视化远程巡检系统。可视化系统主要有装置分布可视化、线路通道可视化、查询统计、图片轮巡、告警分析和数据采集管理六大功能。输电线路可视化远程巡检系统及隐患智能识别如图 3－111 所示，视频监控装置在无人区输电线路巡检中的应用如图 3－112 所示。

1）在可视化系统中，应用人工智能领域的基于深度学习算法的图像智能识别技术，采用 GPU 并行计算技术优化分析速度，实现外破隐患的自动识别和主动预警应用，大幅减轻巡视人员工作压力。

2）在后台分析筛选出隐患图片后，可以自动控制发现隐患点的设备进行联动拍照或者小视频录制。

3）系统支持接口扩展，可接入其他输电在线监测装置，如微气象监测装置、杆塔倾斜监测装置等，并可根据现场状况实时联动调用现场图像抓拍或视频录制，实现对输电线路通道状态及环境的全面实时监测。

图 3－111　输电线路可视化远程巡检系统及隐患智能识别

图 3－112　视频监控装置在无人区输电线路巡检中的应用

2. 输电线路红外（山火）在线监测

由于输电线路走廊受限，越来越多的输电线路经过山林区域。发生山林火灾，山火蔓延至输电线路下方时，造成空气热游离、局部空气密度下降、空气电导率增大、电场畸变，从而可能导致短路而引发跳闸事故。基于红外探测器的输电线路山火监测方案，通过对扫描区域内红外光谱的分析，实现了对小范围内输电线路山火的监测和预警。该方案与卫星遥感探火技术相比，不受云层、大气影响，测量精度更高，装置成本更低。

通过在红外摄像头云台中增加滤镜电机，可实现山火自动扫描监测，如图 3－113 所示。滤镜电机转子带动固定在转子上的支杆转动，默认位置为扫描状态。当监测到火灾点时，进入预警状态，将滤镜沿路径 1 转至中间位置，通过滤镜滤除可见光线中近红外光的干扰，使得预警时只识别火焰中波长为 3～5μm 的光信号。此时光电开关 4 被挡住，由 DSP 的 I/O 引脚检测到电平变化后，控制滤镜电机停止转动。当预警状态结束后，滤镜电机反方向沿路径 2 回到扫描状态的位置。

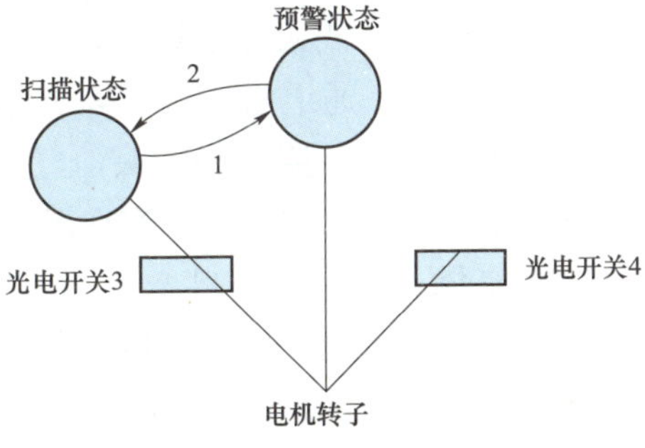

图 3－113　滤镜电机带动滤镜转动示意图

基于红外热成像处理技术，通过对红外热灰色图像的预处理、疑似火灾区域的分割和形态学处理以及动静态特征提取，实现山火预警。输电线路红外（山火）在线监测结果如图 3－114 所示。

图 3-114　输电线路红外（山火）在线监测结果

3.3.4　输电电缆及通道监测技术

随着城市建设的迅猛发展，电力需求不断增长，输电线路电缆化逐年增多，因其运行环境复杂、分布区域广，给电缆的运行维护带来了新的挑战（如电力盗窃破坏、施工外力破坏、通道渗漏水等）。为了提高电缆运维效率，应实时掌握电缆设备及电缆通道的运行状态、提前发现设备隐患及缺陷、实现电缆通道遥控和遥视、降低人工运维巡视量。电缆在线监测系统可集成电缆本体监测、通道环境监测、通道出入管控等 10 余种监控设备，包括测温光纤，接地电流采集器，线芯测温，监控摄像头，气体、水位、水泵传感器，应急通信装置，井盖门禁控制器等各类终端，实现对电缆及通道的可观、可控。

1. 电缆本体在线监测

（1）电缆金属护层接地电流监测。不同的电缆护层接地方式下接地电流会有显著区别。电缆外护套发生破损，或者电缆屏蔽层发生断裂破损时，电缆护层接地电流会发生变化，因此，通过对电缆护层接地电流的带电检测或在线监测可以发现安装过程中接地方式的错误、交叉互联系统中接线的错误，发现电缆护层多点接地、屏蔽层断裂等缺陷。

电缆护层接地电流检测是检查电缆接地系统是否正常的有效手段，输电电缆大部分为 2km 以上的长线路，绝大部分接地方式为交叉互联，利用接地电流对电缆运行状态进行检测的效果显著。电缆金属护层接地电流监测相当于将日常巡视中进行的接地电流检测手段升级为一种在线监测方式。接地电流监测终端设备通常还附带了接地线防盗割监测，属于多状态设备，可以使用多状态监测主机。从实际运行效果来看，接地电流数据采集准确，维护难度不大，实用性高。在线接地环流监测装置如图 3－115 和图 3－116 所示。

图 3－115　在线接地环流监测装置（传感器）

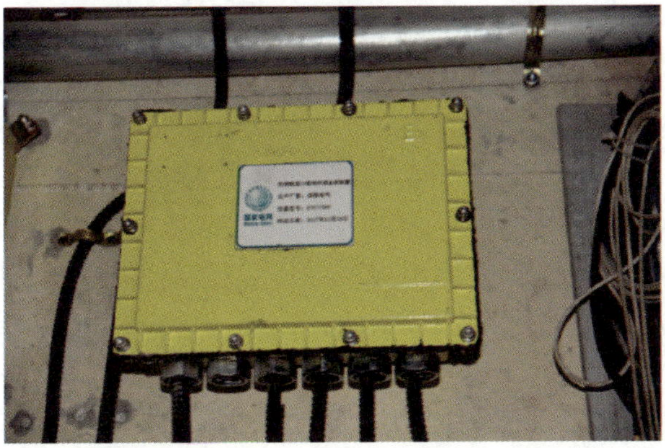

图 3－116　在线接地环流监测装置（采集器）

（2）电缆表面光纤测温。电缆表面光纤测温是一种分布式测温技术，其原理是依据光时域反射（OTDR）和喇曼（Raman）散射效应对温度的敏感从而实现电缆表面温度监测。一般来说，一套光纤测温子站由测温光缆、测温主机及监测计算软件组成，测温主机具有完整的光信号产生、传输及处理，数据采集、分析及存储，通信等单元，一台测温主机可以有 1、2、4、8 个或 16 个通道；1 条测温光缆占用 1 个通道，可实现该条测温光缆所覆盖范围内分布式测温；监测计算软件可以通过光纤所在的环境条件推算电缆线芯的导体温度和线路载流量，并能提示报警信息。分布式光纤测温如图 3－117 所示。

图 3－117　分布式光纤测温

光纤测温子系统的功能要求如下：

1）电缆运行温度监测功能：具备实时监测记录电缆的全程不间断运行温度。

2）电缆运行温度监测和温度异常报警功能：通过对电缆表面温度、环境温度的监测，及时发现电缆运行过程中出现的问题以及运行电缆周围环境的突变，具备最高温度报警、温升速率报警、平均温度报警、系统故障报警、光纤断裂报警等功能，并能显示、记录测温数据、报警位置等信息。

3）电缆载流能力评估功能：能对测量的电缆温度数据进行分析，即根据电缆表面温度及其他相关数据计算出电缆导体运行温度，以及目前运行状态下电缆的最大稳态载流量，并生成相应的负荷曲线（含实时负荷曲线和最大允许的负荷曲线）。

4）电缆在紧急状态下载流能力评估功能：给定过载电流和过载时间可以计算出电缆的过载温度；给定过载电流和最大允许温度可以计算过载时间；给定过载时间和最大允许温度可计算最大允许过载电流。

5）电缆动态载流量分析功能（日负荷）：能对测量的电缆温度数据进行分析，即根据电缆表面温度、实时电流及其他相关数据实时计算出电缆导体温度；给出未来许用电流的预测，给定预设电流可以计算出电缆安全运行时间。

2017 年，某 220kV 电缆故障时，光纤测温系统监测到了温升点位，如图 3－118 所示，温升点位在电缆接头附近，若用离散式的电缆接头测温技术，也可以定位温升点位。

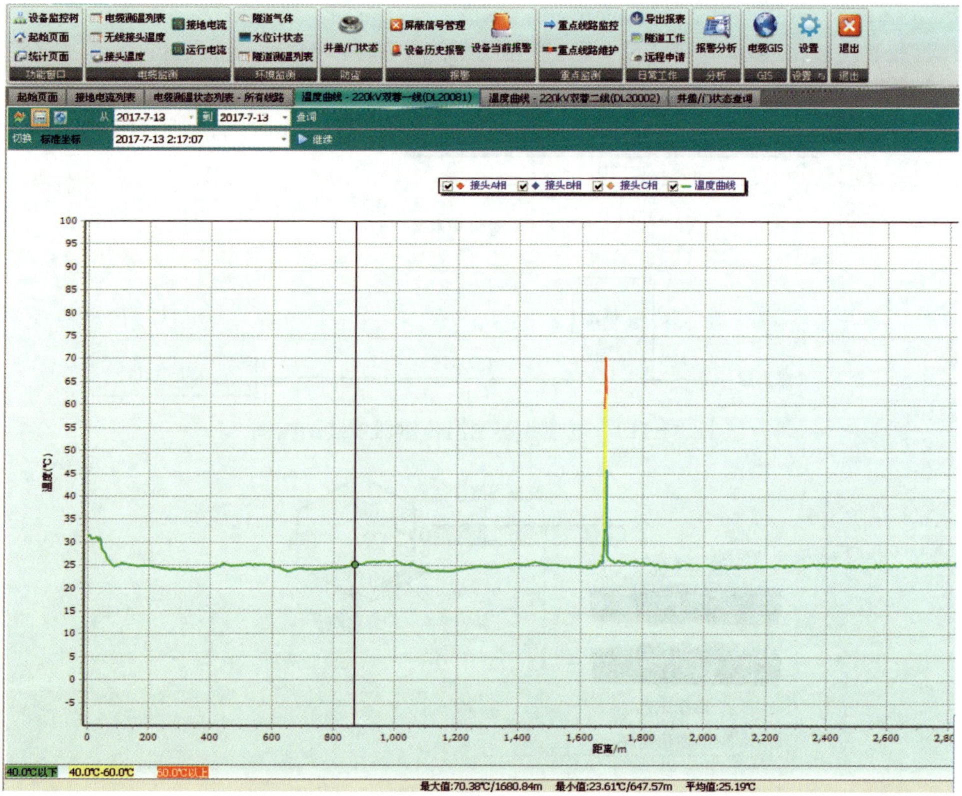

图 3-118　某 220kV 电缆故障时的测温曲线

（3）电缆线芯测温。电缆线芯测温是近年来采用的新型监测技术，可采集电缆接头处的导体温度，在被测电缆线路重负荷期间，可重点监视其线芯测温数据，防止温度过高。

安装电缆线芯测温装置需在配套电缆中间接头安装时，将无线温度传感器内置于内部，传感器需与电缆导体线芯直接接触，直接感知和传输电缆导体温度的实时数据信号，如图 3-119 所示。与无线传感器配套使用的信号天线系统外置于电缆接头主绝缘与外壳之间，通过屏蔽信号线连接现场采集和通信终端。现场采集和通信终端可以通过有线方式供电和传输数据或通过电池供电使用移动通信网络传输数据。子系统结构如图 3-120 所示。

2. 电缆通道在线监测

隧道环境监测属于多状态设备，与电缆线路金属护层接地电流在线监测子系统及电子井盖、门禁子系统共用供电传输通信线缆和多状态监控主机，包括隧道内有害气体（通常为一氧化碳、硫化氢及甲烷三种）、空气含氧量监测、集水井处水位监测、水泵运行状态监测。

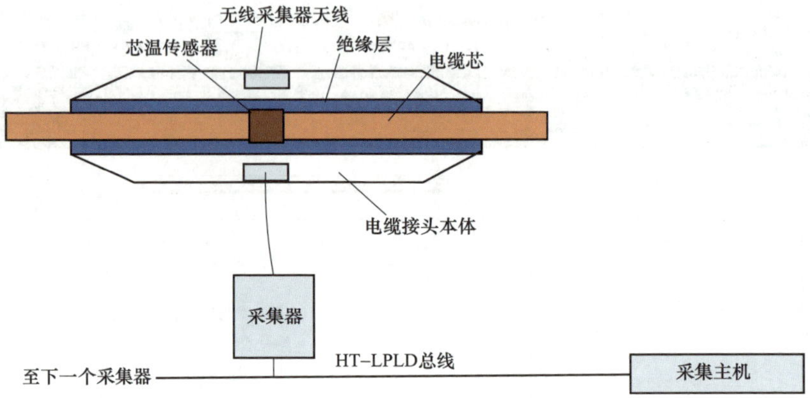

图 3－119　电缆线芯测温传感器安装结构图

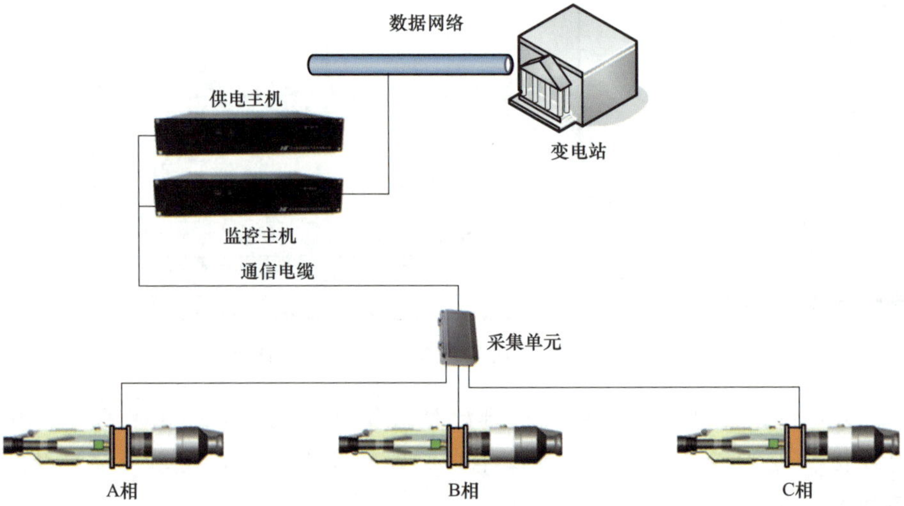

图 3－120　电缆线芯测温子系统结构图

（1）电子井盖、门禁状态监测。电子井盖监控、出入口门禁监控均属于多状态设备，与电缆线路金属护层接地电流在线监测子系统及隧道环境监测子系统共用供电传输通信线缆和多状态监控主机，可以对通道非法入侵、井盖外破等行为进行有效监控，图 3－121 为某主站信号中的非法开锁信号。

技术规范对电子井盖、门禁子系统功能设计主要有：

1）电力隧道井盖及出入口门禁集中监控应用系统安装在变电站隧道进出口和隧道人行出入口处，可以对进出隧道情况做全时记录，并有效防止未经许可人员进入隧道。

2）门禁的门体具备防火、防盗功能，锁具具备双向信息刷卡读取和双向钥匙机械开闭功能，断电情况下同样处于锁定状态。不论哪一侧通过门禁均应使用监控中心授权的信息卡，人员通行的时间和信息卡内置身份识别号将记录并传输至监控中心。钥匙机械开锁只能用于紧急情况。

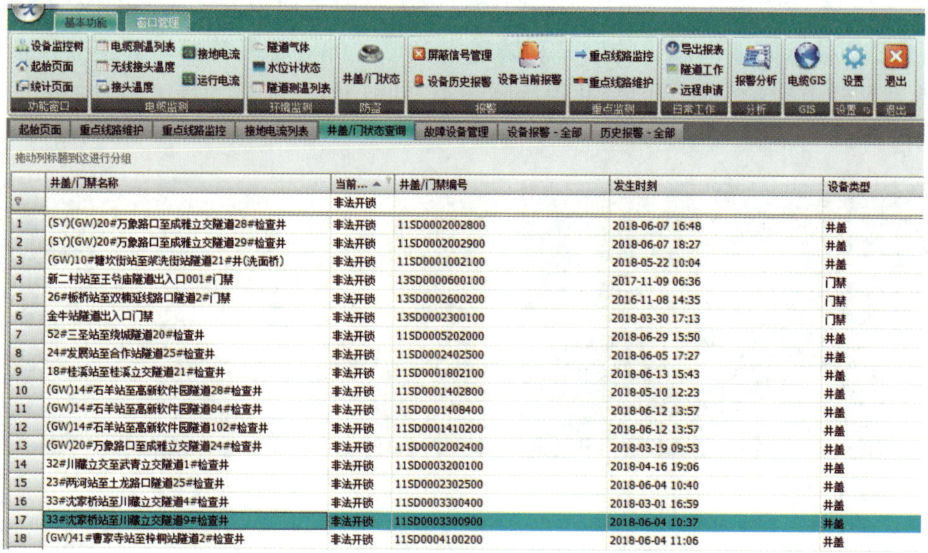

图 3－121　某主站中的非法开锁信号

3）出入口门禁终端及井盖监控终端具备远程监控中心远程开启、短信开启功能；能按时间、地点进行多种组合的权限设置。

4）出入口门禁终端及井盖监控终端在中心远程开启、刷卡开启时，启动视频，启动气体探测语音提示，不启动报警系统。

5）出入口门禁终端及井盖监控终端在非法开启时，启动视频，启动就地报警系统；在集中监控中心对出入口门禁终端及井盖监控终端的异常状况发出视听告警，在平台的图形展示界面上闪烁显示显示，以及通过语音、短信方式自动通知值班维护人员，并将排障资料打印/存档。

（2）隧道视频与红外双鉴探测。对于综合监控系统，其中一个子系统为隧道视频监控（见图 3－122）及防盗报警系统，包含视频监控及红外双鉴防盗报警（见图 3－123）两部分，设置于电缆接头附近及隧道入口、检查井两侧处等防盗重点区域。

视频部分可以实现视频监控、远方喊话、语音告警功能，同时摄像头具备夜视、高数字变倍功能；红外双鉴防盗报警部分配备双元红外＋微波探测器，可实现防区范围内人员移动感知和语音提示功能，同时可以将状态量上传监控平台。

红外报警器应具有本地布防、撤防的功能，在一定程度上起到人员识别的功能。巡视人员可使用遥控器在隧道内进行布防和撤防的操作，布防状态下设备正常工作，将探测到的人员活动报警上传到主站；撤防状态下设备不再探测人员活动，主站不会收到报警信息。

该子系统实用性好，可以提高电缆运维人员对于通道非法入侵的感知能力，是重要的技术防盗措施。特别是当隧道视频、红外双鉴报警器与其他监控措施（特别是隧道视频采集、门禁井盖等防盗类）联动时，能最大程度地发挥其防盗作用。

图 3－122　隧道视频监控设备

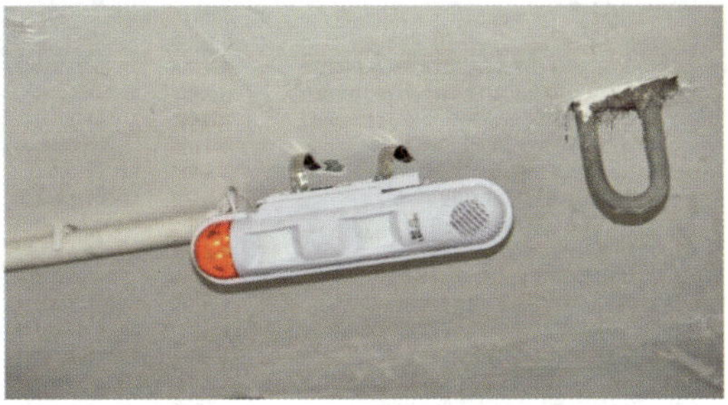

图 3－123　隧道红外双鉴防盗设备

（3）气体监测。气体监测传感器一般安装在低洼的有害气体易发点位，一般同步配置 O_2、CH_4、CO、H_2S 四类气体探测器，实时采集有害气体数据并报警，另附带温度和湿度在线监测功能。隧道气体监测装置如图 3－124 所示。

（4）水位、水泵监控系统（见图 3－125）。水位、水泵监控系统可以满足集水井 2 台水泵远程遥控、水泵状态和积水水位在线实时监测功能。该系统可以考虑水泵控制与水位监测的联动，即主站检测到水位报警后，自动远程启动水泵。若低压电源正常、水泵未损坏，水泵可使用就地液位控制器进行本地联动。

图 3－124　隧道气体监测装置

图 3－125　水位、水泵监控系统

（5）隧道环境光纤测温。隧道环境光纤测温与电缆表面光纤测温的原理及设备完全相同，不同之处在于，隧道环境测温光纤采用可拆卸方式固定在隧道顶部，起监测隧道环境温度、监测火灾的作用。相比电缆表面测温光纤，虽然同样存在采集数据量大、测温主机容易宕机的问题，但环境光纤安装在隧道顶部，不易遭受外破而断纤，且 1 条通道的光纤即可完成整条隧道的温度监视，因而环境光纤数量较少，资源占用少，技术经济性高于电缆表面测温光纤。

（6）隧道应急通信。隧道应急通信系统中，应急通信装置（见图 3－126）使用通信电缆接入变电站内的应急通信主机、通信主机通过综合数据网接入主站，与公司电话网络互联。应急通信系统可以实现隧道内移动通信网络覆盖，确保人员在隧道内工作时，个人通信设备能与隧道外正常通信，覆盖电信、移动、联通三大运营商的移动 4G 信号，防护等级达到 IP68。

隧道应急通信装置有两种类型：第一类只具备通话功能；第二类同时具备通话功能及防盗探测功能（防盗探测通过红外双鉴探测器实现）。隧道应急通信子系统具备的功能有：应急指挥广播功能、隧道内呼叫外界功能、外界呼叫隧道内功能、防盗定位功能（第二类设备）等。

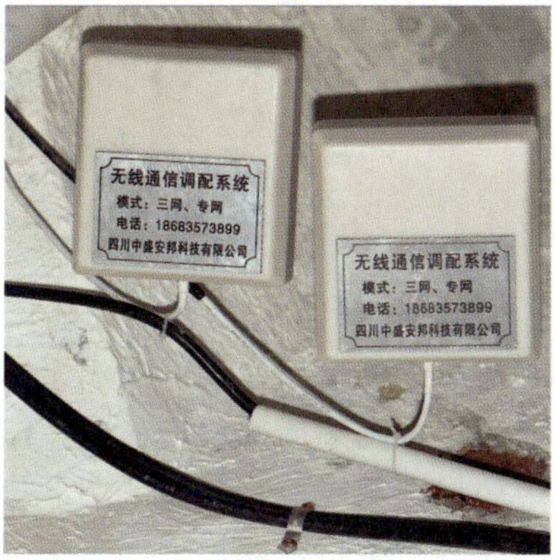

图 3－126　隧道应急通信装置

（7）地音仪。地音仪主要用于通道防外力破坏，属于多状态设备，使用通信电缆及多状态监控主机，其工作原理是利用三维加速度传感器感知通道附近的地音，起到预警通道外力破坏的作用。按运行经验来看，目前地音仪误报率很高，原因可能在于传感器报警灵敏度设置不当，且缺乏对振动的模式识别功能。

（8）附属设施监控。附属设施监控的主要功能是对隧道内的照明、风机、水泵等附属设施进行远程状态监测和远程遥控，属于多状态设备。风机、照明控制箱一般以 500m 隧道为一个控制单元，相邻两个控制箱按照“前开后关、后开前关”方式实现照明、风机设备双向控制；水泵控制箱从照明、通风控制箱取电，满足同时控制集水井 2 台水泵能力。两类控制箱均集成就地手动控制及远程控制功能。隧道通风照明监控箱如图 3－127 所示。

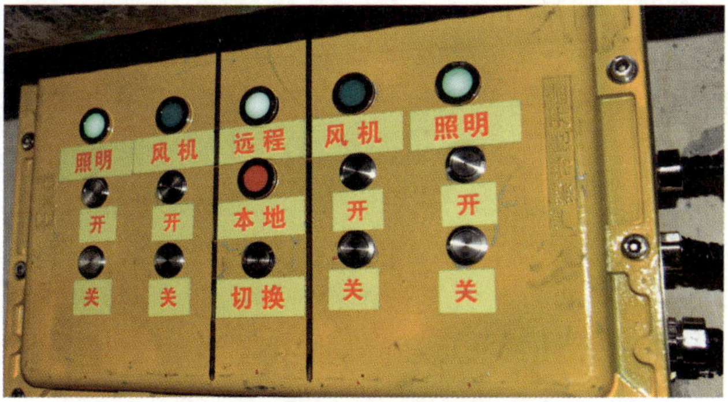

图 3－127　隧道通风照明监控箱

3.4 配电在线监测技术

常用的各类带电检测及在线监测技术原理已在3.1节及3.2节中进行介绍，各类检测/监测方法同样适用于配网设备，但综合考虑在线监测的投入及运维成本等因素，配电网中的在线监测技术应用较少。针对配电设备的在线监测主要集中在温度监测上，监测主要对象为开关柜、电缆、断路器等，少量局部放电的在线监测技术在配电网中应用，本节主要针对配电设备的局部放电和温度监测技术进行介绍。

3.4.1 配电设备局部放电在线监测技术

局部放电检测原理已在3.1.2中进行了详细介绍，由于各种原理自身的特点，并非所有的检测原理均适用于所有配电设备的局部放电监测。针对开关柜，主要应用特高频局部放电检测方法、超声局部放电检测方法、暂态地电压法，超声波局部放电检测主要采用非接触式检测。针对配电架空线路中可能存在的内部裂缝、阻抗降低、表面破损、表面污闪等缺陷，主要采用非接触式超声局部放电检测方法。

针对电缆的局部放电监测，主要应用超声波法和高频电流法，高频电流法主要是结合电缆终端地线上的高频电流监测来实现，研究表明，用此方法测试电缆终端局部放电时，除了用传统的时域、频域波形及频谱作为诊断判据外，还可以将脉冲电流的极性和幅值作为诊断判据，具体判据是三相电缆终端并联施压且其中一相中发生局部放电时，该相终端地线上脉冲电流极性与电源极性相同且幅值最大，其余两相终端和耦合电容地线上脉冲电流极性与电源极性相反。针对电力电缆环流的在线监测已在3.3.4中进行介绍，若采用一定手段将地线上的高低频电流分量分离，并对两路信号分别进行分析处理，即可实现电缆终端接头局部放电监测的目的。

通过宽频带电流线圈耦合电缆接地线上的电流信号，分别利用高、低通滤波电路提取其中的高频局放电流成分和低频接地环流成分，同时滤除现场干扰信号以提高信噪比；两路电流信号经过信号调理电路（衰减、放大和检波）送至采集模块，提取相关状态参量（局部放电幅值和接地环流幅值）后可实时传输至终端服务器，并智能化制定预警阈值，将实时监控数据通过光纤汇入光纤网络，再最终接入系统端进行统一监控，技术路线图如图3－128所示。电缆隧道内局部放电和接地环流一体化监测系统的安装位置和安装方式如图3－129所示。

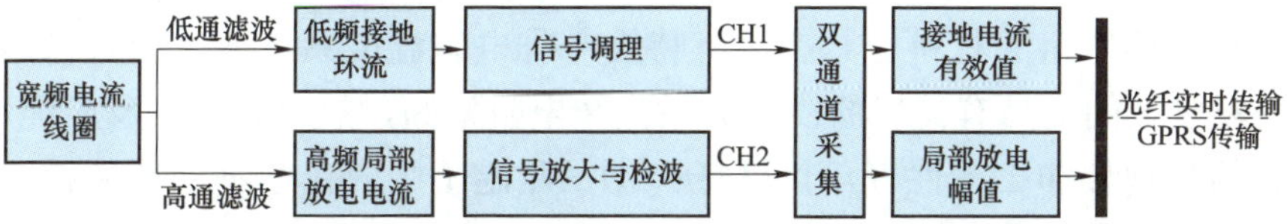

图 3-128　电缆终端局部放电和接地环流一体化监测系统的技术路线图

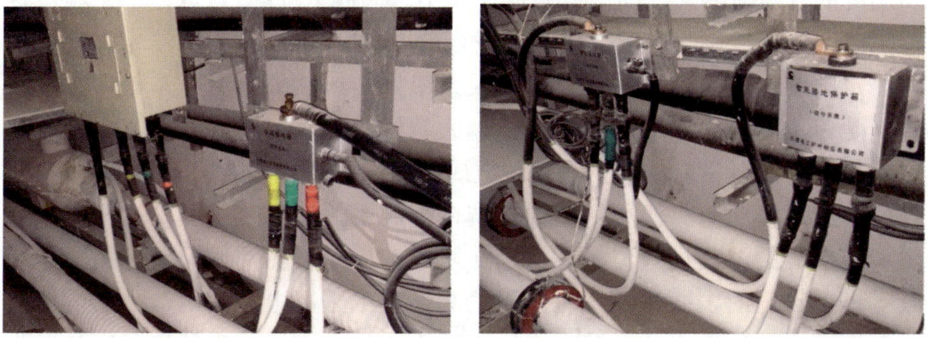

图 3-129　电缆隧道内局部放电和接地环流一体化监测系统的安装位置和安装方式

3.4.2　配电设备温度在线监测技术

设备温度是反映设备电气性能、负荷状况甚至异常或故障的一个重要特征量，对电力设备的温度监测是电力设备安全监控最有效、最经济的在线监测方式，除 3.1.1 中介绍的红外测温技术及 3.3.4 中的光纤测温外，结合配电设备特征，还发展了有源无线测温、无源无线测温等，该类测温装置主要应用于配电设备温度在线监测。

1. 有源无线测温技术

（1）技术原理。有源无线测温技术温度传感器有四种主要类型：热电偶、热电阻、电阻温度检测器（RTD）和 IC 温度传感器。IC 温度传感器又包括模拟输出和数字输出两种类型。

1）热电偶的工作原理。当有两种不同的导体和半导体 A 和 B 组成一个回路，其两端相互连接时，只要两结点处的温度不同，一端温度为 T，称为工作端或热端，另一端温度为 T_0，称为自由端（也称参考端）或冷端，则回路中就有电流产生，回路中存在的电动势称为热电动势。这种由于温度不同而产生电动势的现象称为塞贝克效应，根据塞贝克效应，通过检测热电偶两端的电势差即可实现对温度差的检测。

2）热电阻的工作原理。导体的电阻值随温度变化而改变，通过测量其阻值可推算出被测物体的温度，利用此原理构成的传感器就是电阻温度传感器，这种传感器主要用于−200～500℃温度范围内的温度测量。纯金属是热电阻的主要制造材料，热电阻的材料应具有以下特性：①电阻温度系数要大而且稳定，电阻值与温度之间应具有良好的线性关系；②电阻率高，热容量小，反应速度快；③材料的复现性和工艺性好，价格低；④在测温范围内化学物理特性稳定。目前，在工业中应用最广的铂和铜，并已制作成标准测温热电阻。

3）电阻温度检测器（RTD）。RTD 的测温原理是：纯金属或某些合金的电阻随温度的升高而增大，随温度降低而减小。因此 RTD 有点像是一个温电转换器，把温度变化转化为电压变化。最适合 RTD 使用的金属是在给定温度范围内保持稳定的纯金属。电阻—温度变化关系最好是线性的，温度系数（温度系数的定义是单位温度引起的电阻变化）越大越好，而且要能够抵抗热疲劳，随温度变化响应灵敏。目前只有少数几种金属能够满足这样的要求。

（2）应用情况。有源无线测温系统在配网中的应用，主要是对配网电气设备电气连接点的温度进行监测，包括在配电变压器、配网柱分段开关、导线及金具等设备设施的表面测温。有源无线测温技术采用电池供电，由于电池寿命有限，需要定期更换电池，同时电池不适于工作在高温恶劣环境，容易发生电解液泄漏，腐蚀其他配件，甚至有爆炸危险，容易引发事故。

2. 无源无线测温技术

目前应用的无源无线测温技术主要有两种方法，一种是基于射频识别的无源无线测温技术，另一种是基于声表面波的测温技术。

（1）无源无线射频识别（Radio Frequency Identification，RFID）技术原理。无源无线射频识别技术是一种通信技术，可通过无线电信号识别特定目标并读写相关数据，而无需识别系统与特定目标之间建立机械或光学接触。RFID 传输原理为反向散射耦合原理，利用电磁波的空间传播规律来通信，发射出去的电磁波，碰到目标后反射，同时携带回目标信息。传感器与测温终端之间采用无线通信，无需在复杂的电网环境下增加额外的线路，方便系统安装与维护，减少了对电网绝缘的安全运行的影响，且能够实现恶劣运行条件下的标签甄别。RFID 温度监测系统的硬件组件主要由 4 部分构成：温度传感器标签、射频天线、温度采集器，后台服务器。首先，温度采集器产生一个载波信号并通过射频天线发射出去，当温度传感器处于读写器所发射的电磁波有效覆盖区域内时，则被激活，激活的温度传感器将存储在芯片中的温度信息通过其内置天线发送信号返回至射频天线，射频天线传送到温度采集器进行解调和译码，然后送到后台服务器进行数据处理，如图 3−130 所示。

温度传感器标签温度测量由与 RFID 芯片一体化集成设计的测温芯片完成，以降低芯片功耗。测温功能采用芯片级二极管泄漏电流原理测温，结合超低功耗 ADC 转换器，可以在−40～+125℃范围内实现不超过±2℃的温度误差，这个量测范围和误差可以满足电力设备测温的需求。温度采集器与温度传感器之间为数字通信，与模拟信号相比极大提高了数据通信的稳定性与安全性。

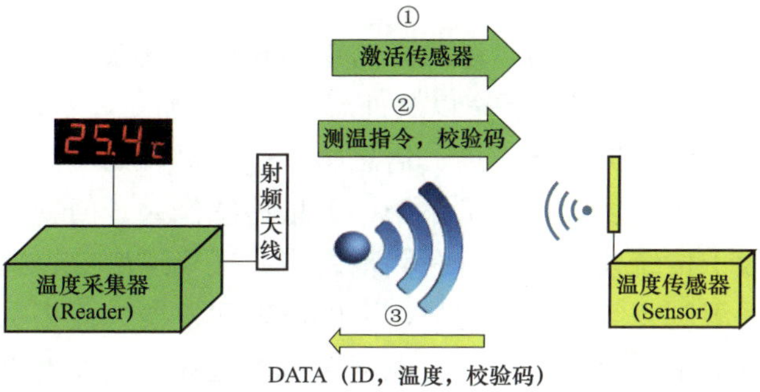

图 3－130　RFID 测温原理示意图

（2）无源无线声表面波（Surface Acoustic Wave，SAW）测温技术原理。无源无线声表面波测温技术是将声表面波技术及传感器技术相结合的一项较新的传感器研究，其中声表面波测温原理有延迟线型和谐振型两种方式。

延迟线型利用压电晶体（基片）左端的换能器通过逆压电效应将输入的无线转变成声信号，此声信号沿基片表面传播被位于基片右端的一个或数个周期性栅条反射，反射信号最终由同一个换能器通过压电效应将声信号转变成无线应答信号输出。当基片的温度发生变化时，引起声表面波的传输速度与反射器的间距的改变，从而引起无线应答的相位（时间延迟）改变，这种相位改变随温度的改变而呈线性变化，因此容易得到测量的温度值。

谐振型传感器利用压电单晶材料的物理特性。传感器天线接收该无线射频信号，通过叉指换能器的逆压电效应在基片表面激活一个声表面波。声表面波沿基片传播，被左右两个周期性反射栅反射形成谐振。该谐振器的谐振频率与基片的温度有关。叉指换能器通过压电效应将声表面波转变成应答的无线射频信号输出。返回的无线射频信号被采集器天线接收，通过测量无线射频信号的频率变化即可得到温度值。相比之下，谐振型在灵敏度、可靠性和无线检测距离等指标方面优于延迟线型。

（3）应用情况。无源无线 RFID 及无源无线 SAW 测温技术具备多项优势，可以在配网温度监测中广泛应用。对于开关柜的温度测量，可应用无源无线 RFID 和无源无线 SAW 测温方式实现；对于架空线路，监测点为杆上电缆接头处，通过将无源无线传感器安装于电缆连接金具上实现测温监测；对于环网柜，监测量为电缆终端接头处的温度，可将无源无线温度传感头安装在电缆终端对接套管中实现测温；对于电缆头，可以采用无源声表面波测温技术实现电缆接头温度的巡检监测等，各种测温方式均在探索应用中。

3.5 卫星遥感技术

广义地讲，各种非接触的、远距离的探测和信息获取技术就是遥感；狭义地讲，遥感主要指从远距离、高空以及外层空间的平台上，利用可见光、红外、微波等探测仪器，通过摄影或扫描、信息感应、传输和处理，从而识别地面物质的性质和运动状态的现代化技术系统。卫星遥感作为一门新兴的对地观测综合性技术，相较于传统技术，具有探测范围广、采集速度快、采集信息量大、获取信息条件受限制少等一系列优势，它的出现和发展大大拓宽了人类探知的能力和范围。近年来卫星遥感技术在电网运检领域的应用发展迅速，主要包括电网山火、地质灾害、电网气象等方面的探测和预防应用。

3.5.1 基于卫星遥感的山火探测技术

输电线路山火跳闸是影响其安全稳定运行的重要因素，在山火高发时段，各运维单位投入大量的人力物力开展线路巡视、重点区段蹲守和山火现场监控等工作，但这种工作方式存在工作效率低、投入大等问题。随着遥感技术不断发展、影像分辨率不断提高以及计算机信息处理技术的不断增强，利用遥感卫星对输电线路走廊区域的监测数据进行山火风险评估，可以大范围有效获取监测区域状况，具有快速获取地面宏观信息、准确判定火险高危区域的特点。

基于卫星遥感的山火探测技术主要原理是将红外探测仪安装在卫星上，对地面进行大面积的热点监测。遥感探火的传统算法大致可分为两大类：① 适用于 NOAA/AVHRR 的算法有固定阈值法、亮温植被指数法、上下文法；② 适用于 EOS/MODIS 的算法有绝对火点识别法、MODIS 上下文火点识别法、三通道合成法以及类间方差法。然而，卫星遥感技术的应用面临着一个严峻的问题：安装在卫星上的红外探测器受环境的影响很大，如探测角度、云层厚度、大气层垂直结构以及地形等。环境、气候因素会影响卫星红外遥感的探测结果，引起误判。为解决这个问题，可采用各种数据处理方法来提高分析结果的可靠性，如时域动态分析法、三通道合成法、遥感卫星上下文火点识别法等。

（1）时域动态分析法。将卫星探测的时空信号自然变化规律作为一个基准值，当某一信号持续偏离基准值时，则将其视为危险信号。这种算法依赖卫星的历史数据库，通过卫星历史数据库，得到某一地区某一时间段的数据期望值与数据变化范围

$$\nabla(x,y,t)=\frac{T(x,y,t)-\mu(x,y,t)}{\sigma(x,y,t)} \tag{3-46}$$

式中 $\mu(x, y, t)$——历史平均值；

$\sigma(x, y, t)$——标准偏差；

$T(x, y, t)$——当前卫星探测值；

$\nabla(x, y, t)$——当前值与历史数据之间的偏差程度；

(x, y, t)——探测点的经度、纬度和时间。

$\nabla(x, y, t)$的值越大，说明该点的温度越高或者是火险等级越高；反之，则说明危险系数越小。该算法已在实际进行应用，并且取得了良好效果。

（2）基于类间方差的火点识别算法。基于遥感技术的火灾探测关键是要找出温度异常点，得到可能为火点的像元。类间方差法又叫做相对阈值法，该方法以目标点与背景像元之间的特征参数的类间方差是否大于某个阈值为依据，判断目标点是否是火点。将目标点与背景像元看做两类，类间方差表示目标像元与背景之间的相对差别，与背景像元特征参数的绝对值无关。该方法可有效消除环境差异对火点识别结果的影响。

（3）三通道合成法。三通道合成法采用彩色合成、图像增强等图像处理技术对 MODIS 的三个通道数据进行合成，并显示在一张图像上，这样可更加直观地了解火情。选用 MODIS 7、2、1 通道分别赋予红、绿、蓝三种颜色，在合成图像上，鲜红代表火点、暗红代表过火点、绿色代表植被、深蓝代表水体等。彩色合成图地理信息直观，目视判读法即可方便快捷地观测火情。但该方法不能进行火点的精确定位，只作为一种定性的经验判断方法。MODIS（TERRA）T4 亮温合成影像如图 3－131 所示，山火 MODIS 遥感监测影像如图 3－132 所示。

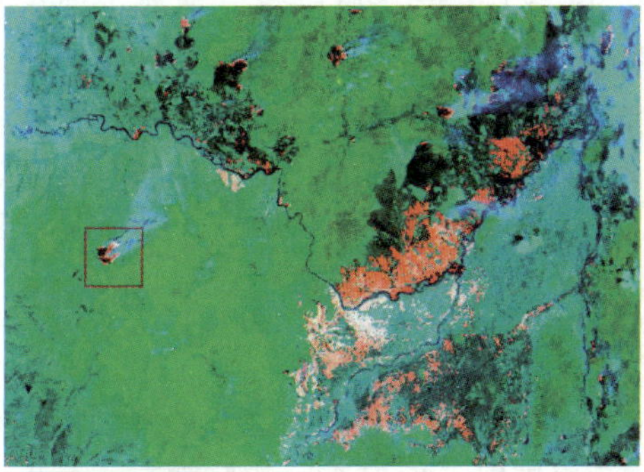

图 3－131　MODIS（TERRA）T4 亮温合成影像

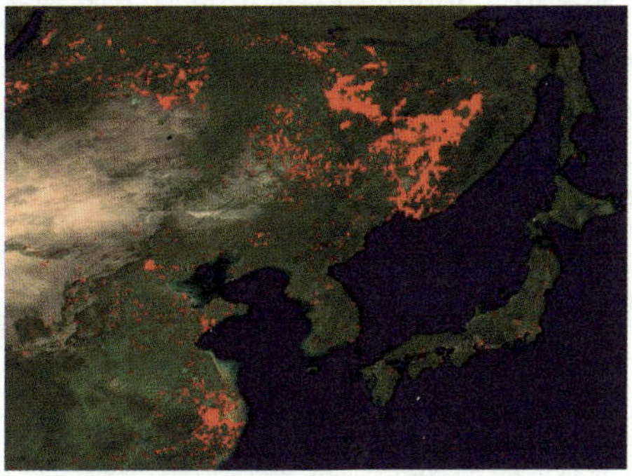

图 3－132　山火 MODIS 遥感监测影像

（4）遥感卫星上下文火点识别法。遥感卫星上下文火点识别法分为两个步骤：第一步是预处理，首先将图像的像元分为数据丢失点、云、水体、非火点、火点和不确定点 6 种类型；第二步采用 0.86、4μm 和 11μm 波段数据信息来确认火点。

目前用于山火监测的卫星主要有：我国的风云系列、美国 NOAA（美国国家海洋和大气管理局）系列极地气象卫星和地球观测卫星 EOS（地球观测卫星系统）、MODIS。通常包括 FY－1D（过境时间 14～15 时）、NOAA16（过境时间 17～19 时）、NOAA18（过境时间 13～14 时）、TERRA（过境时间 10～11

时）、AQUA（过境时间 13～14 时）5 颗卫星。监测人员对气象卫星过境图像进行接收处理，为地面的山火监测提供热点和火点信息。

1）NOAA/AVHRR 监测林火。NOAA/AVHRR 气象卫星是美国第三代双星系统极地气象卫星。AVHRR 高级甚高分辨率辐射仪具有五个通道，见表 3-7。NOAA 卫星数据主要用于森林、草原的火灾监测、火点定位、火险预测以及估算火灾面积。气象卫星对地面线性物体分辨率很低，其星下分辨率只有 1.1km，但其温度分辨率比较理想。NOAA 的双星交错运行，24h 可对地面的同一地区进行四次观测。

表 3-7　AVHRR 辐射仪的五个高分辨通道

通道	光谱响应（μm）	通道名称	特性用途
C111	0.58～0.68	可见光反射光谱	白天云、冰、雪、植被
C112	0.72～1.10	近红外反射光谱	白天云、水、植被
C113	3.55～3.93	中红外混合光谱	高温热源、夜间云，海温
C114	10.30～11.30	热红外发射光谱	日/夜间云图，洋面温度
C115	11.50～12.50	热红外发射光谱	日/夜间云图，洋面温度

2）EOS/MODIS 监测林火。EOS 卫星是由上午卫星和下午卫星组成的近太阳同步极轨的双星系统。MODIS 是 EOS 卫星上搭载的光学探测设备，共有 36 个通道，其中对热源敏感，可用于林火监测的通道有 7 个。可见光的星下分辨率为 250～500m，红外光的星下分辨率为 500～1000m，可以较好地显示地貌甚至是地面物体。MODIS 的森林火灾监测能力远远超过现存的其他卫星遥感器。卫星遥感技术监测山火已经是比较成熟和有效的技术手段。该技术的工作过程为系统及时获取卫星山火热点的 GPS 坐标和相关火情信息，并将其加载到输电 GIS 系统中，对山林热点附近区域的输电线路发出火险告警。

3.5.2　基于光学卫星遥感的地质灾害识别技术

20 世纪 70 年代，欧美发达国家就将遥感技术应用于地质灾害调查中。特别是进入 80 年代以后，欧美国家以相关的滑坡、崩塌以及泥石流遥感等方面的分析作为基础，整理各个规模以及光谱的地质灾害种类，构建配套的调查应用体系。在 90 年代以后，国外商业卫星空间分辨率达到亚米级，使得通过遥感卫星数据来开展的灾害提取工作有着更高的精度。国内的遥感应用对比国外起步较晚，直到 20 世纪 90 年代的时候方才将相关的遥感数据运用到对应的灾害的调查工作中。初期阶段的中国地质环境监测院曾经通过多期遥感数据对三峡库进行地质灾害调查。进入 21 世纪以来，我国的高分辨率卫星影像有了显著的发展，相关的高分数据慢慢地运用到地质灾害的调查监测工作中，为相关的灾害调查以及预警提供了保障。遥感影像可以贯穿地质灾害调查、监测、预警、评估的全过程。在 2008 年的汶川地震和 2010 年的舟曲泥石流地质灾害的应急调查中，遥感影像在灾害解译与实时监测中都发挥了重要的作用，为国家有关部门在抗震救灾、次生地质灾害的防范、灾后重建等工作的开展提供了重要的服务。

利用遥感技术可以不断地探测到地质灾害发生的背景与条件等大量信息，事先圈定出地质灾害可能发生的地区、时段及危险程度；在地质灾害发展过程中，利用卫星和航空遥感图像对其进行长、中期动态监测分析，可以不断监测地质灾害的进程和态势，及时把信息传送到抗灾部门，有效地进行抗灾；在地质灾害发生后，利用遥感技术可以迅速准确地查出地质灾害地点、范围、程度，为减灾防灾对策的制订提供技术支持。

1. 光学卫星遥感影像处理流程

在光学遥感成像时，由于各种因素的影响，使得遥感图像存在一定的几何变形和辐射量失真现象，变形和失真影响了图像的质量和使用，必须进行消除或削弱。简单说，几何变形是指图像上的像元在图像坐标系中的坐标与其在地图坐标系等参照坐标系中的坐标之间的差异，消除这种差异的过程称为几何纠正。利用传感器观测目标的反射和辐射能量时，传感器得到的测量值与目标的光谱反射率或光谱辐射强度等物理量不相同，这是由于测量值中包含了太阳的位置和角度条件、大气条件所引起的失真，消除图像数据中辐射所含失真的过程称为辐射量校正。在卫星图像数据提供给用户使用之前，一般都经过辐射量校正和一定的几何纠正，在实际应用中应根据具体情况加以相应处理。一般遥感数据预处理流程如图 3－133 所示。

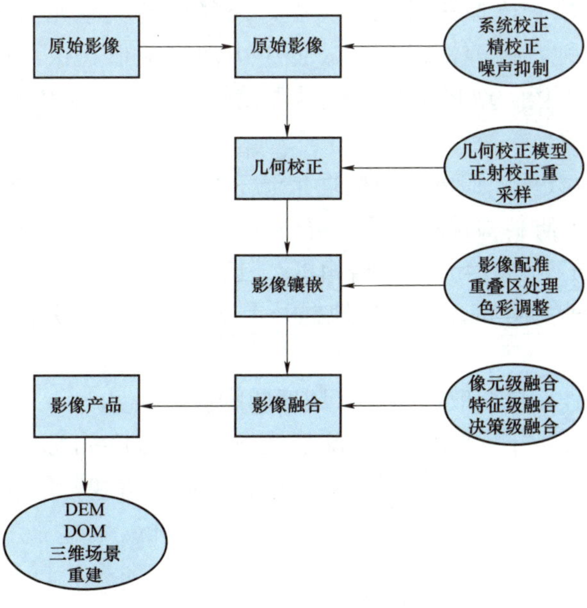

图 3－133　一般遥感数据处理流程图

2. 光学卫星遥感在输电线路地质灾害识别中的应用案例

以某 330kV 输电线路为例，开展基于光学卫星的地质灾害识别应用。本线路为双回架空线路，全长 2×79.5km，线路路径如图 3-134 所示。

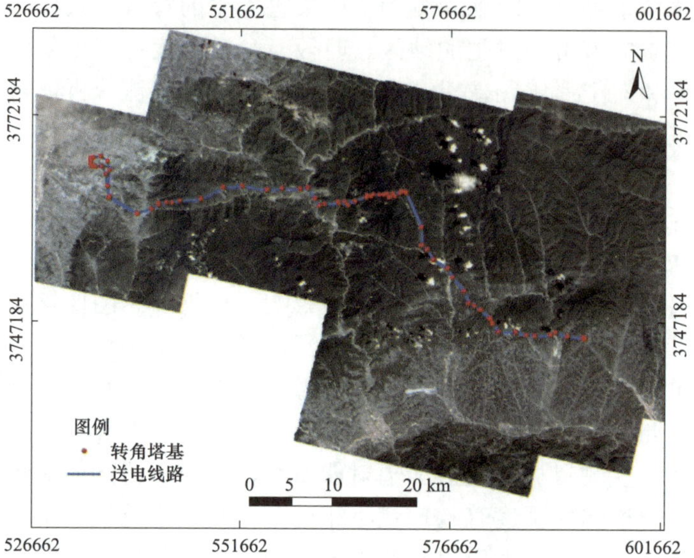

图 3-134　线路路径示意图

研究区整体属于山地，受地质构造、气候等条件的控制，区内形成了高差悬殊、形态各异的地貌景观。依其形态和成因类型，可分为构造剥蚀山地、构造侵蚀丘陵和堆积平原三种地貌类型。路径区地貌单元大部分为低中山，部分为中山、阶地、山前冲洪积扇。低中山地段地形起伏，沟谷发育，相对高差较大；阶地地段，地形平坦，相对高差较小，沿线海拔为 1100～2100m。

（1）数据来源。

1）遥感影像数据。遥感影像数据来源于高分二号（GF-2）卫星，高分二号卫星是我国自主研制的首颗空间分辨率优于 1m 的民用光学遥感卫星，搭载有两台高分辨率 1m 全色、4m 多光谱相机，具有亚米级空间分辨率、高定位精度和快速姿态机动能力等特点，有效地提升了卫星综合观测效能，达到了国际先进水平。

基于高分二号卫星获取的研究区域遥感影像属性见表 3-8，可见遥感数据精度较高。对比分析 GF-2 卫星与 Google Earth 使用的 Landsat 卫星遥感数据（见图 3-135），可以看出在所选区域内地貌影像相似，塔基转角等特征位置相似，能够满足输电通道滑坡地质灾害易发性初步评价分析。

表 3-8　　遥感影像属性一览表

<table>
<tr><th colspan="2">参数</th><th>数值</th><th>参数</th><th>数值</th></tr>
<tr><td colspan="2">列数与行数</td><td>113477×69458</td><td>像素深度</td><td>16 位</td></tr>
<tr><td colspan="2">波段数</td><td>4</td><td>NoData 值</td><td>0，0，0，0</td></tr>
<tr><td colspan="2">像元大小（X，Y）</td><td>0.81，0.81</td><td>色彩映射表</td><td>缺少</td></tr>
<tr><td colspan="2">未压缩大小</td><td>58.72GB</td><td>金字塔</td><td>级别：10，重采样：最邻近法</td></tr>
<tr><td colspan="2">格式</td><td>TIFF</td><td>压缩</td><td>None</td></tr>
<tr><td colspan="2">源类型</td><td>通用</td><td>测量能力</td><td>Basic</td></tr>
<tr><td colspan="2">像素类型</td><td>无符号整数</td><td>状态</td><td>永久性</td></tr>
<tr><td rowspan="4">范围</td><td>上</td><td>3784017.06</td><td>空间参考</td><td>WGS_1984_Transerse_Mercator</td></tr>
<tr><td>左</td><td>521137.8</td><td>线性单位</td><td>Meter</td></tr>
<tr><td>右</td><td>613054.17</td><td>角度单位</td><td>Degree</td></tr>
<tr><td>下</td><td>3727756.08</td><td>false_easting</td><td>500000</td></tr>
<tr><td colspan="2">false_northing</td><td>0</td><td>central_meridian</td><td>105</td></tr>
<tr><td colspan="2">scale_factor</td><td>1</td><td>latitude_of_origin</td><td>0</td></tr>
<tr><td colspan="2">基准面</td><td>D_WGS_1984</td><td></td><td></td></tr>
</table>

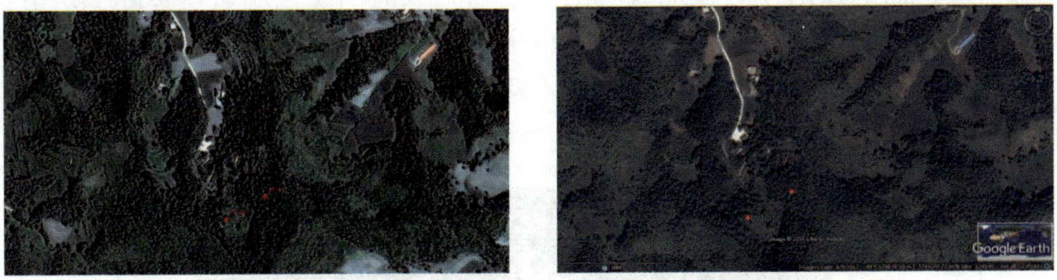

图 3-135　GF-2 卫星遥感影像与 Google earth 遥感影像对比

2）地形数据。地形数据来源于资源三号卫星（ZY-3），资源三号卫星是我国高分辨率立体测图卫星，主要目标是获取三线阵立体影像和多光谱影像，实现 1:5 万测绘产品生产能力以及 1:2.5 万和更大比例尺地图的修测和更新能力。

基于资源三号卫星获取的研究区域地形数据属性见表 3-9，可见地形数据具有较高的精度，该地形数据能够满足滑坡地质灾害易发性评价因子的提取分析要求。

表 3-9　　地形数据属性一览表

参数		数值	参数	数值
列数与行数		13543×11018	像素深度	16 位
波段数		1	NoData 值	
像元大小（X，Y）		10，10	色彩映射表	缺少
未压缩大小		284.61MB	金字塔	级别：6，重采样：最邻近法
格式		IMAGINE Image	压缩	None
源类型		通用	测量能力	Basic
像素类型		无符号整数	状态	永久性
范围	上	3822555	空间参考	WGS_1984_UTM_Zone_48N
	左	503665	线性单位	Meter
	右	639095	角度单位	Degree
	下	3727756.08 3712375	false_easting	500000
false_northing		0	central_meridian	105
scale_factor		0.9996	latitude_of_origin	0
基准面		D_WGS_1984		

（2）滑坡遥感解译基础。滑坡形态在平面上多呈簸箕形、舌形、倒梨形、树叶形等形状；滑坡壁以及滑坡周界在影像上变现为比较明显的形态特征，一般为向上弯曲的弧形，这在地貌学上称之为“双沟同源”现象，实际上是滑坡体两侧形成的沟谷。滑坡在空间上表现出的上述特有几何特征，可作为指示，在高分辨率遥感影像上也容易被识别。图 3-136 展示了采用遥感图像识别的滑坡案例。

图 3-136　采用遥感图像识别的滑坡案例

（3）基于光学卫星遥感影像的滑坡解译。基于高分二号卫星遥感影像及上述识别理论，开展输电线路沿线滑坡地质灾害的识别工作。最终，共识别出 114 个滑坡地质灾害点，部分滑坡点见表 3-10。

表 3-10　　基于遥感影像识别的滑坡灾害基本信息表

编号	位置	现场照片	遥感影像
H2	西和县兴隆乡叶家河东南 500m	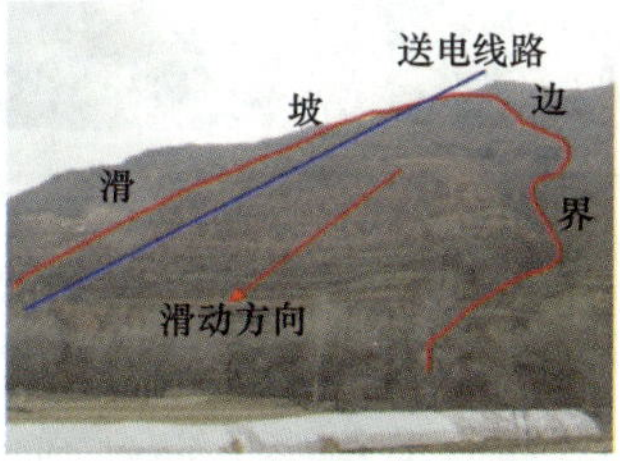	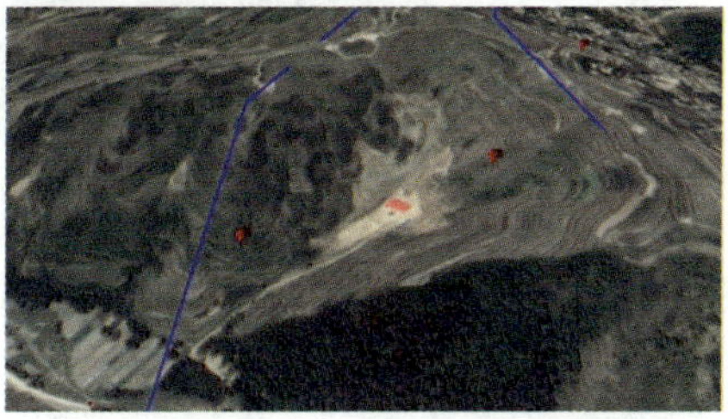
H16	西和县晒金乡碾盘沟门北东 460m	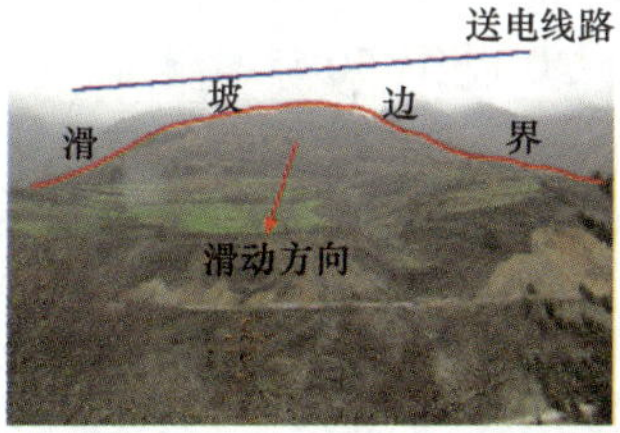	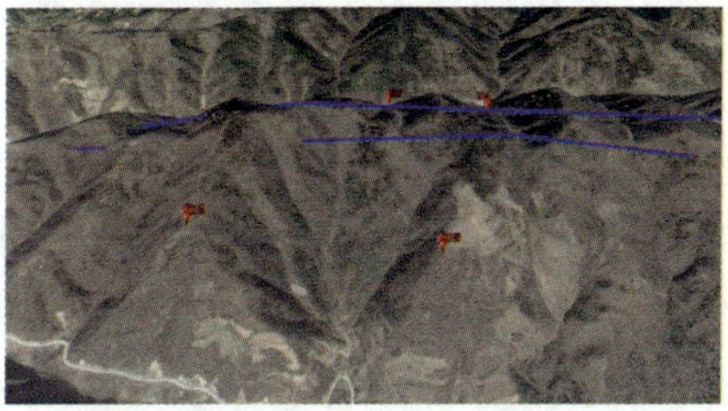
H21	西和县晒金乡张家河坝北东 820m	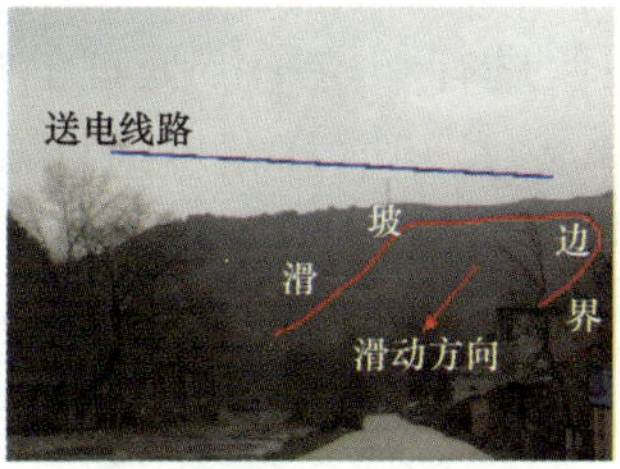	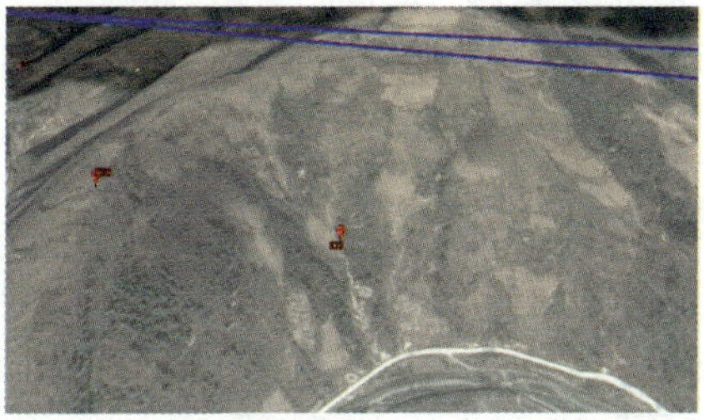
H25	西和县晒金乡石堡北 200m	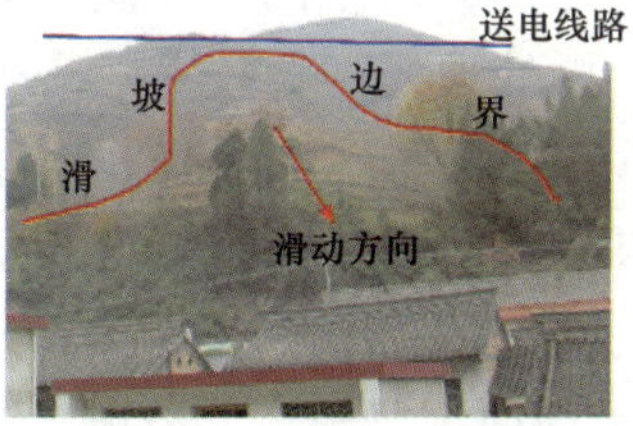	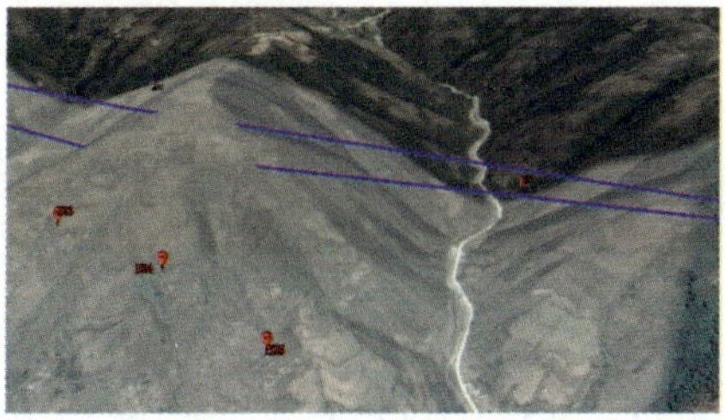

续表

<table>
<tr><th>编号</th><th>位置</th><th>现场照片</th><th>遥感影像</th></tr>
<tr><td>H26</td><td>西和县
晒金乡
樊家庄
北 400m</td><td>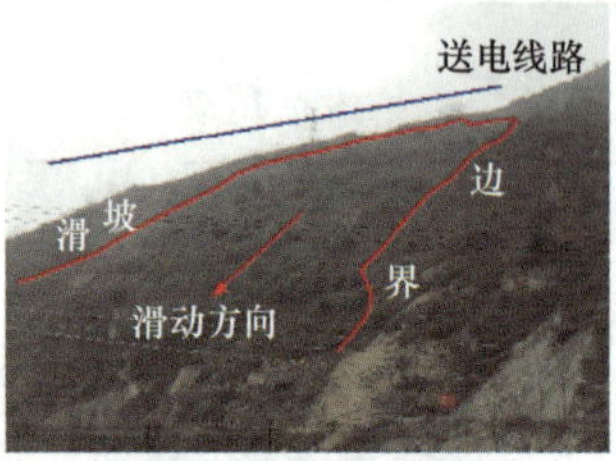
</td><td>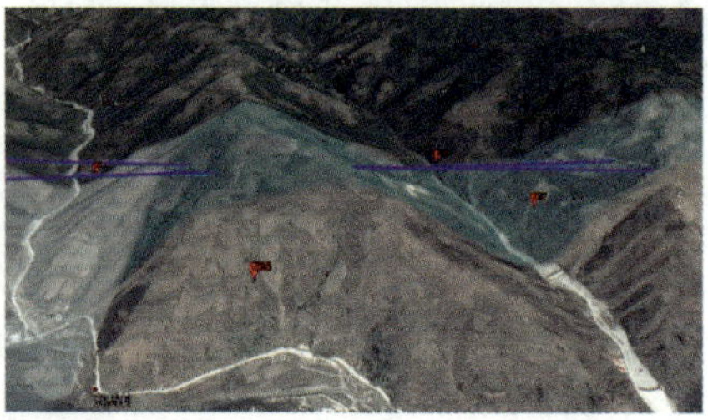</td></tr>
</table>

3.5.3 基于雷达卫星遥感的地质灾害探测技术

雷达遥感是利用卫星或航空航天器主动发射电磁波微波到地面，再通过传感器接收地面反射的波而成像的新一代遥感技术。利用雷达遥感技术可以实现不受天气气候和白天黑夜影响的全天候对地遥感，容易产生不缺失的时间序列雷达遥感图像。合成孔径雷达（SAR）是 20 世纪 50 年代末研制成功的一种微波遥感器。它利用载有雷达的飞行平台的运动来得到长的合成天线，由此获得高分辨率的图像。SAR 与传统的光学遥感器相比，其优点主要在于具备全天候、全天时工作能力，穿透力强，采用侧视方式一次成像面积大，成本低，SAR 的纹理特性能获取其他遥感系统所难见的断层，有利于研究地表构造和预测新矿源，分辨率高且不受平台高度或距离的影响，这点对于几百乃至上千千米高的卫星遥感系统尤为重要。

通过两幅或两幅以上的雷达遥感图像进行相位干涉处理的技术，称为合成孔径雷达干涉测量技术（InSAR），InSAR 是获取高精度地面高程信息的前沿技术之一。作为 InSAR 技术的延伸，差分干涉测量技术（D－InSAR）可以用于监测地表微小形变，它的发展为非接触式监测提供了新的思路，其监测范围大、精度高、全天候、全天时等独特优点对输电线路地质灾害形变监测具有十分重要的意义。

1. 基本原理

差分干涉测量技术（D－InSAR）是对两幅以上的干涉图或对一幅干涉图加一幅地面数字高程模型（DEM）图进行再处理的一种技术，它可以有效地去掉地形、轨道基线距离等对相位的影响。在包含有地形信息和地面位移信息的干涉图中，由地面高程引起的干涉条纹与基线距有关，而由地面变化引起的干涉条纹与基线距无关，所以可以用差分的方法消除由地形引起的干涉条纹。

D－InSAR 技术目前主要应用于城市地面沉降监测、滑坡、地震形变测量以及冰川移动监测等，为了提取地表形变信息，必须把参考面相位以及地形因素从原始干涉图中去掉，即二次差分干涉。常用的D－InSAR技术有二轨法、三轨法和四轨法。

无论是二轨法、三轨法还是四轨法，D－InSAR技术都是通过去除干涉相位中的地形相位来获取最终的变形相位。技术处理流程一般包括影像裁剪、影像配准及重采样、干涉与滤波、相位差分、相位解缠、地理编码，如图3－137所示。

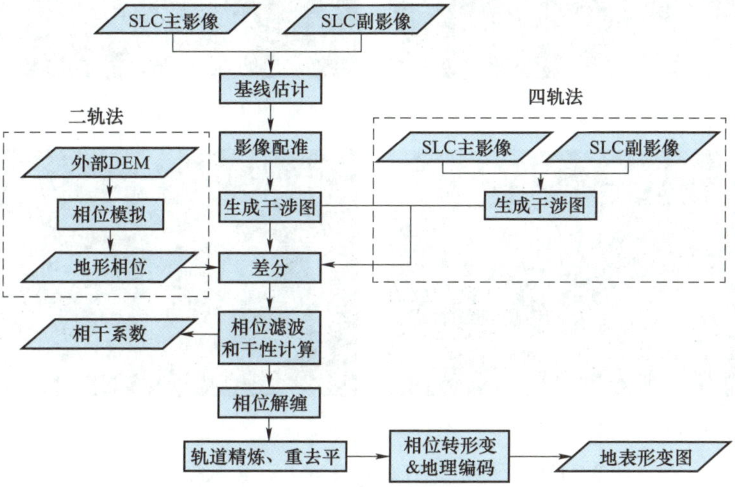

图3－137　D－InSAR技术处理流程图

2. InSAR在输电线路地质灾害探测中的应用案例

以某输电线路550号杆塔周边区域作为研究区，开展基于InSAR的输电线路地质灾害探测，圈定滑坡隐患点。研究区地处云、贵、川三省结合处，金沙江下游沿岸，坐落在四川盆地向云贵高原抬升的过渡地带，属典型的山地构造地形，沟壑交错，坡陡谷深。研究区域如图3－138所示，其中黄色图标为输电杆塔。

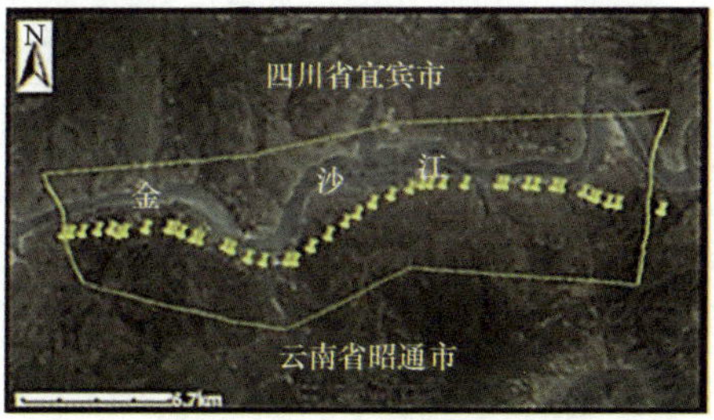

图3－138　研究区域

（1）数据来源与分析。采用覆盖研究区的 17 景 ALOS－2 PALSAR－2 雷达卫星数据（FBS 模式，HH 极化，入射角为 32.4°，幅宽是 50km），进行滑坡形变监测分析。研究区 ALOS－2 PALSAR 数据幅度图如图 3－139 所示。

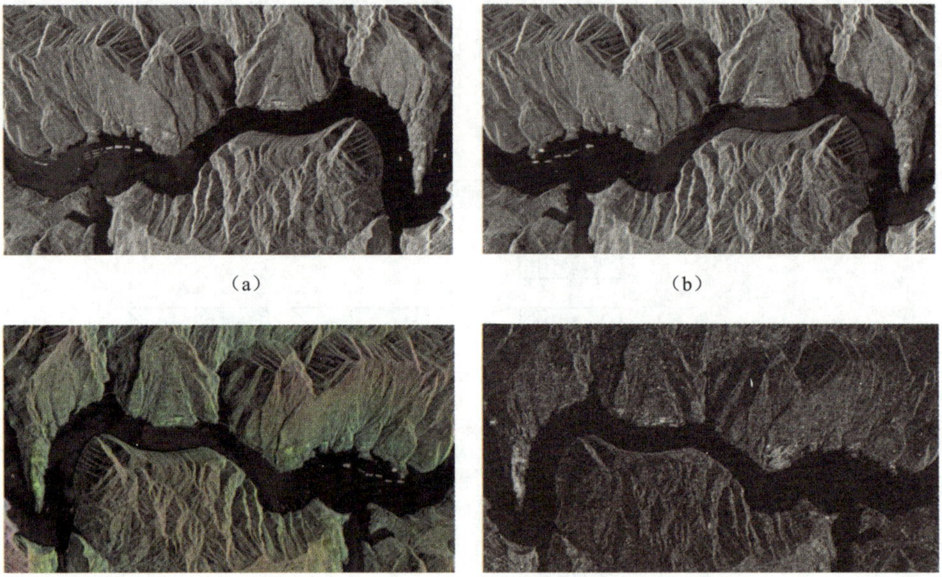

（a）　　　（b）

（c）　　　（d）

图 3－139　研究区 ALOS－2 PALSAR 数据幅度图

（a）2016－8－21 获取数据幅度图；（b）2016－10－16 获取数据幅度图；
（c）干涉条纹图；（d）相干性图

从 ALOS－2 PALSAR 数据幅度图上看，研究区地形起伏较大，为典型的喀斯特地貌，容易在雷达图像上形成迭掩阴影现象，入射角的选择非常重要，32.4°的入射角能较大程度地避免阴影的出现。研究区 ALOS－2 PALSAR 数据差分干涉处理结果如图 3－140 所示。

由于 L 波段波长较长，大气延迟造成的相位与波长的平方成反比，尽管研究区空气中水汽含量较大，但在 L 波段雷达传播过程中造成路径延迟较小，对地表形变信息的判读影响不大；由于 L 波段波长较长，能够直接穿透植被冠层，所接收到的雷达回波主要来自植被茎干与地面，植被冠层形态变化不会造成干涉失相干，从相干性图上来看，整体的相干性为 0.41，大部分的植被覆盖区域的相干性都优于 0.2，干涉条纹图质量较高，有利于地表形变的干涉解译，非常适合于研究区的地质灾害探测。

（2）研究区地质灾害探测结果分析。

1）输电线路沿线形变信息。利用 ALOS－2 PALSAR 数据，开展研究区输电线路杆塔所处边坡 D－InSAR 干涉测量，差分干涉图如图 3－141 所示。

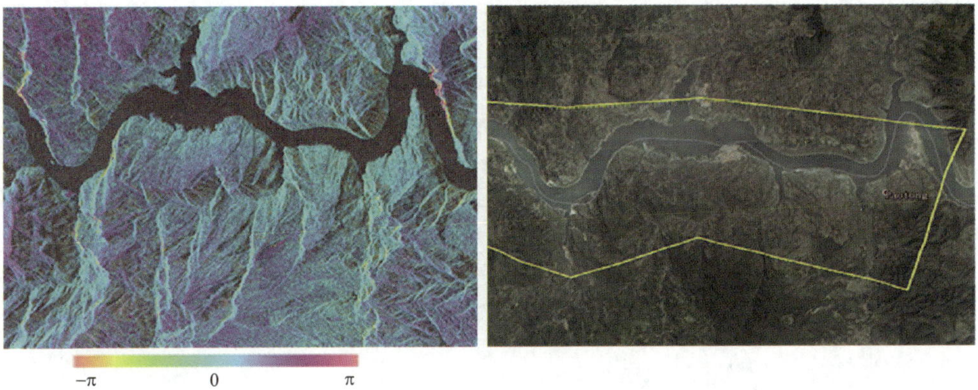

(a)　　　　(b)

图 3－140　研究区 ALOS－2 PALSAR 数据差分干涉处理结果

（a）干涉条纹图；（b）Google Earth 截图

在差分干涉结果图中，550 号杆塔周边发现滑坡隐患点，累积形变量为 10.2cm。图 3－142（a）为研究区差分干涉条纹图，其对应实际地理位置如图 3－142（b）所示，图 3－142（c）可看出该山体正上方存在杆塔，滑坡体下方有村庄，滑坡位移趋势如图红色箭头所示。该滑坡区域地区地形起伏较大，最高海拔 617m，最底海拔 362m，平均坡度 32.4%，斜度为 52%，滑坡隐患体面积约为 148263m^2。该滑坡隐患威胁到了上方杆塔及下方村庄的安全（见图 3－143）。

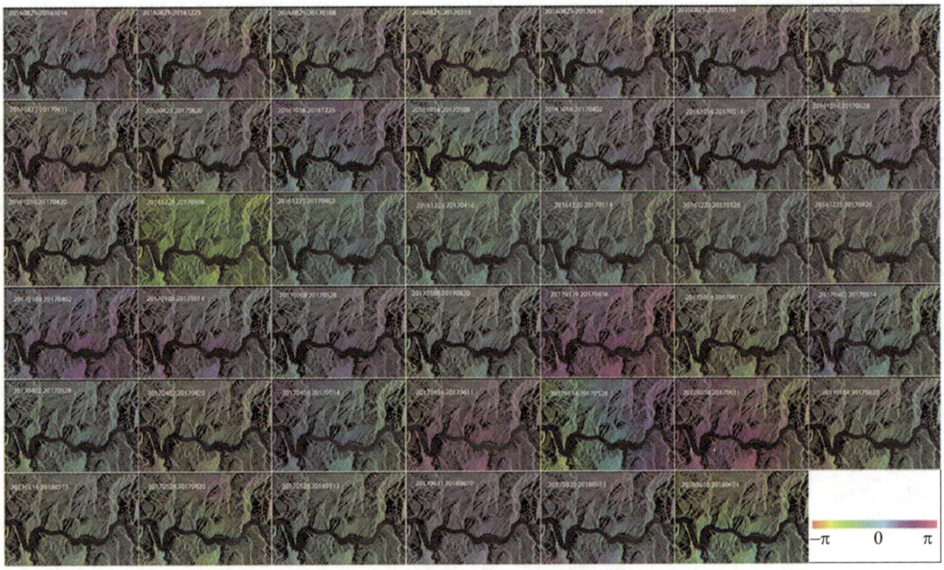

图 3－141　研究区差分干涉图

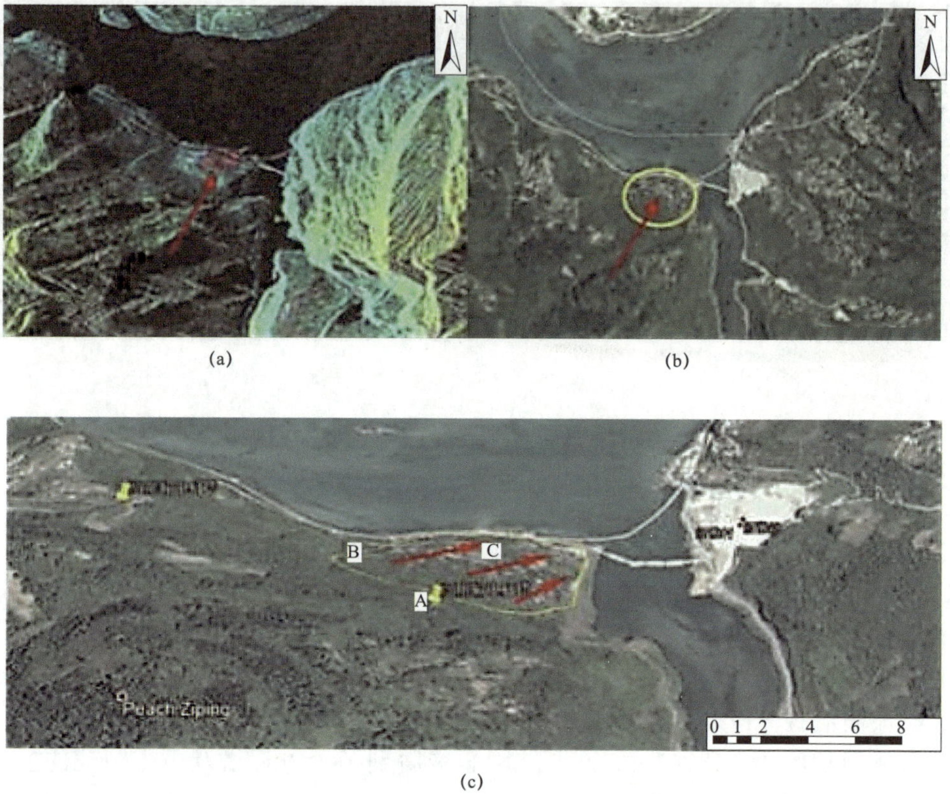

图 3-142　研究区差分干涉结果与地理位置对比图

（a）研究区差分干涉条纹图；（b）google earth 地理位置图；（c）google earth 地理位置放大图

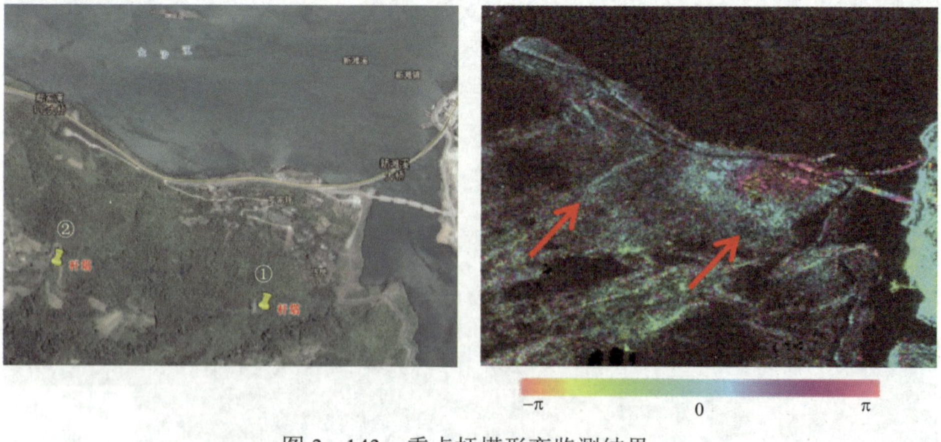

图 3-143　重点杆塔形变监测结果

2）结果验证与分析。为验证本次基于 InSAR 的地质灾害探测结果，工作人员赴现场开展了勘察工作，从现场照片（见图 3-144）可以看出，550 号杆塔所处山体植被覆盖茂密，土壤层较厚，为黄色黏土，呈松散结构，山体下部裂缝发育，稳定性较差，已发生小范围的滑移。此外，还可以发现在该滑坡体的正上方存在一处杆塔，山体下方桥梁的桥墩已产生 4～5cm 的裂缝，下方的房屋、地面、台阶都发生了一定程度的开裂。现场核查结果验证了时序 InSAR 监测滑坡灾害的可靠性。

图 3－144　现场勘察照片

3）研究区滑坡隐患变形时间序列分析。在研究区滑坡隐患周围选择 A、B、C 三个点，分析其相对于参考点的时序相对高程，可得到形变时间序列，如图 3－145 所示。

由图 3-145 可以发现，550 号杆塔所处山体在 2016 年 8 月 21 日～10 月 16 日期间发生明显形变，不到两个月时间内变形量为 6.0cm；在 2017 年 5 月 28 日～8 月 20 日期间，该地区发生明显变形，变形量为 8.0cm，变形有明显加速；2017 年 8 月 20 日～2018 年 6 月 24 日期间，形变量为 4.2cm。综上分析可以发现，该滑坡体变形呈现季节性变化，在夏季多雨季节，形变量较大。

3.5.4　输电通道卫星遥感环境巡视技术

与基于直升机或无人机的输电线路巡检技术相比，现有基于卫星遥感的输电通道巡视研究较少，因为一直以来卫星遥感的空间和时间分辨率不足以满足定期输电通道巡视需求。近年来卫星遥感发展迅速，光学卫星空间分辨率达到亚米级，重访周期在 1 周左右；合成孔径雷达（SAR）卫星空间分辨率达到 1m，可全天候获取微波波段地物目标信息。因此，卫星遥感与电力运检的交叉应用研究日益丰富。

从业务应用层面，国家电网有限公司开发了输电通道卫星遥感巡视系统，2017 年，在浙江嘉湖密集通道湖州区段、新疆哈密天中线区段开展了多时相卫星遥感巡视技术应用，同时在汛期对湖南江城线、船古线等区段开展了洪涝灾害监测预

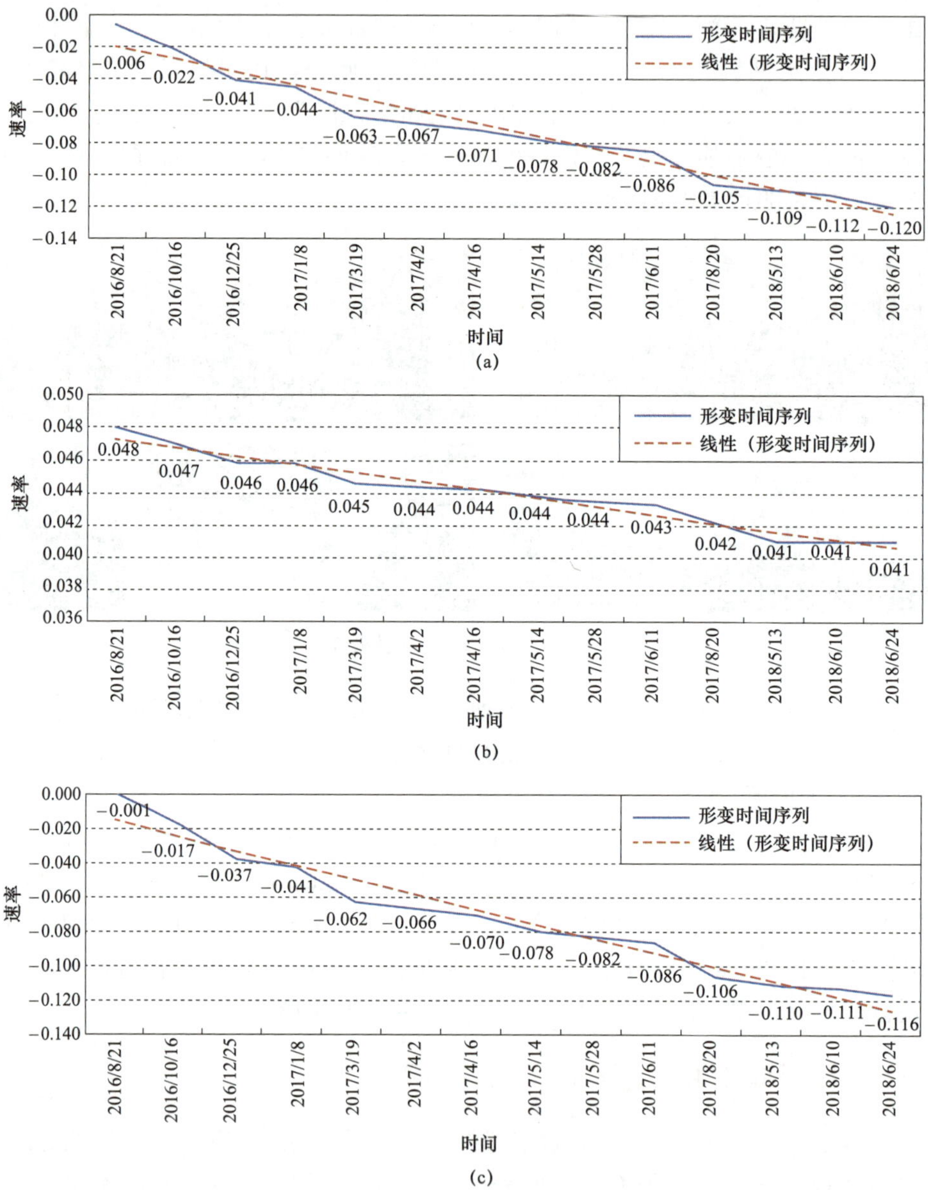

图 3-145　三个点的变形时间序列图

（a）点 A 形变时间序列；（b）点 B 形变时间序列；（c）点 C 形变时间序列

警研究。2018 年 1 月，湖北宜兴线、安徽文官线区段受强降雪和大风影响，针对这些故障开展了卫星遥感特殊巡视，快速获取杆塔大幅形变、倒塔等故障分布。2018 年 1～3 月，开展了川藏工程藏中、塘澜线的多时相高精度卫星遥感巡视，获取了该时间段内川藏工程环境状态变化情况。2018 年 9 月，在陕西灵绍线区段开展了卫星遥感地质灾害监测应用，取得良好效果。

1. 基本原理

输电通道卫星遥感巡视关键技术路线如图 3-146 所示，主要包括遥感影像预处理、环境信息智能提取和多时相环境变化监测 3 个核心环节。

卫星遥感原始数据缺少必要的地理、光谱信息，无法直接用于输电通道环境巡视。因此，卫星遥感影像预处理是开展实际巡视应用的第一步，旨在将卫星遥感原始数据处理成具备经纬度信息、去除几何与大气畸变的可用基础影像，用于后续的环境隐患识别。

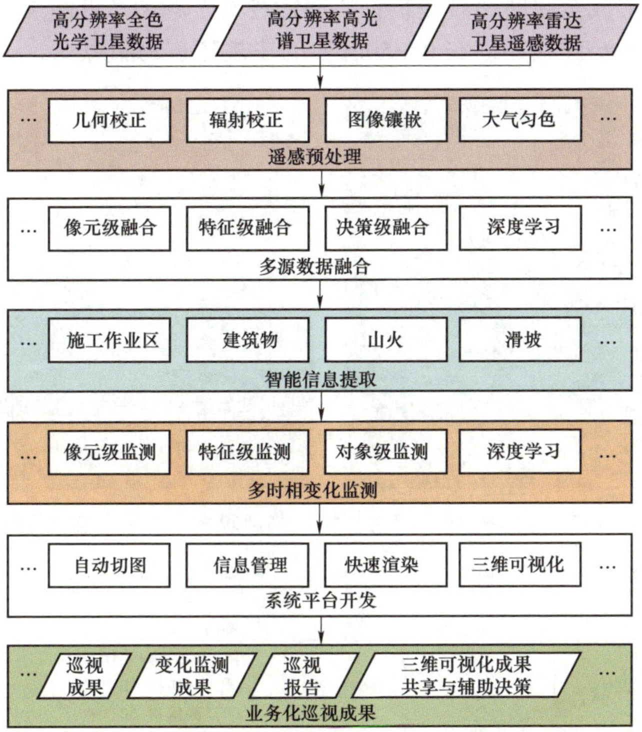

图 3-146　输电通道卫星遥感巡视关键技术路线

卫星遥感数据分为光学和合成孔径雷达（SAR）两大类，二者预处理技术有所不同。对于光学卫星遥感数据，预处理流程主要包括几何校正（地理定位、几何精校正、正射校正等）、辐射校正（传感器校正、大气校正及太阳地形校正等）、图像融合、图像镶嵌、图像裁剪和去云及阴影处理 6 个方面。对于 SAR 数据，预处理流程主要包括几何校正、辐射校正、多视、斑点噪声滤波和相对配准步骤。

输电通道环境信息智能提取技术是输电通道卫星遥感巡视技术体系的核心，其本质是高分辨率卫星遥感智能图像识别技术。在预处理后的卫星遥感影像基础上，如何提取合适的特征，构建有效的分类识别算法，是输电通道环境信息智能提取的关键。

2. 与线路距离不足的建筑物巡视

建筑物在卫星遥感影像上的表达形式如图 3－147 所示，从图 3－147 右侧截图看，卫星遥感影像上建筑物可以清晰区分出来，该建筑物屋顶成蓝色，且具有一定规模，容易造成人身安全和电网运行风险。图 3－147 左侧截图给出了基于卫星遥感影像和深度学习的建筑物智能提取成果图。其中，红色和粉色的点分别代表输电杆塔，浅绿色和深绿色分别表示稀疏和茂密森林，蓝色代表河流，黄色则表示右侧图所示的违规建筑物。通过智能提取所有违规建筑物并测量与线路距离，可形成全线路违规建筑物的巡视成果专题图（见图 3－148），其中红色和粉色点表示与线路距离在 0～50m 内的违规建筑物隐患点。

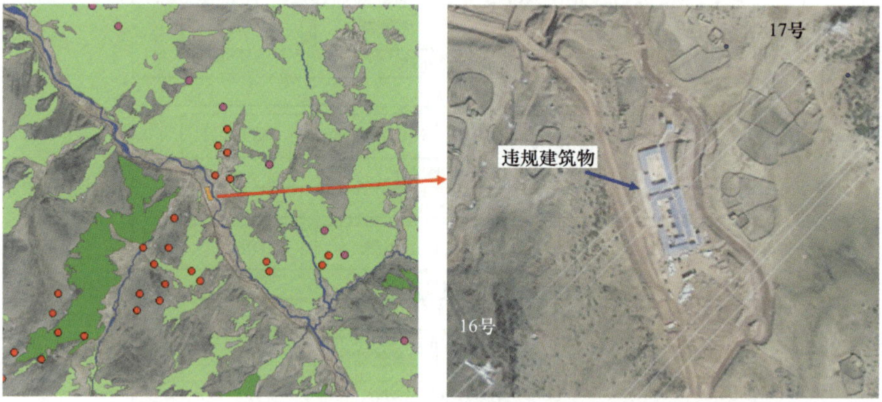

图 3－147　破口线 16～17 号区段违规建筑物的卫星遥感巡视结果

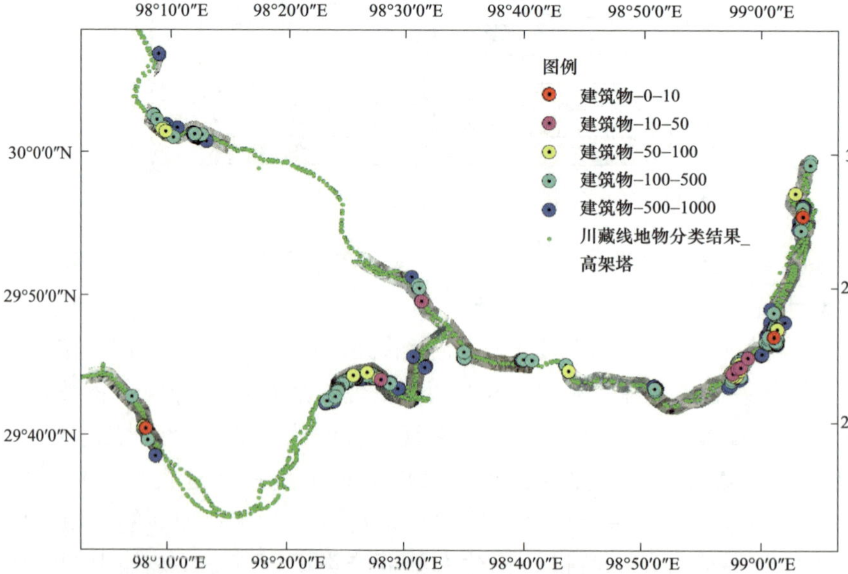

图 3－148　区段建筑物分布图

3. 施工作业区巡视

施工作业是造成输电线路外破的一个重要因素，因此施工作业区的分析和识别非常重要。施工作业区（采矿拆迁等）在卫星遥感影像上的具体表达如图 3－149 和图 3－150 所示。

从图 3－149 和图 3－150 看，现有卫星遥感技术空间分辨率达到亚米级，光谱信息和纹理信息丰富，可获取厂矿等施工作业区的细节信息，包括运输货车、厂矿作业的工具设施、建筑物分布与材料堆放情况等，进而判断施工作业的规模。结合施工作业区与线路距离，可分析施工作业区对输电线路可能造成的影响。

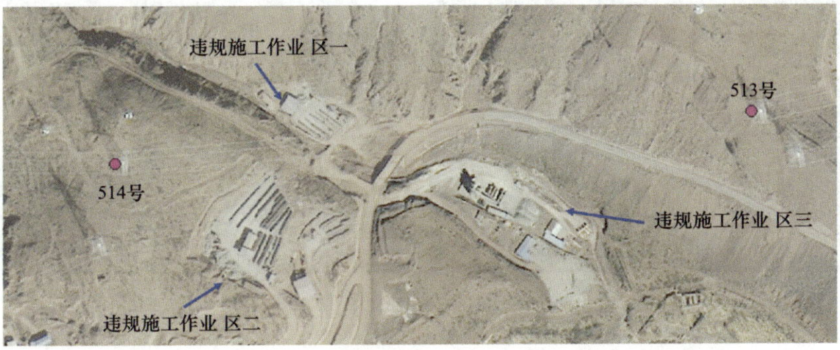

图 3－149　某线路区段违规施工作业区卫星巡视结果

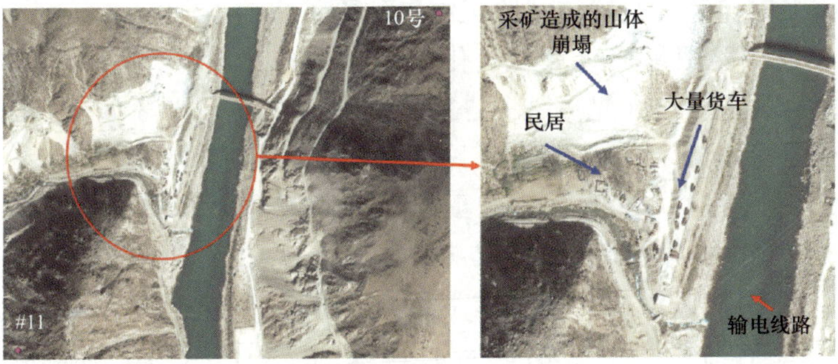

图 3－150　某线路区段约 100m 处存在大型采矿区

4. 洪水巡视

通过快速获取洪水灾害前后的卫星遥感影像，智能提取灾害前后的水域面积，定量估算水位变化，可以实现洪水灾害发生前后的水体覆盖范围和水位变化监测。同时，自动测量输电杆塔、变电站等电力设施与洪水最近距离，从距离维度对电力设施受洪水风险进行划分，为电力设施受灾定位、灾后核实与抢修提供了基础保障（见图 3－151）。

图 3－151 左侧图中蓝色表示洪水灾害前的水体分布范围，绿色表示洪水灾害后的水体分布范围，两者相比可看出洪水覆盖范围，并可以定量计算洪水面积。图 3－151 右侧图中展示了输电通道杆塔可能遭受洪水的风险。图中的红色杆塔表示该塔受洪水灾害风险高，黄色杆塔次之，蓝色杆塔则表示基本不存在洪水灾害风险。

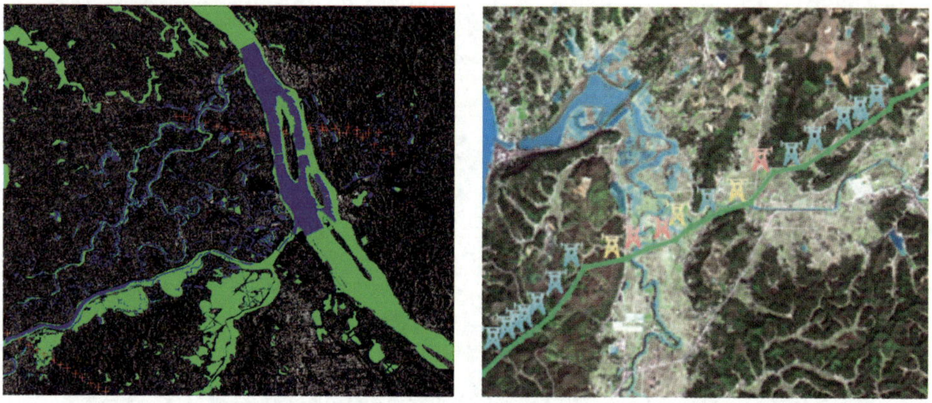

图 3－151　湖南某线路输电通道卫星遥感洪水巡视成果示例

5. 多时相环境变化监测

与单次巡视相比，多时相的环境变化监测更有利于输电通道环境外部隐患提前预警与及时排查，是输电线路运维单位更关注的需求。

以某输电线路卫星遥感环境变化监测为例，2018 年 1～3 月该线路区段共发生 17 处环境变化（见图 3－152），包括新增滑坡点 5 处，新增建筑物 1 处，新增人工活动区 5 处，新增道路 2 处以及新增雪地 4 处。其中，一个新增滑坡点（距线路约 700m 处）的卫星遥感监测结果如图 3–153 所示。可以看出，2018 年 1 月该区域（红色边框内）呈褐黑色，这是低矮灌木或森林的光谱表达，说明该区域内是植被覆盖区［见图 3－153（b）］。2018 年 2 月该区域退化为半草地半滑坡［见图 3－153（c）］，2018 年 3 月该区域植被面积明显进一步减少，滑坡趋势更加明显［见图 3－153（d）］。此外，从 2018 年 3 月卫星遥感影像上可以发现附近有货车经过，滑坡也表现出挖掘痕迹，因此有理由推测该区域的滑坡趋势可能由人工开采活动导致。综上，通过卫星遥感高频率巡视及对比分析，可以及时获取通道环境变化并推断可能原因，进而及时预警排查。

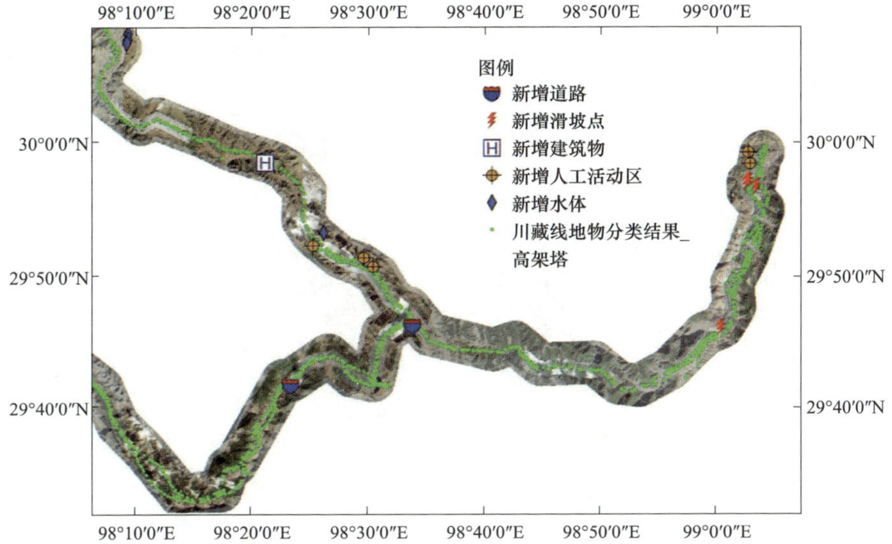

图 3-152 2018 年 1～3 月某线路 17 处环境变化点地理分布专题图

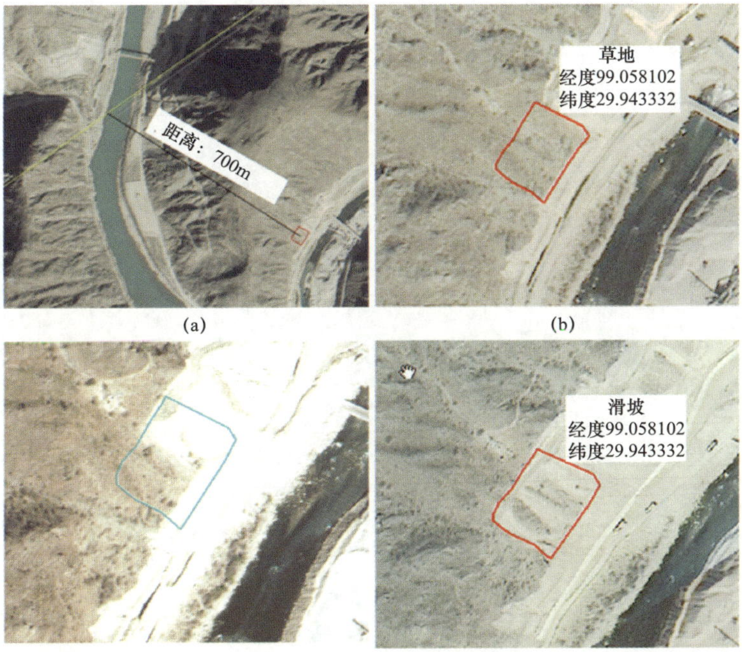

图 3-153 距离线路约 700m 处环境变化监测结果示例

（a）位置示意图；（b）2018 年 1 月（草地）；（c）2018 年 2 月（半草地半滑坡）；（d）2018 年 3 月（滑坡）

通过卫星遥感数据全自动预处理、智能信息提取与自动变化监测关键技术研究，构建了输电通道卫星遥感巡视技术体系，开发了输电通道卫星遥感巡视三维可视化平台，为无人区等复杂恶劣环境和密集输电通道巡视与运维提供了新的技术途径。

第4章 设备智能巡检技术

电力设备智能巡检是指运用人工智能技术识别及分析电力设备，辅助工作人员完成设备数据收集、分析、状态评估并自动化检修，维持电力系统的安全稳定运行，实现电力系统安全、经济、多供、少损的运行目标。无人机、直升机、机器人、移动作业、视频巡检、实物“ID”等智能运检技术已得到广泛应用。

4.1 无人机巡检技术

无人机是无人驾驶器（Unmanned Aerial Vehicle，UAV）的简称，2008 年，国家电网公司开始无人机巡检技术探索；2011 年国家电网公司成立无人机工作组开始筹备“直升机、无人机和人工协同”巡检模式试点应用；2013 年 3 月，冀北、山东、山西、四川等 10 个省（区、市）公司开展输电线路“直升机、无人机和人工相协同巡检”试点工作；经 2013 年 3 月～2015 年 3 月为期三年的试点应用，已建立了无人机巡检技术支撑体系，在国家电网公司系统各单位大规模推广应用无人机巡检技术。自 2009 年，南方电网公司也相继开展了架空输电线路无人机巡检技术研究和应用。近年来，无人机巡线已经遍布全国电网输电线路，无人机巡线渐成常态。

4.1.1 无人机的概况

无人机巡线具有受地形限制小、操作简单、部署灵活、巡检效果结果好、巡检效率高、成本低等优点，在巡检范围、内容和频次上对人工巡检、载人直升机巡检形成有效补充。按照无人机平台进行分类，输电线路巡检用无人机主要分为小型无人直升机（多为电动多旋翼无人机）、中大型无人直升机、固定翼无人机，如图 4－1 所示。

(a)　　(b)　　(c)

图 4－1　常见无人机

（a）小型无人直升机；（b）中大型无人直升机；（c）固定翼无人机

小型无人直升机具有成本低、便携性好、集成度高、操作简单、维护保养简单等特点，集成技术难度较低，生产制造门槛低；缺点是载荷小、巡航时间短。在电力行业巡检应用中，小型无人直升机作为便携式巡检工具，配置于线路班组，用于各电压等级架空输电线路精细巡检、故障巡查和小范围通道巡查。

中大型无人直升机适合中等距离的多任务精细化巡检或适用于短距离的多方位精细化巡检和故障巡检，可实现悬停且飞行平稳；缺点是飞行速度较慢、巡检使用和维护保养复杂，对作业人员要求高。中大型无人机直升机可在 220kV 及以上交直流线路上开展巡检作业。

固定翼无人机适合大范围或小范围通道巡检、应急巡检和灾情普查，续航能力强，执行较长飞行任务；缺点是无法进行定点悬停观测、摄像，起降条件要求较高。在电网巡检应用中，固定翼无人机主要用于通道巡视、灾情普查等，可快速发现杆塔倾斜、倒塔、断线等重大缺陷和故障，根据需要可在数传和图传链路中断的情况下按预设航线自主飞行完成巡检作业。

输电线路无人机巡检是指采用无人机搭载可见光、红外检测、紫外检测等任务设备对输电线路进行巡视和检测。其中，巡视任务包括日常巡视、故障巡视、恶劣天气专项巡视等。无人机巡检技术的引入，极大提高了架空输电线路巡视效率，直观、准确地反映了线路运行情况，已成为输电线路的重要巡检手段。近年来，无人机灾情普查和应急抢修、无人机清除导地线异物、辅助传递工器具等辅助检修作业、基于无人机三维激光扫描数据的输电通道可视化运维等技术应用已逐步开展，拓展了无人机技术的应用范围，提高了输电线路运维和检修效率。

1. 无人机日常巡视

无人机巡视时搭载有集成红外、可见光的检测设备，可对线路进行红外测温和可见光检查，无人机日常巡视如图 4－2 所示。目前，采用无人机开展日常巡视及特殊巡视的内容主要有对输电线路导地线、上部塔材、金具、绝缘子、附属设施、线路走廊等进行常规性检查，可分为以下几个方面：

（1）对线路本体设备导地线、杆塔、金具、绝缘子、基础进行日常巡视，通过可见光检测发现如杆塔倾斜、塔材弯曲、异物、塌方、护坡受损、回填土沉降等一系列缺陷。

（2）附属设施缺陷查找，包括防鸟、防雷装置、标识牌、各种监测装置等损坏、变形、松脱等。

（3）线路通道缺陷监控，包括超高树竹、违章建筑、施工作业、沿线交跨、地质灾害等。

（4）利用无人机搭载红外设备对线路进行红外测温监控检查。

图 4－2　无人机日常巡视

2. 协助运维人员治理设备本体及通道环境缺陷

通过使用无人机协助运维人员巡视，可实现线路运维由“线”到“面”的全面覆盖。根据 DL/T 741《架空输电线路运行规程》，通道巡视是对线路通道、周边环境、沿线交跨、施工作业等进行检查。通道巡视可使用可见光视频捕获或影像捕获的方式采集走廊环境的地理信息数据。对于离散型分布的通道隐患，可采用分布式的多旋翼无人机巡视作业。对于集中性、连续性分布的通道隐患，可采用飞行速度高、作业时间长的固定翼无人机巡视作业。

采用多旋翼无人机巡视时，无人机与线路、杆塔的最小安全距离应大于 5m。采用固定翼无人机巡视时，无人机与线路、杆塔的最小安全距离应不小于 100m，离塔顶高度不得超过 300m。为提高工作效率，应保证线路杆塔坐标的准确性。如需生产线路走廊正射影像或快拼影像，对于影像纹理较差的区域，可采用单相机沿线往返飞行或组合倾斜相机单向飞行的方式。通道巡视可发现的线路隐患见表 4-1。无人机通道巡视如图 4-3 所示。

表 4-1　　通道巡视可发现的线路隐患

隐患分类	漂浮物隐患	危险施工隐患	火灾隐患	碰撞隐患	滑坡隐患
隐患明细	有危及线路安全的漂浮物	线路下方或附近有危及线路安全的施工作业	线路附近有烟火现象	在杆塔内（不含杆塔与杆塔之间）或杆塔与拉线之间修建车道	塔基保护区之外，水土流失
	线路附近有人放风筝	采石（开矿）	有易燃、易爆物堆积		
	污染源	藤蔓类植物攀附杆塔等			

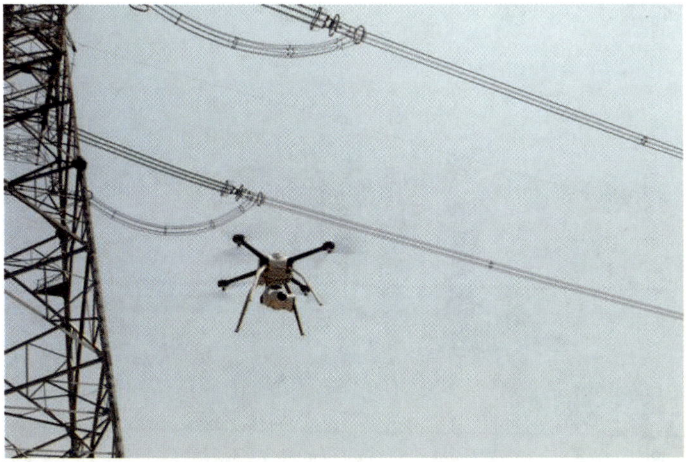

图 4-3　无人机通道巡视

3. 无人机协同人工巡检

针对需要开展的巡视和检测内容，无人机协同人工巡检主要采用精细化巡视、快速扫描、建模扫描和测温检测等 7 种巡视模式开展，结合线路的实际情况和无人机巡视特点，确定各类模式的巡检周期，具体内容见表 4-2。在无人机和人工协同巡检在巡检周期、内容和配合方式上主要遵循以下原则：

（1）因通道巡视、常规巡视和精细化巡视有共同的巡视内容，原则上在同一时段开展更为精细的巡视后可不开展其他类型巡视。

（2）单电源、重要电源、重要负荷、网间联络、运行情况不佳的老旧线路（区段）等线路的巡视周期按Ⅰ类线路执行。

（3）对通道环境恶劣的区段，如易受到外力破坏区、树竹速长区、偷盗多发区、采动影响区、易建房区等在相应时段应开展通道巡视或扫描巡视，或结合在线监测装置进行监测。

（4）其他特殊时期巡视要求按照特殊方案执行。

表 4－2　　无人机巡视周期要求

序号	模式名称	设备配置	巡视内容及要求	巡视周期		
				Ⅰ类线路（城市、近郊）	Ⅱ类线路（远郊、平原等区域）	Ⅲ类线路（高山大岭等车辆和人员难以到达区域线路）
1	精细化巡视	运用无人机搭载可见光任务设备	对线路本体、附属设施和通道环境开展全面巡视，要求拍摄的影像能够达到销钉级缺陷清楚可见的质量要求	每 2 年 1 次	每 2 年 1 次	每 2 年 1 次
2	常规巡视	运用小型旋翼无人机搭载可见光任务书设备	对线路本体、附属设施和通道环境开展全面巡视，要求拍摄的影像能够达到螺栓级缺陷清楚可见的质量要求	每 3 个月 1 次	每 4 个月 1 次	每 6 个月 1 次
3	快速扫描	运用固定翼无人机或小型旋翼无人机搭载可见光任务设备	对线路通道开展快速巡视，主要获取通道内外破隐患和地质情况	每 3 个月 1 次	每 3 个月 1 次	每 3 个月 1 次
4	建模扫描	运用固定翼无人机或小型旋翼无人机搭载小型激光雷达或多拼相机	开展线路通道内树竹距离测量和通道地质变化扫描	每 2 个月 1 次	每 2 个月 1 次	每 2 个月 1 次
5	人工巡视	人工运用望远镜等工具	基础巡视，线路通道视，杂草及树竹清理，协调通道树竹清理，开展群众护线工作	每年 1 次	每年 1 次	根据特殊需要开展
6	测温检测	运用小型旋翼无人机搭载红外测温设备	对重要线路区段开展测温，主要巡视内容为线路连接、接续处和耐张线夹等	每年迎峰度夏期间适时开展 1 次	每年迎峰度夏期间对重点区段适时开展 1 次	每年迎峰度夏期间对重点区段适时开展 1 次
7	人工检测	绝缘电阻表等工具	杆塔接地电阻检测	每 4 年 1 次	每 4 年 1 次	每 4 年 1 次

4. 无人机辅助树障测量

树障隐患是指由于线路保护范围内的树木造成危及架空电力线路安全运行的情况。树障事故指的是因树障隐患造成的线路二级以上的电力事故事件。早期，在进行树木净空测量时大多仍采用经纬仪、激光测距仪或停电检修走线用测绳测量等方法，由于受到树木遮挡视线、停电周期长等原因的限制，运维单位人员无法及时准确掌握净空数据。近年来，将多旋翼无人机应用于树木净空测量，大大减少了工作人员的劳动强度。树障隐患排查时无人机拍摄的画面如图 4－4 所示。

图 4-4　树障隐患排查时无人机拍摄的画面

相比传统的树障测量方法，无人机树障测量技术具有灵活、简单、可视性强等特点。随着激光雷达的技术发展，无人机已经可以搭载轻小型化的激光雷达设备进行树障巡视，虽然无人机激光雷达在测量精度上有优势，但其成本昂贵、操作复杂，需要专业团队才能完成。相比来说，无人机可见光树障巡视更加简单便携，安全可靠，在树障防控量测方面存在巨大优势。可见光与机载激光雷达在树障巡视方面的对比见表 4-3。

表 4-3　可见光树障测量与机载激光雷达对比

指标	无人机摄影测量	机载激光扫描
技术水平	技术研究成熟，自动化程度高数据产品成果丰富	技术新颖，相对不是十分成熟数据量庞大，自动化程度高
成本控制	成本较低	成本较高
操作实施	操作简易 人员是水平要求低	操作复杂 人员水平要求高
效率	高	低
测量精度	亚米级	公分级

5. 协助抗冰、防外破、防山火等应急响应

目前，输电线路保护区附近有很多新修道路和新修建筑等情况。当无人机参与取景构图时，可以看到整个场地的全景。尤其是公路修建时，它们可以被无人机迅速查看整体的走向，预判是否跨越输电线路并提前采取预防措施。在山火易发时期，可以很快就发现山区火灾的险情，对预防山火极为重要。

一方面，冬末春初期间干燥，夏季和秋季连续高温，晴朗干燥期以及初冬干燥多风的天气期间，及时更新划定山火隐患等级；另一方面，按照指定的危

险性分类，科学合理开展无人机空中巡逻可以迅速发现火灾危险，并大大减少运维人员的地面巡查劳动强度。利用无人机防止突发事故和山火，可以准确地对隐患进行检查，并及时发现外力隐患；在发生自然灾害或重大事故时，事故现场的调查可以快速简便地完成，应急决策的发展提供了第一手现场信息，有利于建立架空输电线路应急响应机制。无人机抗冰巡视如图 4－5 所示，无人机防山火巡视拍摄的画面如图 4－6 所示。

图 4－5　无人机抗冰巡视

图 4－6　无人机防山火巡视拍摄的画面

此外，固定翼无人机具有航速高、覆盖范围大、续航时间长等特点，适合应用于灾后线路走廊的大范围普查。固定翼无人机应急巡视方案示意图如图 4－7 所示，利用固定翼无人机进行灾后电力杆塔灾情普查时，第一时间获得的线路走廊真实影像，线路走廊情况可通过视频实时传输，机载相机也可拍摄清晰度较高的杆塔照片，无人机降落后进行读取。通过采用固定翼无人机进行灾后勘查，可在短时间内整体掌握线路的整体损失情况，为应急决策提供初步依据。

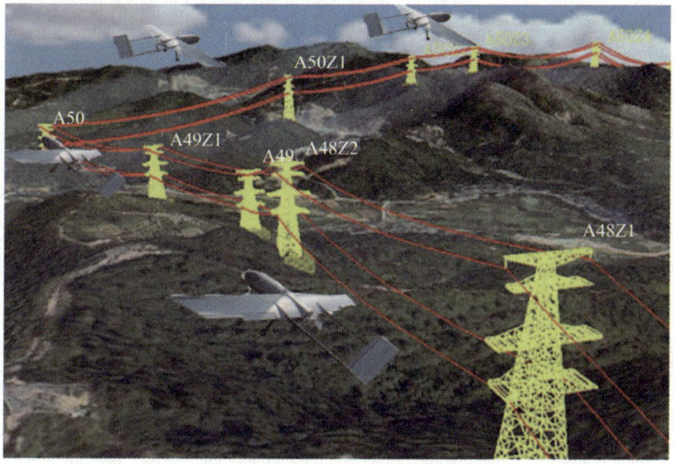

图 4－7　固定翼无人机应急巡视方案示意图

6. “三跨”隐患排查

架空输电线路跨越铁路、高速公路、重要通道线路（简称“三跨”）时，跨越区段需满足独立耐张段、双串绝缘子、导地线无接头、耐张塔压接管压接质量合格等要求。但是，耐张压接质量检查需线路停电，人工登塔，逐一检查，这需要大量的时间、人力和物力。为提高效率，结合无人机检测工作，充分发挥无人机的可操作性和灵活性，减少人工登高作业。利用无人机拍摄功能拍摄耐张塔压接处，每个压接管取一张照片与合格压接管照片进行比对，以快速确定压力管质量是否合格，如图 4-8 所示。

图 4-8　无人机三跨隐患排查

7. 无人机清除异物应用

输电线路分布广泛，环境条件恶劣，输电线路上经常会出现外来导体（如塑料薄膜、建筑围栏、警示牌、气球、风筝、广告条、钓鱼线等），危及输电线路的正常运行。传统的异物去除方法可分为停电处理和带电处理。停电处理是指维修人员通过滑梯、走线等其他设施到达异物悬挂点的人工去除。大多数带电处理使用绝缘绳、杆、吊篮、软梯和绝缘斗臂等辅助设施来清除异物。另外，电动剪刀，机械异物去除装置等其他方法也在研究中。但是，上述方法存在清洗时间长、操作复杂、风险大的缺点，难以快速、高效、安全地清除异物。

近年来，利于无人机清除异物技术得到，利用无人机喷火装置开展异物清除，无人机喷火除异物应用如图 4-9 所示。无人机除异物装置的图像传输数据用于精确控制无人机附近传输线上的异物，可燃气体（丁烷）的排放由遥控器控制，同时电火花点燃可燃气体，异物燃尽以达到异物去除的效果。与传统方法相比，配备喷火装置的无人机的效率和安全性得到提高，但这种方法也受天气条件（风、雨）的限制。

8. 基于无人机激光扫描技术的输电通道可视化运维

激光扫描技术（Light Detection and Ranging，LiDAR）是近年来发展起来的第三代前沿测绘技术，是一种主动式对地观测技术，可以快速获取地形表面模型，实现空间立体数据实时获取。目前，基于无人机的测量技术包括传统摄影测量技术、倾斜摄影技术和激光雷达技术。传统摄影测量技术只能获取线路的图片，易受遮挡影响，测量精度低，故较少使用。倾斜摄影技术首先使用固定翼无人机获取倾斜影像数据，然后使用摄影测量原理对获取的数据进行多视匹配和自动赋予纹理来构建三维模型。该方法虽具有较高的时效性，但得到的图片表观不够精细。机载激光雷达以激光脉冲作为测量媒介，能同步采集高分辨率图像和高精度激光点云，是一种新的遥感测量技术。GLV 多旋翼激光雷达系统设备如图 4－10 所示。

图 4－9　无人机喷火除异物应用

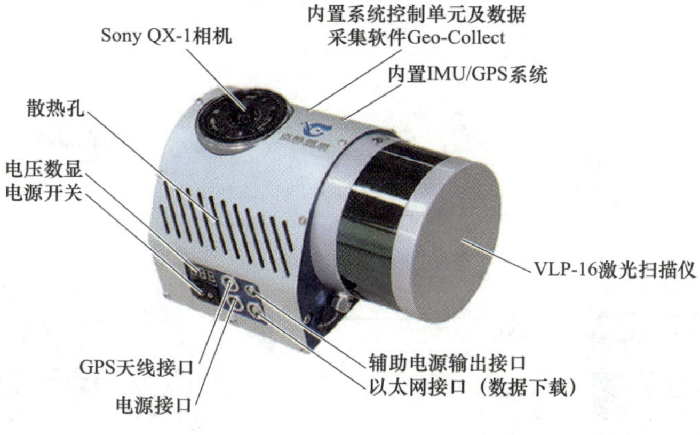

图 4－10　GLV 多旋翼激光雷达系统设备

输电通道无人机激光扫描技术是指将激光雷达系统搭载在不同飞行平台（直升机、无人氦气飞艇、小型旋翼无人机等）上，沿线路中心线获取线路通道地形地貌的三维激光点云，通过数据处理获取线路点云、植被点云、建筑物点云、地面点云等分类点云等多种数据，通过软件自动获取线路净空范围内的植被、建筑物等障碍物的位置、高度、面积等信息，可实现线路走廊的真实三维可视化、线路与各种地物空间距离的精确量测、杆塔倾斜探测及线路设备缺陷识别等线路巡检，并以影像、列表等多种形式显示线路巡检结果，实现多角度多形式全方位查看线路巡检异常区域。获取的数据通过 Geo－LAS 快速解算生成的三维激光点云图组如图 4－11 所示。

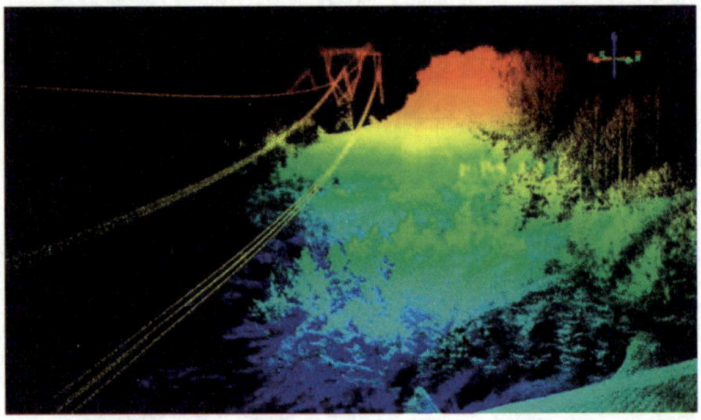

图 4－11　获取的数据通过 Geo－LAS 快速解算生成的三维激光点云图组

4.1.2　无人机巡检系统

1. 无人机巡检系统功能

无人机巡检系统通常由无人机、通信设备、机载设备和地面站 4 大子系统组成，如图 4－12 所示。

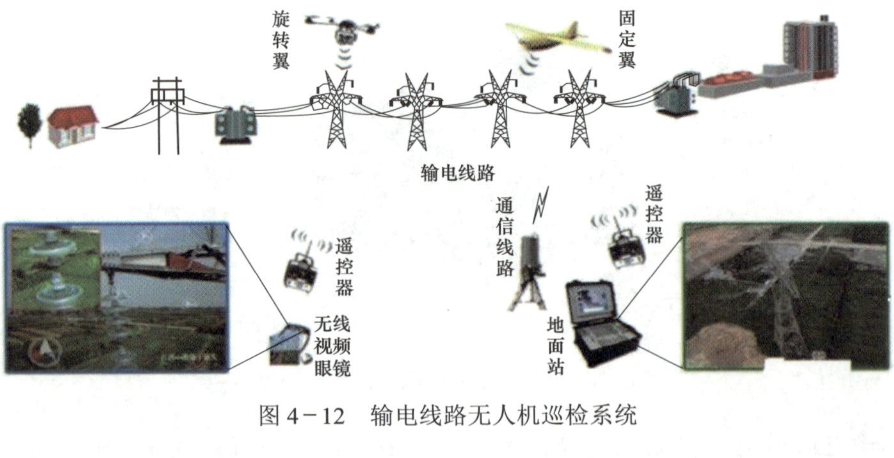

图 4－12　输电线路无人机巡检系统

（1）无人机：主要由无人机平台、动力模块、飞行控制模块、导航定位模块等组成。

（2）机载设备：无人机获取输电线路图像信息的媒介。机载设备可多样化，一般是光电吊舱或使用云台搭载检测终端。各型无人机巡检系统搭载的任务载荷主要是可见光和红外成像设备，二者可以一体化集成，也可以独立挂载，根据巡检任务要求进行互换。

（3）通信设备：无人机系统与地面工作站之间的桥梁，接收无人机系统的图像信息并将其传输给地面工作站，接收地面工作站的巡检作业指令并发送给无人机系统。

（4）地面工作站：主要功能是协调无人机的遥测、遥控通信以及对无人机巡检过程中所采集视图信息的位置进行定位。

无人机输电线路巡检一般将小型摄像机、可见光相机或红外热像仪等任务设备固定于无人机机体上，通过接收地面站的遥控指令来实现对输电线路重点部位拍照取样，或对输电线路全线拍摄，同时将采集到的图像信息由通信设备传输到地面工作站。工作人员针对取得的图像结合专家知识分析输电线路运行状态，并对可能发生的故障查找原因和计划进一步的检修策略。无人机巡检技术可对输电线路断线、杆塔倾斜、绝缘子脱落及异物挂线等的识别和分析，它所巡检的输电线路部位主要是杆塔、绝缘子、导线、线路走廊和金具等。适用于无人机输电线路巡检技术完成的巡检任务见表 4－4。

表 4－4　　无人机输电线路巡检技术可适用的巡检任务

输电线路设备	可见光检测	红外光检测
绝缘子	异物悬挂、破损和脏污	发热击穿
线夹	脱落	相关接触点发热
引流线	断股	接触点发热
导线	存在断股或悬挂有异物	发热
杆塔	变形、倾斜、坚固件脱落等	

2. 无人机巡检流程

为保证无人机线路巡检的效率和安全正常作业，需经过前期丰富的理论研究，结合输电线路现场测试效果，合理地制订规范的无人机线路巡检流程，具体流程如图 4－13 所示。

（1）制订巡检计划并审批。在学习线路巡检方式方法的基础上，充分了解巡检任务，制订输电线路巡检计划并交给主管部门审批。若没能通过审批，则需要重新制订巡检计划。

（2）线路巡检前期准备。获取现场巡检输电线路的地形地貌、气象条件及周边线路的情况，并收集线路的走向、运行参数、杆塔精确 GPS 信息、交叉跨越情况以及以往缺陷记录资料，将资料信息进行整理以备查找。

（3）现场线路巡检作业。主要包括无人机起飞前的准备和飞行巡检作业 2

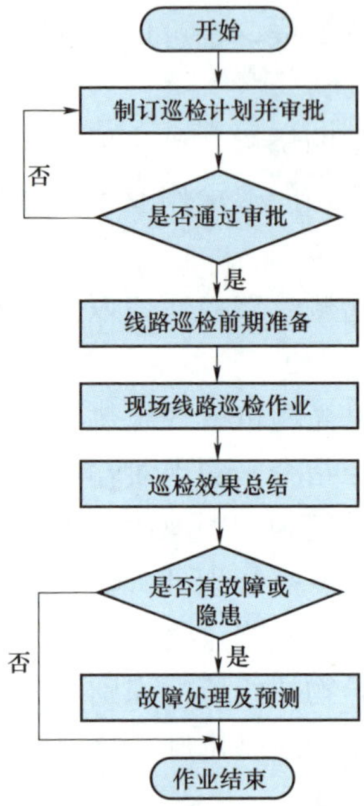

图 4－13　无人机线路巡检作业流程图

个阶段：① 无人机起飞前的准备，根据所获得的杆塔及地标物的精确 GPS 信息，确定无人机飞行具体巡检路线，检查无人机系统，确认无人机处于良好运行状态，若采用自主巡检模式，应对巡检路径进行航迹路径规划；② 飞行巡检作业，使无人机以平稳控制方式按预定巡检方案飞行，当遇到特殊飞行状况时，地面操作人员可按要求及时更改飞行方案，无人机通过调整云台角度，以拍照或录像的方式获得所巡检线路工作状态。

（4）巡检效果总结。记录无人机现场巡检作业结果。

（5）故障处理及预测。根据专家知识，合理选择处理故障方法，并根据线路状态预测可能存在的故障隐患。

3. 无人机巡检路径规划

传统的无人机巡检仍主要依靠手动操作，一方面，巡检效果受人员操作经验、技能水平、人员精力、环境突变等因素影响较大，若操作不当，极有可能造成撞塔、碰线、坠机等安全事故；另一方面，在人工操控任务设备进行巡检拍摄时，由于每次作业的巡检路径、拍摄角度和位置差别较大，导致巡检拍摄的影像差异较大，巡检影像质量得不到保证，直接影响巡检效果。近年来，随着信息技术和无人机控制技术发展，逐步出现了无人机自主飞巡的应用。

当利用无人机自主飞行进行输电线路巡检时，需事先对线路巡检路径进行规划，并将所规划路径导入到无人机机体导航系统中。现阶段，常采用的线路巡检路径规划方法是操作人员逐点计算飞行路径，然后将这些路径数据手动事先输入到机体导航系统中，这种飞行路径规划方法对于操作人员的计算技巧要求极为严格，且计算中不允许出现差错，否则会带来安全隐患。

无人机航线规划有多种方法，如遗传算法、Voronoi 图算法、A*搜索法、人工势能法、动态规划、蚁群算法等，各种算法各有其优缺点，普遍存在的问题是计算结果容易陷入局部最小，或者需要进一步优化飞行器的机动性能约束。常用的是一种基于遗传算法来优化无人机输电线路检路径的方法，它采用极坐标编码方式来构造染色体，结合实际无人机巡检中的约束条件设计遗传算子，提高了全局搜索能力。

此外，近年来随着遥感遥测、地理信息、计算机等技术发展，提出基于输电线路走廊三维全景图的航线自动规划方法。基于激光雷达技术，采用高精度激光点云数据、高分辨率影像数据，结合线路台账信息和 GIS 地理空间信息，建立导线与杆塔本体、输电线路走廊的高精度三维建模，真实还原线路本体设备和通道环境状况。基于输电线路走廊的三维模型，自动规划巡检路径，采用同时基于机载视觉模块控制任务设备进行自动巡检拍摄，进而实现无人机全自动巡检。这种方法在无人机通道巡检路径规划上有一定作用。

RTK、北斗等高精度定位技术的快速发展，为无人机自主巡检技术提供了技术手段。目前，大疆创新公司已研制出 M210 RTK 无人机，集成了厘米级高精度导航定位系统，采用双天线测向技术，输出精准的航向信息，具备一定抗磁干扰能力，M210 RTK 降低使用指南针时因磁干扰带来安全风险；且配备了大疆智能避障系统，让无人机具备环境感知和决策能力，在巡检时能探测无人机到杆塔的距离，在可能出现碰撞时自动悬停。中飞艾维研发了“龙巢”无人机系统，可以自主绕塔飞行、拍摄照片，全程不需要人员干预。

目前，无人机自主巡检技术研究和探索应用正逐步展开。如开展 RTK 巡检工作，包括采集不同杆塔的巡检作业点、自主巡检作业路径、一体化无人机储运管理移动仓、驻塔无人机自动充电巡检平台；开展无人机 RTK 自主巡检软件研发及标准化接口研制、自主巡检车载监控系统研发等工作，包括多架无人机协同控制技术、自主巡检现场环境自适应拍摄技术等。无人机自主巡检工作流程示意如图 4－14 所示。

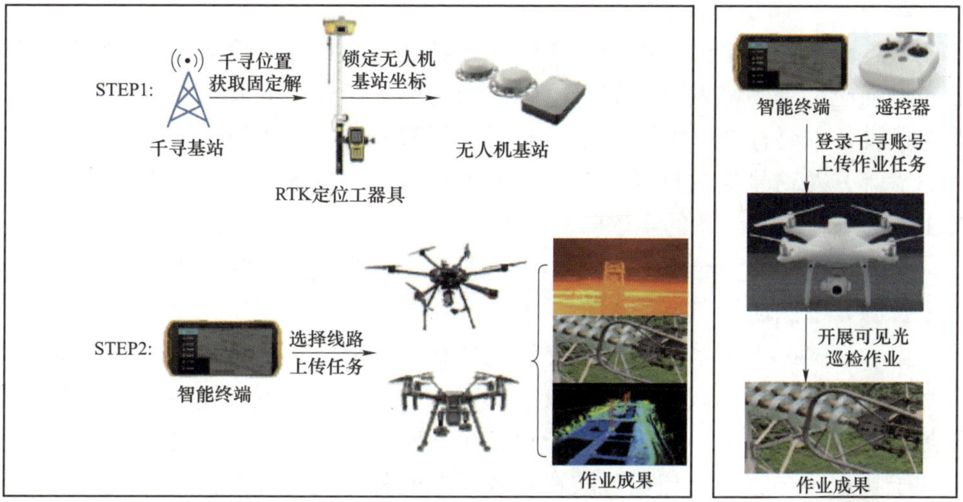

图 4－14　无人机自主巡检工作流程示意图

4.1.3 输电线路巡检无人机安全技术

1. 无人机巡检作业中安全隐患分析

近年来随着多条特高压输电线路投运，对无人机巡检作业提出了更高的安全要求。针对特高压线路无人机巡检作业的安全隐患，电力巡检无人机安全技术主要有电磁抗干扰防护技术、多余度飞行控制系统、基于毫米波雷达测距的无人机避障技术。

目前，多旋翼无人机巡检的主要方法是在线路附近空中悬停，并通过它搭载的摄像机拍摄检查目标。为了确保巡检质量，无人机巡检时需靠近带电体。特高压输电线路周围产生的强大电磁场，会干扰无人机飞行控制系统、测量模块和其他电气组部件，甚至造成损坏；并且，由于特高压线路电压等级更高、杆塔更高和线路结构更复杂，所以线路通道中存在与其他线路的大量交叉点，这极大地增加了无人机碰撞铁塔或导地线的风险。

对于电磁干扰，主要采用电磁干扰保护和冗余飞行控制系统。电磁干扰保护意味着无人机配备了电磁屏蔽外壳，内部电路经过优化，可以抑制传输线电磁场对内部电路元器件的干扰，有效减少外界因素的影响。

对于障碍物的碰撞，主要采用雷达测距和视觉定位避障技术，即通过雷达测距或视觉定位与飞行控制系统反馈，来确定无人机与周围障碍物的相对位置和速度，据此判断并控制无人机实现避障。

多余度飞控系统，意味着多个飞行控制系统同时运行，互为备份，降低了电磁干扰导致飞行控制系统故障的可能性，有效提高了其抗干扰能力。

2. 电磁干扰防护技术

通过对电力巡检无人机的工作环境分析可知，特高压输电线路的导线周围分布着强电磁场，其发射出的强电磁波为主要干扰源。无人机系统中易受干扰的电子设备主要有飞行控制系统、各类测量模块（IMU、GPS 定位仪、气压计、磁罗盘等）及信号接收机等，在受电磁干扰后将对飞行安全造成极大隐患，因此主要考虑对这些设备的电磁防护。

无人机电源及信号回路如图 4－15 所示，电磁干扰主要由 3 个要素造成，即干扰源、干扰途径和被干扰设备。

电力巡检无人机系统受到干扰的途径有辐射耦合和传导耦合两种。辐射耦合是指电磁波通过无人机机体及设备外壳上的通风散热窗、线路接口及连接处缝隙等进入机舱内部，或机载电子设备相互间的电磁耦合，对电子设备及线路造成干扰；传导耦合是指电磁波在机载天线或外部线路等其他设备中产生感应电流并沿电源及信号回路传导，导致关键设备发生逻辑错误甚至造成硬件损伤。根据上述干扰途径，在电力巡检无人机上主要采取屏蔽和滤波方式进行防护，常用的电磁屏蔽垫如图 4－16 所示。

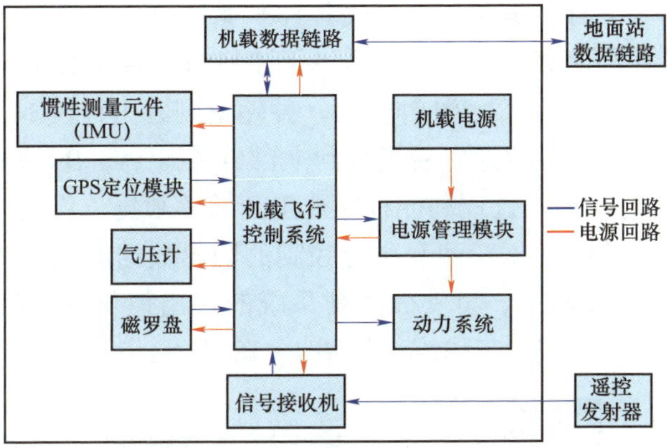

图 4－15　无人机电源及信号回路

(a)　(b)　(c)

图 4－16　常用电磁屏蔽垫

（a）金属丝网垫；（b）导电布垫；（c）软金属

3. 多余度飞行控制系统

无人机飞行控制系统的稳定性及可靠性是决定无人机飞行安全的关键因素。多余度飞行控制系统即多套系统同时运转、互为备用，大幅降低单一系统故障时导致飞行事故的概率。以双余度为例介绍飞行控制系统的系统构架及工作原理，双余度飞行控制系统架构如图 4－17 所示。

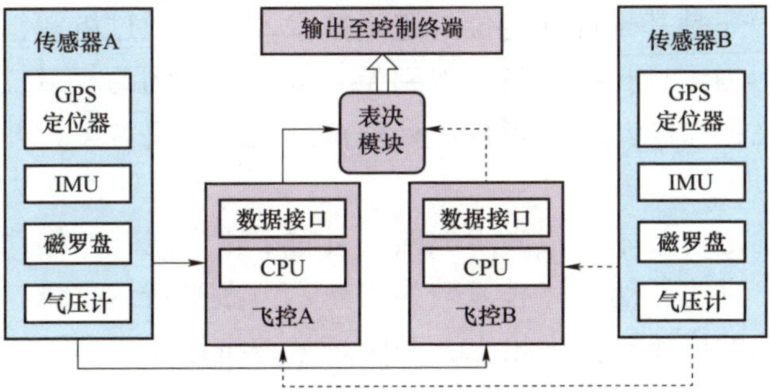

图 4－17　双余度飞行控制系统架构

双余度飞行控制系统由两套相互独立的传感器、飞行控制计算机及一个表决模块组成，两套飞行数据传感器及飞行控制系统采用双余度热备份模式。传感器 A、传感器 B 同时工作，采集决定飞行控制的同源数据（包含 GPS 坐标、加速度、姿态角、气压高度及磁航向等），并输出到各飞行控制计算机的数据接口。飞行控制数据接口各通道先后接收到来自传感器 A、B 的输入数据后，在 CPU 中进行分析对比，经过控制律程序选出合适的数据，作为依据运算得到输出给各控制终端的输出数据。两套飞行控制的输出数据汇入表决模块，通过控制律程序最终决定由其中一套飞行控制系统的输出值作为整套系统的最终输出。双余度飞行控制系统的工作流程如图 4－18 所示。

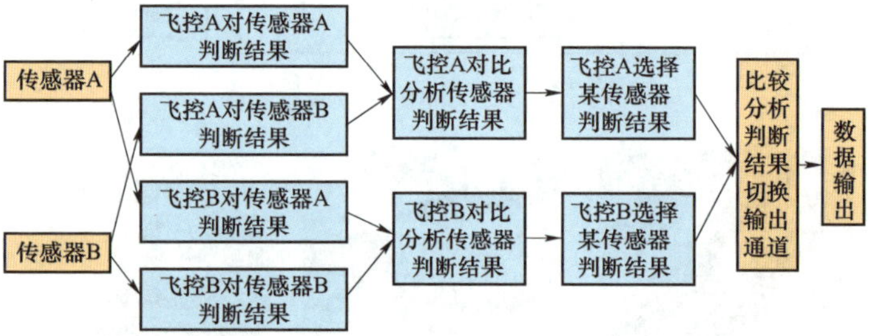

图 4－18　双余度飞行控制系统的工作流程图

目前，无人机多余度飞行控制系统主要采用双余度及三余度，也有更高余度的设计方案，但飞行控制系统的余度设计并非越高越好。随着余度数增多，相应的检测、判断和转换模块随之增多，这在一定程度降低了系统可靠性。因此，飞行控制系统应确保多余度设计所提高的可靠性及安全性不会被其所增加配套装置的重量、体积及故障率所抵消。

4. 基于毫米波雷达测距的无人机避障技术

无人机巡检作业环境复杂，为避免无人机飞行中碰撞障碍物或线路，确保飞行安全，必须要考虑无人机自动检测障碍物和避障技术。目前，电力巡检无人机避障技术主要有基于雷达测距避障技术和基于视觉定位的避障技术。无论是基于雷达测距还是基于视觉定位的避障技术，都是通过机载雷达或视觉定位装置对无人机周围进行扫描探测，得到无人机与障碍物的相对位置及速度等数据，并发送到飞控系统，经避障程序处理得到避障解决方案，并控制无人机做出响应。

目前，视觉定位技术应用尚不成熟，且对于输电线路的导地线等纤细物体不能有效识别；激光雷达避障技术较为成熟，但激光雷达重量、体积大，难以应用于电力巡检的中小型无人机上。基于毫米波雷达在电力巡检无人机避障测距应用中的优势明显，主要体现在以下方面：

（1）雷达采用一路发射天线和两路接收天线，收发天线分离设计使得雷达收发链路具有高隔离度，提高了雷达目标探测的动态范围，有效探测距离可达 50m。

（2）多接收天线的设计使得雷达获得目标回波细微的相位差，让雷达具备精准的测角能力，探测精度达±0.1m，能有效识别导地线。

（3）雷达天线在方位面设计为宽波束，在俯仰面设计为窄波束，并且采用泰勒算法对方位面进行低副瓣综合。这样的设计使雷达在方位面上具有 140° 的宽视角，同时低副瓣使雷达不易受地面目标的干扰，显著提高雷达的探测性能。

（4）高精度数字锁相电路负责射频基带的调制与解调。高性能数字信号处理芯片负责完成目标检测与跟踪，刷新频率达 50Hz，能在 20ms 内准确地对目标进行定位，并通过 CAN 接口输出数据。

基于以上优势，高集成度毫米波雷达适于作为电力巡检中小型无人机避障系统的感测装置，其毫米波宽带线性调频技术能实现对导地线等纤细目标的探测，通过数据转发为飞控系统做出避障策略，避免无人机误撞输电线路或其他障碍物的事故发生。

随着无人机技术的日益成熟，无人机线路巡检的优越性将得到更加充分的体现，应用将更加广泛。通过融合模式识别、通信和电子等诸多技术，形成了有效的无人机巡检系统，很大程度上降低了输电线路巡检人员的工作量，可快速且有效地对输电线路进行巡检。随着无人机路径规划、智能故障诊断及预测技术的发展，无人机巡检系统可进一步提高巡检质量和智能化水平，增强电力自动化能力。

4.2 直升机巡检技术

直升机巡检技术是指依托性能良好的有人驾驶直升机为空中作业平台，根据电网运行工况的检查需求，搭载高清可见光摄像机、红外测温仪、紫外电晕探测仪、激光雷达等不同任务载荷，或外吊挂专用工具和检修人员，对运行状态下的输电线路本体或通道进行快速巡视、监测、预警、检修的一种技术高效手段。近年来，直升机巡检技术已经成为特高压电网运检的重要技术手段之一。

4.2.1 直升机巡检技术概况

直升机巡检技术已在电力行业广泛应用，国家电网有限公司目前已拥有 27 架直升机，直升机巡检业务范围覆盖了 26 个省市（自治区），拥有 3 个通用机场和 2 个作业基地。拥有专业直升机巡检吊舱 35 套，激光扫描吊舱 3 套，已开展直升机巡视作业 78 万 km，发现缺陷 11 万处，其中严重危急缺陷 0.4 万处；

开展直升机激光扫描6.6万km，完成12条特高压电网激光点云三维数字化建模，发现输电线路通道隐患1.38万处，执行了多项电网应急特巡和保电任务，在汶川地震应急救援、新疆天山灾情普查、两会保电、杭州G20峰会保电、川藏联网、藏中试航巡等多项重大政治工程和电网抢险任务中，充分发挥了电网特种部队作用。图4－19为常见的直升机型号和用途。

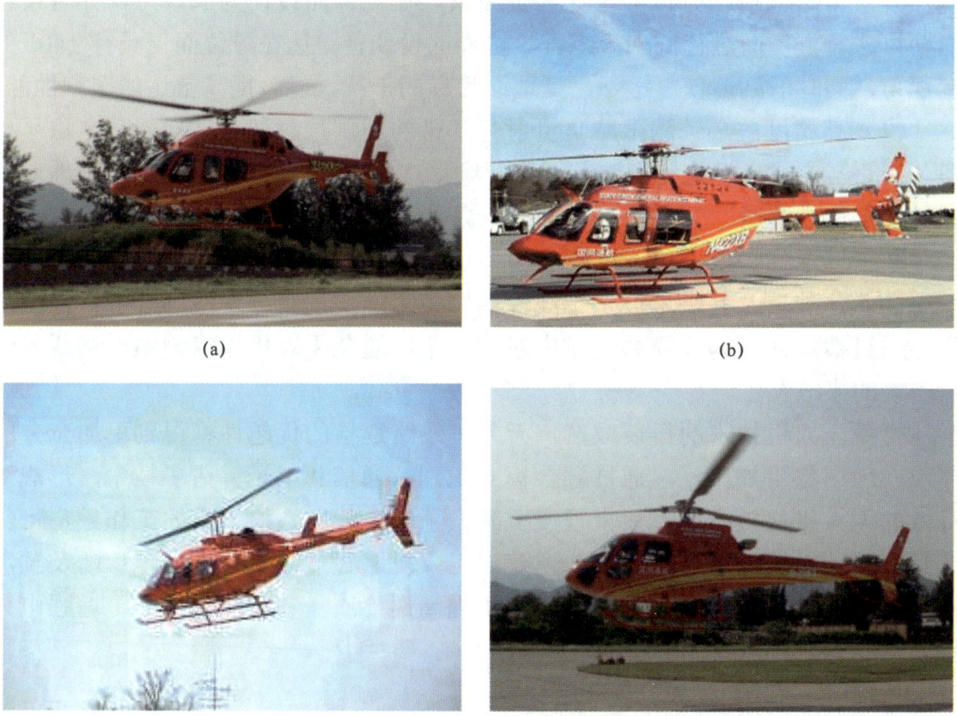

(a) (b) (c) (d)

图4－19 常见的直升机型号和用途

（a）BELL429：双发机型，适用于带电作业、应急作业等；

（b）BELL407：单发机型，适用于山区巡线及激光扫描作业等；

（c）BELL206L4：单发机型，适用于平原巡线及激光扫描作业；

（d）AS350B3：单发机型，适用于高海拔巡线及激光扫描作业

4.2.2 直升机巡检技术应用

1．直升机巡视技术应用

直升机巡视是指直升机装备陀螺稳定航空光电检测仪及红外热成像仪对高压输电线路的巡视作业。直升机始终沿线慢速飞行，水平或稍高于地线，距离导线15～20m，遇塔悬停检查。

直升机巡视技术是一种高效的输电线路检测记录手段，能够快速、准确地

发现线路缺陷与隐患，弥补地面巡线的不足，具有高效、快捷、不受地域影响等优点。利用直升机每年进行定期巡检超高压、特高压输电线路，使其与地面巡线相互结合，达到立体交叉、无遗漏巡视，进一步确保超高压、特高压电网的安全运行，利用直升机巡视线路不仅是当前超高压、特高压电网生产形势发展的需要，也是超高压、特高压线路实现精益化管理要求和电网巡视技术发展的必然结果。尽管直升机巡视目前还不能完全取代地面巡视，但是直升机巡视能比地面巡视更清楚、更直观，能够弥补地面巡线的不足，其与地面巡线相互结合，可以达到立体交叉、无遗漏巡视，确保超、特高压电网的安全运行。直升机巡视交、直流特高压线路如图 4-20 所示。

图 4-20　直升机巡视交、直流特高压线路

通过多年的经验积累，直升机巡视能及时发现铁塔本体、导地线、绝缘子、连接金具以及销钉等细小金具缺陷；巡视项目包括常规巡视、通道巡视、验收巡视、应急巡视等；通过开发的航巡数据管理与分析系统，可对海量的历史缺陷数据进行统计对比分析，并提出有关运行检修建议。

（1）直升机巡视流程。直升机巡视主要难点在于具体巡视作业方式的开发。国外普遍采用单人单项作业方式，即每次作业由一名航检员进行红外或可见光单项作业，这种方式极大影响了巡视效率；双人双项目作业方式可大幅提高巡航作业效率，即每次作业由主、副两名航检员同时进行红外和可见光检测，主航检员坐在后舱左侧，操纵机载检测设备进行红外测温并录像，副航检员坐在后舱右侧（靠近线路侧），利用防抖望远镜巡查可见光缺陷，如图 4-21 所示。

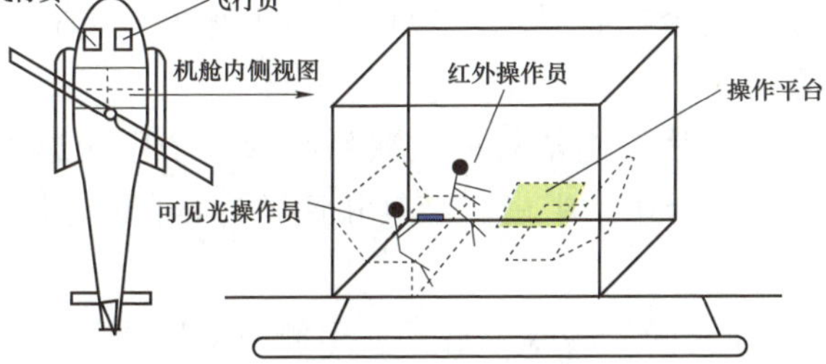

图 4-21　双人巡视项目

在直升机巡视中，主要分为两项巡视目标：

1）档中巡视：直升机匀速飞行，直升机旋翼与边导线的水平距离为15～30m范围内，由航巡员先对导地线进行目视检测，发现可疑点时使用稳像仪进行检查；使用红外热成像仪对导线接续管进行红外检测，或使用紫外成像仪对导线和金具进行电晕检查。在检查过程中，如发现异常情况，可进行悬停检查核实，并记录详细信息。

2）杆塔巡视：直升机处于悬停状态，直升机旋翼距杆塔水平距离在15～30m范围内，位置与地线横担水平或稍高于地线横担，悬停时间一般为2～5min；由航巡员使用稳像仪对杆塔塔材、金具、绝缘子以及附属设施进行可见光检查；使用红外热成像仪对绝缘子、挂线金具、引流板、导线线夹等进行温度检测；使用紫外成像仪对绝缘子和金具进行电晕检查。

（2）直升机巡视内容。直升机巡视主要对输电线路相关设施进行检查。根据巡视主要内容包括可见光、红外和紫外三种巡视作业方法：

1）应用稳像仪对铁塔的塔材、金具、绝缘子、导线、地线、附属设施及线路走廊进行可见光检查。

2）应用红外热成像仪对导线连接点、线夹、绝缘子等部件进行温度检测。

3）应用紫外成像仪对导线、绝缘子及金具进行电晕检测。

（3）直升机巡视项目。

巡视作业的种类有常规巡视、验收巡视、通道巡视、特殊巡视等。

1）常规巡视：也称精细化巡视。主要分为红外检测和可见光检查，根据线路的电压等级进行单侧或双侧巡视，采用悬停巡视方式，平均飞行速度在10～13km/h，利用红外热像仪对线路上的导地线、引流线、金具、绝缘子等进行拍摄，分析数据，判断其是否正常，同时进行全程红外跟踪录像；在巡视作业过程中运用望远镜、照相机、机载可见光镜头跟踪记录导地线、引流线、杆塔、金具、绝缘子等部件的运行状态、线路走廊内的树木生长、地理环境、交叉跨越等情况，同时进行全程跟踪录像。

对线路平口以上金具进行重点检查，主要对绝缘子、跳线进行重点检查，检查对塔身有无风闪放电痕迹，检查导地线绝缘子金具是否有异常情况，以及导地线及其连接金具是否挂有异物，检查线路走廊内是否有与导线电气间隙小的物体导致放电等。

提交成果主要是照片，通常只提供缺陷照片，个别应运维单位需求每基铁塔提供四张状态照片（全塔、半塔、金具和通道）；可见光全过程录像和红外录像等。

2）验收巡视：分为施工验收巡视和通电测试前验收巡视。一般是根据运维单位、客户的要求对线路杆塔进行巡视检查，利用可见光检查，在巡视作业过程中运用望远镜、照相机、机载可见光镜头跟踪记录导地线、引流线、杆塔、金具、绝缘子等部件的运行状态、线路走廊内的树木生长、地理环境、交叉跨越等情况，同时进行全程跟踪录像。拍摄侧重点每次均稍有不同。移交成果形式与常规巡视相同。

3）通道巡视：分为红外检测和可见光检查。主要进行通道走廊的特殊巡视，采用不悬停巡视方式，原则上线路巡视有效速度保持在 55～70km/h，平均飞行总速度不低于 35km/h。采取在线路单侧巡视方式，即在线路一侧巡视时检查铁塔三相导地线及金具的发热情况；可见光对线路走廊及杆塔基础进行特殊巡视，检查项目线路走廊内的树木生长、房屋建筑、地理环境、交叉跨越、临时施工和杆塔基础等情况，同时进行全程跟踪录像，线路走廊巡视宽度为 80m。对杆塔基础滑坡、线路走廊是否有与导线电气间隙小于 10m 的物体，拍照记录。移交成果形式与常规精细化巡视相同。

4）特殊巡视：也称应急巡视，分为自然灾害和危急缺陷巡视，根据运维单位、客户的要求采取不同的方式进行巡视作业，并进行录像和拍照记录。每次作业差异性较大。

（4）直升机巡视方式。直升机巡视输电线路主要采用先进的远红外热成像仪器和可见光摄像机等先进设备，通过对输电设备进行多角度的俯视、侧视检测，并配合 GPS 准确定位，笔记本电脑进行相关任务查询、设备属性查询、地图查询、图像处理、缺陷记录等，第一时间为电网调度和开展设备状态检修提供真实全面的现场资料。巡视结束后，通过数据线连接笔记本和后台 PC 机，将巡线数据传输并保存到统一的数据库集中处理，生成巡视记录和设备缺陷数据等，并由此制订消缺计划，以报表的形式打印出来供进一步抢修工作的参考。

红外图像表中的被测物体包括导线接续管、耐张管、跳线线夹、导地线夹、金具、防震锤、绝缘子等。可见光图表中的被测物体包括基础杆塔、导地线金具、绝缘子等部件，以及线路走廊内树木生长、地理环境、交叉跨越等情况。

在巡视作业过程中，主巡线操作员和辅巡线操作员应按职责分工以完善、高效、及时、准确地操作来采集线路存在的缺陷，通过计算机记录红外热成像数字图像，用两台录像机分别对可见光与红外热成像模拟图像进行全程记录，必要时也可用照相机进行拍照。巡线结束后，对巡视数据进行分析处理，以准确判断线路运行状态，及早发现线路存在的隐患，使线路及时得到维护。航检员巡视如图 4-22 所示。

根据巡视线路电压等级和线路架设方式，分单侧巡视和双侧巡视两种作业方式：

1）单侧巡视：对于 500kV 及以下电压等级的交、直流单回路输电线路宜采取单侧巡视方式。直升机巡视作业平均速度一般保持在 15km/h。

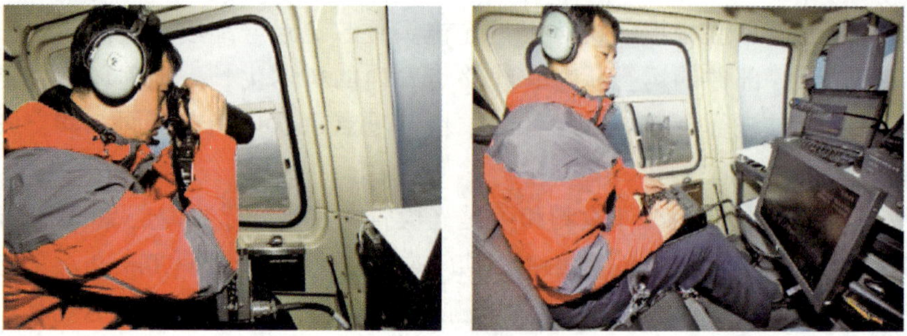

图 4-22　航检员巡视

2）双侧巡视：对于同塔多回输电线路和 500kV 以上电压等级的交、直流输电线路宜采取双侧巡视方式。直升机巡视作业平均速度一般保持在 10km/h。

（5）直升机巡视技术要求。执行巡视任务时，直升机的作业方式不是一成不变的，而是根据被巡线路的情况来确定的。当被巡线路正常时，直升机水平或稍高于导线，按一定的速度沿线路飞行；飞机不得在线路正上方飞行。同时用机载可见光摄像仪及红外热成像仪以 45° 水平角左右在线路斜上方对线路导线、铁塔、绝缘子、金具、线路走廊内目标进行扫描、录像、拍照及巡察，如图 4-23 所示。

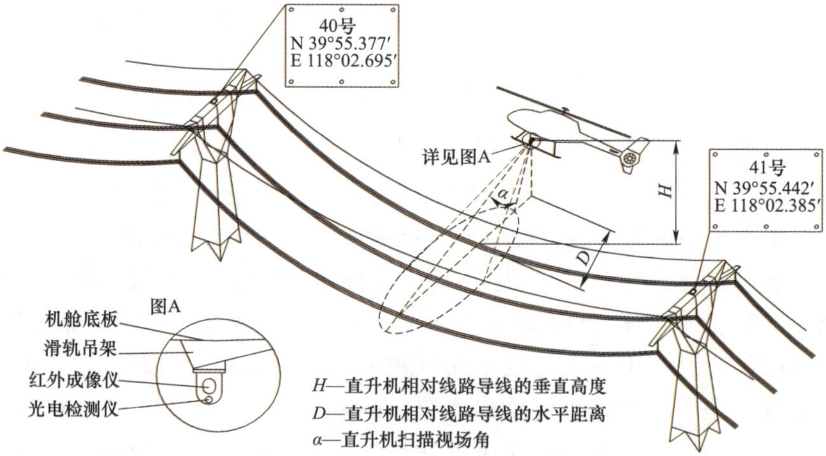

图 4-23　直升机巡视作业示意

在巡视过程中，直升机应始终按导线的高低变化进行沿线飞行，使目标不脱离视场，不发生任何漏查现象；飞行员要始终看得到线路；若突然看不到线路，要将飞机飞到安全空域。导线接头处不必每次都悬停，但要对耐张塔跳线处悬停检查；变电站进、出线口处也要重点检查。同时，飞机禁止在变电站、电厂、电视塔等上方飞行，遇到高层建筑物要绕行。若遇到线路下降较大处，直升机要飞转回来从低处向高处飞行。

当巡视过程中发现线路有异常情况时，巡线操作员可叫飞行员回到故障点位置，并监督飞行员在线路外侧转弯（切勿倒飞）。若需转到线路另一侧，则必须从塔上飞过，不要从线上横穿。在故障点的斜上方悬停，遇有风时，直升机要顶风悬停，以便使飞机更稳定。若要对飞行进行调整，巡线操作员要提醒飞行员线路周围有何障碍物需注意，以免有气流影响，使飞机突然撞线。

（6）直升机巡视设备。巡视技术采用的仪器设备包括高速可见光摄像机、高稳定望远镜、红外线热相、紫外线电晕探测仪、长焦镜头照相机等。

吊舱系统是巡视设备的主要组成部分，它将红外热像仪和可见光彩色摄像机组成一种先进的多功能的红外/可见光单元。并采用四轴陀螺稳定平衡系统保证图像的稳定性，即使在急剧的转弯时，图像也能保持稳定。这种组合使系统具有多功能性、稳定性和灵活性。

通过将双视场红外热像仪（5°×3°/10m～20°×13°/1m）与可见光检测仪内置在陀螺稳定吊舱内，利用吊舱的四轴光纤陀螺的超高防抖及随动功能，可基本消除直升机飞行中所带来的抖动及方向变化，巡线员可方便地通过控制单元对红外及可见光检测进行遥控。直升机搭载的巡视设备如图 4－24 所示。

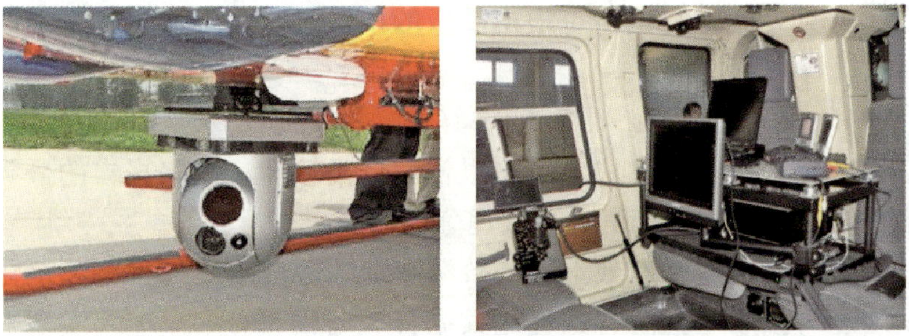

图 4－24　直升机搭载的巡视设备

（7）直升机巡视管理。

1）设备及缺陷信息管理：管理所有在巡视过程中可能遇到的各种设备数据及各种缺陷。设备管理包括杆塔数据管理、变电站数据管理、线路数据管理、杆塔地理坐标数据管理、共杆信息数据管理、变电设备参数台账管理等。缺陷信息管理分为缺陷代码管理、缺陷等级管理、缺陷位置管理三部分。其中缺陷代码管理用来设置常见缺陷的名称、缺陷发生的位置、缺陷的严重程度以及描述缺陷的具体内容等，典型缺陷如图 4－25 所示。

(a)　　(b)　　(c)

图 4-25　典型缺陷

（a）断股；（b）锈蚀；（c）绝缘子老化

2）线路信息管理：包括线路管理和巡查装备管理。线路管理负责管理任务模板、所有需要巡视的巡视点、线路和杆塔信息设置，以及负责确定最后的巡视任务。巡查装备管理负责管理巡线系统中所使用的设备的型号、参数和使用情况，包括 GPS 定位仪、高分辨率数码相机、远红外热成像仪、可见光摄像机、望远镜、笔记本电脑等。

3）巡线图像管理：包括红外线图像管理、可见光图像管理和图像查询三部分。其中红外图像管理用于对巡视获得的红外图像进行管理和定位，并为红外诊断提供图像数据支持。可见光图像管理是对可见光图像进行管理，并根据图像所包含的线路目标，与红外图像对照，为诊断提供辅助信息。图像查询包括红外图像和可见光图像查询，可根据图像的拍摄时间查询，也可根据图像包含的线路对象进行查询。

4）缺陷分析管理系统：具备工作总结、缺陷图片分类、缺陷图片管理、缺陷图片查询、缺陷报告的生成、缺陷报告的分类管理、缺陷报告的分类统计、基于缺陷报告的决策支持等信息化管理分析功能。

通过以上功能，能够有效地提高数据管理的管理水平，规范和优化工作流程，实现管理与技术有效融合，促进数据管理健康、有序发展。实现输电线路直升机巡线缺陷的高效管理。

2. *直升机激光扫描技术应用*

相对固定翼无人机，直升机作业灵活；相对于无人机，直升机载荷重、续航长。目前输电线路激光扫描作业主要以直升机为平台开展，已开展了 6.6 万 km 的激光扫描作业，覆盖了全部已投运的特高压输电线路，发现了 1.38 处通道隐患、15.1 万处交叉跨越点。

直升机激光扫描电力巡线传感器吊舱系统主要包括激光器、光学数码相机、POS 系统和气象传感器等，其中，气象传感器主要采集温度、湿度和风速风向等信息，激光扫描电力巡线吊舱系统构成如图 4-26 所示。输电线路直升机激光扫描技术主要应用有输电线路激光扫描通道巡视、三维可视化通道、辅助无人机自动巡视等。

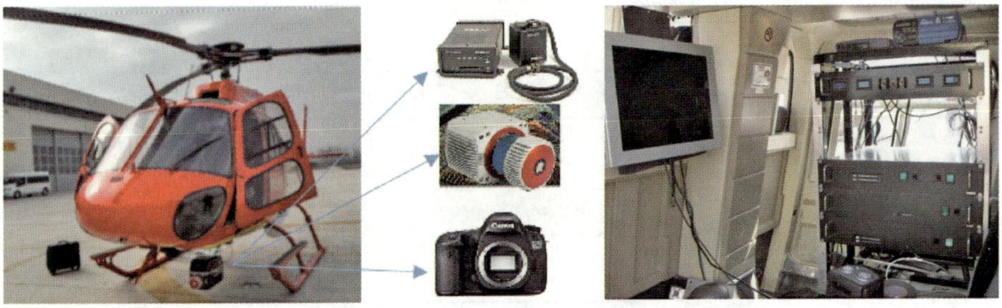

图4-26　激光扫描电力巡线吊舱系统构成示意图

（1）输电线路激光扫描通道巡视。传统的地面人工线路测距需要花费大量人力、物力去掌握线路全线情况，而受地面手持设备精度和人为误差等因素影响，存在视野盲区，无法还原通道现场，获取导线下净空距离、导线弧垂等数据难度高、工作量大；在极端恶劣天气下，人员难以到达现场巡检，无法对线路复杂工况进行预测。激光扫描技术可快速获取输电线路走廊通道三维数据，精度可达厘米级，能更精准地测量树木与导线的距离，有效避免了传统目测和测量视差的不准确性，大大提高了直升机巡视数据采集的种类和效率。

根据国内输电线路通道的运维需求，一般选取线路中心线各45m作为数据采集范围，考虑点云数据、影像数据、气象数据以及采集航带宽度的采集要求，直升机在数据采集时以线路中心线作为采集数据位置，飞行速度60～80km/h匀速飞行，飞行高度120～150m。数据采集时直升机的飞行姿态如图4-27所示。

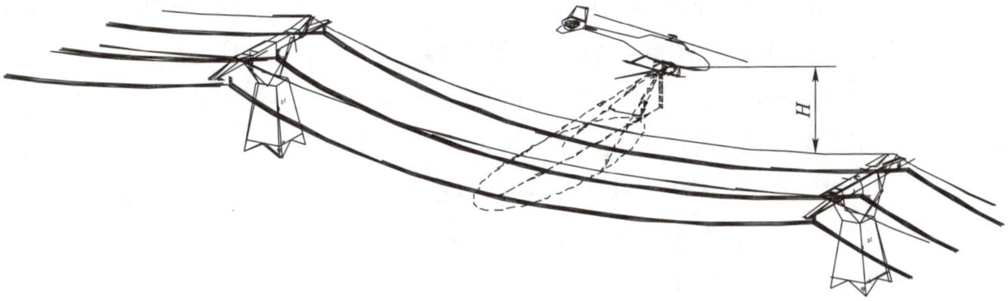

图4-27　数据采集时直升机的飞行姿态

H—直升机相对线路导线的垂直高度

激光数据处理流程见图4-28。经过数据处理后生成的激光点云数据，具有精确空间坐标及其他属性信息，可以直接应用输电线路通道分析，主要应用有：

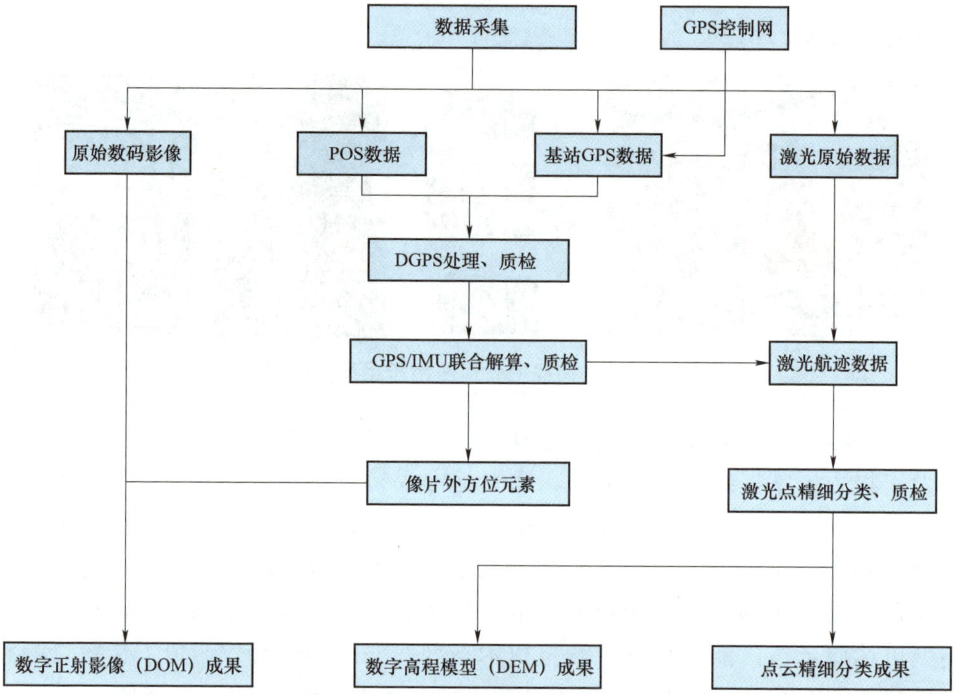

图 4-28　激光数据处理流程图

1）精确杆塔台账。利用直升机激光扫描技术，可以获取线路杆塔基本数据，包括杆塔位置（经纬度）、杆塔高度、线路弧垂、杆塔倾斜角、相间距、杆塔位移、地线保护角等基本信息。

2）平断面图。输电线路平断面图是按照一个耐张段或根据客户要求，参照输电线路设计图纸信息进行编辑排版，主要内容包括输电线路杆塔塔号、杆塔档距以及平面、断面示意图和扫描工况等内容，如图 4-29 所示。

3）交叉跨越分析（见图 4-30）。依据运行规范等相关线路规范，可以自动提取输电线路走廊内与线路发生交跨的电力线、建筑物、公路、河流、铁路等目标地物，如“三跨”信息，其主要内容包括目标在输电线路交叉跨越点位置、目标坐标、交叉跨越点类型、与电力线的垂直实测距离和净空实测距离以及交叉跨越点档距的平面图和断面图。

4）实时工况安全距离检测报告。依据运行规范等相关线路规范，通过激光扫描数据分析软件，自动对电力设备与其他信息（如地面、植被、道路、河流等）的距离进行安全距离检测，评估瞬时工况下的线路走廊运行状况。输电线路实时工况通道缺陷见图 4-31。

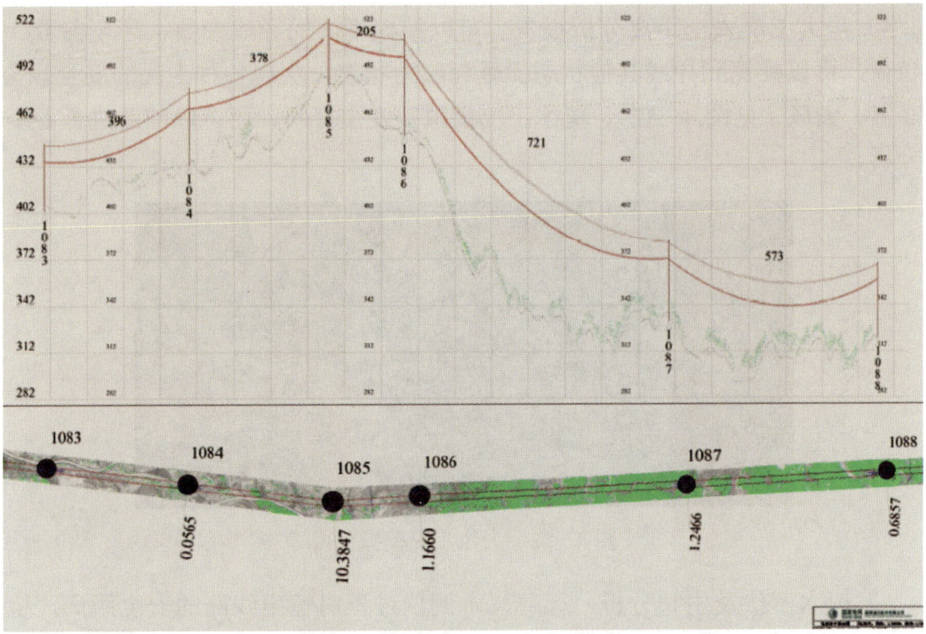

图 4-29　输电线路通道平断面图

图 4-30　交叉跨越分析

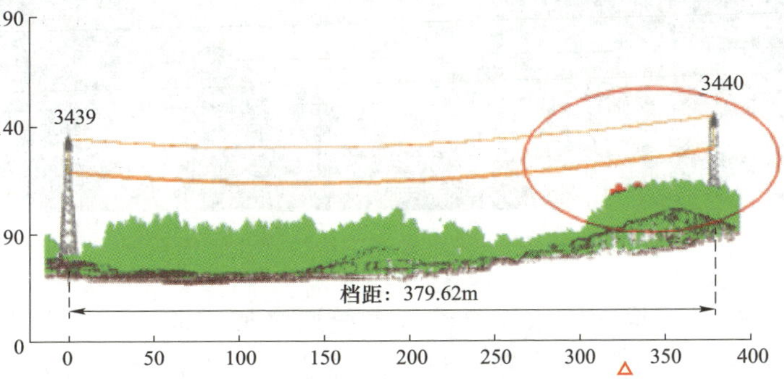

图 4-31　输电线路实时工况通道缺陷

5）最大工况安全距离分析报告。可以根据不同的导线参数、环境参数、运行负荷，可以推算到导线其他状态弧垂和应力状态，实现各种工况的安全预警，如高温、大风（见图 4－32）、覆冰工况模拟及安全分析，还可以辅助进行各类事故分析。

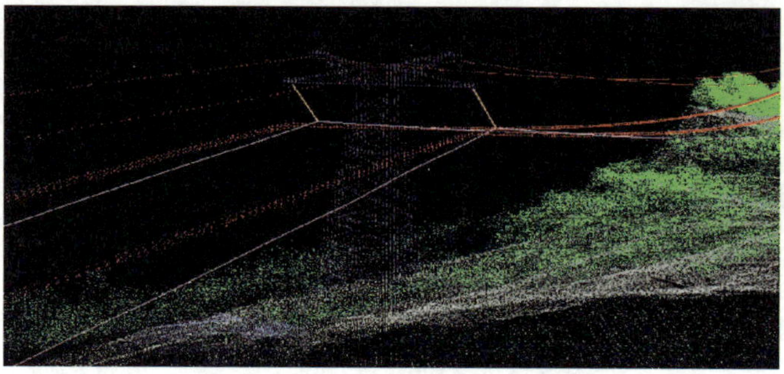

图 4－32　大风工况模拟分析

6）树木倒伏及生长分析。计算树木倒伏过程对输电线路的安全距离，检测树木通道隐患点。

（2）输电线路激光扫描三维数字化管理（见图 4－33）。三维数字化管理系统主要通过加载输电线路通道的激光点云、高精度地形和高清影像，重构输电线路真实的三维运行场景，可以精确直观的表达线路本体情况，还可以真实表达线路通道各类地物，在通道可视化管理中有不可比拟的优势。通过结合输电线路的台账信息、交跨信息、缺陷信息、巡检信息和通道监控信息，以搭建一个输电通道可视化管控平台，可进行无人机作业安全保障、通道管理、应急救援等方面应用。

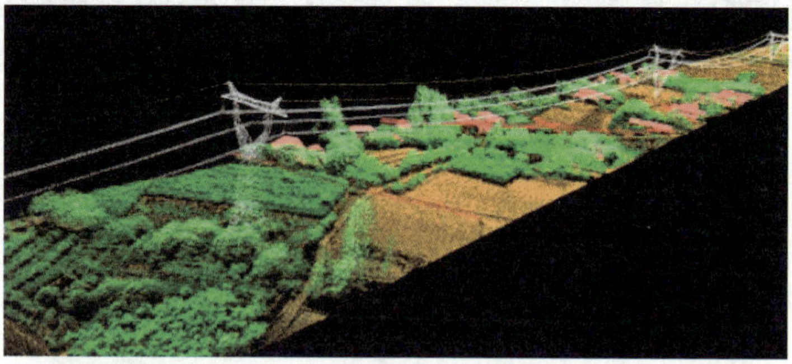

图 4－33　输电线路激光三维数字化管理系统

输电线路激光扫描三维数字化管理系统通过加载巡检可见光和红外视频，融合激光扫描、多光谱、全景和倾斜摄影等技术，建立输电线路智能巡检管控平台，实现输电通道三维建模、实时工况分析、树障和外部隐患的管理（见

图 4－34）；依据台账信息和直升机输电线路激光扫描高精度三维点云数据，可形成电网资产的数字化档案，作为历史数据可用于历年线路资料的管理和更新，接入在线监控装置，可辅助运维人员实现室内监控线路运行状况，为线路的运行管理提供了一个科学、直观的信息平台，提高输电线路资产精益化管控水平。

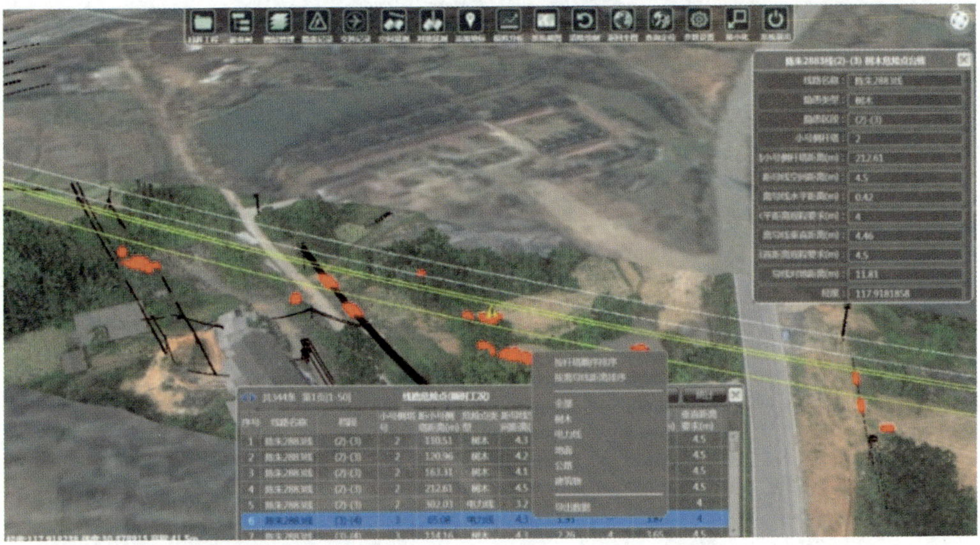

图 4－34　输电线路激光扫描通道隐患管理系统

3. 直升机带电检修技术应用

直升机带电作业技术是利用直升机直接或通过吊索把检修人员间接运送到作业地点，完成线路检修任务的方法。目前根据国外直升机带电作业技术发展趋势主要分为平台法带电作业、悬吊法带电作业等两大类作业方法。其中，悬吊法根据吊挂物的不同又分为吊索法和吊篮法两种工艺。

直升机平台法带电作业是指：在直升机的两侧或机腹安装检修平台，直升机携带乘坐在检修平台上的带电作业人员直接接触带电线路并进行等电位作业。以美国 Airmobile 公司为代表的研发的直升机带电作业技术都是在直升机两侧或机腹搭建作业平台，作业人员坐在平台上，面对线路作业。这种作业方法被称为平台作业法，如图 4－35 所示。

直升机悬吊法带电作业是指利用直升机机腹安装吊钩，利用悬挂的绝缘绳索，或利用悬挂在绝缘绳索下的吊篮，将作业人员或作业设备（包括吊篮、吊椅、梯子等）送至输电线路作业点进行带电作业，其能解决直升机受安全距离限制无法进入等电位，或由于作业时间超出直升机允许悬停时间而无法用平台法开展检修作业的问题。以法国直升机电力作业公司 RTE 为例，早期是直接将作业人员通过绝缘吊索悬在线路旁边作业，后来逐步开发出各种不同规格的、可供多人同时施工的吊篮。直升机将吊篮运送到导线上以后脱离，作业完成以后，直升机再去将吊篮吊起，然后运送到地面，如图 4－36 和图 4－37 所示。

图 4－35　直升机平台法带电作业

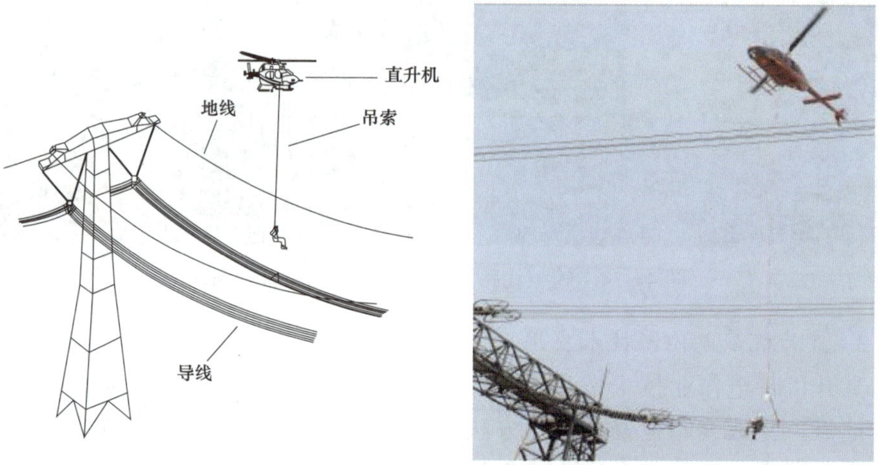

图 4－36　直升机吊索法带电作业示意图

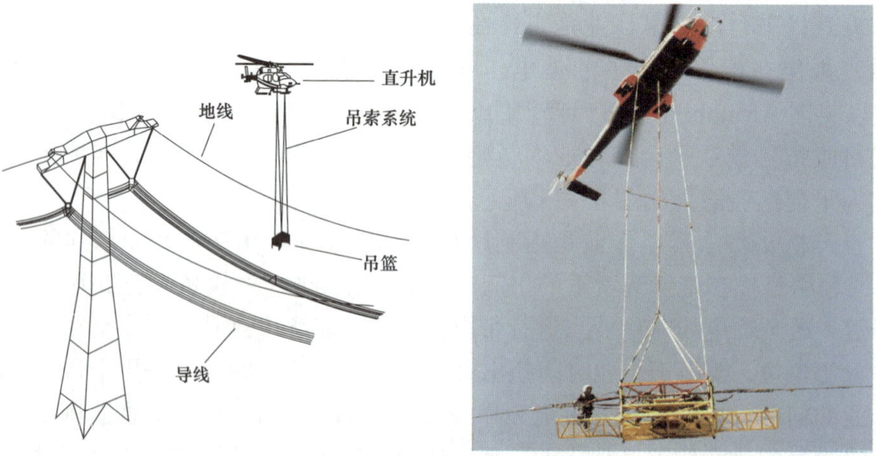

图 4－37　直升机吊篮法带电作业示意图

4.2.3　直升机智能巡检系统

直升机智能巡检是将高清图像快速采集技术和图像智能识别技术相结合，实现设备自动快速获取输电线路高清、多角度、全画幅图像数据，并通过智能识别算法实现缺陷的自动检测与识别，推动巡查业务分离作业模式的建立。

直升机智能巡检可实现直升机快速巡视线路，数据线下处理，以智能识别检查为主、人工手动检查为辅，可以大幅提升作业效率，降低作业成本，推动直升机巡检业务由重资产模式向以数据为核心的轻资产模式的转变。

直升机智能巡检系统是实现图片采集及处理的核心系统，该系统主要包括吊舱、吊舱控制系统、工控机、可见光监视器、红外监视器和吊舱姿态控制终端，如图 4-38 所示。

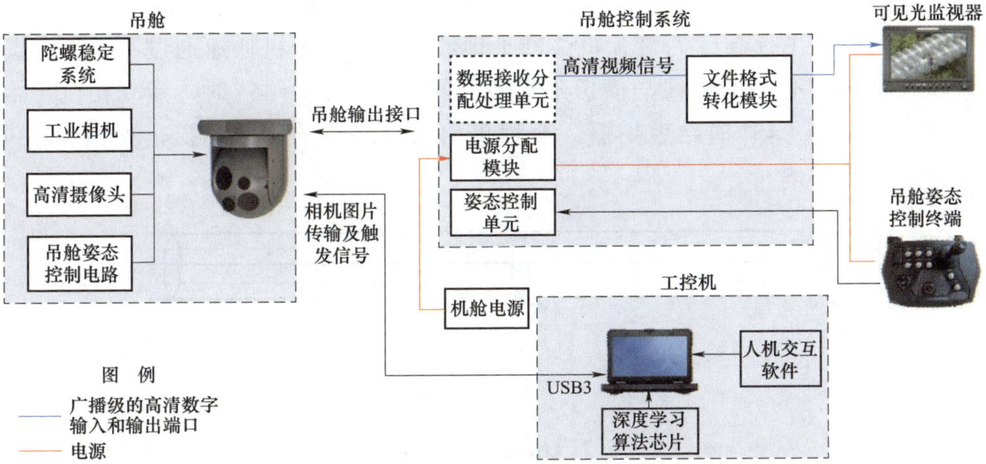

图 4-38　全景图片采集系统

吊舱主要集成工业相机、高清摄像头、吊舱姿态控制电路、陀螺稳定系统等部件。利用工业相机进行图像数据的获取，实现杆塔的高清、快速、多角度成像。使用高清摄像头与工业相机调整为同轴，保证与工业相机的同目标追踪。通过吊舱姿态控制电路进行吊舱姿态调整，通过陀螺稳定系统对传感器光轴进行稳定以获取清晰图像。

吊舱控制系统安装于机舱内部，主要包括数据接收分配处理单元、文件格式转化模块、电源分配模块和姿态控制单元。其中，数据接收分配处理单元主要接收工业相机和高清摄像头数据通过文件格式转化模块将高清视频数据输出至可见光监视器，实现对拍摄目标的对准。姿态控制单元是接收从吊舱姿态控制终端获取的吊舱姿态调整信息，控制吊舱完成姿态调整。电源分配模块主要是从机舱电源取电向可见光监视器、吊舱姿态控制终端进行供电。

工控机主要功能是全景图片存储、图片处理分析、工业相机控制。内部集成人机交互软件实现工业相机参数设定、拍摄控制、图片处理分析等功能。

人机交互软件内部集成智能识别算法（全景图片逐级识别算法）依托工控机硬件环境，可实现全景拍摄图片的缺陷初级识别、缺陷图片浏览。缺陷初级识别主要是将含有缺陷的图片从全部全景图片中分离出来，便于将缺陷数据存储迁移至数据中心进行深度分析，实现数据一级筛选；缺陷图片浏览功能便于在现场进行人工校核，保证数据的准确程度。

数据处理环节包含两级运算，一级运算为现场缺陷数据初级识别现场筛选，可有效降低数据迁移量；二级运算为数据深度分析，将直升机作业现场数据迁移至数据中心通过深度学习算法进行缺陷数据分析、缺陷标定和同名缺陷关联等环节，实现单张缺陷图片判定和多张图片间同名缺陷关联。

直升机智能巡检图片采集方式中直升机飞行轨迹为平行于输电线路的走向进行飞行，飞行高度为直升机桨叶于地线平齐，直升机低速通过不悬停。直升机与横担中心点的连线与横担延长线之间的夹角$\alpha_{on}=45°$时，启动相机开始拍摄，当$\alpha_{off}=-45°$时结束拍摄，全程采用凝视塔头的形式拍摄，如图 4－39 所示。

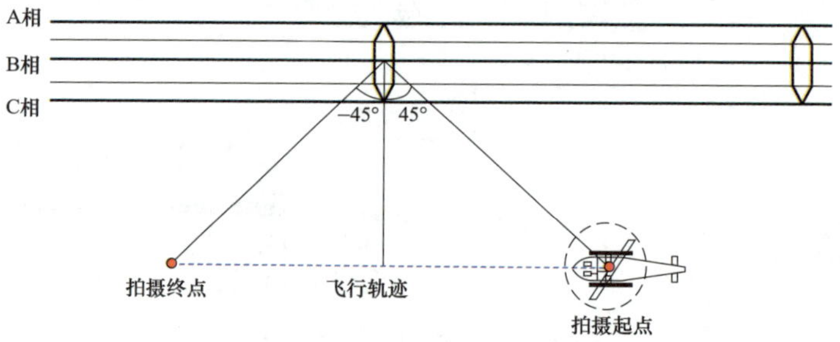

图 4－39　不悬停全景图片采集方法示意图（俯视图）

4.3　机器人巡检技术

机器人技术是在“中国制造 2025”大背景下，对于电力行业最具创新性、革命性与最大发展空间的智能作业技术。发展电力机器人技术、推进“机器代替人”，运用电力机器人智能运检，可提高电网运维效率，降低安全风险的重要举措。

4.3.1　电力机器人的概况

电力机器人具有高效、安全、智能、精确等特点，能够近距离观察线路，运检准确性高；负载能力大，能搭载多种检测仪器；能在恶劣环境下工作，生存能力强；在线电力补给，续航能力强；后期可实现全自主、高效率、高安全巡检。机器人巡线技术，将成为现有输电线路巡线的重要补充。现在国内已经得到实际应用的机器人的主要有以下几类。

1. 变电站巡检机器人（见图4-40）

目前的变电站巡检机器人主要利用基于激光和视觉融合的定位导航、复杂环境下的识别定位技术、刀闸开关及仪表读数识别技术，并辅以扩展工具，实现设备状态检测、监测数据分析、带电水冲洗等功能，从运行模式上可分为轨道机器人、轮式机器人、履带式机器人。

2. 架空输电线路带电维护机器人

主要利用移动越障技术、带电作业技术、绝缘子串检测技术、图像识别技术等，实现输电线路运行状态监测、线路及绝缘子串检测、通道环境巡视等功能，如图4-41～图4-45所示。

图4-40 变电站巡检机器人

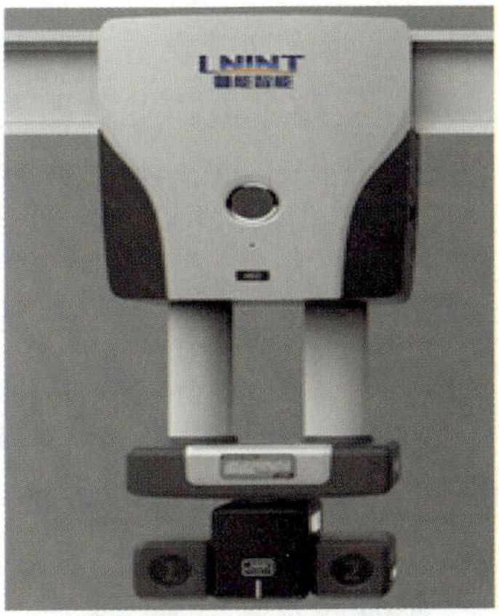

图4-41 室内轨道智能巡检机器人

图4-42 换流站阀厅检测机器人

图4-43 变电站设备带电水冲洗机器人

图 4-44　绝缘子检测机器人

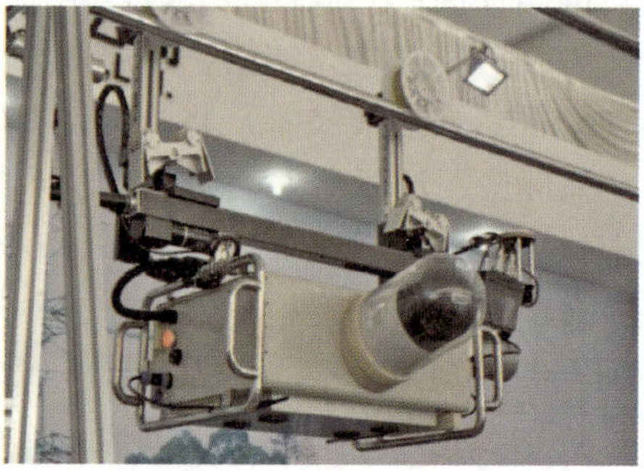

图 4-45　线路巡检机器人

3. 电缆隧道巡检机器人（见图 4-46）

电缆隧道机器人与变电站巡检机器人类似，主要实现电缆隧道环境可视化监测、红外测温等功能，目前部分单位试点了利用机器人开展隧道有害气体监测。

4. 架空配电线路带电作业机器人（见图 4-47）

架空配电线路带电作业机器人作为一个移载平台，主要利用主从式液压机械臂、系列化智能工具、绝缘防护系统，实现了配网带电作业。

图 4-46　电缆隧道巡检机器人

图 4-47　架空配电线路带电作业机器人

随着状态检修及智能电网建设，电力部门迫切需要满足现场带电检测与维护作业任务需求的机器人产品；提高实用性、安全性与可靠性（环境适应、安全保护、故障处理等）；开展检测、维护作业工具与工艺研究，满足相关任务需求；加强技术规范与标准研究；开展产品性能检测与评估，进行试运行，为推广应用奠定基础。不断研发在输、变、配、用等领域的系列化电力机器人，为电网安全运行提供了重要技术手段。未来，将在机器人自动化和智能化水平上继续开展技术攻关，以便机器人更好的服务电网。

4.3.2　巡视检测类机器人

1. 变电站智能巡检机器人

传统的变电站人工巡检存在劳动强度大、巡检效率低、雨雪等恶劣环境下巡视困难等问题，并且简单依靠巡检人员的感官和经验，很难做到客观、全面、准确的评判，巡检质量低，变电站智能巡检机器人的出现，从某种程度上缓解了这个矛盾。

（1）变电站智能巡检机器人的体系结构。巡检机器人系统为网络分布式架构，整体分为三层，分别为基站层、通信层和终端层，如图 4-48 所示。基站层由机器人后台、硬盘录像机、硬件防火墙及智能控制与分析软件系统组成；通信层由网络交换机、无线网桥等设备组成，负责建立站控层与智能终端层间透明的网络通道；终端层包括移动机器人、充电室和固定监测点等。移动机器人与后台机之间为无线通信，固定监测点与后台机之间的通讯为光纤通信。

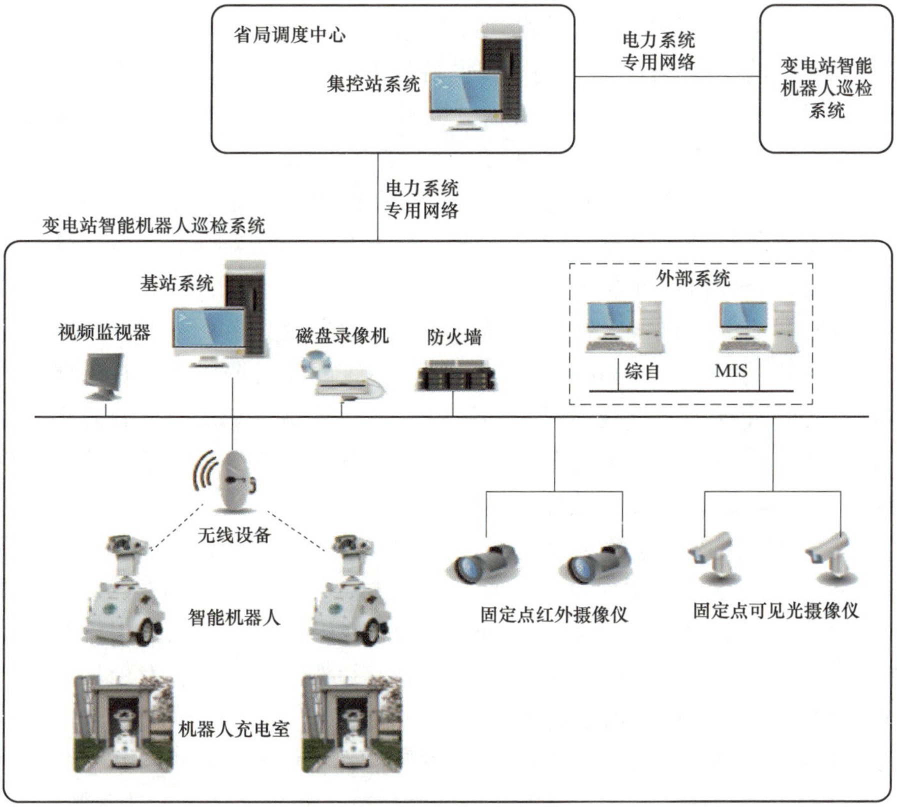

图 4-48　变电站巡检机器人系统结构框图

变电站智能巡检机器人的检测系统是巡检机器人的重要组成部分，检测系统如图 4-49 所示。通过可见光、红外和声音等传感器采集设备状态数据，巡检机器人可以自主完成设备的巡检任务，对变电站设备自主进行图像信息采集、智能分析与诊断，及时发现变电站设备的故障与缺陷，实时在线监控设备的运行状态，保证设备的正常运行。同时，需要考虑巡检机器人巡检作业精度和对设备的识别准确性。

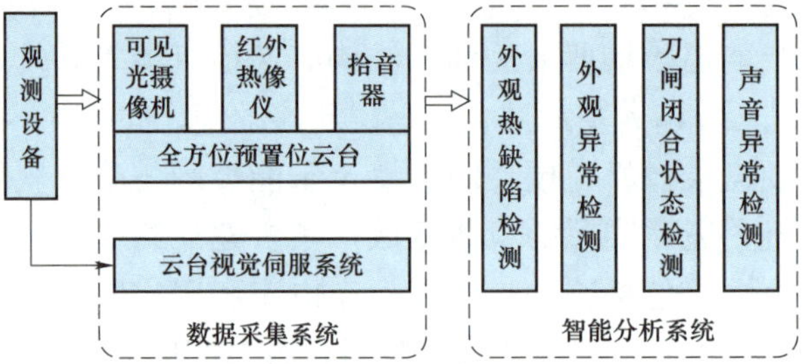

图 4-49　变电站巡检机器人检测系统

（2）变电站巡检机器人主要功能应用。

1）设备热缺陷红外测温。为了在设备带电的状态下及时发现设备缺陷，以保证电力设备的安全运行，变电站巡检机器人采用红外热像仪完成对设备热缺陷的检测。目前，红外热像仪在电力设备检测应用最为广泛，它可以将红外辐射变为可见的热分布图像，具有定量测定、定性成像功能及较高的空间和温度分辨率，不但具有稳定可靠、测温迅速、不受电磁干扰等特点，而且具有信息采集、存储、处理和分析方便等优点。

变电站智能巡检机器人红外普测，是通过预先设置多个监测点，从多个角度对全站设备进行整体性扫描式温度采集。系统能够对变压器、互感器等设备本体以及各开关触头、母线连接头等的温度进行检测，并采用温升分析、同类或三相设备温差对比、历史趋势分析等手段，对设备温度数据进行智能分析和诊断，实现对设备热缺陷的判别和自动报警。

设备红外监测图像如图 4-50 所示。机器人获取设备的红外热图后（像素为 320×240），先建立红外图像检测标准（基准温标），然后通过图像预处理和温度分析检视图像每个像素点的温度，再通过横向或纵向的温差来确定设备的工作状态。若发现异常，将图像信息发往调控中心并报警；若没有发现异常，采集下一幅图像继续进行检测诊断任务。

2）设备表计及运行状态识别。变电站智能巡检机器人对设备状态的监控主要包括刀闸状态、开关状态、仪表（指针式仪表、数字式仪表）读数等。目前，变电站智能巡检机器人可以实现上述需求，实时感知设备当前的运行情况。巡检

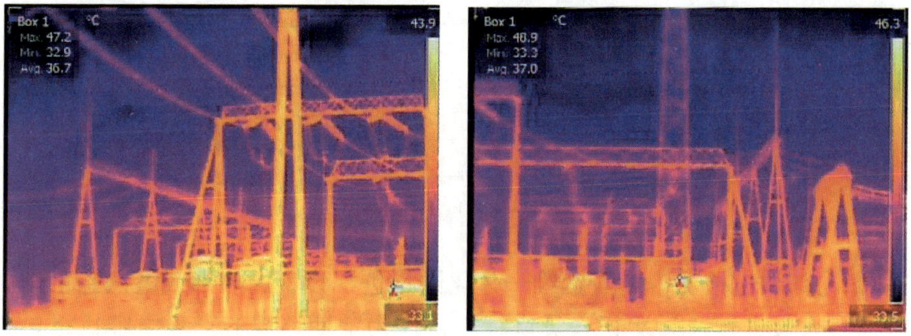

图 4－50　设备红外监测图像

机器人所采集的室外设备图像，常因为环境光照不佳或物体表面采光不均等原因，存在噪声大、对比度不高等缺点，对设备的图像处理带来不利的影响。巡检机器人通过数字图像处理、模式识别等技术，研究开发智能识别算法，使巡检机器人能够自动识别设备状态，完成设备刀闸的分与合、开关图像的分合指示及仪表指针读数等识别工作。

3）设备外观异常检测。电力设备常见外观异常主要包括污损、破损和异物。巡检机器人通过图像处理、纹理分析及模式识别等相关技术完成对设备外观的检测与识别。通过对图像进行灰度化、滤波去噪等预处理，进一步突出图像中待检测设备的特征，为后续目标提取与匹配、纹理分析、识别等提供保障。但在实际情况中，通常无法预知设备异常的类型，具体图像处理方法的选取需要根据现场图像的特征以及通过实验方法进行确定。

4）设备声音异常识别。在变电站中，设备的运行情况表现形式是多种多样的，即具有多样性。如油枕表、油温表的数值可以反映变压器的运行状态，变压器的声音也可以实时反映变压器的当前工作状态。运行状态的这种多样性带来了设备检测方式的多样性，即通过声音分析设备的状态具有可行性。因此，在利用机器人代替人工巡视时，通过搭建声音识别模块模板进行设备声音分析具有重要的学术意义和实用意义，部分单位已利用智能巡检机器人开展设备声音异常识别探索应用。

变电站内设备正常运行时，声音具有一致性、周期性，与故障时的声音有一定的差异，变电站设备异常声音能够有效地预先反应重大事故和危急情况的发生，因此通过声音分析可以对变电站设备运行状态进行判别。设备声音识别本质上是一种模式识别过程，基本结构原理如图 4－51 所示，主要包括声音特征提取、特征建模、建立匹配模型库、模式识别等几个功能模块。

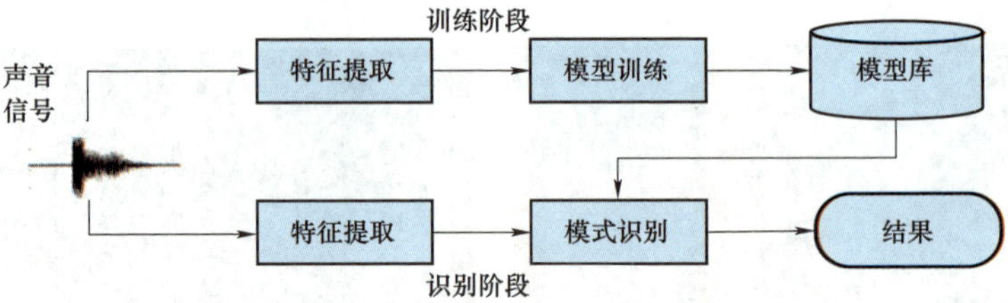

图 4-51　电力设备声音识别基本构成原理图

5）局部放电检测。随着运维一体化的推进，设备的局部放电试验工作由原来的检修人员进行改为运行人员进行，并作为定期巡视的一项内容执行。在局部放电测试试验中，测试人员对测试的结果影响较大，如选择参考环境的不同，对局部放电测试仪的使用、局部放电测试点选择等。有些改进型机器人安装有 5 轴机械臂，末端携带先进局放探测头，并实现了开关柜局部放电检测功能，减少人为测试因素的影响，数据的对比分析更具说服力。在实际应用中，先由专业局部放电检测人员对开关柜不同部位定点进行暂态地电压局部放电检测，确定最优局部放电测试中参考背景及开关柜局部放电测试点，在开关柜上做好相应的标记，对机器人进行编程调试，使机器人的局部放电试验定点定位进行，通过多次的人工复测和机器人检测数据进行对比分析，得出机器人巡检数据的一致性，可代替人工进行局部放电试验及分析。

6）事故应急处置。在现有无人值班模式中，一旦发现设备现场出现异常，可以遥控机器人第一时间赶赴现场进行检查，一旦发现火灾险情，可以通过自身携带的灭火器进行处置，将火灾事故消灭在萌芽状态，避免火灾范围的扩大和设备的损坏。

（3）变电站智能巡检机器人的集控系统（见图 4-52）。为了提升变电站智能巡检机器人系统的综合管理水平，结合变电站智能巡检机器人，进一步实现“无人值守、少人值守”的科学管理模式，提升运行维护效率和生产管理水平。

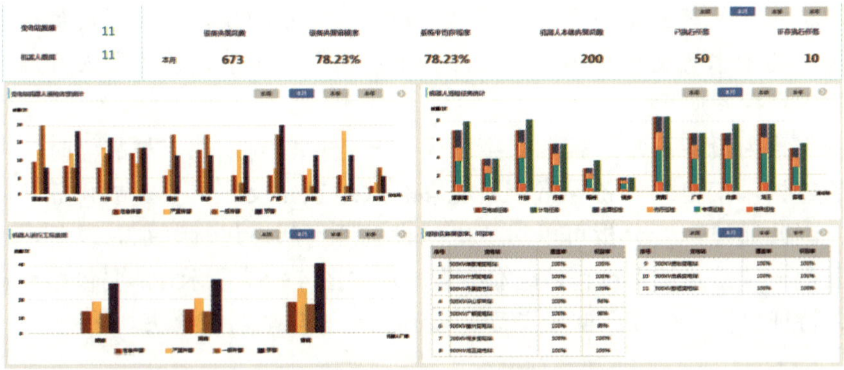

图 4-52　机器人集控系统界面

建设机器人集控站系统，将不同厂家的机器人纳入同一系统集中控制，对地域分散的多个变电站进行远程监视与管控，实现在分部办公基地对所辖变电站机器人的实时监控、任务管理、历史数据分析等功能，及时发现设备问题；在事故和异常处置中，远程利用机器人对事故、异常设备进行巡视，在人员未到站前，及时掌握现场情况，缩短事故、异常判断和处置的时间；并提供后期变电站新上系统的集中接入功能，提升变电站智能巡检机器人系统的综合管理水平，保障设备和电网的安全运行。

1）总体思路。在变电站已建单站机器人系统的基础上，建立机器人远程集控站。采用智能巡检机器人本体、本地监控后台、远程集控后台三层结构，值班人员可以在巡检现场、变电站控制室、集控站对智能巡检机器人进行操作并浏览巡检数据。并可人为控制机器人接受命令优先级，保证站端和集控站对机器人的合理使用。厂家可优先完成自身机器人产品的接入，待条件具备后将所有厂家的产品一并接入机器人集控系统。

2）集控站具体功能：

a. 实时监控：主要用于对机器人巡检状态进行实时监控，包括近期巡检任务（按最近完成的、正在进行的、即将进行的分类排序）、当前任务执行情况、可见光视频、红外视频、微气象、实时报警、实时巡检信息、机器人本体实时状态信息（含本体故障报警信息）等内容。

b. 实时操控：可采用电子地图或站点管理（光字牌）两种模式，进入单站客户端进行机器人的实时操作，具备机器人紧急操控功能和在紧急情况下的急停功能。

c. 任务管理：任务管理模块是集控站的核心功能，包括巡检任务管理及远程遥控。巡检任务管理主要功能就是灵活设置、执行和管理指定的巡检任务，包括全面巡视、例行巡视、特殊巡视等多种任务类型，并支持快速选点建立任务，可完成远程巡检任务的设置与发送操作。支持任务启动、暂停、终止操作，支持机器人远程一键返航。

d. 事故、异常处置：值班人员能够根据需求，遥控机器人到任何允许的地方，能够对指定设备完成高清外观拍摄、高清视频录制、红外测温、表计识别、噪声录制等操作，能实时回传事故、异常高清和红外图像、视频资料、音频资料，支持手动截取和录制现场信息，以便后台及时分析。

e. 历史数据分析：集控平台支持对所有巡检到的数据进行统计分析，对巡检任务一览、各设备巡检数据图片信息的查看、确认、历史趋势分析，严格按“五通”形成巡检报告，开放用户自定义，并具备与国家电网有限公司 PMS 系统接轨功能。同时，可提供报警处理入口，显示系统所有产生的设备报警信息（包括实时产生的告警信息）；对每天的报警信息进行审核；可根据不同的报警，进行相应处理，能根据告警信息自动加入跟踪任务设备清单、加入关注列表等；可支持修改各类设备报警阈值。对于站端、集控站分别设置的巡检任务，实现数据的统筹管理，形成完整的巡检数据库。

f. 发热缺陷管理：能根据用户提供规则，自动完成缺陷定性，并完成缺陷分析报告；具备设备精确测温功能。

g. 机器人远程管理：在集控后台对所有巡检机器人进行统一调度管理，可以多车并行实施组态管理。子功能模块包括站内所有机器人，能够对每台巡检车在任意时刻的位置、状态、车况等信息进行查看和管理，确保站端机器人的安全。

h. 机器人异常停障：在机器人执行任务过程中，如遇障碍物阻挡或坑洞，能自动停障，并发出告警信号，避免站端无人情况下，机器人因环境变化而发生损坏；通过在地图上框选设置检修区域，机器人在任务调度及操控过程中禁止驶入检修区域；检修区域维护结束恢复正常后，在配置中取消即恢复机器人正常行进路线。

i. 后期扩展：集控系统建立后，具备后期扩展功能，待新的机器人系统投运后，能方便地加入已有集控系统中。

j. PMS 系统接入：提供与国家电网有限公司 PMS 系统接入功能，方便巡检数据及时上传系统。

k. 其他第三方系统接入：开放在线检测系统、消防系统、门禁系统等系统的接入功能，协助完成变电站安保管理、无人值守变电站运维模式组织和现场管理。

2. 线路巡视机器人

巡线机器人作为一个移载平台，其系统是由机械系统、控制系统、检测系统、动力驱动系统以及各种用户化的功能模块组成，如图 4－53 所示。巡线机器人是机电一体化系统，涉及机构、控制、通信、定位系统、移动平台上传感器的集成和信息融合、电源等。其中，机械机构是整个系统的基础，也是目前制约巡线机器人发展的技术障碍之一。

1988 年，东京电力公司利用仿人攀缘的方法从侧面越过杆塔研制了光纤复合架空地线（OPGW）巡检移动机器人。该机器人利用一对驱动轮和一对夹持轮沿地线爬行，能跨越地线上防震锤、螺旋减振器等障碍物。遇到线塔时，机器人采用仿人攀缘机理，先展开携带的弧形手臂，手臂两端勾住线塔两侧的地线，构成一个导轨，然后本体顺着导轨滑到线塔的另一侧；待机器人夹持轮抱紧线塔另一侧的地线后，将弧形手臂折叠收起，以备下次使用。

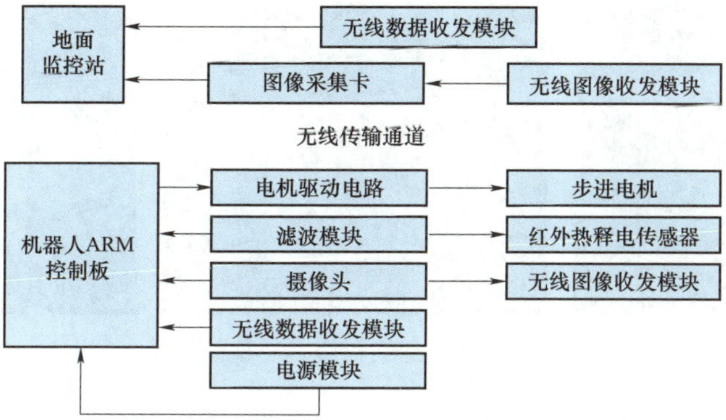

图 4－53　巡线机器人系统

沈阳某研究院在 2006 年研制了高压线路巡检机器人系统。由巡检机器人和地面移动基站组成。采用遥控和局部自主结合的控制方式，巡检机器人能够在 500kV 超高压输电线路上沿线自主行走以及跨越线路上的防振锤、线夹及压接管等障碍及跨越线路上的防振锤、线夹及压接管等障碍物，其上可携带可见光摄像机或红外热成像仪等设备，如图 4－54（a）所示。

山东某大学在 2011 年研制了巡检机器人。整体由气动驱动，采用三臂结构，三臂对称安装在机体平台上，平台下面悬挂以控制箱为配重单元的重心调节装置。该机器人可携带线路检测装置，完成柔索线路的巡检、清障工作，如图 4－54（b）所示。

某研究院 2012 年研制出用于多分裂线路巡检的巡线机器人样机。由 4 个机械臂组成。机器人可运行在传输线（如 500kV、四分裂导线），它可以通过压缩接头、间隔棒、减振锤等障碍物，如图 4－54（c）所示。

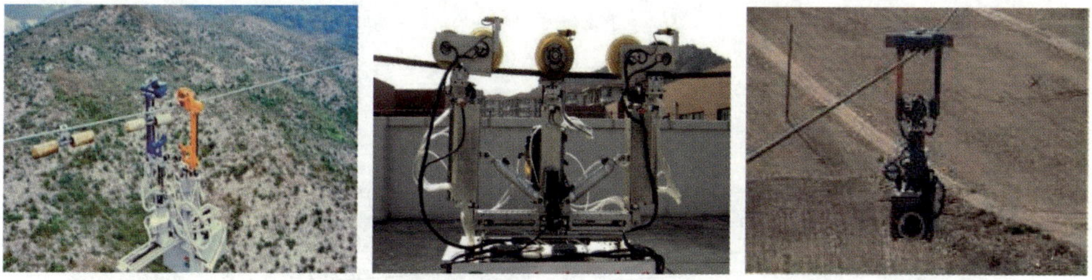

(a)　(b)　(c)

图 4－54　巡线机器人

（a）携带可见光摄像机等设备；（b）山东某大学研制的巡检机器人；（c）用于多分裂线路巡检的巡线机器人

巡线机器人巡检画面见图 4－55。

3. 电缆隧道巡视机器人

隧道巡检机器人的研发，旨在代替人工作业，实现对环境相对恶劣、已有检测手段不足的电缆隧道进行全方位实时巡检，使各类设备处于受监控状态中。

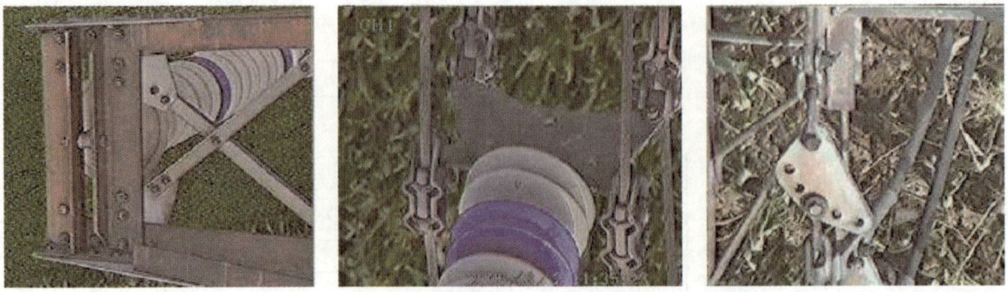

图 4－55　巡线机器人巡检画面

（1）电缆隧道巡检机器人的体系结构。某电缆隧道巡检机器人整体布局（见图 4－56）设计包括运动机构、承载构架、驱动电机、驱动轮系总成等，适应于现场的上下坡要求。机器人本体内部使用工业级 CAN 2.0，RS 232 通信等方式。机器人本体与后台之间通过无线漫游方式的无线通信方式。充电机构包括机载充电模块、固定端充电模块，具备防打火、防短接技术。

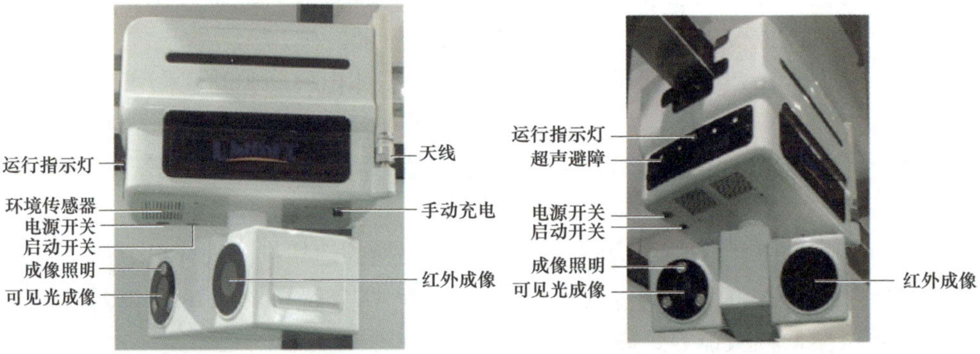

图 4－56　功能样机整体外观及布局

（2）电缆隧道巡检机器人（见图 4－57）功能应用。具备常规的检测功能、综合功能和消防功能。

图 4－57　电缆隧道巡检机器人

1）检测功能：实现了可见光、红外成像、环境信息的检测及实时分析、预警功能。实现了在线联动功能，可与电缆隧道内在线局部放电监测、光纤测温等联动。

2）综合功能：在隧道运行方面，机器人及轨道系统已经适应隧道路径中的坡度、弯度、防火门障碍。在通信及供电方面，实现了无线中继漫游功能和自动充电功能。

3）消防功能：具有独立控制和通信系统，可以与检测机器人、其他系统联动。

4. 换流站阀厅巡检机器人

换流站阀厅巡检机器人应用于换流站阀厅检测，在运动平台和设备智能检测与诊断方面取得了突破，密闭强电磁环境下组合轨道技术和基于多传感器融合的阀厅设备状态检测与诊断技术达到国际领先水平，实现了对阀厅内设备自动检测与智能诊断，填补了国内在该领域内的空白。阀厅智能巡检机器人可以自动完成换流站阀厅日常设备巡视、特殊设备巡视等工作，大大提高了阀厅设备巡视的工作效率和质量，降低人员劳动强度和工作风险，提升变电站智能化水平，为变电站无人值守提供强大的技术支撑，并且提高了电网的安全性和可靠性，降低电力设备的维护成本。

（1）换流站阀厅巡检机器人的体系结构。阀厅巡检机器人系统整体由三部分组成，即阀厅智能巡检机器人、辅助固定点监测装置和后台监控系统。总体系统框图如图 4－58 所示。

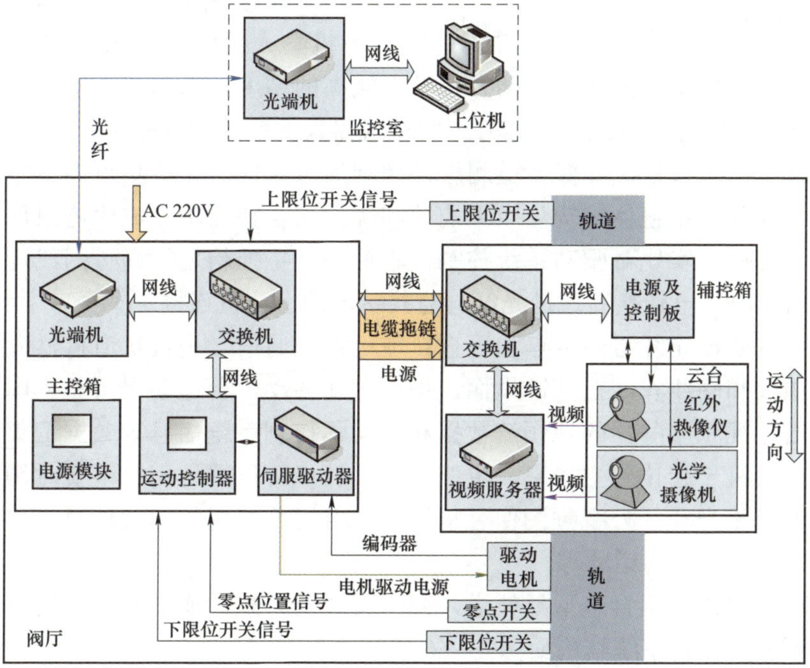

图 4－58　换流站阀厅巡检机器人系统框图

阀厅内的阀塔一般分为六列，每列阀塔又分为多层，换流阀分布于阀塔的每一层中，故巡检机器人需要对每一层都有较好的检测视角，为设计满足检测范围和阀塔爬电距离要求，机器人在阀厅壁面上运动较为合适。竖直壁面上采用轨道式运动平台，机器人可以沿竖直轨道上下运行，并通过云台的水平俯仰旋转实现对阀厅内设备特别是换流阀的大范围细节巡检。

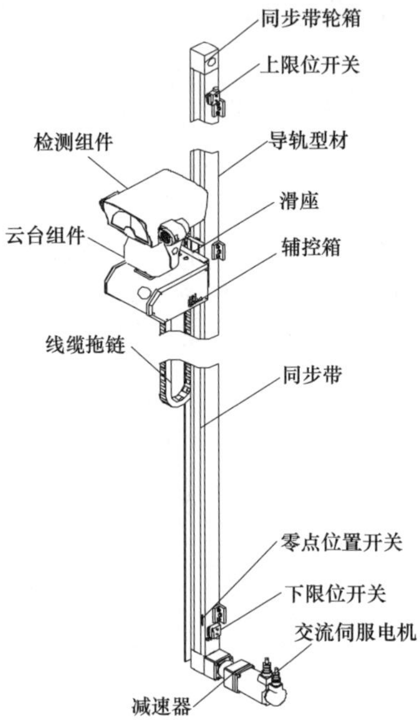

图 4－59　换流站阀厅巡检机器人安装结构图

目前移动机器人主要采用轮式、履带或是复合驱动的方式。受阀塔等设备布局限制，要实现对设备全方位的检测功能，需要机器人能够在垂直方向运动。传统轮式驱动或履带式驱动方式实现垂直方向运动时相对困难，故在阀厅机器人行走轨道设计上采用轨道式设计。轨道竖直安装阀厅壁面上，轨道上有同步带和滑座，同步带带动滑座上下移动，滑座上安装辅控箱和相关检测组件，实现阀厅内所关注设备的可见光和红外检测。其安装结构见图 4－59。

机器人的移动方式采用交流伺服电机驱动。轨道采用同步带驱动方式具有较高的精度，而伺服电机自身的精度很高，通过数脉冲的方式可以较好地实现机器人的准确定位停靠。

为减少拖缆数量，并保证检测组件控制的可靠性，在检测组件下方设置一辅控箱，控制系统整体结构分成主控箱和辅控箱，辅控箱完成检测组件和云台的控制，主控箱实现对驱动系统控制，辅控箱与主控箱之间通过网线连接，在主控箱内完成光电转换后通过光纤与监控室内的上位机连接。

上位机通过光纤与固定点和垂直轨道机器人通信，垂直轨道机器人移动平台的电源线和网线安装在拖链里面，拖链跟随移动平台运动。可见光图像、红外图像通过视频服务器的视频流数据和移动体控制系统信息等数据汇集到后，经工业交换机一起传到主控室，主控室的计算机可根据访问权限实时浏览变电站设备的可见光和红外视频图像、机器人本身运行情况等相关信息，并且可以控制机器人移动体的运动等。

移动平台采用铝合金型材轨道，同步带传动方式，通过伺服电机带动平台移动，该方案控制系统结构如图 4－60 所示。

（2）换流站阀厅巡检机器人功能应用。换流站阀厅巡检机器人系统应用对象为各换流站阀厅、直流场，改进后可推广至变电站开关室、保护室、电容器室、GIS 室以及室内变电站等，可代替工人完成电力设备的巡检作业、红外巡检作业、紫外探测作业等。使用机器人进行巡检作业首先可以使减少电力部门的人员投入，减少输电和供电成本；其次可提高电力公司的运行质量，减少人员疏忽、漏检等带来的设备损失，为电力系统安全经济生产提供了有力保障，减少停电时间，为各行各业提供可靠的电力能源，对整个国民经济具有巨大的意义。

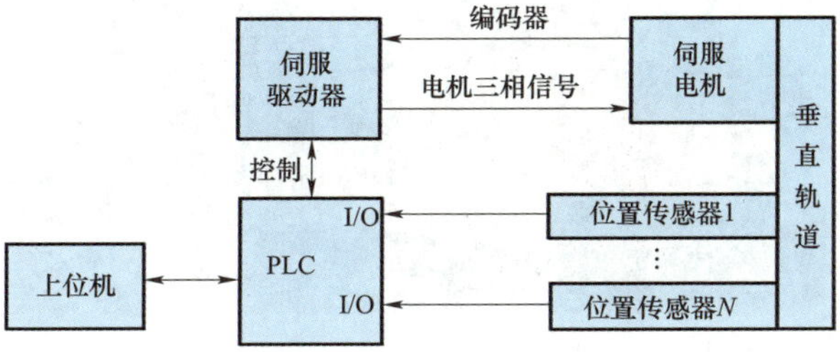

图 4－60　换流站阀厅驱动系统结构框图

换流站阀厅巡检机器人系统应用于换流站阀厅检测，在运动平台和设备智能检测与诊断方面取得了突破，密闭强电磁环境下组合轨道技术和基于多传感器融合的阀厅设备状态检测与诊断技术达到国际领先水平，实现了对阀厅内设备自动检测与智能诊断。

换流站阀厅巡检机器人系统进行了相关产品化研究，并开始在换流站内进行推广应用，目前该机器人系统已经成功应用到郑州换流站和金华换流站。

4.3.3　检修作业类机器人

1. 带电抢修作业智能机器人

高压电气设备带电抢修作业，作为一项非常关键的工作任务，一直以来均由人工方式完成。此种工作面对的目标主要为 10kV 及以下的高压架空线路，要求作业人员较长时间处于高压与强电磁场当中，同时高空施工作业导致的人员意外伤亡率非常高。基于提升带电抢修作业的工作效率、保障人身安全的目的，积极开发机器人技术并予以广泛的应用变得十分重要。

（1）带电抢修作业智能机器人的体系结构。带电抢修作业智能机器人（见图 4－61）系统由移动升降平台、主手和机械臂组成的机械结构、运动控制系统、视觉伺服控制系统、专用工具以及绝缘防护等部分构成。机器人夹持手爪可以根据夹持物自动调整位姿，采用波纹形状的绝缘连接件及配合隔离绝缘等级为 10kV 的隔离变压器，绝缘连接件解决了机械臂的绝缘问题，隔离变压器对电气设备进行隔离，双重防护能够满足系统的安全性。系统示意图如图 4－62 所示。

（2）带电抢修作业智能机器人功能应用。利用机器人进行带电抢修作业，使施工环境得以改进。通过实施间接形式的操控作业模式，既减少了人员危险，提高了安全性，也极大降低了人员高空跌落、触电身亡的概率。

图4-61　带电抢修作业智能机器人整车构造

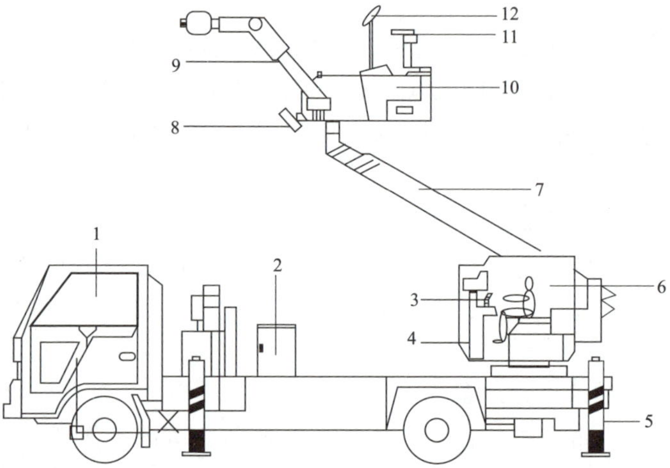

图4-62　带电作业机器人系统示意图

1—移动车体；2—系统的动力源；3—主手；4—控制台；5—绝缘平衡支撑；6—车载地面操控室；7—绝缘臂；8—摄像头；9—作业机械臂；10—伺服试验台；11—跟踪摄像头；12—全景摄像头

采用机器人作业的方式，节省了很多人力和时间，人工成本降低，维修作业面积增大，同时也便于人员的操控，管控能力提升，确保抢修作业的质量与效率。

在方便抢修作业操控的基础上，客户的满意度增强。通过机器人的抢修作业实施形式，不仅便于人员操控，而且大部分环节为机器人自行实施处理，作业准确度提高，降低了电力事故发生的概率，客户的满意度增强。

1）主从操控液压机械臂的功能应用。主从式液压机械臂是可以进行远程遥控的、主从式 7 自由度液压机械臂，采用位置伺服控制方式，主手和从手是同构的，从手可以完全跟随主手来运动；具有优良设计特点。机械臂仅仅需要一个电气连接和一个液压源连接。机械臂的阀门都是作为机械臂的集成部分，可以消除笨重的液压线路。一个四孔方形平台结构使的机械臂非常容易安装。主从式液压机械臂系统结构如图 4－63 所示。

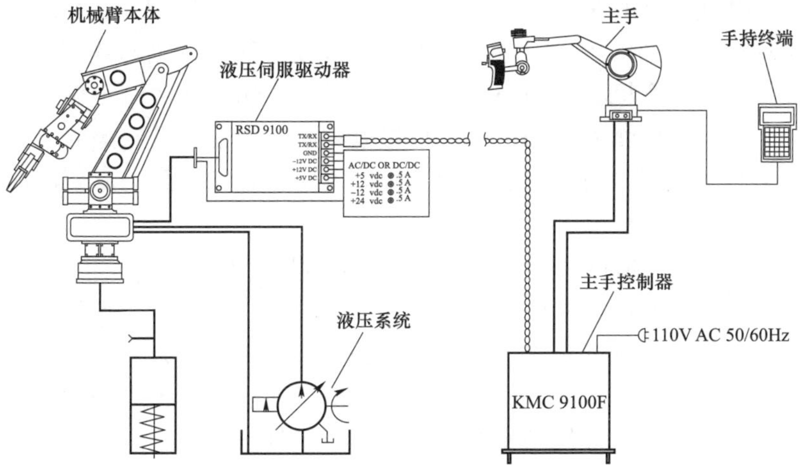

图 4－63　主从式液压机械臂系统结构

液压机械臂凭借操控灵活、自重小及动力充足的功能优势，工作人员利用对主手的操作，完成机械臂的远程操控作业任务，通过夹起专业抢修工具，有效实施电力维修。对于主手而言，本身结构和机械臂一致，能够有效控制各个臂关节，并将较高精密度的旋转电位计与力矩电机设备安装到各个关节上，增强应用中的可操控性。关于液压供油单元，系统动力源为具有恒定压力的液压源，能够提供给机器人作业平台快速连接液压动力端口（流量大于 24L/min，压力大于 11MPa），能够满足液压机械臂作业的压力与流量要求。

2）带电作业机器人专用工具的应用。专用工具的先进程度，不仅能够决定带电作业的质量和种类，而且还会影响作业的效率。现在市场上已经有很多应用于机器人方面的操作工具。专用工具有电动、气动、液压驱动，其中常用的主要有电动和液压驱动两种，电机驱动具有控制简单、线性度好、反应速度快等优点，但是由于作业对象是 10kV 的高压线路，使用电机驱动的工具时，需要考虑绝缘的问题，相对增加了它的复杂性。液压驱动具有结构紧凑、重量轻等优点，但是液压油会影响工具的洁净程度，容易沾染灰尘。所以应该根据具体的情况，选用合适的专用工具，如拧螺母，由于此动作是一圈一圈的旋转运动，正好符合电机的运动特征，宜选用电机驱动的工具。

带电作业的作业内容主要有更换绝缘子、更换跌落熔断器、更换横担、加装负荷刀闸等，这些任务中都需要进行带电断线和带电接线。目前研制的带电作业工具有剥皮器、断线钳、压线钳、电动扳手、破螺母工具、并股线夹、遮蔽工具等。以剥皮器为例进行介绍，剥皮器采用丝杠丝母传动，实现刀具轴向进给；一级齿轮传动，实现刀具圆周运动；丝杠末端设计空螺纹，保证刀具环切断屑；采用丝杠丝母实现刀具压刀，压线动作；大齿轮开口，将导线放入/退出工具；采用电动扳手为工具提供动力，动力部分与刀具分开减轻刀具重量。

3）绝缘保护系统的应用。机器人作业对象是10kV的高压线路或者高压电气设备，如果不注意机械臂的绝缘问题，容易发生伤亡事故，不仅损坏电网线路系统，而且会对操作人员的人身安全带来威胁，即使穿着绝缘服、绝缘靴，也不能免于此类危害。所以绝缘防护是机器人系统设计时最为重要的部分，是机器人正常工作的首要条件。

相间短路有两种情形，一种是指机械臂同时接触两相线路发生的相间短路；另一种是机械臂从两相电路中穿过引起的相间短路。为了防止相间短路对系统的影响，可以采用机械臂高水平绝缘，目前又有一种新的方式，即在边相安装遮蔽罩，可以防止相间短路，并且具有操作简单的优点。本系统中主要有五个方面需要考虑绝缘问题：线路相间绝缘、作业工具与机械臂之间的绝缘、作业平台绝缘、移动升降臂绝缘、车体的绝缘和电气隔离。

对于作业工具与机械臂之间的绝缘，如果工具是液压的就不用考虑绝缘问题了，如果工具是电动的，则通过机械作业手臂末端绝缘连接件进行绝缘隔离。作业平台采用绝缘支撑，主要是防止平台作业时接触导线造成相间短路，同样，绝缘支撑也用在作业机械臂和控制柜之间的绝缘上。

升降机构的上下臂都有不同绝缘长度的绝缘材质，满足绝缘要求，并且控制平台和地面上的移动车体之间采用光纤通信，供电线路采用隔离变压器进行电气隔离，保证了绝缘等级，并且车体上的电气设备也采用绝缘防护。

另外，在抗电磁干扰问题上，控制系统（如遥操作控制系统、伺服控制系统等）和部件之间采用屏蔽技术，并利用接地技术增加抗电磁干扰的能力。

2. 输电线路检修机器人

线路检修是保障供电安全的关键性工作，同时也是人力成本耗费最大的工作。线路带电检修工作内容繁杂，其中，更换绝缘子、紧固引流板和更换防震锤最为常见。人工作业时，检修员通常需要穿上厚重的屏蔽服，背着各种设备工具，攀爬高塔，在高空中一待就是几个小时，安全风险高，作业效率低，如果在恶劣天气或者地理环境下，作业难度就更加难以想象。而智能带电检修机器人的出现改变了这一现象，检修人员可以远程开展线路检修工作。

（1）输电线路带电作业机器人。机器人通用平台结构示意如图4-64所示。通用平台由两个移动手、两个作业手及控制机体构成。其中，两个移动手用来连接机体与导线，移动手末端为轮爪复合结构，机器人利用轮子相对导线移动。

两个夹爪用来夹持导线，固定机器人与导线的相对位置，便于机器人两个作业手末端相对作业对象进行定位。

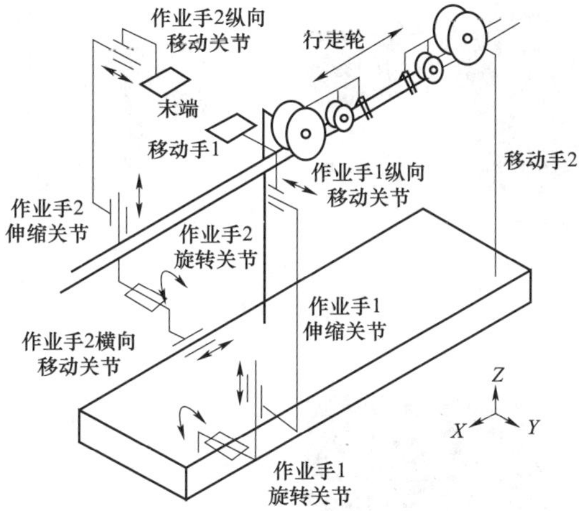

图 4－64　机器人通用平台结构示意图

针对绝缘子更换项目，作业手 1 的末端，用来完成碗头挂板的夹持、W 销的推入与推出两项任务，具有三个关节，如图 4－65（a）所示；而作业手 2 的末端，主要用来夹持绝缘子，只有一个关节，利用作业手 2 的横向移动关节将瓷瓶带动、脱离或联结碗头挂板，如图 4－65（b）所示。

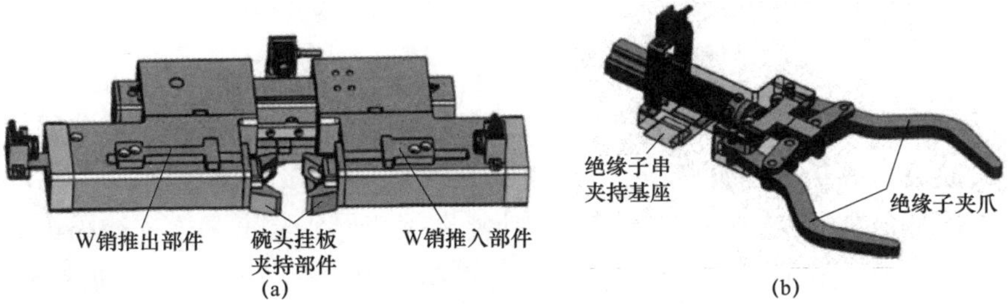

图 4－65　绝缘子更换末端

（a）碗头挂板夹持末端；（b）绝缘子夹持末端

针对螺栓紧固作业项目，末端装置分别为拧螺装置和螺栓固定装置。拧螺栓柔性末端如图 4－66（a）所示，由一个旋转副进行螺母的紧固，旋转轴与套筒之间同样设置为十字铰连接，以适应不同倾角的引流板，进而套住螺母，进行螺栓的紧固；螺栓固定装置如图 4－66（b）所示，跟随作业手 1 的运动到达螺栓头的位置，螺栓固定装置的套筒轴分为两段，中间以十字铰连接，使其能卡住螺栓头，进而对螺栓头进行锁定。机器人更换绝缘子与紧固螺栓现场见图 4－67。

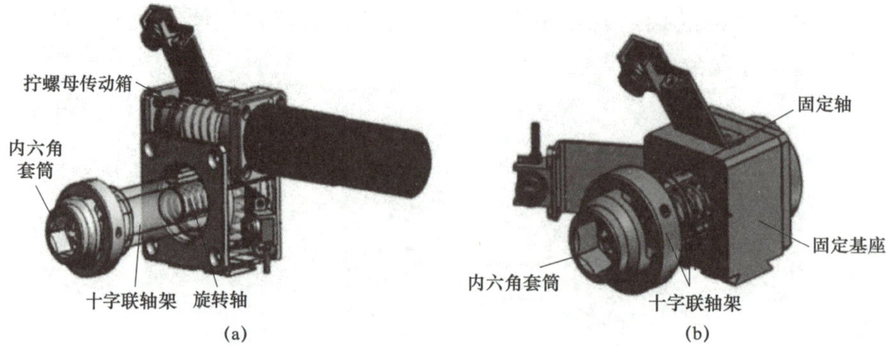

图 4－66　引流板螺栓紧固末端

（a）拧螺栓柔性末端；（b）拧螺栓刚性末端

图 4－67　机器人更换绝缘子与紧固螺栓现场

（a）带电更换绝缘子；（b）带电紧固引流板

（2）输电线路除冰机器人。机器人可以搭载线缆除冰机构、表面除污模块等，以提高机器人功能的多元化。如某架空输电线路除冰机器人，已通过了550kV、1000A 的电磁兼容实验，在多功能人工气候实验室和模拟线路上进行了多次除冰实验。图 4－68 所示为机器人在模拟线路上－11℃环境下的除冰试验

图 4－68　机器人除冰试验照片

现场，覆冰直径超过 50mm。试验表明机器人对高硬度覆冰仍具有较高的除冰效率。对保障电网安全运行、提高电力自动化技术水平具有重要意义。

3. 高压变电站设备带电水冲洗机器人

目前国内采用的防污闪措施主要包括人工清扫、加强绝缘配置、采用防污闪有机涂料 RTV 等。水冲洗是电力系统主要防污闪措施之一，但是现阶段大部分的清洗工作是由清洗技术人员手持冲洗设备进入现场进行作业，不但周期长、劳动强度大，而且停电水冲洗对电网运行和经济效益有较大的影响，因此，对绝缘子等变电站设备采用带电水冲洗是发展的方向。

变电设备带电水冲洗主冲机器人主要包括履带式移动机构、升降机构、液压系统和电控系统，如图 4－69 所示。主冲机器人本体机构为机器人提供移动升降支撑平台，工作环境为 220kV 及以下电压等级变电站。借助移动伸缩平台将高压喷水装置运送到高空作业位置，可实现对变电站绝缘子和绝缘套管等设备污秽进行机器人带电水冲洗作业。移动机构采用履带式移动方式，能自带动力跨越沟道、电缆沟盖板、路牙台阶等，可在变电站室外道路和设备区内无障碍运动。升降机构安装在移动机构上，其末端为两自由度喷枪。升降机构能够将喷枪推举相应作业位置，喷枪作业平台具有自调平功能。

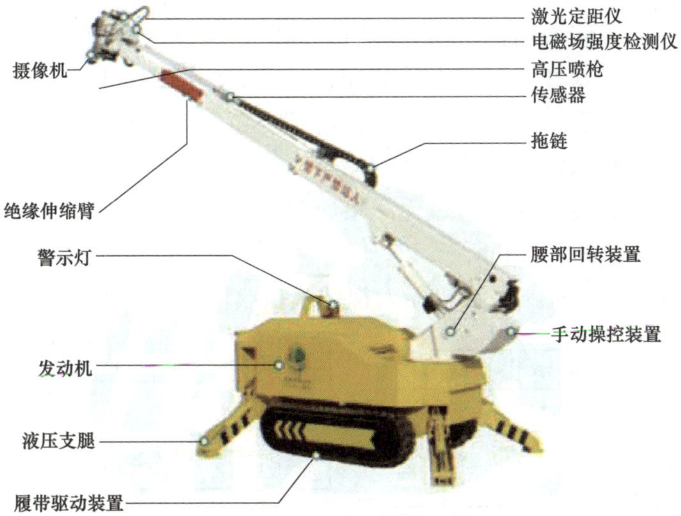

图 4－69　主冲机器人系统组成

目前常用的移动方式有轮式、履带式、腿—足式、蠕动式等，其中以轮式和履带式应用最为广泛。轮式具有结构和控制简单、运行速度快、效率高等优点，但一般只适用于比较平坦和坚硬的连续地面环境，越障能力差，在松软和泥泞地面行动能力差。变电设备带电水冲洗主冲机器人移动机构采用履带式移动机构，由发动机、液压泵、控制阀组、回转支承及接头、液压油箱、燃油箱、电器部件、配重等组成。

回转平台通过回转支承与履带式移动机构连接，在回转马达驱动下，实现平台及其附属各部件360°连续回转运动。在回转平台上还设有状态显示屏，用于伺服阀、关节限位、油位、油压、电源等状态指示。

伸缩臂安装于回转平台上，分为大臂、连接臂、前臂，其中大臂铰接到回转平台上，连接臂铰接于大臂上，前臂铰接于连接臂上。伸缩臂采用同步伸缩的结构方式，臂架在伸缩过程中，各节伸缩臂同时以相同的行程比率进行伸缩。

调平机构主体部分由两支结构尺寸完全相同的调平液压缸Ⅰ和调平液压缸Ⅱ组成。两支液压缸的有杆腔和有杆腔相连，无杆腔和无杆腔相连。能保证一支油缸伸长（缩短）一定长度，另一支油缸缩短（伸长）相同的长度。调平液压缸Ⅰ安装在回转平台1与臂杆2之间。调平液压缸Ⅱ安装在臂杆2与工作台3之间。当臂杆变幅时，调平液压缸Ⅰ长度发生改变，同时与工作平台相连的调平液压缸Ⅱ长度发生相反方向的改变。两支调平油缸组成闭环系统，不受外部系统的影响，为防止密封和接头处泄漏影响平台的调平特性，需在系统中安装补油装置。这种调平机构具有结构简单、成本低、精度高的特点。

变电设备带电水冲洗主冲机器人采用组合绝缘方式，机器人升降机构采用的绝缘臂起到主绝缘作用，机器人喷射的高阻率纯净水柱为辅助绝缘。绝缘臂绝缘为硬绝缘，在水冲洗过程中，其变化性不大；绝缘水柱绝缘为软绝缘，其绝缘性能与水的电阻率、水柱的长度、喷嘴的口径等都有关系，通过改变水柱的长度来改变绝缘水柱的绝缘性能。安全防护智能模块由在线式激光测距仪、水阻率测量仪、无线发射装置、无线接收装置、工业控制计算机、机械臂控制器等设备组成，如图4－70所示。

变电设备带电水冲洗主冲机器人视觉监控模块组成如图4－71所示，包括

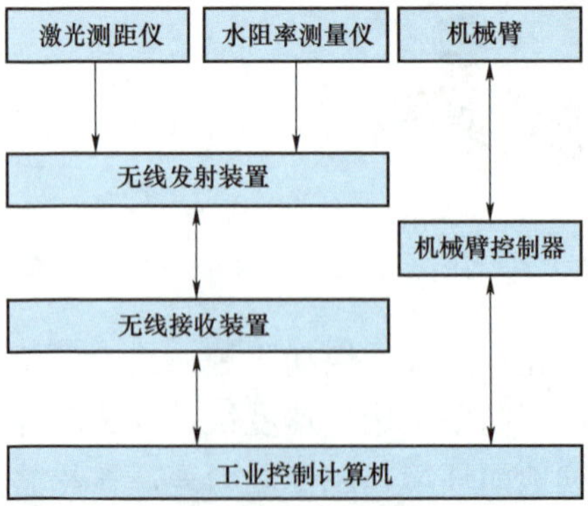

图4－70　安全防护智能控制模块组成

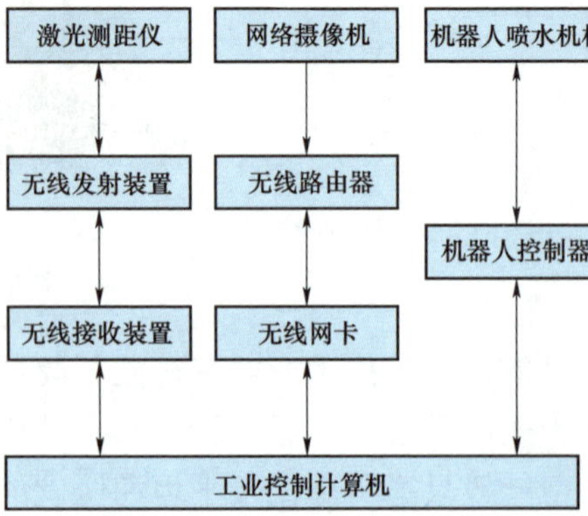

图4－71　视觉监控模块组成

网络摄像机、无线路由器、无线网卡、激光测距仪、无线发射装置、无线接收装置、工业控制计算机、机器人控制器、机器人喷水机构等。视觉监控系统通过摄像机向地面操作人员提供操作端作业画面，有效提高机器人操作的友好度，而且通过机器视觉相关算法实现对带电水冲洗系统的视觉引导控制，有效提高了机器人的自主化程度，并对机器人冲洗效率有较大的提升作用。

2016 年 5 月，变电设备带电水冲洗机器人系统在某变电站进行现场应用，对变电设备带电水冲洗机器人样机功能、主要性能技术指标和变电站现场环境下（试验线路不带电）机器人双枪水冲洗作业方式进行应用试验，如图 4－72 所示。

图 4－72　某变电站机器人水冲洗现场应用图

4. 变电站双体智能巡检机器人

变电站双体智能巡检机器人能够实现变电站大部分仪器设备的检测功能。具备自主巡检、数据采集和精确测量等功能，能够提高电力设备巡视效率，满足变电站日常巡检的业务需求，确保电网的安全稳定运行。

变电站双体智能巡检机器人是由传统巡检机器人与多自由度工业机器人融合在一起的，双体巡检机器人（见图 4－73）主要具备机械臂控制技术、精确测温技术和末端拓展技术，通过安装于机械臂末端的检测工具安装盘，可灵活配置末端检测设备，增加巡检机器人系统巡检手段，拓展对变电设备的检测方法。变电站双体巡检机器人关键技术主要有机械臂控制技术、精确测温技术和末端扩展技术。

图 4－73　双体巡检机器人示意图

（1）机械臂技术。机器人手臂根据运动轨迹的不同，第一类是末端能快速准确地从一点到相邻点运动，用于搬运、点焊、装配等作业中；第二类是连续路径控制，手臂末端从一点到相邻点运动，而要求所走过的路径是连续平滑的，多用于喷涂、弧焊、去飞边等作业中；第三类是移动控制，它包括对移动的路径、速度、目标跟踪、机器人操作机的稳定平衡、越过障碍物及回避障碍物等的控制，多用于作业距离较长或野外作业等需要机器人移动甚至行走的场合。

（2）末端扩展。机器人末端夹持器装在操作机手腕的前端（称机械接口），用于使机器人完成作业任务而专门设计的装置。末端执行器种类繁多，与机器人的用途密切相关，主要指夹持器，具有夹持功能的装置，用于抓拿物体，如吸盘、机械手爪、托持器等，如图 4－74 所示。

专业工具用于完成某项作业所需要的装置。如用于加工工件的铣刀、砂轮和激光切割器、完成焊接作业的气焊枪、点焊钳等，如图 4－75 所示。根据专业工具，可将焊接机器人细分为 C02 焊机器人、TIG 焊机器人、MAG/MIG 焊机器人、气焊机器人、钎焊机器人、点焊机器人、激光焊机器人等。

传感器用于质量、位姿检测、缺陷分析，如视觉传感器、力矩传感器、角度位移传感器等，如图 4－76 所示。机器人所用传感器又分为内部传感器和外部传感器两类。前者用来检测自身状态的信息，主要是位置、速度、加速度等传感器，并且作为反馈信号构成伺服控制；后者是用来检测机器人作业对象和作业环境信息的传感器，如测量夹持器夹紧力的压力传感器，对外进行识别的视觉、触觉、听觉等传感器。

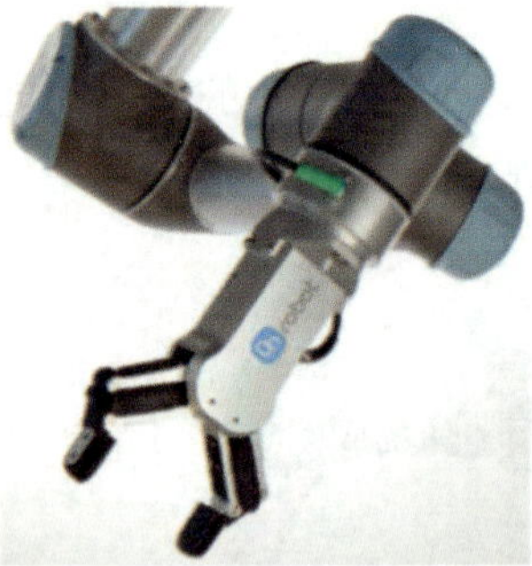

图 4－74　夹持器

图 4－75　专业工具

图 4－76　传感器

不同的末端执行器，结构会有差异，通常一个机器人配有多个装置或工具。通过双体智能巡检机器人的末端操作机构，可辅助或代替人工进行操作，将最危险的环节交由机器人来完成，有效降低运维人员因意外情况受到的人身危害。同时，机器人也可代替人工进行意外情况的审核检查，如安防、消防意外，运维人员通过远程操作控制机器人到达指定位置，通过机器人进行观察和检测，避免人员受到威胁。

4.4 移动作业技术

随着智能运检技术的全面推广和应用，传统的“PC 端+服务器”模式已经不能满足日益增长的电网运检业务需求。更加小型化、智能化的移动终端以及智能可穿戴设备被越来越多地应用在巡检、抢修以及日常办公业务当中。移动端及相关设备与移动应用作为电力企业内部作业与外部服务的延伸，极大地拓展了各级管理人员的工作范围，也为基层班组开展现场作业提供极强的辅助支撑作用。

4.4.1 智能可穿戴设备

可穿戴技术是一种可以穿在身上的微型计算机系统，具有简单易用、解放双手、随身佩戴、长时间连续作业和无线数据传输等特点。可穿戴技术可以延伸人体的肢体和记忆功能，它的智能化在物理空间上表现为以用户访问为中心。可穿戴设备在变电站带电作业中具有广泛的应用空间，一方面可穿戴设备可以提供大量现场数据，为电网的管理、分析和决策提供实时、准确的海量数据支撑；另一方面为生产作业一线人员提供基于行为告警的智能化作业工具，保障变电站带电作业安全、标准、高效、智能，可以预见可穿戴设备将对电网的安全生产带来前所未有的深刻影响力。

1. 智能头盔

近年来，可穿戴技术得到了迅速发展，在工业、军事、医疗等领域的应用得到了广泛的关注。典型的可穿戴计算系统大多使用微型的头戴显示器（Head Mounted Display，HMD）作为显示设备，具备良好的可穿戴性和便携性，可为用户提供与桌面显示器相近的显示效果，适合信息浏览。

在电力行业，智能头盔以电力系统的标准安全头盔为基础，加装高清摄像头，同时集成通信、芯片加密、本地存储、GPS 等模块的方式，实现高清视频的现场采集存储、内外网音视频交互以及设备位置定位的功能。主要应用在站内检修、高处作业等不方便携带其他设备，而又亟须远方支援的作业环境。内部设计上，在头盔后部布置了主要的控制运算和处理单元。部分传感器和通信天线等布置在外壳上可见的适当位置。头盔式音视频单兵设备如图 4-77 所示。

头盔式音视频单兵设备还可扩展声音采集、含氧量采集、红外测温、测距等模块，以实现更加复杂的监视功能。同时，还支持以 WIFI 无线网络为基础的定位功能（室内定位）。可穿戴头盔软件支持多线程工作模式，可以实现多种监视、采集和传输任务的协同。巡检作业集中监视和控制软件是巡检作业管理系

图 4-77　头盔式音视频单兵设备

统的核心，完成巡检作业任务管理、作业过程集中监视、数据采集和存储等功能，服务器端提供数据、图像和声音的显示存储、管理、查询和统计功能。智能安全帽（见图 4-78）在电网业务中主要有以下应用：

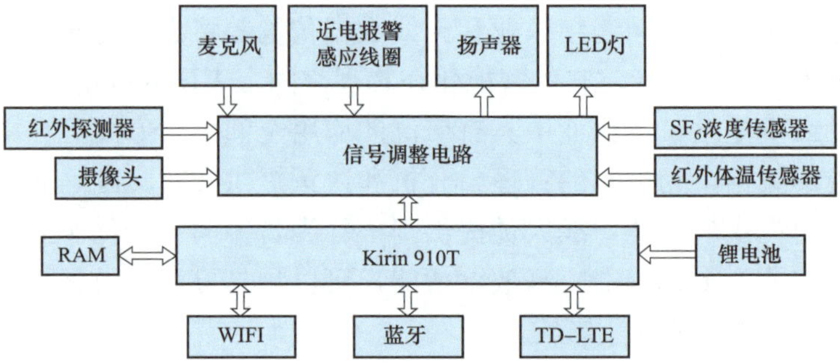

图 4-78　智能安全帽体系架构图

（1）到货验收。利用智能安全帽的测距和拍摄功能，对物资材料的图像和相关参数进行记录。同时，与相关信息系统中数据进行比对，实现物资到货的辅助验收和记录。测量和图像数据也会及时发回数据中心，实现物资资料的实时采集。检测工作见图 4-79。

图 4-79　智能安全帽开展检测工作

（2）智能巡检。智能安全帽可以配合手机 APP 实现巡检工作的智能化。使用运检智能安全帽的红外成像功能采集变压器运行状态下红外图谱，红外图谱经服务器端分析判断后，再通过手机 APP 反馈设备的当前状态，实现实现巡检工作的自动化、智能化。同时还可以通过安全帽上的可见光摄像头拍摄实物照片，形成设备的实物照片图库，为图像识别分析等高级功能应用搭建基础平台。巡检工作见图 4-80。

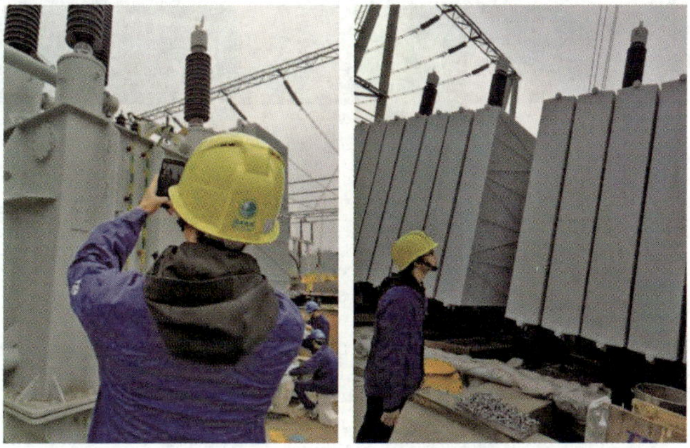

图 4-80　智能安全帽开展巡检工作

（3）与智能手表（见图 4-81）、手环等配合。配合智能手环上的血压、脉搏监测传感器，智能头盔可以有效监测工作人员的体征状态，对于体征状态出现异常的工作人员，智能头盔可以提供闪烁、报警等提示信息，避免人员疲劳作业。同时，智能手表、手环还可以充当智能头盔提供第二块显示屏，方便工作人员开展设备参数、运行规程等与现场图像联动的资料查阅工作。

图 4-81　智能手表

2. 智能眼镜

智能眼镜（见图 4-82），使用方便、体积轻巧、功能强大的特点受到公众的普遍关注，智能眼镜的出现也为电网运维的新工具开发提供了新的思路。智能眼镜在电网业务中主要有以下应用：

图 4－82　智能眼镜在增强现实中的应用

（1）增强现实。现场运检人员佩戴智能眼镜，在辨识出设备后，后台能及时将设备参数、历史检修记录、运行状态等信息推送给现场运检人员，并通过智能眼镜有效地展现给现场运检人员。

（2）远程指导。当佩戴智能眼镜（见图 4－83）的运检人员碰到无法独立解决的现场技术问题时，可以通过智能眼镜向监控中心寻求技术指导。监控中心工作人员通过回传的现场视频以及现场工作人员的音频判断技术难题的解决办法，并通过语音的方式进行技术指导。

3. 智能服装

智能服装（见图 4－84）的出现是现代科技、现代文明及服装设计等多方面进步的综合体现。与传统服装相比，智能服装在外观造型及色彩应用方面并没有很大区别，其明显优势主要在于服装功能的开发。设计师通过引入现代信息化技术，赋予了服装更人性化、智能化及科技化的功能。尽管现代设计师所设

图 4－83　智能眼镜在开展远程指导

图 4－84　智能服装

计的智能服装都具备一定的科技性，给人带来新的体验，但从功能角度来看，当前智能服装的实用性较弱，仅为特殊行业的人群服务，如宇航员所穿戴的服装就属于典型的智能服装，具备强大、多样的功能，如控制压力、输送氧气等；如智能防火服，除能降低外界火源对消防人员的身体危害外，也能帮助消防人员与外界指挥人员沟通，有效提升消防人员的工作效率。

在电力系统中，智能服装应用目前还未大量推广，但在基层一线现场已经有班组在应用相关产品——降温服，通过把小型压缩机、水泵整合起来制成一套冷凝循环系统，降温服的水温、水量都可调解，温度可控制在 16～28℃。在闷热、高温的环境下穿上以后，体感气温能降低 10℃以上。作业人员的工作时间可以延长一倍，对预防中暑还有一定效果。

4.4.2 手持式终端

手持式移动终端作为移动互联网在电网企业和电力工程中的具体应用，极大地促进了电网企业的发展与技术革新。在实际应用中，移动终端作为办公室工作的延伸，极大拓展了一线工作人员的工作范围，并利用手持式终端的摄像头、4G 通信、GPS 等模块，进一步提高业务开展质效。以下从移动终端的主要类型、主要业务及应用场景等几个方面说明其在电力企业中的应用情况。

1. 主要类型

（1）普通移动终端。普通移动终端即为市面上贩售的各类手机、平板等移动终端。普通移动终端更加普适化，在软硬件设计上具有较强的通用性和广泛性。硬件上通常采用金属/玻璃/塑料机身，搭配双摄像头、蓝牙、typc－c/micro－usb 数据/充电接口、4G/WIFI、GPS/北斗定位等标准设备，软件上采用厂商定制的 Android 系统，系统定制化程度相对定制移动终端较低，用户对于系统的控制权限也较低。总体设计上也以轻薄、高性能为主，对于工业上的常用的 RFID、USB 接口等往往需要购买额外的连接和转换设备。

普通移动终端造价费用低、普适性强，往往应用于舒适环境下的普通移动办公以及变电站内的巡检工作。但普通移动终端电池普遍偏小，耐摔耐污防水程度也较低，在线路巡线、超长时间使用方面存在短板，普通移动终端如图 4－85 所示。

图 4－85 普通移动终端

（2）定制移动终端。定制移动终端指的是系统和硬件均采用高度定制化方式生产的移动终端。定制移动终端一般是为某个项目或者某个企业专门设计生产的，系统功能及安全防护可根据用户需求高度定制，比如对充电接口的数据传输功能进行限制，蓝牙、WIFI 接入点限制，开机自动启动验证及安全服务，双系统，专用设备驱动加载，主服务器远程控制、操作监视等，此类功能和安全策略必须通过系统层高度定制化才能实现。

定制移动终端相当于普通移动终端的“加固”版本，采用了更加严苛的外观设计和性能设计，对于设备的耐高温高压、防高处摔落、防磁防干扰、防水防尘、续航存储等也提出了更高要求，在功能上则与普通的移动终端没有太大区别，都能实现音视频交互和数据文本传输。手持式便携音视频单兵设备主要应用在酷暑、高寒、高海拔等气候环境恶劣，普通移动终端难以长时间稳定运行的环境中。

定制移动终端与普通移动终端存在较大的软硬件区别，通常更厚更重，系统也更加复杂，定制移动终端如图 4－86 所示。

图 4－86　定制移动终端

2. 主要业务

（1）电力生产运维管理。运维检修人员可以利用移动终端，从主站业务系统下载离线巡视、检修作业内容，便捷并且准确地开展巡视和检修工作。在作业过程中，记录作业相关信息如作业地点、作业时间、操作设备信息等，同时对操作的具体步骤和巡检发现的异常情况及潜在隐患进行记录。巡检、检修操作结束后，将现场操作人员记录的信息回传到主站业务系统，同时闭环整个巡检流程，从而对巡检作业实现全过程管控。

（2）电力营销应用。传统的电力营销以纸质材料为媒介，需要客户经理和电力用户携带相应材料进行接洽，烦琐且材料容易丢失。移动电力营销终端可实现业扩增容、抄表缴费、用电检查、移动售电、客户服务等功能，同时对关键指标和主要业务进程进行管控，具有可视化、信息化、直观化等优点。

（3）电力抢修服务。居民用户和一般工商业用户在出现停电等故障时，可通过智能手机端的抢修软件与电力公司取得联系，填写具体的故障类型、位置住址、联系方式等信息，生成抢修工单；电力公司抢修人员可以根据手持终端接到的工单，初步判断故障原因，并根据用户位置信息调配抢修车辆，从而缩短抢修服务时间，简化抢修服务流程。

（4）物资管理。电网企业存在备品备件等物资统一管理的特点，不同厂家、不同型号、不同规格采用 PDA 结合条码、二维码、RFID 等采集手段，自动识别和采集数据。

（5）机房运维管理。信息通信机房工作频繁，对机房运维管理是信息通信运维工作的重要内容，可以利用条形码或二维码等方式，对机房内的设备、线路进行识别，对机房内工作人员操作进行记录。通过智能移动终端对条形码和二维码进行扫描识别，与后台信息维护单元无线连接，从而将设备或线路的详细信息显示在移动终端上，也便于信息更新，可以将标签打印设备与移动终端连接，直接打印最新信息的标签，移动终端普及后，甚至可以不必打印，简化标签管理的复杂性。

3. *应用场景*

（1）输电应用场景。

1）输电巡视：输电巡视以移动 GIS 为支撑，结合 GPS、RFID 等定位技术，在智能移动终端上可进行电网设备查询、定位、路径规划、导航、轨迹记录、标准化作业、远程专家等作业，巡视过程中可结合大数据，进行设备运行监控和故障预判分析。PMS 移动作业界面见图 4－87。

图 4－87　PMS 移动作业界面

2）输电通道看护：智能移动终端采用人脸识别技术，确保任务执行人员与安排人员一致；智能移动终端采用 GPS 定位技术，在交接班以及现场看护中确保到岗到位。

3）巡视路线采集：智能移动终端采用 GPS 定位技术，记录巡视人员的实际行走路线，通过一定规则采集经纬度坐标，生成对应的巡视路线，为新来的巡视人员提供巡视路径参考，支持巡视路径的回放。

4）输电线路带电检测：智能移动终端采用红外测温技术，可对输电线路设备进行红外测温自动生成红外图谱。

（2）变电应用场景。变电移动作业 APP 见图 4－88。

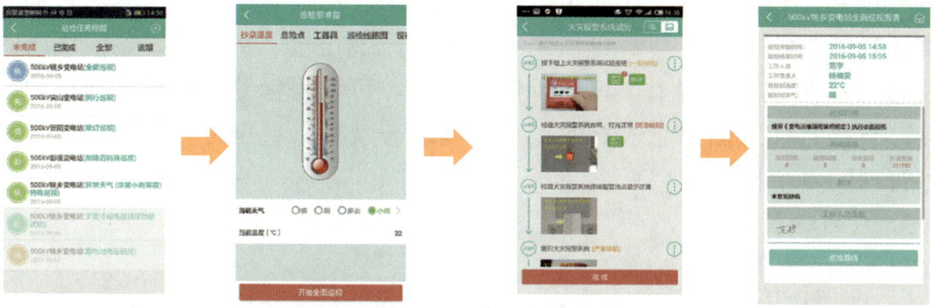

任务下达　　作业准备　　作业执行　　总结评价

图 4－88　变电移动作业 APP

1）变电验收：变电验收是按照工程项目的施工进度，对设备和设施的设计方案、制造工艺、施工及安装等相关环节，进行审查、监督，以保证电气设备投运后稳定运行。变电验收智能移动终端应用分为验收计划管理、验收标准化作业范本管理、可研初设审查、厂内验收、到货验收、隐蔽工程验收、中间验收、竣工（预）验收、启动验收、验收结果查询统计、缺陷整改及复验管理共计 11 个业务板块。采用图像识别技术，通过扫描设备名牌实现台账登记。内置“五通”作业标卡，实现验收人员工作中随时随地有据可依。

2）变电运维：智能移动终端在变电运维中应用于设备巡视、维护和缺陷管理等业务，为变电运维人员提供一套基于移动终端的变电运维管理工具。内置“五通”（验收、运维、检测、评价、检修）标准，提升运维工作质量；采用人脸识别技术确保信息安全；集成拍照、录音、录像、红外测温等功能于智能移动终端高效便捷完成工作；采用 GPS 技术，确保巡视到岗到位；采用设备身份快速识别技术（二维码、条形码、RFID、NFC），实时掌握设备信息以及运行情况；采用数据同步技术，实现作业数据自动同步生产管理系统，减轻运维人员二次录入工作；采用缺陷智能识别技术，实现缺陷的智能识别以及记录。智能移动终端的应用将极大地减轻变电运维人员的工作负担，确保变电运维工作按时、保质地执行和实现管理规定落地，最大程度保证变电站设备安全运行。智能移动终端应用业务主要包括设备巡视管理、设备维护管理、设备缺陷管理、倒闸操作管理、工作票管理。

3）变电检修：变电检修业务主要是按照检修计划安排，对设备和设施进行维护、检修，并对运行巡视、在线监测、带电检测、试验等手段发现设备和设施的缺陷、隐患和故障进行处理，保障设备和设施的安全运行。变电检修管理包括检修计划、工作任务单、检修现场管理、标准化作业、检修验收、检修总结、抢修管理等方面。

4）变电检测：变电检测模智能移动终端的应用分为带电检测和停电试验两大业务模块。

智能移动终端的应用在带电检测项目中包括红外热像检测、特高频局部放电检测、高频局部放电检测、超声波局部放电检测、暂态地电压局部放电检测、铁芯接地电流检测、SF_6 气体湿度检测、SF_6 气体分解产物检测、电缆外护层接地电流检测、相对介质损耗因数和电容量比值检测、机械振动检测、声级检测、红外成像检漏、紫外成像检测、油中溶解气体检测、泄漏电流检测、直流偏磁水平测量。

智能移动终端在停电试验中的应用主要是按照停电试验计划安排，对设备和设施进行的例行试验、诊断性试验工作，并依据试验结果，为设备状态评价、检修决策提供数据支持。

5）变电评价：变电评价智能移动终端的应用主要实现变电精益化管理评价和年度状态评价、动态评价两大业务。

在变电精益化评价中采用数据智能分析对变电设备验收、运维、检测、检修、反措执行及运检管理进行全面检查评价，全方位查找设备和运检管理薄弱环节，不断提升变电精益化管理水平和设备运行可靠性的一种手段。精益化评价业务主要包括评价规则管理、评价计划管理、现场评价实施、评价结果管理。

（3）配电应用场景。

1）配电巡视：基于生产管理系统的巡检计划，应用智能移动终端结合现场实际路况、地形、网络、安全等要求，为现场巡视人员提供包括架空线路、电缆通道、电力站房等设备在内的配电巡视移动应用，实现现场查询巡检计划、查看设备信息、记录缺陷等功能，通过将巡检过程数据及时传回主站，使运检管理人员了解现场巡视开展情况、查看巡视人员轨迹、分析巡检完成质量。

2）配网工程管控：智能移动终端通过对作业环境、资源、人员的统一管理，整合现场勘察、辅助设计、标准化物资管控、施工资质管理及项目验收等工作流程，实现对工程的全过程管控，强化工程质量管控和安全管理。

3）配网抢修：对抢修车辆配置具备 GPS 定位功能的车载终端，对抢修人员配发移动终端，安装相应终端程序，实现现场移动作业终端与主站系统的信息交互。抢修业务管理人员及 95598 业务人员可通过车载终端和终端实时查看抢修车辆和抢修人员的地理位置信息以及所带工单信息。抢修人员到达现场后，通过移动终端操作反馈到达时间，开始进行故障处理，判断清楚故障原因后，在终端上对故障原因、预计修复时间等信息通过工单返回主站平台，供 95598 座席人员及时查看、回复客户。故障处理后，利用移动终端返回处理及送电信息。95598 座席对处理完毕的故障抢修工单进行归档。

4）电缆综合展示：智能移动终端实现基础地理数据、电缆线路及相关管网设备图形的展示，通过 GPS 坐标定位，实现对指定位置的路径导航；根据电缆埋设及穿管情况，实现电缆埋设剖面图以及电缆井展开图展示，通过不同颜色标注实现电缆剖面图的特色化展现和设备信息查询。结合现有地下电缆、工井已安装的 RFID 标签，利用移动终端扫描超高频及高频 RFID，获取对应设备的台账信息。

4.4.3 移动监控设备

1. *移动视频监控设备*

（1）软硬件构成。移动监控设备是一类特殊的移动终端，主要用于视频监控。由于视频传输流量大、传输效率要求高、对硬件负载压力大，因此需要专用的终端来实现需求。移动监控设备的硬件依赖专业定制的箱体、高清摄像头、芯片、通信传输模块等实现，移动监控设备及相关附件如图 4－89 所示。

图 4－89　移动视频监控设备（移动云台）

（2）应用场景。

1）作业现场远程管控：通过在风险作业现场架设专用的移动云台，实现指挥中心对作业现场的远程管控。通过 PC 端操作现场的摄像头，全方位观察作业现场的可能存在的危险点和风险因素，同时也可以监控现场作业过程中是否有违章现象并通过远程呼叫及时提醒，如图 4－90 和图 4－91 所示。

图 4－90　作业现场移动管控（PC 端）

图 4－91　作业现场移动管控（现场）

2）多方会商：可以通过搭建专用的视频会议室，实现多个 PC 和移动云台的视频会商功能。由于使用 B/S 构架，会商软件可以方便地在内网 PC 上部署应用。通过普通的耳麦和摄像头既可将 PC 转换为视频会商终端，又可通过共享等方式，将各类文档向与会人员进行分享。通过此种方式，移动云台还可满足普通会商功能，同时可以有效利用一切内网数据，如图 4－92 所示。

图 4-92 普通视频会议（右侧为共享的会议资料）

2. GIS 局部放电重症监护系统

GIS 局部放电重症监测系统（简称重症监测系统）综合应用特高频（UHF）、超声波（AE）和高频电流（HFCT）检测原理对运行中的 GIS 进行短期实时局部放电在线监测，并且可对发生的局放信号诊断分析，能够及早发现电力设备内部存在的绝缘缺陷。该系统具备以下功能：① 能够同时开展局部放电的多技术综合监测。② 可显示局部放电的特征图谱，如 PRPD、PRPS 图谱等，且具有数据远传功能，可将检测图谱上传至云监控平台，通过 PC/移动终端可实时远程查看。③ 具有局部放电神经网络深度学习诊断功能，可准确诊断放电类型以及判断严重程度，为状态检修提供科学依据。

（1）系统硬件及其工作原理。重症监测系统硬件由两部分组成：① 用于局部放电信号接收的特高频电流传感器、超声波传感器、高频电流传感器；② 用于采集、存储、通信和数据初步分析的数据采集前端主机。

传感器常规监测传感器包括 3 个特高频、4 个超声波传感器，也可根据监测设备实际情况自由组合传感器的数量，以满足现场局部放电在线监测的具体应用要求。特高频检测带宽为 300～1500MHz；超声波检测带宽为 20～300kHz。

数据采集前端主机主要功能是数据处理及向服务器上传数据，其中 FPGA 经 AD 转换完毕后进行数据采集，核心板对数据实现数据处理、存储及通信。GIS 设备重症监护系统架构示意图如图 4-93 所示。

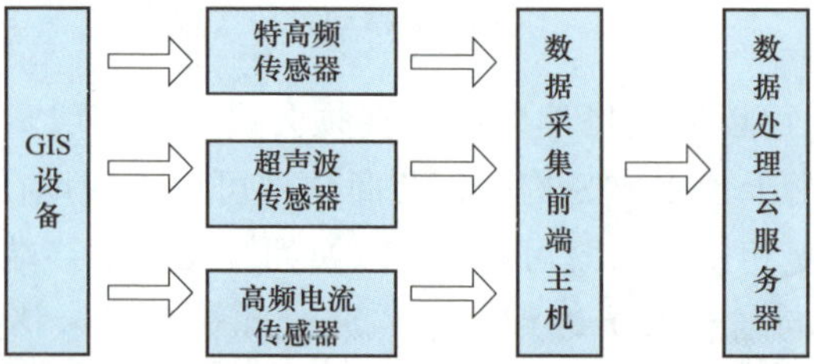

图 4-93 GIS 设备重症监护系统架构示意图

（2）系统软件。重症监测系统软件安装在数据处理云服务器上，数据采集前端主机通过 3G/WIFI 将监测数据传输至系统软件，系统软件对上传的监测数据进行采集与解析，并通过前端网页对解析后的数据进行查询、展示和分析，为判断 GIS 绝缘状态提供依据。系统软件主要包含信息管理、数据查询、用户中心和系统管理 4 个部分。

信息管理主要包括网站信息管理、数据采集前端主机信息管理、被测 GIS 设备信息管理、监测测点信息管理和信道信息管理。

数据查询主要包括报警数据、历史数据和发展趋势查看，通过对各个监测点历史数据信息的查询以及多个监测点不同时间的图谱对比，为用户判断局放类型、信号发展趋势提供参考。

用户中心主要实现不同用户的权限管理及密码管理功能。

系统管理主要实现密码修改以及日志查询等。

（3）应用场景。在某 110kV GIS 设备 1 号主变压器 110kV 侧 L111 间隔、110kV 母线 TV 间隔安装了 7 个传感器，包括 3 个超声波传感器（AE）和 4 个特高频传感器（UHF）。重症监护系统应用现场如图 4－94 所示。

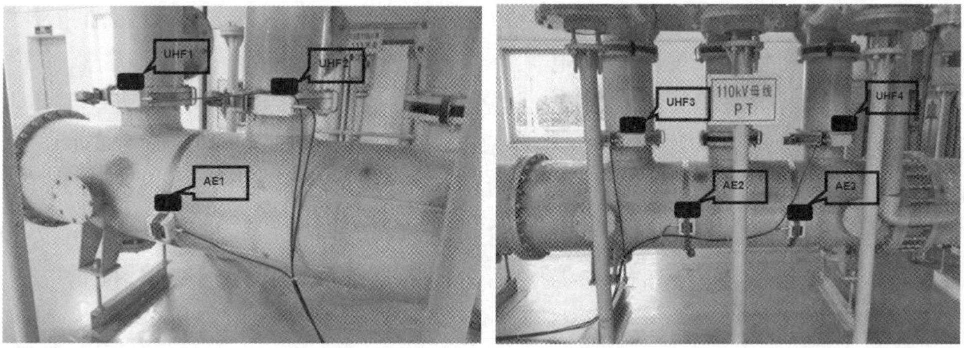

图 4－94　重症监护系统应用现场

利用特高频监测技术对该变电站 110kV 母线气室盆式绝缘子进行特高频信号监测，测点监测到明显特高频异常信号，工频周期内存在两簇脉冲信号，相位分布范围窄，脉冲个数较少，具有绝缘早期放电或悬浮放电特征。

在使用特高频技术监测的同时，采用超声波技术对局放信号源位置进行监测。超声波 PRPS/PRPD 图谱中未出现明显放电脉冲，可判断为无异常。放电幅值一直处于平稳状态，幅值约为 80mV；脉冲个数约为 200 个，可判断为背景噪声脉冲信号。超声波监测结果显示，局部放电信号源未产生超声信号。

4.5 变电站视频巡视技术

应用图像智能识别技术、深度神经网络学习等新的视频分析技术可提升变电站运维智能化、自动化、信息化水平。目前通过应用变电站视频巡视技术，在变电运行方面实现了远程设备巡视、设备故障迅速定位、全景数据采集和接入等应用功能；在调度监控方面，通过与调度系统、五防系统的联动，实现倒闸操作辅助确认；在安全监察方面，实现了视频与消防子系统、安全警卫子系统的联动，实现对人员和车辆的作业管控；在平台深化应用方面，基于深度神经网络学习技术及计算机视觉识别技术，实现设备表计读数分析、开关刀闸分合状态识别以及设备外观异常分析等视频高级应用功能，同时实现与调度系统、PMS 系统、运检管控平台等系统的横向业务集成，实现同生产运行数据的融合。

4.5.1 设备智能巡视

变电站视频巡视技术能够辅助变电站运行人员进行远程设备智能巡视，通过视频智能分析的方法，能够进行电力设备（包括主变压器、TA）漏油检测、设备异物检测（包括主变压器、电容器）、设备状态（包括开关分合状态、刀闸分合状态、压板状态等）异常判定、设备仪表参数识别（包括 SF_6 表计、避雷器表计、主变压器油温表计等），并在检测到异常时，自动记录相关信息并向用户推送告警信号。

远程设备智能巡视通过架设在变电站场地内的监控摄像机采集各种电力设备实时图像并传送至监控后台，监控后台应用基于深度神经网络学习的算法智能识别设备仪表读数（见图 4-95），包括主变压器油位、主变压器油温、主变压器档位、断路器 SF_6 压力、断路器弹簧储能、避雷器动作次数、避雷器泄漏电流、TA 油位等；监控后台也可应用基于深度神经网络学习的算法智能分析设备外观状态，包括设备是否漏油、设备是否有异物附着等。变电站运维人员可根据需求配置远程设备智能巡视点位，监控后台将自动完成巡视，最终生成巡视报告（见图 4-96），若判智能识别定设备运行参数或外观异常，监控后台将自动记录相关信息（包括巡视时间、设备运行参数、视频录像、视频抓图），并向变电站运维人员推送告警信息。

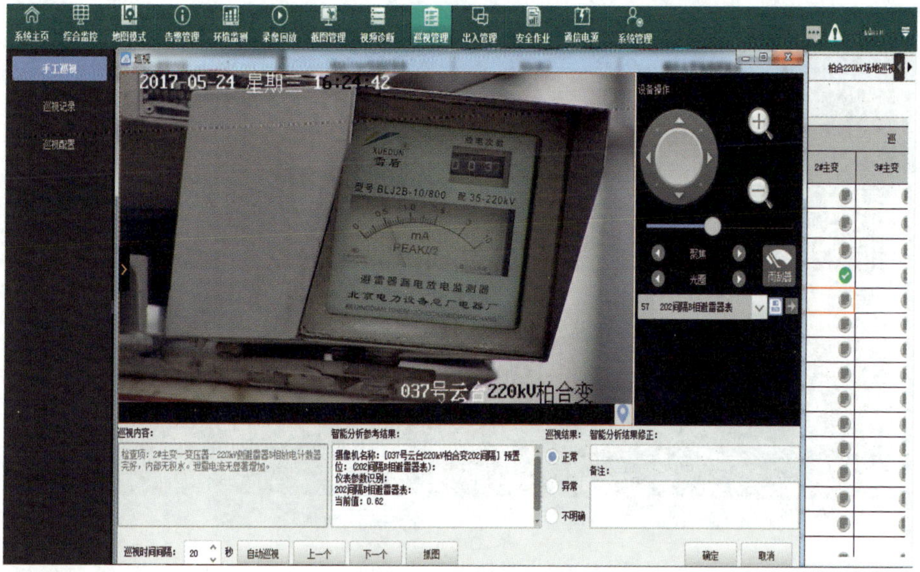

图 4-95　视频智能表计读数

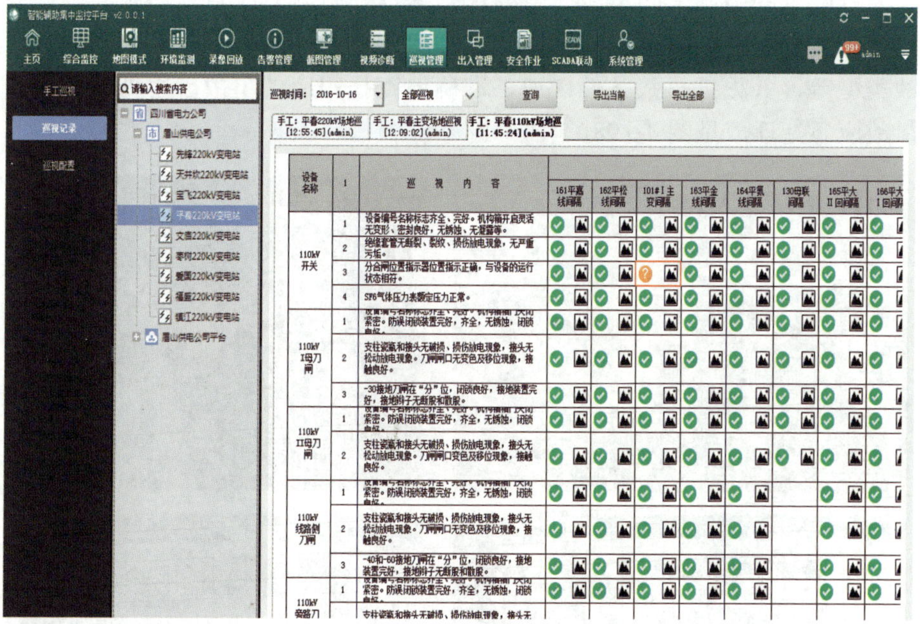

图 4-96　巡视报告记录

视频与动环系统等联动，实时掌握变电站环境状态，风速、温度、湿度等变化趋势，当发生安消防或动力环境告警时，摄像头会自动转至告警位置（见图 4-97），监控后台将告警并弹出实时画面，并同时向变电站运维人员推送告警信息。

图 4－97　联动电子围栏弹出告警

通过配置变电站消防事故应急处理预案及安防事故应急处理预案，在变电站发生相关事故时，运维人员能够通过实时视频查看事故现场，确定事故等级、事故类型等，并根据事故条件快速、准确地查找相应的事故应急处理预案，开展事故应急处理，见图 4－98。

图 4－98　场地事故应急指挥

4.5.2　智能安全管控

应用视频智能分析的方法，可实现从人员进入变电站到现场作业过程的全方位安全管控，保障人身、设备安全。

1. 人员出入管理

在现有工作票管理制度及安全保卫制度的基础上，监控后台与生产管理系统对接获取工作票内容，现场作业人员使用远程可视对讲设备向远方监控人员提供进入变电站的身份鉴别，执行远程进站控制管理，提升无人值守变电站的管理效率及安全保障能力，所有进站记录将被保存便于事后追溯及分析，如图 4－99 所示。

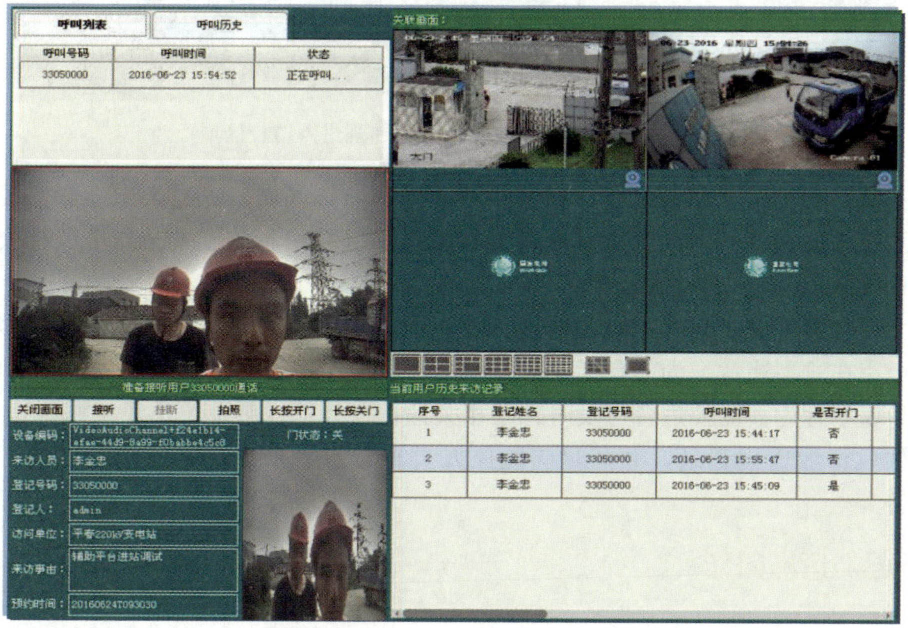

图 4－99　人员出入变电站记录

2. 作业区域安全管控

监控人员可根据工作票内容在监控画面中配置虚拟电子围栏，监控后台应用基于双目识别技术的视频分析算法实时监控该区域，智能识别移动物体，若有人员违规进出该区域，监控后台将及时记录相关证据（包括视频录像及视频抓图），并同时向监控人员推送告警信息，如图 4－100 所示。

3. 安全作业监控

通过远程人工视频监控及智能视频分析等方法，辅助安监人员完成变电站作业安全监督工作，能有效提升安全作业保障能力。

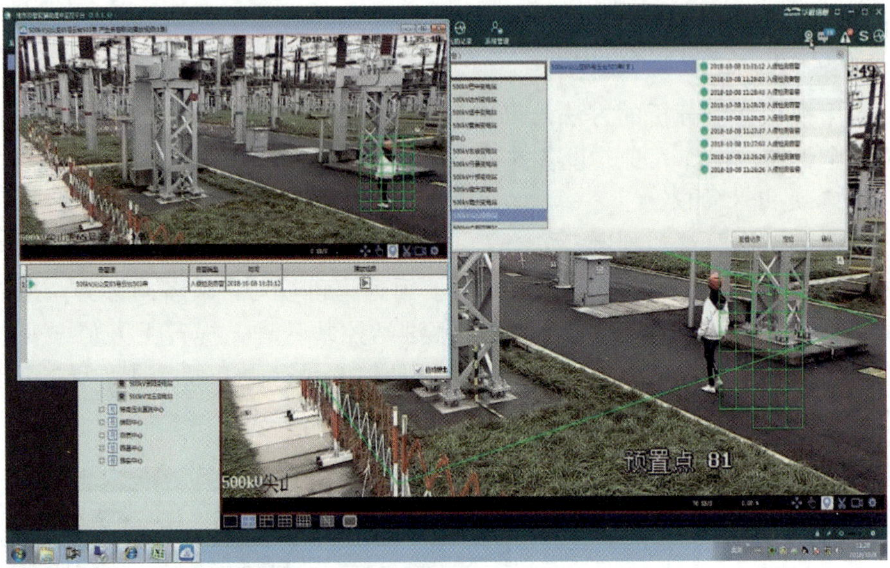

图 4-100　监控后台抓拍人员违规进入监控区域

根据变电站工作票内容，摄像头自动转向监控区域，通过人工视频监控及智能视频监控相结合的方式，全程对相关工作区域进行施工安全作业监控及视频录像。

视频智能分析可实时监控施工人员在施工过程中是否离开安全作业区域，是否存在典型违章行为（包括未佩戴安全帽、误入带电间隔等现象），如监测到典型违章行为，监控后台可及时记录相关证据（包括视频录像及视频抓图），自动生成作业违规记录，并同时向监控人员推送告警信息（如变电站现场声音告警）。

4.5.3　远方操作

1. SCADA 系统智能联动

SCADA 系统智能联动通过人工远程视频确认及智能视频分析等方法，能够辅助调度监控人员准确完成设备远程操作，辅助调度监控人员实时监控变电站现场设备操作工作并确定操作是否到位，辅助调度监控人员在发生故障动作后进行故障判定，对提高监控效率及准确率具有积极意义。

调度监控人员在 SCADA 一次接线图点击设备（见图 4-101），相关摄像头自动转向指定设备，弹出设备多角度实时画面。在进行远方倒闸操作时 SCADA 系统智能联动视频监控，弹出监控实时画面，监控后台通过图像智能分析算法自动识别开关分合指示、刀闸分合状态、10kV 室开关柜状态，并将信息反馈 SCADA 系统，见图 4-102。

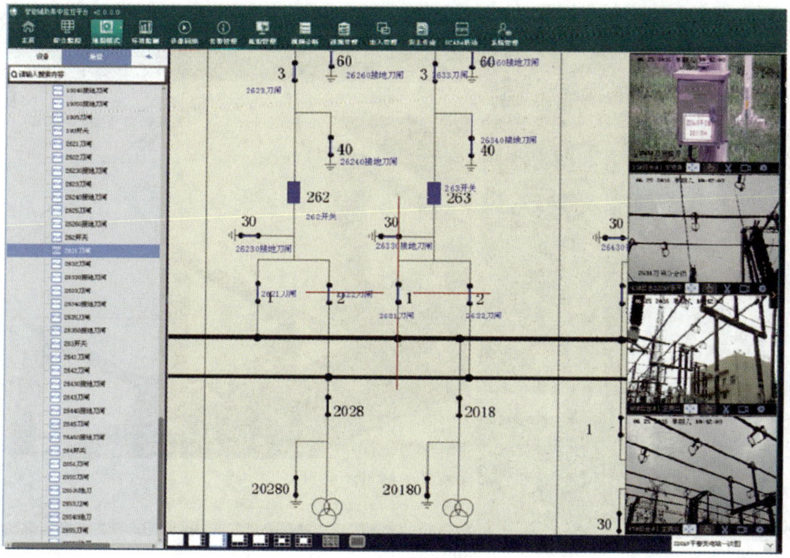

图 4－101　SCADA 联动界面

图 4－102　图像分析智能识别刀闸分合位置

2.“五防”系统智能联动

“五防”系统智能联动通过人工远程视频确认及智能视频分析等方法，能够辅助调度监控人员准确完成设备远程操作，辅助调度监控人员实时监控变电站现场设备操作工作并确定操作是否到位，对提高监控效率及准确率具有积极意义。

“五防”系统智能联动监控的主要对象包括开关（开关分合指示）、刀闸（刀闸分合状态）等，见图 4－103。

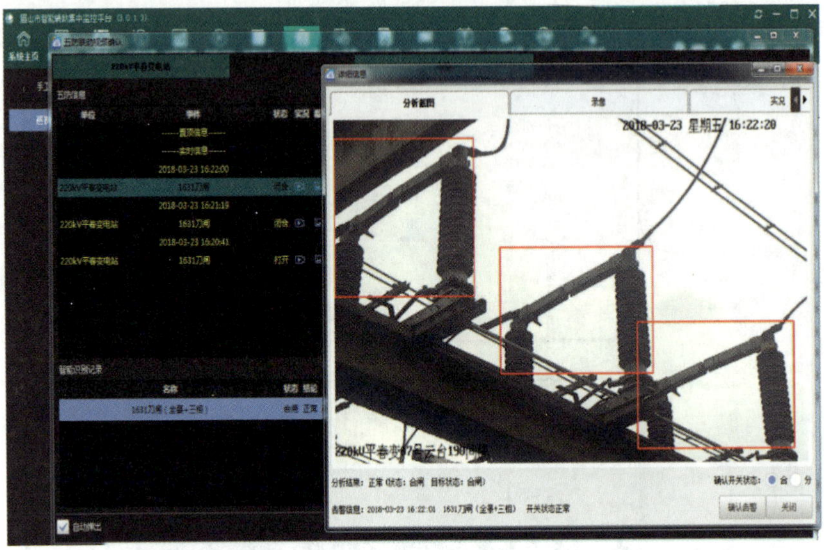

图 4－103 “五防”联动界面

4.6 电力设备实物“ID”技术

电网实物资产统一身份编码（Identity，简称“ID”）建设是国家电网有限公司一项重大基础工程，通过实物“ID”固化物料、设备、资产间的分类对应关系，贯通电网资产各阶段管理中存在的项目编码、WBS（Work Breakdown Structure）编码、物料编码、设备编码、资产编码等各类专业编码，实现实物资产在规划计划、采购建设、运维检修和退役报废全寿命周期内信息共享与追溯，提升公司资产精益化管理水平。

4.6.1 实物“ID”获取方式

1. 二维码和 RFID 标签

实物“ID”由国家电网公司统一管理，其配套使用二维码实物“ID”和 RFID 标签，由使用单位自行组织安装和维护。实物“ID”标签分为二维码标签和 RFID 标签两种类型，同一设备的两种标签实物“ID”编码相同。

二维码又称二维条码，常见的二维码为 QR Code，QR 全称 Quick Response，是一个近几年来移动设备上超流行的一种编码方式，它比传统的条形码（Bar Code）能存更多的信息，也能表示更多的数据类型。目前国家电网有限公司二维码码制采用 QR 码，纠错等级采用 H（30%）级别。二维条码/二维码（2－dimensional bar code）是用某种特定的几何图形按一定规律在平面（二维方向上）分布的黑白相间的图形记录数据符号信息的；在代码编制上巧妙地利用构成计算机内部逻辑基础的“0”“1”比特流的概念，使用若干个与二进制相对应的几何形体来表示文字数值信息，通过图像输入设备或光电扫描设备自动识读以实现信息自动处理：它具有条码技术的一些共性：每种码制有其特定的字符集；每个字符占有一定的宽度；具有一定的校验功能等。同时还具有对不同行的信息自动识别功能及处理图形旋转变化点。

RFID 是一种非接触式的自动识别技术，它通过射频信号自动识别目标对象并获取相关数据，识别工作无须人工干预，可工作于各种恶劣环境。RFID 技术可识别高速运动物体并可同时识别多个电子标签，操作快捷方便，在超市中频繁使用。RFID 电子标签分有源标签、无源标签、半有源半无源标签三类（见图 4－104）。其工作原理为标签进入磁场后，接收解读器发出的射频信号，凭借感应电流所获得的能量发送出存储在芯片中的产品信息（Passive Tag，无源标签或被动标签），或者主动发送某一频率的信号（Active Tag，有源标签或主动标签）；解读器读取信息并解码后，送至中央信息系统进行有关数据处理。

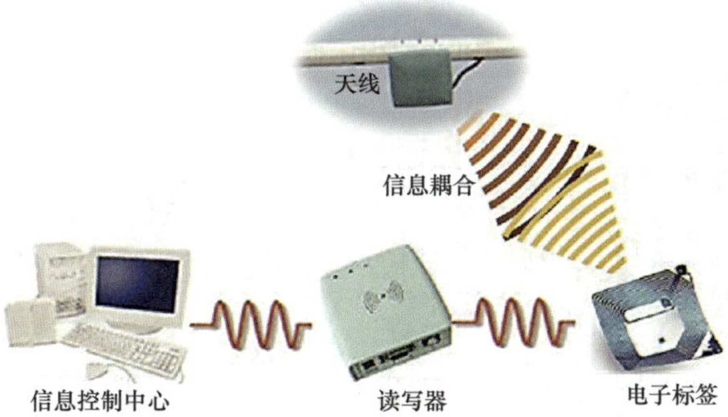

图 4－104　RFID 标签系统示意图

2. 电网实物“ID”标签

电网实物资产实物“ID”是电网资产的终身唯一编号，由 24 位十进制数据组成，代码结构由公司代码段、识别码、流水号和校验码四部分构成，编码构成如图 4－105 所示。二维码铭牌见图 4－106。

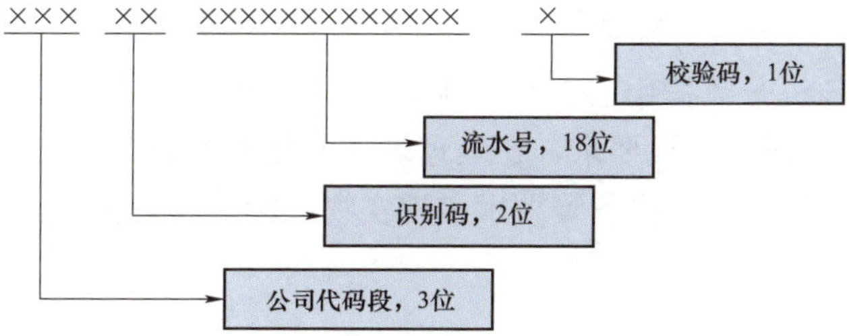

图 4－105　电网资产实物“ID”编码构成

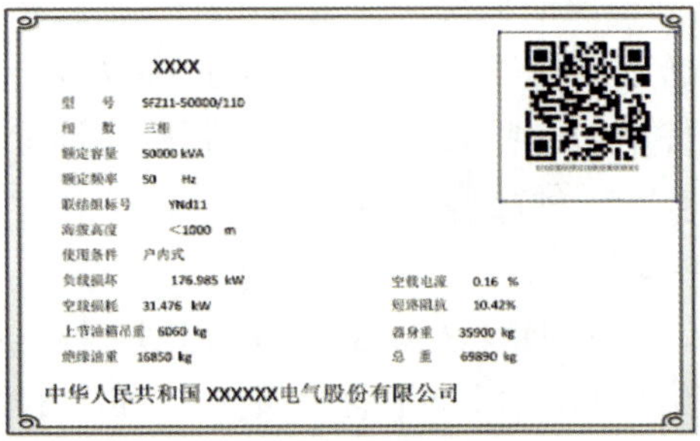

图 4－106　二维码铭牌

实物“ID”由国家电网有限公司统一管理，其配套使用 RFID 和二维码实物“ID”标签（见图 4－107 和图 4－108），由使用单位自行组织安装和维护。实物“ID”标签和电网资产一一对应，安装在资产实物本体上，采取物资采购申请源头赋码、供应商设备名牌和实物“ID”标签一体化安装，已投运资产设备由资产实物管理部门赋码安装。对于用于线路杆塔、高空设备等特殊情况下可采用主、副标签形式，主标签安装于电网资产本体，副标签安装于电网资产附近易于运维检修且不影响使用的位置，且主副标签应保持信息一致。

二维码标签中部为二维码本体，下侧为实物“ID”编码；RFID 标签表面应印制二维码及实物“ID”编码信息。

图 4－107　二维码标签

图 4－108　RFID 标签

4.6.2　电网实物“ID”技术框架

基础架构遵循国家电网有限公司“一平台、一系统、多场景、微应用”的整体技术规划，新增的功能采用微应用的开发技术要求，技术开发架构（见图 4－109）基于国家电网有限公司应用系统统一开发平台（SG－UAP）进行开发，基于国网云平台进行部署。

基于全业务统一数据中心架构要求，结合各单位现有系统与支撑资产实物“ID”的信息化微应用建设要求，在处理域访问技术方面，基于服务总线、消息中间件以及统一数据访问服务等技术实现实物“ID”建设相关业务数据库访问，见图 4－110。

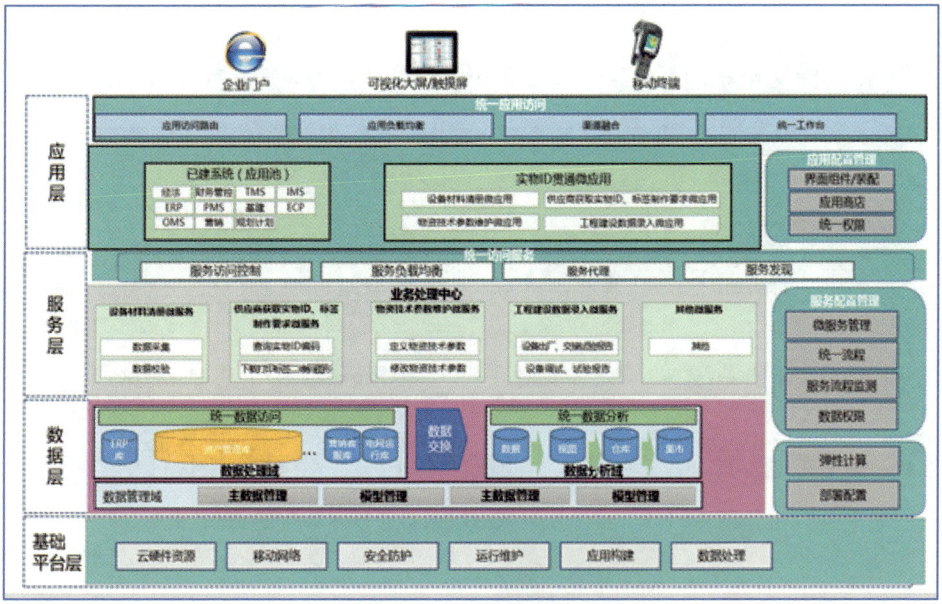

图 4-109　技术开发架构图

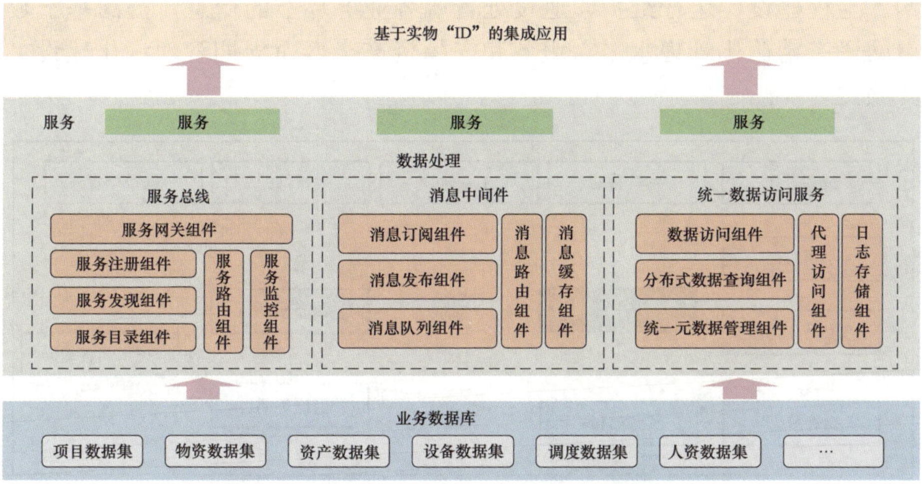

图 4-110　基于处理域的数据访问技术架构示意图

对于实物“ID”建设分析应用，遵照全业务统一数据中心分析技术框架整体要求，数据源采用定时抽取、同步复制、实时接入、文件采集等方式进行数据获取，并通过统一分析服务实现基于实物“ID”的资产全寿命周期专题分析，见图 4-111。

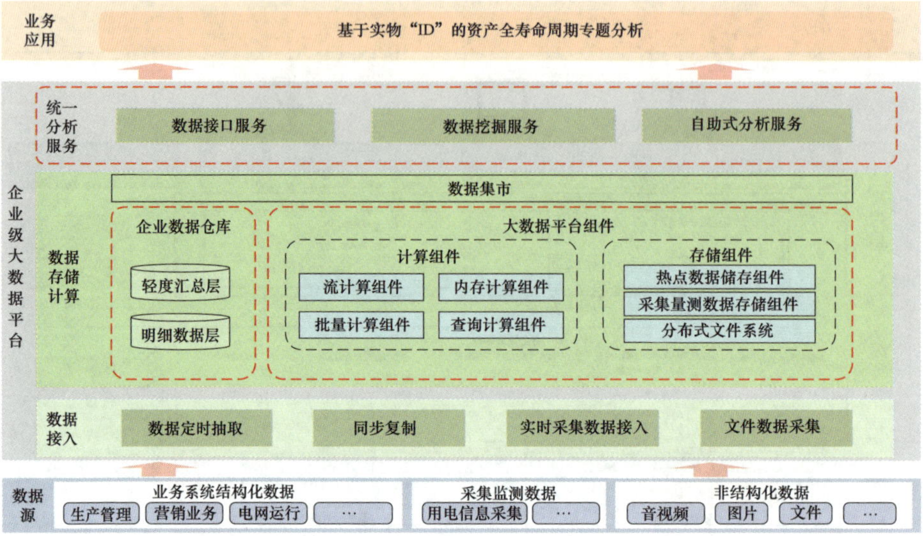

图 4－111　基于分析域的数据访问技术架构示意图

4.6.3　电网实物"ID"技术应用

电网设备以实物"ID"为索引，贯通电网实物资产信息在规划设计、物资采购、工程建设、运行维护、退役处置等各业务环节的信息，提高基于数据的电网资产精益化管理水平，服务和支撑资产全寿命周期管理深化建设，见图 4－112。

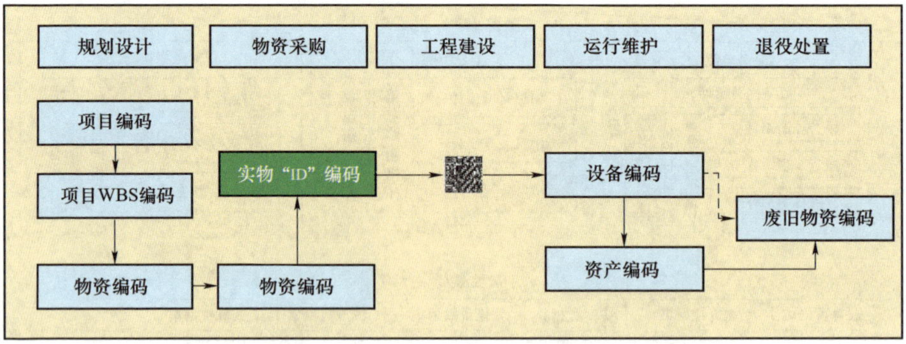

图 4－112　实物"ID"贯通业务逻辑示意图

1. 设备质量信息分析

将设备在监造、出厂试验、抽检、建设安装、运维检修等各环节发现的质量问题，相关专业人员通过扫描实物"ID"提报到质量信息平台，实现各环节的质量信息填报入口统一化，实现设备全寿命周期质量问题的综合分析，为招标环节供应商质量评价提供基础数据，见图 4－113。

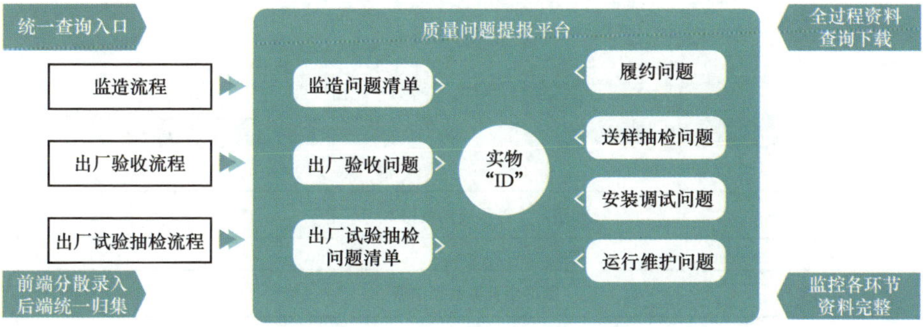

图 4－113　设备质量信息平台示意图

2. 电子签章单体收发货

通过扫描实物“ID”自动进入电子签章签收模块，线上实时完成实物“ID”信息核查、货物交接单、到货验收单、投运单、质保单、结算单据的签署，将线下纸质单据转化为线上电子单据管理，简化和规范业务流程，有效提高了内外部人员的业务协作效率，保障了实物“ID”源头管控质量，见图 4－114。

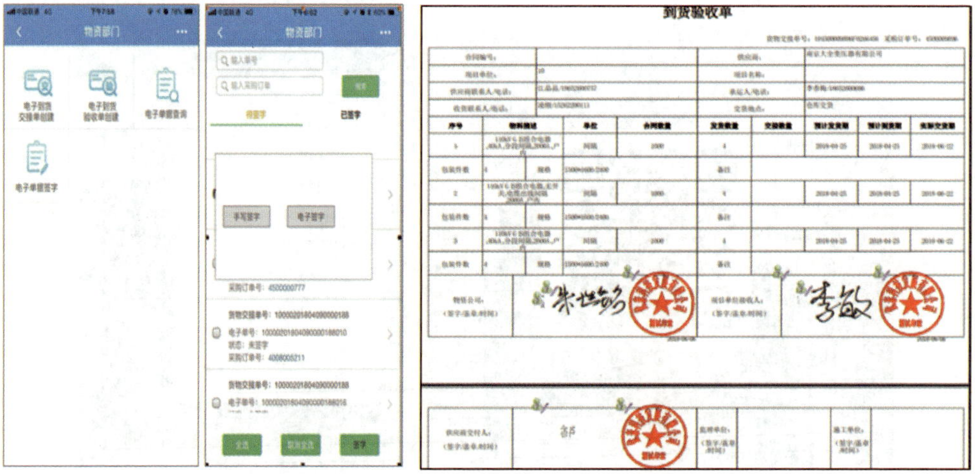

图 4－114　电子签章验收示意图

3. 交接试验报告结构化录入

调试单位人员利用微应用扫描实物“ID”编码标签，获取设备相关信息，实现对工程设备的调试报告、试验报告等信息维护功能，并对调试报告、试验报告数据进行结构化存储。基建交接试验报告示意图见图 4－115。

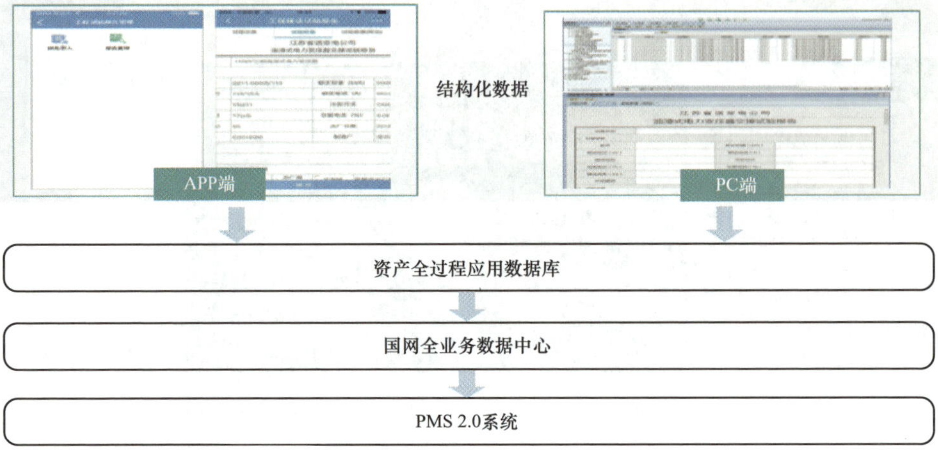

图 4－115　基建交接试验报告示意图

4. 移动巡检功能应用

一是巡视签到确认，巡视人员通过扫码，确认已经巡视过的设备，同时确保值守或者保电时，运行人员到岗到位；二是现场查看维护设备信息，保证运行人员快速调阅监测数据、设备参数、缺陷/隐患记录、故障记录、运行记录等信息。移动巡检终端扫码界面示意图见图 4－116。

图 4－116　移动巡检终端扫码界面示意图

结合变电专业五项通用制度和现场工作流程，PMS2.0 系统派发试验任务，变电“五通”移动作业 APP 扫描实物“ID”（见图 4－117），选择并填写相应的试验模板，根据试验信息、设备信息、历史数据、环境数据和试验项目自动计算数据，并将数据回传至 PMS2.0 系统，确认无误后直接提交进入审核流程。实现设备的快速定位、信息的精准采集、作业信息的实时录入等专业应用，进一步提升变电专业工作效率和精益化管理水平。

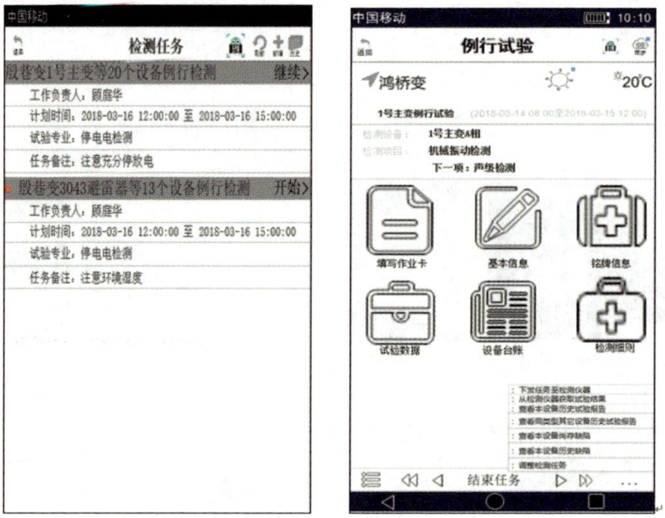

图 4－117　变电“五通”移动作业 APP 扫描界面

5. 设备生命大事记分析

基于实物“ID”追溯设备投运前端环节信息，将规划、采购、生产、验收、运维等重要节点信息引用至 PMS2.0 生命大事记（见图 4－118）模块，以实物“ID”为主线，开展基于生命周期的综合统计分析，初步实现以物资采购批次为维度，统计分析同批次设备在运行过程中发生的缺陷、故障，对出现问题较多的供应商进行评价，对同批次其他设备状态评价提供参考意见，彻底打通了设备制造、建设及运检环节的信息壁垒，真正实现信息可追溯，为智能运检大数据分析提供有力支撑。

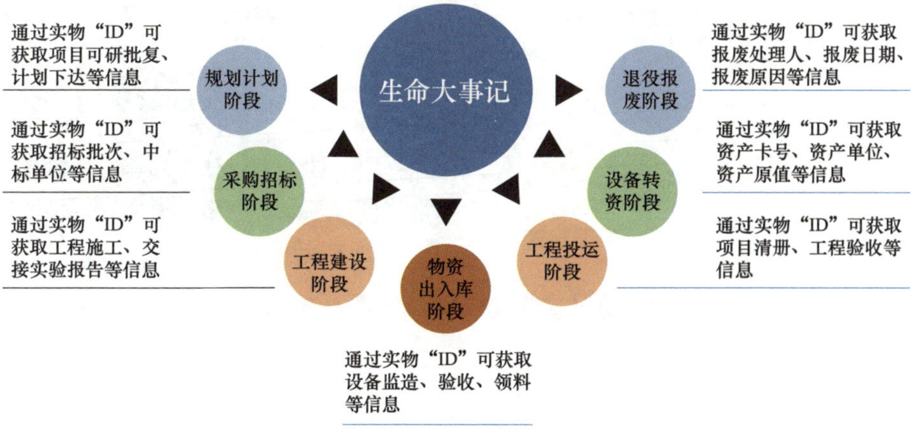

图 4－118　生命大事记全覆盖示意图

6. 电网设备智能盘点（见图 4－119）

以单条输电线路、单个变电站、单条 10kV 线路、单个小区为单元，根据管理要求定期推送盘点任务，根据巡视运维周期灵活安排盘点时间，将资产盘点工作化整为零，进一步探索智能盘点结果的财务决策作用，结合大数据技术与电网资产管理的融合，降低资产管理风险，提升资产基础管理的质量和效率。

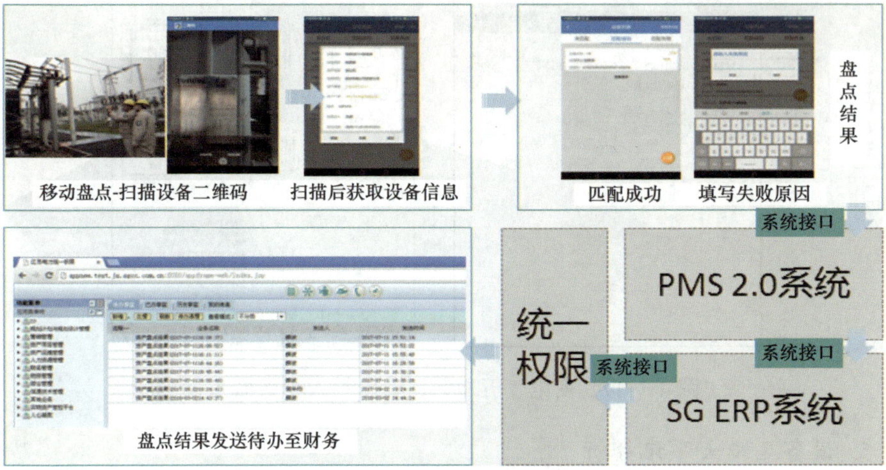

图 4－119　智能盘点示意图

7. 资产健康指数测算（见图 4－120）

通过实物“ID”建设获取资产设备的运行信息、故障信息、缺陷信息以及外部环境信息（地理位置、其他导致设备停运的因素），通过电网资产健康评估模型预测设备未来停运的概率，为电网设备检修计划提供决策依据。未来可使用物联网监控获得更多的实时数据，利用深度学习算法提高预测的准确度。

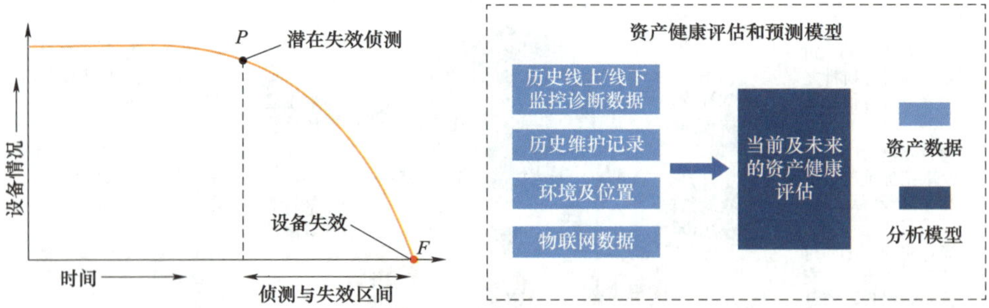

图 4－120　基于实物资产的健康指数测算模型示意图

第5章 运检数据处理技术

随着智能电网的建设与发展，电力设备状态监测、生产管理、运行调度、环境气象等数据逐步推动电力设备状态评价、诊断和预测向基于全景状态的综合分析方向发展。然而，影响电力设备运行状态的因素众多，爆发式增长的状态监测数据加上与设备的状态密切相关的电网运行，电网运检数据具备数据来源多、数据体量大、类型异构多样、数据关联复杂等特征，属于典型大数据，传统的数据处理和分析技术无法满足要求，亟需借助大数据技术开展数据的处理、分析、融合，支持设备状态评估、风险预警、决策指挥等。

运检大数据处理流程一般包括数据采集、数据整合、数据清洗、数据存储等步骤。其中数据采集基于大数据的设备特征量和缺陷或故障模式之间的相关关系，实现设备关键特征量优选，确定需抓取的数据类别，制订数据抓取策略，从 PMS、主站系统、调度系统等信息平台获取数据；数据整合通过对多元数据集成技术，实现多元离线数据、实时数据和视频信息数据的集成整合，形成设备状态分析数据档案，为充分利用这些数据资源实现设备集中监控、设备状态评价、故障诊断等应用奠定基础；数据清洗首先检测出异常数据，再对检测出的异常数据进行处理，通过基于统计与趋势分析、相关因素分析等技术，实现数据清洗；最终形成可信赖数据，实现在运检大数据平台的有效存储，为下一步高级应用及分析提供基础。大数据处理基本流程如图 5-1 所示。

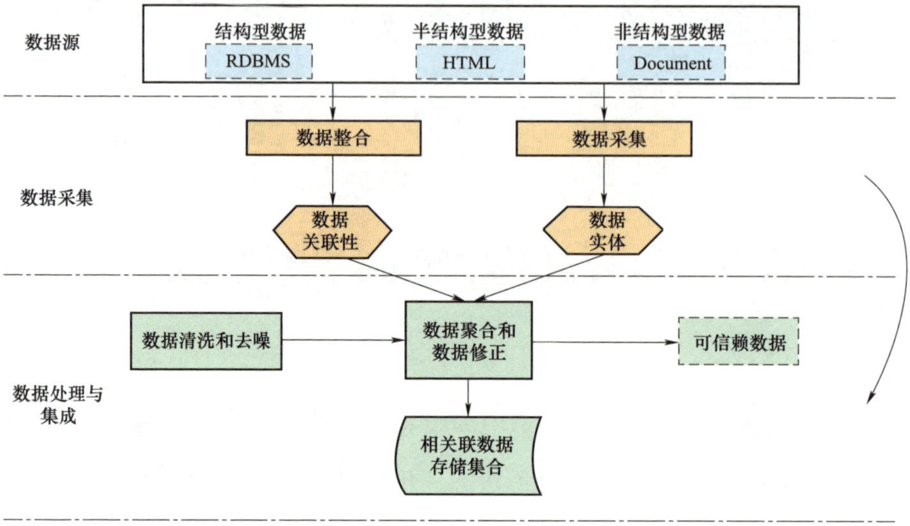

图 5－1　大数据处理基本流程图

5.1　运检数据采集技术

运检数据采集主要根据需抓取的数据类别，制订数据抓取策略，从 PMS 系统、主站系统、调度系统等信息平台获取数据，主要包括了跨时区数据集成、跨系统数据集成以及视频信息数据融合。

5.1.1　数据抓取方式

基于大数据分析的设备状态评估所需要的数据包括基础技术参数、巡检和试验数据、带电检测和在线监测数据、电网运行数据、故障和缺陷数据、气象信息等，完全涵盖能够直接反映与间接反映设备状态的信息。

1. XML 文件方式

XML 通常被认为是一种语言，但它不仅仅是一种语言，更是一种技术，而且是以 XML 为支撑的相关技术的家族体系。在这个家族体系中按实现的功能主要分为以下几个方面的内容：用于数据模式描述的 DTD、XML－Schema 语言，可类比为数据库的模式；用于访问和处理 XML 文档的 DOM、SAX 接口；用于数据显示的 CSS、XSL；用于数据操作的 XPath、XQuery 等，可类比为 SQL 中的数据库查询语句。XML 是一种自描述的语言，以 XML 格式进行存储，将简化数据的传输，并具有天然的跨平台特性。由于它的自描述特性，既可被机器理解，也利于人的阅读。

XML 具有良好的可扩展性、良好的跨平台移植性和良好的自描述性等优点，符合大多数情况下的数据抓取方式。基于XML的状态数据交换如图5-2所示。

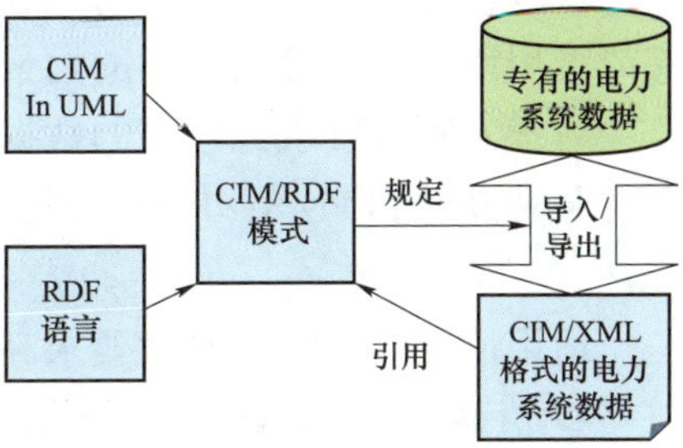

图5-2 基于XML的状态数据交换

适用情况：使用XML方式，可扩展性高，但数据描述冗余信息大，解析效率低，适用于较大模型的离线交换。

2. 远程浏览方式

对于PMS系统需要查看调度自动化电网运行实时信息、设备状态的需求，在安全Ⅳ区开通WEB浏览功能，可以调阅位于安全Ⅲ区的EMS WEB服务，如图5-3所示。

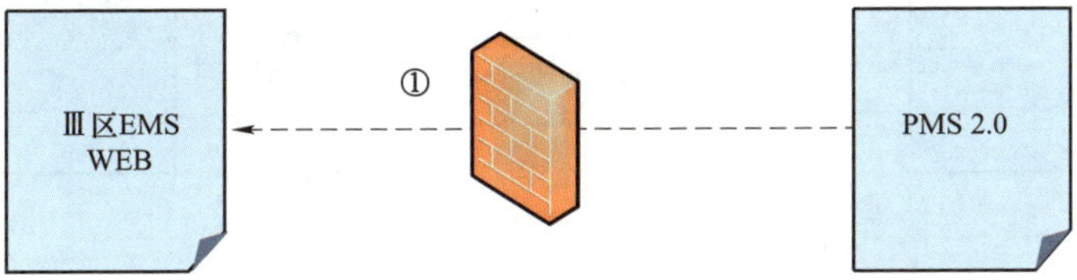

图5-3 远程浏览方式

适用情况：浏览少量信息。

3. 数据中心+E文件方式

对于数据量较大且与其他业务共享的信息（如设备台账）及实时性要求较高的准实时数据（如电流信息），可以采用以数据中心和消息邮件服务为中介的方式实现PMS和OMS的数据共享，如图5-4所示。

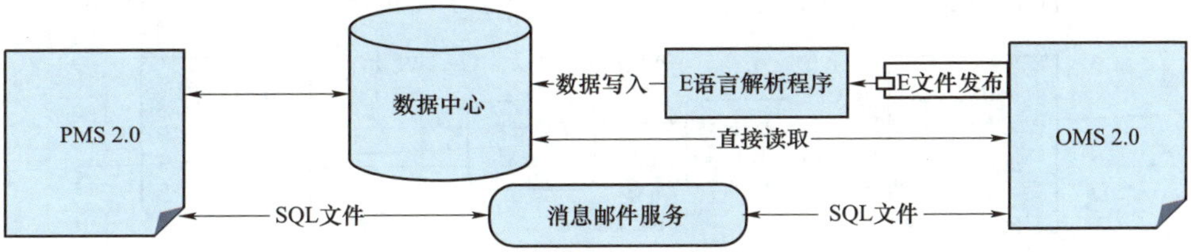

图5-4 数据中心+E文件方式

（1）PMS→OMS。PMS通过直接写库或者调用服务方式将数据写入数据中心，写入成功以后数据中心通知OMS，OMS负责从数据中心获取相应的数据，将需要的数据同步更新到OMS库中。

同时为提高效率，对于实时性要求比较高的数据，PMS可以将更新数据生成为SQL文件通过消息邮件发送到OMS；OMS可按需轮询消息邮件服务器接收PMS发送的SQL文件，将需要的数据同步更新到OMS库中。

（2）OMS→PMS。OMS发布E格式文件，E语言解析程序读取E语言文件并进行解析写入数据中心，写入成功以后数据中心通知 PMS，PMS 通过直接读库或调用服务读取数据中心的增量数据。

对于实时性要求比较高的数据，OMS 可以将更新数据生成为 SQL 文件通过消息邮件发送到 PMS；PMS 可按需轮询消息邮件服务器接收 OMS 发送的 SQL 文件。

适用情况：传输实时性要求高且数据量较大的准实时数据。

4. 消息邮件＋E/G 文件方式

对于仅实现两系统间相互共享的信息如电网图形数据，采用消息邮件＋E/G 文件方式完成数据共享，如图 5－5 所示。

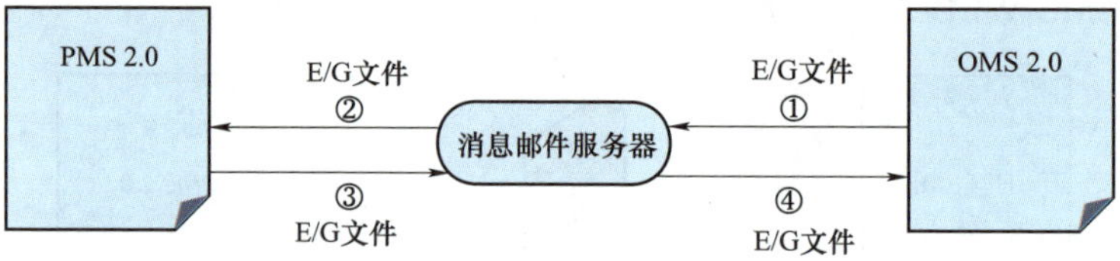

图 5－5 消息邮件＋E/G 文件方式

OMS 根据业务需要，将需与 PMS 交换的图形数据通过消息邮件服务器发送给 PMS，实现图 5－5 中①步骤和②步骤。PMS 接收数据完成相关业务处理后，将需反馈调度的图形数据通过消息邮件服务器将数据发送给 OMS，实现图 5－5 中③步骤和④步骤。

适用情况：传输电网图形数据。

5. 消息邮件＋WF 文件

对于流程数据，采用消息邮件＋WF 文件的方式实现，如图 5－6 所示。

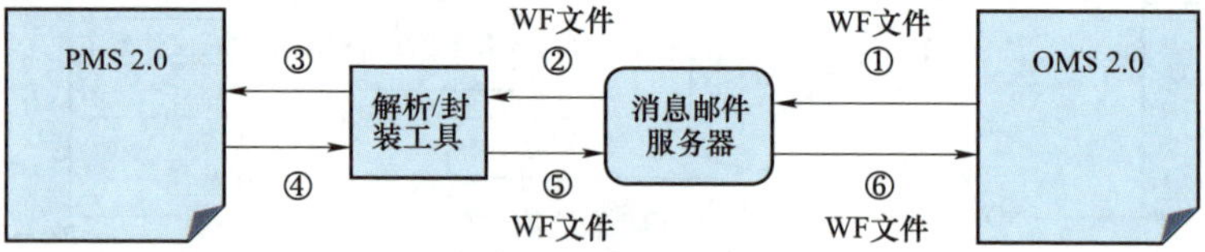

图 5－6 消息邮件＋WF 文件

OMS 将 WF 文件上传至消息邮件服务器（实现图 5－6 中步骤①）；解析工具负责将 WF 文件解析为 PMS 可以识别的文件（PMS 业务数据及流程数据），PMS 根据文件内容对流程进行相应操作（实现图 5－6 中步骤②和③）；PMS 将流程变动的内容通过解析工具转化为 WF 文件，并上传至消息邮件服务器（实现步骤图 5－6 中④和⑤）；OMS 根据 WF 文件对流程进行相应操作（实现图 5－6 中步骤⑥）。

适用情况：传输流程数据。

6. 告警直传方式

变电站监控系统产生变电站一、二次设备故障告警，通过告警直传方式，将信息传递到各级调度中心，再由 OMS 通过消息邮件服务器将信息以 E 格式文本方式传送至运检大数据分析及监控系统，如图 5－7 所示。

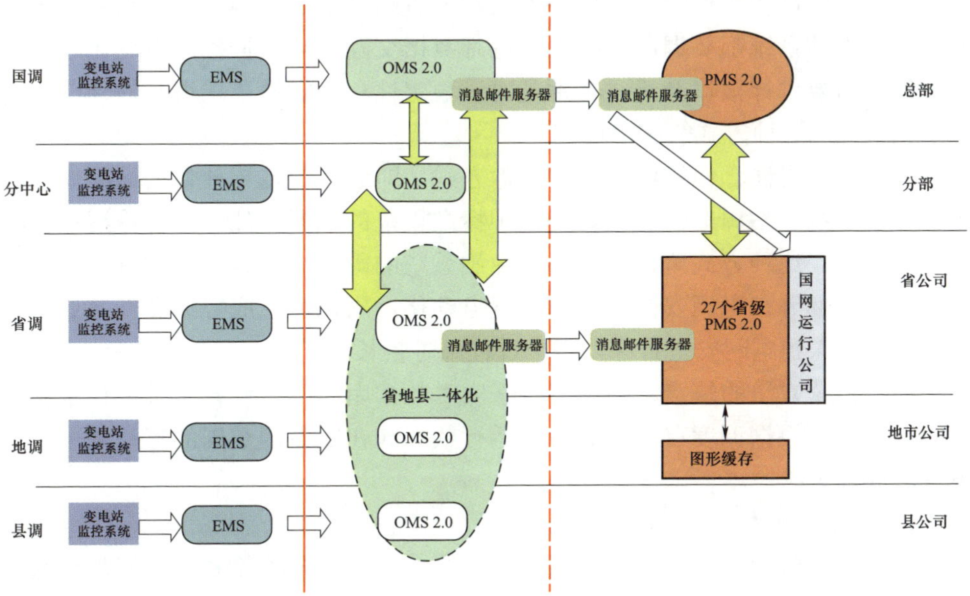

图 5－7　告警直传方式

变电站监控系统将变电站一、二次设备故障告警推送至调度中心 EMS，EMS 将信息通过 E 格式文本推送至 OMS，OMS 通过消息邮件服务器将信息以 E 格式文本传送至 PMS；PMS 可按需轮询消息邮件服务器以便及时获得需要的数据；国调 OMS 将国调及分中心调管范围内的故障告警信息传送给国网运行公司 PMS，省调 OMS 将故障告警信息传送给省公司 PMS。

适用情况：传输实时性要求高的少量信息。

5.1.2　跨区实时数据集成方法

随着电网公司精细化管理要求不断提高，在线监测系统也相继建设完成，但由于各厂家后台软件系统各自独立、互不兼容，造成了信息分散、难以有效利用的局面。另外，已有调度自动化系统采集的实时电气量数据，也为电力设备的状态评价提供了良好的数据来源。

其中，调度自动化系统的电气量数据来源于电网安全Ⅰ区，在线监测系统的非电气量数据来源于电网安全Ⅲ区；此外，调度自动化系统的数据采集是基于 101 和 104 规约，而在线监测系统的数据采集主要基于 IEC 61850 标准；在稳定性、可靠性和实时性方面调度自动化系统要高于在线监测系统。

针对以上特点分析，为充分利用电力设备的实时运行数据，设备状态监测平台需要进行实时数据的跨区集成。传统的方法有以下两种：

一是，采用耦合性较强的数据接口方式，即设备状态监测平台直接与各专业子系统主站进行数据交互。这种方式对各主站系统的影响较大，当有实时数据刷新时主站系统都要调用数据接口进行数据交互。当数据接口有变化时，主站系统又需要进行接口升级。特别是对于稳定性和可靠性要求很高的调度自动化系统来说，这种方式的实用性较差。

二是，采用耦合性较弱的文件传输方式，即通过制定某种数据标准规范，各专业子系统主站周期性生成符合该种标准规范的数据文件，并传输给设备状态监测平台。这种方式可以减少对各主站系统的影响，但数据的实时性较差。特别是对于部署在电网安全Ⅰ区的调度自动化，周期性生成数据文件并通过物理隔离器传送到电网安全Ⅲ区，整个过程耗时较长。

针对传统方法的缺点，提出了基于实时数据库的电力设备实时运行数据集成应用方法，根据调度自动化的电网运行数据和在线监测数据的特点采用了以下方法进行集成。

1. Ⅰ区电网运行数据的集成

设备状态监测平台部署在电网安全Ⅲ区，与调度自动化系统之间需要通过物理隔离器进行通信。通过在电网安全Ⅰ区和Ⅲ区分别部署一套实时数据库来实现集成应用，如图5-8所示，具体说明如下：

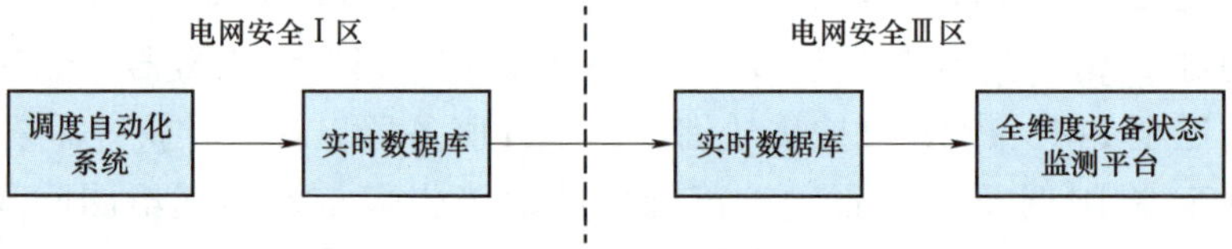

图5-8 电网运行数据的跨区集成流程图

调度自动化系统通过标准的SQL语法与Ⅰ区的实时数据库进行交互。当有数据变化时，调度自动化系统立即写入实时数据库。此过程是调度自动化系统的主动写操作，且接口规范是国际标准，因此对调度自动化系统的稳定性和可靠性几乎没有影响。

Ⅰ区实时数据库与Ⅲ区实时数据库的镜像同步。Ⅲ区实时数据库是Ⅰ区实时数据库的镜像。当Ⅰ区实时数据库有数据更新时，可通过实时数据总线自动同步到Ⅲ区实时数据库。实时数据总线采用软负载代理技术，能够充分利用Ⅰ、Ⅲ区之间的物理隔离装置资源，提高Ⅰ、Ⅲ区数据同步的实时性。

基于实时数据库的设备数据一体化管理应用。Ⅲ区的实时数据库具有订阅/

发布功能。设备数据一体化管理平台只需订阅Ⅲ区实时数据库的服务，当有数据变化时，Ⅲ区实时数据库会自动将新数据推送给设备数据一体化管理平台，进而完成实时数据的应用。

2. Ⅲ区在线监测数据的集成

由于各个在线监测系统的后台软件系统各自独立、互不兼容，使用时需要反复在不同系统之间切换，效率低下。当设备厂家不断增多时，将会给实际使用人员带来巨大麻烦，严重影响各系统的可用性。另外，目前各在线监测系统部署分散，有的部署在各变电站，有的部署在各区县局，有的甚至部署在厂家。各单位部署部门也各不相同，造成信息分散、难以有效利用的局面。

整合站端在线监测数据有两个方案，第一个方案是设备状态检修分析系统直接与各专业在线监测系统主站通信，采用界面集成等方式接入在线监测数据。此方案若成功接入一套专业在线监测系统，则可接入其涵盖的站端在线监测设备。但此方案存在建模多头维护、台账一致性问题，数据可用性低；如果协调各厂家配合，按照标准规约、建模规范进行系统主站改造，则需要制定多系统台账变更/维护的管理规定规范各系统运维策略，后期需要投入大量的精力进行管控和协调，工作量大，项目工期长。

第二个方案是在站端采用 IEC 61850 实现在线监测数据的整合。此方案的数据可用性高，可形成自动化运维过程，后期管控压力小。采用第二个方案，通过在各站端部署实时数据库来实现在线监测数据的集成应用，如图 5-9 所示。

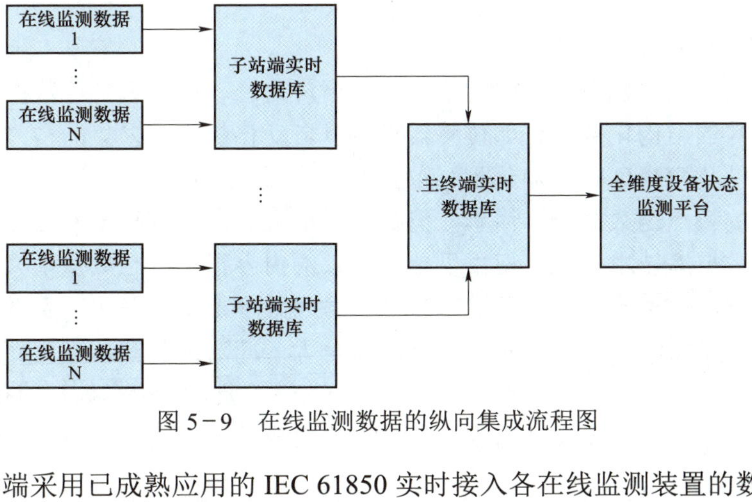

图 5-9 在线监测数据的纵向集成流程图

在站端采用已成熟应用的 IEC 61850 实时接入各在线监测装置的数据，并保存到站端实时数据库。通过周期上传、变化上送、总召等方式实现站端在线监测数据的上传，在线监测数据统一保存至主站端实时数据库。主站端实时数据库为设备数据一体化管理平台的进一步应用提供实时数据服务。整个过程的数据交互都是基于 IEC 61850 和实时数据库接口标准，在实际工程管理中可以减少针对各类在线监测系统数据接口规范的协调工作。

5.1.3 跨系统数据集成方法

运检大数据平台以 ECIM 模型为标准，基于适配器模式，建立多层数据仓库的模型集成框架。数据集成框架主要分为关系数据适配器、实时数据适配器、XML 适配器、协议适配器、统一模型管理器五大组件。图 5－10 为具备多层数据仓库的模型集成框架。

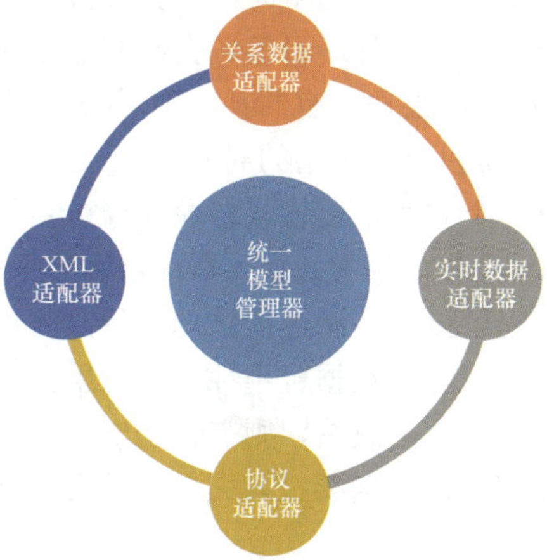

图 5－10 具备多层数据仓库的模型集成框架图

1. 关系数据适配器

数据源以数据库形式存在，可以定义规则，通过关系数据适配器得到源数据库和本地数据库数据之间的映射关系。关系数据适配器封装了数据同步工具和规则配置引擎，方便用户定制，并支持从异构的关系表结构适配和抽取数据。

运检大数据分析平台从安全生产系统抽取生产台账，以生产系统台账为基准，通过关系数据适配器，集成到设备级台账主结构。同时，支持更新功能，保证运检大数据分析平台的台账数据和资产、安全生产系统的台账结构保持一致。

2. 实时数据适配器

在数据集成过程中，结构化数据除了用户信息、用电记录等数据外，还包含一些特殊的结构化数据，如传感器设备以自动化的方式采集的秒级、毫秒级的数据，以及 SCADA 系统的调度运行数据、在线监测数据、设备状态数据等。这些数据的特点是数据内容简单，但数据量很大。此类数据虽然也可以使用传统的关系数据库技术处理，但由于单个记录的内容很小，且数量很大，使用传统关系数据库技术不论在存储效率或是在访问效率上都不理想。实时数据适配器内部封装了实时数据库，实时数据库正是为了应对此类数据应运而生，相对于关系数据库，实时数据库通过降低数据一致性的要求来提高数据的存取效率。同时，实时数据适配器支持请求、订阅方式集成数据，为上层应用提供了数据基础。

在系统中，通过实时数据适配器集成了 SCADA 运行数据、存储了子站的在线监测数据。同时，通过实时数据订阅引擎，实时订阅到 SACDA 系统中运行数据的实时数据变化，并推送至大屏一次接线图中进行展示。子站采集的在线监测数据，通过该适配器保存至数据仓库，给高级应用和数据挖掘提供了数据基础。

3. XML 适配器

XML 适配器用于集成特定的数据模型，如 CIM 模型、ECIM 模型、状态监测子站的 SCD 模型。XML 适配器和关系数据适配器共同作用，是一种可被看作为数据库的文档，其 DTD 起到了类似数据库模式的作用。在数据库理论中，模式用来描述数据库的结构，是数据实体的类型、特征以及实体间联系的规范定义，是数据目录的最为基本的内容，一般在系统数据字典中存储，数据库管理系统通过数据目录方式来管理和访问数据模式。DTD 用于描述 XML 文档的定义结构，与数据库模式的功能类似，不但描述数据类型以及属性之间的关系，而且规定了其之间关系的约束条件。DTD 定义的规则保证了所有 XML 文档逻辑结构的一致性。

因此，通过 XML 可容易地构建关系数据，如台账树形结构，一、二次设备映射关系，子站数据对象和集中器，集中器和站端监测单元的隶属关系等。

4. 协议适配器

考虑到模型、数据都在各异构系统中，可能支持各类通信协议，因此，协议适配器针对该情况，适配了主流的通信协议，保证建模和数据集成的正确性。数据集成框架通过协议适配器，适配各种不同协议的站端监测单元，支持 IEC 61850、SOAP、TCP 等协议的数据集成。

5. 统一模型管理器

数据的异构性，主要表现在数据模型、数据表示、数据语义等方面，这种异构性给数据集成带来很大困难，尤其是语义方面的异构性。集成的系统由不同的厂家实现，并且没有统一的规范标准，或者在实施的时候没有很好的遵循标准，这直接导致了系统之间数据的语义异构性问题，例如，“一号主变压器”在生产系统里可能被描述成“#1 主变压器”，而在输电系统里可能被描述成“1 号主变压器”。由于设备数据数量庞大，由人工去纠正这个书写语义上的异构问题是不可能的。在数据集成环境中主要出现模型融合中，可以使用传统解决语义冲突的办法，即由领域专家手工定义语义匹配表来解决集成时出现的语义冲突。

统一模型管理器通过定于语义匹配来建立调度 SCADA 运行数据和 ECIM 模型的对应关系；通过电子化移交的结果，建立子站在线监测数据和 ECIM 模型的对应关系。同时，统一模型管理器需要依赖关系数据适配器、实时数据适配器、XML 适配器共同完成跨系统的统一建模，给数据集成奠定了基础。

至此，通过建立基于 ECIM 模型的统一模型框架，统一了调度 SCADA 系统、子站在线监测系统、生产管理系统台账，形成多维度的主模型，并存储于集成框架的数据仓库中。同时，建立的主模型又分为多个层级：系统集成层、变电站接入层、站端接入层、数据集中接入层。该方式可以灵活的集成异构系统、多变电站、多站端接入装置、站端多个数据集中装置等不同层次关系的异构数据，实现多层次的数据仓库体系。

而数据集成方式则通过关系数据视频器、实时数据适配器、协议适配器、XML 适配器实现。

5.1.4 视频信息融合方法

视频信息集成了变电、输电等多种图像视频的应用，在监控后台集中展示和分析，实现了多视角、多方位，全面而客观地展现电网的运行状态。传输方式上，输电杆塔上涉及多种传输方式，输电隧道视频、变电站内视频则采用从多个第三方厂家集成的方式，集成方式多样，给集成带来一定的难度。不同时期、不同厂家建设的视频系统、摄像头等，传回的码流存在一定的私有码流，在系统集成、新摄像头接入时带来一定问题。

1. 视频信息流压缩技术

由于在视频数据集成时，发现存在多个厂家，多种格式的音视频码流的情况。同时，大量的数据通过 720P 的高清主码流传输，传输率较大，考虑到综合数据网的带宽有限，必须采取视频压缩技术减少视频数据的传输量。经过与多个厂家的探讨，并考虑目前已建成的视频监测系统，同时保证音视频流数据在编解码格式上的一致，在多维度视频数据集成时，采用了业界领先的 RTSP 视频流输出的方式，该方式频编码采用 H.264 视频压缩技术。

RTSP（Real Time Streaming Protocol）是用来控制声音或影像的多媒体串流协议，并允许同时多个串流需求控制，传输时所用的网络通信协定并不在其定义的范围内，服务器端可以自行选择使用 TCP 或 UDP 来传送串流内容，它的语法和运作跟 HTTP 1.1 类似，但并不特别强调时间同步，所以比较能容忍网络延迟。

H.264 视频压缩技术有低码率、图像质量高、容错能力强、网络适应性强的特点。与其他现有的视频编码标准相比，在相同的带宽下 H.264 视频压缩技术提供更加优秀的图像质量。通过该标准，在同等图像质量下的压缩效率比以前的标准（MPEG2）提高了 2 倍左右。

另外 H.264 编解码技术的另一优势就是具有很高的数据压缩比率，在同等图像质量的条件下，H.264 的压缩比是 MPEG－2 的 2 倍以上，是 MPEG－4 的 1.5～2 倍。举例说明：原始文件的大小如果为 88GB，采用 MPEG－2 压缩标准压缩后变成 3.5GB，压缩比为 25:1，而采用 H.264 压缩标准压缩后变为 879MB，从 88GB～879MB，H.264 的压缩比达到惊人的 102:1，H.264 压缩技术将大大节省网络数据流量和视频稳定性，具备占用带宽少，清晰度高的特点。

2. 私有码流融合技术

由于电网视频监控系统在不同的建设时期选用了不同的技术和不同厂家的

产品，导致了标准不统一、技术路线不一致等问题。以输电视频监控所使用的摄像产品来说，每个厂家都针对 RTSP 流的压缩进行了特殊的优化，往往需要使用厂家的解码器才能对视频数据进行解码，给视频集成带来一定难度。在研究 H.264 视频压缩技术细节后，提出厂家提供的码流必须支持 H.264 Baseline Profile，不得包含私有数据格式，音频编解码统一采用 ITU－T G.711，解决 RTSP 私有码流集成的问题。编解码的具体要求为：

（1）编码模式：应支持双码流编码模式，即实时流（主码流）和辅码流；辅码流支持 3GPP 流封装。

（2）分辨率：实时流的视频分辨率应至少达到 4CIF，辅码流的视频分辨率应支持 CIF、QCIF 或 QVGA。

（3）码流带宽：实时流带宽至少为 128kbps～4Mbps，辅码流带宽至少为 64kbit/s～1Mbit/s。

（4）封装格式：实时流和辅码流支持 PS 流封装。

3. 跨系统的视频信息集成技术

输电视频监控通过整合各厂家、各类接入方式的视频监测数据进行集中化展现和控制。视频信息接入架构如图 5－11 所示。

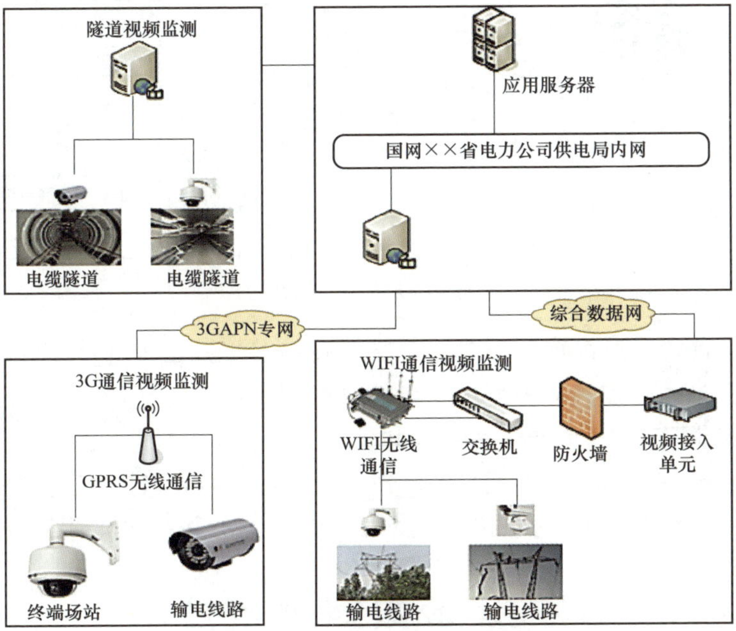

图 5－11　视频信息接入架构图

采用 RTMP（Real Time Messaging Protocol）实时消息传送协议作为播放器和服务器之间音频、视频和数据传输协议，采用统一 SDK 进行云台控制，视频信息和控制信息数据流向。三种接入方式如下：

（1）视频接入单元接入，通过 WIFI 传输的视频数据接入就近变电站内的输电接入单元，视频接入单元接入与状态监测子站无缝集成，将数据接入综合数据网将传输回视频监控平台。

（2）3G/4G 方式的专网接入，视频信号使用专网手机卡，通过 APN 通道接入内网，传输到输电监控平台。

（3）独立视频服务器接入，将已完成建立单独的视频服务器通过综合数据网将视频信息传输到视频监测平台。

正由于上述集成方式复杂，接口往往难以统一，系统在充分调研需求的基础上，和集成厂家开展了多次技术交流，统一了 3G、WIFI 接入摄像头的接口，功能上实现了电源控制、云台控制、告警、获取播放地址等应用功能。统一 SDK 后的方案如图 5－12 所示。

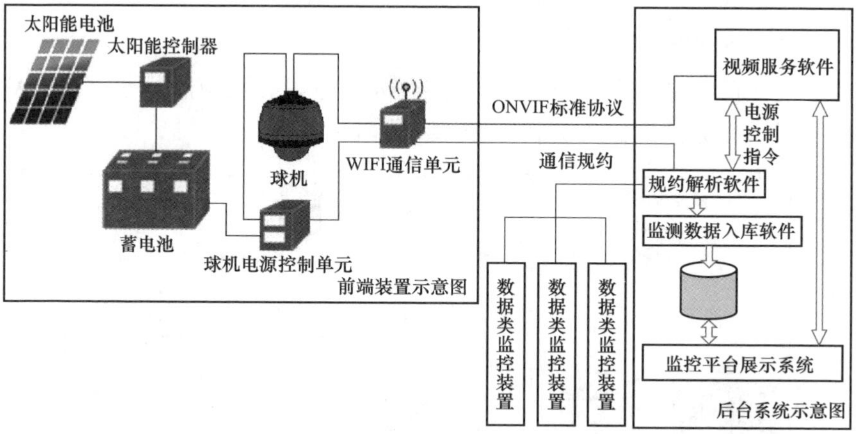

图 5－12　统一 SDK 后的方案

视频前端装置具有两个 IP 地址，一个 IP 地址归球机电源控制单元所有，视频服务软件可通过规约解析软件向视频前端装置发送电源控制指令，规约解析软件与视频前端装置之间通信采用 UDP 协议并遵循国网输电线路状态监测系统通信规约；另一个 IP 地址归球机所有，视频监控系统只有通过球机电源控制单元给球机上电后，才可以通过这个 IP 地址按照 ONVIF 协议控制球机浏览实时视频。

5.2 运检数据整合技术

运检数据整合首先需要对采集到的半结构化、非结构化运检数据进行处理，并对运检数据规范化处理，为电网设备状态评价、故障诊断、风险预警等高级应用提供基础，在此基础上根据高级应用对需要用到的基础数据开展相关关系分析，优选关键特征量，最终形成每个高级分析应用数据集合。

5.2.1　半结构化和非结构化数据处理技术

结构化数据（Structured Data）是指具有一定结构性，可以划分为固定的某本组成要素，能通过一个或多个二维表来表示的数据。结构化数据一般存储在关系数据库中，具有一定逻辑结构，可用关系数据库的表或视图表示，使用关系型数据库来管理结构化数据是目前最好的一种方法。

非结构化数据（Unstructured Data）是指结构化数据以外的数据，数据结构不固定，无法使用关系数据库存储，只能够以各种文件形式存放，如图片、图像、音频和视频等。非结构化数据通常无法直接知道其内容，必须通过对应的软件才能打开浏览，对以后的数据检索造成了极大的麻烦。而且该数据不易于理解，无法从数据本身直接获取其表达的意思。非结构化数据没有统一的结构，不能将其标准化，不易于管理。

此外，介于结构化数据和非结构化数据之间的数据，如 office 文档、HTML 页面、XML 文档等，称之为半结构化数据。

依据电力行业的一般规定和工作要求，输变电设备运检数据模型的信息源通常包括投运前信息、运行信息、检修试验信息、其他信息等。按照数据类型来分，数据流整体情况见表 5－1，可见非结构化数据和异构数据在所有数据类中比重很大，为了实现输变电设备状态数据的集成，必须解决运检非结构化数据转结构化的问题。

表 5－1　　数据流整体情况描述

数据主题	交换数据实体	源系统	数据类型		
			结构化	非结构化	半结构化
投运前信息	设备台账	PMS2.0	—		
	出厂试验数据	PMS2.0/缺失		—	
运行信息	运行工况信息	调度技术支持系统	—		
	环境信息	气象、防雷、舞动大风等预警系统			—
	在线监测系统	PMS2.0	—		
	带电检测、巡检	PMS2.0		—	—
检修试验信息	例行试验、诊断性试验	PMS2.0		—	
其他信息	资产、资产价值信息	ERP	—		

注　异构信息是指数据虽然已信息化，但数据填写无同一规范，需要进行中间过程转换。

1. 半结构化数据的结构化处理方法

输变电设备试验相关记录存储的类型有纸质，也有电子文本。电子文本中半结构化的存储形式又有 MS Word 等形式。以下侧重于对占历史试验记录中多数的 MS Word 格式试验记录的结构化处理方法介绍，对设备出厂报告中的 MS Word 格式文档的结构化处理，可以参考本方法。对于扫描图片格式的历史试验记录与设备出厂报告中的图片格式文档一起在下一节介绍。图 5－13 为常见的 MS Word 格式试验记录报告。

电气设备绝缘油预防性试验（油中含气量分析）报告

作业班组			试验开始时间		试验结束时间		
变电站名称				设备名称			
试验性质	预试（ ） 其他______	天气	晴（ ） 阴（ ） 雨（ ） 雪（ ）	气温(℃)		相对湿度(%)	

设备		厂家	型号	运行档位	额定电压(kV)	出厂编号	出厂日期
设备名称1							

仪表规范	名称	型号	厂家	编号	有效日期

（1）含气量测量

设备名称1				
项目＼相序	A	B	C	O
脱气量(mL)				
图谱编号				
氧(O_2)（%）				
氮(N_2)（%）				
一氧化碳 CO(%)				
二氧化碳 CO_2(%)				
含气量(%)				
备注				
试验结果	合格（ ）、不合格（ ）、缺陷（ ）、待查（ ）			

图 5－13　MS Word 格式试验记录报告

为实现对非结构化数据有效管理，国内外许多公司或者个人对其进行了大量的研究。最重要的管理方式分为两种：一种是基于 XML 技术，实现非结构化数据向半结构化 XML 的数据转换；另一种是非结构化数据向结构化数据转换，最终将数据存入到关系数据库中。第一种方式是使用对 XML 的管理来达到对非结构化数据的管理，第二种则是通过对结构化数据的管理来实现对非结构化数据的管理。XML 的管理技术较为灵活，而关系数据库管理技术则十分成熟。两种方法相比较而言，无疑第二种的管理方式更为合适，并且在转换过程中可以生成相应的 XML 文档，一样能够对 XML 进行管理。主要通过以下几个步骤来实现：

（1）通过 MS Office 的组件功能支持，将 MS Word 文档转换为 XML 格式的半结构化文件。

（2）通过结构映射和语义映射，根据已经生成的文件模板在数据库中创建仿真结果表结构。表的信息主要包括表名、字段名、数据类型、字段长度、值约束、主外键约束等。

（3）根据模板中的信息，读取（1）中生成的相应的 XML 文档，使用解析工具将 XML 文档解析，提取其中的数据内容，插入到已经创建好的结果表中，完成半结构化到结构化的数据转换。

字符类非结构化文件结构化转换原理图如图 5－14 所示。

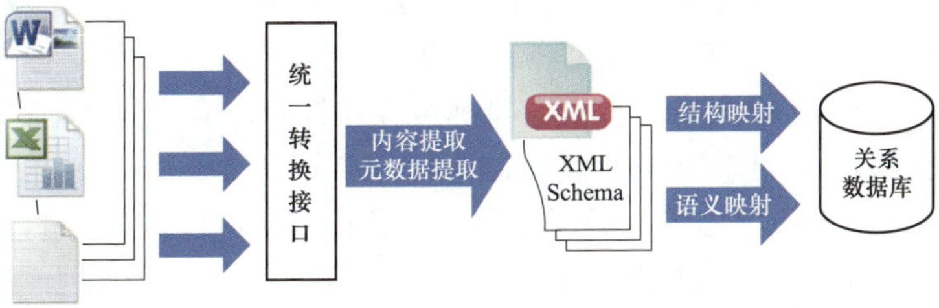

图 5－14　字符类非结构化文件结构化转换原理图

统一的转换接口，将文件加以区分，分别用不同的程序对该文件的结构进行转换，使其成为标准结构文件。通过实现标准结构文件的转换，系统能够极大的简化半结构化到结构化数据转换的代码编写。这样就不需要针对不同结构的文件来专门写一套数据转换的程序代码。

2. 非结构化数据的结构化处理方法

输变电设备相关记录的非结构化的存储形式中，主要有扫描图片等形式。图 5－15 是常见的设备出厂报告的扫描图片。扫描图片的结构化处理包括两个层面。第一个层次是对扫描图片的相关属性进行结构化管理；第二个层次是将扫描图片中的内容识别出来进行结构化管理。因为图片、图像、音频、视频这些非文本的、以二进制形式存储的文件，不能转换为 XML 文档，因此第二个层次的难度要高几个数量级。

（1）图片属性的结构化管理。在第一个层次的结构化处理中，采用新建 XML 文档对这些文件的属性信息进行管理，即创建对应的 XML 文档对图片、图像、音频、视频等文件的文件名称、文件大小、文件分类、文件路径等相关属性进行记录。用户需要使用这些文件就可以根据 XML 文档中的属性信息进行筛选和查找，并根据文档中记录的文件路径进行调用。

（2）图片内容的结构化处理。目前，光学字符识别（Optical Charaeter Recognition，OCR）技术发展比较快，对印刷体类的字符识别已发展的比较成熟，已有不少商业应用案例，为扫描图片类历史数据的结构化处理成为了可能。另外，扫描图片类历史数据的格式固定，针对某一类图片数据进行定制化开发结构化处理工具，成功率会更高。

目前，在开源社区能够找到的识别率最高的 OCR 引擎是前身由惠普公司开发的 tesseract 引擎，它能够提供较高的字符识别率，同时能够支持包括中文在内的多种语言的识别。因此，可以基于开源的 tesseract 引擎开发一个开放接口的识别 api 系统，能够提供一个低成本或无成本的图片类设备历史离线数据结构化处理方案。

对不同类型的字符往往识别难度和识别率并不一样；如英文字符只有 26 个，考虑到大小写个数也很有限，因此对它们的识别相对比较简单，识别率也比较高。而中文字符有几千种之多，再加上字体种类也非常多，对于它们的识别往往要比较数目庞大的字符库，因此识别速度往往较慢，而且中文字符由于字形、笔画相对比较复杂，识别正确率也较低。

对于某种特定的扫描图片类历史数据，其格式是固定的。一般是中文属性与数字值结对出现，而且在图片中的相对位置也是固定的。因此，预先设置好图片内容的位置信息，然后只分析识别后的数字内容，将数字与位置信息结合，能够大大提高此类图片历史数据的结构化处理的准确性。

报告编号：10M0142-S

产品名称	油浸式电力变压器			商　标	/
型号规格	S11-M-1000/10				
额定(工作)电压(kV)	10/0.4		额定（工作）电流（A）		57.74/1443.4
额定绝缘电压（V）	/		额定发热电流（A）		/
电源、频率（Hz）	50	极数	/	安装方式	/
技术参数	绕组电阻不平衡率：线电阻≤2%； 短路阻抗：4.5±10%（主分接），4.5±15%（其他分接）； 负载损耗：$\leqslant 10.3^{+15\%}$kW； 空载电流：$\leqslant 1.0\%^{+30\%}$，空载损耗：$\leqslant 1.15^{+15\%}$ kW； 总损耗：$\leqslant 11.45^{+10\%}$kW； 绕组温升极限：≤65K；顶层油温升极限：≤60K； 声功率级：≤62dB（A）； 外施耐压（kV）：35（高压侧）、5（低压侧）； 雷电冲击（kV）：全波 75，截波 85；				
检验类别	委托试验				
委托单位	滁州市明辉变压器制造有限责任公司			地址	滁州明光市三界镇 104 国道
生产单位	滁州市明辉变压器制造有限责任公司			地址	滁州明光市三界镇 104 国道
送样数量	1 台			到样日期	2010 年 10 月 26 日
样品编号	#01				
检验依据	GB 1094.1-1996 《电力变压器 第 1 部分 总则》 GB 1094.2-1996 《电力变压器 第 2 部分 温升》 GB 1094.3-2003 《电力变压器 第 3 部分：绝缘水平、绝缘试验和外绝缘空气间隙》 GB 1094.5-2003 《电力变压器 第 5 部分：承受短路的能力》 GB/T 1094.10-2003 《电力变压器 第 10 部分：声级测定》 JB/T 10088-2004 《6kV～500kV 级电力变压器声级》 GB/T 6451-2008 《油浸式电力变压器 技术参数和要求》及委托要求				
检验日期	2010 年 10 月 29 日至 2010 年 11 月 04 日				
检验结论	本次检验合格 签发日期　2010 年 11 月 13 日				
备注	/				

批准：　　审核：　　校对：　　编制：

图 5－15　设备出厂报告

5.2.2　运检数据规范化模型

针对多源系统数据融合中遇到的各系统数据表达各异问题，提出一种基于 XML Schema 模型的输变电设备运检数据规范化模型，用于对输变电设备运检数据进行规范化建模。

目前，XML 是主流数据交换方式，IEC 61970－552 CIM XML Model Exchange Format（简称 CIM/XML）是国际标准，电力系统的大多数应用都是基于 CIM/XML 进行离线模型交换。利用 XML Schema 模型，可以实现数据跨平台交换，与采用接口数据库传输数据相比，具有如下优势：

（1）与平台无关，能兼容大多数软硬件平台以及各种数据库平台，屏蔽网络、操作系统、数据库、应用系统等软硬平台的差异，能实现异构数据无缝、透明地交换数据。

（2）对数据格式无限制，可以根据自己需要灵活的选择数据格式，不需要注册自己的数据格式和识别合作方的数据格式，所有任务包括格式识别、格式转换和交换双方的通道建立由异构数据交换系统自身完成。

（3）动态适应数据格式和数据类型的改变，为交换双方自动建立适配系统并建立交互通道，当改变数据格式和增加新的数据类型时，异构数据交换系统自动识别这种改变并自动修改相应的实现逻辑，一方数据格式和数据类型的改变不会对参与交换的另一方（或几方）产生任何改变，所有的差异都由异构数据交换系统来消除。

（4）方便地通过企业防火墙而不改变企业的安全策略，理想的情况是通过一些公共的传输通道或端口来传输数据，如 HTTP：80 等一般防火墙不会阻止的信道，当然在这些公用通道上传输数据时要考虑资源的占用和传输的安全性。

（5）足够的安全性：包括数据传输的安全、数据存储的安全以及良好数据备份和恢复策略。

（6）对企业的软硬件环境没有太高的要求。

目前，还有 E 语言的数据交换方式。E 语言也是一种标记语言，具有标记语言的基本特点和优点，其所形成的实例数据是一种标记化的纯文本数据。E 语言与 XML 均一致地遵循 CIM 基础对象类，以 E 语言描述的电力系统模型与以 XML 语言描述的电力系统模型可进行双向转换，两者没有本质的区别。综合分析 XML 适应性最好。

XML Schema 是一个用于描述另一个 XML 文档结构的 XML 文档。它可以用于基于 XML 内置数据类型和用户自定义数据类型的文本元素的校验，还可以具有面向对象语言的继承概念，迅速地重用一些常用的数据格式。

1. 基于 XML Schema 的状态数据规范化模型

XML 及其 Schema 校验机制可以很好地解决多数据形式的数据源交互问题。图 5－16 为基于 XML Schema 的数据交换模型一般形式。

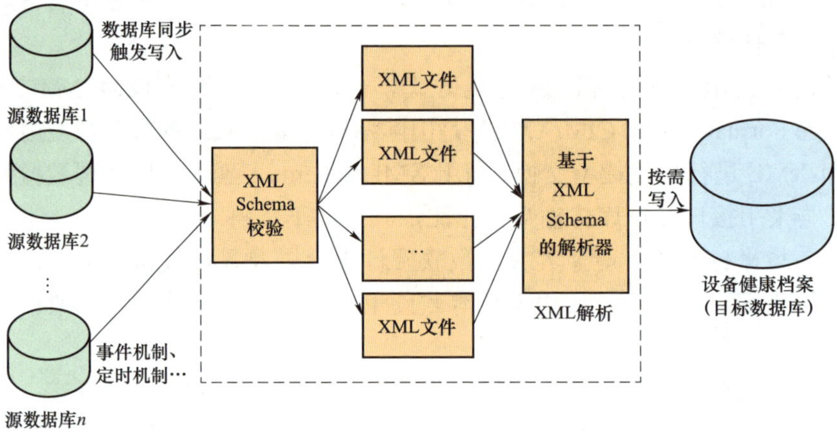

图 5－16　基于 XML Schema 的数据交换模型一般形式

基于 XML Schema 的状态数据交换模型一般步骤为：

（1）在关系模式标准化后，根据 XML Schema 规定的数据结构将数据信息写入到 XML 标准文件中。这个过程可以是基于事件触发，也可以是定时机制。

（2）将包含异构数据库中数据信息的 XML 文件传送到异地服务器端，或直接写入到异地服务器端。

（3）在存储 XML 文件的服务器中利用 XML Schema 进行解析，将 XML 数据文件转换成本地数据库的逻辑结构，完成目标服务器上的数据更新。

2. 规范化模型与关系数据库的映射

利用 XML 模式来完成多源异构数据交换是集成的难点。它需要研究 XML Schema 与关系模式的双向模式映射算法，实现 XML 与关系型数据库的双向数据转换。通常 XML 到关系型数据库和关系型数据库到 XML 的映射是可逆的（因为写入 XML 的过程与读取过程基本一致），因此仅讨论 XML 到关系型数据库的映射方法。

由于关系型数据库在建立时，其主外键约束、表名等包含了一定的语义信息，为了尽可能保留这些信息，采用了保留语义约束的 XML Schema 到关系型数据库的映射方法。如关系数据库的一个数据表，映射到 XML 时可表达为一个复杂类型。

在不同的数据源中，通常具有很多不同的数据类型，如 Oracle 中时间类型就会有 date、timestamp 等类型，文本字符类有 char（n）、varchar（n）等，数字类型有 number（m，n）等；而 SQL Server 中有 float、decimal、datetime、

Smalldatetime、nvarchar、ntext 等 25 种常用数据类型；此外，其他类型数据库或存储方式也会有各自的数据类型。与此同时，XML Schema 也具有丰富的数据类型，它提供了 string、float、date 等 45 个内部类型，可以与关系数据库中字段的大部分类型相互对应，可以在 element 或者 attribute 元素的 tpye 属性上进行定义，同时 XML Schema 简单类型 simpleType 元素也支持自定义数据类型。

XML Schema 类型也支持数据类型的多个方面的域值约束以及正则表达式的域值约束。对于简单类型，XML Schema 可以在界限、长度、精度、是否可选、默认值、枚举值、模式匹配、空白处理等实现对元素的属性的值域约束。

3. 运检数据规范化模型应用示例

XML Schema 模型在实际应用中，表现为一个以“.xsd”为后缀的文件，其中采用 XML 格式描述了需要交换的数据的名称、格式、结构以及各类约束。以变压器为例，建立的健康档案状态数据模型总体结构见表 5－2。

表 5－2　　状态数据模型总体结构

序号	节点名称	说　明
1	PhysicalAttributes	变压器物理属性，如：电压比、绕组型式
2	BelongsAttributes	资产属性，如所属公司、变电站等
3	BT	本体部件的相关数据，如色谱、绕组直阻、绝缘油、抗短路能力、绝缘寿命、夏季负载率、最近一次修试时间、缺陷、运行年限、同型产品故障等
4	TG	部件套管所属相关数据，如介质损耗、电容量、缺陷、运行年限、故障信息、最近一次修试时间等
5	FJKG	部件分接开关所属相关数据，如运行年限、缺陷信息、故障信息、最近一次检修时间
6	ImportanceParam	重要度计算相关参数，如到达难易程度、容量、变电站类型、电压等级、最大负荷、本体与套管及分接开关更换时间、夏季负载率
7	FaultModify	故障概率修正相关参数，如环境种类，污秽等级、雷电密度、距海岸距离、现场情景、现场是否有人
8	Output	状态分析输出结果，包括评价分数、概率系数、故障概率、欧式距离模型

图 5－17 为 XML Schema 文件主要结构，其中的每个子节点都包含了更多的子节点，如本体（BT）之下包括 DGAs、RZZLDZs、JYYs、InsulationLife、AntiShortCircuit、SummerLoadRate、NewTestTime、Defects、Faults、OperaYears 等 10 个子节点。其他子节点类似根据设备健康档案的实际需求制定。

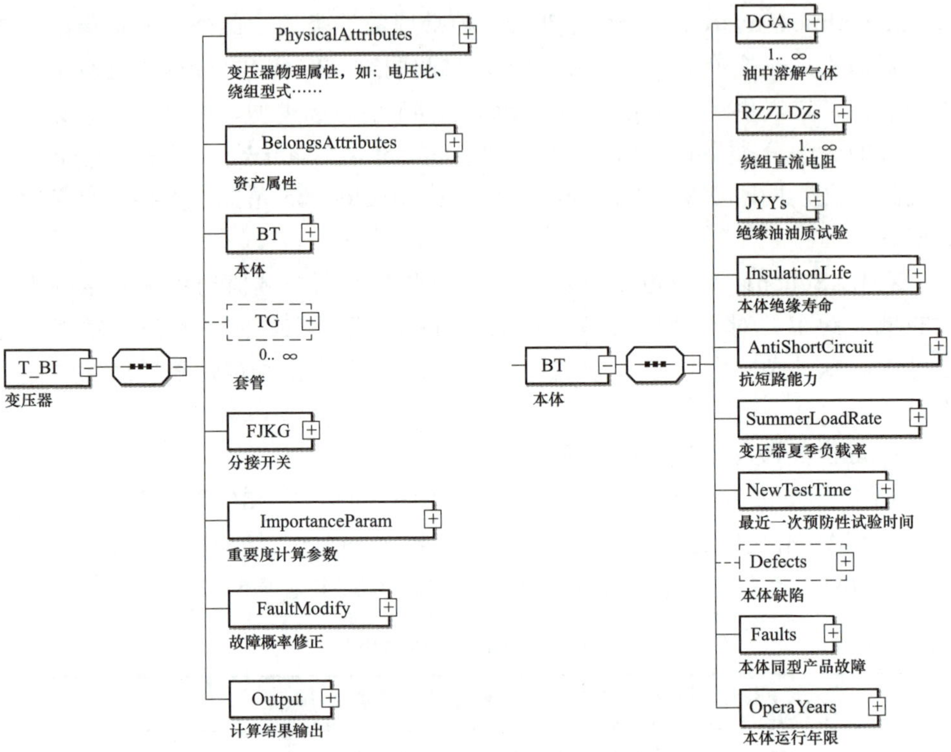

图 5-17　XML Schema 文件主要结构

5.2.3　特征量相关关系分析

1. 基础数据和缺陷或故障相关关系

设备缺陷包含的数据信息很丰富，数据内容包括缺陷设备、设备类型、缺陷设备生产厂家、投运日期、出厂日期、所属站线、电压等级、所属部门、缺陷部件、缺陷描述、缺陷严重等级、缺陷类别、缺陷来源、缺陷状态、发现时间、发现人员、消缺人员、计划消缺时间、实际消缺时间、是否停电、缺陷原因、处理措施、处理结果、验收时间等。针对如此多的数据内容，如果仅凭数据表和表单方式，清晰准确地掌握缺陷信息比较困难。

分析缺陷历史数据，一般需要对缺陷数据的整体情况有一个定性的概念，如哪个部门发生的缺陷多，哪个厂家的设备发生的缺陷多，哪类缺陷发生的次数多等。图 5-18 采用散点矩阵图对变压器缺陷数据中的所属部门、设备生产厂家、设备投运年限、缺陷类别四个维度信息进行了展示，图中密度的大小直接反映了缺陷发生次数的多少，红色框内的数据表示渗漏油缺陷发生的次数最多，紫色框内的数据表示某变压器厂生产的主变压器容易发生冷却系统缺陷，而蓝色框的数据表示这两个部门的变压器设备发生缺陷的次数更多。

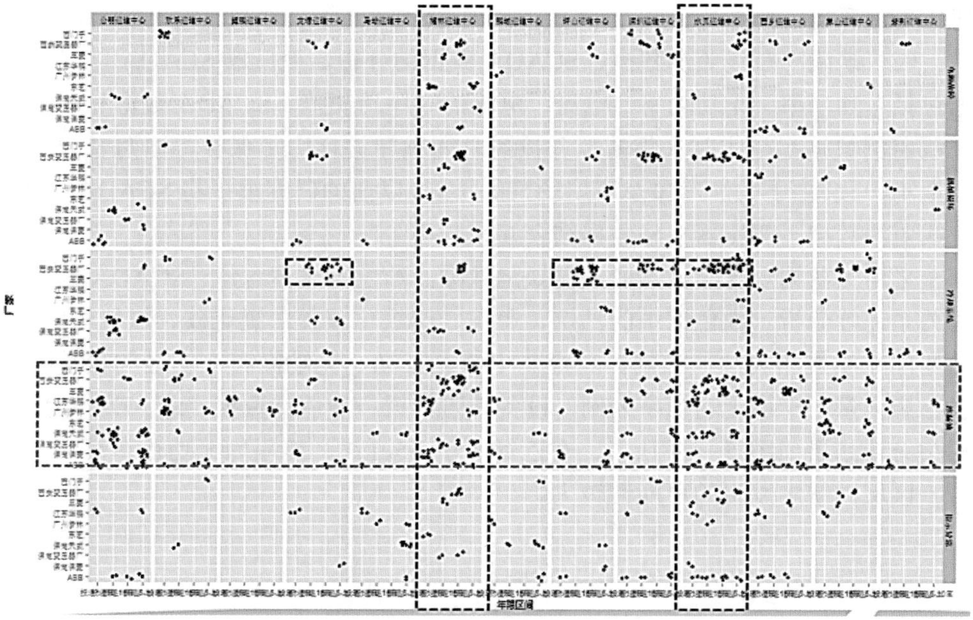

图 5-18　缺陷概貌展示

2. 运行及检测试验数据和缺陷或故障相关关系

在线监测技术的成熟使得电力设备的在线监测应用越来越广泛，如 GIS 局部放电在线监测和变压器油色谱在线监测基本成为 220kV 及以上变电站的标准配置。在线监测为设备管理提供了良好的数据来源，加上电力自动化系统采集的实时电气量数据，以及生产管理系统中不断累积的工单和表单数据，逐步形成了设备管理的大数据。

将以变压器设备为例，以大数据观念分析变压器缺陷数据与油色谱在线监测数据、变压器 SCADA 数据之间的关系，尝试对设备状态与数据特征的关系进行重新发现。这些分析方法在实际应用中具有借鉴作用。

（1）缺陷与在线监测数据的分析。油色谱在线监测主要对油浸电力设备进行在线监测，及时准确检测出绝缘油中溶解的各种故障特征气体浓度及变化趋势。这些气体包括氢气、一氧化碳、甲烷、乙烷、乙烯、乙炔等。目前常用的三比值法、大卫三角法等故障分析方法都是通过经验总结出来的，预先设定了气体数据特征与设备状态的映射关系，然后通过对在线监测数据进行相应的分析来确定变压器是否故障及其故障原因。

针对设备缺陷与在线监测数据的大量样本，采用决策树方法来分析设备不同状态下油色谱气体含量，以是否发生缺陷为因变量、油色谱各气体含量为自变量，建立分类模型。在决策树分析模型中，如果发现乙烯含量的某个数值是一个比较关键的节点，在以后对变压器进行状态评估时，可以将乙烯的该含量值作为注意值。

（2）缺陷与在线监测数据、SCADA 数据的分析。变压器 SCADA 电气量数据包括有功功率、无功功率、电流、电压的时序历史值。SCADA 数据和油色谱在线监测数据都是实时采集的，并按照时间顺序进行历史保存，但两者的采集周期不一致。由于关注对象及应用场景的不同，以前的研究很少将 SCADA 数据、在线监测数据、变压器缺陷数据结合起来分析。

采用大数据观念尝试对变压器缺陷数据、油色谱气体含量、SCADA 数据间的关系进行分析。油色谱中的乙烷、甲烷、一氧化碳、二氧化碳、氢气与电流、功率间无明显相关性；乙烯、总烃与电流、有功、无功间存在明显的相关性。以乙烯含量、平均无功功率为例，设备缺陷数据、油色谱数据、SCADA 数据的相关统计结果如图 5－19 所示，在乙烯大于 15μL/L，而平均无功功率在（30，47）区域内缺陷发生的可能性较大。

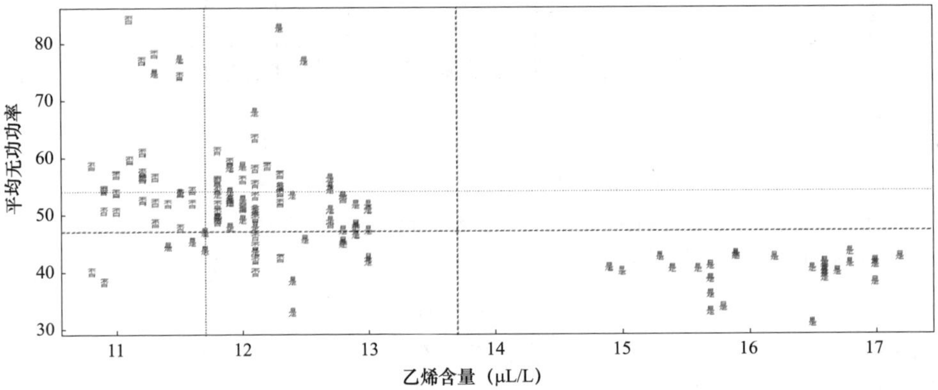

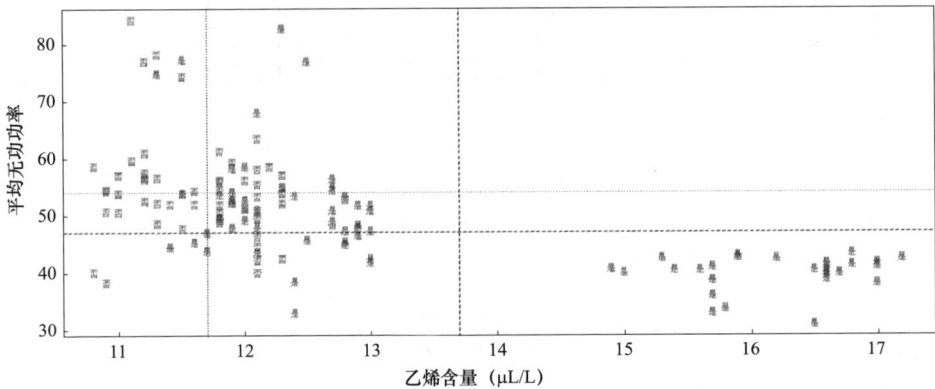

图 5－19　缺陷、油色谱与 SCADA 数据统计分析结果

3. 缺陷或故障与环境数据相关关系

相关分析就是探索现象之间相关关系的密切程度和表现形式，利用相关关系数反映 B 随 A 的变化情况，其值的大小代表关系的强弱关系。采用相关性分析对缺陷类型之间、缺陷类型与投运年限之间的关系进行研究，可以增进对缺陷发生原因的理解。

对不同地区主要气象站多年的历史气候资料数据进行统计分析，给出不同地理区域和不同时间段的最高气温、平均气温、最大日照辐射等因素的统计特征量，按不同区域、不同季节修正变压器过载能力计算模型的环境边界参数，可以挖掘变压器等设备的潜力。

将故障、缺陷记录中所涉及的缺陷和故障类型按照不同电压等级、厂家、时间段、区域进行统计分析，计算给出不同缺陷和故障类型在不同电压等级、厂家、时间段、区域下发生概率的统计结果，分析结果见表 5－3。

表 5-3　　状态数据模型总体结构

故障模式	电压等级	故障率	厂家编号	故障率	时间段	故障率	区域	故障率
故障模式 1	110kV	X1	厂家 1	Y1	一月	Z1	区域 1	W1
	220kV	X2	厂家 2	Y2	二月	Z2	区域 2	W2
	500kV	X3	厂家 3	Y3	…	…	…	…
故障模式 2	110kV	X4	厂家 1	Y4	一月	Z4	区域 1	W4
	220kV	X5	厂家 2	Y5	二月	Z5	区域 2	W5
	500kV	X6	厂家 3	Y6	…	…	…	…
…	…	…	…	…	…	…	…	…

按发现时间得到的缺陷和故障统计分析结果如图 5-20 所示，在 11 月至次年 1 月之间，发生渗油缺陷的概率较大，8 月左右，发生故障的概率较大。

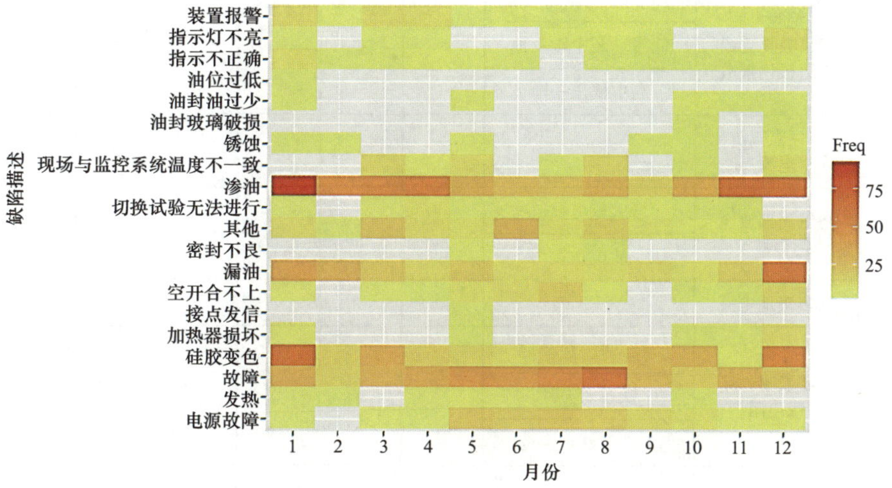

图 5-20　缺陷和故障统计分析结果

5.2.4　关键特征量优选

为提高数据整合及利用效率，在实际应用中，可以利用相关分析得到各个状态特征量对故障缺陷的反映程度、各个特征量之间的相关度，将反映程度高的作为关键特征量，特征量之间相关度高于指定阈值的特征量合并考虑，以降低状态特征量的维数。

以变压器为例，将变压器关键性能分为电气性能（绝缘劣化状态）、电气性能（绝缘老化状态）、过载能力、机械性能、套管性能等五种，结合 Q/GDW 169

《油浸式变压器（电抗器）状态评价导则》等相关标准，推荐关键特征状态量见表 5－4～表 5－8。

（1）电气性能（绝缘劣化状态）对应的状态量。

表 5－4　　电气性能（绝缘劣化状态）对应的状态量

部件	状态参量	细分	获取方式：在线监测	获取方式：离线试验	获取方式：带电检测	获取方式：运行巡视	初始权重	是否可选状态量
绕组	绕组连同套管的介损值	高中压—低压及地		√			3	
		低压—高中压及地						
		高中低压—地						
	绕组连同套管的电容量值	高中压—低压及地		√			4	
		低压—高中压及地						
		高中低压—地						
	绕组绝缘电阻、绕组吸收比或绕组极化指数	高中压—低压及地		√			4	
		低压—高中压及地						
		高中低压—地						
	中性点直流电流					√	3	可选
	绕组局部放电（超声波）	最大放电幅值			√		2	可选
		放电次数						
铁芯	铁芯接地电流		√		√		2	
	铁芯及夹件绝缘电阻	铁芯对夹件及地		√			2	
		铁芯对夹件						
		夹件对铁芯及地						
油纸绝缘	油质	油中含水量		√			3	
		油中含气量					2	
		体积电阻率					2	
		油介质损耗					3	
		油击穿电压					3	
		油中颗粒度					2	
		带电度					2	可选
	油中气体	C_2H_2	√	√	√		4	
		总烃					3	

续表

部件	状态参量	细分	获取方式				初始权重	是否可选状态量
			在线监测	离线试验	带电检测	运行巡视		
油纸绝缘	油中气体	H_2					2	
		CH_4					1	
		C_2H_4					2	
		C_2H_6					1	
		CO					1	
		CO_2					1	

（2）电气性能（绝缘老化状态）对应的状态量。

表 5-5　　电气性能（绝缘老化状态）对应的状态量

部件	状态参量	细分	获取方式				初始权重	是否可选状态量
			在线监测	离线试验	带电检测	人工巡视		
绕组	绕组绝缘电阻	高中压—低压及地		√			2	
		低压—高中压及地						
		高中低压—地						
	绕组连同套管的介损值	高中压—低压及地		√			3	
		低压—高中压及地						
		高中低压—地						
油纸绝缘	油质	油中糠醛含量		√			4	
	油中气体	CO_2/CO 比值	√	√	√		3	
	绝缘纸聚合度	—		√			4	可选
	介电响应	极化去极化 恢复电压介质损耗		√			2	可选

（3）过载能力对应的状态量。

表 5-6　　过载能力对应的状态量

部件	状态参量	细分	获取方式				初始权重	是否可选状态量
			在线监测	离线试验	带电检测	运行巡视		
绕组	环境温度					√	2	
	过负荷工况	最高过负荷				√	3	
		过负荷持续时间						
		过负荷次数						

续表

部件	状态参量	细分	获取方式				初始权重	是否可选状态量
			在线监测	离线试验	带电检测	运行巡视		
绕组	绕组直流电阻	高中压—低压及地		√			3	
		低压—高中压及地						
		高中低压—地						
	运行油温	顶层油温温升最大值	√			√	3	
	油箱红外测温	温度最大值			√		2	
	中性点直流电流					√	3	可选
套管	套管本体及引线接头温度	温度最大值			√		4	
冷却系统	冷却系统	风机运行状态				√	3	
		水泵油泵运行状态						
		冷却控制系统状态						
油纸绝缘介质	油中气体	H_2	√	√			2	
		总烃					3	
		CH_4					2	
		C_2H_4					2	
		C_2H_6					2	

（4）机械性能对应的状态量。

表 5-7　　机械性能对应的状态量

部件	状态参量	细分	获取方式				初始权重	是否可选状态量
			在线监测	离线试验	带电检测	运行巡视		
绕组	短路工况	短路电流				√	2	
		短路冲击累计次数						
	同类型产品短路情况（相同设计）	短路电流		√			4	
		短路结果						
	绕组变形测试/频谱	高中压—低压及地		√			3	
		低压—高中压及地						
		高中低压—地						
	绕组短路阻抗	高中压—低压及地		√			4	
		低压—高中压及地						
		高中低压—地						

续表

部件	状态参量	细分	获取方式				初始权重	是否可选状态量
			在线监测	离线试验	带电检测	运行巡视		
绕组	绕组直流电阻	高中压—低压及地		√			3	
		低压—高中压及地						
		高中低压—地						
	绕组连同套管的电容量值	高中压—低压及地		√			4	
		低压—高中压及地						
		高中低压—地						
	变比	变比		√			2	
	振动频谱	100Hz 振动幅值	√				1	可选
		其他频率振动幅值						
油纸绝缘介质	油中气体	短路前后 C_2H_2 变化量	√	√			4	
铁芯	空载电流	空载电流值		√			2	可选
	噪声	噪声			√		2	
	振动	最大幅值			√		2	

（5）套管性能对应的状态量。

表 5-8　套管性能对应的状态量

部件	状态参量	细分	获取方式				初始权重	是否可选状态量
			在线监测	离线试验	带电检测	运行巡视		
套管	套管末屏绝缘	套管末屏对地绝缘电阻		√			3	
		套管末屏对地电容量					3	可选
		套管末屏对地介损值					3	可选
	套管红外测温	温度			√		4	
	套管主绝缘	套管主绝缘电阻		√			3	
		套管主绝缘介质损耗值					3	
		套管主绝缘电容量					4	
	充 SF_6 气体套管气体成分			√			3	
	充 SF_6 气体套管气体密封性检测			√			3	可选

续表

部件	状态参量	细分	获取方式				初始权重	是否可选状态量
			在线监测	离线试验	带电检测	运行巡视		
套管	局部放电测试（高频电流）	最大放电幅值	√		√		2	可选
		放电次数						
	相对介质损耗	—			√		3	可选
	相对电容量	—			√		3	可选
	套管油色谱	总烃		√			3	可选
		H_2					2	
		C_2H_2					4	
		CH_4					1	
		C_2H_4					1	
		C_2H_6					1	
		CO_2/CO					2	

通过以上关键特征量的优选，就可以整合形成变压器状态评价基础数据，提供给后台分析算法，实现基于大数据的变压器状态评估。类似的，还可以根据其他应用场景实际需要，通过关键特征量优选，减少与高级应用无关的数据，提高运检数据整合效率。

5.3 运检数据清洗技术

运检数据分别来自不同的信息系统，其获取方式也不尽相同，由于大量台账、缺陷、巡检、试验等数据通过人工录入的方式进入系统，以及停电试验、在线监测、带电检测等数据因为检测仪器的稳定性和可靠性不满足要求，不可避免存在部分异常数据，该部分数据影响了大数据分析的准确性，大大降低运检数据的实用性。为了提高运检数据应用效果，保证分析结果可靠，必须通过数据校验和无效数据剔除提升数据质量。

5.3.1 运检数据异常检测

数据校验和无效数据剔除的前提是异常检测，首先检测出数据中的异常点，再进一步对异常点进行校验和剔除。目前异常检测的主要目的是找出数据中没有统计意义的或无法进行数据质量提升的数据。这些异常数据的情况主要包括：① 某段时间内无数据上传，导致存在大量无记录空白区域；② 某段时间内上传数据始终不变，与被监测设备状态明显不符的值，或存在明显错误区域；③ 存在不合理数据（负值和超量程数据）；④ 由于干扰、测量设备故障等情况下出现的奇异值；⑤ 数据中存在一定比例随机噪声，导致数据的直观趋势不明显；⑥ 与其他数据相比存在矛盾的数据。

上述情况①、②和③中的异常数据是没有统计意义的，对于这部分数据，需要将其进行剔除，并在数据质量优化中使用相应方法进行补全。第④和第⑤情况的出现对整体数据质量有很大影响，需要在数据质量优化的过程中使用某些特定值取代这些异常值，在保留原始数据特征的同时，最大限度地提高数据质量，而这些异常值需要采用特定的算法进行异常检测。第⑥种情况需要与其他相关数据进行对比分析，才能得出结论。重点是第④、⑤和第⑥情况下的数据异常检测和质量提升。对检测出的正常或异常点，需要进行置信度分析，判断数据是正常或者异常的概率。

异常检测是对数据集中与众不同的偏差值、孤立点的识别，不同领域的研究者依据各自检测的需求不同，开发了各种异常检测算法，可以从使用的主要技术路线角度、类标号（正常或异常）可以利用的程度、面向对象的特殊性角度三方面分类。随着电力系统的快速发展，其日益庞大的运营结构和积累的海量数据，成为异常检测的一个重要的研究领域。现在，国内外专家对电力系统中不良数据的检测问题提出了不同的解决方法，最常用的有基于数据挖掘和基于状态估计两大类不良数据检测方法。

（1）基于数据挖掘的不良数据检测。数据挖掘是从数据库的大量的、随机的数据中获得先前未知的并有潜在特殊关系性的信息的过程。数据挖掘的分析方法主要有关联分析、序列模式分析、分类分析和聚类分析；数据挖掘的具体算法主要有统计分析法、决策树方法、神经网络方法、覆盖正例和排斥反例方法、粗糙集方法、概念树方法、遗传算法、公式发现、模糊集方法和可视化技术。根据分析方法和具体算法的不同，基于数据挖掘的不良数据的检测辨识方法又可以分为基于神经网络、基于模糊理论、聚类分析、基于间隙统计三种方法。

（2）基于状态估计的不良数据检测。电力系统的量测数据包括遥测和遥信两种，但由于系统故障和人为原因，这些量测值可能偏离真实值，导致坏数据出现，影响后续状态估计。基于状态估计的不良数据检测方法主要有估计辨识法、非二次准则法和残差搜索法。这些方法的流程主要是：① 假设作为特征值的加权残差或标准残差服从某一概率分布；② 依据一定的置信水平设定一个阈值，进行假设检验；③ 发现指出坏数据。

5.3.2　基于统计与趋势分析的数据校验模型

对典型区域、同类同型输变电设备、同厂家监测装置的状态数据等进行统计分析，得出数据的分布特征，再根据分布特征，重新对数据进行校验。非常不符合分布模型的数据可以被认为是异常值，需要进行校验。

1. 基于MCD稳健统计分析的数据校验模型

在实际测试中，由于现场人为操作复杂以及控制、传输中电磁干扰的影响，检测数据不可避免地会产生偏误，这些偏误就是异常值（或称为离群值）。但并不是所有的异常值都是偏误，有些异常值是实实在在存在的数据，并且可能是样本数据中最重要的观测数据。如某个火山探测仪的数据突然变得异常，有可能是探测仪出了故障，但更有可能是火山爆发的先兆。由于传统的估计量都对异常值十分敏感，异常值的存在可能使经典统计分析方法产生偏差甚至错误，如最小二乘估计算法。与传统方法中对所有数据进行计算不同，稳健统计方法是寻找一个能符合大多数数据特征的模型，然后用这个模型去锁定异常值。通过稳健统计的估计量可把数据中的异常值识别出来，一方面，能够降低其对统计结果的影响，另一方面，通过对异常值的单独分析，可能预测意料之外的现象。因此，有不少学者将稳健统计方法应用到异常值检测中。MCD稳健分析方法就是其中最具代表性的方法。

首先，从总样本 n 中随机抽取 h 个样本数据，并计算这 h 个样本数据的均值 T_1 和协方差矩阵 S_1（下标“1”表示第1次迭代计算）。然后计算这 n 个样本数据到中心 T_1 的 Mahalanobis 距离，选出这 n 个距离中最小的 h 个，再进一步通过这 h 个样本计算均值和协方差，由此不断迭代下去，直到均值和协方差稳定。反映在图形上就是不断寻找包含 h 个样本点的距离最短的椭球图，距离较远的就是异常值。

MCD稳健估计算法流程如图5-21所示（图中 T 表示均值矩阵，S 表示协方差矩阵），主要过程为：

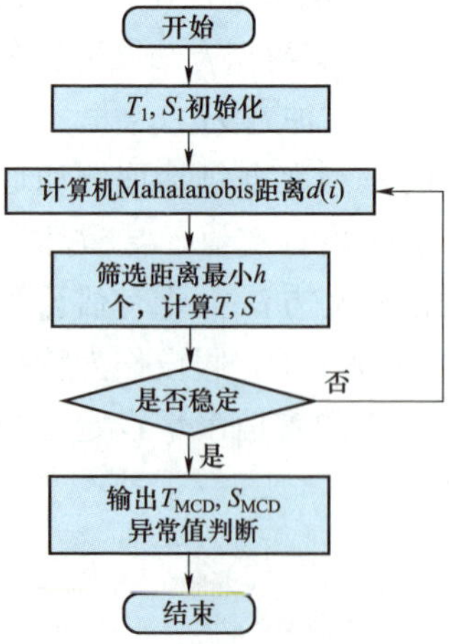

图5-21　MCD稳健估计算法流程图

（1）均值和协方差初始化。从总样本 n 中随机抽取 h 个样本，每个样本包含 m 个指标（如避雷器泄漏电流包括总电流、阻性电流），分别计算这 m 个指标的 h 个样本数据的均值并组成均值矩阵 T_1 和协方差矩阵 S_1。

（2）Mahalanobis 距离计算。计算这 n 个样本数据到中心 T_1 的 Mahalanobis 距离。其中，x_i 为第 i（$i=1, 2, \cdots, n$）个样本的 m 个指标所组成的向量。

（3）样本筛选。根据 Mahalanobis 距离计算结果，选出这 n 个距离中最小的 h 个。

（4）迭代计算。对新选的 h 个样本计算其

均值矩阵 T_2 和协方差矩阵 S_2，判断是否收敛稳定；否则，继续迭代下去，直到均值和协方差收敛稳定，并返回稳定的均值矩阵 TMCD 和协方差矩阵 SMCD。

（5）异常值检验。根据 TMCD 和 SMCD 计算每个样本稳健的 Mahalanobis 距离 $d(i)$。因计算出的 Mahalanobis 距离近似服从一个自由度为 p 的卡方分布，假设置信度为 α，则当 $d(i) > \sqrt{x_{\mathrm{p},\alpha}^2}$（$\sqrt{x_{\mathrm{p},\alpha}^2}$ 表示卡方检验的临界值）时，判定第 i 点数据为异常值，否则为正常值。

2. *基于动态阈值的数据校验模型*

基于动态阈值的数据校验模型算法在无需训练集的条件下，可实现油色谱在线监测数据的异常值实时检测，该方法在保持较高检测精度的同时，维持了较低的误报率。以变压器油色谱在线数据异常值检测模型为例，对油色谱在线监测数据进行异常值检测。

（1）油色谱异常值。因偶然因素导致的油色谱异常值往往是孤立的点，而变压器因负荷增加或内部故障等原因造成的数据突变，一般具有连续性。

一般利用相邻点之间的距离来判断异常值。如果当前数据点距离上一个数据点的距离超过某一范围，就认为该点是一个异常点。如图 5－22 所示，数据点 1～5 均是正常数据点，显然数据点 6 是一个异常数据点。然而 6、7 之间的距离与 6、5 之间的距离基本一样，若依照相邻点间的距离来判断异常点，7 也将被检测为异常，但观察会发现数据点 7 应该是正常的，这样数据点 7 则被误报。为避免上述误报，做如下定义。

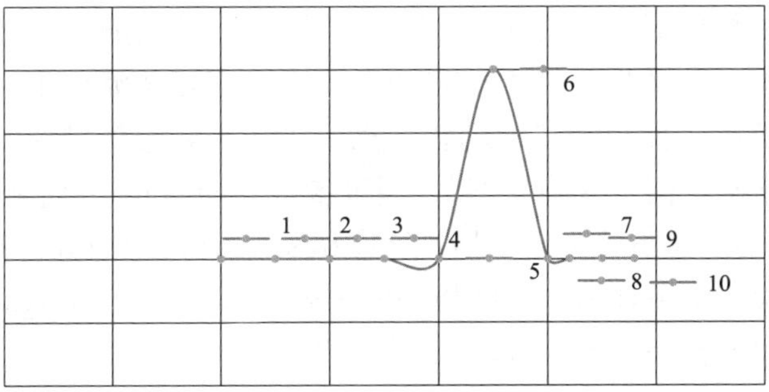

图 5－22　异常点示意图

定义 1：正常跳距离。

设数据点 $obj(k)$ 为传感器在 k 时刻捕获的数据，设 k 时刻之前捕获的数据之中已被检测为正常的，且在时间上距离 $obj(k)$ 最近的数据点记为 $obj(i)$，则当前数据点 $obj(k)$ 的正常跳距离为

$$NHD(k)=\frac{\text{dis}[obj(k),obj(i)]}{(k-i)} \tag{5-1}$$

其中，式（5－1）中的距离 dis［$obj(k)$，$obj(i)$］为数据点 $obj(k)$到数据点 $obj(i)$之间的 Mahalanobis 距离。

Mahalanobis 距离公式如下

$$\text{dis}[obj(k),obj(i)]=\sqrt{[obj(k)-obj(i)]^{\mathrm{T}}s^{-1}[obj(k)-obj(i)]} \tag{5-2}$$

其中，$obj(k)$、$obj(i)$都是由多个指标组成的向量，$[obj(k)-obj(i)]^{\mathrm{T}}$ 是 $obj(k)-obj(i)$的转置，S^{-1}是 S 的逆，S 是所有数据点的协方差矩阵。

定义 2：数据异常因子。

设传感器在 t 时刻捕获的数据点为 $obj(k)$，则当前数据点 $obj(k)$的异常因子为

$$OF(k)=\frac{NHD(k)}{\delta(k)} \tag{5-3}$$

其中，$\delta(k)$为当前数据 $obj(k)$对应的动态阈值，动态阈值的初始值设定和更新机制详见后面小节。

根据每个数据点异常因子的大小可将色谱数据分为 3 种状态：

正常态：若数据点 $obj(k)$的异常因子 $OF(k)\in$［0，1］。

临界态：若数据点 $obj(k)$的异常因子 $OF(k)\in$（1，trustvalue］。

异常态：若数据点 $obj(k)$的异常因子 $OF(k)\in$（trustvalue，$+\infty$］。

其中，trustvalue 是一个大于 1 的参数，可根据具体情况进行设定。

在实际中，传感器可能受到各种未知的影响，获取的实时数据常常会呈锯齿状上升或下降，即数据处于不确定的波动中。在这些波动中，有些数据的波动处于合理的范围；而有些波动则较严重，这是由异常值导致的。有鉴于此，在正常态与异常态之间引入临界态，并通过参数 trustvalue 来控制临界态的大小。参数 trustvalue 的值越小检测越严格，参数 trustvalue 的值越大检测越宽松。在现实使用中，可根据部署环境和实际检测的需要来调节参数 trustvalue。

借用无罪推定的法律原则，只有那些处于异常态的数据才被认为是异常值。

（2）基于可变阈值的异常值检测方法。设油色谱在线监测数据序列为{$obj(1)$, $obj(2)$, $obj(3)$, …, $obj(k)$, …}，其中 1，2，3，…，k，…代表一系列连续的时刻。根据油色谱在线监测装置类型不同，每一组油色谱在线监测数据涉及氢气（H_2）、甲烷（CH_4）、乙烷（C_2H_6）、乙烯（C_2H_4）、乙炔（C_2H_2）和一氧化碳（CO）6 种特征气体中的某几种。

实际正常运行中乙炔等烃类气体往往数值较小，导致异常值引起的数据波

动与测试仪器本身的灵敏度误差很接近，因此，为保证异常数据筛选的可靠性，仅选取 CO、H_2 和总烃（CH_4、C_2H_6、C_2H_4、C_2H_2 之和）3 类气体含量进行异常值分析。

在定义 1 和定义 2 的基础上，给出的检测策略和动态阈值 $\delta(k)$的更新方法。

对于 t 时刻采集到的数据 $obj(k)$，在已知对应的阈值 $\delta(k)$的情况下可得到异常因子 $OF(k)$，并通过异常因子来判断当前数据所处的状态。若 $obj(k)$处于异常态则认为其是一个异常值，否则认为其是一个正常值。然后，利用前一时刻数据 $obj(k-1)$所处的状态和当前数据所处的状态，以及当前的阈值 $\delta(k)$，确定下一时刻的阈值。依照上述策略，即可实现对传感器采集数据的线上实时的检测。其具体实现包括如下步骤（见图 5－23）：

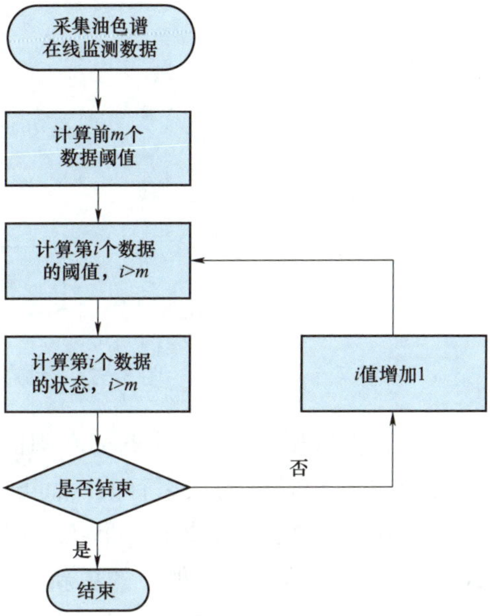

图 5－23　步骤流程图

步骤 1：采集油色谱在线监测数据。

步骤 2：采集到初始 m 个数据后，计算 $\delta(m)$ 初始值，$\delta(m)$可取为

$$\delta(m) = \max[NHD(2),\cdots,NHD(m)] \tag{5-4}$$

步骤 3：根据设定的动态阈值更新机制得到 $\delta(m+1)$。

步骤 4：传感器捕获到第 i 个数据 $obj(i)$，计算 $OF(i)$，然后判断第 i 个数据所处的状态，如果第 i 个数据处于异常态，判定 $obj(i)$是一个异常值，其中 $i>m$。

步骤 5：根据设定的更新机制，利用 $obj(i-1)$的状态，$obj(i)$的状态以及当前的 $\delta(i)$，得到下一时刻的阈值 $\delta(i+1)$，其中 $i>m$。

步骤 6：重复步骤 4 和步骤 5 直到传感器停止采集数据。

经典马尔科夫假设认为，下一时刻的状态仅与当前时刻状态有关，而与以前状态无关。但将其应用于本模型时仿真效果并不好。这里假设下一时刻的状态仅与当前时刻的状态和前一时刻的状态有关，而与前一时刻之前的状态无关。分析传感网络中数据集的特征，同时进行大量的仿真实验，制定了如图 5－24 所示的阈值更新机制。

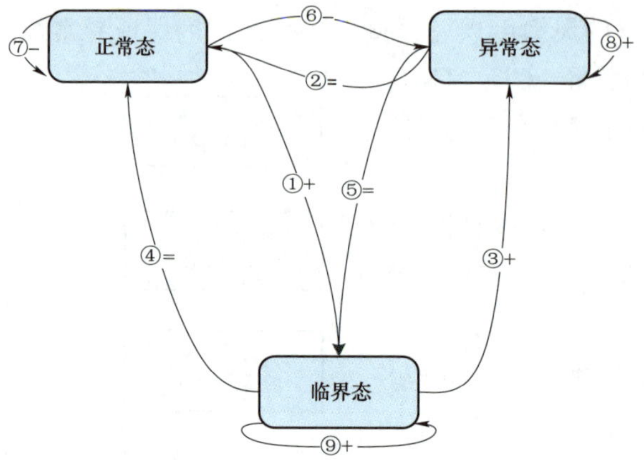

图 5-24 动态阈值更新机制

设 $\delta(k)$为数据 $obj(k)$对应的动态阈值。这里假设下一时刻的状态仅与当前时刻的状态和前一时刻的状态有关，而与前一时刻之前的状态无关。假设当前数据为 $obj(i)$，已知前一个数据的状态、当前数据状态和当前阈值，更新下一个数据 $obj(i+1)$的阈值。给出如下的更新方法：

1）数据 $obj(i-1)$处于正常态，数据 $obj(i)$处于临界态，新阈值 $\delta(i+1)$在阈值 $\delta(i)$的基础上适度增大。

2）数据 $obj(i-1)$处于正常态，数据 $obj(i)$处于异常态，新阈值保持不变。

3）数据 $obj(i-1)$处于临界态，数据 $obj(i)$处于异常态，新阈值 $\delta(i+1)$在阈值 $\delta(i)$的基础上适度增大。

4）数据 $obj(i-1)$处于临界态，数据 $obj(i)$处于正常态，新阈值维持不变。

5）数据 $obj(i-1)$处于异常态，数据 $obj(i)$处于临界态，新阈值维持不变。

6）数据 $obj(i-1)$处于异常态，数据 $obj(i)$处于正常态，新阈值 $\delta(i+1)$在阈值 $\delta(i)$的基础上减小。

7）数据 $obj(i-1)$处于正常态，数据 $obj(i)$处于正常态，新阈值 $\delta(i+1)$在阈值 $\delta(i)$的基础上适度减小。

8）数据 $obj(i-1)$处于异常态，数据 $obj(i)$处于异常态，新阈值 $\delta(i+1)$在阈值 $\delta(i)$的基础上增大。

9）数据 $obj(i-1)$处于临界态，数据 $obj(i)$处于临界态，新阈值 $\delta(i+1)$应等于当前 $NHD(i)$。

上面所述增大，一般为 $\delta(i+1)=2\times\delta(i)$，所述减小，一般为 $\delta(i+1)=\delta(i)/2$。

相比现有其他技术，模型在无需训练集的条件下，实现了对油色谱在线数据的实时检测；可通过调节参数 trustvalue 来调节检测的松紧度，以适应各种不同环境下的检测要求。

（3）应用实例。

1）通过收集获得某一变压器一段时间的氢气含量数据：{4.2，5.1，5，5.5，5.3，5.8，6.2，5.8，5.6，5，5.9，6.8，7.2，6.9，8.2，8，13，9.8，11.6，11.7，11.8，11.3，11.2，10.8，10.7，7.2，11，11，10.8，10.9，10.7，10.5，11.3，11.2，4.2，9.4，9.1，9.7}，共 38 个，单位为 μL/L。

2）假设最先采集的两个油色谱数据 4.2 和 5.1 为正常态，令 $\delta(1)=obj(1)=4.1$，$\delta(2)=NHD(2)=|obj(2)-obj(1)|=|5.1-4.2|=0.9$。

3）根据设定的动态阈值更新机制得到 $\delta(3)$，因为 $obj(1)$和 $obj(2)$都为正常态，$\delta(3)$在 $\delta(2)$的基础上适度减小，$\delta(3)=\delta(2)/2=0.9/2=0.45$。

4）第 3 个数据 $obj(3)=5$，计算 $OF(3)=NHD(3)/\delta(3)=|obj(3)-obj(2)|/\delta(3)=|5-5.1|/0.45=0.22<1$，所以第 3 个数据 $obj(3)$为正常态。其中距 $obj(3)$最近的正常值为 $obj(2)$，故 $NHD(3)=|obj(3)-obj(2)|$。

5）根据设定的更新机制，利用 $obj(2)$的状态，$obj(3)$的状态以及当前的 $\delta(3)$，得到下一时刻的阈值 $\delta(4)$。因 $obj(2)$和 $obj(3)$都为正常态，故 $\delta(4)=\delta(3)/2=0.45/2=0.225$。

6）重复步骤 4）和步骤 5），依次得出每一个数据的状态和阈值，这里按照经验，trustvalue = 6，最终检测结果如图 5-25 所示。

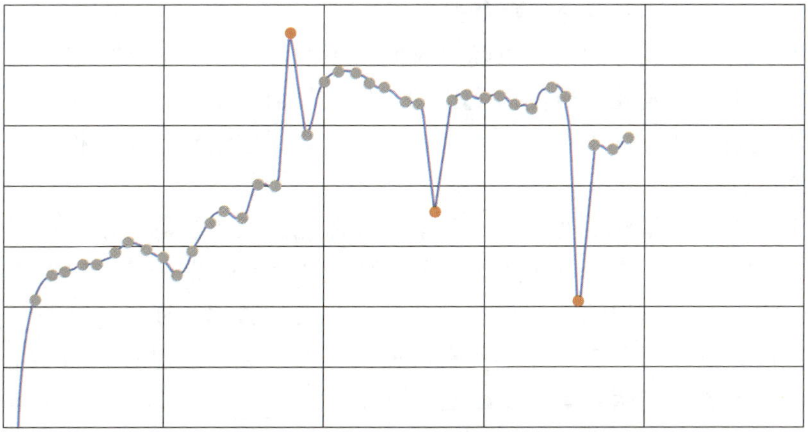

图 5-25　某变压器氢气监测数据异常检测结果示意图

红色标记为检测到的异常点，从图 5-25 中可以看出，这些异常点的变动较大，而异常点后续的点因为跟前面的正常点相比变化不大，判断为正常点，没有发生误判。

3. 基于知识发现的在线监测注意值计算方法

油中溶解气体分析是大型变压器故障诊断的最有效的方法之一。DL/T 722

《变压器油中溶解气体分析和判断导则》规定，当运行中变压器的油中气体含量超过表5-9所列值时，应引起注意。该值也通常称为注意值。

表5-9　　运行中变压器的油中气体含量标准

设备	气体组分	含量（μL/L）	
		330kV及以上	220kV及以下
变压器	氢气	150	150
	乙炔	1	5
	总烃	150	150

在实际运行中，每台变压器的运行工况都不一样，其油色谱数据受变压器负荷及天气等因素的影响很大，每台变压器都应该制定自身的注意值。特别是随着在线监测技术应用的不断拓展，传统的注意值常常造成误报警和漏报警现象的发生，增加资源浪费和设备风险。

正常运行时，变压器内部的油纸绝缘材料在热和电的作用下，会逐渐老化和分解，产生少量的H_2、低分子烃类气体及CO、CO_2等气体；在热和电故障的情况下，也会产生这些气体。这两种来源的气体在技术上无法区分开，在数值上也没有严格的界限，而且与负荷、温度、油中的O_2含量和含水量、油的保护系统和循环系统等许多可变因素有关。

由于负荷、温度等因素一直随着时间在不断变化，因此变压器的油中气体含量注意值也应该是随着时间而变化的。但是目前油中气体含量与负荷、温度等因素的关系在业界尚未有统一的定性认识，更无法通过定量的模型来指导实际的生产运行。

基于知识发现原理的变压器油色谱在线监测注意值计算方法，用以确定每台变压器随时间变化的油中气体含量注意值，主要包括以下三个步骤：

（1）提取与变压器油中气体注意值计算相关的数据，通过建立与各类在线监测系统的数据接口，获取到各类在线监测数据，并通过对数据的加工处理，生成与变压器油中气体注意值计算相关的数据。

（2）训练每台变压器的注意值计算模型，通过知识发现框架将每台变压器的每类注意值计算作为训练例，训练出合适模型。

（3）根据每台变压器的注意值计算模型计算油中气体含量注意值，在确定了每台变压器的各类注意值计算优选模型之后，则可通过该模型计算出当前时间的该变压器油中气体含量注意值。如当优选模型为统计分布模型时，可通过三西格玛原则计算出气体含量注意值；如当优选模型为相关分析模型时，可将变压器油温的规定限值代入到相关分析模型中计算出气体含量注意值。

5.3.3　基于相关因素分析的数据校准模型

利用大数据中海量的带电检测数据和停电试验数据，应用相关先进的数据分析技术，构建在线监测数据校准模型，对在线监测数据进行实时校验与校准。

1. 利用离线数据的在线监测数据校验

建立了基于支持向量机（Support Vector Machine，SVM）的数据校核模型。用试验校准过的准确数据训练支持向量机回归模型，当在线监测数据偏离离线数据间分段函数的误差允许范围时，通过支持向量机回归模型校核这些异常在线监测数据。与此同时，利用萤火虫优化算法（Glowworm Swarm Optimization，GSO）获得支持向量机的最优参数设置。

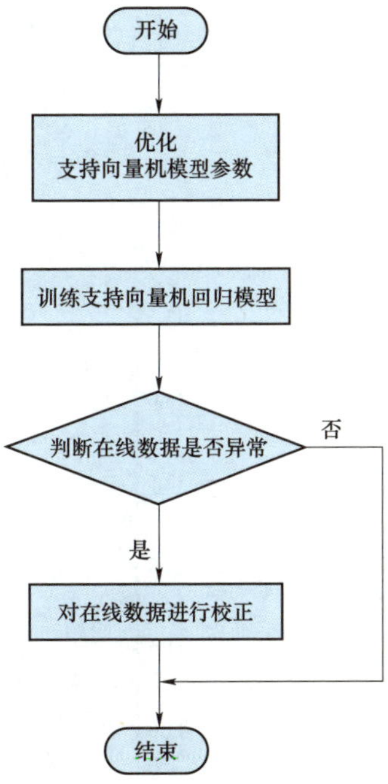

图 5－26　算法流程图

该算法的主要步骤如图 5－26 所示，首先通过萤火虫算法对影响支持向量机性能的重要参数进行优化。然后利用少数准确的油色谱离线数据对支持向量机回归模型进行训练。计算油色谱离线数据间的分段函数，当在线数据超出分段函数误差允许的范围时，认为在线数据异常，当在线数据出现异常时，通过支持向量机回归模型对异常的在线数据进行校正。

为了验证方法的有效性和可行性，对某 250MVA、500kV 单相变压器的油中溶解气体在线监测数据进行校核实验。选择 30 天的变压器油中溶解气体离线测试数据进行训练，如果时间间隔太长，油中溶解气体含量会因变压器状态的不同产生很大的变化，此时支持向量机回归模型的参数会发生变化。变压器油中溶解气体中氢气的在线监测和离线试验数据如图 5－27 所示，坐标系中横轴为时间，纵轴为氢气的含量，在线监测和离线试验数据的采样周期分别为 1 天和 5 天。

通过变压器油中溶解气体离线试验数据对 SVM 和人工神经网络（ANN）进行训练，拟合的误差平方和越小，则模型越准确，两种方法拟合的效果如图 5－28 所示。可以看出，SVM 拟合变压器油中溶解气体离线试验数据的误差平方和小，校核值与在线监测相邻数据差的平方和小，相比 ANN 有更好的校核效果。

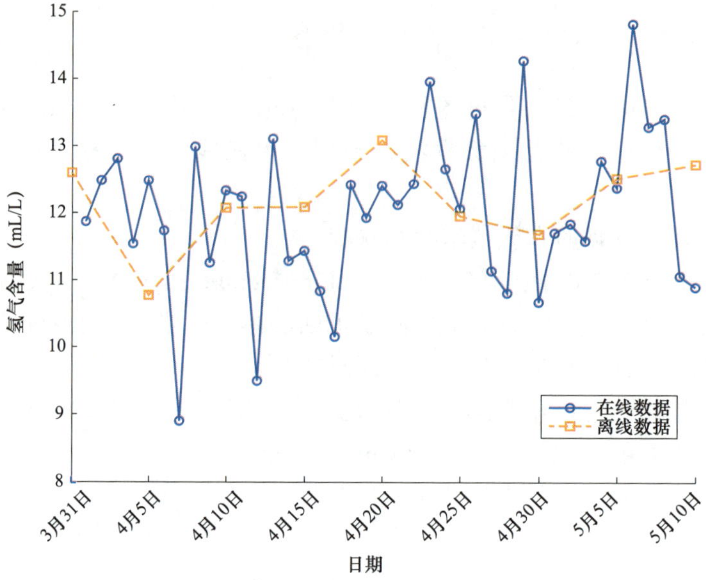

图 5-27　氢气在线和离线数据

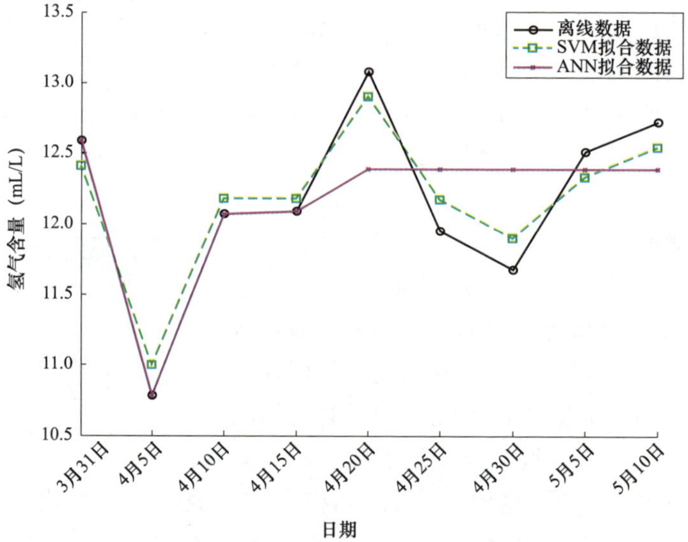

图 5-28　SVM 和 ANN 拟合效果图

2. 电力设备缺陷数据自动校验方法

电力设备缺陷管理是控制设备风险，提高设备健康水平的重要环节。电网公司也制定了相应的标准规范来明确电力设备缺陷的处理流程、单位职责及指标考核等，并建设了安全生产管理信息系统来实现对电力设备缺陷的流程化管理。

电力设备缺陷涵盖的数据信息很丰富。以安全生产管理信息系统中的一条缺陷数据为例，数据内容包括缺陷设备、设备类型、缺陷设备生产厂家、投运日期、出厂日期、所属站线、电压等级、所属部门、缺陷部件、缺陷描述、缺陷严重等级、缺陷类别、缺陷来源、缺陷状态、发现时间、发现人员、消缺人员、计划消缺时间、实际消缺时间、是否停电、缺陷原因、处理措施、处理结果、验收时间等。

这些数据信息是在不同阶段由不同部门负责填写的。虽然安全生产管理信息系统在表单填写时采用了数据类型正确性和数据完整性检查的措施，但是因为设备运维基层人员的责任心不同，以在填写表单时不报错即可，并不关心数据填写是否合理，常常导致设备缺陷数据与实际情况不符，造成后续对电力设备缺陷数据的分析不准确，进而影响了电力设备管理水平。

电力设备缺陷处理业务是首先通过人工巡视、带电测试和在线监测等技术手段来发现缺陷并生成缺陷通知，然后设备运维人员在接到缺陷通知后再择时安排处理，消除设备缺陷，最后再进行设备缺陷分析。因此，设备缺陷的各数据内容之间因为业务关系而具有天然的相互逻辑判断关系。在实际生产中，电力设备发生的各类缺陷，一般都会采用相应的典型措施进行处理，因此历史缺陷数据能够为设备缺陷数据提供校验依据。另外，设备缺陷处理还涉及一次、二次、输电、调度等各专业的业务处理，这些专业的业务数据也能够为设备缺陷数据提供校验依据。

从生产原理出发，提出一种电力设备缺陷数据自动校验方法及系统，根据数据的关联紧密度及校验复杂度，采用三段式置信度校验方法，可有效提高电力设备缺陷数据的质量，并提升缺陷数据自动校验的处理速度，主要包括获取缺陷数据、缺陷信息自身校验、纵向校验、横向校验、告警提示、数据入库处理，如图 5-29 所示。

通过以上过程，对于质量差的设备缺陷数据经过三段置信度校验可以有效提高其质量，而对于质量好的设备缺陷数据则可以避免进行步骤三和步骤四的复杂校验，从而提升缺陷数据自动校验的处理速度。

5.3.4 置信度分析模型

1. 在线监测告警置信度分析

以局部放电在线监测为例，目前，在电力系统中，对变压器、GIS 等设备局部放电进行在线监测分析的系统广泛应用。局部放电在线监测系统是一种监测变压器、GIS 等设备局部放电的设备，用于帮助用户对运行中的电力设备是否存在潜伏性的过热、放电、绝缘等故障进行监测预警，以保障电网安全有效运行的二次设备。当出现监测数据超过阈值时，局部放电在线监测系统会发出告警提示，提醒设备管理人员进行相应的处理措施。

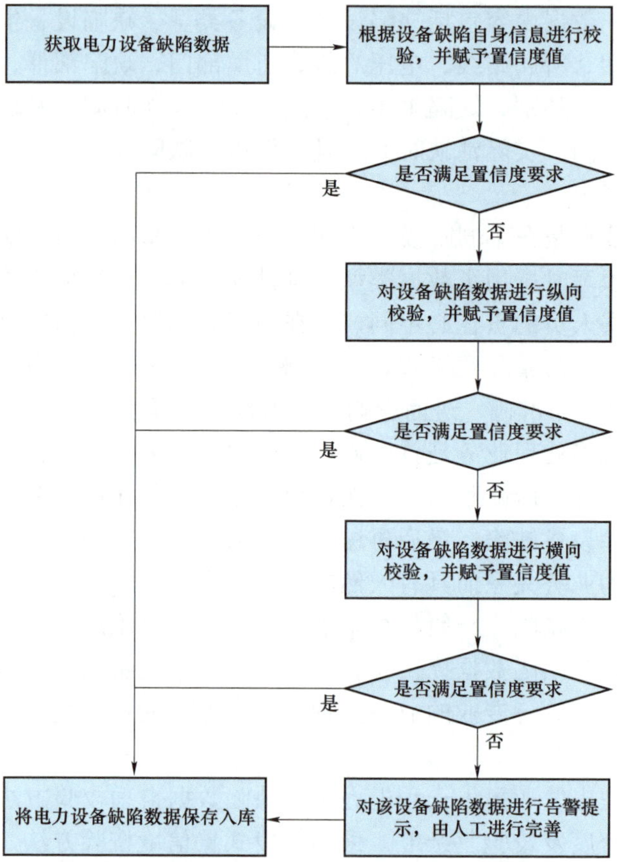

图 5-29　电力设备缺陷数据三段式置信度校验方法实现过程

但由于局部放电在线监测系统传感器的工作环境比较恶劣，较容易出现瞬时的电磁干扰问题，导致局部放电在线监测系统发出错误的告警信息。错误告警信息将导致后续无意义的离线分析，增加无效工作量和浪费各种资源。

局部放电是局部过热、电器元件和机械元件老化的预兆。局部放电在线监测系统一般由工作在设备现场的监测传感器、工作在变电站的局部放电在线监测装置、工作在公司总部的局部放电在线监测主站系统以及数据传输通道构成。

根据局部放电故障产生的原理和特征，提出一种局部放电在线监测告警置信度分析方法，主要包括四个步骤，如图 5-30 所示。

（1）获取设备局部放电实时在线监测数据。与一般的数据采集系统相同，局部放电在线监测装置不断地获取监测传感器采集的局部放电数据。

（2）生成局部放电监测告警。局部放电在线监测装置将采集到局部放电数据与预置在装置的故障图谱数据进行比对分析。当局部放电数据与某类故障的图谱数据相符时则生成局部放电监测告警，并将告警信息传送到局部放电在线

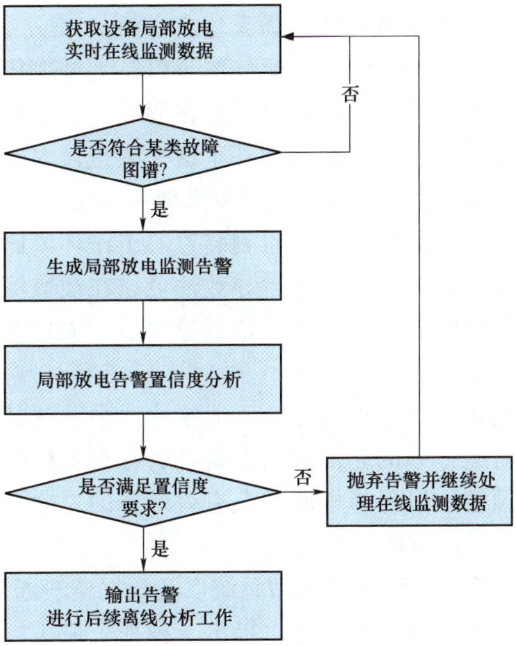

图 5－30　局部放电在线监测告警置信度分析方法

监测主站系统。如果局部放电数据与所有故障图谱数据都不相符，则不生成局部放电监测告警。

（3）局部放电告警置信度分析。局部放电在线监测主站系统接收到局部放电监测告警信息后，立即启动局部放电告警置信度分析。局部放电告警置信度分析的原理是：当发生局部放电故障时，设备会在一段时间内持续发生相同的局部放电现象；而当出现瞬时的电磁干扰时，局部放电现象一般不会相同。因此，可根据固定时间窗口接收到的设备局部放电在线监测告警信息的相同数量与不同数量，确定告警的置信度。比如，根据现场长期监测经验判断，如果在 10min 内收到 3 次相同的管壁毛刺放电告警，则将此告警置信度设为 90%；如果在 10min 内收到 1 次管壁毛刺放电告警，则将此告警置信度设为 50%；如果在 10min 内收到 1 次管壁毛刺放电告警和 1 次部件松动放电告警，则将这两个告警的置信度都设为 25%；如果在 10min 内收到 1 次管壁毛刺放电告警和 2 次部件松动放电告警，则将管壁毛刺放电告警置信度设为 15%，将部件松动放电告警置信度设为 70%。

（4）判断是否输出局部放电告警。局部放电在线监测主站系统在确定局部放电告警的置信度之后，与预先设置的置信度阈值进行比较。当局部放电告警置信度大于置信度阈值时，则输出局部放电告警，提醒设备管理人员进行后续的工作；否则，抛弃本次告警数据。

2. 基于最小二乘法的在线监测数据置信度分析

以油色谱在线监测为例，油中溶解气体分析是大型变压器故障诊断的最有效的方法之一。传统的实验室油色谱分析存在周期长、取样运送测量环节多等缺点，而油色谱在线监测技术很好地弥补了这个缺点，对于及时发现变压器潜伏性故障、避免发生电力系统重大事故具有重要的作用。

在实际运行中，由于油色谱在线监测装置的工作环境比较恶劣，较容易出现瞬时的电磁干扰和通信故障等问题，导致油色谱在线监测系统获取的数据受到污染，从而可能发出错误的告警信息，并导致后续无意义的离线分析，增加无效工作量和浪费各种资源。

油色谱在线监测系统是一种监测变压器绝缘油中溶解其他的组分含量的设备，用于帮助用户对运行中的充油电力设备是否存在潜伏性的过热、放电、绝缘等故障进行监测预警，以保障电网安全有效运行的二次系统。油色谱在线监测系统一般由工作在设备现场的数据采集单元、工作在变电站的数据传输单元、工作在公司总部的油色谱在线监测主站系统以及数据传输通道构成。

根据油中气体产生的原理和特征，提出一种基于最小二乘法的油色谱在线监测告警置信度分析方法，主要包括三个步骤，如图 5－31 所示。

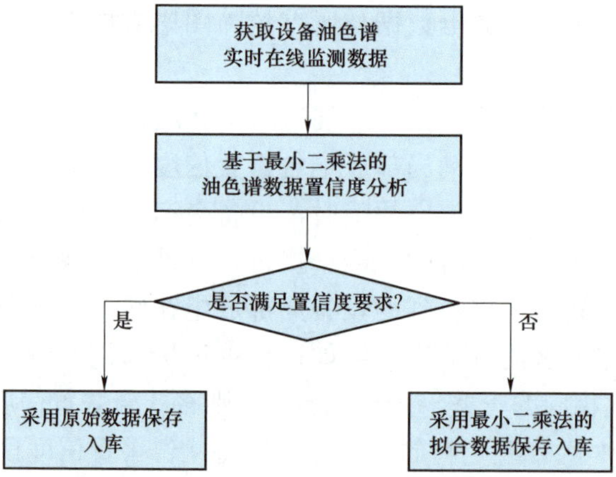

图 5－31　基于最小二乘法的油色谱在线监测数据置信度分析方法

（1）获取设备油色谱实时在线监测数据。与一般的数据采集系统相同，油色谱在线监测主站系统通过数据采集单元和数据传输单元周期性地获取到设备油色谱在线监测数据。

（2）基于最小二乘法的油色谱数据置信度分析。因为油中气体的产生过程相对比较缓慢，油色谱在线监测数据在相邻时间段内不会发生剧烈的变化，因此根据此特征采用最小二乘法来分析油色谱数据的置信度。假设获取到数据的当前时间为 T_0，获取到的油色谱在线监测数据为 D_0，置信度分析的具体过程如下：

1）根据当前时间 T_0 选取过去最近一段时间内（如一个月）的历史数据（D_{0-n}，…，D_{0-2}，D_{0-1}）。

2）采用最小二乘法对历史数据（D_{0-n}，…，D_{0-2}，D_{0-1}）进行拟合，并根据拟合模型预测当前时间 T_0 的数据 D_0'。拟合模型可选取时间与数据的一元线性函数：$D=A+B\times T$。当采用最小二乘法确定了系数 A 和 B 之后，根据该函数公式即可预测出当前时间 T_0 的数据 D_0'。

3）根据在线监测数据 D_0 与预测数据 D_0' 的差值范围来确定在线监测数据 D_0 的置信度。差值范围与置信度可根据实际情况进行设置。比如，两个数据的差值在 5%的范围内，则认为在线监测数据 D_0 的置信度为 95%；两个数据的差值在 5%～10%的范围内，则认为在线监测数据 D_0 的置信度为 90%；两个数据的差值在 10%～20%的范围，则认为在线监测数据 D_0 的置信度为 70%等。

（3）根据是否满足置信度要求，确定保存入库的数据。油色谱在线监测主站系统在确定油色谱数据的置信度之后，与预先设置的置信度阈值进行比较。当油色谱在线监测数据大于置信度阈值时，则将在线监测数据 D_0 保存入库；如果油色谱在线监测数据小于置信度阈值时，则将预测数据 D_0' 代替在线监测数据 D_0 保存入库。

5.4　国网大数据平台

智能运检的大数据分析主要是指获取大量设备状态、电网运行和环境气象等电力设备状态相关数据，基于统计分析、关联分析、机器学习等大数据挖掘方法进行融合分析和深度挖掘，从数据内在规律分析的角度挖掘出对电力设备状态评估、诊断和预测有价值的知识，建立多源数据驱动的电力设备状态评估模型，实现电力设备个性化的状态评价、异常状态的快速检测、状态变化的准确预测以及故障的智能诊断，全面、及时、准确地掌握电力设备健康状态，为设备智能运检和电网优化运行提供辅助决策依据。

目前国网大数据平台于 2015 年在国网山东、上海、江苏、浙江、安徽、福建、湖北、四川、辽宁电力及国网客服中心 10 家试点单位实施，取得了集技术、平台、应用于一体的系统成果与技术创新，在多源数据统一存储、计算资源动态分配与隔离、统一数据对外访问等方面实现了技术创新，首次设计出电网企业一体化全业务模型，模型运行效率与精度同传统方式相比有较大提升，为公司各专业基于平台开展大数据分析与应用提供便捷手段。

5.4.1　部署架构

国网大数据平台分为基础运行平台和管理工作台，如图 5-32 所示。其中，基础运行平台提供数据存储、计算、整合能力；管理工作台提供基础运行平台的配置和运行管理功能。

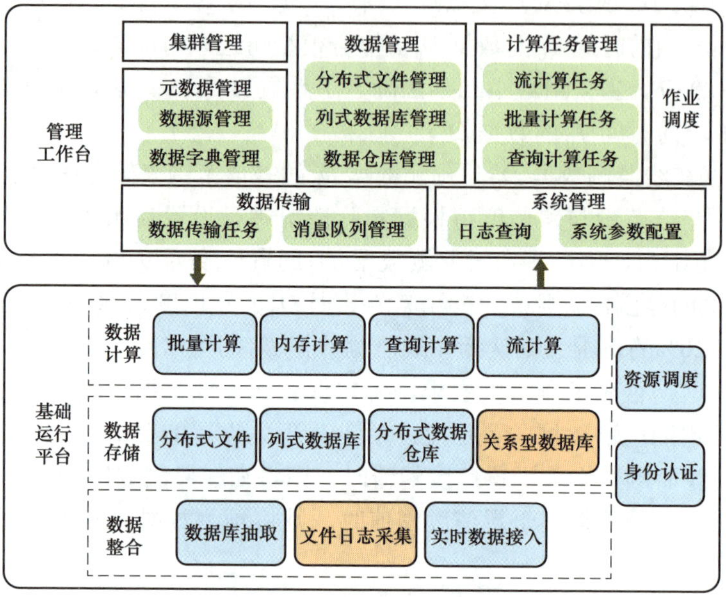

图 5-32　国家电网有限公司大数据平台架构图

基于基础运行平台和管理工作台，平台对外提供的能力如下：

（1）应用安全管理。提供平台各业务应用的定义、身份标识、资源配额等管理能力。

（2）数据存储。提供分布式文件、列式数据库、分布式数据仓库、关系型数据库等数据存储能力。

（3）数据计算。提供批量计算、内存计算、查询计算、流计算等计算能力和资源共享、隔离能力。

（4）数据管理。提供元数据管理和分布式数据管理能力。

（5）数据整合。提供离线数据抽取、实时数据接入等数据整合能力。

（6）作业任务调度。定时调度平台数据传输任务、各类计算任务执行。

大数据平台存储计算组件实现全业务的量测数据、非结构数据的统一存储和分析计算，逐步实现一次存储，多处使用。采用 HBase 存储用采、调度、输变电、计量、供电电压等采集量测数据，采用 HDFS 存储文档、音视频等非结构化数据，如图 5-33 所示。

5.4.2　数据存储功能

大数据平台提供统一的分布式文件系统，并构建分布式数据仓库和非关系

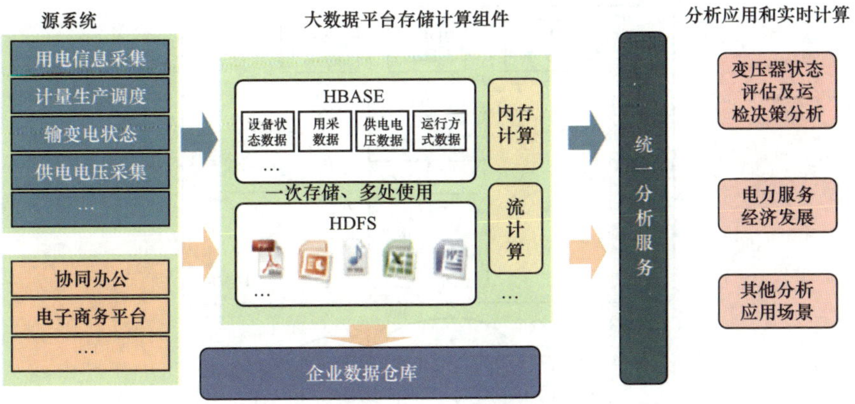

图 5-33　国家电网有限公司大数据平台数据接入

型数据库，满足大量、多样化数据的低成本存储需求，提供分布式数据仓库 HIVE、非关系型数据库 HBASE、分布式文件系统 HDFS、分布式关系型数据库 PostgreSQL 和 MySQL 等存储组件，如图 5-34 所示。

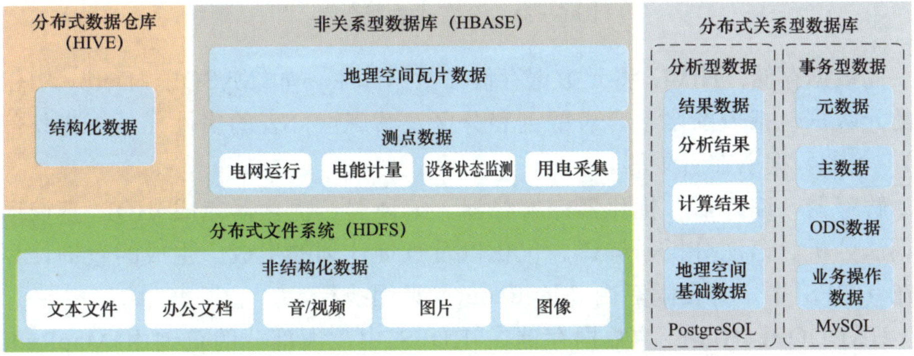

图 5-34　国家电网有限公司大数据平台数据存储架构

1. 分布式数据仓库

分布式数据仓库（HIVE）（见图 5-35），是基于 HADOOP 的一个数据仓库工具，可以将结构化的数据文件映射为一张数据库表，并提供简单的 SQL 查询功能，可以将 SQL 语句转换为 MapReduce 任务进行运行。HIVE 构建在基于静态批处理的 HADOOP 之上，HADOOP 通常都有较高的延迟并且在作业提交和调度的时候需要大量的开销。因此，HIVE 并不能够在大规模数据集上实现低延迟快速的查询。

用户接口主要有三个：CLI、Client 和 WUI。其中最常用的是 CLI，CLI 启动的时候，会同时启动一个 HIVE 副本。Client 是 HIVE 的客户端，用户连接至 HIVE Server。在启动 Client 模式的时候，需要指出 HIVE Server 所在节点，并且在该节点启动 HIVE Server。WUI 是通过浏览器访问 HIVE。

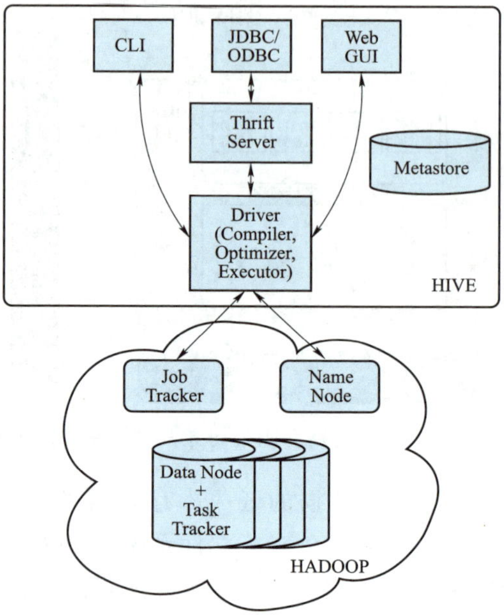

图 5-35　分布式数据仓库

元数据存储：HIVE 将元数据存储在数据库中，如 MySQL、Derby。HIVE 中的元数据包括表的名字，表的列和分区及其属性，表的属性（是否为外部表等），表的数据所在目录等。

解释器、编译器、优化器：解释器、编译器、优化器完成 HQL 查询语句从词法分析、语法分析、编译、优化以及查询计划的生成。生成的查询计划存储在 HDFS 中，并在随后由 MapReduce 调用执行。

HADOOP：HIVE 的数据存储在 HDFS 中，大部分的查询由 MapReduce 完成。

2. 非关系型数据库

列式数据库（HBase），HADOOP Database，是建立在 HDFS 之上的，一个高可靠性、高性能、面向列、可伸缩的 NOSQL 数据库。

HBase 以表的形式存储数据。表有行和列组成。列划分为若干个列族（row family），见表 5-10。

表 5-10　　非关系型数据库

Row Key	Timestamp	Column Family	
		URI	Parser
r1	t3	url=http://www.taobao.com	title=天天特价
	t2	host=taobao.com	
	t1		

续表

Row Key	Timestamp	Column Family	
		URI	Parser
r2	t5	url=http://www.alibaba.com	content=每天…
	t4	host=alibaba.com	

Row Key：行键，Table 的主键，Table 中的记录按照 Row Key 排序。

Timestamp：时间戳，每次数据操作对应的时间戳，可以看作是数据的 version number。

Column Family：列簇，Table 在水平方向有一个或者多个 Column Family 组成，一个 Column Family 中可以由任意多个 Column 组成，即 Column Family 支持动态扩展，无需预先定义 Column 的数量以及类型，所有 Column 均以二进制格式存储，用户需要自行进行类型转换。

适用场景：① 大数据量（100s TB 级数据）且有快速随机访问的需求；② 业务场景简单，不需要关系数据库中很多特性（如交叉列、交叉表，事务，连接等）。

3. 分布式文件系统

分布式文件系统 HDFS 是建立在低成本 x86 硬件上的分布式文件系统集群，采用主从结构，由主节点负责分布式文件系统的元数据管理和提供统一的命名空间，由数量众多的数据节点负责数据 IO 处理和计算，如图 5－36 所示。HDFS 解决方案中，数据文件将被划分成一个或多个数据块，并分散存储在不同的数据节点上，数据块有多个冗余，以解决硬件故障导致的数据丢失问题。

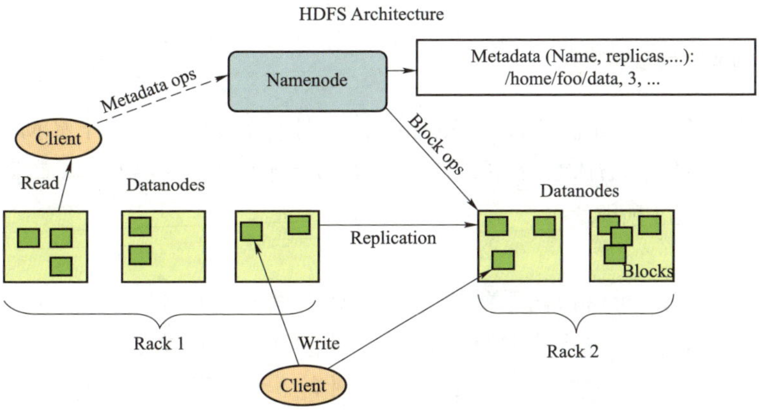

图 5－36　分布式文件系统

NameNode：整个文件系统的大脑，它提供整个文件系统的目录信息，各个文件的分块信息，数据块的位置信息，并且管理各个数据服务器。

DataNode：分布式文件系统中的每一个文件，都被切分成若干份。

Block：每个文件都会被切分成若干个块（默认 128MB）每一块都有连续的一段文件内容是存储的基本单位。

HDFS 特性：存储超大文件，最高效的访问模式是一次写入、多次读取，运行在普通廉价的服务器上。

HDFS 不适用场景：用于对数据访问要求低延迟的场景，存储大量小文件。

4. 分布式关系型数据库

分布式关系型数据库 SG－RDB（MySQL 版），作为事务型操作支撑的数据库。其部署模式支持一主一备、一主多从、分布式集群三种模式。在大数据平台中，采用分布式集群的应用模式。该模式提供了高并发的分布式事务支持，能够在高负载高并发的业务场景中自动处理集群故障，确保集群事务数据的一致性，方便。适用于高并发，数据量大、数据增速快的业务场景，如图 5－37 所示。

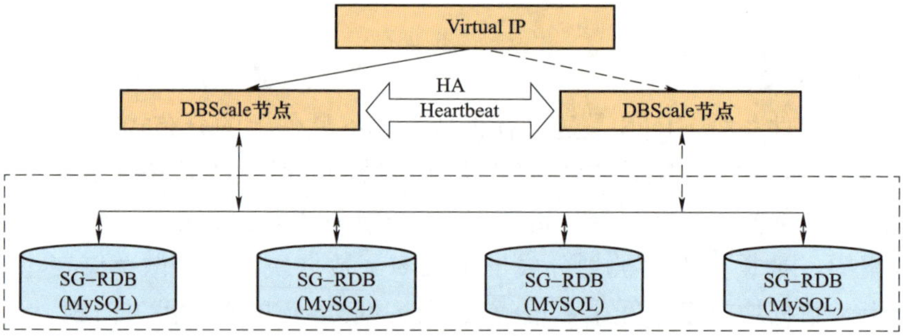

图 5－37　分布式关系型数据库

5.4.3 数据计算功能

大数据平台通过提供流计算 Storm、内存计算 Spark、批量计算 MapReduce、查询计算 IMPALA、HIVE 分布式计算技术满足不同时效性的计算需求，数据计算框架如图 5－38 所示。

1. 流计算

流是指一定时间窗口内系统产生的流动数据到达后不进行存储，而是将流式数据直接导入内存进行实时计算，从流动的、无序的数据中获取有价值的信息输出。流计算具备分布式、低延迟、高性能、可扩展、高容错、高可靠。国网大数据平台流计算采用 Storm 实现。流计算示意图见图 5－39。

Nimbus 负责在集群里面发送代码，分配工作给机器，并且监控状态。全局只有一个。

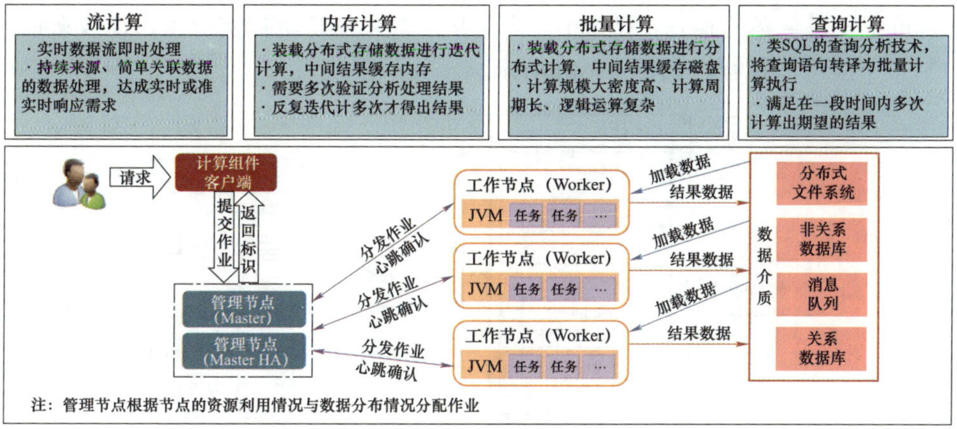

图 5－38　数据计算框架图

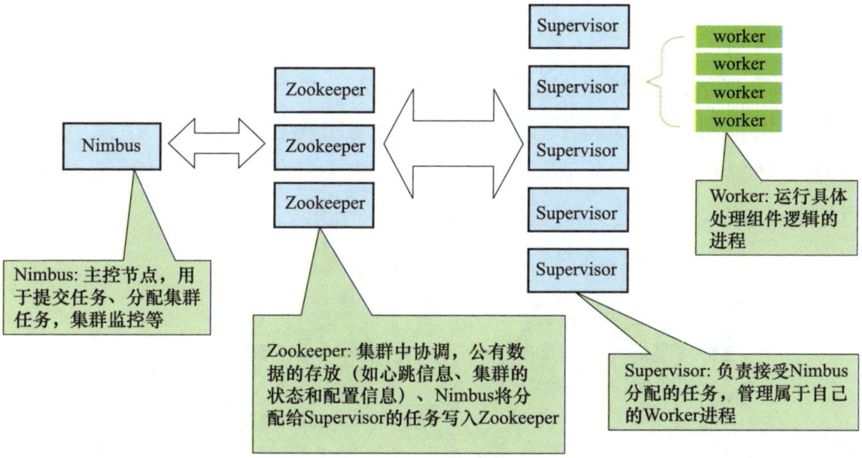

图 5－39　流计算示意图

Supervisor 会监听分配给它那台机器的工作任务，根据需要启动/关闭工作进程 Worker。每一个要运行 Storm 的机器上都要部署一个，并且，按照机器的配置设定上面分配的槽位数。

Zookeeper 是 Storm 重点依赖的外部资源。Nimbus 和 Supervisor 甚至实际运行的 Worker 都是把心跳保存在 Zookeeper 上的。Nimbus 也是根据 Zookeerper 上的心跳和任务运行状况，进行调度和任务分配的。

2. 内存计算

国网大数据平台内存计算采用 spark 组件，其计算架构采用了分布式计算中的 Master－Slave 模型。Master 是对应集群中的含有 Master 进程的节点，Slave 是集群中含有 Worker 进程的节点。Master 作为整个集群的控制器，负责整个集群的正常运行；Worker 相当于是计算节点，接收主节点命令与进行状态汇报；

Executor 负责任务的执行；Client 作为用户的客户端负责提交应用，Driver 负责控制一个应用的执行，如图 5-40 所示。

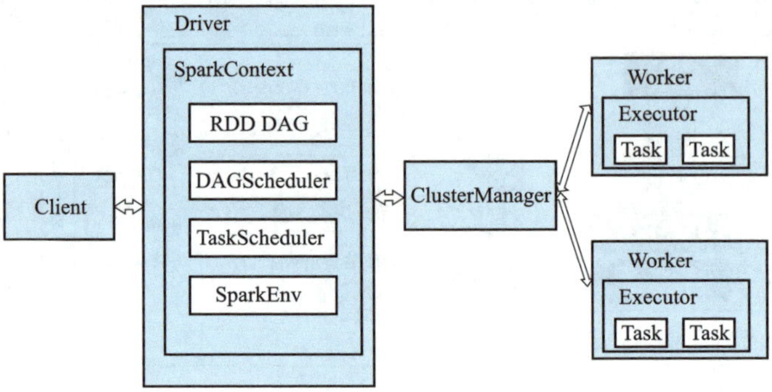

图 5-40　内存计算示意图

3. 批量计算

批量计算处理大数据集的过程，简而言之，就是将大数据集分解为成百上千的小数据集，每个（或若干个）数据集分别由集群中的一个结点（一般就是一台普通的计算机）进行处理，并生成中间结果，然后这些中间结果又由大量的结点进行合并，形成最终结果，如图 5-41 所示。

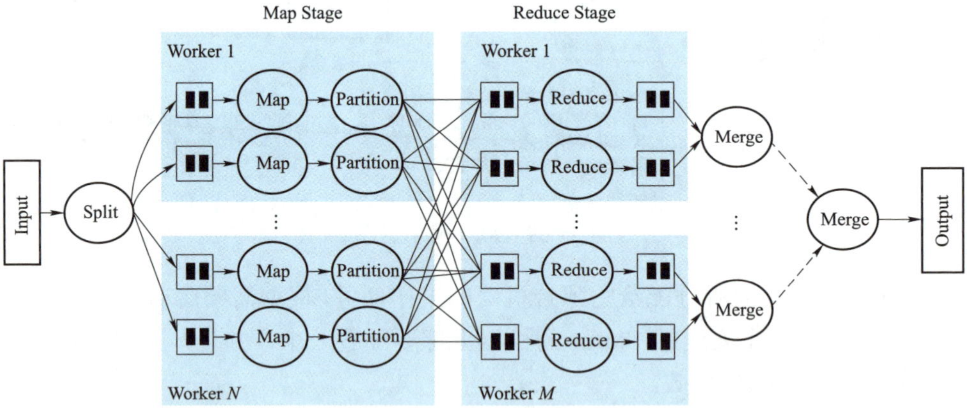

图 5-41　批量计算示意图

4. 查询计算

国网大数据平台查询计算实际上就是利用分布式数据仓库提供的类 SQL 编写的 MR 程序，该类计算实现的业务功能都是采用类 SQL 编写的，同时结合其他功能需求（如 SQOOP 功能），并最终打成 jar 包提交到大数据平台上进行运行。

分布式数据仓库（HIVE），是将结构化的数据文件映射为一张数据库表，本质仍然是 HDFS 的目录/文件，按表名把文件夹分开。如果是分区表，则分区值是子文件夹，可以直接在 MR Job 里使用这些数据。

分布式数据仓库（HIVE）提供类 SQL 查询功能，并通过 HIVE 是 SQL 解析引擎，将 SQL 语句转换为 MapReduce 任务进行运行。

5.4.4　数据整合功能

数据整合提供离线数据抽取和数据实时数据接入能力。离线数据 SQOOP 抽取，提供关系型数据库 MySQL、Oracle、PostgreSQL 数据到分布式数据仓库 HIVE 的定时批量抽取。数据实时接入，提供消息队列 Kafka 缓存能力，为后续流计算任务提供数据输入，如图 5-42 所示。

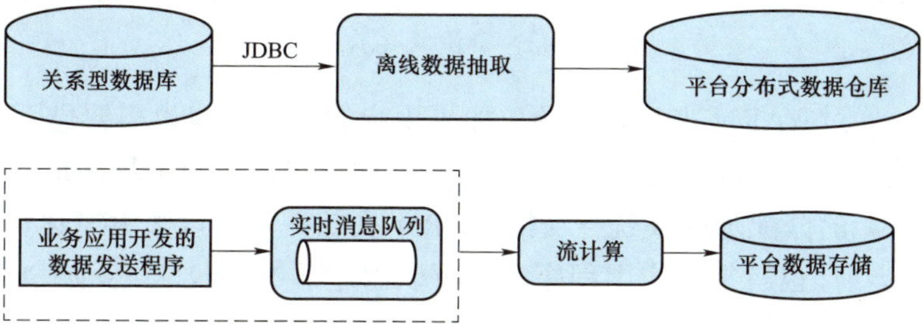

图 5-42　数据整合示意图

SQOOP 是 Apache 顶级项目，主要用来在 HADOOP 和关系数据库中传递数据。通过 SQOOP，用户可以方便地将关系型数据库 MySQL、Oracle、PostgreSQL 数据导入到 HDFS，或者将数据从 HDFS 导出到关系数据库。

大数据基础平台支持数据实时接入，平台提供实时消息队列管理 Kafka 工具，作为多种类型的数据管道和消息系统使用，以时间复杂度的方式提供消息持久化能力，对 TB 级以上数据也能保证访问性能，其支持离线数据处理和实时数据处理。

5.4.5　资源调度功能

资源调度实现对 CPU、IO、内存等系统资源统一监控与管理，如图 5-43 所示。解决大数据平台不同组件、不同作业之间因资源竞争导致效率低下问题，提高平台数据处理效率和资源利用率，降低运维成本，当前国网大数据基础平台使用 YARN 作为资源调度，统一去管理资源的分配与回收，可以大大简化资源管理功能的开发。

YARN 是开源项目 HADOOP 的一个资源管理系统，最初设计是为了解决 HADOOP 中 MapReduce 计算框架中的资源管理问题，但现在已经是一个更加通用的资源管理系统，可以把 MapReduce 计算框架作为一个应用程序运行在 YARN

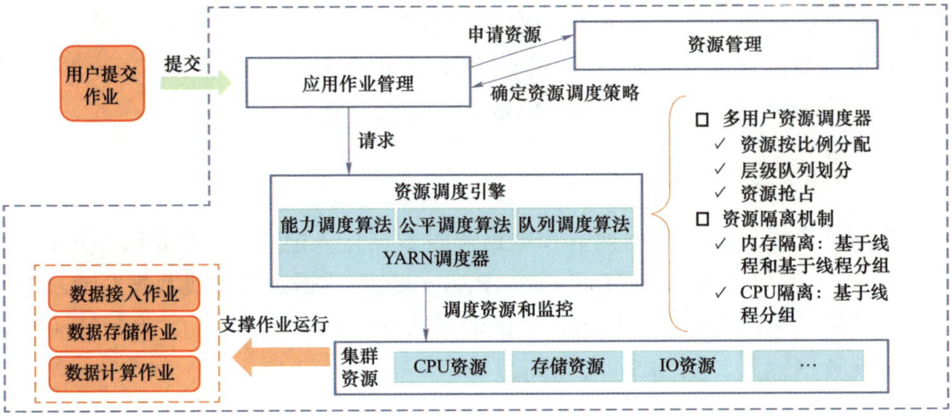

图 5-43　资源调度示意图

系统之上，通过 YARN 来管理资源。如果用户的应用程序也需要借助 YARN 的资源管理功能，你可以通过 YARN 提供的编程 API，使应用程序运行于 YARN 之上，将资源的分配与回收统一交给 YARN 去管理，可以大大简化资源管理功能的开发。当前，也有很多应用程序已经可以构建于 YARN 之上，如 Storm、Spark 等计算框架。

第 6 章　电网故障诊断和风险预警技术

故障准确诊断和风险及时预警是保障电网安全运行的重要环节之一，传统的故障诊断和风险预警主要基于运检人员现场查勘和经验判断，工作效率低，及时性不高，不利于快速恢复供电和电网抗灾应急决策。随着信息新技术、新装备的发展，使得电网故障快速诊断、风险综合智能评估成为现实。本章重点从智能化的电网故障定位技术、电网故障诊断技术、电网灾害风险评估及预警技术等方面，介绍目前国网公司的研究及应用情况。

6.1　电网故障定位技术

故障定位技术根据其采用的定位信号分为稳态量定位法和暂态量定位法。稳态量定位法的原理是以测量到的线路故障电流及电压信号为基础，根据线路及系统负荷等参数，利用长线传输方程、欧姆定律、基尔霍夫定律列出电压及电流方程，求解故障位置。暂态量定位方法以暂态故障行波分量为基础，当系统内某条线路出现故障时，故障点产生的电压或电流行波以接近光速在整个输电网传输，在传输过程中，经过阻抗不连续的位置如变压器、母线和其他使线路阻抗发生变化的节点时发生反射和折射，安装在线路或变电站内的暂态信号检测装置检测到行波信号后，根据电压或电流行波传输时间和线路拓扑等数据进行计算，确定故障发生的位置。

6.1.1　输电线路网络行波技术

1. 网络行波技术基本原理

（1）行波的产生。电力系统发生故障、雷击或倒闸等操作时会产生暂态行波信号，变电站内母线或输电线路等位置安装的行波采集装置可检测到行波信号，其中包含有丰富的故障信息（包括故障发生时间、故障位置、故障类型等）。如图 6－1 所示的输电线路故障网络图可用来说明故障行波的产生原理。图 6－1（a）中的 F 点表示输电线路 AB 上发生金属性短路，由叠加原理可知，故障后网络可等效于故障附加网络与故障前正常运行网络相叠加，如图 6－1（b）所示。其中，图 6－1（c）中 e_f 表示故障前正常运行时的 F 点电压分量，图 6－1（d）中 $-e_f$ 表示附加故障的电压分量。当附加电源 $-e_f$ 对故障附加网络作用时，将在故障点产生朝线路两侧运动的行波。

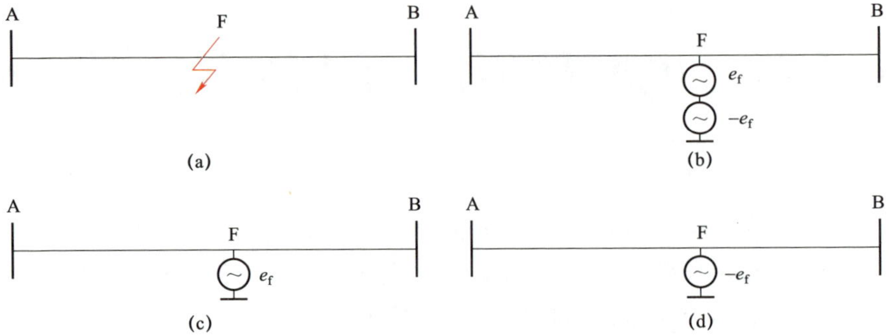

图 6－1　输电线路故障网络图

（a）故障线路 F 点故障线路图；（b）故障网络等效图；（c）正常分量图；（d）故障分量图

如设线路接地故障过渡电阻为 R，则线路上故障产生的传向线路两端的第一个电流、电压行波波头的幅值采用下式进行计算

$$\begin{gathered} e_f = E\sin\theta \\ U = -e_f - RI_f = \frac{-Z_C E\sin\theta}{Z_C + 2R} \\ I = \frac{I_f}{2} = \frac{U}{Z_C} \end{gathered} \tag{6-1}$$

式中　θ ——故障初相角；

Z_C——输电线路波阻抗，其值一般取 300Ω；

R——故障过渡电阻。

由式（6－1）可知：故障初相角 θ、线路波阻抗 Z_C 和故障过渡电阻 R 共同决定故障初始行波幅值的大小。当故障相角 θ 取为 90°，即电压幅值为最大值时发生故障，产生最大的行波信号；当故障相角 θ 为 0°，即在电压幅值为零时发生故障，此时的行波信号最小，其值为零，这是行波定位技术的检测盲区。通常，在电压峰值大小附近 30° 范围内发生故障的概率非常大，约占整个电力系统故障的 95%，而在 10° 以下发生的概率则很小，几乎不会发生。同时，故障过渡电阻 R 也会直接影响行波信号的幅值，过渡电阻 R 越大，行波信号就越小，所以，金属性接地的故障行波信号较大，高阻接地的故障行波信号则较小。

（2）行波的传输。故障点产生的行波信号能以一定的速度朝线路两端传播，在传播过程中，行波信号会在波阻抗不连续处发生反射和折射。反射波与入射波的比值为反射系数，折射波与入射波的比值为折射系数，反射系数与折射系数的值与波阻抗不连续处两端的波阻抗相关，各入射行波都按一定的系数在波阻抗不连续处发生反射和折射，而与入射波本身的幅值和极性无关，其电压行波信号反射和折射的具体表达式为

$$\alpha=\frac{z_2-z_1}{z_2+z_1}\qquad \beta=\frac{2z_2}{z_1+z_2} \tag{6-2}$$

其中，反射系数为反射波与入射波的比值α，该值可正可负，且$-1\leqslant\alpha\leqslant1$；折射系数为折射波与入射波的比值 β，该值恒为正，且 $0\leqslant\beta\leqslant2$。$z_1$ 表示入射端波阻抗，z_2 表示折射端波阻抗。

故障行波同样会在波阻抗不连续处发生反射和折射，由于输电网络的复杂性，使得行波在输电线路上的行波传播非常复杂，且不同行波信号交织在一起，极大地增加了区分每一个行波信号的难度。行波在线路中的传播过程是一个持续消耗能量的过程，行波的幅值在传播过程中也是一个持续消耗能量的过程，传播过程中行波的幅值将逐渐变小，能量消耗完毕后，则进入故障后的稳定状态，线路两端将会接收到多个发生反射和折射后的行波信号，双端行波故障定位仅需要记录下初始行波波头信号到两端的精确时间。因此，在众多行波信号中进行故障测距的关键是，如何准确地提取初始行波的波头信号。

（3）暂态行波信号的高精度提取。

1）互感器行波传输特性。当前电力系统中，电力互感器在是一种被广泛应用的二次测量设备。目前对互感器的研究，大多采用集中参数对互感器模型进行简化，这沿用的是工频状况下的分析方法。在此研究基础上得出如下结论：电流互感器无法传变 1MHz 以上电流行波信号，而电压互感器则完全不能传变暂态的高频信号。然而暂态高频信号的真实传变特点无法在采用集中参数建立的仿真模型中较好地反映出来。研究表明，电力互感器可以看作是一种特殊的变压器。冲击信号对互感器作用时，互感器产生自由振荡过程、电磁感应过程及线圈之间静电感应过程。这三个过程同时作用，但总是以其中一个为主。在互感器一次线圈侧加一个冲击信号时，一次线圈上的电压即无延时地静电感应到二次线圈上，且静电感应极性与一次输入波形的极性相同，从而验证了互感器能准确无时延地传变行波波头信号和极性。

2）电流行波信号的提取。故障行波定位的基础是暂态行波信号的有效提取，PCB 式行波传感器是一种基于罗氏线圈的电流互感器。其采用非铁芯结构的印刷电路板作为骨架，线性度好，因而不会磁饱和，亦不会磁滞后。行波传感器的等效电路可如图 6-2 所示，一次侧输入的电流 i_0 会在负载 R_s 上产生一个输出电压 U_s。传感器工作时，线圈的自感 L_0 和匝间电容 C_0 组成一个滤波回路，整个传感器可看成一个带通滤波器，其下限截止频率值为 10kHz，上限截止频率值为

10MHz，电力系统工频信号及其他谐波信号可被有效滤除，从而起到剔除干扰的作用，行波传感器串接的电流互感器能有效提取出电流行波信号，对暂态行波信号的测量精度达到纳秒级，且精度高。

3）电压行波信号的提取。根据互感器的行波传输特性，电磁式的电压互感器能有效地传变电压的行波信号，但其二次侧信号幅值较大，不能直接用于硬件检测。采用阻容分压原理，直接提取电压互感器的二次侧电压行波信号。

电压行波提取等效电路图如图 6-3 所示。电容 C_1、C_2 及电阻 R 实现阻容分压，U_1 表示电压互感器二次侧输出电压，U_2 表示阻容分压后的输出电压。此电压分压器能方便提取电压行波信号，输出 U_2 为 −2.5～2.5V 的行波硬件启动信号，能送入行波波头的硬件检测电路辨识行波波头

$$U_2 = \frac{U_1 R}{1/jwc_1 + 1/jwc_2 + R} \tag{6-3}$$

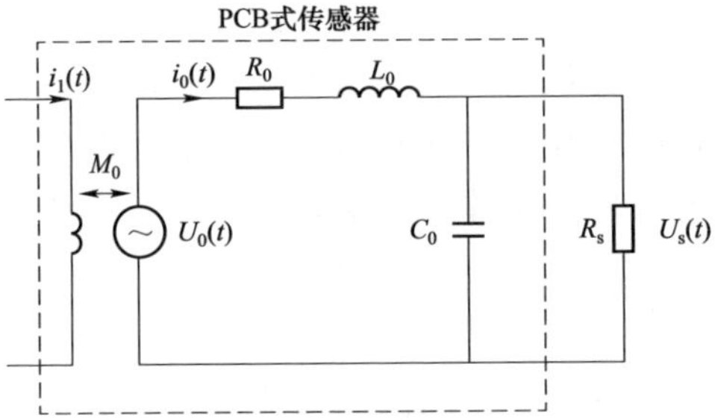

图 6-2　行波传感器等效电路图

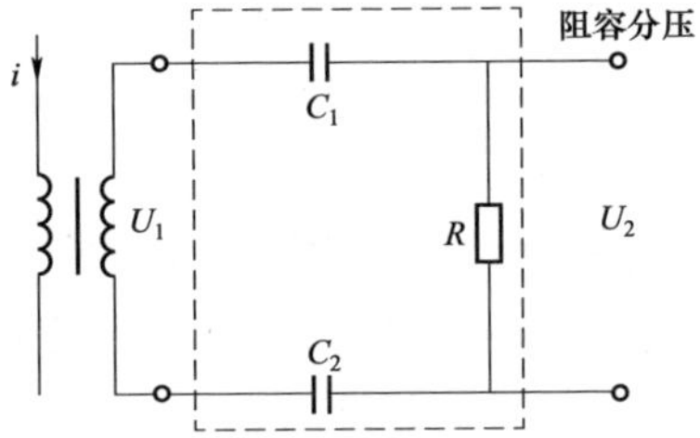

图 6-3　电压行波提取等效电路图

2. 网络行波技术的应用

电网公司对输电线路故障跳闸十分重视，在各种规程中均提出，无论跳闸是否重合成功，必须找到故障点，并分析故障原因。对于地形复杂的中西部地区，由于输电线路通道资源十分紧张，存在大量经过崇山峻岭及无人区的输电线路，在故障定位不准确的情况下，故障查找十分困难。因此网络行波测距系统由于其相较传统定位技术在定位精度上的优势，被视为破解线路运维难题的重要技术手段。

网络行波测距系统包括线路检测装置、变电站系统分站后置机、地市子站、省主站等，各地市的线路故障行波信息和结果只存在其本地数据库中，对于跨区域线路无法实现双端定位，地市线路故障行波信息传送至省主站后，由主站进行统一分析、统一管理，可实现跨区线路双端定位等功能。

统一平台作为系统数据存储、分析的中心点；分站安装于各地市公司，作为系统运维管理支撑点及行波数据中转站，分站非必需，可以不建；子站安装于各变电站或线路铁塔，主要起到行波型号采集的作用。网络行波系统架构如

图 6－4 所示。

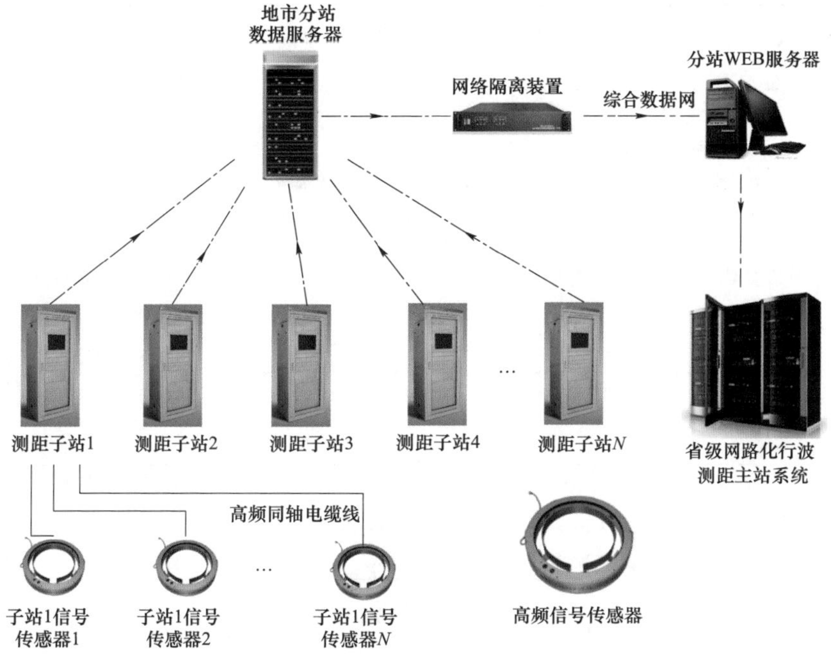

图 6－4　网络行波系统架构图

3. 网络行波测距系统故障分析案例

以某 220kV 线路为例，2016 年 2 月 29 日 16 时 19 分发生了一次跳闸故障，在线路故障精确定位系统主站上检测到线路两端变电站 220kV 的行波传感器上有连续的故障行波数据。定位系统主站对线路两端变电站的线路故障定位子站上送的行波波头时间进行分析和计算，如图 6－5 所示。

用来计算的行波波头到达时间和极性：最大脉宽<72.32>

1. 16-02-29 16:19:54 255.636.770 ××变 CVT C 220kV Ⅰ母 负 [109-0-02]w=72

2. 16-02-29 16:19:54 255.665.170 ××变 CVT C 220kV Ⅱ母 负 [108-0-05]w=32

Δt=28, 400ns

图 6－5　网络行波测距系统测量数据

将两端变电站采集到的线路故障波头时间代入故障测距计算公式

$$l_{\mathrm{MF}}=\frac{(t_1-t_2)v+l}{2} \tag{6-4}$$

式中　l ——线路长度，km；

v ——光速。

即可计算得出故障距离 l_{MF}＝9.853km，此故障距离再对比线路杆塔信息可知故障点在 32 号杆塔附近，系统自动弹出的故障报告如图 6-6 所示。

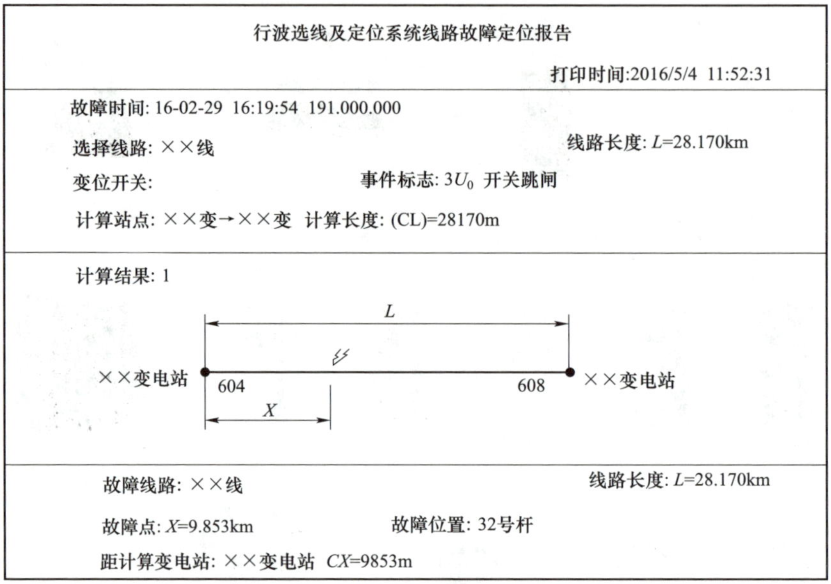
行波选线及定位系统线路故障定位报告

打印时间:2016/5/4 11:52:31

故障时间: 16-02-29 16:19:54 191.000.000

选择线路: ××线　　线路长度: L=28.170km

变位开关:　　事件标志: $3U_0$ 开关跳闸

计算站点: ××变→××变 计算长度: (CL)=28170m

计算结果: 1

故障线路: ××线　　线路长度: L=28.170km

故障点: X=9.853km　　故障位置: 32号杆

距计算变电站: ××变电站 CX=9853m

图 6-6　故障报告

该故障报告和实际巡线结果对比见表 6-1。

表 6-1　行波定位结果与巡线结果对比

序号	跳闸线路	跳闸时间	行波定位结果	巡线结果	故障原因	结果
1	××线	2016 年 2 月 29 日 16:19	32 号杆	31～32 号	山火	准确

此次线路故障行波定位结果和实际巡线结果误差仅 1 杆，不到 150m，充分体现该系统利用电网拓扑结构实现区域网络定位的先进性。该系统的投运，减少了巡线时间，运行稳定可靠，操作方便，缩短了故障恢复时间。

6.1.2　输电线路分布式行波技术

1. 分布式行波的基本原理

分布式行波技术采用的是分布式故障测距方法，对于故障电流行波的检测采用多点分布式检测方法，由安装在输电线路上的监测装置检测导线故障电流行波传输时间实现。通过沿输电线路安装若干个检测装置进行电流行波波头检测，利用故障电流行波到达时间进行故障定位。监测节点可以沿线分布部署，利用故障电流行波及其折反射波的波头到达时间获得波速信息，提高测距精度，减少洞穴和盲区，消除系统运行方式的变化、线路参数的变化、过渡电阻造成的测量精度不准确，简化分析计算。分布式故障定位系统框图如图 6-7 所示。

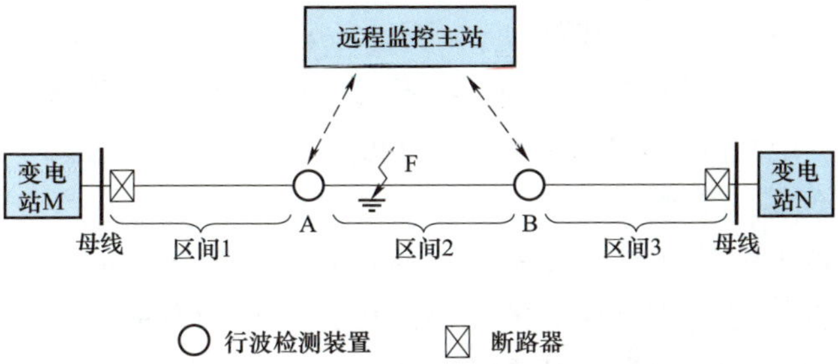

图 6-7　分布式故障定位系统框图

输电线路发生故障时启动故障电流行波信号采集，由于故障电流行波的折反射波到达各检测点的时间各不相同，基于电流行波及其折反射波波头到达检测点的时间差可以消除行波波速参数误差，更为准确计算出故障所在的位置。多个检测点的相关信息通过 GSM/GPRS 网络方式将测量信息以短信的方式传回监控主站，由后台的专家系统综合分析判断，给出输电线路故障准确位置。

2. 故障暂态行波的产生

输电线路发生故障后的波过程可由波动方程及其解来描述，在数值计算中，更直观、更适于数值计算的方法是叠加法，如图 6-8 所示。输电线路 F 点处发生故障时，相当于一附加电源 $-U_F(t)$ 作用于故障点，故障后的网络可以等效为故障前正常运行时的网络和故障附加网络的叠加，线路上会出现向两侧母线运动的电压、电流行波。

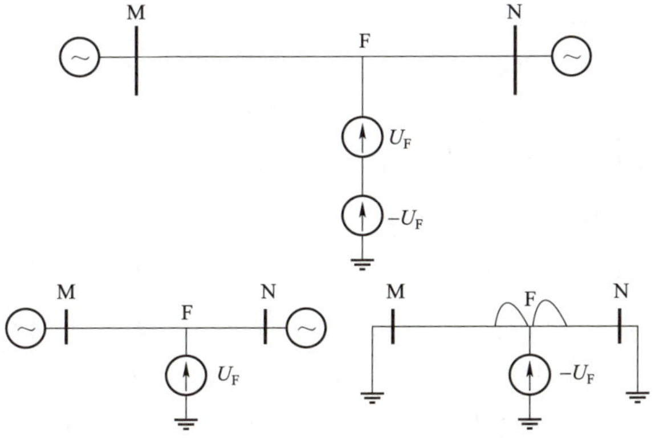

图 6-8　叠加法分析故障行波

输电线路发生故障后，电流行波会向故障点两边传播，设线路为均匀无损线路，则可认为行波在输电线路上匀速传播。在不同的检测点故障行波及其反射波、折射波到达检测点的时间是不一样的，记前向行波经反射或者折射后依次到达检测点的时间为 t_{f1}、t_{f2}、…、t_{fN}，记反向行波经反射或者折射后依次到达检测点的时间为 t_{b1}、t_{b2}、…、t_{bN}。各个行波到达检测点的时间与第一个行波到达检测点的时间差值依次记为Δt_{f1}、Δt_{f2}、…、Δt_{fN}，Δt_{b1}、Δt_{b2}、…、Δt_{bN}。为简化分析过程本文只取 3 个前向行波和 3 个反向行波分析线路的波过程。当故障为金属性接地故障时，在故障点没有折射波，只有反射波。

3. 检测点安装位置的确定

由于故障点可发生在整条线路的任何位置，故障发生后前向行波、反向行波及其发射、折射波到达检测点的先后顺序是无法确定的，因此需要选取合适的安装地点以区分行波的先后顺序从而求出故障点的位置。为便于分析各个行波的顺序，记检测点依次检测到的行波与第一个行波的时间差为Δt_i（$i=0$，1，2，…，n），$\Delta t_0=0$。现分别讨论故障点和检测点在不同的位置时Δt_i的表达式。

（1）非金属性接地故障。当故障发生在如图 6-9 所示的X处时，在$Y2$点检测到Δt_i的表达式及故障点X、检测点$Y2$的区间要求如下

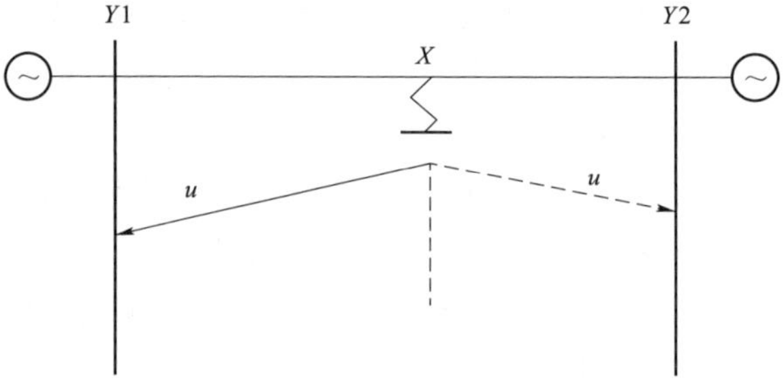

图 6-9　双端行波故障测距

$$
\begin{cases}\Delta t_1=2X/v & (X<Y2<L/2)\\ \Delta t_1=2(L-Y2)/v & (L<X+Y2,\ X<Y2)\end{cases}
$$
$$
\begin{cases}\Delta t_2=4X/v & (X<Y2<L/3)\\ \Delta t_2=2(L-Y2)/v & (L<2X+Y2, X<Y2)\\ \Delta t_2=2(L-X)/v & (L/3<X<Y2)\end{cases} \qquad (6-5)
$$
$$
\Delta t_3=2(L-Y2)/v \qquad (X<Y2<L/3)
$$

同理，在$Y1$点检测到Δt_i的表达式及故障点X、检测点$Y1$的区间要求如下

$$
\begin{cases}\Delta t_1=2Y1/v & (Y1<X\leqslant L/2)\\ \Delta t_1=2(L-X)/v & (L<X+Y1,\ Y1<X)\end{cases}
$$
$$
\begin{cases}\Delta t_2=2X/v & (Y1<X\leqslant L/2)\\ \Delta t_2=2(L-X)/v & (L/2<X, Y1<X)\end{cases} \qquad (6-6)
$$
$$
\Delta t_3=2(L-X)/v \qquad (Y1<X\leqslant L/2)
$$

（2）非金属性接地故障。金属性故障时在故障点没有折射波，在检测点的Δt_i较为明确，由图 6-9 可知当故障发生在的X处时，在$Y1$、$Y2$点检测到Δt_i的表达式如下

$$\begin{cases} \begin{cases} \Delta t_1 = 2(L-Y2)/v \\ \Delta t_2 = 2(L-X)/v \end{cases} & Y2处 \\ \begin{cases} \Delta t_1 = 2Y1/v \\ \Delta t_2 = 2X/v \end{cases} & Y1处 \end{cases} \tag{6-7}$$

4. 分布式行波测距系统故障分析案例

某 500kV 线路发生雷击跳闸故障，重合闸成功。故障点位于距离 205 号杆塔小号方向 8370m，故障杆塔为 189 号杆塔。线路全长 170km，在 1 号杆塔、52 号杆塔、134 号杆塔、205 号杆塔、295 号杆塔、361 号杆塔安装了输电线路分布式故障诊断终端，线路结构如图 6－10 所示。

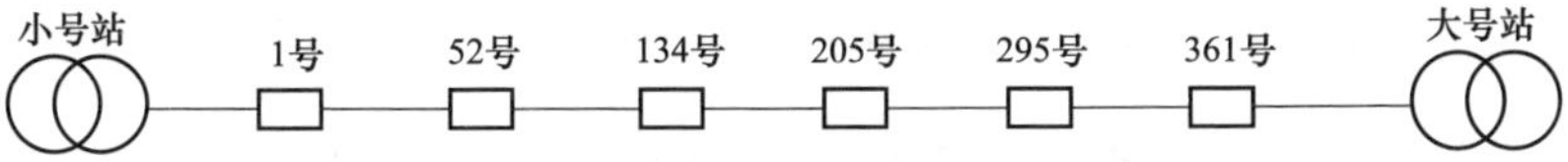

图 6－10　线路分布式行波测距装置安装图

故障时，输电线路分布式故障诊断终端在线路上监测到工频分闸电流波形，波形中故障电流增大约两个周期后归零（见图 6－11），符合线路发生故障时工频电流特征，因此系统判断线路发生了跳闸故障。由于 134 号杆塔与 205 号杆塔故障工频电流波形极性相反，则故障点在 134 号杆塔与 205 号杆塔区间内。

（1）故障点行波精确定位。故障时刻故障点产生的行波向两端变电站传播，故障时刻行波第一次到达 205 号杆塔的时刻为 t_1，第一次到达 134 号杆塔的时刻为 t_2，时间差$\Delta T=61\mu s$，由于行波在输电线路上传播速度为 $v=290m/\mu s$，134 号杆塔到 205 号杆塔的距离 $L=34505m$，由 $L_1=（L-\Delta T\times v）/2$，经过计算故障点距离 205 号杆塔小号侧 8370m，因此此次线路故障点最终定位在 189 号杆塔附近。

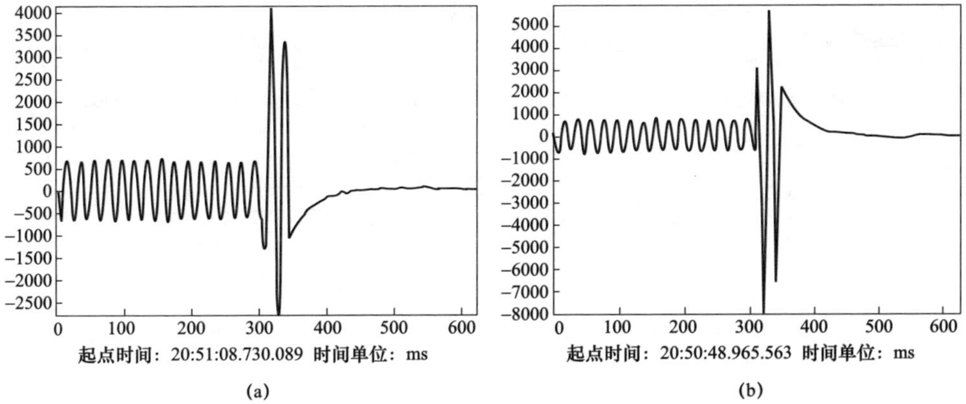

图 6－11　故障跳闸 A 相波形（一）

（a）134 号杆塔 A 相故障分闸工频电流波形 51:09 042ms 589μs；

（b）205 号杆塔 A 相故障分闸工频电流波形 50:49 278ms 063μs

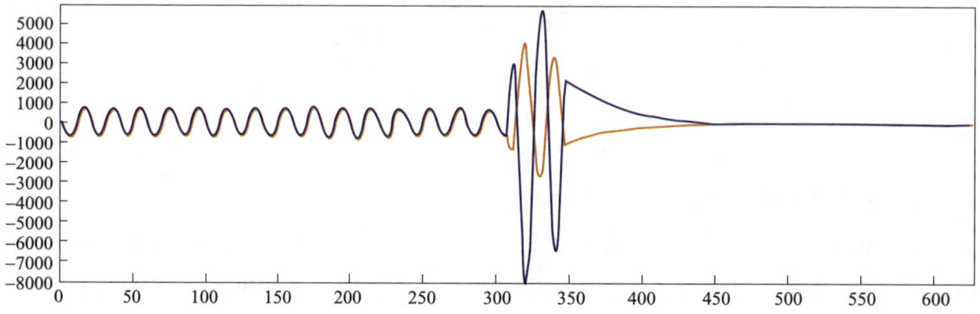

(c)

图 6-11 故障跳闸 A 相波形（二）

（c）134 号杆塔与 205 号杆塔 A 相故障分闸工频电流波形融合波形

（2）故障原因分析。根据系统记录的电流波形，故障时刻电流行波波尾持续时间小于 20μs，符合雷击特征，故系统判定此次故障为雷击故障。故障定位过程、205 号杆塔 A 相故障分闸高频电流波形分别如图 6-12 和图 6-13 所示。

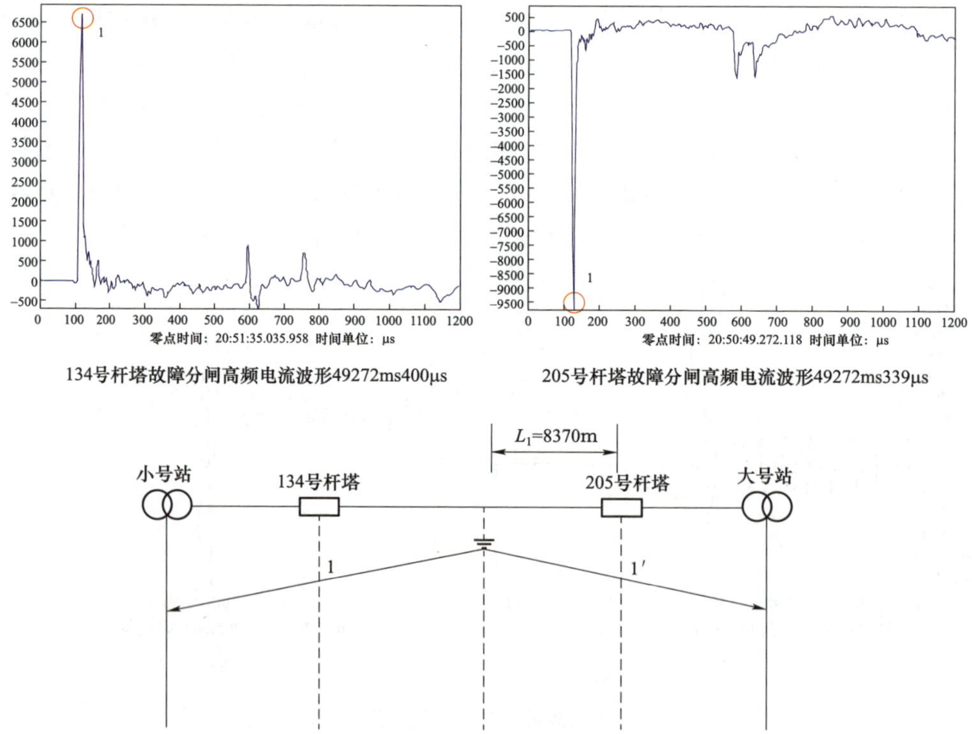

图 6-12 故障定位过程

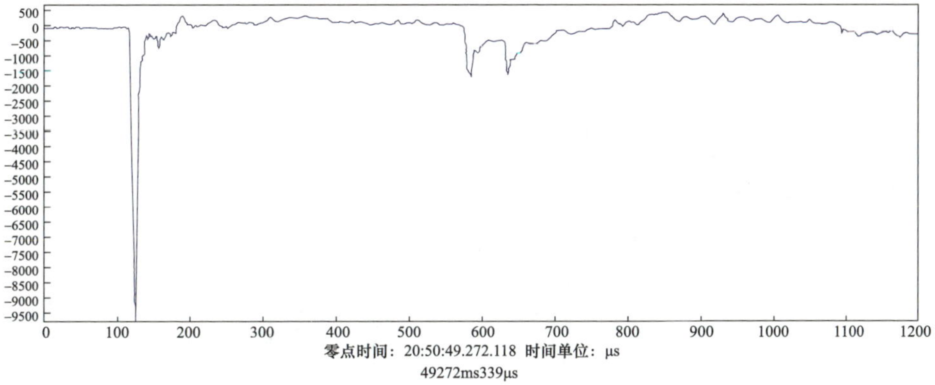

图 6-13 205 号杆塔 A 相故障分闸高频电流波形

6.1.3 配网故障选线定位技术

1. 配网故障定位的意义

配网直接面向用户供电，直接影响对用户的供电质量和供电可靠性，据统计，目前我国配网故障引起的用户停电时间占 95%以上。因此，准确的故障检测、定位并隔离故障区段，对于保障供电可靠性有重要意义。随着配网自动化的发展，数据采集、诊断和故障隔离等技术都逐渐成熟，当配网发生相间短路故障时，自动化终端可准确检测故障电流，并上传电流数据至自动化主站，主站对数据进行分析，确定故障区段并采用隔离措施。

由于我国中压配电网（10kV 和 35kV）主要采用小电流接地系统，包括中性点不接地和谐振接地，在发生单相接地故障时，系统可继续运行 2h，但因故障特征量小，也给单相故障检测和定位带来了难度。由于故障暂态信号幅值较稳态信号幅值更多大，基于暂态信号的检测方法灵敏性和可靠性更高，随着信号采集技术和故障录波技术的发展，基于故障暂态信号的故障选线和定位技术逐渐成熟，并在现场开始应用。

2. 配网单相接地故障基本特征

（1）中性点不接地系统单相接地故障分析。正常运行状态下，三相线电压对称且架空线路对大地具有一定的电容值，由于不存在接地回路，三相线路的对地电容电流之和为零。但当任意一项线路发生接地短路故障时，接地点处形成良好的短路通道，此时有一定的电容电流流过线路。由于故障接地相对地电压变为零，其他两相对故障相的电压抬升至原来相间电压的 1.732 倍，此时通过检测线路上流过的对地电容电流可判断故障相线路。两路配网线路中某路发生接地故障时电容电流分布如图 6-14 所示，三相电压相量图如图 6-15 所示。

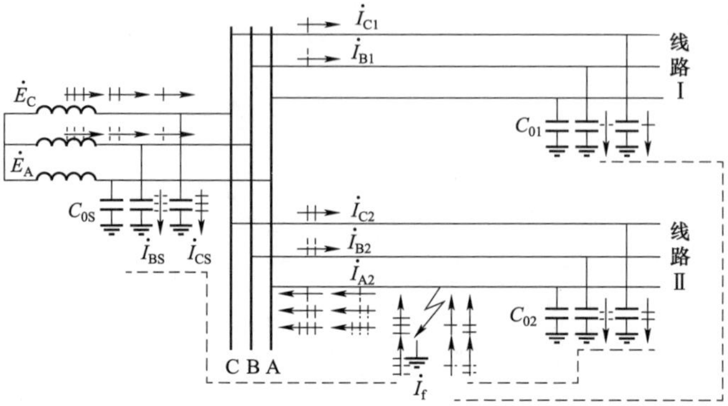

图 6-14　三相线路发生单相接地故障时的电容电流分布图

由于故障点处零序电压的存在，通过线路对地电容产生的零序电流构成了零序电流网络，零序等效网络如图 6-16 所示。可以看出发生接地故障的线路上流过的零序电流是通过母线侧连接的所有非故障相线路电容电流的总和，且电容电流流动方向与非故障相方向相反，由母线侧流向线路末端。

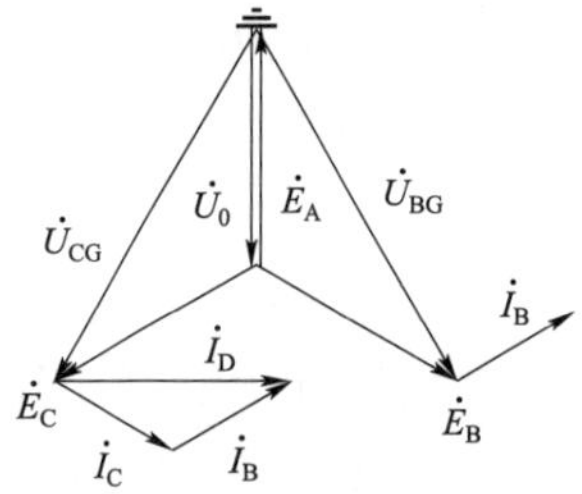

图 6-15　A 相线路发生单相接地故障时电压向量图

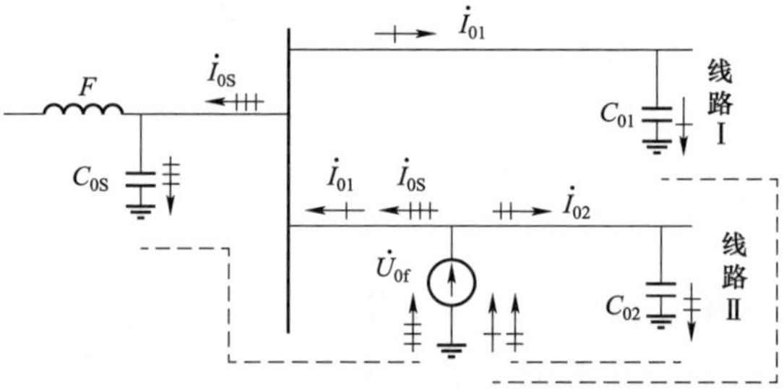

图 6-16　单相接地故障零序等效网络

（2）中性点经消弧线圈接地电网中单相接地故障分析。当中性点经消弧线圈接地后，消弧线圈上将流过电感电流，并经故障点构成流通回路，流过故障点的电感电流将补偿接地故障的电容电流，通过减小接地故障电流实现“消弧”的目的，发生单相接地故障后的各电流分布如图 6-17 所示。

消弧线圈的电感电流经故障点沿故障线返回。因此，故障点的电流增加一个电感分量的电流 I_L，从接地点返回的总电流为

$$\dot{I}_f = \dot{I}_L + \dot{I}_{C\Sigma} \tag{6-8}$$

I_L 与 I_C 相位相反，因此，故障点电流将因消弧线圈的电流而减少，其零序等效网络如图 6-18 所示。

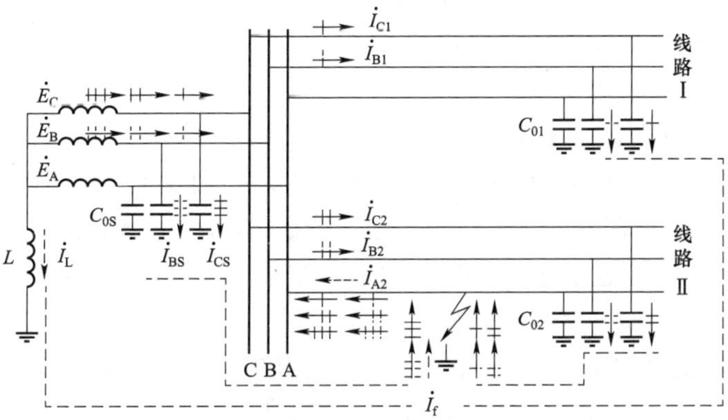

图 6－17　消弧线圈接地电网中单相接地时的电流分布

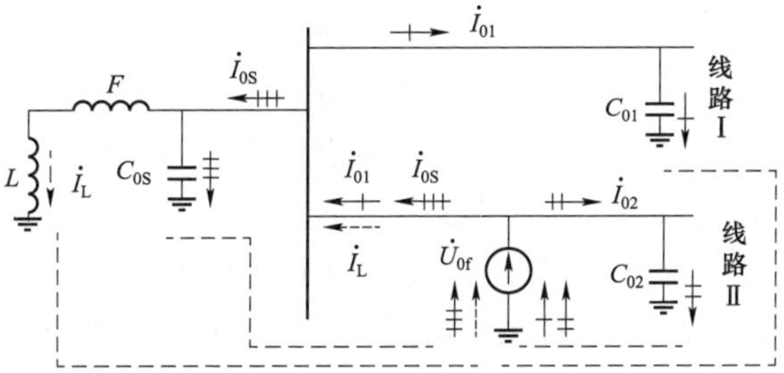

图 6－18　消弧线圈接地电网中单相接地故障的零序等效网络

如果 I_L 与 I_C 相等，电网处于完全补偿状态，I_L 小于 I_C 时欠补偿，I_L 大于 I_C 时则属于过补偿。当采用完全补偿方式时，由于流经故障线路和非故障线路的零序电流都是本身的电容电流，接地故障引起的零序电流几乎没有。当采用过补偿方式时，流经故障线路的零序电流将大于本身的电容电流。此外，如果过补偿度不大，即使故障相线路上存在部分零序电流由线路端流向母线侧，也会因为零序电流幅值过小而无法对故障线路做出准确判断。

3. 配网单相接地故障选线方法

（1）基于故障稳态信息的被动式选线方法。

1）零序电流幅值法：主要利用中性点不接地系统故障线路流过的零序电流为其他线路的零序电流之和，其幅值最大，可以通过设置阈值监测运行线路的故障状态。但由于只是利用电流幅值进行比较选线，该方法无法对故障类型做出判断，而且阈值的设置直接影响选线装置工作的可靠性。改进的零序电流幅值法也可以对比故障前后零序电路幅值或者零序电流幅值变化率来判断故障线路，在一定程度上提高了零序电流幅值法的选线成功率。

2）群体比幅比相法：该方法的前提是通过电流传感器同时监测多条运行线

路的状态参数，对于出现零序电流工频幅值明显增大的多条线路提取相位，根据相位的极性对比判断故障线路，但是该方法受到故障线路零序电流幅值限制，容易出现故障漏判断的情况。

3）零序无功功率方向法：正常运行的配网线路与大地之间存在一定的对地电容值，导致线路的零序电流相位超前零序电压 90°；而发生接地故障时，线路接地后对地电容消失，此时对于中性点不接地系统故而言，其故障线路零序电流相位滞后零序电压 90°，通过零序无功功率的计算结果可准确选出故障相线路。

4）零序电流有功分量或有功功率法：部分配网线路的中性点处的消弧线圈会串接一个非线性的电阻，从而导致一定的有功零序电流流过串联电阻，实际运行经验表明，这部分有功零序电流不能被消弧线圈完全补偿，因此可通过比对故障相和非故障相中性点处零序电流的有功分量的幅值和极性来判断发生接地故障的配网线路。

5）DESIR 法：该方法改进了零序电流有功分量法对零序电压的依赖，通过提取各相出线的零序电流基波分量，计算可能发生接地故障的节点处的参与有功电流，并对比各相出线零序电流在故障点处垂直轴上的投影大小，从而筛选出发生接地故障的出线线路，但是该方法的实现过度依赖电流信号，对各相出线零序电流采集要求较高，在实际工程应用中不易实现。

6）五次谐波法：配网线路在正常运行和发生接地故障时，均会产生一定的高次谐波分量，尤其五次谐波分量的特征明显，在中性点安装消弧线圈的配网系统只能够抑制工频谐波分量，而对零序电流中的五次谐波分量的抑制作用只有工频谐波分量抑制效果的 1/25。一般发生接地故障的出线中流动的五次谐波分量要比正常相线路的五次谐波分量大很多且流动方向相反，以此作为判据进行故障选线具有一定的可靠性，但仍会受到零序电流波动的影响。

7）各次谐波综合法：由于零序电流五次谐波分量幅值小，容易受到故障相零序电流波动的影响，部分学者提出在五次谐波选线方法的基础上，将三次、五次和七次谐波分量幅值进行求和处理，提高故障相的信噪比，运行经验表明，尽管各次谐波综合法的选线成功率要比单纯的五次谐波法高，但究其根本，选线的思想仍是谐波分量法，无法从根本上解决谐波分量幅值受故障相零序电流波动的影响。

8）负序电流法：配网线路正常运行时，线路上流动的负序电流非常小，一旦某相线路发生接地故障，产生的负向电流会通过变压器电感的作用注入高压侧线路，且产生的负向电路与非故障相线路的负向电流方向相反，通过安装的电流互感器检测负向电流，并设置合理的动作阈值可以灵活地判断故障线路。该方法的缺点是容易受负荷波动的影响，很难确定合适的负向电流阈值。

9）零序导纳法：在中性点经消弧线圈接地的配网系统，可以通过消弧线圈的失谐状况以及位移电压的相应改变计算电网正常运行状态下的零序回路参数，即三相出线的对地导纳和导纳系数。在发生接地故障时，三相电压不对称，相当于增加了一个不对称的电源，从而导致零序回路参数发生改变，通过比较各个时刻的零序回路参数可及时对发生接地故障的线路做出准确判断。由于该方法需要与消弧线圈的自动调节配合使用，因此在国内并未被推广普及。

10）残留增量法：故障相线路的零序电流会因为中性点消弧线圈失谐度的改变而发生幅值的变化，而这种运行工况一般发生在中性点经消弧线圈接地的配网系统产生永久接地故障的情况下，因此可以通过比较失谐度改变前后零序电流的幅值变化来判断故障相线路。尽管该方法的选线灵敏度高，但也会受到消弧线圈不能自动调节的限制。

基于以上基于故障暂态信息的小电流选线方法的分析可以看出，方法 1）～方法 3）只适用于不接地系统，但不适用于消弧线圈接地系统。为解决中性点经消弧线圈接地系统的故障电流检测，又提出了方法 4）～方法 10）的基本方法，该类小电流故障接地选线方法的共同特点是所利用的信号只占接地电流中的一小部分，检测可靠性不高，但有的方法受 TA 不平衡电流影响。

（2）基于故障暂态信息的被动式选线方法。

1）首半波法：正常运行的配网线路暂态零序电流和零序电压信号的极性相同，而发生接地故障的出线在故障发生短期内的零序电压和电流信号的极性相反，利用与故障相零序电压、电流极性不同的特点，可对故障线路作出准确判断。该方法的优点在于可同时适用于中性点不接地和谐振系统，且随着数据采集技术的提高，对极性判据时间短、难以准确提取的问题也得到了很好地解决，具有一定应用价值。

2）暂态零序电流比较法：当线路出现故障时，故障线路暂态零序电流主要频率大小为 300～3000Hz，其特征信号频率和幅值与非故障线路有一定差异，通过对比故障线路和非故障线路的暂态零序电流幅值与方向，可以确定故障线路。

暂态零序电流比较法在现场得到广泛应用，主要是其具有原理简单、算法容易实现等优点，但是现场运行结果表明，其可靠性不够高，会发生误判，检测原理和装置都有待进一步完善。主要原因在于暂态信号分析窗口的选择，窗口过短容易使得故障特征信息的利用率不高，窗口过大则会引入稳态分量的影响，干扰对线路故障线路判断。除此之外，部分低频信息的叠加会导致故障特征不明显，从而对故障选线造成消极影响。

3）基于小波分析的选线方法：小波变换技术是把原始的暂态故障信息拆分成为不同时间尺度及位置上的各类小波之和，将暂态零序电流的特性分量通过傅里叶变换和傅里叶逆变换进行信号的时频域变换处理，因此能够很清楚区别发生接地故障的线路上暂态零序电流波形所呈现的相位特点，通过对比各条出现特征，特性最为突出的即为故障线路。小波变化借助灵活的窗口时间调整，在检测灵敏度方面具有明显的优势，动态的时间窗口调整可以使故障特征的提取更为准确完整，但该方法对于装置采集能力要求较高。

4. 配网单相接地故障定位

在确定出故障馈线后，则需要进一步确定故障位置。单相接地故障定位根据信号利用方式，可将分为主动法和被动法，方法分类如图 6-19（a）所示。其中，被动法无需人工干预，直接利用故障产生的电压、电流进行计算，应用方便，可进一步细分为电气参数计算法、行波法、沿线多点测量法和基于知识的方法，各方法利用的信号频段如图 6-19（b）所示。

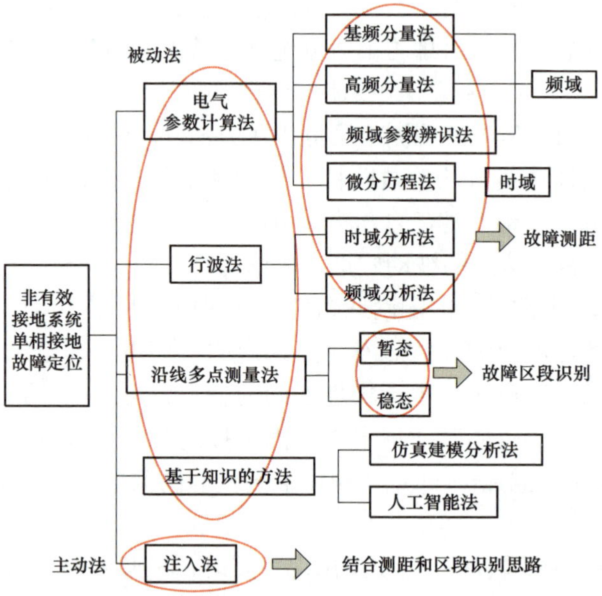

(a)

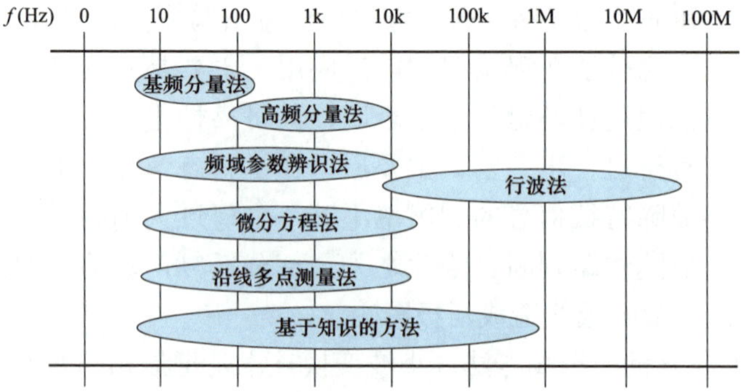

(b)

图 6-19 单相接地故障定位方法

（a）定位方法分类；（b）定位方法利用信号频段

在实际应用中，电气参数计算法、行波法均是故障测距方法，由于配网分支众多，结构复杂，该类方法不能确定故障分支，因此通过该沿配电线路进行多点测量可增加故障定位所需测量信息，尤其随配网自动化的快速发展，基于多点测量的配网单相接地故障定位已成为研究热点。多点测量法可理解为是故障选线法的扩展，但需考虑通信、沿线测量等问题，按测量装置安装方式可分为固定安装式和手持探测式；按测量方式可分为接触式和非接触式测量；按信号特征可分为稳态和暂态法。表 6-2 对特征参数选择、测量信号和原理进行了比较，本质上各方法均利用故障点上下游零序电流的特征差异，构建不同特征量进行故障定位。

表 6-2　　基于多点测量的单相接地故障定位法比较

特征参数选择		测量信号	原理
基于暂态特征	零序电流幅值	线路零序电流和磁场检测	将各站零序电流上传主站进行幅值比较确定故障区段，再利用磁场探测确定故障点
	零序电压、电流相位差比较	母线零序电压和线路零序电流	电压、电流同步测量，沿线探测零序电流，将信息上传主站综合判断
	零序功率方向	母线零序电压和线路磁场检测	利用磁场检测测量零序电流，利用母线同步测量母线零序电压计算零序功率，判断故障方向
	五次谐波	五次谐波电场和磁场测量	利用电磁场测量间接反映零序电流、电压，并结合幅值、相位信息判断
	综合	母线零序电压和线路零序电流	利用零序电压、电流同步测量，综合多个特征进行判断（比幅、比相和网络法）
	零序电流增量	线路零序电流（零序电压）	通过检测故障点前后零序电流突变量特征进行定位；通过检测消弧线圈调整前后零序电流变化，并结合同步测量的母线零序电压进行判断
	无功功率方向	空间电磁场检测或者零序电压、电流	利用空间电磁场测量，计算特征频段无功功率判断故障方向；利用零序电压、电流离散小波系数乘积极性判断故障方向
	零序电流波形比较	零序电流	计算相邻节点零序电流波形相关性（同步测量，数据传输量大）；计算各节点零序电流近似熵（数据传输量小，但计算量大）
	相电流特征	三相电流	计算故障相电流与零序电流关系（各检测点间不需精确同步）；通过比较相电流高频暂态特征识别故障区段
	故障方向参数	线电压、零序电流	基于 FTU 测量信号，由暂态线电压的希尔伯特变化与零序电流乘积计算故障方向参数
	功率方向和电流相似性	线电压、零序电流	各 FTU 将故障时各测量数据上传，结合零序功率方向法和暂态电流相似关系进行定位
	零序电流相似性和极性	线路零序电流	将各线路终端记录到的零序电流上传主站，并进行分析、比较，确定故障区段
	零序电流谱特征	线路零序电流	将各终端的零序电流暂态频谱特征上传主站进行比较确定故障区段

分别从方法对采样装置的要求、定位方法的鲁棒性和实用性等方面进行对比，见表6-3，可以看出，单端法（包括电气参数计算法和行波法）原理简单、易推广，但存在无法确定故障分支的问题，可靠性不高，实用性不强；多点测量法定位准确、可靠性高，在实际中得到了一定应用，但安装成本高，维护工作量大，推广困难；注入法的可靠性和准确性均较高，但需外加注入设备，操作复杂，在实际中推广困难。

表6-3　　非有效接地系统单相接地故障定位法比较

定位方法		测量点	采样频率	鲁棒性	实际应用	主要优点	主要缺点
电气参数计算法	基频	单点	百 Hz	差	无	单端测量，投资少，易推广，高频信号幅值大	不能确定故障分支，幅值小，受负荷电流影响
	高频		kHz	中	无		不能确定故障分支
	微分方程		kHz	中	无		不能确定故障分支
	频域参数辨识法		kHz	中	无	在非有效接地系统中尚无研究	
行波法	时域	单点或两点	MHz	中	无	精度高，易推广	投资大，测量要求高，可靠性不高
	频域	单点	MHz	中	无		
沿线多点测量法		多点	kHz	好	有	可靠性高，结合配网自动化	投入大，维护大
注入法		多点	百 Hz	好	有	可靠性高	需外加设备，操作复杂
基于知识的方法	仿真建模分析法	单点或多点	百 Hz	差	无	在非有效接地系统中尚无研究	
	人工智能法	单点	kHz	差	无	单端测量	需要大量训练样本

注　鲁棒性是指算法不受网络结构、负荷分布、线路分支等的影响程度。

6.2 电网故障诊断技术

电力设备是构成电网的基础元件，电网的故障诊断主要是对于电网设备的故障诊断。目前常用的电网设备故障诊断方法是通过例行试验、在线监测、带电检测、诊断性试验进行综合分析判断，主要的思路是融合设备的化学试验、电气试验、巡检、运行工况、台账等各种数据信息，建立故障原因和征兆间的数学关系，从而通过计算推导主要设备的潜伏性故障。具体诊断方法有基于设备故障树诊断方法、基于多算法融合的设备故障诊断模型、基于案例规则推理的设备故障诊断模型等。

6.2.1 基于设备故障树诊断方法

故障树分析（Fault Tree Analysis，FTA）又称事故树分析，是安全系统工程中最重要的分析方法。事故树分析是指从一个可能的事故开始，自上而下、一层层的寻找顶事件的直接原因和间接原因事件，直到基本原因事件，并用逻辑图把这些事件之间的逻辑关系表达出来。本节以变压器、GIS 设备为例，通过收集整理故障诊断相关资料，建立故障树综合诊断模型。

1. 变压器故障树

油浸式电力变压器的故障可分为内部故障和外部故障两种。内部故障主要类型有相间短路，匝间短路，局部放电，局部过热，绝缘油异常等；外部故障主要类型有油箱或套管渗漏油、套管闪络、引出线故障等。内部故障根据常见的故障易发部位可分为绝缘故障、铁芯故障、分接开关故障、绕组故障等，这些故障的发生可能同时伴随着热故障和电故障两种类型；外部故障虽然更为常见，但比较容易发现及诊断。

据统计绝缘故障造成的事故占全部变压器事故的 85%以上。主要包括油纸绝缘受潮、老化等引起绝缘不良，在高电压作用下导致绝缘击穿引起短路等事故发生。绝缘性能是变电设备运维过程中重点监督的内容。

铁芯故障主要包括铁芯多点接地、硅钢片局部短路和铁芯碰壳；有载分接开关故障分为机械故障和电气故障，机械故障主要包括紧固件松脱、快速机构故障、触头动作顺序故障、越限故障和零部件机械故障。电气故障主要包括触头过热和电弧放电。绕组故障主要包括绕组过热、绕组短路和绕组变形，特别是因变压器不能承受外部短路而造成的故障占绕组故障的首位，绕组一旦发生故障将对变压器带来极大的危害。

基于以上对变压器故障类型的分析，建立绕组、铁芯、套管、冷却系统、有载分接开关、非电量保护六种故障模式的故障树如图 6－20～图 6－25 所示。

2. GIS 故障树

GIS 内部元件包括断路器、隔离开关、负荷开关、接地开关、避雷器、互感器、套管、母线等。运行经验表明，其内部元件故障时有发生。根据 2008～2011 年组合电器紧急（重大）缺陷统计，各种元件的故障率见表 6－4。

表 6－4　　GIS 各种元件故障率

元件名称	断路器本体	电压互感器	电流互感器	隔离开关及接地开关	操动机构	其他
故障率	2.4%	5.8%	0.68%	16.04%	59.39%	15.07%

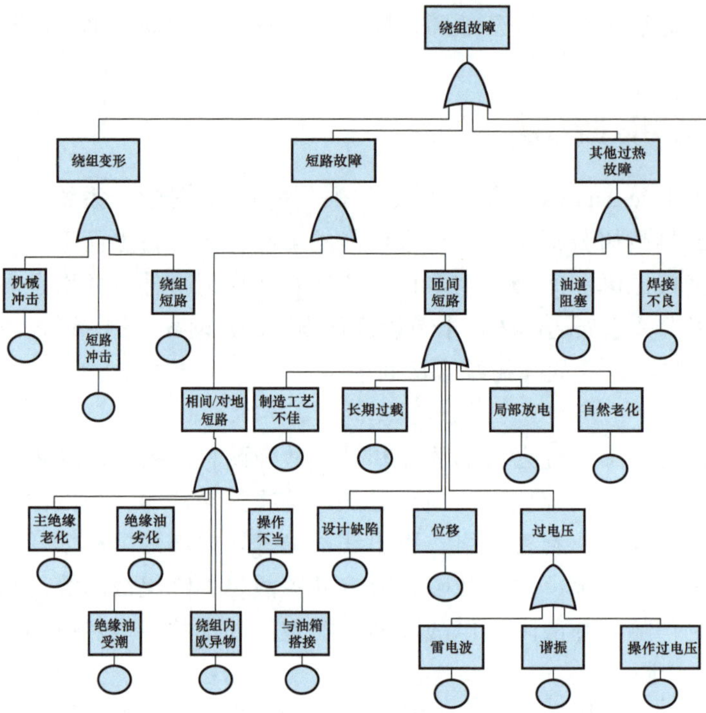

图 6-20　绕组故障树

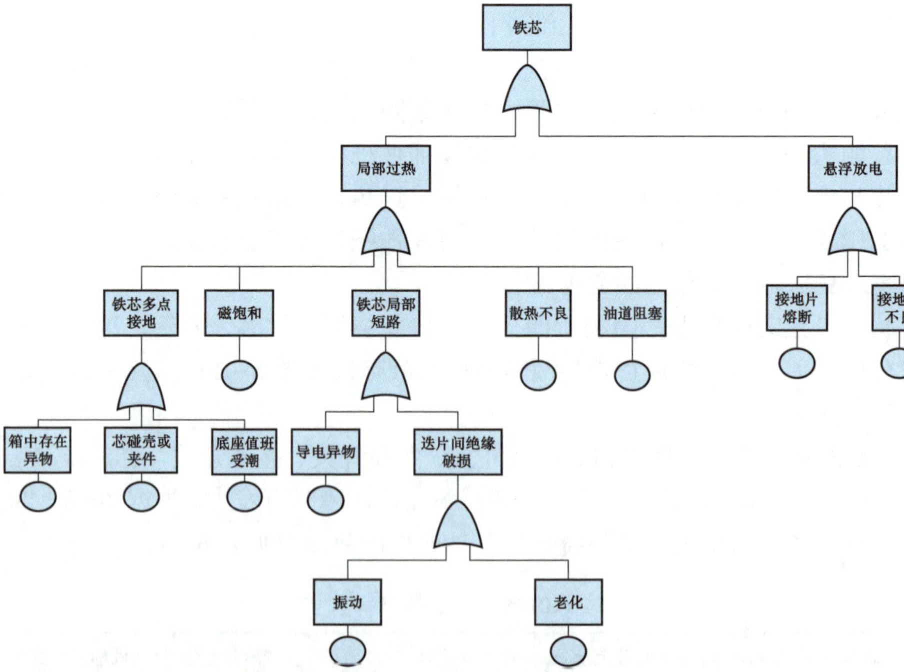

图 6-21　铁芯故障树

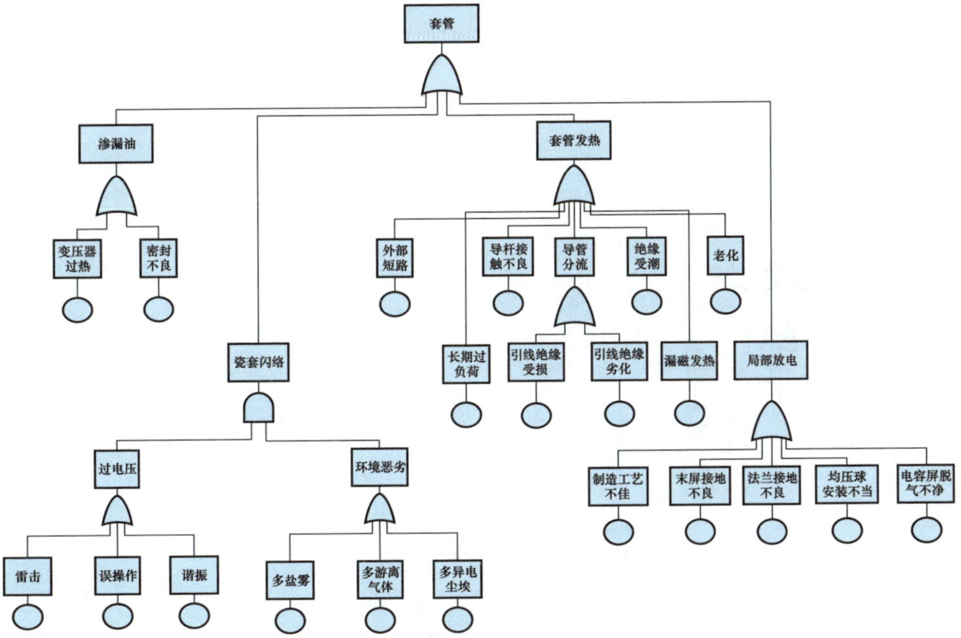

图 6-22　套管故障树

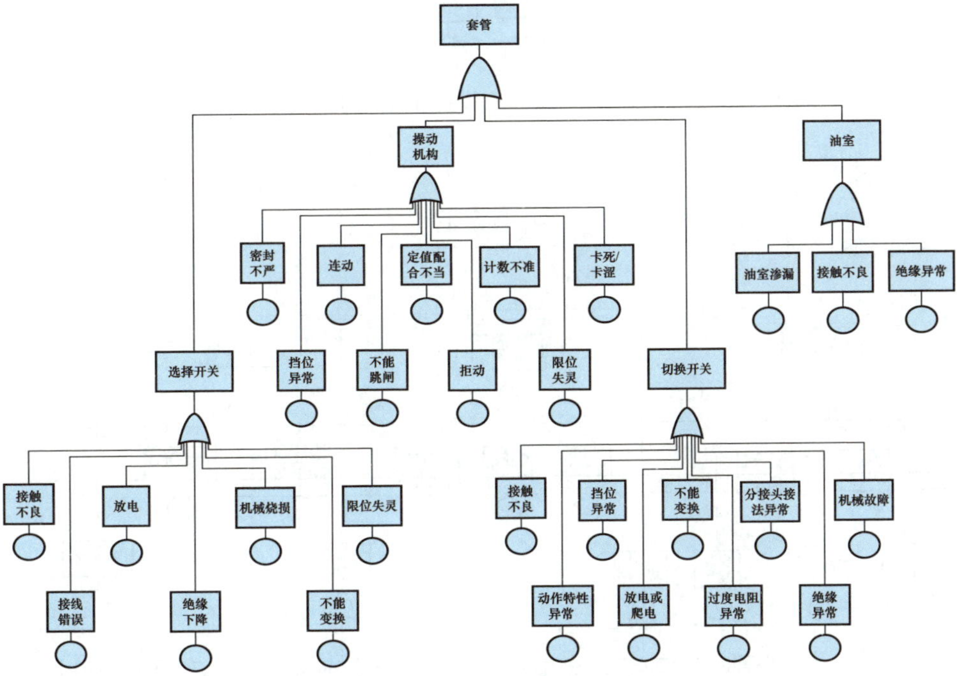

图 6-23　有载分接开关故障树

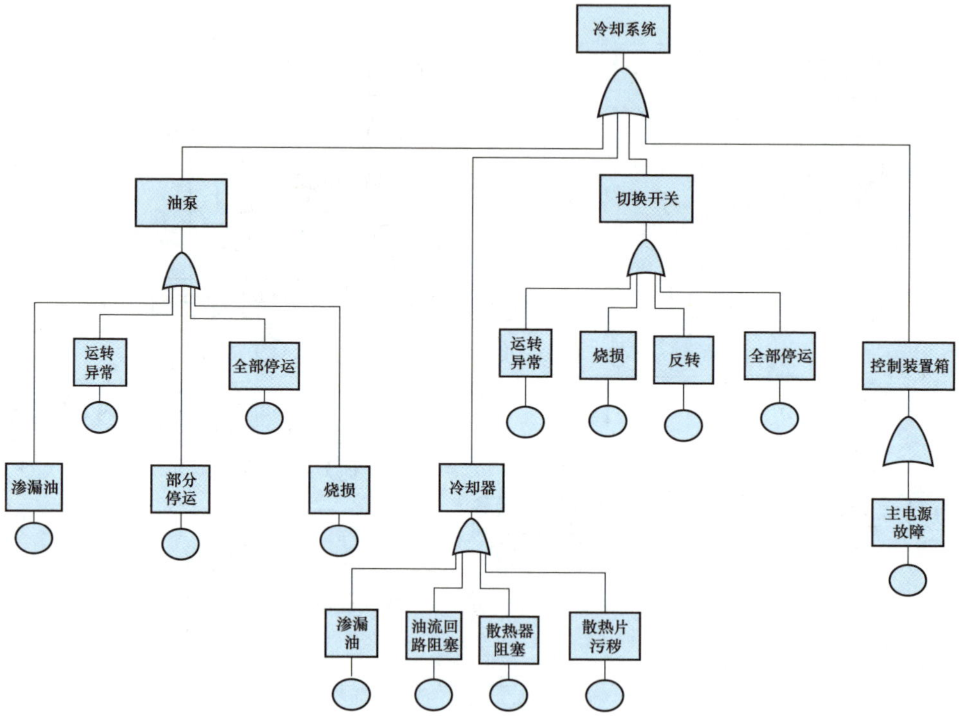

图 6-24　冷却系统故障树

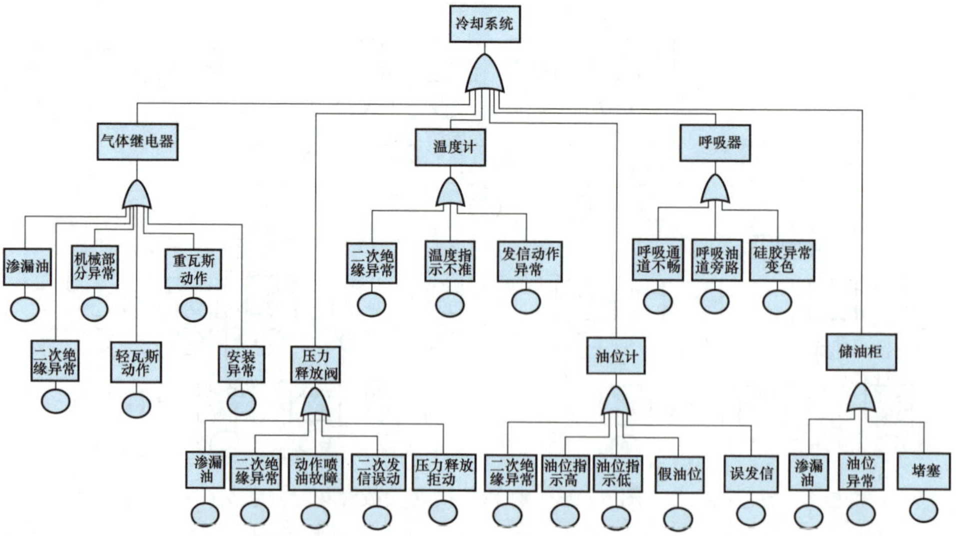

图 6-25　非电量保护故障树

根据相关标准和导则，将断路器部分故障类型分为局部放电、气体压力下降、含水量超标、操动机构机械故障。气体压力下降主要是因为密封不严导致的，主要原因是由于密封圈（垫）老化损坏、阀系统密封不严、压力泵接头质量差、压力表接头泄漏和清洁度差引起的。而含水量超标是由于密封不严而使气体受潮，使微水含量上升。

操动机构机械故障主要有由于动静触头接触不良引起分合闸不到位；分合闸线圈电流异常可以判断出分合出现了卡涩；操动机构构件松动引起分合闸行程曲线的抖动及分合闸异常；最低动作电压异常会引起误动或者拒动，会扩大故障范围，引起大范围停电。通过分析分合闸时间、同期性、行程、速度可以判断分合闸是否正常，进一步判断为操动机构机械故障情况。通过以上对断路器各故障的分析，建立断路器的故障树如图 6-26 所示。

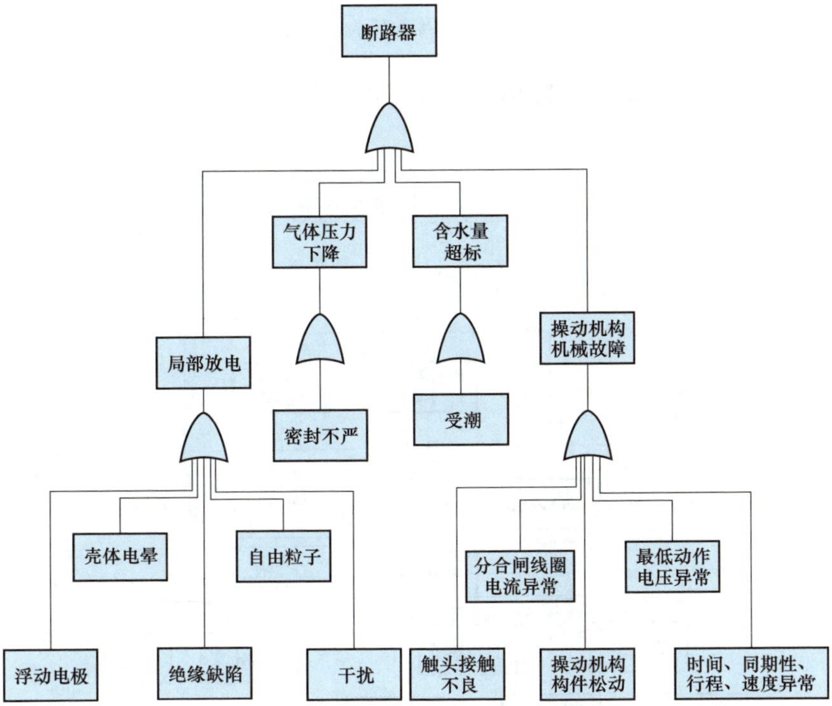

图 6-26　断路器故障树

参照断路器建立故障树的方法，可以建立隔离开关故障树如图 6-27 所示。

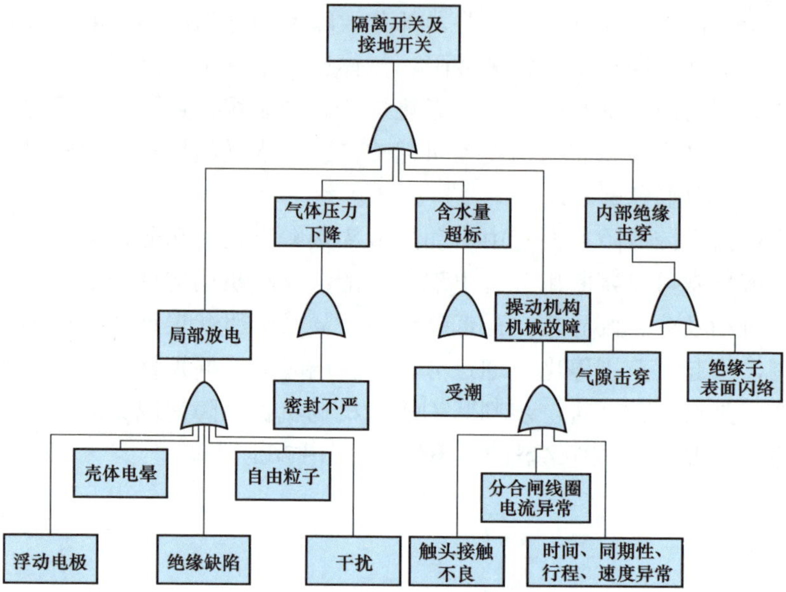

图 6-27　隔离开关故障树

建立电流/电压互感器故障树如图 6-28 所示。

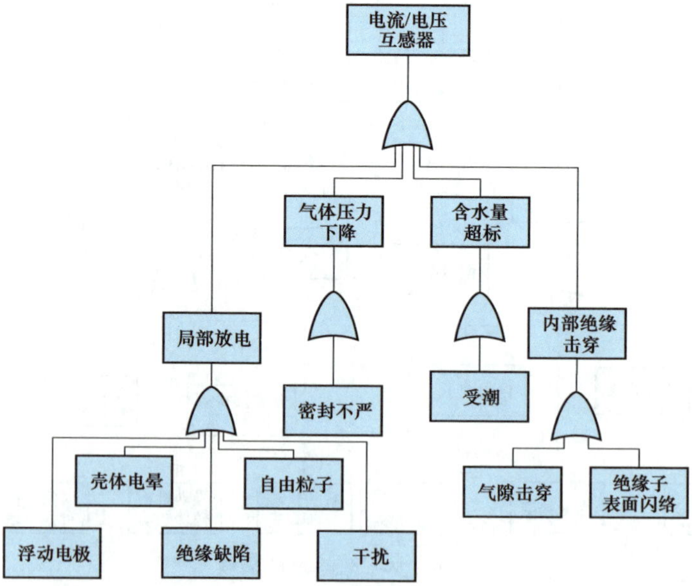

图 6-28　电流/电压互感器故障树

建立避雷器故障树如图 6-29 所示。

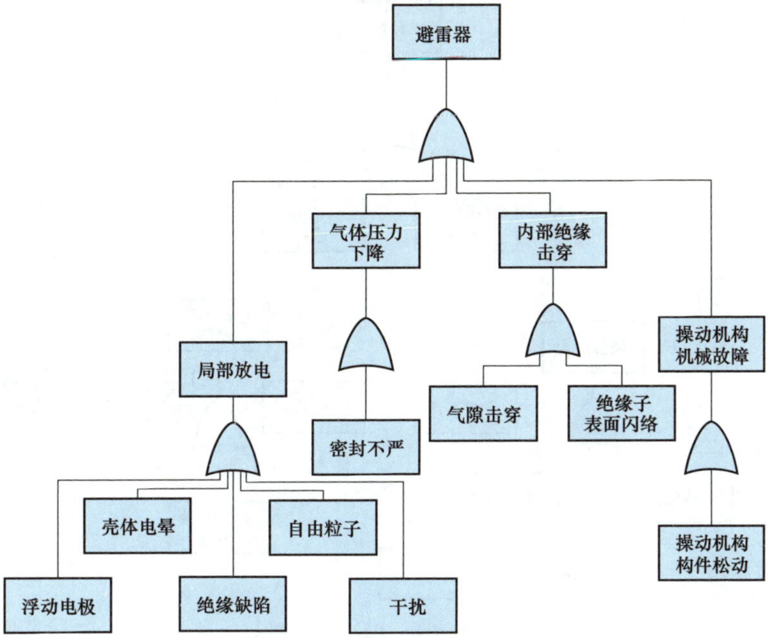

图 6-29　避雷器故障树

建立套管故障树如图 6-30 所示。

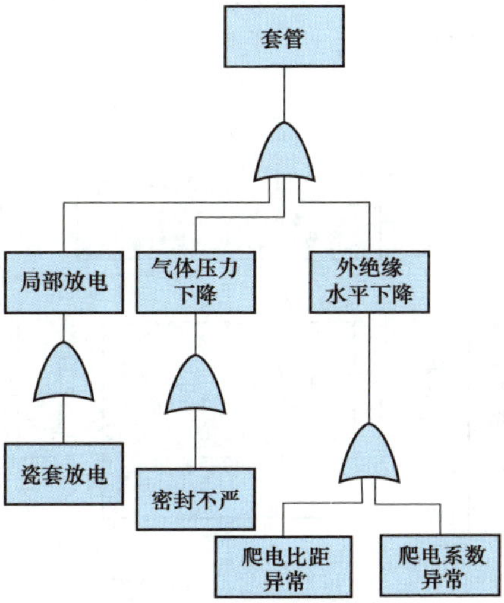

图 6-30　套管故障树

建立母线故障树如图 6-31 所示。

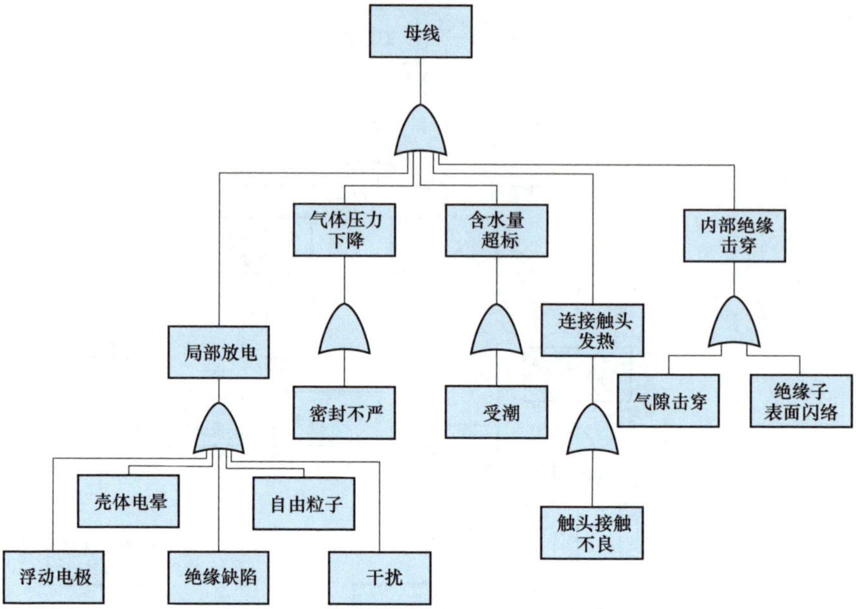

图 6-31 母线故障树

6.2.2 基于多算法融合的设备故障诊断模型

1. 诊断模型框架

故障诊断总体框架设计如图 6-32 所示，主要包括状态量获取、故障诊断，诊断结果处理三个主要模块。

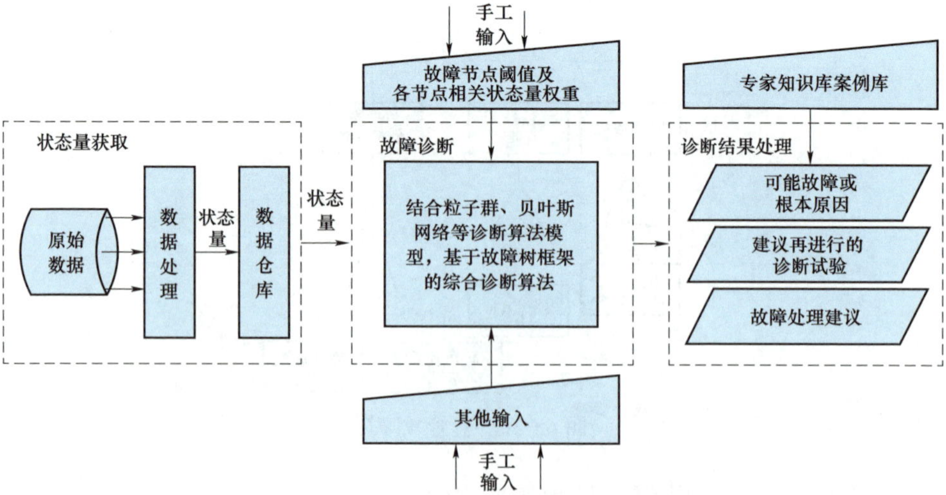

图 6-32 故障诊断总体框架设计

（1）状态量获取。状态量获取实现从现有信息系统获取设备全过程状态信息，经坏点剔除、筛选等对原始数据进行初步处理。

（2）故障诊断。在获取到的状态量基础上运用各种故障诊断模型进行综合故障诊断，模型不但在建立的故障树的节点上以判断是否发生该故障，也建立在整个故障树上以判断发生何种故障的可能性高。结合案例库获取诊断结论以获得最终结论，若结论不够明确可再输入其他状态量进行进一步诊断，故障节点功能框图如图 6－33 所示。

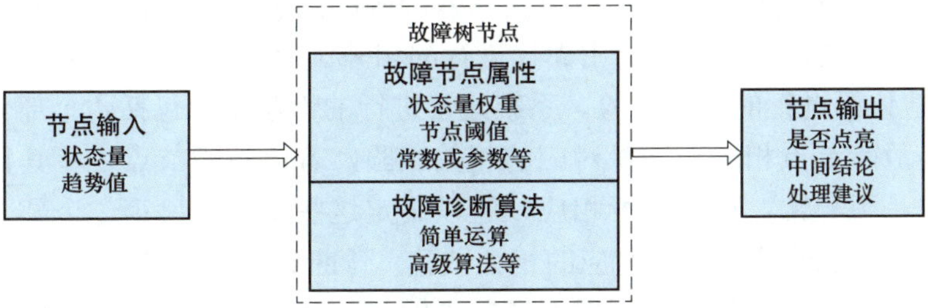

图 6－33　故障节点功能框图

1）节点的输入。故障节点的输入包括状态量、趋势值等诊断信息，能够兼容多种数据类型，如常量，布尔型、浮点型数据，数组，结构体等数据类型。输入数据即作为故障诊断算法的数据来源，同时节点的输入数据可以进行配置。

以故障树节点——绕组变形为例说明节点绑定的状态量以及节点的诊断算法，绑定的状态量包括短路阻抗、绕组频响、绕组电容量、油色谱诊断结论等等，诊断算法则采用贝叶斯网络分类模型算法。

2）故障节点属性。故障节点的属性包括节点所对应的状态量的权重、节点的点亮阈值、诊断算法需要的常数或参数等，它们是节点的特有属性，如相同状态量在不同节点的权重值不同。

3）故障诊断算法。节点内的故障诊断算法具备可编辑功能，能够进行简单的修改、配置或者调用其他算法库文件、DLL 文件等作为节点的诊断算法。重点采用了油色谱分析诊断算法、结合粗糙集约简的贝叶斯网络算法和专家系统分析法作为变压器故障树框架下的故障诊断方法。

4）节点输出。节点的输出包括节点是否被点亮、中间结论（或状态量）及处理建议。节点被点亮即说明故障原因可能是该节点表示的故障；中间结论（或状态量）指如果该节点被点亮并且确定存在该节点所表示的故障，则可以用于排除其他一些节点的故障；处理建议是针对该节点的，如发生该节点的故障时宜采取的处理措施；做进一步诊断时需要进行的试验等。当诊断到那个或哪些节点时则会给出节点相应的处理建议。

故障树作为框架性的应用结构来建立，每个故障节点在故障树中是唯一的，其输入、属性、算法和输出都可以根据需要进行配置。诊断流程为先判断故障树节点，再综合点亮的故障节点进行最终判断。

（3）诊断结果处理。通过故障诊断之后，将得到以下结论：

1）可能的故障或者根原因。点亮的故障树节点即为故障诊断的可能故障，故障树的根节点即为根原因，也可以作为最终结论。如果输入的异常状态量不足以满足诊断需求，故障树诊断出的结论不能作为最终结论，那么结论中将指出所有可能的故障原因以及各个故障原因所对应的概率，并且给出一些建议进行的相关试验以帮助诊断算法给出更深入准确的结论；如果输入的异常状态量足以得出最终结论，则不再给出建议进行的相关试验。

2）建议再进行的诊断试验。系统建议进行的诊断试验包括两个部分：第一个部分是故障节点相关状态量对应的相关试验，若该故障节点还有其他状态量不能确定是否异常，可以进行相应试验以确定这些状态量；第二个部分是该故障节点的子节点的状态量所对应的相关试验，诊断到该故障节点并不是根节点，若需要进一步确定故障原因则需要子节点的相关状态量进行确定，所以建议进行与子节点状态量相关的试验。

3）故障处理建议。处理建议包括是否停电进行吊罩检查、是否更换部件等。

2. 案例应用

某 110kV 变压器 1995 年投入运行以来，多次受到中压侧和低压侧的外部短路冲击。特别是 2003 年 4 月至 2005 年 8 月，变压器中压和低压侧外部短路引起高压断路器跳闸的就有 22 次，短路冲击十分严重。变压器历年的油色谱分析结果见表 6－5，油中出现乙炔气体。2005 年试验发现，绕组电容量和低电压阻抗出现较大变化分别见表 6－6 和表 6－7。

表 6－5　油色谱分析结果　（μL/L）

日期	氢气	乙炔	总烃	一氧化碳
1996 年 6 月 6 日	0	0	2	19
2003 年 10 月 6 日	2	0	6.5	371.4
2005 年 4 月 22 日	14.7	0.7	52.2	120.9
2005 年 9 月 13 日	38	3.3	71.1	1465

表 6－6　绕组电容量测试值　（pF）

测试绕组	2001 年 3 月测试	2005 年 10 月测试	2005 年电容量增加
高压－中、低压及地	9427	8960	－5.2%
中压－高、低压及地	16059	17749	＋10.5%
低压－高、中压及地	16459	18579	＋112.9%

表 6－7　　低电压短路阻抗

序号	加压相	短路相	1998 年阻抗值（Ω）	2005 年阻抗值（Ω）	阻抗增变化（%）
1	110kV，A 相	35kV，A 相	44.6	49.2	10.4
	110kV，B 相	35kV，B 相	44.2	47.47	7.4
	110kV，C 相	35kV，C 相	47.2	50.76	7.54
2	110kV，A 相	10kV，AC 相	76.29	78.73	3.2
	110kV，B 相	10kV，AB 相	75.71	77.87	2.85
	110kV，C 相	10kV，BC 相	75.43	77.87	3.23
3	35kV，A 相	10kV，AC 相	2.55	2.595	1.76
	35kV，B 相	10kV，AB 相	2.55	2.71	6.27
	35kV，C 相	10kV，BC 相	2.55	2.355	－7.65

注　10kV 绕组分接位置“1”，中压绕组分接位置“4”。

该变压器为三绕组结构，绕组在铁芯柱的排列位置如图 6－34 所示。

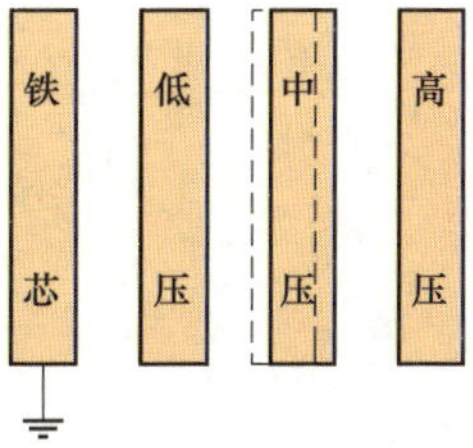

图 6－34　绕组排列和中压绕组向内径方向变形示意图

绕组电容量的测试结果：高压对中低压及地的电容量下降；中压对高低压及地，以及低压对高中压及地的电容量上升；绕组间电容量与其几何距离成反比，可判断中压绕组向内收缩变形。

根据低电压短路试验结果，高压与中压绕组间的短路阻抗增大，绕组间短路阻抗与绕组间几何距离成正比，也判断为中压绕组向内径方向收缩。同理，中压与低压绕组间（C 相）间的短路阻抗减小。由于中压绕组向内径方向的变形程度不同以及低压绕组也存在向内径方向的变形，导致中压与低压绕组（A 和 B 相）间短路阻抗增大，三相高压与低压绕组间短路阻抗增大。

将上述状态量信息输入故障系统后，故障诊断模块推出变压器可能存在变形，如图 6－35 所示。

变压器解体检查证实了上述判断，三相中压和低压绕组均发生明显变形，尤以中压 C 相绕组变形最严重，验证了本方法的有效性，如图 6－36 所示。

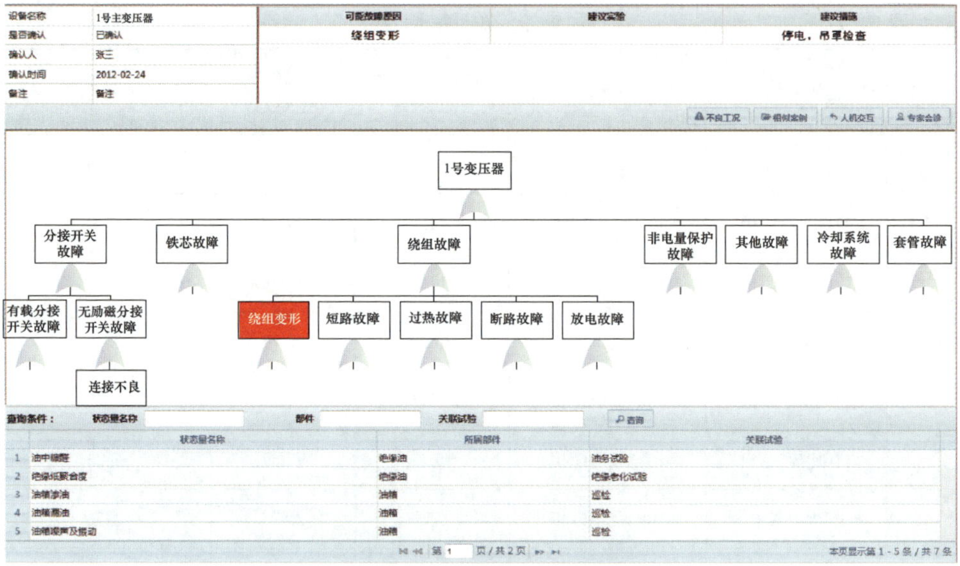

图 6-35　绕组变形诊断示例

图 6-36　C 相绕组变形照片

6.2.3　基于案例规则推理的设备故障诊断模型

1. 诊断模型框架

故障诊断采用串行推理的方式，其推理流程如图 6-37 所示。由于设备案例的特殊性，若能进行检索匹配可以快速地得出检修策略，节省推理时间，有效利用历史经验，提高系统的效率。而当没有合适与事实库中的案例匹配时，就采用普通的规则推理。并将推理产生的且证实准确的规则结论作为该案例的检修策略结果，成为新的案例，存到案例知识库中。

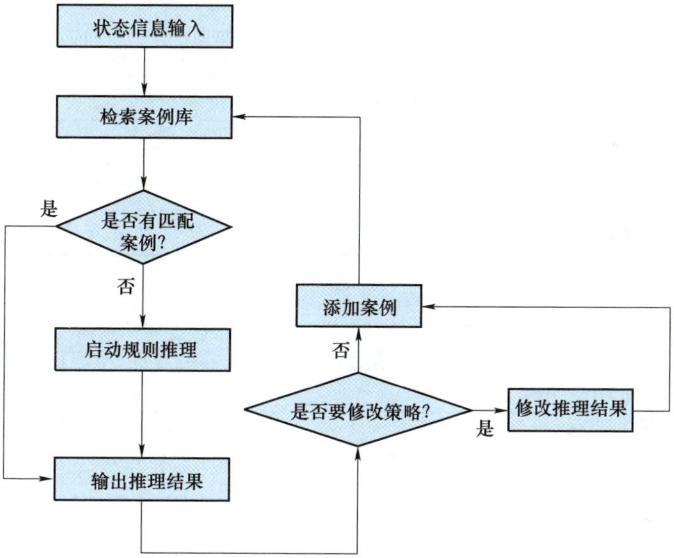

图 6－37　串行推理的流程图

2. 故障诊断规则推理方法

基于规则的诊断方法是根据被诊断系统的专家以往诊断的经验，将其归纳成规则，并运用经验规则通过规则推理来进行故障诊断。以变压器为例，介绍规则推理方法。

（1）知识库的建立。电力变压器结构复杂，检测手段很多，通过长期的总结，选取了 170 项最具代表性的故障特征作为规则前提条件，其具体内容见表 6－8。另外，电力变压器可能发生的故障有很多，本系统全开放式知识库可以由用户根据现场情况填入故障结论，选取了比较有代表性的 8 个故障结论为例进行分析，其内容见表 6－9。

表 6－8　　故障特征表

编码	故障特征
C1	变压器本体油耐压或微水含量（0：正常；1：超过标准）
C2	绝缘油色谱数据含量分析（0：正常；1：C_2H_2、总烃、氢气含量或产气率超过注意值；2：氢气单值增长；3：CO 增长）
C3	三比值法分析绝缘油色谱数据（1：放电；2：过热；3：空编码）
C4	气体继电器内气体情况（0：正常；1：异常；2：异常且主要气体是氧和氮）
C5	铁芯接地电流（0：正常；1：超过正常值）
C6	总烃安伏法分析结果（1：总烃增长与 I_2 相关；2：总烃增长与 U_2 相关）

续表

编码	故障特征
C7	直流电阻测试（0：正常；1：个别挡位不平衡；2：所有挡位均不平衡）
C8	变压比测试（0：正常；1：超过标准值）
C9	分相低电压下短路试验（0：与出厂值比阻抗正常；1：与出厂值比阻抗变大）
…	…
C170	绝缘电阻测试（0：正常；1：异常）

表 6-9　　故障结论集

编码	名　　称	处理建议
D1	绕组断匝，断线	S1
D2	分接开关触头接触不良	S2
D3	铁芯局部短路	S3
D4	导线股间短路	S4
D5	绝缘受潮	S5
D6	结构件或电、磁屏蔽形成短路环	S6
D7	气泡放电	S7
…	…	…
D23	铁芯多点接地	S23

将表 6-8 和表 6-9，结合在一起便形成了本系统知识库中的规则表，其内容见表 6-10。

表 6-10　　知识库规则表

编码	C1	C2	C3	C4	C5	C6	C7	C8	C9	…	C170	建议
D1	—	1	2	—	—	1	2	1	—	—	—	S1
D2	—	1	2	—	—	1	2	—	—	—	—	S2
D3	—	1	2	—	—	2	—	—	—	—	—	S3
D4	—	1	2	—	—	1	0	—	1	—	—	S4
D5	1	2	—	—	—	—	—	—	—	—	—	S5
D6	—	1	2	—	—	1	0	—	0	—	—	S6
D7	—	1	1	2	—	—	—	—	—	—	—	S7
…	…	…	…	…	…	…	…	…	…	…	…	…
D23	—	1	2	—	1	—	—	—	—	—	—	S23

在变压器的故障诊断中，为了模拟专家的思考过程，涉及的规则、逻辑会

比较复杂。而且在实际的应用中，很多规则、逻辑并不是一成不变的。某些情况下需要诊断系统能够实时修改规则、逻辑。

（2）变压器故障模式分析。在建立了变压器故障树的基础上进一步分析变压器各类故障模式的诊断方法。对于变压器外部故障，一般通过巡检或红外测温即可诊断故障，但对于变压器内部故障则难以确定其故障类型和位置。目前比较常用的变压器内部故障诊断方法是 DGA 技术，即采用色相色谱仪分析溶解于油中的气体，根据气体的组分和气体含量的变化对变压器内部的故障性质、严重程度和发展趋势做出判断。目前比较成熟的气体组分分析方法是 IEC 三比值法和立体图法。DGA 能有效地预判变压器存在的潜伏性故障，为潜伏性故障的早期发现帮助很大。但是 DGA 只能诊断出过热或放电这两种故障性质，无法判断出更确定的故障类型，如绕组变形、绕组短路、铁芯多点接地等。因此还需要结合变压器其他诊断性试验才能得出更精确的诊断结论。对于诊断故障有帮助的试验主要有短路阻抗和负载损耗试验（包括低电压单相阻抗测试）、绕组频率响应试验、绕组介质损耗和电容量测试、绕组直流电阻测试、绕组绝缘电阻吸收比极化指数、绕组电压比测试、空载电流和空载损耗试验、直流泄漏电流测试、铁芯接地电流测试和铁芯对地绝缘电阻测试。

（3）案例匹配的流程。依据范例推理的故障诊断思路，采用模糊三比值和案例匹配相结合的故障诊断方法。首先在故障案例存储方面，将案例按照故障模式的类型及性质分配到 4 个案例子空间中，即导流回路故障、磁回路故障、涉及固体绝缘和不涉及固体绝缘，以减少案例检索范围，提高检索速度；其次基于改良三比值法利用模糊规则推理理论对三比值编码进行处理，从而达到分析潜在性故障属于放电故障还是过热故障目的；再利用总烃安伏法区分过热故障属于导流回路还是导磁回路故障，根据一氧化碳的产气速率和含量等分析放电故障是否涉及固体绝缘，从而确定目标案例将要检索的案例子空间；最后通过计算目标案例与源案例的相似度，从而得到较准确、精细的故障诊断结论，指导设备检修。

（4）案例库构建。案例库构建的目的是存储历史故障案例信息，便于目标案例进行匹配检索并给出相应的诊断结论及检修建议，案例库构建框架如图 6－38 所示。

从案例库的检索匹配和维护角度来说，需要设计合理的存储结构，方便案例的增加、修改、删除及检索等功能。将案例库分解为导流回路故障、导磁回路故障、涉及固体绝缘和不涉及固体绝缘四个案例子空间，具体案例匹配时先通过前期判断选择合理的案例子空间，实现匹配时减少案例检索范围、提高检索速度的目的。导流回路故障主要包括多股导线间短路、引线连接不良、分接开关连接不良等；导磁回路故障主要包括铁芯局部短路、铁芯多点接地、漏磁

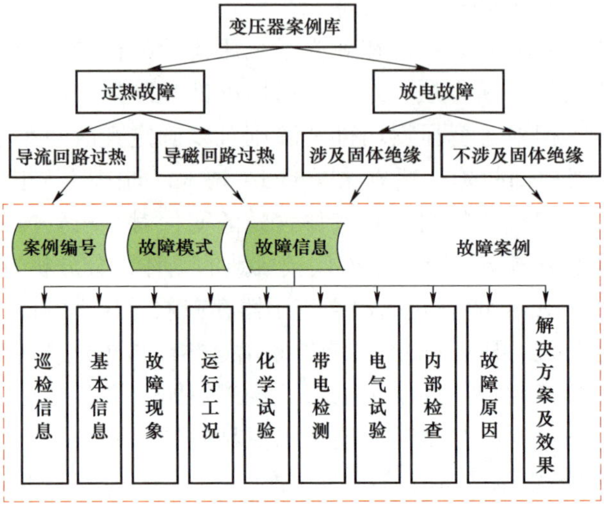

图 6-38　案例库构建框架图

过热等；涉及固体绝缘主要包括围屏爬电、匝层间短路等；不涉及固体绝缘主要包括悬浮放电、磁屏蔽接触不良、不稳定铁芯多点接地等。从存储的变压器状态信息角度来说，为达到案例的精确匹配和提供可靠的诊断结论和检修意见的目的，根据专家现场分析设备故障的经验，收集并规范化存储变压器基本信息（厂家、投运年限、型号、电压等级等）、故障现象、运行工况、家族性缺陷、巡检信息、化学试验、电气试验、带电检测（红外测温、局部放电的超声检测）、内部检查、故障原因、解决方案及效果等全过程状态信息。

3. 案例应用

某变电站 1 号主变压器（SFPSZ10-180000/220）于 1999 年 8 月投运，低压线圈采用螺旋式绕组，共 41 匝，每匝由 29 根导线分 3 层并绕，每层分别为 10、10、9 根导线组成。为了不发生导线间短路，每根导线包有 1.5 层绝缘纸。同时为了防止并联导线因长短不一产生环流，所以一定长度后每根导线进行换位，“S”弯即为导线换位点。

2012 年 7 月年检时发现油中气体含量超标，经分析判断主变压器存在过热性故障。其后加强油色谱跟踪分析，油色谱数据跟踪情况见表 6-11。2013 年 1 月对该主变压器进行吊罩检查并进行滤油处理，但未找到故障部位。投运后变压器油中色谱分析情况同修前一样继续增长，到 2013 年 7 月，总烃已达 900μL/L，同时从红外测温、空载损耗、绕组变形、局部放电等试验均未发现异常情况，2013 年 7 月决定返厂解体查找故障并做处理。

表 6－11 油色谱数据

序号	测试日期	油中气体含量（μL/L）								备注
		H_2	CO	CO_2	CH_4	C_2H_6	C_2H_4	C_2H_2	总烃	
1	10.12.24	59	640	1500	13	5.7	12	0.1	31	负荷较轻
2	11.6.13	40	720	1300	26	5.4	10	0	41	负荷较轻
3	12.1.31	29	410	1500	35	10	40	0.1	85	负荷较轻
4	12.7.22	71	490	1900	150	42	190	1.3	380	负荷 80MVA
5	12.7.29	100	810	3000	220	65	320	2.0	620	负荷 80MVA
6	12.8.6	92	420	2300	160	45	230	1.2	440	负荷 80MVA，停 2 号泵
7	12.8.10	75	400	1900	160	47	230	1.3	440	负荷 80MVA，停 2 号泵
8	12.8.31	98	880	3000	210	64	310	1.5	580	负荷 110MVA
9	12.9.1	96	850	3100	220	70	340	1.7	630	负荷 110MVA
10	12.9.10	110	630	3200	250	75	350	2.0	680	负荷 140MVA
11	12.9.12	120	630	3400	280	87	420	2.8	780	负荷 140MVA
12	12.9.30	120	560	2500	260	80	380	1.9	720	负荷 80MVA
13	12.10.8	100	590	2600	240	76	360	1.8	670	负荷 60MVA
14	12.10.22	100	770	3300	250	74	350	1.8	670	负荷 60MVA
15	12.11.8	100	560	2100	240	75	340	1.6	650	负荷 36MVA
16	12.12.20	100	640	2500	230	74	350	1.3	650	负荷 30MVA
17	13.1.20	3.5	42.7	131	0.5	0.7	0	0	1.3	大修滤油后投运前
18	13.1.30	9	71	440	25	7.5	38	0.4	71	负荷 40MVA
19	13.3.25	17	32	370	33	9.6	55	0.5	98	负荷 40MVA
20	13.4.13	36	51	740	70	23	130	1.9	220	负荷 140MVA
21	13.6.30	60	80	1000	140	46	250	2.0	440	负荷 98MVA
22	13.7.10	110	100	1200	240	75	300	2.9	720	负荷 96MVA
23	13.7.13	140	110	1300	320	93	490	3.2	900	负荷 81MVA

根据源案例油色谱数据，利用最近一条数据进行分析，$C_2H_2/C_2H_4=0.0065$、$CH_4/H_2=2.285$、$C_2H_4/C_2H_6=5.269$，根据三比值法属于高温过热。从表 6－11 油色谱数据可以分析，油色谱特征气体含量随负荷的增大而增大，即产气速率和负荷电流增大而增大，尤其负荷在 110MVA 以上时增长速度更明显，根据总烃安伏法原理，可推知该变压器故障为导流回路故障可能性较大，至此可以进入导流回路故障子空间进行案例检索。

通过提供的方法，与目标案例匹配相似度最高的前 5 个源案例具体情况见表 6－12。

表 6-12　　案例检索结果前 5 位

案例编号	匹配相似度				故障模式
C0123	0.851	0.980	1	0.896	股间短路
C0124	0.804	0.980	1	0.866	股间短路
C0113	0.812	0.938	1	0.86	股间短路
C0145	0.723	0.980	1	0.813	绕组内部引线连接不良
C0178	0.715	0.938	1	0.793	引线与分接开关连接不良

C0123 案例为某电厂 1 号主变压器（220kV 升压变压器），其油色谱数据为 H_2 为 387μL/L、C_2H_2 为 8.5μL/L、CH_4 为 932.0μL/L、C_2H_4 为 1686.0μL/L、C_2H_6 为 216.0μL/L。其他状态信息为空载运行时油色谱增长不明显，负载损耗异常，绕组直流电阻及红外测温正常。源案例解体检查后分析故障原因如下：第 16 层的第 1 根与第 2 根并联导线之间的绝缘纸隔条弹出，导则两根导线之间的绝缘纸在运行中导线中流过电流时由于电动力的作用引起导线振动产生摩擦最终导致两根导线之间的绝缘破损，从而形成绕组股间短路。

2013 年 7 月对目标案例返厂解体检查结果如下：线圈“S”弯处的 2 根导线绝缘纸碳化导致并绕导线间短路，如图 6-39 所示。

图 6-39　C 相低压绕组并绕导线间短路

故障原因为导线“S”弯处绝缘在制造过程和运行中容易因各种因素导致破损，制造厂虽在此处采取加强绝缘的措施，但该变压器强度不够，缺陷在运行中逐渐恶化、扩大，最终导致并绕导线间短路，环流引起过热，导致绝缘油裂解。而出现故障气体，这与油中故障气体随着负荷的增加而增长的现象是相吻合的。从源案例和目标案例的最终分析结论可知虽然具体原因有些许差别，但均因并绕导线间绝缘纸破坏，导致并绕导线间短路，从而产生过热现象。

6.3　电网灾害风险评估及预警技术

6.3.1　电网覆冰风险预警技术

冬季输电线路覆冰灾害严重影响电网安全。针对电网的大面积覆冰灾害，利用现有的气象数值预报工作模式开展覆冰风险预警，同时结合输电线路覆冰在线监测数据开展覆冰气象预报与导线覆冰厚度预测，结合实际线路的设计参数开展覆冰风险评估。整个预警流程可分为寒潮预报、导线覆冰监测、覆冰增长特性分析、基于高度变化的覆冰模型修正、覆冰风险评估及预警 5 个环节。

1. 寒潮预报

冬季，来自北半球高纬度地区的寒冷空气在特定天气形势下迅速加强并向中低纬度地区侵入，造成沿途地区的剧烈降温、大风和雨雪天气。当冷空气这种由北向南的侵入过程，达到一定标准时，就称为寒潮。

通过对区域天气过程研究，尤其是对寒潮作用下的大风、降温天气发展过程研究，获得相关区域内覆冰产生的关键气象因素及其阈值（主要因素包括低温、风速、水汽等），从而实现电网覆冰灾害事件的天气过程预警。其次，利用地理信息技术开展不同地形条件下的覆冰微气象研究，获得微气象环境对覆冰厚度的影响，通过对微气象区域的温度、湿度、风速、风向、覆冰厚度和覆冰重量的持续观测，建立局地微气象条件对覆冰增长模型的模型。基于覆冰与关键气象因素的关联特征建模与区域气象条件的预测预报，实现寒潮和电网覆冰预测，为电网安全运行提供支撑。

在实现输电走廊微气象预报建模的基础上，引入气象云图、海拔高程、地形地貌等参数，结合地理信息数据和覆冰历史资料，实现输电走廊微地形区域覆冰的准确预报。根据气象数值预报的工作模式，电网覆冰灾害的预报也可以分为长期、中期、短期以及短临等四种模式。

2. 导线覆冰监测

基于覆冰拉力的输电线路等值覆冰厚度监测详见 3.3。为了开展线路覆冰厚度的现场数据验证，通常会在典型覆冰区域的线路上安装在线监测装置开展实际线路的覆冰监测工作。导线等值覆冰的实时监测，能够对线路覆冰预测系统的有效性和准确性进行验证。

典型案例如下：表 6－13 和表 6－14 是利用在线监测装置对 500kV××一线、××二线覆冰的一次全面监测，其中对应的时间是 2014 年 12 月 15 日～2015 年 1 月 19 日。通过对实际线路的覆冰监测数据分析可以发现，基于在线监测装置获得的导线等值覆冰厚度可靠性高，相对误差率不超过 20%。

表 6-13　　开展导线覆冰在线监测的线路段具体杆塔参数

线路名称	××一线	××二线
杆塔号	64	51
导线单位自重（kg/m）	2.058	1.68
导线分裂数	4	4
导线直径（mm）	33.6	30
导线温度系数	2.09E-05	2.05E-05
小号侧挂点高差（m）	134.9	159
小号侧档距（m）	396	546
大号侧挂点高差（m）	53.3	65.7
大号侧档距（m）	197	198
挂点绝缘子串总重量（kg）	592.8	756.08

表 6-14　　基于改进模型的覆冰厚度计算值

监测塔位	观冰时间	观冰值（mm）	监测时间	计算值（mm）	偏差（mm）	相对偏差（%）
××一线 64 号	2014 年 12 月 16 日 15:20	14.4	15:08	14.66	0.26	1.81
	2014 年 12 月 17 日 15:20	16.2	15:15	16.46	0.26	1.60
	2014 年 12 月 18 日 15:20	2.4	15:23	2.5	0.1	4.17
	2014 年 12 月 27 日 15:20	6	15:06	5.29	-0.71	-11.83
	2015 年 1 月 9 日 15:20	2	15:21	1.89	-0.11	-5.50
	2015 年 1 月 10 日 15:20	4	15:13	4.04	0.04	1.00
××二线 51 号	2014 年 12 月 16 日 15:20	17.2	15:29	19.5	2.3	13.37
	2014 年 12 月 17 日 15:20	16.2	15:14	18.98	2.78	17.16
	2014 年 12 月 18 日 18:00	1.5	18:07	1.43	-0.07	-4.67
	2014 年 12 月 27 日 16:00	6	15:53	5.09	-0.91	-15.17
	2015 年 1 月 9 日 16:00	9	15:45	10.61	1.61	17.89
	2015 年 1 月 10 日 16:00	2	15:04	2.19	0.19	9.50
	2015 年 1 月 18 日 16:00	3	16:30	2.48	-0.52	-17.33

3. 覆冰增长特性分析

导线覆冰厚度及其增长趋势的分析，是电网覆冰灾害风险评估中非常关键的参数。相比于覆冰气候条件的预测，实现导线覆冰增长趋势的分析相对难度较大。需要根据未来风速、空气液态水含量等参数实现覆冰增长趋势的分析和预测。

国内外有关的研究表明：随着离地高度的增加，风速、液态水含量等参数也会随之发生变化。这意味着随着悬挂高度的增加，导线覆冰时所处的环境参数将发生变化，相同直径的导线的覆冰情况会存在差异。

为实现导线覆冰增长趋势的准确分析，开展一系列的导线覆冰增长试验，系统分析导线覆冰增长模型、关键影响因素及其影响规律。相关结论如下：

（1）导线覆冰一般在迎风面增长并形成堆积。假设导线处于均匀层流式气流场中，忽略绞线引起表面粗糙的影响，气流的方向与导线轴线方向垂直，可得单位时间内单位长导线上的积冰量

$$\frac{\mathrm{d}m}{\mathrm{d}t}=2\alpha_1\alpha_2\alpha_3R_\mathrm{i}v_\mathrm{a}w=2ER_\mathrm{i}vw \tag{6-9}$$

式中　$\mathrm{d}m/\mathrm{d}t$——导线覆冰质量的增长率，kg/s；

α_1——碰撞率，表示有效气流和覆冰导线半径之比；

α_2——捕获率，表示滞留水滴与碰撞覆冰表面水滴的比率，对于湿增长，可近似地取为 1；

α_3——冻结系数，表示冻结水滴与滞留水滴之比；

R_i——覆冰导线的半径，m；

v_a——风速，m/s；

w——空气中液态水含量，$\mathrm{kg/m^3}$；

E——收集系数，$E=\alpha_1\alpha_2\alpha_3$。

（2）在现有常见导线型号范围内，导线覆冰强度随着覆冰导线半径的增大而减小，如图 6-40 所示。

（3）随着时间的增加，导线覆冰半径增大，覆冰强度变小（见图 6-41），但同时，半径增大使导线当风面积也就大，两种相反的影响相互抵消之后，致使导线覆冰厚度呈近似于线性地增加，如图 6-42 所示。

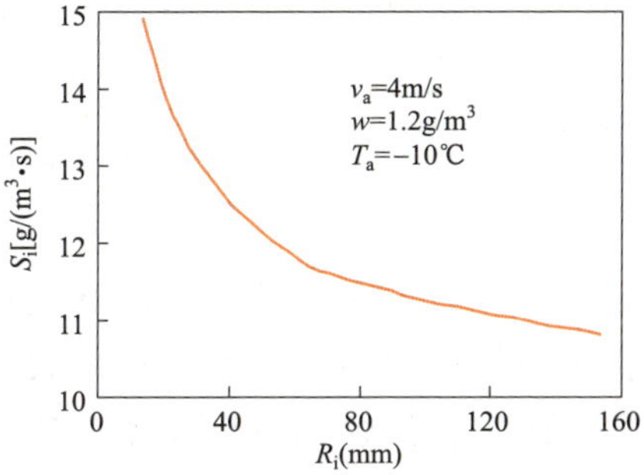

图 6-40　覆冰强度与覆冰导线半径的关系

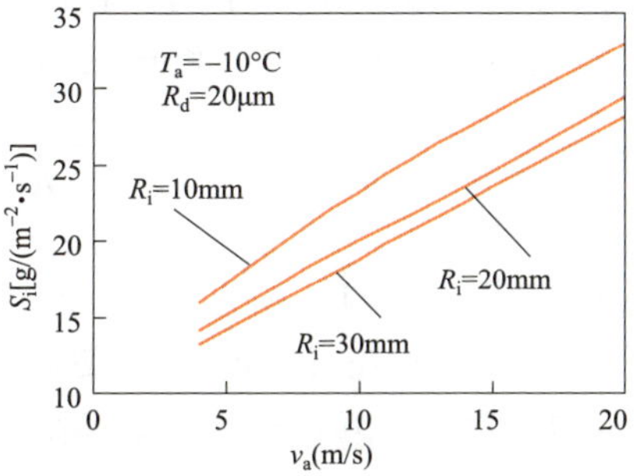

图 6-41　覆冰强度与风速的关系

（4）随着覆冰时间的推移，随着覆冰导线半径增大，覆冰质量的增加速率

加快，如图 6－43 所示。

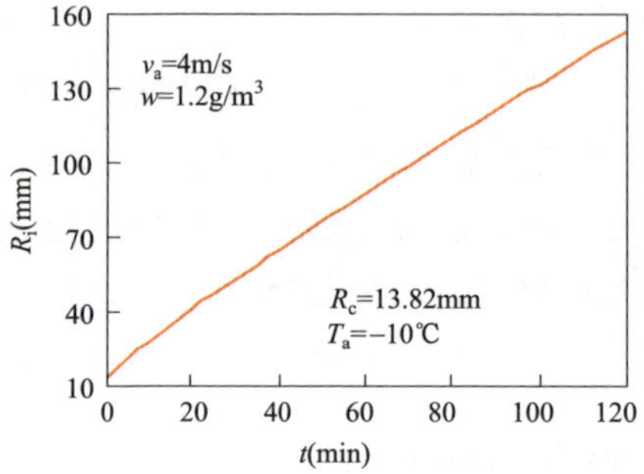

图 6－42　覆冰厚度随时间的动态增长

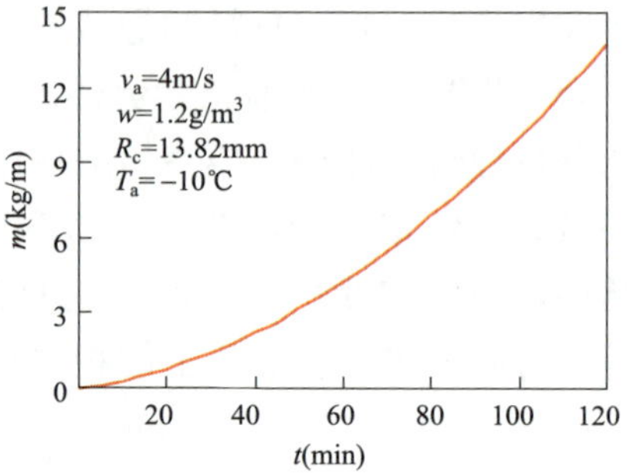

图 6－43　覆冰质量随时间的动态增长

4. 基于高度变化的覆冰模型修正

通过现场覆冰试验观测站的试验研究，结合国际上现行的覆冰高度变化系数取值，可以得到，铁塔覆冰厚度的高度订正系数与测量高度和参考高度比之间的关系

$$K_h = \left(\frac{h}{h_0}\right)^{0.325} \tag{6-10}$$

当架空线路离地高度一般在 30m 以下，在离地 30m 以内时，风向没有很大变化，覆冰增长时间也相近。因此，若不考虑捕获率和冻结率，则不同高度、相同导线表面的覆冰厚度比仅与风速有关，它们之间满足

$$K_h = \frac{d_h}{d_0} = \left(\frac{h}{h_0}\right)^{a} \tag{6-11}$$

式中　K_h——覆冰厚度的高度订正系数；

　　a——常数。

当导线高度大于 30m 时，覆冰厚度的高度订正系数可用式（6－12）表示，拟合相关系数的平方大于 0.96。

$$K_h = \left(\frac{h}{h_0}\right)^{0.326} \tag{6-12}$$

对比式（6－11）和式（6－12）可知：铁塔和导线覆冰厚度的高度订正系数相差很小，因此在设计时，可取同一系数作为铁塔和导线的高度订正系数。根据现场实测的铁塔覆冰数据得到的高度订正系数，与苏联荷载规范取值、ISO 推荐覆冰高度订正系数关系如图 6－44 所示，导线覆冰高度订正系数比较如图 6－45 所示。

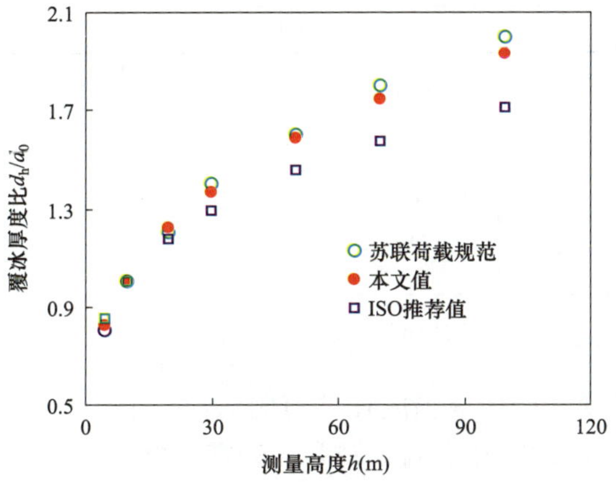

图 6-44　铁塔覆冰高度订正系数的比较

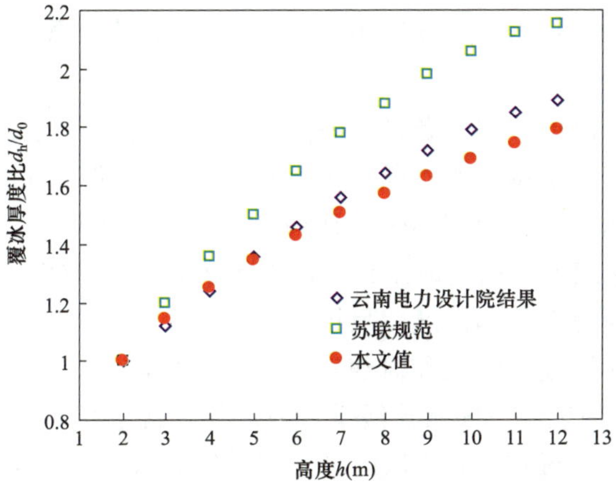

图 6-45　导线覆冰高度订正系数的比较

5. 覆冰风险评估及预警

根据上述研究和分析结果，结合线路设计标准和运行人员的实践经验，建立输电线路覆冰在线监测动态预警模型。预警模型设计的基本步骤包括：

（1）利用层次分析法（Application of the Analysis Hierarchy Process，AHP）提炼关键风险因子。

（2）分析获取关键风险因子的数据来源。

（3）构建动态预警模型。首先利用层次分析法提炼关键风险因子，然后通过“层次结构建模→构建判断矩阵→层次排序→一致性检验”的步骤实施。针对不同的线路运行条件，提出相应的线路覆冰风险因子，具体如图 6-46 所示。

利用层次分析法筛选覆冰风险因子，得到影响输电线路覆冰的气象因素主要有温度、湿度、风速和风向。各要素取值特征如下：

气象因素 A	环境因素 B	线路参数 C
空气温度 A_1 温度 A_2 风速 A_3 风向 A_4	海拔高度 B_1 凝结高度 B_2 地形地貌 B_3 林带 B_4	线路走向 C_1 导线悬挂高度 C_2 导线刚度 C_3 导线直径 C_4 负荷电流和电场 C_5

图 6－46　线路覆冰风险因子

（1）温度和湿度。当环境温度在冰点附近时，若空气相对湿度越大（一般在 85%以上），那么，过冷却水滴就越多，云雾天气在这种情况下极易形成，此时大大提高了过冷却水滴与导线碰撞概率，在导线表面凝结成雾凇或雨凇。根据国内某科研单位对鄂西地区 1953～1974 年间导线覆冰速度、发生次数与温度之间关系，得到覆冰在−1℃和−5℃时覆冰发生概率最大，温度在 0℃覆冰增长速度最快，达到 5mm/h。

（2）风速。当温度和湿度条件具备后，风速对导线覆冰起着重要的作用。风能够将大量过冷却水滴源源不断地输向架空输电线路，与导线碰撞，被导线捕获后而逐步加速覆冰。根据相关导线覆冰的数据统计资料显示：在风速小于 3m/s 时，导线覆冰速度与风速成正比；导线覆冰最快时风速为 3～6m/s；当风速大于 6m/s，导线覆冰速度与风速成反比。

（3）风向。除温度、湿度和风速对覆冰产生影响外，导线覆冰过程与风向也有密切的关系。当风向与线路导线垂直或风与导线之间的夹角 θ 大于 45° 或 θ 小于 150° 时，覆冰比较严重；若风向与导线平行时或 θ 小于 45° 或 θ 大于 150° 时，覆冰较轻。

6. 典型案例

2014 年 1 月 10 日，监测人员通过电网寒潮预警系统发现一股强冷空气由四川西北方向逐渐向东南方向移动（见图 6－47），结合气象资料分析，1 月 11 日寒潮将进入四川甘孜、凉山等地，区域最大温降可达 15K。

通过三维电网灾情辅助分析平台，根据地形地貌特征、线路结构和走向等成灾因子分析结果，判断多基杆塔存在严重覆冰风险，预测覆冰厚度超过 10mm，立即发布了电网寒潮预警信息，明确重点关注线路区段，并指导相关运行单位第一时间做好现场巡视准备。

1 月 12 日凌晨 4:00 左右，监测人员通过在线监测装置观测到其中 1 个塔位的覆冰达设计值 60%，且呈进一步增长态势，监测人员立即发布告警快讯，省检修公司派员连夜赶往现场复核后，于 1 月 12 日早晨 8:00 启动了紧急融冰预案，有效防范了覆冰可能导致的严重后果。

图 6-47　2014 年 1 月 10 日气象云图和 500hPa 高空图

6.3.2　输电线路雷击风险评估技术

电网故障分类统计表明，在高压和超、特高压输电线路运行的总跳闸次数中，由于雷击引起的跳闸次数占 40%～70%，尤其是在多雷、土壤电阻率高、地形复杂的山区，雷击输电线路而引起的事故率更高，雷电已成为影响输电线路安全稳定运行的主要影响因素。因此，输电线路防雷评估一直是输电线路运维管理的重要内容。

输电线路雷电定位系统经过多年发展和建设，已具备开展塔位级雷击风险智能评估的基础条件，可以提供精确的塔位级落雷密度和雷电波形参数。通过电网生产管理系统 PMS、电网三维 GIS 信息系统等多个系统的信息融合和数据提取，可以在准确获知线路与杆塔设备参数的基础上，结合所处地理环境与落雷特征，实现线路雷击风险的评估。基于电网信息化水平的大幅提升，实现线路各基杆塔雷击风险的差异化评估，为制订线路防雷差异化改造方案提供基础。

1. 塔位级雷击风险智能评估的基本流程

开展塔位级雷击风险智能评估，其关键在于获取适用于计算每基塔位雷击跳闸率的有效模型以及所需的全部计算参数。计算模型需能准确考虑到每基塔的差异化特征以及绕击、反击和综合跳闸率，计算参数应包括准确的地形信息、杆塔导线信息以及落雷统计信息。塔位级雷击风险智能评估基本流程如下：

（1）建立塔位级雷击风险评估模型。输电线路塔位级雷击风险评估，最关键的是要根据塔位级参数获取每基杆塔的防雷性能水平，包括绕击耐雷水平、最大绕击电流、反击耐雷水平、雷击跳闸概率等指标。关于雷击跳闸率的计算方法，可概括为公式法和电磁暂态仿真计算两大类。两种方法在使用上各有其不同的适用范围，尤其是随着线路电压等级的提高，公式法已经不能满足实际应用需求。目前在雷电绕击的计算方法上，较为广泛采用的是电气几何模型法EGM。

（2）杆塔基本参数收集及计算过程。主要包括杆塔基本台账信息（电压等级、塔型、塔高、呼高、地线保护角、塔头结构及尺寸、导地线型号、绝缘子串型及串长等）、杆塔接地电阻测量值、杆塔地形参数（导地线对地高度、地面倾角等）、避雷器和并联间隙的安装、杆塔附近近5年落雷统计数据。根据这些信息开展杆塔不同条件下的耐雷水平及其雷击跳闸率风险分析。

（3）计算结果可视化。基于整条线路的杆塔计算结果，按照综合跳闸率从高到低，对所有的线路和杆塔进行列表展示。同时，对跳闸率超过要求指标的线路，应在地图上进行标示，并按照跳闸率的不同对不同塔位进行分段着色显示，突出雷击高风险塔位以便针对性开展整治工作。

（4）模型校核。由于雷击过程具有极大的分散性，包括雷电波形和落雷过程，会对实际闪络跳闸构成显著差别。因此评估模型的计算结果与实际跳闸情况或有一定误差，或需根据实际跳闸情况，对计算模型的某些参数进行调整，分析模型误差来源，提高评估模型的准确率。

2. 输电线路雷电监测

塔位级雷击跳闸风险评估需以准确的塔位级落雷分布数据为基础，其关键在于雷电定位监测技术。我国从20世纪80年代末，由国网电科院（原武高所）开始研发雷电定位监测系统，目前雷电定位系统已在电力系统内得到广泛应用，并在电网的安全、稳定运行中承担着越来越重要的作用。

（1）雷电探测定位原理。雷电定位监测其基本原理为雷电电磁波的空间探测，通过联合分析多个探测点的信号实现落雷点的定位。雷电定位有三种原理，即定向定位、时差定位和综合定位，目前的雷电定位系统多采用综合定位原理。

1）定向定位：每个雷电探测站都能测出雷击点相对于正北的方向，当两个探测站同时收到雷电信号后，将信息传送到位置分析仪，位置分析仪对各站的信号进行时间一致性判断，确认是同一次雷击后，由几何算法可以定出雷击点的位置。定向定位的特点是两个探测站接收到雷电信号，就能定出雷击点的具体位置。但由于角度测量的误差难于不大于 1°，所以定位误差期望值在10km左右。

2）时差定位：当雷电发生时，雷电波以光速向外传播，由于各探测站点与雷击发生点的距离不同，雷电波到达各探测站点的时刻就会有差别。从几何来讲，若雷击点到两探测站点的距离差已知，可以得到一对双曲线，雷击点的位置在该双曲线之上。如果有第三个探测站也收到该雷电波信号，我们可以再得到一对双曲线。两对双曲线的交点，即可得出雷击点的具体位置。时差定位的特点是，必须有三个或以上的探测站得到雷电波到达的时间，才能定出雷击点的具体位置。

3）综合定位：定向定位法的雷电方位角测量误差较大（在山区定向误差常常大于 10°），时差定位法的两对双曲线的交点相距较近时，在一定条件下会造成真实雷击点的误判。“时间到达＋定向”统计综合定位模型。首先进行近似定位计算，剔除方向测量中的粗差，赋予有效方向观测值一定的权值，参与定位计算，解决了在三角几何因子极差条件下的雷击点的误判问题。当收到雷电波的有效探测站大于 3h，用最小二乘法进行平差计算和精度估算，给出最优化的定位点。综合定位的特点是多站共同参与定位，赋予有效方向观测值一定的权值，参与定位计算，定位精度高，定位误差期望值在 1km 以内。

（2）雷电探测系统构成。雷电定位系统的组成如图 6－48 所示，它主要由探测站、数据处理及系统控制中心（简称中心站）、用户工作站或雷电信息系统三部分构成。中心站包括前置通信服务器、应用服务器、定位计算服务器、数据库服务器及网络设备。通过系统控制中心开展雷电定位分析与计算、雷电数据存储与管理、统计分析、雷电活动报警以及雷电信息展示与应用等。

此外，通信系统是组成 LLS 的重要支撑环节，目前广泛采用光纤、微波、卫星、网络及电信 ADSL 和移动 GPRS 多种通信手段。雷电探测站是获取雷电电磁波信号的传感器，负责探测雷电信号并传输到中心站，主要由雷电探测仪、电源电缆与通信电缆、电源通信接口箱、通信设备四部分组成，系统组成如图 6－48 所示。电源通信接口箱安装于通信机房，雷电探测仪安装于主控楼顶开阔地带，以便接收信号。二者通过电源及通信电缆相连。

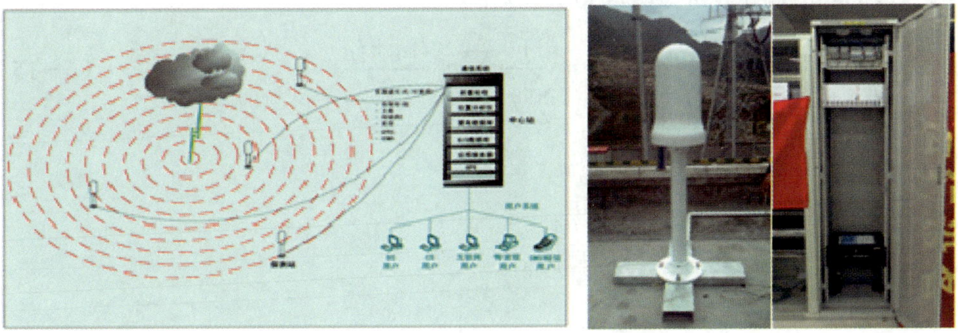

(a)　　(b)

图 6－48　雷电定位系统的组成示意图

（a）系统整体构成；（b）探测站现场安装图

3. 输电线路塔位级雷击风险评估模型

根据雷击跳闸率计算模型，杆塔雷击跳闸率 η_t（每百 km·每年）如下

$$\eta_{\mathrm{t}}=0.1\gamma\chi\int_{I_{\mathrm{nr}}}^{I_{\max}}\int_{0}^{\phi_{\max}}P(\phi)P(I)L_j(\phi,I)d\phi\mathrm{d}I+0.1\gamma\chi g(b+4h)\int_{I_{\mathrm{nf}}}^{\infty}P(I)\mathrm{d}I \tag{6-13}$$

式中　γ——杆塔处落雷密度，次/km^2；

χ——建弧率；

I_{nr}——绕击耐雷水平，kA；

$I_{\max}$——最大绕击雷电流，kA；

$\phi_{\max}$——水平方向最大入射角度；

$P(\phi)$——雷电先导入射方向概率密度函数；

$P(I)$——雷电流幅值分布概率密度函数；

$L_j(\phi,I)$——绕击暴露弧在水平方向投影长度，m；

g——击杆率；

b——避雷线间距，m；

h——避雷线高度，m；

I_{nf}——反击耐雷水平，kA。

各参数取值及其计算可参见相应的技术规范。

简化数值计算公式

$$\begin{aligned}\eta_{\mathrm{t}}=&0.1\gamma\chi\sum_{i=1}^{M}\sum_{j=1}^{N}P\left(\frac{\phi_{\max}}{N}\right)P\left(\frac{I_{\max}-I_{\mathrm{nr}}}{M}\right)L_j\left(j\frac{\phi_{\max}}{N},i\frac{I_{\max}-I_{\mathrm{nr}}}{M}+I_{\mathrm{nr}}\right)+\\&0.1\gamma\chi g(b+4h)\sum_{i=1}^{M}P\left(i\frac{300-I_{\mathrm{nf}}}{M}+I_{\mathrm{nf}}\right)\frac{300-I_{\mathrm{nf}}}{M}\end{aligned} \tag{6-14}$$

线路雷击跳闸率 η_1（每百 km·每年）为

$$\eta_1=\frac{1}{\sum_{1}^{N}l_j}\sum_{1}^{N}n_{tj}\frac{l_{j-1}+l_j}{2} \tag{6-15}$$

式中　N——杆塔数；

n_{tj}——j 号杆塔雷击跳闸率；

l_j——j 号杆塔往大号侧档距。

4. 典型应用

应用案例 1：基于上述计算模型，在融合三维高精度地理信息系统、雷电定位系统、PMS 系统、气象系统、保信系统、分布式行波系统等多源信息的基础上，建立高精度三维 GIS 平台多源异构信息输电通道雷击风险评估系统，实现了对下辖所有 220kV 及以上电压等级输电线路的雷击风险评估。根据风险评估结果，开展线路及杆塔的差异化防雷改造，实现了雷击风险评估、防雷治理、实施效果评价的闭环反馈，可有效提升线路的安全运行水平。

应用案例 2：根据线路及杆塔的雷击跳闸率计算结果，某 500kV 线 113 号杆塔的雷击跳闸率折算至百千米每年高达 70 次/百 km，高清三维 GIS 地图自动定位至该杆塔，该杆塔处于山脊陡坡边沿，避雷线及地面对边相导线的屏蔽作用大大降低，绕击风险极高。查看风险评估参数，该杆塔处落雷密度达到 24.3 次/（km^2・年），远远高于规程参考落雷密度［3 次/（km^2・年）］，评估结果符合实际情况，建议对该基塔进行绕击防雷改造，如在边相加装线路避雷器等。雷电风险评估与预警应用场景如图 6－49 所示，某 500kV 线雷电风险评估实例如图 6－50 所示。

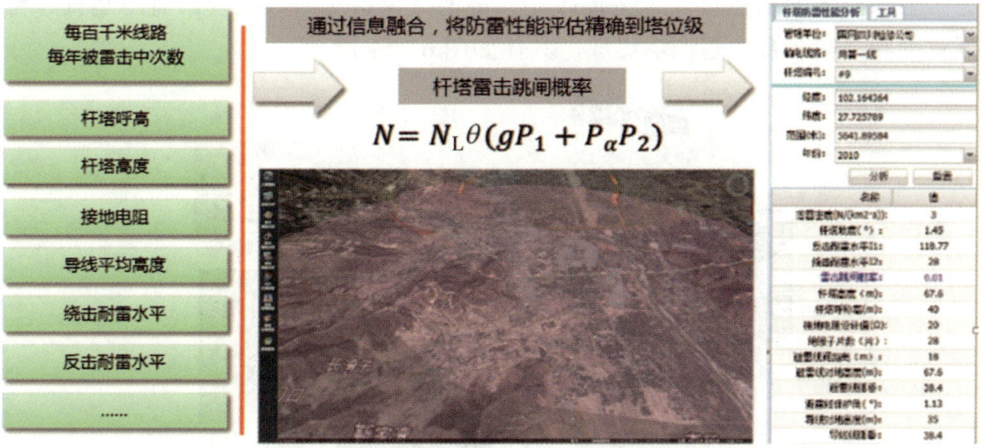

图 6－49　雷电风险评估与预警应用场景

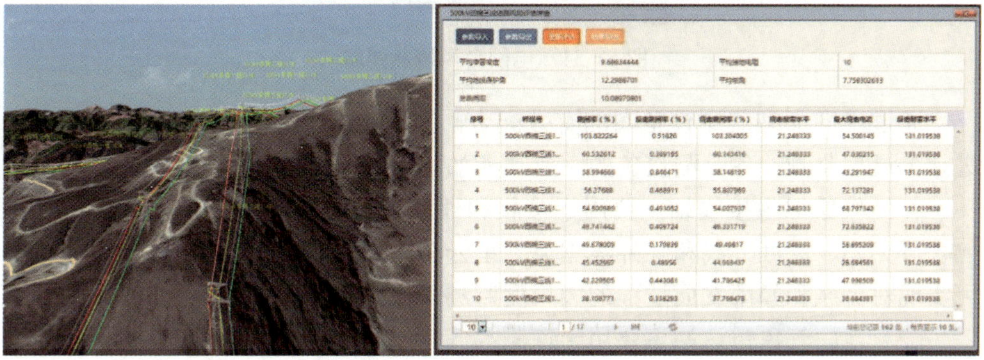

图 6－50　某 500kV 线雷电风险评估实例

6.3.3　台风监测预警技术

近年来随着气候环境不断恶化，台风造成的电网受损事故频发。我国是台风危害最严重的国家之一，每年登陆我国的热带气旋平均 9.09 个，其中 3.17 个达到台风等级。受地域关系影响，从海洋方向吹来的西南风和东南风，水汽丰沛，极易造成台风和暴雨的“二合一”天气，严重威胁着电网安全。强台风及持续暴雨的灾害概率虽小，但造成的电网大面积断线倒塔事故影响较为严重。仅 2015 年的台风“莫兰蒂”造成福建省 4 条 500kV 线路、25 条 220kV 线路、96 条 110kV 线路、3 条 35kV 线路、1253 条 10kV 线路、5 座 220kV 变电站、38 座 110kV 变电站、2 座 35kV 变电站、28632 台配电变压器停运，1648369 户用户停电。

1. 电网台风监测系统

台风监测网络由气象卫星接收站、地面气象雷达站、微气象监测装置、台风移动观测车和台风观测塔组成，具体如图 6－51 所示。

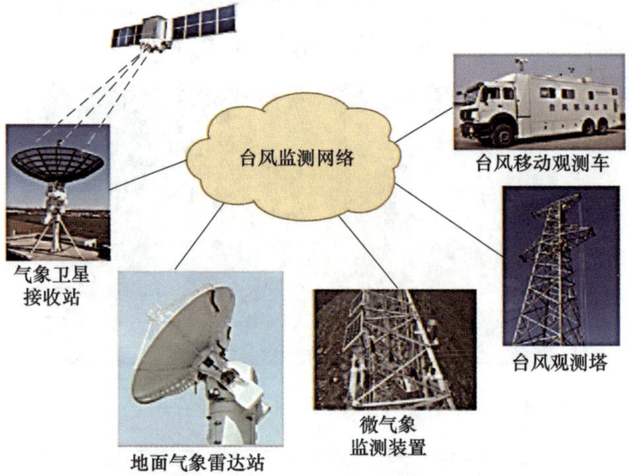

图 6－51　电网台风监测网络

通过不同类型监测设备间的有效配合，形成全要素台风监测网络，对台风进行全过程监测。各监测设备的主要功能如下：

（1）气象卫星接收站主要用于接收和处理来自气象卫星的监测数据，主要包含可见光、近红外线和红外线三类卫星云图。通过对卫星云图的分析和处理，可实现对台风和暴雨发展过程的大尺度监测，提升台风风场预报精度。

（2）地面气象雷达站主要用于探测大气中的中尺度云层分布、移动和演变，并可对其未来分布和强度作出预测，这些数据可以用来分析台风的结构以及其能否在未来对电网造成危害。

（3）微气象在线监测装置安装在输电线路杆塔上，主要用于实现对电网设备所处区域的微尺度台风气象监测，包括对风速、风向、温度、湿度、气压等气象要素的实时监测。

（4）台风移动观测车装备有风廓线雷达，主要用于探测台风过境前后站址所在地上空的风场信息。

（5）台风观测塔可实现对台风作用于实际输电线路杆塔时的风速、风向、杆塔塔材应力、杆塔形变等物理参量进行监测，可为台风风载荷作用下的杆塔材料的损坏机理研究提供试验平台，为输电线路杆塔设计、建设、运行等环节防台风工作积累监测数据。

2. 电网台风灾害预警技术

（1）关键影响因子定义。电网台风灾害系统是由孕灾大气环境、台风致灾因子和登陆地区的电网设备承灾体共同作用组成的灾害系统（见图 6－52），对电网主要是大风和暴雨洪涝的影响。

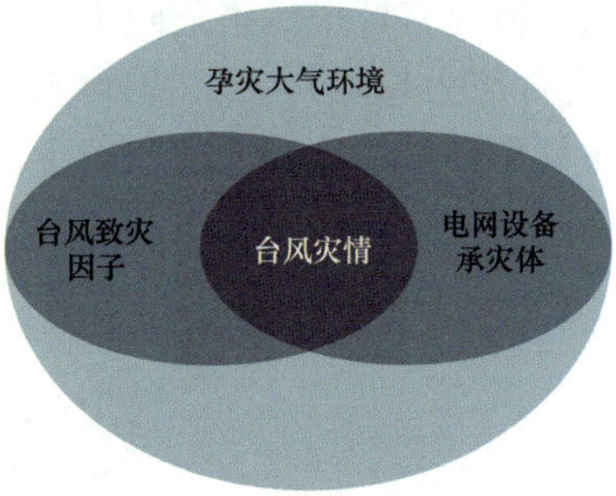

图 6－52　电网台风灾害系统

选用台风影响到电网时的最低气压、最大风速以及 24h 过程降水量极值、持续时间、范围作为评价指数的关键因子。此外，由于各地区电网分布不均衡，电网分布密度相差较大，同一台风在不同地区造成的灾害也不同，所以模型也考虑了影响区域电网分布密度。这样，共选取 10 个因子放入模型中进行计算，分别为：A1 为过程最大降水量，A2 为 24h 最大降水量，A3 为最大风速，A4 为最低气压，A5 为影响持续时间，A6 为影响范围（50mm 以上降水和 6 级以上大风影响区域），A7 为影响区域电网密度，A8 为影响区域 GDP。

（2）灾害评估流程。台风灾害评估主要是对受台风影响区域电网设备遭受不同强度灾害侵袭的可能性及其可能造成的后果进行定量的分析和评估，具体灾害评估流程如图 6－53 所示。

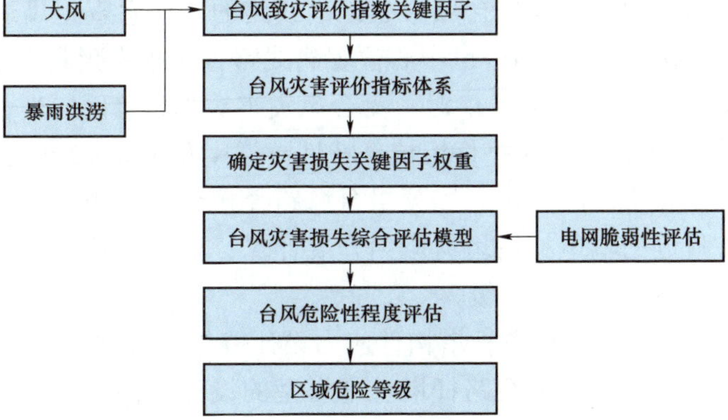

图 6－53　电网台风灾害风险综合评估流程图

（3）输电杆塔抗风预警模型。台风来临时输电杆塔主材、斜材等构件在风场荷载作用下存在不同程度的应力，与塔材构件自身的应力设计值相较，可以得出不同构件应力与设计值上限的比值。

以±800kV××线杆塔为例，开展不同风速条件下（风速取值 20～60m/s）塔材构件应力分布情况分析，可以得知：随着风速逐基增大，杆塔塔材从所有构件未超限过渡到主材、斜材应力超限，再到主材、斜材等构件进入塑性或局部破坏，直至大量主材、斜材等构件破坏，具体如图 6－54 所示。根据塔材构件应力情况将杆塔风害危险由低至高划分为 5 个等级：A（所有构件未超限）、B（构件应力超限）、C（构件变形过大）、D（构件趋于破坏）、E（构件已破坏）。在气象预报的风场风速作用下，输电杆塔塔材构件处于 B～D 级风害危险状态下，系统给予相应等级的预警。

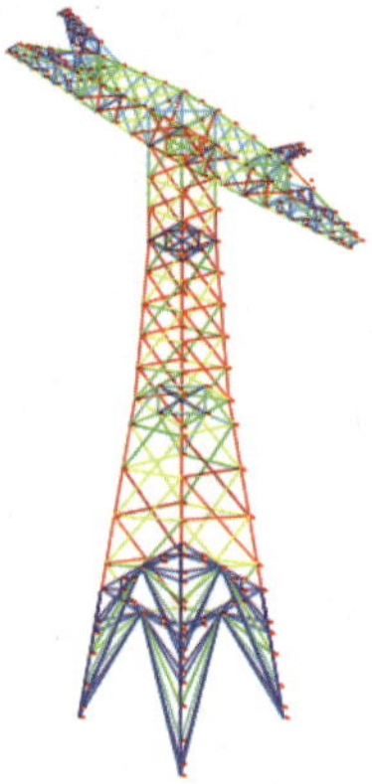

(a)

(b)

图 6－54　不同风速作用下的塔材承载应力分布特征

（a）$v=40$m/s；（b）$v=56$m/s

在实际应用过程中，根据台风中心距离线路的直线垂直距离进行预警。假设设定预警距离阈值为 L，当台风中心位置离线路直线垂直距离大于 L 时，为台风灾害远距离告警区，当小于 L 时，为台风灾害短临告警区；当台风灾害处于短临告警区域时，结合输电线路杆塔抗风特性数据库及 1km×1km 台风气象预报结果，发出台风灾害越限告警。当预报台风路径接近输电线路通道时，系统开始对台风中心附近的输电杆塔塔材应力开展计算，根据计算结果按照危险等级划分标准，给出不同的预警等级。

需要说明的是，由于输电杆塔构件应力设计值与杆塔材质、荷载分布有关，需要提前收集重要输电通道线路杆塔全部塔型的设计文件资料，包含计算所需的必要参数，然后进行应力分布计算，并提前将不同风速作用下的应力分布结果存入数据库。

（4）预警阈值设定。根据线路通道的重要等级，不同等级线路的阈值设定方法不同。对于重要通道线路，按照杆塔受力分析，针对杆塔塔材受力情况分级预警。对于非重要通道线路，当线路区段风速超过设计风速 80%时，发出蓝色风偏风险预警；当线路区段风速超过设计风速 90%时，发出黄色级风偏风险预警；当线路区段风速超过设计风速 100%时，发出橙色级风偏风险预警；当线路区段风速超过设计风速 110%时，发出红色风偏风险预警。当线路区段风速超过设计风速 100%时，发出蓝色倒塔风险预警；当线路区段风速超过设计风速 105%时，发出黄色倒塔风险预警；当线路区段风速超过设计风速 110%时，发出橙色倒塔风险预警；当线路区段风速超过设计风速 115%时，发出红色倒塔风险预警。

3. 其他台风相关的预警

针对台风伴随的暴雨等天气条件，台风预警系统还包括变电洪涝风险预警、变电站大风风险预警、配网台区暴雨预警等模块。各模块简述如下：

（1）变电洪涝风险预警。对于处于易洪涝地区的变电站，当 12h 内降雨量大于 50mm 发出蓝色洪涝风险预警；当 6h 内降雨量大于 50mm 时发出黄色洪涝预警；当 3h 内降雨量大于 50mm 时发出橙色洪涝预警；当 3h 内降雨量大于 100mm 时发出红色洪涝预警。

（2）变电站大风风险预警。根据变电站设计风速，当实测风速不小于设计风速 60%小于 80%设计风速时发出大风黄色预警；大于等于 80%发出大风红色预警。

（3）配电台区暴雨预警。12h 内降雨量将达 50mm 以上，或者已达 50mm 以上，可能或已经造成影响且降雨可能持续，发出暴雨蓝色预警；6h 内降雨量将达 50mm 以上，或者已达 50mm 以上，可能或已经造成影响且降雨可能持续，发出黄色预警；3h 内降雨量将达 50mm 以上，或者已达 50mm 以上，可能或已经造成较大影响且降雨可能持续，发出暴雨橙色预警；3h 内降雨量将达 100mm 以上，或者已达 100mm 以上，可能或已经造成严重影响且降雨可能持续，发出暴雨红色预警；

（4）配电线路大风预警方法。配电线路大风预警方法见表 6－15。

表 6－15　　配电线路大风预警方法

预警类别	预警分级	标　准
台风预警	蓝色预警	内陆：6 级（10.8m/s）≤平均风力＜8 级（17.2m/s）
	黄色预警	内陆：8 级（17.2m/s）≤平均风力＜9 级（20.8m/s）
	橙色预警	内陆：9 级（20.8m/s）≤平均风力 9＜10 级（24.4m/s）
	红色预警	内陆：平均风力≥10 级（24.4m/s）

6.3.4 地质灾害监测预警技术

以往的工作经验表明：由于地质灾害成灾机理非常复杂、影响因素众多且影响权重不一，无论从监测或预警的角度都不能依托某一类型的监测数据进行决策。目前输电走廊地质灾害监测、预警、评估和治理主要依赖于地质灾害相关监测数据，获取这些数据的方法包括卫星遥感、无人机遥感、地质雷达、地表传感等各类技术手段。

输电通道地质灾害监测的总体思路是：利用多波段、多空间的各类传统及先进监测技术手段，对目标区域和点位进行持续监测，并通过对多类监测数据的分析和验证，获得经济性、准确性兼具的输电走廊地质灾害监测，具体的“天、空、地”地质灾害监测体系如图 6－55 所示。

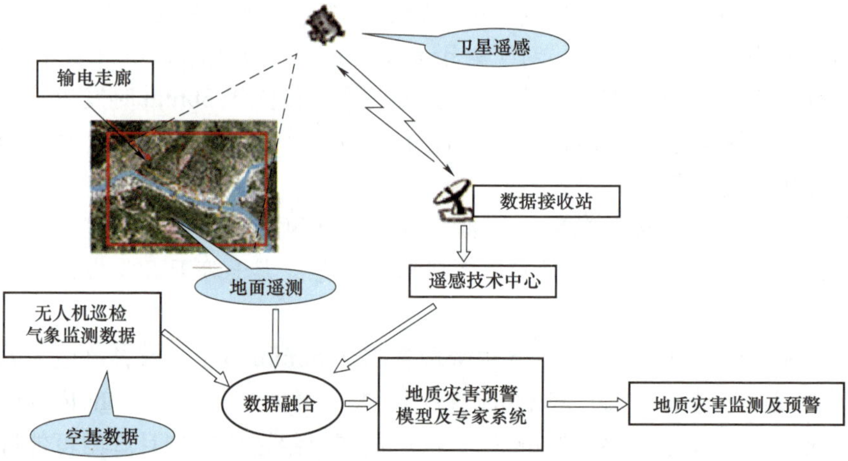

图 6－55　输电通道多维度灾害监测体系

1. 卫星遥感——DInSAR 监测

基于 DInSAR 图像的输电通道地质灾害信息成灾信息提取技术，包括复杂山区地表微形变，单体滑坡监测对象整体滑移、地表微形变、植被覆盖、裸土和植被覆盖区域土壤含水量反演算法等内容，详细技术原理第 3.5 节。

典型监测案例：对于某 500kV 变电站进行遥感监测时，遥感图像将覆盖变电站及部分铁塔，覆盖区域面积为 25×25km^2，遥感图像四个顶点的坐标为，如图 6－56 所示。利用获得了的 2 幅全极化 SAR 图像（5 月和 6 月），提取 5 月与 6 月间的新增较大滑坡的信息，并根据滑坡距离铁塔的距离，判断对铁塔的危害性以及铁塔的安全性。

根据图 6－57 可以看出，变电站远离滑坡区域，2016 年 5～6 月期间发生的滑坡对变电站不会构成危害。根据缓慢形变提取结果，该区域都有不同程度的地形形变，但是形变量较小，铁塔和变电站都比较安全，如果有强降水，则会导致形变速度加快，需要关注，待后续图像获得后，将提取整个雨季的形变速率和总形变量。

图6－56　某500kV变电站遥感图像覆盖区域

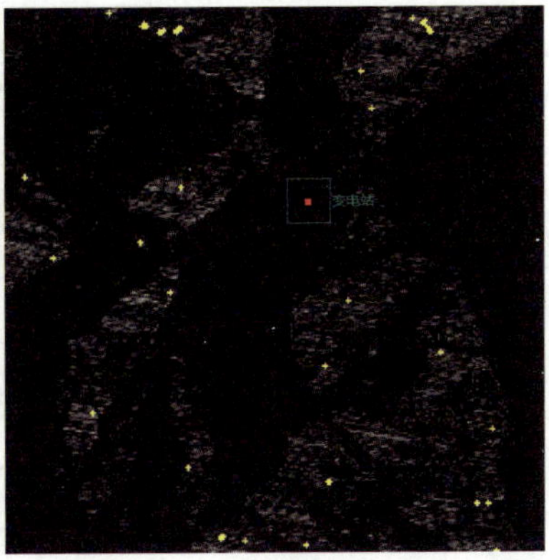

图6－57　提取结果图

2. 航空遥感——机载LiDAR监测

航空遥感又称机载遥感，是指利用各种飞机、飞艇、气球等作为传感器运载工具在空中进行的遥感技术，是由航空摄影侦察发展而来的一种多功能综合性探测技术。LiDAR（Light Detection And Ranging）即激光探测与测量技术，是利用GPS（Global Position System）和IMU（Inertial Measurement Unit，惯性测量装置）机载激光扫描，具有精度高、全三维特性，解决了传统空间、地理信息采集领域中的成本高、效率低、精度差的问题，为快速、高效、低成本地采集地面小范围地理信息和地下空间三维信息提供了技术基础。

采用激光LiDAR测量系统，可以直接采集线路走廊高精度激光点云和高分辨率的航空数码影像，进而获得高精度三维线路走廊地形地貌、线路设施设备，以及走廊地物的精确三维空间信息，包括杆塔、挂线点位置、电线弧垂、树木、建筑物等，从而为电力线路规划设计、运行维护提供高精度测量数据成果。基于机载 LiDAR 测量系统的输电杆塔空间测量流程包含以下几个部分：① 建立杆塔的模型库；② 杆塔的检测；③ 杆塔信息提取；④ 模型匹配。其中杆塔信息的提取流程如图6－58所示。

监测案例：2015年8月28日某线路313号塔位发生滑坡。通过机载雷达技术，实现对该线路滑坡灾害变形特征分析：滑坡体后缘海拔高度约3020m，滑坡主滑方向约NE 72°度，滑坡剪出口位于前方公路附近，海拔高度约3000m，滑坡相对高差约20m。314号塔位于山脊末端临近公路，山体坡度约30°～40°，塔腿距公路边界最近距离 42m，滑坡后 B 腿距滑坡体边缘 4.7m。针对及时获取的某线路 313 号塔位滑坡变形特征，提出应进一步加强该电塔及滑坡监测手段，特别要注意低温降雨天气可能导致的滑坡加剧和电塔倾斜角度变化，见图 6－59 和图 6－60。

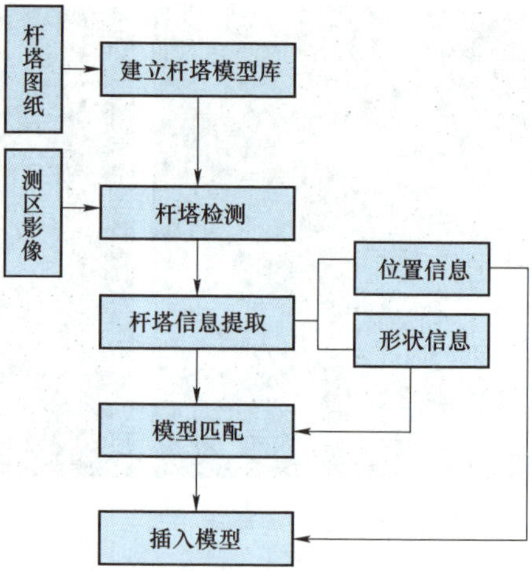

图 6－58　杆塔信息提取流程图

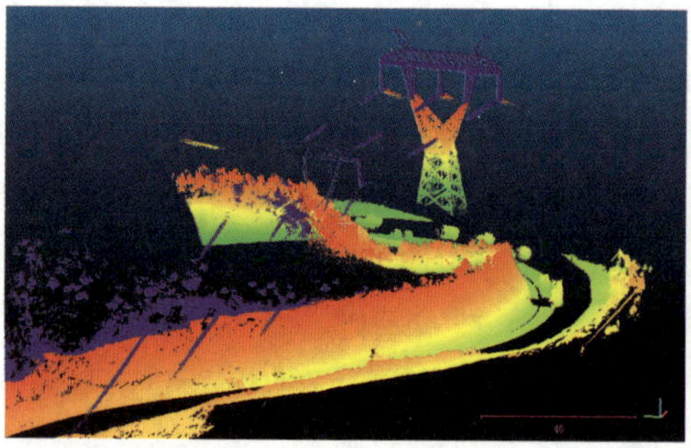

图 6－59　某线路 313 号塔位无人机激光雷达影像细节

图 6－60　某线路 313 号塔位滑坡无人机光学影像

3. 地面监测——光纤传感技术

光纤传感器通常由光源、传输光纤、传感元件或调制区、光检测等部分组成。其工作原理是基于光纤的光调制效应，即光纤在外界环境因素（如温度、压力、电场、磁场等）发生改变时，其传光特性（如相位与光强）会发生变化的现象。近年来光纤传感器在向小型化、智能化、灵敏度高、适应性强的方向发展。无论是在电磁的测量，还是在非电物理量的测量方面，都取得了惊人的进展，获得了越来越多的关注和应用。地质灾害监测中常用的光纤光栅传感器见表 6－16。

表 6－16　　　地质灾害监测中常用的光纤光栅传感器

序号	传感器名称	功能	图例
1	光纤光栅式多点位移计	恶劣环境下长期监测建筑物、地基、边坡的分层位移变化	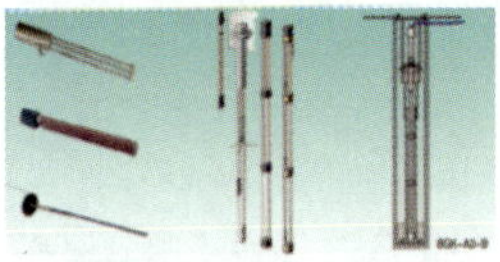
2	光纤光栅表面裂缝计	适用于监测滑坡体的岩土裂缝	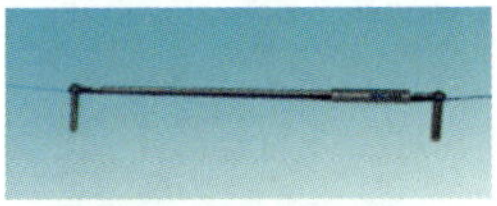
3	光纤光栅压力传感器	测量孔隙水压力或液体液位	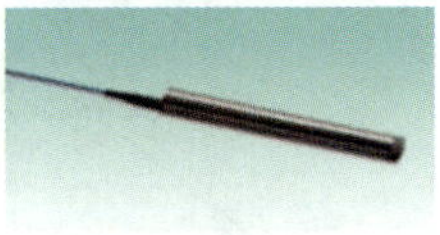
4	光纤光栅式液位计	适用于各种液体液面高度的精确测量	
5	光纤光栅静力水准系统	适合于要求高精度监测垂直位移的场合，可监测到 0.05mm 的高程变化	
6	光纤光栅温度计	需要温度测量的场合	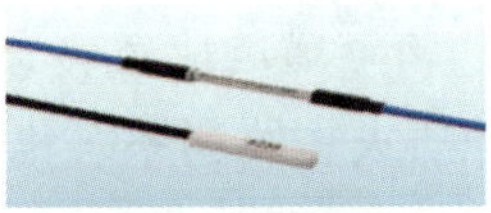
7	光纤光栅解调仪	多通道光纤光栅信号解调及输出	

监测案例：2012 年 11 月 19 日，某 500kV 线路 50 号塔位生在连续降雨几天后，塔基后方 200m 左右的范围内，原支护结构随坡后土体整体发生位移，导致原塔体出现倾斜。在公路上方的坡顶，经现场踏勘，发现坡顶地表有沿坡面方向的断断续续的裂隙分布，表面能直接测到的裂隙深度约 40cm，该裂隙分布长度较大，在雨季可能成为雨水下渗的通道，进一步威胁坡体的安全。根据该塔位滑坡变形特征，开展在线监测手段（见图 6－61）。

2013 年 8 月 8 日凌晨开始，50 号塔附近出现暴雨。测量的降雨量为 62.6mm，属于暴雨级别。8 月 8 日每小时最高降雨量达到了 8mm。表面裂缝计出现 5～10cm 左右的裂缝增量，说明表层裂缝有所增大，应变计、倾角计等数据也随之明显变化，符合滑坡体变形加速的特征。同时，杆塔顶部和杆塔中部的倾斜计也表明杆塔的倾斜角度也在发生变化。这些数据表明现场的滑坡有加速变形的趋势。输电通道滑坡监测预警软件监测软件发出了监测现场状态异常的预警信息。此

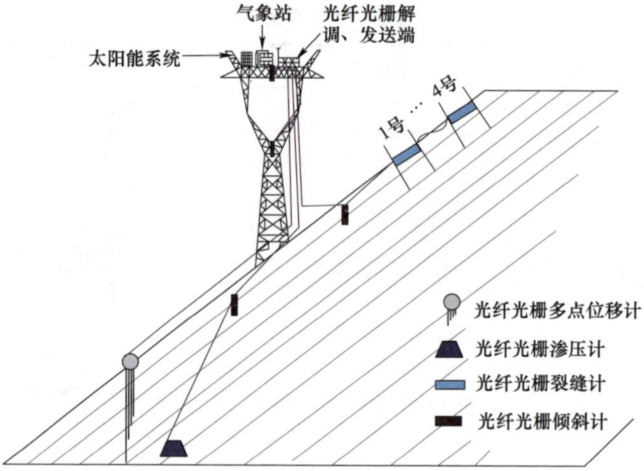

图 6－61　传感器及设备的现场布置

时杆塔的倾斜总量已经超过了 2%的严重级别。根据《架空输电线路杆塔状态评价标准》（Q/GDW 173），该塔已经处于严重危险的状态。依据上述监测数据和现场勘察结果，已将 50 号塔迁改到安全的地方，彻底避免了滑坡倒塔的风险。

4. 输电通道地质灾害监测预警

地质灾害监测系统包含卫星遥感、机载雷达扫描、测斜仪、大量程位移计、裂缝计、一体化雨量站，实时在线监测站点的雨量、地面沉降、地表裂缝、杆塔倾斜角度、地面坡体倾斜角度等信息。系统功能如图 6－62 所示。

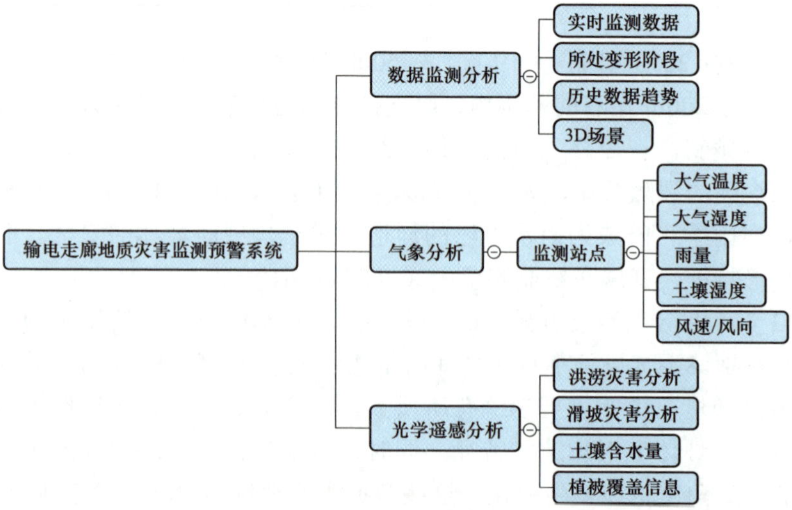

图 6－62　系统功能图

利用星载 SAR 卫星遥感图像作为监测手段，通过算法提取典型地质灾害主要成灾因子如山体滑坡、植被覆盖率、土壤含水量、洪涝灾害面积定义图像输出，如图 6-63 所示。

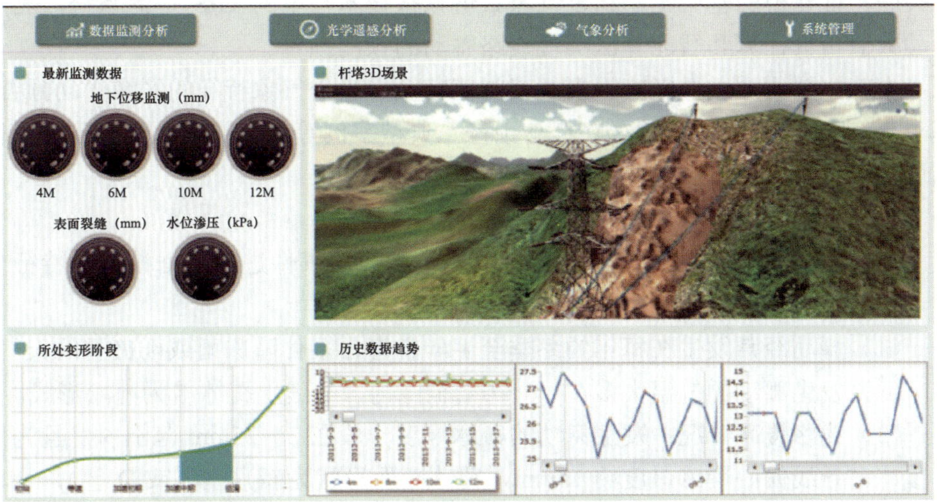

图 6-63　监测预警系统业务成果展示界面

输电走廊地质灾害早期预警各阶段展示方式形式如图 6-64 所示。

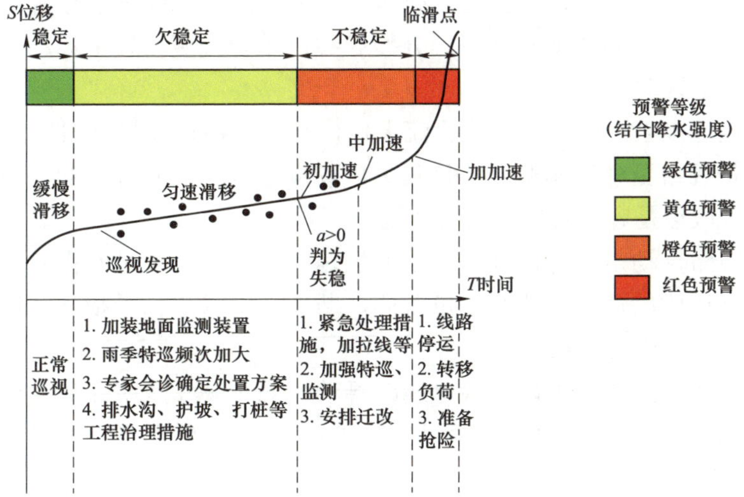

图 6-64　输电走廊地质灾害预警判据

6.3.5　架空输电线路舞动预警技术

输电线路舞动是一个典型的多变量、强非线性的动力学问题，线路舞动机理复杂，至今尚未建立起完整的理论体系。线路舞动的主要影响因素，除线路自身结构特征参数外，还与导线覆冰、风速、风向、微地形等多因素相关。架空输电线路舞动预警系统的建设，是在大量历史舞动事件的数据分析以及多因子关联特征建模的基础上，结合气象数值预报技术与电网 GIS 信息系统，利用舞动数值仿真计算和智能算法实现线路舞动的预测预警。

本节主要通过主要影响因素及其阈值特征、基于气象特征的区域舞动预警、基于 Adaboost 集成学习的线路舞动预警、典型案例等几个部分对舞动预警进行描述。

1. 主要影响因素及其阈值特征

通过对过去 20 年我国发生的上千条线路舞动事件进行数据挖掘和特征分析，发现：

（1）舞动经常发生在每年的冬季至翌年初春，多伴随冻雨或雨夹雪的天气。

（2）发生舞动的气温大多在−6～0℃范围内，导线上覆冰多为雨凇形式。

（3）线路覆冰情况：发生舞动的覆冰厚度一般在 2～25mm 范围内，且为偏心覆冰。导线偏心覆冰厚度约 15mm，覆冰断面形状为新月型（或 D 型），是非常典型的易于舞动的覆冰类型。

（4）风激励情况：风激励是导线舞动的另一必要条件。通常线路舞动时的风速一般在 4～25m/s 内，风向与线路夹角大于 45°。

（5）线路结构参数，如张力、弧垂、档距长度、导线分裂数等均会对线路舞动产生影响。相同环境条件下，分裂导线比单导线更易发生舞动，分裂导线大档距更易于舞动。

（6）地理因素：在易于形成稳流大风，且当线路走向与风向夹角大于 45°的开阔地带线路更容易起舞，其他具有风场加速效应的峡谷、迎风山坡、垭口等微地形区域也是容易发生舞动的地区。

（7）线路舞动是一种低频、大幅值振荡的形式，持续时间由数小时到数天不等，可能造成的危害有线路停电跳闸、断线、杆塔结构受损甚至倒塔等，停电时间长、抢修恢复困难。

针对上述特点，可以确定输电线路舞动预测预警及风险评估的目标包含：① 输电线路是否发生舞动，即舞动发生的概率；② 线路舞动的受损风险，即线路舞动的危害。

2. 基于气象特征的区域舞动预警

基于气象特征的区域舞动预警，指的是根据舞动发生时的天气特征，结合数值气象预报技术，对特定区域内某一时间段是否发生舞动进行预测预警。

区域舞动预警主要采用支持矢量机的学习算法，通过对温、湿、风（包含风速和风向）、压、雨等关键气象特征信息的分析，实现对某一区域内舞动发生概率的分析。

支持矢量机的分类函数可以表示为

$$d(\boldsymbol{x}) = \mathrm{sgn}\left[\sum_{i=1}^{N} \alpha_i \cdot y_i \cdot K(x_i, \boldsymbol{x}) + b\right] \tag{6-16}$$

式中　N ——（训练）样本个数；

α_i、y_i ——权矢量；

$K(\bullet)$ ——核函数；

b ——分类阈值。

利用分类函数构建类似神经网络，使其每一个隐含层单元的输入是输入样本与一个支持矢量的数积，具体算法表述见图 6－65。

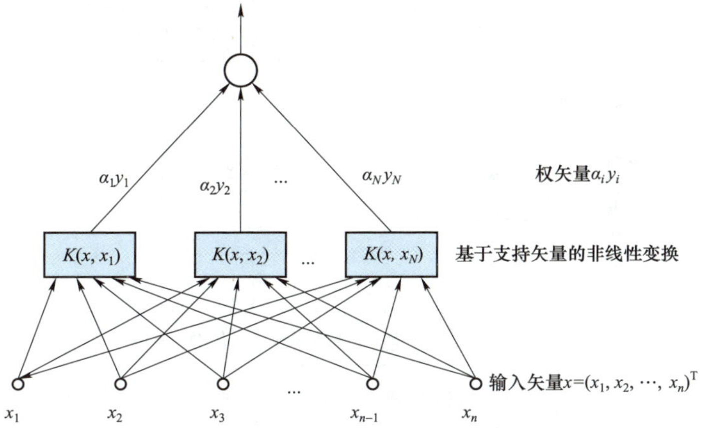

图 6－65　支持矢量机网络

通过将待预警区域内的气象特征参数取值代入矢量机进行学习，最终实现区域舞动预警。输入的天气特征量包括最低温度、相对湿度、日降水量、平均风速、最大风速、最大风速风向等参数。如果在某一天该区域内存在舞动情况，则舞动模型对应的矢量机输出结果为“1”，不舞动时则取为“－1”。基于支持矢量机的区域舞动气象条件预警流程如图 6－66 所示。

3. 基于 Adabwst 集成学习的线路舞动预警

输电线路舞动预警可以归结为有监督学习下的分类预测问题。在基于气象条件的区域舞动预警基础上，结合线路结构特征参数与 GIS 信息里的走向走径信息等，开展具体线路的舞动预警。具体流程如图 6－67 所示。

具体方法描述为：以某类别输电线路舞动条件下的历史气象特征数据记录构成训练样本集；以基于 Gini 指数的决策桩作为弱分类器，采用 Adaboost 集成学习算法形成强分类学习器；再以舞动相关气象特征向量的预报数据 x 作为输入，即可得到该预报气象环境下该线路的舞动预测结果 y（1 表示预测发生舞动；-1 表示预测不发生舞动）。此外，还可用下式计算结果置信度（概率）

$$P(\boldsymbol{x}, y)=\frac{\sum_t a_t C_t(\boldsymbol{x})}{\sum_t |a_t|} \tag{6-17}$$

式中：$P\in[-1, +1]$，较大的正（负）边界表示预测该线路发生（不发生）舞动的可信度高，较小的边界则表示预测结果的可信度较低；如 $P=0.9$，表示该导线很可能发生舞动。

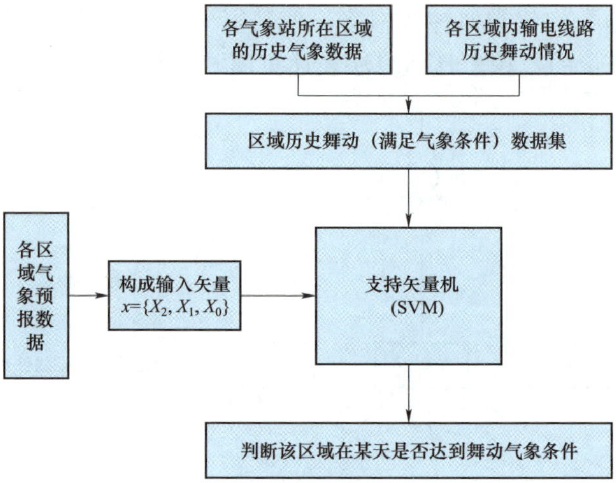

图 6-66　基于支持矢量机的区域舞动气象条件预警流程图

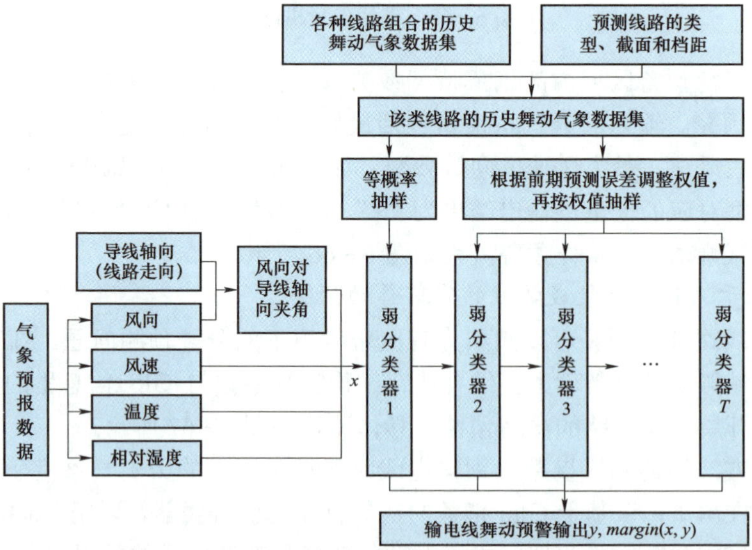

图 6-67　基于集成学习方法的输电线路舞动预测

4. 典型应用

2016年11月21日，河南经历入冬以来最强一次降温，局部降温幅度达14℃，河南大部伴随降雪过程。在11月18日，研究人员发布“舞动预测周报”（短期预测），提示了本次降温降雪过程，20日发布“舞动预警滚动预测报告”（短临预测），研发的系统也自动发送预警短信，分析了气象信息的变化趋势（见图6－68上部分），对舞动发生的时间、地理范围进行预警（见图6－68下部分）。11月21日20时24分Ⅱ翱云线、21时11分翱姜线分别跳闸，跳闸地点位于舞动预警区域内（图6－68下部分红圈所示）。

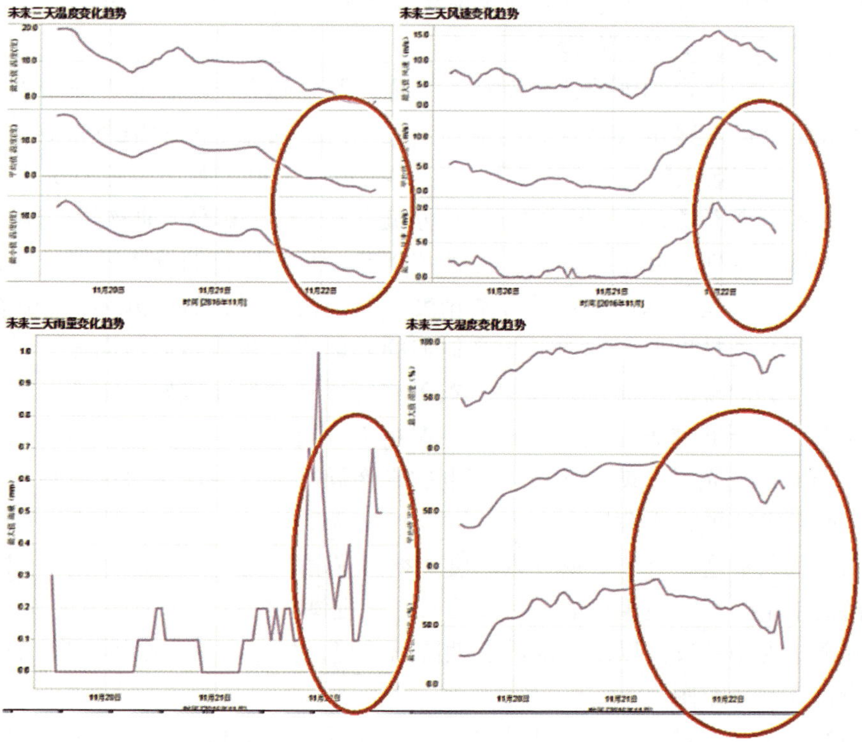

图6－68　舞动预警图

6.3.6　输电通道山火预警技术

山火的发生需具备三个基本条件，即火险天气、可燃物、火源。秋冬季节持续晴朗干燥的天气和山多林茂的地理环境为山火的爆发提供了火险天气和干燥的可燃物，农民冬季烧荒、清明祭祀以及其他活动为山火的发生提供了危险火源。综合分析所有山火跳闸和山火险情事件原因，发现起火点既与气象条件和地理环境有关，又与人的活动有关。

因此按照山火预报的性质，输电通道的山火预警可以分为山火天气预报、山火发生预报和山火行为预报等三种形式。山火天气预报不考虑火源因素，只是预报天气条件引起火灾可能性的大小；山火发生预报是综合考虑天气条件、可燃物的干燥程度和火源出现规律等因子来预测预报火灾发生的可能性；山火行为预报是指当火灾发生后，预测预报山火的蔓延速度和方向、释放的能量、火的强度以及灭火工作的难易程度等。输电线路走廊山火风险评估属于山火发生预报的范畴。

本节通过山火相关多源数据融合、输电线路山火评估模型、气象因素的影响特征、架空输电线路通道山火预测预警等几个部分进行描述。

1. 山火相关多源数据的融合

（1）输电线路走廊内的植被特征。输电线路走廊火灾与植被存在密切的联系，因此需要获取输电线路走廊的地物分类数据。湖北电网所采用的数据源为资源三号卫星和航拍影像，资源三号卫星可以获取 2.1m 分辨率全色影像和 5.4m 分辨率的多光谱影像。航拍影像为 0.5m 分辨率的多光谱影像。地物分类为房屋、农田、水域、草地、灌木、林地、裸地和芦苇。从各地物的分类精度计算结果看，资源三号卫星的图像中水域分类精度较好，而道路、房屋分类较差。经分析，这两类分类精度低的主要原因是他们的光谱特征非常相近，而分类过程中存在相互错分的现象。航拍影像中的农田和房屋分类精度较好，主要是因为影像分辨率高，能够准确提取地物轮廓。但是未分类的类别比资源三号影像的要多，因为地物受光线，航拍角度，高度的影像同一地物表现出来的颜色特征不一样，所以未能采完所有样本点。

（2）气象数据。气象数据分为温度数据，湿度数据和降雨量数据三个类型。对于植被干旱的影响最重要的还是降雨量，根据湖北省近百个地面气象站 30 年来的降雨量观测结果，以及获取的近期降雨量值，生成栅格大小为 30m 的降雨量平距百分比分布图。

（3）历史火点数据。历史火点数据为系统导入国家林业局推送的林火火点数据，并将其标注在 GIS 平台的相应图层。该火点结果主要来自气象卫星和卫星遥感等卫星的监测结果。

2. 输电线路山火评估模型

利用遥感卫星对输电线路走廊区域的监测数据来进行山火风险评估，可以大范围有效获取监测区域状况，具有快速获取地面宏观信息，结合地理信息能够准确判定火险高危区域，成本相对较低。

根据火灾风险影响因素的分析，输电线路走廊的火灾影响因素包括地形地貌、气象条件、植被和干旱等级，另外风险评估还必须考虑历史火灾和跳闸信息、线路对地高度及绝缘信息。火灾风险评估经典模型

$$g=\sum C_n P_n \tag{6-18}$$

式中　C_n——火灾影响因子；

P_n——权重。

基于卫星遥感数据获得温度植被旱情指数（TVDI）、植被供水指数（VSWI）是最重要、最核心的内容。在计算TVDI和VWSI等干旱指数之前需要对卫星遥感影像进行几何校正和去Bow-tie效应等预处理工作。

（1）卫星遥感影像预处理。利用ENVI软件提供的二次开发功能，可利用卫星遥感数据中的地理信息对影像进行几何校正，这样的校正方式不仅精度高，还简省了选取控制点的麻烦，是卫星遥感数据的一大亮点。

由于地球曲率和扫描角的变化，使得越靠近影像边缘，像元的实际尺寸越大，边缘点像元的尺寸可以达到星下点的两倍，这样在相邻的扫描行之间就会产生重叠影像，这种现象叫作Bow-tie效应。卫星遥感数据的这种现象使得数据的边缘部分无法使用，Bow-tie效应的解决方法是对出现重叠数据的位置进行修正，通过重采样的方法获得修正后的数据。

（2）温度植被旱情指数计算。作物供水正常时，生长期内作物的植被指数和冠层温度将稳定在一定的范围内；干旱状态下作物根部缺水使蒸腾作用受到抑制，页面气孔关闭使作物的冠层温度升高，同时作物的生长将受到影响而使植被指数降低。因此，将地表温度和植被指数结合，能更好地监测干旱。因此，结合陆地表面和植被指数的NDVI-TS方法得到了广泛的应用和研究。

利用归一化植被指数和陆地表面温度LST构建NDVI-TS特征空间，得到温度植被旱情指数（TVDI）模型，计算不同时间不同气候区各像元的TVDI，其计算公式和过程如下

$$TVDI=\frac{LST-LST_{i.\min}}{LST_{i.\max}-NDVI_{i.\min}} \tag{6-19}$$

$$LST_{i.\max}=a_1+b_1\times NDVI_i \tag{6-20}$$

$$LST_{i.\max}=a_2+b_2\times NDVI_i \tag{6-21}$$

（3）植被供水指数（VSWI）。卫星反演的地表温度是地表各种地物的综合温度，只有在浓密植被条件下（即植被纯像元）可以用地表温度代替冠层温度，而对于稀疏植被表面，裸土表面产生的强大背景辐射会增加到植被的辐射信号里面，这将导致在白天反演的地表温度会比实际的冠层温度要高。

（4）卫星遥感数据的输电线路山火评估技术应用。通过对历年的山火火点分布数据、地形地貌、气象条件、植被和干旱等级等数据进行综合智能分析，得出山火高风险的区域、线路及塔位，以便开展针对性的线路巡检，在山火发生时，智能判断山火的蔓延趋势，线路风险较高的则采取退出线路重合闸等措

施，降低线路安全运行风险。

3. 气象因素的影响特征

根据全国主要山火发生省份近 15 年来的降水、气温、湿度等气象日值数据，结合卫星监测山火热点数据，借助数据挖掘与聚类分析等数学手段，研究架空线路山火与气象因素的关系。

（1）与降水及气温的关系。从全国主要山火发生省份 2001～2015 年的日降水量 P、最高气温 T_m 以及平均气温 T_{av} 与热点数中，随机选择 3000 条样本数据进行皮尔逊相关性分析，结果表明：相关系数 $r(P)=-0.353$，说明在显著性水平 0.01 下，可认为热点数与降水呈负相关关系，这与实际情况“有降水则无山火，但无降水不一定有山火”相符。因此降水因素可作为山火预测的因子之一。热点数与降水及气温的相关性分析结果见表 6－17。

表 6－17　　热点数与降水及气温的相关性分析结果

气象因素	P	T_m	T_{av}
皮尔逊关系数 r	−0.353	0.076	0.092

注　显著性 $p=0.01$。

（2）与湿度的关系。将日平均湿度 H 等分为 10 个区间，区间 1（90%，100%]、区间 2（80%，90%]，…，区间 10[0，10%]，分别计算目标区域在上述区间的天数 $day_1 \sim day_{10}$ 和总热点数 $hotsp_1 \sim hotsp_{10}$，则第 q（$q=1\sim10$）个区间平均日热点数 $hotsp'_q$ 为

$$hotsp'_q = \frac{hotsp_q}{day_q} \tag{6-22}$$

经计算发现，2001～2014 年 14 年间，我国大陆地区 30 个省市当中，日热点数最大值位于区间 9 的有 8 个，位于区间 8 的有 4 个，位于区间 7 的有 12 个，位于区间 6 和 5 的各有 3 个。由此可知，湿度与热点数并不完全呈反比关系，即湿度越低，不一定热点越多。

4. 架空输电线路通道山火预测预警

（1）基于四要素的电网山火时空预警。

根据前面的分析，几个气象因子中，只有降水因子与热点数呈明显的负相关关系，故选择降水因子作为山火预警的气象要素，与卫星监测热点要素、工农业用火要素、线路山火隐患点要素一起，作为电网山火时空预警四要素。山火预警级别及含义见表 6－18。

表 6-18　山火预警级别及含义（参考）

E	级别	含　义
0	一级	无危险区，表示山火发生可能性极小，对架空输电线路安全运行无威胁的地区
(0，0.8]	二级	低危险区，表示山火发生可能性较小，但对架空输电线路安全运行存在威胁的地区
(0.8，1.4]	三级	较危险区，表示发生山火次数较多，对架空输电线路安全运行威胁较大的地区
(1.4，1.6]	四级	危险区，表示发生山火次数多，对架空输电线路安全运行威胁很大的地区
(1.6，2.4]	五级	高危险区，表示发生山火次数极多，对架空输电线路安全运行威胁极大的地区

注　表中数值为 A=0.3，B=0.8，$w_1=1$，$w_2=0.6$，$w_3=0.8$ 时计算得到。

以地区为行，时间为列，预警级别为内容（可赋予不同警示颜色，如红、橙、黄、蓝），可得架空输电线路山火时空预警表。

（2）山火发生密度时间序列预测模型。为了实现架空线路山火的精细化预测，需要将预测区域网格细化，提高预测空间分辨率。同时，将山火发生“可能性”量化为山火发生“次数”，预测的实用性进一步增加。

设将预测区域划分为 $\gamma\times\gamma$ 经纬度的网格，预测每个网格内未来火点数，即可得未来山火发生密度。卫星监测热点数主要受天气、时间段、下垫面特征影响，因此在相似的天气、下垫面特征条件下，可以根据历史卫星监测热点密度来预测未来同期热点密度。

时间序列分析法是一种基于随机过程理论的动态数据处理方法，根据随机数据序列的统计规律分析得出预测目标值，对火点密度的预测可采取此方法。

设某网格在某天气、下垫面特征条件下的卫星监测热点数为 f，该值同期历史值为 f_1，f_2，…，f_t，…，按数据顺序逐点推移求出 M 个数的平均数，得到移动平均数

$$Foreca(t)=\frac{\sum_{i=t-M+1}^{t}f(i)}{M}=Foreca(t-1)+\frac{f(t)-f(t-M)}{M} \tag{6-23}$$

式中　M——移动平均项数，$M\leqslant t$，通常取 $M\geqslant 10$；

$Foreca(t)$——第 t 周期的移动平均数；

$f(t)$——第 t 周期热点数的观测值。

当 t 前移一个周期，就增加一个新数据，去掉一个旧数据，不断“吐故纳新”，故可预测最新的火点数。预测公式为

$$\hat{f}(t+1)=Foreca(t) \tag{6-24}$$

设矩形 A 分为 m 行 n 列，得到 $m\times n$ 个 $\gamma\times\gamma$ 经纬度的网格，底边纬度为 γ_0，如图 6-69 所示。

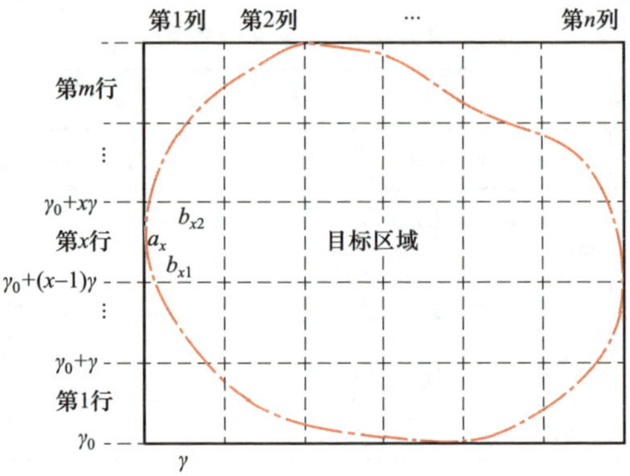

图 6-69　网格划分示意图

为了保持后续预测的准确性，事后应当根据实际卫星监测热点数对 $\hat{den}_x(t+1)$ 进行修正，修正值 $den_x{}'(t+1)$ 参与下一次预测。预测模型及原理图分别如图 6-70 和图 6-71 所示。

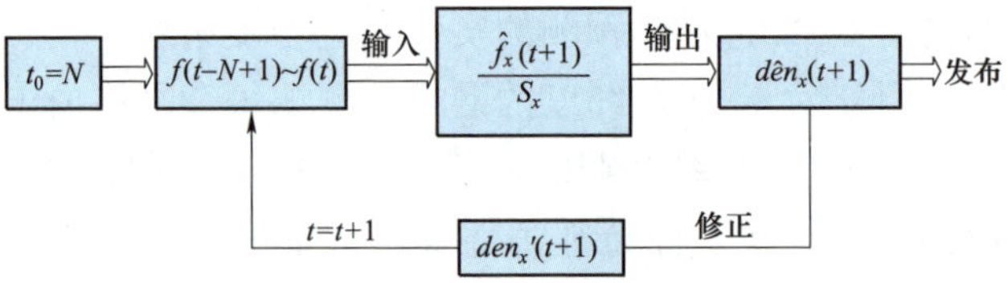

图 6-70　架空输电线路山火发生密度时间序列预测模型

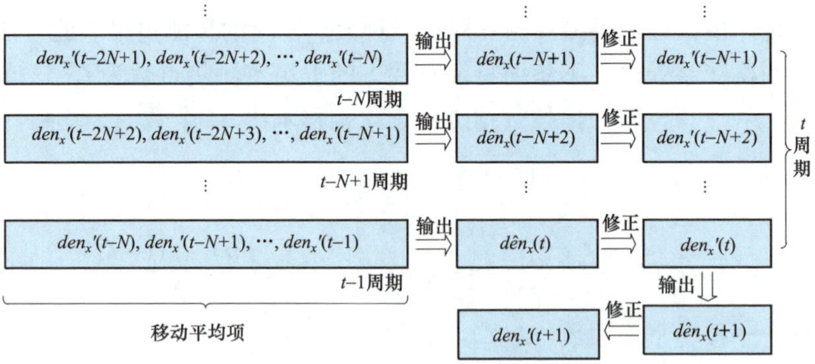

图 6-71　时间序列预测山火发生密度原理图

得到预测日山火发生密度后，根据表 6-16 的山火分级含义，结合具体的输电线路，即可发布相应的预测结论。

6.3.7　通道树障风险评估及预警技术

输电线路与周围树木之间安全距离不足会对电网安全运行构成严重威胁，

清理树障已成为保障电力设施安全运行的一项重要工作。近年来，随着输电线路在线监测技术的发展，无人机巡检、倾斜摄影和激光雷达扫描逐步应用于架空输电线路走廊树障监测，提高了线路运维单位树障隐患及时感知和预知能力，支撑、指导运维单位及时开展树障消除措施。

本节通过通道树障典型监测、树种生长模型、通道树障风险评估等几个部分来进行描述。

1. 通道树障典型监测

倾斜摄影是一种常见的树障典型监测技术，常搭载于无人机平台上，配合定制的无人机巡检系统，通过与线路呈一定倾角的往返航线飞巡图像，结合立体测图技术，可以较为准确地获取通道内地物侧面的轮廓和纹理信息。由于倾斜摄影技术采用可见光进行测量，对天气要求较高，测量精度不如激光雷达，但通过可见光拍照获取通道树障，相比激光雷达技术降低了技术经济门槛，并且能够获取树木纹理数据，可用于后期树种图像识别，为树障生长模型及预警系统建立提供基础。

机载激光雷达（LIDAR）是一种集激光扫描与定位定姿系统于一身的测量装备，可以高度准确地定位激光束打在物体上的光斑，具体原理描述见4.1。中大型机载激光雷达系统通常会集成一个垂直视角的光学相机，用于同步获取地面影像或者给激光点云着色以达到更好的视觉效果，适用于开展通道树障监测。激光雷达获取的高精度点云数据测量精度很高，适合对精度要求很高的工程测量应用，但目前仍存在设备较昂贵的问题。

2. 树种生长模型

常用的树种生长模型包括理查德方程、Logistic方程、单分子方程、Gompertz方程等。在外界干扰力度较小的情况下，树木生长速度随树龄的增加而变化，即缓慢—旺盛—缓慢—停，树木总生长量变化过程呈“S”型生长方程，典型树木生长曲线如图6－72所示。在模型参数估测上，常用非线性最小二乘法与贝叶斯估计法。非线性最小二乘法仅利用样本信息，将参数作为固定值，其估测的过程与树木生长的随机性相违背。贝叶斯估计法是一种评价模型不确定性的有效方法，可以将先验信息和样本信息综合利用，作为随机变量参与迭代计算，提高树高生长模型参数估测的精度，该方法尤其适用于输电线路通道树木的树高模拟。理查德方程红松树高生长拟合结果如图6－73所示，Logistic方程拟合的紫果云杉树高生长曲线如图6－74所示。

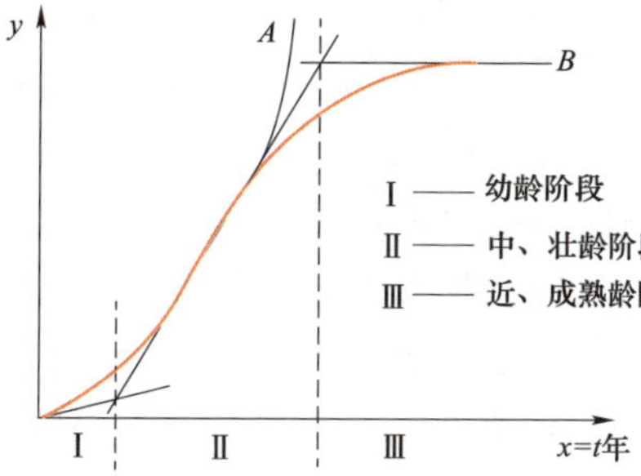

图6－72 典型树木生长曲线

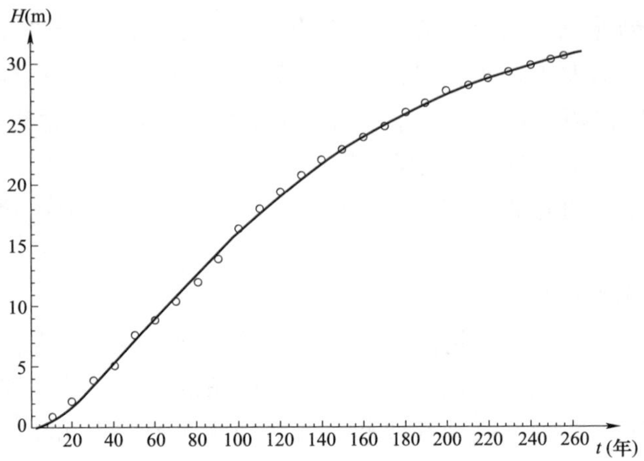

图 6-73　理查德方程红松树高生长拟合结果

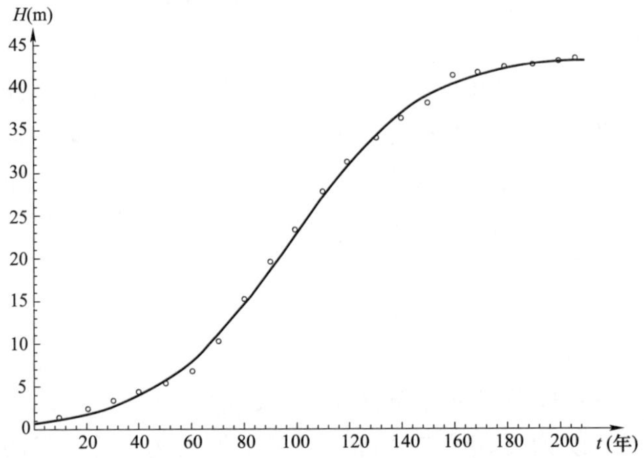

图 6-74　Logistic 方程拟合的紫果云杉树高生长曲线

3. 通道树障风险评估

目前无人机已开始大规模应用于输电线路通道巡检，通过采用微小型多旋翼无人机搭载可见光云台相机，采用倾斜摄影和立体成像技术，能够较清晰获得通道树障的图像信息，结合点云成像软件，可自动、半自动生成通道树障三维模型，准确进行通道净空排查。同时，采用图像识别技术，对获取的通道树障图像进行树种识别，依据通道所在的地理、土壤、气象等条件，采用 Richards 生长方程模拟预测该树障的未来生长，根据输电线路安全距离要求及时发布预警信息，指导运维人员提前处理。主要流程包括以下几个环节：

（1）无人机可见光成像。无人机巡检技术目前已较为成熟，在硬件上多采用微小型多旋翼无人机搭载可见光云台相机的方式，云台平稳性以及图像分辨率已能够满足通道树障识别的要求。较为关键的是，应根据具体应用场景，如高原、高山等地理环境和电力线路特点。无人机可见光测量树竹障碍参数如图 6－75 所示。

图 6－75　无人机可见光测量树竹障碍参数

（2）立体成像。根据来回航线与线路构成的立体空间关系和航拍数据的空间信息，利用立体测图技术，在两侧照片上选择导线上的同名点进行智能匹配，获取导线三个以上不同部位的空间点位信息，通过内置悬链线公式自动拟合生成导线，也可直接在较完整导线原始点云上拾取，快速生成电力线。通过计算正射影像的空间三维，还原照片拍摄时的空间角度和 GPS 位置。根据每张影像最佳的内外参数和对应的大量地面点坐标，利用计算机视觉的逐像素密集匹配算法，可得到地面密集三维点云。成像完成后，直接根据三维模型量测树障与导线距离。激光雷达测量树竹净空距离如图 6－76 所示。

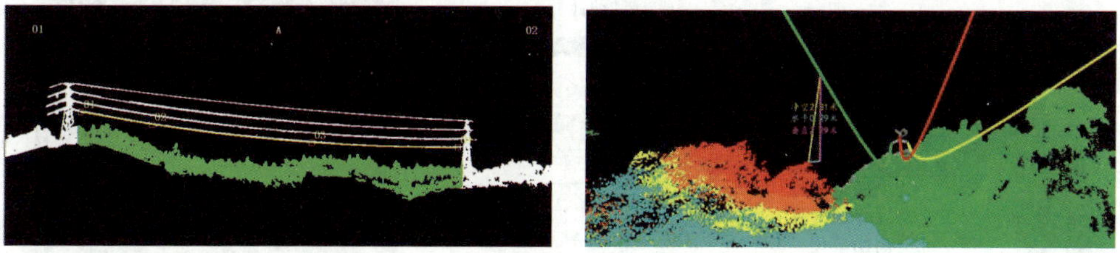

图 6－76　激光雷达测量树竹净空距离

（3）树种识别。利用无人机飞巡拍摄的照片，根据图像识别算法和软件，对通道树种进行识别。树种图像识别已有广泛研究，部分识别软件已公开市场化，识别准确率可达 90%以上，识别原理主要有三类：统计模式识别、结构模式识别和模糊模式识别。基于统计模式的识别算法，通过统计学的方法建立数学模型，收集数据进行量化分析和总结，从而得到推断和预测等，其在植物叶片识别上的应用较广泛，常用的基于统计学的植物叶片识别方法包括主成分分析、Fisher 判别分析、贝叶斯判别分析、近邻法。基于结构模式的识别算法，是指通过对待识别树种已有样本库进行训练，提取该树种特征，寻找目标特征与模型特征之间的对应，通过比较目标样本和参考样本特征匹配度从而实现识别。该匹配方法在植物分类识别上应用较为广泛，常用来作为识别特征的树种部位包括叶片轮廓、纹理、树形、树冠等，提取这些特征的方法有描述几何特征、Hu 不变矩量、傅里叶描述子、多尺度曲率空间、本征性状和形状上下文等，获得最小匹配度的方法有 Hough 变换、动态规划、神经网络、变形模板、遗传算法和解析方法等。基于模糊模式的识别算法，即通过机器学习的方法，模拟或者实现人类的某些行为，它的应用遍及人工智能的很多领域，应用于植物识别上减少了建立模型数据库这一步骤。目前常用于植物分类识别的机器学习方法有人工神经网络、支持向量机和移动中心超球分类器。

（4）树种生长方程及预警模型建立。Richards 生长方程适应性强、准确性高，方程中的各参数都有一定的生物学意义，被广泛应用于树木生长预测。根据树种识别结果，选择对应树种的典型参数，结合树木当前的高度（生长阶段、树龄）和环境条件（地形坡向、海拔、温度、水分等），确定 Richards 方程的描述参数，即可实现对该树障未来生长的预测。根据树障与导线的位置和输电线路安全距离要求，预测树障进入线路危险距离的时间，从而对树障的风险程度进行评估，对未来发生可能发生导线对树放电的时间提前进行预警、告警。某 500kV 线路树竹障碍智能分析结果如图 6-77 所示。

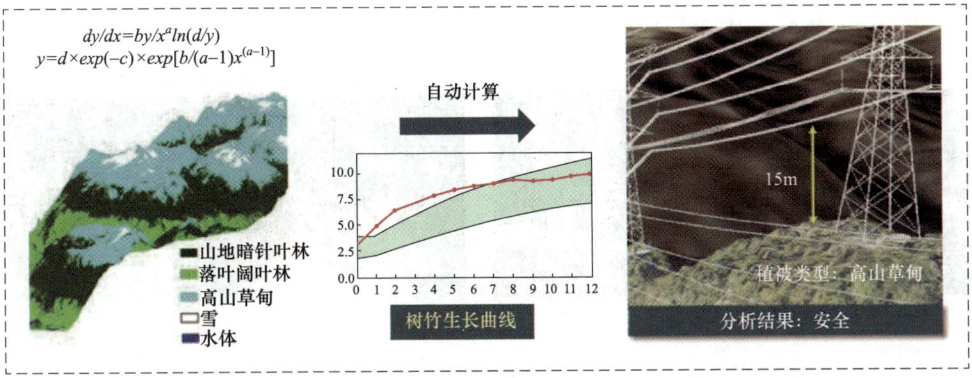

图 6-77　某 500kV 线路树竹障碍智能分析结果

6.3.8　电网污秽变化和风险评估技术

绝缘子的污闪是一个复杂的过程，通常可分为积污、受潮、干区形成、局部电弧的出现和发展四个阶段。为了防止发生绝缘子大面积污闪事故，通常的做法使开展绝缘子盐密变化的长期监测，通过绝缘子盐密测量和数据分析的方法，研究积污发展规律和特征，制订合理的清洗策略。目前广泛采用的污秽评估方法是，基于污秽在线监测装置及人工盐密、灰密测试结果，按照阈值法进行污秽等级判断；或者采用喷水法，通过观察水滴在被测设备表面的形态实现污秽等级的划分。但该方法耗时耗力，不能满足大规模快速评价的要求。

以国网四川省电力公司基于聚类分析的污秽风险评估方法为例，介绍污秽变化规律、分级策略、风险评估。通过对污秽在线监测装置监测数据进行聚类，按照分类结果实现不同污秽等级的快速评价。

1. 基于聚类分析的污秽变化规律

聚类分析又称群分析，是研究分类问题的一种统计分析方法，同时也是数据挖掘的一个重要算法。聚类分析以相似性为基础，在一个聚类中的模式之间比不在同一聚类中的模式之间具有更多的相似性。本次聚类分析采用的算法是 K 均值聚类算法，具有快速简单、对大数据集有较高的效率、适合挖掘大规模数据集等特点。K 均值聚类算法流程图如图 6-78 所示。

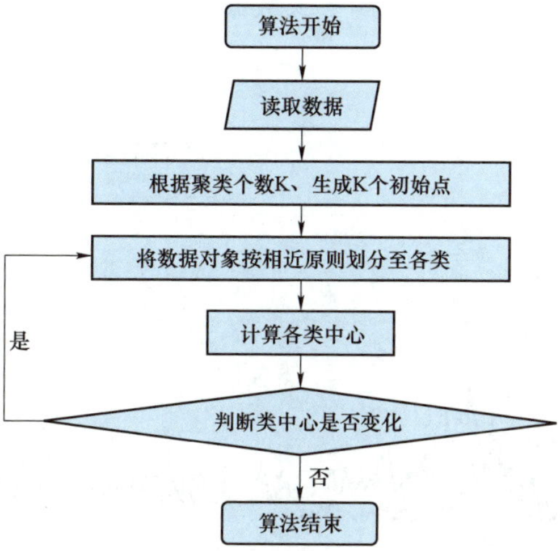

图 6-78　K 均值聚类算法流程图

互相关系数是用以反映变量之间相关关系密切程度的统计指标。盐密数据的互相关系数能够很好地反映出各类型站点的污秽发展趋势。通过对各站点盐密数据互相关系数聚类分析，研究各站点污秽发展趋势，聚类形成具有共性的污染特征站点集合，形成用于聚类分析的站点互相关系数表。

为了得到较为精确的聚类结果，首先对具有 1000 天统计记录的 266 个站点（约 60%）进行 5 类相关系数聚类得到 5 个聚类中心站点，然后根据这 5 个中心站点对所有的站点进行重新划分聚类，形成规律集合，具体见表 6-19。

表 6-19　　重新划分聚类

类编号	核　心	站点数
1	GPRS332 雪江一线 051 号××供电公司	58
2	GPRS360 理会一线 071 号××供电公司	71
3	GPRS65 谭德二线 033 号××检修公司	60
4	GPRS87 茂谭一线 145 号××检修公司	59
5	GPRS441 资洪一二线 071 号××检修公司	201

（1）第一类。包含站点数：41；聚类中心：GPRS332 雪江一线 051 号××供电公司。从图 6-79 中可以看出，这一类别站点的特点之一就是平稳，抖动较少且较低。红色曲线代表的是该类中唯一的高污染水平站点（GPRS 设备 223 站点 500kV 天坡一线 055 号成都检修公司，简称 GPRS223 站点），这个站点图像存在一个非常急剧的尖峰，其他区域与该类特性一致，比较平缓。通过分析发现，GPRS223 站点前期的剧烈波动属于偶然现象，来自设备安装启动时外界因素引起的盐密数据偏离正常值，属于大数据中的离群值，通过修复，GPRS223 站点变成一个中度污染站点。

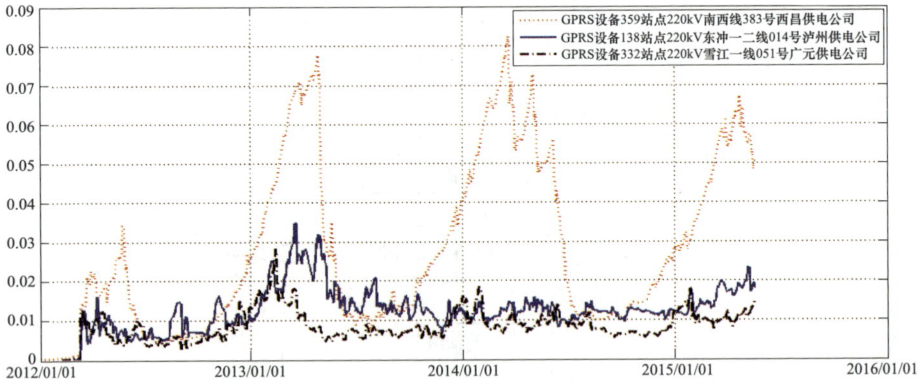

图 6-79　第一类聚类中心站点盐密—时间曲线图

（2）第二类。包含站点数：62；聚类中心：GPRS360 理会一线 071 号西昌供电公司。从图 6-80 中可以看出，该类站点具有明显的峰值峰谷特性，季节性明显，但是所包含的中等盐密水平站点与高盐密水平站点有逐渐增高的趋势，这些站点需要特别注意，持续关注其增长趋势，判断这些站点的盐密水平是否会从中等发展成为高盐密水平。由于前期数据跳变以及突高，将 GSM 设备 516 站点 220kV 绵竹线 N52 号雅安供电公司由高度污染站点调整为中度污染站点。

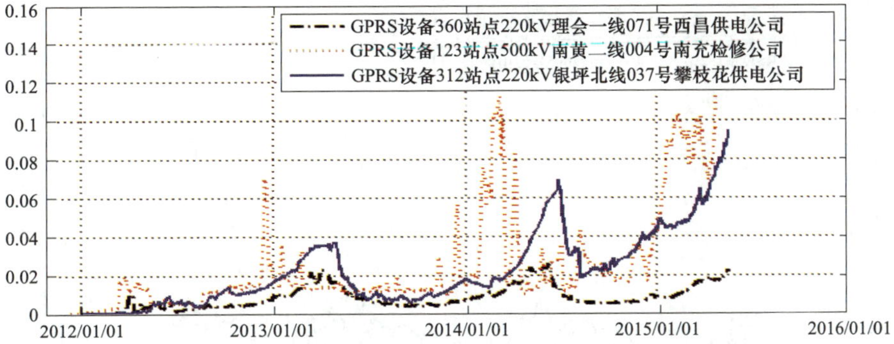

图 6－80　第二类聚类中心站点盐密—时间曲线图

（3）第三类。包含站点数：56，聚类中心：GPRS65 谭德二线 033 号成都检修公司；从图 6－81 可以看出，这一类别站点规律特性比较明显。红色曲线代表该类中唯一高盐密水平站点。可以看出这一站点在某段时间内出现了较为频繁的波动，且达到了较高的盐密值，之后趋于平缓。如果能找到造成这一段波动的原因，且能确定这种情况是否偶然，那么就可以把这一站点修正到中等盐密水平范围。

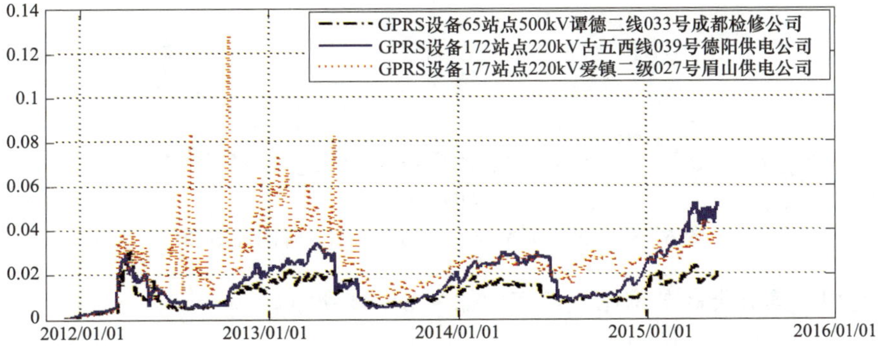

图 6－81　第三类聚类中心站点盐密—时间曲线图

（4）第四类。包含站点数：37；聚类中心：GPRS87 茂谭一线 145 号绵阳检修公司。该类中的高盐密水平站点有持续增高的趋势。图 6－82 为该类中盐密处于高危水平的三个站点的盐密曲线图，可以发现，即使已经处于高盐密的水平，这三个站点依然有持续增高的特性，所以该类站点应予以重点关注。

（5）第五类。包含站点数：70；聚类中心：GPRS441 资洪一二线 071 号自贡检修公司。图 6－83 为第五类中盐密值的均值和峰值较高的四个站点的整体盐密走势图，这一类的高盐密的趋势比较复杂，波动性大，还有两个站点的数据不是很多，不具有特别高的说服性。但是这类站点中的处于中低盐密值的站点占有大量的比例，并且中低盐密值的站点的趋势呈现一个平缓的态势。所以该类站点可以列为暂时安全，无需长期关注的一类。

图 6-82　第四类聚类中心站点盐密—时间曲线图

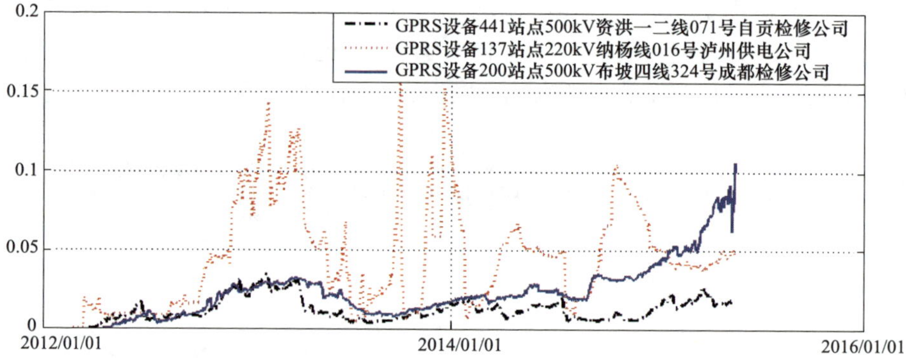

图 6-83　第五类聚类中心站点盐密-时间曲线图

互相关第五类高盐密站点盐密图如图 6-84 所示。

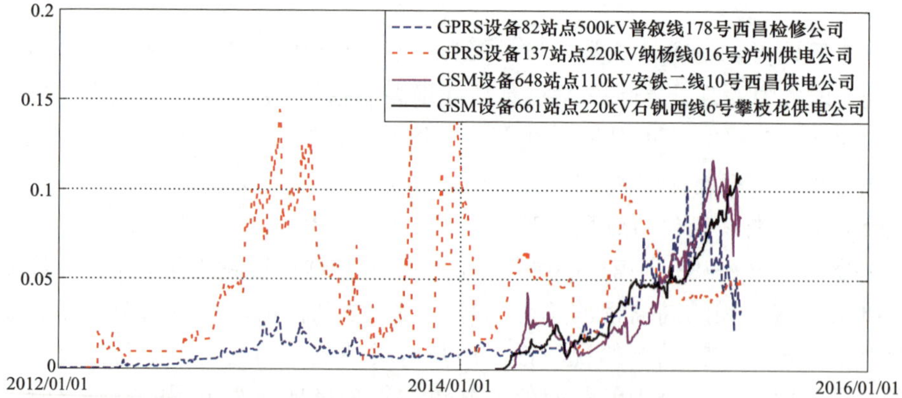

图 6-84　互相关第五类高盐密站点盐密图

结合三种污染程度，对聚类结果 1 在地图上进行展示。其中，数字 1～3 表示污秽程度聚类的高污染水平、中等污染水平和低污秽水平三类，5 种不同的颜色代表相关系数聚类的 5 种分类，具体分布情况如图 6-85 所示。

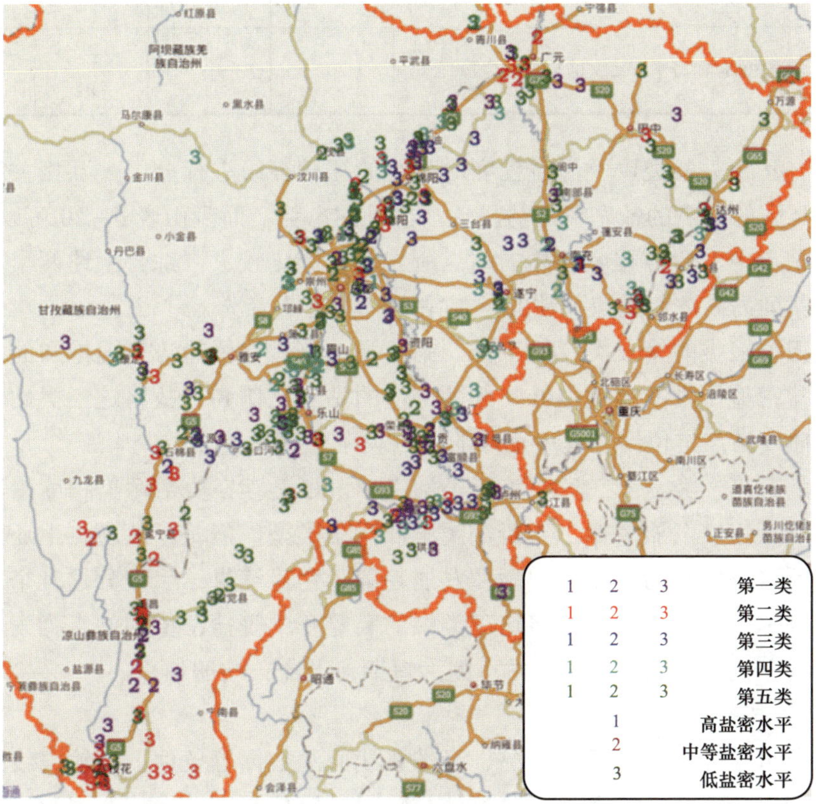

图 6-85　五类站点地图信息显示示意图

2. 污秽分级策略

根据上述对互相关聚类的分析，以及对类中某些特殊站点的调整过后，分析得出的污秽分级见表 6-20。

表 6-20　　污　秽　分　级

类编号	核　心	站点数	高	中	低
1	GPRS332 雪江一线 051 号××供电公司	58	0	10	48
			0%	18%	82%
2	GPRS360 理会一线 071 号××供电公司	71	6	23	42
			8%	32%	60%
3	GPRS65 谭德二线 033 号××检修公司	60	1	5	54
			1.7%	8.3%	90%

续表

类编号	核　心	站点数	高	中	低
4	GPRS87 茂谭一线 145 号××检修公司	59	3	18	38
			5%	31%	64%
5	GPRS441 资洪一二线 071 号××检修公司	201	4	29	168
			2%	14%	84%

结合互相关分类以及污秽程度对最终的污秽等级进行分类，互相关第二类和第四类中的站点的盐密值趋势呈逐渐上升的态势，而且由表 6-20 可以看出，这两类站点中，污秽程度较高的站点所占的比例比较大，综合上述两个因素，可以将其列为高危需重点关注的一类站点，需定期清洗。

互相关聚类的第一类、第三类、第五类站点，整体趋势呈现饱和的态势，并且高盐密值所占的比例很低，低盐密值的站点比例高，故将这三类站点代表的特征曲线站点定位污秽程度很低的站点类型，无需关注。

但是，第一类、第三类、第五类站点中，还是存在少数污染程度偏高的站点，虽然从污染发展规律上判断，属于低污染类型，但是，从观测上还是需要监督判断这些中高污染站点的污秽发展趋势，为后续进一步划分这几个站点的清洗策略提供指导，因此，将这三类中的高等和中等盐密值的站点列为定期关注型，这三类中的低盐密值的站点列为短期内无需关注的站点。

3. 污秽风险评估

综合污染源分布、天气情况、污秽在线监测数据等条件，对输电线路污秽情况进行综合评估。输入的气象参数与输出的等值盐密、等值灰密数据单位不尽相同，数值大小也相差较大，为保证 BP 神经网络的收敛性能，需对原始的输入、输出数据进行归一化处理，具体的公式为

$$y_{\mathrm{k}} = \frac{x_{\mathrm{k}}}{x_{\mathrm{ref\_k}}} \tag{6-25}$$

式中　x_{k}、y_{k}——归一化前后的输入、输出数据；

$x_{\mathrm{ref\_k}}$——对应的预设基准值。

某条 220kV 线路 20 号杆塔绝缘子表面一年的等值盐密和等值灰密变化曲线分别如图 6-86 和图 6-87 所示。同一串绝缘子上、下表面的等值盐密（等值灰密）差别较大，为对整串绝缘子进行污秽度评估，一般结合上、下表面的面积求取平均等值盐密。

查找该条线路的设计参数，20 号杆塔绝缘子的信息见表 6-21。

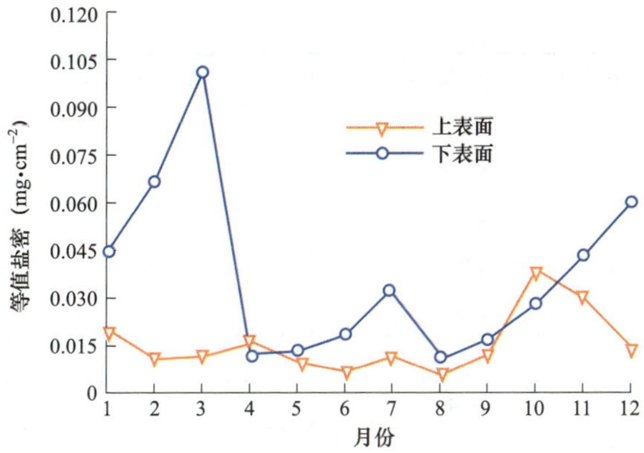

图6-86 等值盐密变化曲线

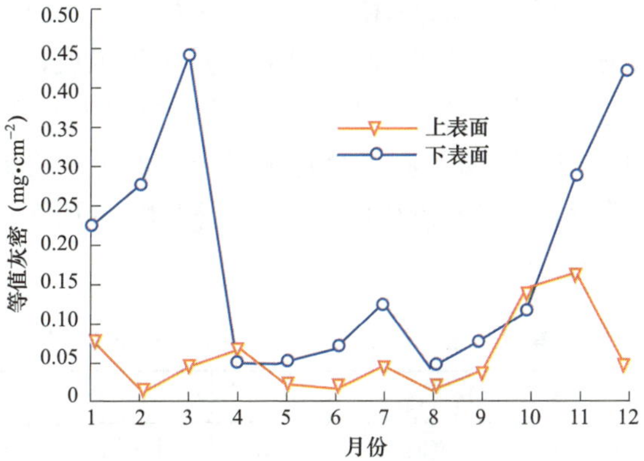

图6-87 等值灰密变化曲线

表6-21 绝缘子基本参数

型号	结构高度	爬电距离	面积	
			上表面	下表面
FC120/146	146mm	320mm	566cm^2	1083cm^2

以20号杆塔的经纬度坐标为依据，获取该地区当年1～12月风速、相对湿度的月平均值以及累计降雨量，见表6-22。

表6-22 风速、相对湿度以及降雨量

月份	风速（m/s）	相对湿度（%）	降水量（mm）
1	7.513	73	48.6
2	7.191	80	68.3
3	7.812	83	100.2
4	8.421	84	194.3

续表

月份	风速（m/s）	相对湿度（%）	降水量（mm）
5	8.647	82	258.9
6	9.880	83	279.8
7	9.640	80	213.0
8	9.821	79	220.5
9	8.067	77	169.6
10	7.767	73	64.7
11	7.745	70	39.5
12	6.830	68	31.4

计算等值盐密、等值灰密的月增长量，关联对应月份的平均风速、平均湿度和累计降雨量以及 SO_2、NO_2 以及 PM10 的月平均浓度，进行归一化处理，代入 BP 神经网络进行训练和学习。按月统计第二年 20 号杆塔处的气象数据，采用已训练好的 BP 神经网络预测每个月绝缘子表面污秽度的变化量，再依据上个月末的污秽度数值，计算本月末绝缘子的污秽度。选取 8～9 月的预测结果，与实测数据对比见表 6－23。

表 6－23　绝缘子等值盐密、等值灰密实测值与评估值的对比

月份	对比项	等值盐密			等值灰密		
		上表面	下表面	平均值	上表面	下表面	平均值
8	实测值	0.0077	0.0165	0.0135	0.0009	0.0424	0.0282
	评估值	0.0085	0.0186	0.0151	0.0011	0.0519	0.0345
9	实测值	0.0115	0.0172	0.0152	0.0030	0.0601	0.0405
	评估值	0.0094	0.0198	0.0162	0.0037	0.0734	0.0495
10	实测值	0.0248	0.0203	0.0218	0.0846	0.0673	0.0732
	评估值	0.0265	0.0229	0.0241	0.0910	0.0851	0.0871

由表 6－21 可知，本次算例分析中等值盐密和等值灰密平均值的评估值与实际值最大偏差 26.45%，最小偏差 6.58%，平均偏差约为 16%，基本满足工程上输电线路防污闪工作的要求。

6.4　电网气象环境预测预报技术

外部气象环境是影响电网安全稳定运行的主要因素。近年来，受全球气候变化影响，极端天气事件呈明显增多趋势，气象环境对电网安全运维的威胁愈加凸显。近几十年来，随着数值天气预报技术的快速发展和计算机速度的不断提升，数值天气预报的精度不断提升，且越来越多地应用于电网气象环境领域。

不同于气象部门的数值预测预报，主要针对人口密集地区和大众气象需求；电网气象环境的预报系统需根据预报区域的地理、天气、气候特征，结合电网特殊需求，对模式的动力、物理过程和气象观测资料同化等方面进行局地化调试和完善，以期获得针对电网需求的关键气象要素的预报结果。

6.4.1　电网气象预报方法

电网气象预报使用的数值天气预报技术，其原理是将描写天气运动过程的大气动力学和热力学的偏微分方程组进行数值离散化，然后获取反映大气当前动力和热力状况的初始场和边值场，并输入离散化偏微分方程组进行数值求解，在计算的同时添加各种微尺度物理过程的参数化方案，然后利用观测数据对计算进行同化和订正，最终得到随时间演化的未来预报场。数值天气预报技术流程如图 6－88 所示。

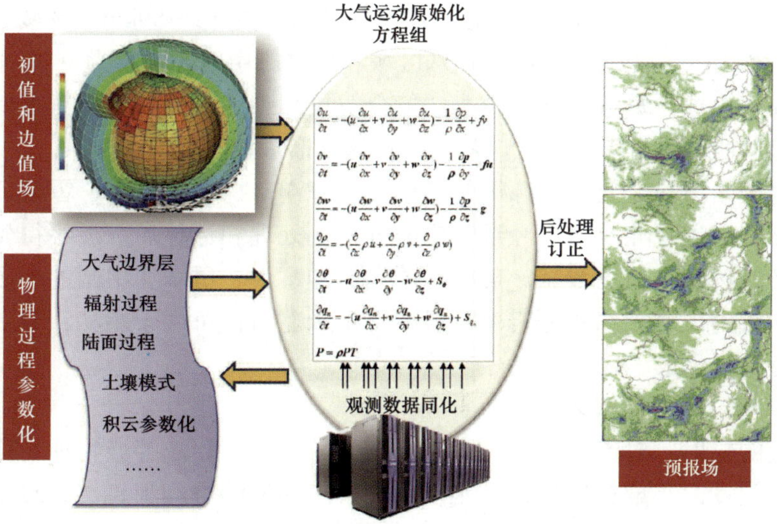

图 6－88　数值天气预报技术流程

1. 大气运动离散方程组

大气运动遵守牛顿第二定律、热力学能量守恒定律、质量守恒定律、水汽守恒定律和气体实验定律等。这些物理定律的数学表达式分别为动量方程、热力学方程、连续性方程、水汽方程和状态方程，具体方程形式如图 6－89 所示。

该套方程是一套偏微分方程组，需输入已知时刻的大气状态，即预报初始场和边值场来求解未来的大气状态。由于方程组的复杂性，目前只能使用离散动量方程：

$$\frac{\partial u}{\partial t}=-u\frac{\partial u}{\partial x}-v\frac{\partial u}{\partial y}-w\frac{\partial u}{\partial z}-\frac{1}{\rho}\frac{\partial p}{\partial x}-fv$$

$$\frac{\partial v}{\partial t}=-u\frac{\partial v}{\partial x}-v\frac{\partial v}{\partial y}-w\frac{\partial v}{\partial z}-\frac{1}{\rho}\frac{\partial p}{\partial y}+fu$$

$$\frac{\partial w}{\partial t}=-u\frac{\partial w}{\partial x}-v\frac{\partial w}{\partial y}-w\frac{\partial w}{\partial z}-\frac{1}{\rho}\frac{\partial p}{\partial z}-g$$

连续性方程：

$$\nabla\cdot(\rho\overline{u})=-\frac{\partial\rho}{\partial t}$$

热力学方程：

$$Q=c_p\frac{\mathrm{d}T}{\mathrm{d}t}+\frac{1}{\rho}\frac{\mathrm{d}P}{\mathrm{d}t}$$

水汽方程：

$$\frac{\partial q}{\partial t}+\overline{u}u\cdot\nabla q=E-C$$

状态方程：

$$P=\rho RT$$

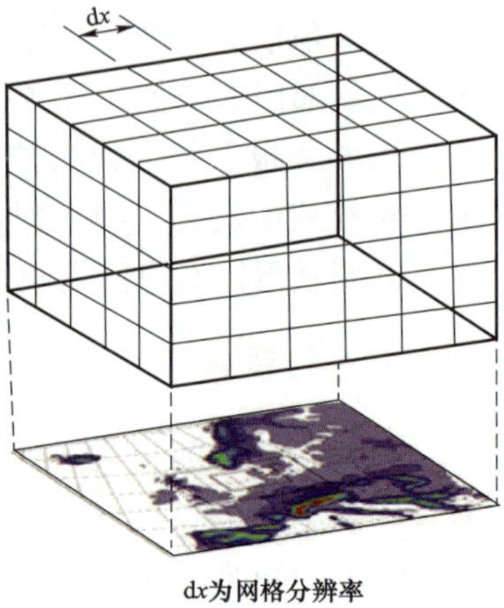

图 6－89　大气运动方程和离散化示意图

数值求解。大气运动方程组空间数值离散化后，得到水平和垂直方向上的固定格点，相邻格点围成的空间单元称为网格，相邻格点之间的固定距离即为网格分辨率。目前用于全球数值天气预报的网格分辨率为 18～80km，区域性预报的网格分辨率为 3～12km，而用于特殊区域和重要应用的分辨率为 0.1～4km。分辨率越高，离散计算截断误差越小，能分辨更细致地对天气过程有重要强迫作用的地形、地理等下垫面特征，但同时计算量需求也迅速增加。

预报初始场和边值场来源于包括地面、海洋、探空、飞机、雷达、卫星等遍布全球的气象观测网络，经过一定的分析、处理和计算后，最终得到的全球网格化初始场和边值场数据。美国、欧洲、加拿大、日本和中国的初始场和边值场数据较为先进，网格分辨率一般在百千米左右，可用于驱动计算更为精细化的数值天气预报。

2. 物理过程参数化方案

大气的辐射、对流、扩散、降水、云雾、水汽、湍流等微物理、微气象过程，由于尺度太小或机制复杂，难以由大气运动原始方程组直接计算得到，因此在计算方程中添加这些物理过程的代表统计参量，即参数化方案（见图 6－90）。参数化方案对于提高预报技巧至关重要，尤其是电网所在的大气边界层区域，参数化方案可影响风速、温度、降水量、湿度等多种要素的预报准确度。参数化方案一般通过对大气偏微分方程添加源项或汇项的方法实现。

3. 观测数据同化

观测数据同化指的是将气象观测资料实时融入数值天气预报的计算方程中，通过计算方程将观测数据对预报数据的修正效果扩展到时间和空间格点上，从而提升整体的预报准确度。

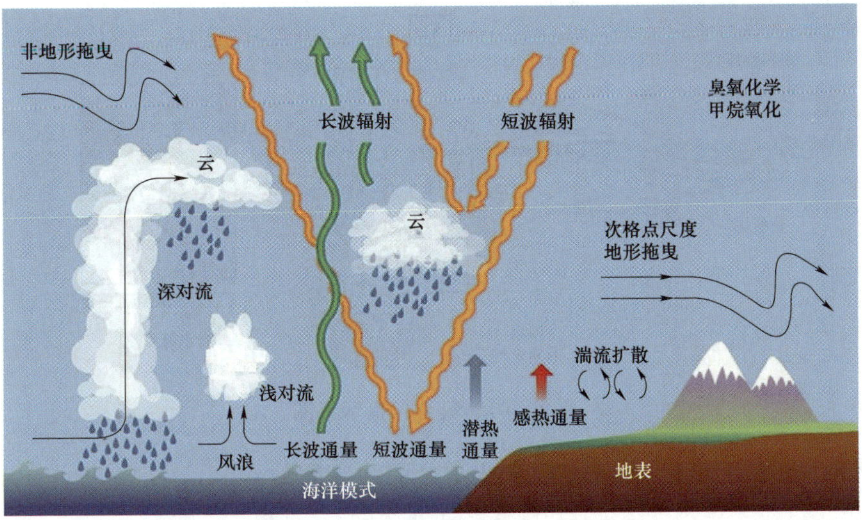

图 6－90　物理过程参数化方案的模拟对象

当今，气象数据不仅包括来自全球各地的探空站、地面站、测风等的大量常规观测数据，还包括越来越多的非常规观测数据，如飞机、气象卫星、雷达等不同类型的探测数据，这些观测数据对提高数值天气预报精度起着非常重要的作用。目前较为常用的常规数据同化方法包括最优插值、松弛逼近、卡曼滤波、三维变分、四维变分等。非常规观测数据的同化，一般分为间接同化和直接同化两种。拿卫星数据来说，间接同化就是用卫星的辐射率探测资料反演出温度、湿度廓线或风场等数据，然后将数据同化入数值模式。直接同化是不通过反演，而是在观测算子中考虑大气辐射传输正演模式，使用变分等方法直接融入卫星辐射率。

4. 集合预报

初始场、边值场和计算过程中不可避免地具有观测误差和离散误差，且大气运动方程的非线性性质使得其对于误差非常敏感，导致误差随着预报时间的延长而增大，最终导致预报完全偏离真实，即数值天气预报具有不确定性。采用集合预报代替单一预报是降低不确定性的一种有效方法，如图 6－91 所示。

集合预报一般是通过对初始条件进行扰动，得到同时刻的一系列初值成员，再分别向前进行集合预报，或是考虑物理过程不确定性，构建多个参数化方案组合成员进行集合预报。集合预报最好是各成员的预报评分比较接近，且各成员的整体离散度能够有效代表预报的不确定性范围。集合预报有利于知道真实大气中最有可能出现的一个预报值——集合平均预报。因为集合平均把过滤掉了可预报性低的随机成分，所以它是一个比较稳定和准确的预报。另外，用户不但能知道预报值，还可通过计算成员间的离散度，来度量预报结果可能出现的

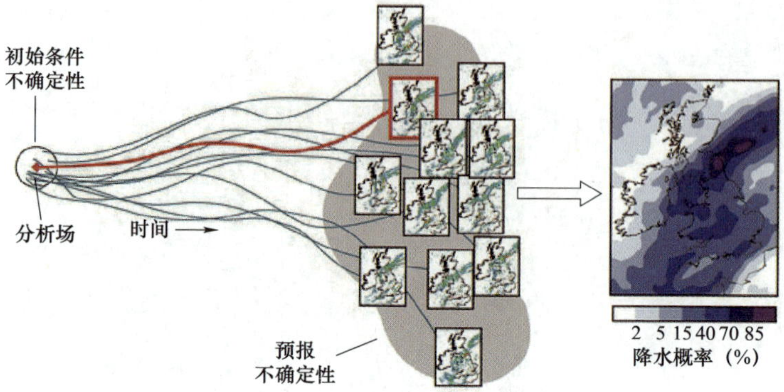

图 6-91　集合预报示意图

概率值，方便用户结合概率信息做出更全面地决策。

6.4.2　电网气象预报模型

数值天气预报的技术流程目前已形成了成熟的、可移植的集成模型，即数值天气预报模式。数值天气预报模式分为两种，一种是大尺度的全球模式，另一种是中尺度的区域模式。全球模式的目标是求解全球的天气状况，一般采用谱计算方法，模式吸收全球的观测数据进行同化，包括地面气象观测站、高空观测站、气象卫星等。目前世界上较为著名的全球模式包括美国的 GFS、欧洲的 ECMWF、加拿大的 GEM、日本的 GSM 等，预报时效在 1～10 天，我国的全球模式主要为 T639 和 GRAPES 模式。区域模式的目标在于求解局地几百、几千千米范围的局地天状况，一般采用格点差分计算方法，并从全球模式的预报场中提取背景场进行动力降尺度，其预报精度依赖于全球模式的预报精度，但由于区域模式的分辨率较全球模式更为精细化，且能吸收更多的包括雷达等观测数据，因此预报结果较全球模式更为精确，目前较为著名的区域模式包括美国的 WRF、MM5、MPAS 等。

随着大规模集群计算能力的提升，观测站点的增加、数值计算方法和气象理论的深入研究，数值天气预报的准确度不断攀升。

电网气象环境属于局地区域预报，需要的主要是区域模式，如图 6-92 所示，数值天气预报技术主要包含数据输入及预处理、主模式、后处理 3 个部分，各部分的功能及细节简述如下。

1. 数据输入及预处理

首先要为模拟区域划分离散的数值计算格点，使用插值方法为这些格点插入 GFS、ECMWF 等背景场信息，从而使模式具备运行所需的初始场和边界场。一般来说，区域模式的分辨率在几 km 量级，而背景场的分辨率在 30km 以上，

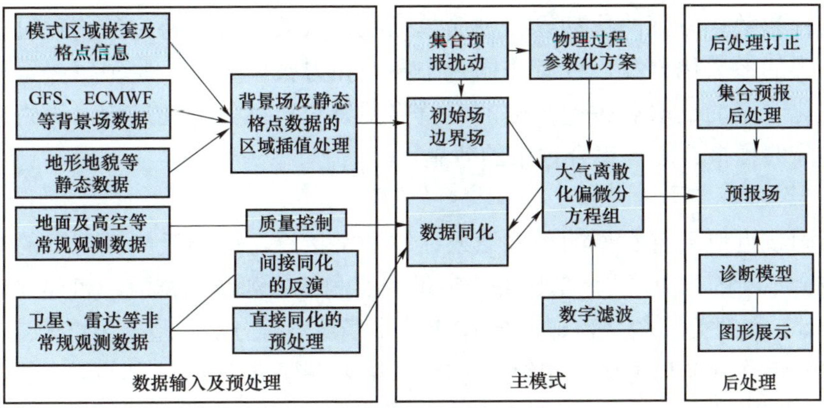

图6-92 区域数值天气预报技术集成体系

由于尺度跨度较大，常常使用逐层嵌套的方法，将背景场信息逐渐降尺度到几km量级的格点上。除背景场插值，诸如土壤类型、地表利用类型、地形高度、年平均深层土壤温度、月季植被覆盖、月季反照率、最大的积雪反照率及斜坡的类别等静态地形、地貌数据也会插值到计算格点上。

气象部门站点常规观测数据一般包括地表、10m高度及高空的风、温、湿、压等气象变量，这些数据经预处理阶段的质量控制后，直接进入数值模式的同化模块，使用变分、卡曼滤波或松弛逼近等方法进行同化。

卫星和雷达等非常规数据的直接同化需在预处理步骤中实现对卫星和雷达资料的通道选择、坐标标定、变量转化等。间接同化则需先根据观测资料同气象要素间的经验关系反演出气象变量的具体值，再同常规观测数据一起进行质量控制，然后进入同化模块。

2. 主模式

模式具备了运行所需的初始场和边界场后，即可输入大气离散化偏微分方程组进行数值求解得到预报场，此时需将预报开始前几个小时的观测数据通过数据同化手段融入预报场中，每个站点的观测数据从时间和空间上同预报场数据进行磨合分析，从而得到校正后的预报数据。由于预报场的数据在未同化前本身是动力协调的，而观测数据的融入会打破这种协调性，从而引起预报场中产生非真实的波动，这种波动会降低预报场的准确性和真实性，因此一般会采取数字滤波技术，对同化后的预报场进行滤波，去掉这些非虚假的重力波。

集合预报的扰动分为两种，一种是对初始场进行扰动，另一种是对物理过程参数化方案进行扰动。对初始场的扰动设计原则是，扰动场的特征大致上与实际分析资料中可能误差的分布相一致，以保证所叠加后的每个初值都有同样的可能性代表大气的实际状态，并且扰动场之间在模式中的演变方向尽可能大地发散，以保证其预报集合最大可能地包含了实际大气有可能出现的状态。对物理过程参数化方案的扰动设计则简单一些，只要对某一特定的物理过程选取不同种类的参数化方案，或者在同一个参数化方案中调整一些关键参数即可，但参数化方案的选取和关键参数的定值需要符合实际的物理过程，否则会造成偏离实际的预报，影响集合预报的效果。

3. 后处理

相同或近似天气类型的预报结果往往非常接近，同样天气类型下的系统性偏差将会不断的“重现”。在具备一定量的实测气象观测数据后，可建立预报模式的统计后处理订正模块，即结合 ANN、卡曼滤波等方法，基于历史天气分型下误差的统计及当前天气形势的诊断，对预报结果进行统计订正。如今随着机器学习技术的高速发展，人们也在尝试使用机器学习的方法提升预报场的准确率。

集合预报的后处理首先包括计算集合平均值，一般情况下，由于计算平均的过程中能把预报的随机信息过滤掉，集合平均预报通常比单个预报，甚至比用更高分辨率模式所产生的单个预报准确。此外，还可以通过计算上集合预报成员之间的发散程度来度量预报的可信度，某一气象要素的发散程度可以用其各成员预报极值在集合中的方差或标准差场来表示。集合预报的后处理还可以给出概率预报，即从集合所有的成员预报中算出某个预报发生的概率，概率预报有利于决策层考虑更加全面的应对方案。

后处理的诊断模型，是指针对电网应用需求的关键位置和关键要素进行建模，输入预报场的网格化常规要素预报，诊断得到电网设备处的关键要素，如杆塔线路位置和高度上的气象要素数据。

6.4.3 气象环境预测预报应用

使用数值天气预报技术可以对电网气象环境要素，如降水量、风速、风向、气温等要素进行定点、定时、定量预报，提升气象信息的实用性和可靠性。

降雨会对电网运维检修造成较大的影响。我国造成降雨的天气系统主要有华南前汛期的冷锋、静止锋、切变线、西南低涡、江淮流域梅雨锋、华北低槽和低涡、东北冷涡、台风等。目前数值天气预报技术可以较准确的预报这些系统的大致范围。为进一步提升对这些系统的预报精度，可以用低分辨率的集合预报估计最有可能的系统降雨位置，再用高分辨率的预报来调整系统降雨雨量。此外，还有尺度较小的局地强对流系统，往往会造成短时强降雨，预报难度较大，虽然目前数值天气预报的水平分辨率普遍达到了几 km 量级，但对局地强对流的预报精度仍有待提升。在数值天气预报模式中同化局地的雷达、卫星和地面站的观测资料，并结合短期临近预报方法提前 2～6h 实时调整预报结果，是提升强对流系统预报精度的有效方法。

风速和风向既受大尺度的大气环流影响，也会受到局地小尺度地形和地貌的影响。目前数值天气预报对大尺度大气环流特征的预报较为准确，但对局地效应的预报存在一定难度。数值天气预报模式目前的分辨率不能细致的描述微地形地貌差异，并且小尺度湍流的存在也不利于精确预报。针对微地形地貌引起的风速变化，可耦合使用 CFD、CALMET 等精细化流场诊断模式进行优化，诊断模式的地形分辨率一般都为几十到几百米量级，使用线性或非线性流体力学的风场计算方法，可改善由微地形地貌引起的风速预报误差。图 6-93 为 2017 年 7 月上旬对甘肃某地的耦合 CFD 模式诊断优化效果对比情况，可以看到，诊断优化可以有效提升风速的模拟效果，其相关系数由优化前的 0.65 提升到了 0.79。

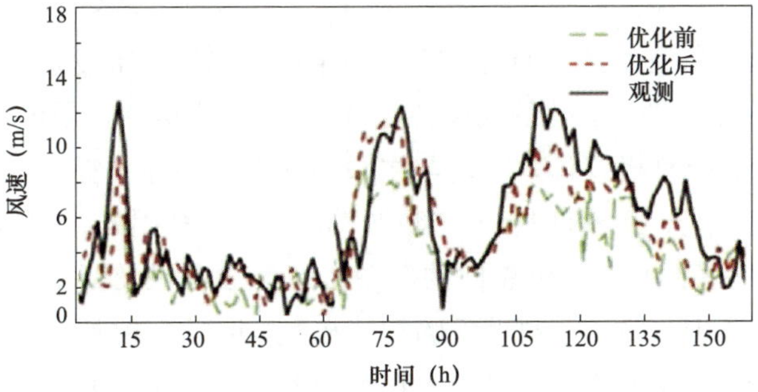

图 6-93　2017 年 7 月上旬对甘肃某地耦合 CFD 模式诊断优化效果对比图

气温是数值天气预报中的一个基本要素。大尺度天气系统可以较为准确地预报，影响预报精度的主要在于微尺度的次网格物理过程，比如描述大气辐射影响的辐射过程，水汽相变影响的微物理过程、地表植被和土地类型影响的陆面过程，以及垂直方向大气混合运动影响的边界层过程等。由于不同地区的气候特点有差别，描述物理过程的参数化方案也不同，应考虑局地气候特点选择相应参数化方案并细调方案参数。此外，卫星和雷达观测数据可以反演出局地的较高分辨率的水平和垂直方向的气温信息，因此可考虑同化卫星、雷达等观测数据，以进一步提升气温预报精度。图 6-94 为 2017 年 6 月对江苏沿海某地的同化卫星、雷达数据和未同化的温度预报对比情况，可以看到，采取同化手段可以有效提升温度预报的准确性。

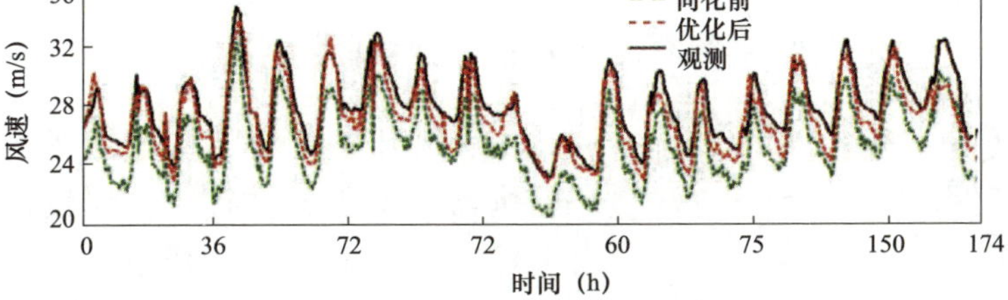

图 6-94　2017 年 6 月对江苏沿海某地同化的卫星、
雷达数据和未同化的预报效果对比图

第 7 章　电网设备智能化技术

智能化高压设备在组成上通常包括三个部分：① 高压设备；② 传感器或/和执行器，内置或外置于高压设备或设备部件；③ 智能组件，通过传感器或/和执行器，与高压设备形成有机整体，实现与主设备相关的测量、控制、计量、监测、保护等全部或部分功能。随着新材料、新技术的发展，利用光、电等多种物理效应，具有高灵敏度、高稳定性、高可靠性的新型传感器技术以及新型结构原理的一次设备应用在电网设备中，实现电网设备的智能控制、运行与控制状态的智能评估等智能化功能。通过电网设备的感知功能、判断功能及行之有效且可靠的执行功能，使电网设备达到最佳运行工况。本章主要介绍常见的几类智能化设备。

7.1　快速开关型变阻抗节能变压器

短路故障是造成电力变压器损坏、威胁电网安全的重要因素。目前广泛采用高阻抗变压器和限流电抗器来抑制短路电流的危害，但同时也带来了损耗增加、母线电压波动大的问题。为解决该问题，国家电网有限公司成功研制了世界首台 110kV 快速开关型变阻抗节能变压器和变压器快速变阻抗改造装置，通过了国家变压器质量监督检验中心的型式试验、特殊试验以及现场人工三相短路试验考核，并挂网运行。

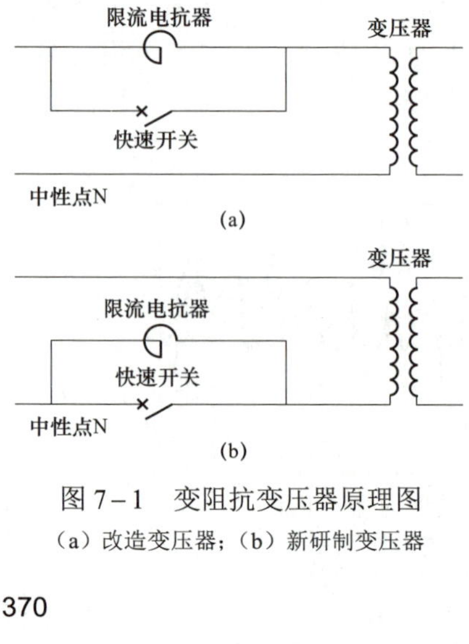

图 7－1　变阻抗变压器原理图

（a）改造变压器；（b）新研制变压器

7.1.1　原理和结构

快速开关型变阻抗节能变压器将限流电抗器与变压器进行一体化设计，通过开关控制电抗器投切。变阻抗变压器的单相原理如图 7－1 所示，结构如图 7－2 所示，改造变压器限流的空心电抗器和快速开关置于变压器高压套管中，串接于变压器高压侧绕组。新研制变阻抗变压器的限流空心电抗器置于变压器箱体内，快速开关置于油箱外侧，串联于变压器高压绕组与中性点之间。当变阻抗变压器正常工作的时候，并联模块中的快速开关闭合，限流电抗器和电容器被短路，变阻抗变压器此时就相当于一个普通变压器，并不会产生很大的损耗。当系统发生短路故障时，通过检测系统发现故障，则并联模块中快速开关断开，限流电抗器正常串联于变压器中，此时变阻抗变压器就相当于一个高阻抗变压器，从而起到故障时减小短路电流的作用。因此，变阻抗变压器可以实现变压器的短路阻抗的自主调节。该方案起到了高阻抗变压器的限制短路电流的效果，当系统正常运行的时候，可以通过快速开关闭合短路限流电抗器，减小变压器的阻抗，从而减小电力系统的无功损耗，改善电能质量。该项产品不仅可用于新生产变压器，也可用于在运变压器抗短路能力提升改造。

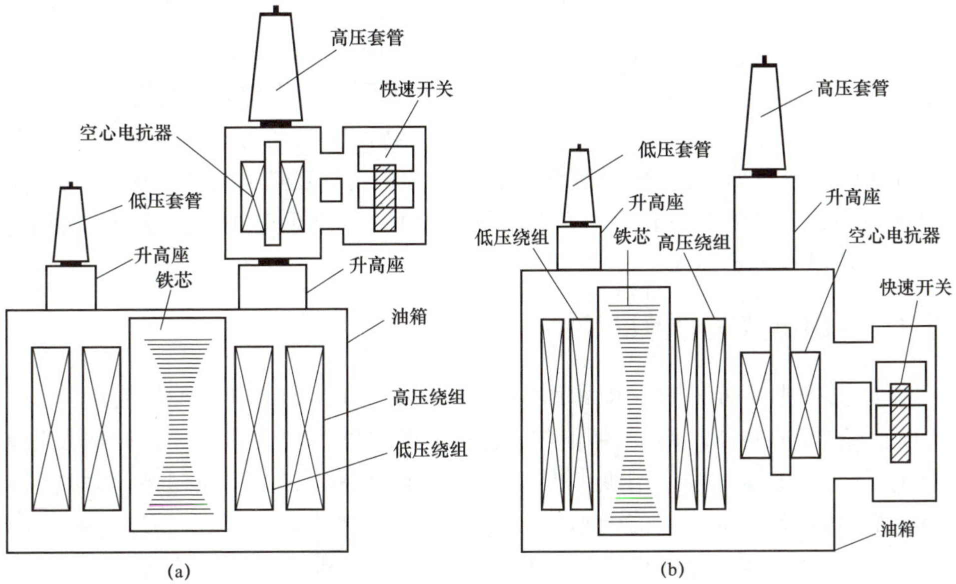

图 7-2　变阻抗变压器结构示意图

（a）改造变压器；（b）新研制变压器

7.1.2　快速开关开断技术

传统断路器大多数存在开断时间长的缺点，断路器固有分合闸时间为 40～80ms，对于 50Hz 交流系统而言，短路后 5～10ms 内电流达到冲击电流最大值。为了保护电力变压器等其他设备，需要控制限流电抗器的投切开关在较短时间内将电抗器投入，降低通过变压器的短路电流。

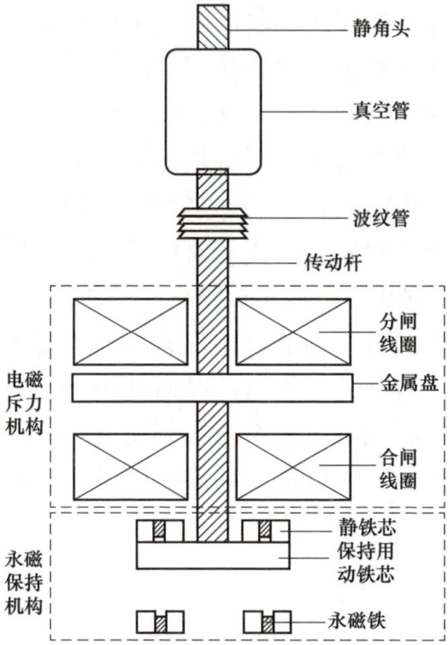

图 7－3　基于永磁斥力机构的快速开关结构原理图

采用基于电磁斥力机构的改进型快速开关作为限流电抗器投切的快速开关，要求在故障发生后迅速动作，实现快速分闸并达到额定开距。电磁斥力机构是一种利用涡流原理制作的快速操动机构，结构原理如图 7－3 所示，主要包括真空灭弧室、电磁力斥力机构和永磁保持机构。真空灭弧室动触头经过传动杆与金属斥力盘、保持动铁芯连接。在合闸位置时，永磁体产生的永磁力将运动铁芯可靠地保持在合闸位置，进而通过传动杆将斥力盘和动触头保持在合闸位置。对永磁斥力机构的真空快速开关动作特性的研究主要包括金属盘尺寸质量、外接电路参数等因素对分闸运动的影响，并根据计算结果制作了样机。实验结果证明该快速开关能在 5ms 之内可靠分闸，动作分散度小于 0.2ms，且满足准确快速投切限流电抗器的要求。

7.1.3　变阻抗变压器保护技术

继电保护主要分为主保护和后备保护两种。主保护是在故障发生的第一时间内进行的保护动作，而后备保护则是在主保护失效或者不动作的时候发生的保护行为。变压器一般采用纵差保护作为其主保护，其工作原理是比较被保护设备各侧电流的相位和幅值大小。以发生三相短路故障为例，当发生区外故障时，纵差保护不会发生动作；当发生区内故障时，纵差保护会正确动作。故障发生前后变阻抗变压器的阻抗并不相同，这种阻抗变化会直接影响到继电保护的灵敏性。因此，普通变压器适用的过电流保护并不适用于变阻抗变压器，其灵敏度无法满足要求。为此提出了自适应后备保护方法，其基本原理为设计一个自适应元件，该元件能在线实时监测系统的运行方式和发生短路故障的故障类型，进而改变电流保护的电流整定值。自适应元件可在线检测系统的运行方式，自适应后备保护可自动适应系统运行方式的变化，使得断路器不会发生拒动或者误动，并使后备保护灵敏度不变，增大保护范围。变阻抗变压器正常工作时，不会因为投切的电抗器值太大而导致过电流保护的保护范围减小。三相短路和相间短路时后备保护灵敏度不发生变化，且发生不同类型故障时的保护范围基本相同。此外，该方法可在线整定保护的定值，便于运行人员进行整定。

该变压器抗短路能力强，短路电流限制深度超过 40%，短路电动力下降 64%，极大提供了变压器耐受短路电流的能力。减少了对下级母线短路的电流供给，提供了下级电网设备的可靠性。正常工作时，不增加系统阻抗，损耗低；减少了对无功补偿装置容量的要求；改善母线电压质量。可自动抑制空载变压器投切过程中的励磁涌流。该技术和产品既可用于新造变压器，也可用于老旧变压器改造。

7.2　多参量全光纤传感 110kV 变压器

状态监测是智能变压器的重要组成部分，通过传感技术，实现变压器运行状态的实时在线监控、故障诊断，实现状态检修，减少人力维护成本，提高设备可靠率。随着技术的发展，具有一体化监测技术的新型变压器成为研究热点。

7.2.1　原理和结构

光纤传感器能够测量的量非常广泛，包括温度、压力、应变、振动、超声等物理量，具有极高的泛用性。光纤传感器在变压器的状态在线监测方面具有很高的应用价值。

国家电网有限公司研制了基于光纤的各类传感器，以及光纤、光纤传感器及其附属组件在变压器内部的稳定性和可靠性，研究光纤温度、振动、压力、超声波局部放电传感器在变压器内部布置和安装方式，最终，研制了 110kV 全光纤传感变压器样机，并通过了型式试验和特殊试验考核，于 2018 年挂网运行。

7.2.2　光纤传感器选用

基于法布里泊（F－P）滤波器的光纤局部放电超声波检测传感器及其对应的解调装置，可实现变压器内部绝缘故障的有效监测。

基于光纤光栅的光纤压力传感器及其对应的解调装置，可实现变压器压靴动态压紧力的在线监测。

基于光纤光栅传感技术的准分布式光纤光栅串温度传感器应用于变压器绕组撑条，可实现变压器绕组温度场的准分布式测量；基于悬臂梁的光纤振动传感器，可实现变压器内部振动的有效测量。

7.2.3　研制关键技术

研制关键技术主要包括如何保证光纤、光纤传感器及其附属组件在变压器内部的稳定性和可靠性，光纤温度、振动、压力、超声波局部放电传感器在变压器内部布置和安装方式，全光纤传感功能的 110kV 变压器的研制。

（1）光纤温度传感器。分别在高压侧和低压侧线圈的绕组垫块中安装温度传感器用于监测变压器绕组热点温度，在绕组撑条中安装光纤光栅串温度传感器用于测量变压器纵向温度场分布。图 7-4 所示为撑条中安装光纤光栅温度传感器。

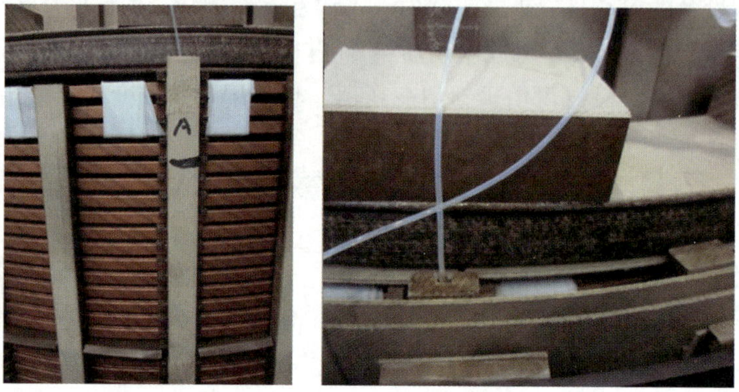

图 7-4　撑条中安装光纤光栅温度传感器

（2）光纤振动传感器。图 7-5 为光纤振动传感器安装图，光纤振动传感器被固定在铁芯上夹件的特制基座上，该基座与铁芯夹件垂直且紧密连接（刚性连接），铁芯上的振动能够不受阻挡的直接传递到传感器上。传感器与底座结构不脱落，传感器底座与上夹件刚性连接。

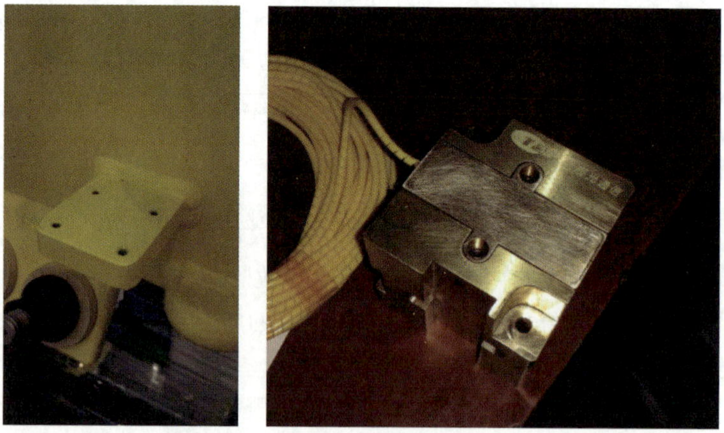

图 7-5　光纤振动传感器安装图

（3）光纤压力传感器。图 7-6 为光纤压力传感器安装示意图，通过光纤绕组动态压力传感器可实现变压器绕组变形的实时监测。实际应用过程中，在变压器三个绕组分别对称安装两个压力传感器。安装时先选择合适的绝缘垫片，并在上面开槽，用于放置绕组动态压力传感器，再将带有传感器的垫片放置到上压板与绕组之间或下托板与绕组之间，预紧后完成安装。

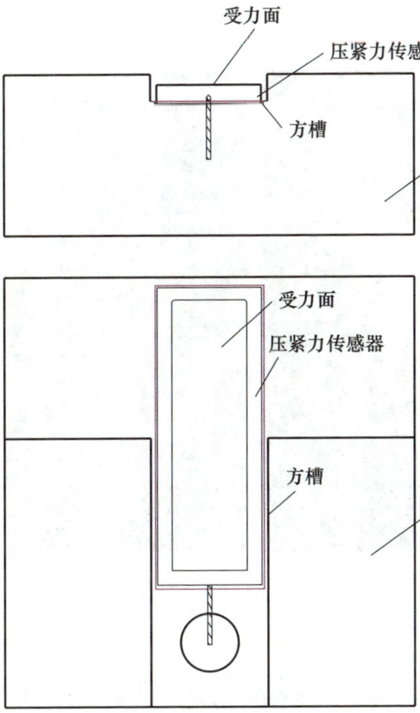

图 7-6　光纤压力传感器安装示意图

（4）光纤局部放电超声传感器。图 7-7 和图 7-8 所示为光纤局部放电传感器及其安装图。通过封装结构保证局部放电传感器能方便安装在支架上，并在三个方向上限位，防止传感器被油流冲动，在支架上面不同方向开槽能实现传感器对各个方向上局部放电信号的监测。在高压侧引线支架上面安装 3 个局部放电探头对准 A、B、C 三个套管引线接头处，可以监测套管及引线部位局部放电。将传感器安装在引线支架上或者安装在绕组垫块中可以测量绕组局部放电。

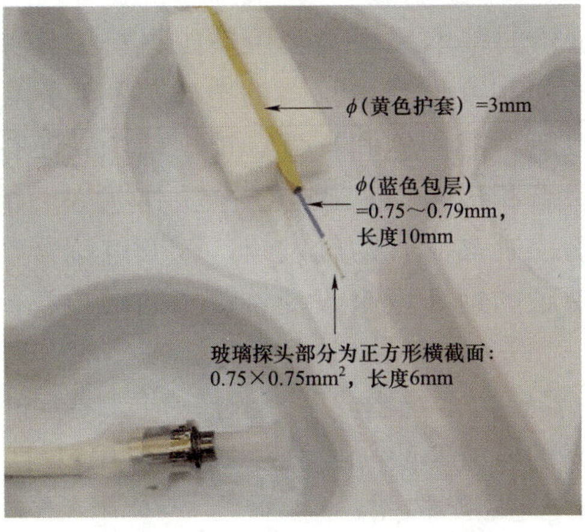

图 7-7　光纤局部放电传感器

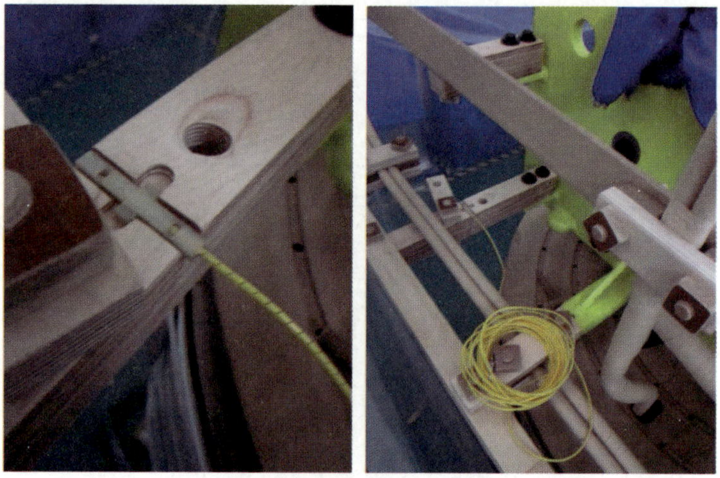

图 7-8　局部放电传感器封装及安装

7.3　750kV 磁控式可控并联电抗器

在现有的电力网络中，用于无功功率补偿的并联电抗器容量多是不可调节的，不能完全满足超高压和特高压电网稳定、安全和经济运行的需求。磁控式可控并联电抗器具有控制灵活、响应速度快和平滑调节系统无功功率的优点，可实现真正的柔性输电；还可抑制工频过电压和操作过电压，降低线路损耗，大大提高系统的稳定性和安全性。

7.3.1　原理和结构

磁控式可控电抗器的基本原理是利用铁磁材料磁化曲线的非线性关系，通过改变铁磁材料的饱和度调节电抗器的电感值和容量，具体是利用交直流混合励磁的特性来改变铁芯的饱和程度。根据两个铁芯柱的工作特性可分为空载状态、半饱和状态和极限饱和状态三个工作状态。根据电网中监测到参数的变化，系统自动控制晶闸管的触发角，改变电抗器铁芯中的直流励磁电流大小，通过控制铁芯的饱和度来改变铁芯中的磁导率，进而调节电抗器的输出容量。

磁控式可控电抗器整个系统由 3 个部分构成：① 可控电抗器本体部分；② 带有晶闸管整流器的整流及滤波装置；③ 测量控制及二次保护装置。图 7-9 为磁控式可控电抗器主电路结构图。

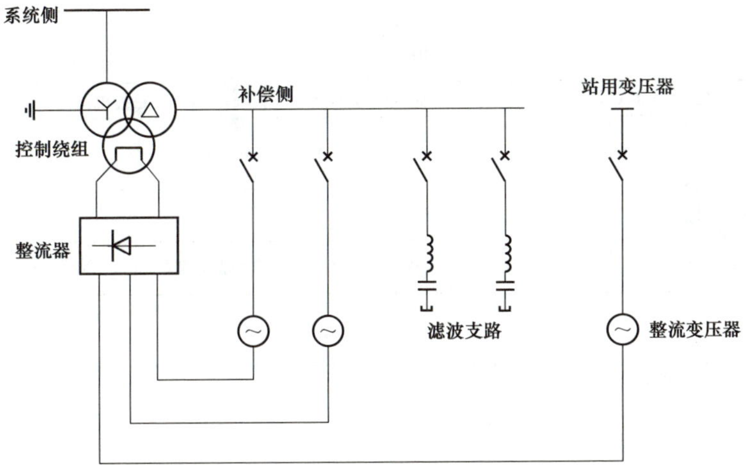

图 7-9　磁控式可控电抗器主电路结构图

7.3.2　电抗器本体设计

（1）电抗器铁芯。铁芯采用单相四柱式结构，进口高导磁、低损耗优质晶粒取向冷轧硅钢片叠积，采用五级全斜接缝，充分应用自动理料技术，保证铁芯的剪切和叠积质量。

（2）电抗器绕组。绕组排列由内向外一次为：控制绕组、补偿绕组和网侧绕组。网侧绕组是与系统母线直接相连的绕组，三相绕组的连接方式为中性点直接接地的星形接线；三相控制绕组采用两串三并的结构，连接后引出两个端子，一个端子与励磁系统的直流输出侧的正极相连，另一个端子与励磁系统的直流输出侧的负极相连，调节直流电源电压和绕组中的直流电流以改变铁芯的饱和度；补偿绕组是本体的第三绕组，为励磁系统提供交流电源。

（3）防漏磁结构。采用传统的器身磁屏蔽结构，无法满足有效的控制磁漏的需求。采用在主铁芯两侧分别放置框型副轭的磁分路结构，能有效地控制产品漏磁，降低附加损耗及局部过热的可能。

7.3.3　励磁系统设计

图 7-10 为 750kV 磁控式可控电抗器系统平面图，采用自励磁和外励磁结合的励磁方式。外励磁方式是由外接电源给励磁系统供电，可靠性受外接电源的影响较大，与自励磁方式相比可靠性较低。自励磁方式是由本体的补偿绕组取能给励磁系统供电，不依赖站用电系统，运行可靠性高。

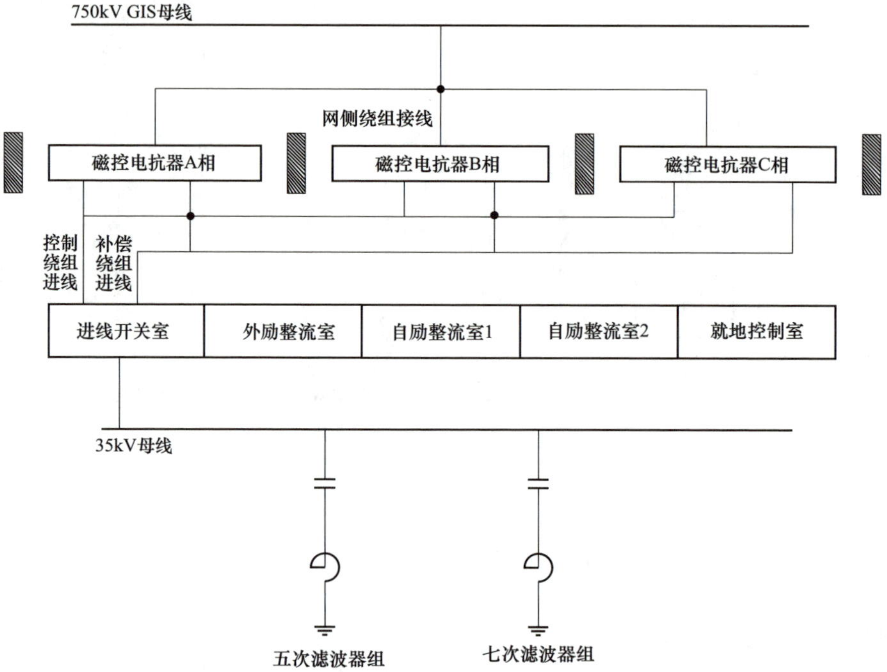

图 7-10　750kV 磁控式可控电抗器系统平面图

自励磁系统由整流变压器和晶闸管整流器构成，励磁系统的交流电源取自可控高抗本体的补偿绕组，整流器的直流输出端与本体控制绕组相连。为提高装置运行的可靠性，可设置多套自励磁整流单元在线冗余。开关站自励磁系统包括两套励磁单元，每套励磁单元均有独立的整流变压器和整流器，任一套励磁单元中设备的故障不影响另一套系统的正常运行，两套系统可采用一主一备的运行方式，也可两套并联运行。

外励磁系统作为装置启动时的预励磁和备用励磁，结构和自励磁系统相同，由整流变压器和整流器构成，励磁系统的交流电源取自站用电系统，整流器的直流输出端与高抗控制绕组相连。外励磁系统与自励磁系统无需通过断路器或者接触器进行切换，而是用过触发或封锁脉冲来切换。

补偿绕组除提供自励磁电源外，还可以连接滤波器或并联电容器组，一方面给系统提供无功功率，增大可控高抗的调节范围，另一方面可为本体运行中产生的主要次谐波提供流通路径，减少流入系统的谐波分量，减少可控电抗器对系统的谐波污染，提高系统的电能质量。

7.3.4　谐波处理

磁控式可控电抗器基于磁放大原理，交流电流经整流后供给控制绕组进行直流励磁，铁芯中含有直流分量的磁通，因此在整个系统中由于整流和直流励磁，会使电流中含有谐波分量。谐波主要以 3 次、5 次、7 次为主体，谐波分量的大小随饱和程度的不同而变化。可控高抗本体的补偿绕组为角接结构，不仅为控制绕组提供电源，也为 3 次谐波电流提供流通通道，消除网侧绕组 3 次谐波电流。5 次和 7 次滤波器投入运行后，滤波效果较好，谐波电流总畸变率满足 3%的要求。

750kV 磁控式可控电抗器主要技术参数见表 7－1。

表 7－1　　750kV 磁控式可控电抗器主要技术参数

项　　目	技术参数
型号	BKDFZT－110000/750
额定容量（Mvar）	110
容量调节范围（%）	5～100（线性平滑调节）
电压组合（kV）	$800/\sqrt{3}-72.5/\sqrt{3}-40.5$
频率（Hz）	50
冷却方式	ONAF
相数	单相
联结组标号	YNyn0－yn0d11（三相）
空载损耗（kW）	≤100
总损耗（kW）	≤480
绝缘水平（kV）	网侧线端：L1/S1/AC 2100/1550/960
	网侧末端：L1/AC 550/230
	控制侧：L1/AC 325/140
	补偿侧：L1/AC 200/85
噪声水平（dB）	≤75

7.4　输电设备智能化

传统的输电设备在进行远距离输电时具有可靠性差、输送效率低等缺点，难以适应新型能源发电的间歇性、分布式特点。该需求直接推动了智能输电设备的产生、发展和应用。智能输电设备主要包括以下三类：

（1）柔性交流输电设备。该类设备能够对输电系统的运行参数（如电压、阻抗、相位等）进行实时控制和调整，从而提高输电功率、降低输电成本、减少输电损耗。目前已经应用的柔性交流输电设备有静止调相机、静止快速励磁器、串联补偿器以及无功补偿器等。

（2）柔性直流输电设备。该类设备主要为换流站和逆变站，实现交直流电之间的能量转换，即首先将发电厂产生的高压交流电转换为高压直流电，然后进行远距离传输，到达目的地后，再将高压直流电转换为高压交流电。与交流输电系统相比，直流输电系统具有、稳定性高、损耗低等优势。

（3）高温超导输电设备。主要包括超导磁储能设备、超导限流器和超导电缆。该类设备利用超导体电力技术，减少关键部件的阻抗值，从而降低电力系统的损耗，提高电力系统的稳定性。

7.4.1 柔性交流输电（FACTS）

我国能源分布与负荷中心之间的不协调，导致远距离输电与大电网的形成，容易出现系统振荡、系统稳定控制、交直流混合电网协调、潮流调控能力、电压崩溃与电压稳定等问题，这都要求提高输电系统的输电能力和调控能力。柔性交流输电（FACTS）技术的出现，有效缓解了以上问题。

柔性交流输电技术是在输电系统的主要部位，采用具有单独或综合功能的电力电子装置，对输电系统的主要参数（如电压、相位差、电抗等）进行灵活快速的适时控制，以期实现输送功率合理分配，降低功率损耗和发电成本，大幅度提高系统稳定和可靠性。其主要功能为：较大范围地控制潮流、保证输电线路容量接近热稳定极限；在控制区域内可以传输更多功率，减少发电机的热备用；依靠限制短路和设备故障的影响防止线路串级跳闸，阻尼电力系统振荡。

柔性交流输电设备主要包括可控串补、静止无功补偿装置、静止无功发生器、统一潮流控制器等。

（1）可控串补（TCSC）。以可控串补装置为例，可控串补设备由阻尼装置、串联电容器组、控制保护装置、可控硅阀组及氧化锌非线性电阻等部分共同构成。可控串补设备关键技术包括高压平台上阀组制造与集成技术、串补系统各元件的保护原理与技术、光供电的电子式互感器技术及高压平台上的阀组触发、冷却、监视技术等。通过将可控串补技术应用于现代电力系统中，不仅有助于提高电力系统的输送能力，降低网损，而且还有助于保证潮流分布的均衡性及电力系统的稳定性。

（2）静止无功补偿装置（SVC）。以静止无功补偿装置为例，静止无功补偿设备工作原理为：由电器组与空心电抗器并联组成，通过将空心电抗器与晶闸管串联，便可以控制晶闸管触发角达到控制流过空心电抗器电流的目的。静止无功补偿设备关键技术包括可控硅阀组的触发技术，多目标、多任务 SVC 综合控制技术及系统设计与集成技术等。通过将静止无功补偿技术应用于输电网中，既能够增加输电线路的输电能力，又能够起到调节电力系统电压、平衡三相电流的作用。同时，通过将静止无功补偿技术应用于配电网中，既有助于控制与系统的无功交换，增强电力系统的安全稳定性，又有助于降低配网损耗，增强供电质量。

（3）静止无功发生器（STATCOM）。以静止无功发生器为例，其质上是一种平滑可控的动态无功率补偿装置，该项装置依托于全控器件的电压源型逆变器完成无功的吸收与发出。其中当前静止无功补偿器具有三种类型，包括可控饱和电抗器型、自饱和电抗器型及相控电抗器型。静止无功发生器关键技术包括基于全控器件阀组的冷却技术、基于全控器件阀组的触发技术、基于全控器件阀组的结构设计与制造技术及多目标、多任务静止无功发生器综合控制技术等。通过将静止无功发生器应用于现代电力中，既可实现动态快速连续调节无功输出，以满足功率因数补偿要求，又能够发挥超强无功补偿作用，以保证较快的响应速度。

（4）统一潮流控制器（UPFC）。统一潮流控制器的工作原理，依托于 FACTS 装置，采取多种有效方法统一控制电力系统的电压、阻抗及相角等多方面线路参数，以实现控制有功、无功潮流与等效阻抗的目的。统一潮流控制器关键技术包括柔性交流输电技术、换流技术等。通过将统一潮流控制器应用到现代电力系统中，能够达到独立控制输电线路中有功、无功功率的目的，对提高电力系统输电效率具有积极显著积极效应。

7.4.2　柔性直流输电

直流输电工程以直流电压、电流实现电能传输，直流输电工程的系统结构分为两端（端对端）直流输电系统和多端直流输电系统两大类。两端直流输电系统只有一个整流站（送端）和一个逆变站（受端），它与交流系统只有两个连接端口。多端直流输电系统与交流系统有三个或三个以上的连接端口，它有三个或三个以上的换流站。两端直流输电系统又可分为单极系统、双极系统和背靠背直流系统三种类型。目前直流输电工程主要应用在远距离大容量输电和电力系统联网两个方面，其主要特点与其两端需要换流和输电部分为直流这两个基本点有关，因此其发展与换流技术的发展有着密切的关系。

目前，已实现工程应用的柔性直流输电系统包括两端型系统、三端型系统和五端型系统，其中两端型系统工程应用最多。两端柔性直流输电系统由两个电压源换流站和两条直流输电线路构成，拓扑结构如图 7－11 所示，它由换流站、换流变压器、换向电抗器、交流滤波器、直流电容器等部分组成。其中每个电压源换流站主要包括电压源换流器 VSC（Voltage Source Converter）、换流变压器（或换流电抗器）、直流侧电容器和交流滤波器。换流变压器是 VSC 与交流侧能量交换的纽带，同时也起到对交流电流进行滤波的作用；VSC 直流侧电容器的作用是为 VSC 提供直流电压支撑、缓冲桥臂关断时的冲击电流、减小直流侧谐波；交流滤波器的作用是滤去交流侧谐波。两侧的换流站通过直流输电线相连或采用背靠背连接方式，一侧工作于整流状态，称为送端站，另一侧工作于逆变状态，称为受端站，两站协调运行共同实现两侧交流系统间的功率交换。两端换流站中的任一个既可以作整流站也可以作逆变站运行，功率可双向传输。

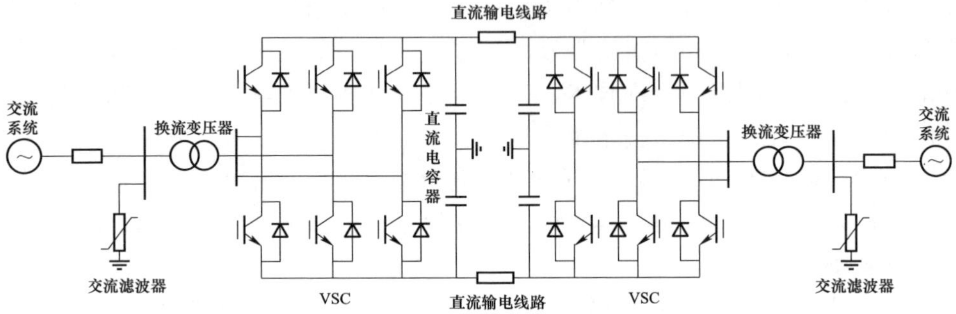

图 7－11　两端柔性直流输电系统拓扑结构图

（1）换流变压器：换流变压器为电压源换流器提供合适的工作电压，保证电压源换流器输出最大的有功功率和无功功率。

（2）交流滤波器：因换流器输出的交流电压中可能会有一定量的高次谐波，通常应在换流母线处安装适当数量的交流滤波器，由于需要滤除的都是高次谐波，所以其体积和容量都较小，这也是柔性直流输电系统的一个技术优势。

（3）换向电抗器：是交流系统和电压源换流器之间进行功率传输的纽带，它在很大程度上决定了换流器的功率输送能力以及有功功率与无功功率的控制，同时也起到滤波的作用。

（4）电压源换流器 VSC：VSC 的使用是柔性直流输电区别于常规直流输电的关键部分，在桥臂中用可控电力电子管（IGBT、IGCT）取代了以往的晶闸管，使整个变流系统更加可控。

（5）直流电容器：电压源换流器直流侧储能元件，为换流器提供直流电压；同时可缓冲系统故障时引起的直流侧电压波动，减少直流侧电压纹波并为受端站提供直流电压支撑。

正常运行时，VSC-HVDC 可以同时而且独立地控制有功功率和无功功率，甚至可以使功率因数为 1，这种调节能够快速完成，控制灵活方便。而传统 HVDC 中控制量只有触发角，不可能单独控制有功功率或无功功率。此外，VSC-HVDC 不仅不需要交流侧提供无功功率而且能够起到 STATCOM 的作用，动态补偿交流母线的无功功率，稳定交流母线电压。这意味着故障时，如果 VSC-HVDC 容量允许，那么系统既可向故障系统提供有功功率的紧急支援，又可提供无功功率紧急支援，从而能提高系统的功角稳定性和系统的电压稳定性。

VSC 电流能够自关断，可以工作在无源逆变方式，所以不需要外加的换相电压，受端系统可以是无源网络，克服了传统 HVDC 受端必须是有源网络的根本缺陷，使利用 HVDC 为远距离的孤立负荷送电成为可能。

潮流反转时，直流电流方向反转而直流电压极性不变，与传统 HVDC 恰好相反。这个特点有利于构成既能方便地控制潮流又有较高可靠性的并联多端直流系统，克服了传统多端 HVDC 系统并联连接时潮流控制不便、串联连接时又影响可靠性的缺点。

由于 VSC-HVDC 交流侧电流可以被控制，所以不会增加系统的短路功率。这意味着增加新的 VSC-HVDC 线路后，交流系统的保护整定基本不需改变。

模块化设计使 VSC 的设计、生产、安装和调试周期大大缩短。同时，VSC-HVDC 采用 PWM 技术，开关频率相对较高，经过高通滤波后就可得到所需交流电压，可以不用变压器，从而简化了换流站的结构，并使所需滤波装置的容量也大大减小。换流站的占地面积仅约同容量下传统直流输电的 20%。采用新型（XLPE）直流电缆，可以直接安装在现有交流电缆管内，可以使输送容量提高约 50%。

7.4.3　光纤复合架空相线（OFPC）

1. 光纤复合架空相线（Optical Fiber Phase Conductor，OFPC）结构

OFPC 是将传统的架空导线中心的受力构件中的一根或多跟钢芯线由不锈钢管的光纤单元替代，然后与多根铝包钢线绞合并构成中心加强芯，外层再绞合两层绞向相反的铝（或铝合金）线，构成导电线路，实现输电与通信的双重功能。如果将其与光纤复合架空地线（OPGW）比较的话，两者共同点都是绞合了一个光纤单元；不同的是 OFPC 绞合与架空导线中，具有导线和通信的双重功能，后者绞合于架空地线中，具有地线和通信的双重功能。图 7-12 为光纤复合架空相线（OFPC）的结构剖面图。

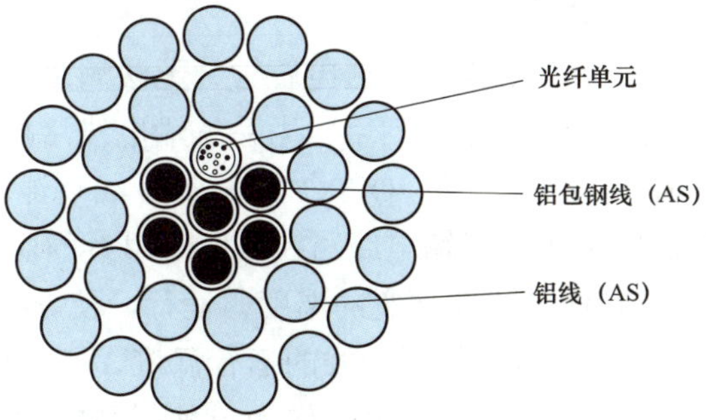

图 7-12　光纤复合架空相线（OFPC）的结构剖面图

2. OFPC 的优势

OFPC 通信是具有技术先进、安全可靠、节能效果显著等多种优势的新型通信方式。OFPC 作为架空相线架设，既输送电能，又作为光纤通信使用，不需要另外架设通信线路就可实现变电站之间的通电和通信。与普通架空光缆相比，OFPC 为全金属结构，提高了耐腐蚀性，延长了使用寿命。与光纤复合架空地线（OPGW）相比可以达到显著的节能效果，减少电能损失。同时可以利用光纤测温技术实现 OFPC 的实时温度在线监测功能，为输电线路状态监测、动态增容提供了新的技术手段。

3. OFPC 光纤测温技术及特点

OFPC 光纤测温技术是基于 OFPC 光缆的特性，利用拉曼反射原理和光纤材质的光敏性对温度的变化进行实时监测，充分掌握线路的运行状态，并通过温度的变化有效干预线路电流变化；同时，OFPC 测温技术的应用，也对冬季在线融冰、融雪创造条件。

OFPC 光纤测温主要有拉曼反射测温原理和光纤光栅测温原理。拉曼反射测温原理是向被测试光纤发射光脉冲，光脉冲通过光纤时一部分光会偏离传播方向并向空间散射，利用散射光回波延时测定测试点的位置。同时由于散射回波的强度受温度变化影响，可根据反射回来的光的强度计算出测试点的温度。利用以上原理，可计算出线路测试点的温度计位置。光纤光栅测温原理是通过特殊加工方式，使光纤内部形成相位光栅，局部形成一个窄带反射面，对特定波长的光进行反射，当光纤温度发生变化是，光栅周期会随着光纤的物理特性变化而变化，反射波长也随之改变。通过反射波长变化程度的测量，便可测量出光栅所在位置光纤温度的变化，通过对反射延时的测量，可确定光栅的位置。利用以上原理可测量出测试点的位置及温度变化情况。

OFPC 测温技术应用简便，不需在线路或杆塔上安装特殊的测温装置，结合 OFPC 光缆的特点，融入了光纤测试技术原理，既降低了线路建设成本，又达到了线路温度实时监控的目的，还可以实现输电与通信的双重目的。

4. OFPC 技术的应用前景

OFPC 技术解决了目前其他光缆遭遇电腐蚀、无法满足交叉跨越距离要求、遭雷击、被偷盗、线损等诸多弊端。利用电力系统输电线路路径资源架设 OFPC 光缆的方式很好地满足了各种需求。OFPC 同时具备线路测温与通信的双重优势。OFPC 测温技术的应用实现了输电线路在线实时温度的监测，不仅能对融冰提供参考数据，而且可确保导线在规定的温度内运行，使导线在安全的前提下，充分发挥导线的输电能力。通过掌握导线的运行温度，还能降低电网线损，防止电网过载，降低电网运行成本。OFPC 作为一种新型电力通信光缆技术将会在未来智能电网的建设中发挥重要作用。

7.5 智能配变台区

智能配变台区建设是智能电网的重要建设内容之一，是减少用户停电、提高供电可靠性和提升电能质量的重要手段，是社会各界感知和体验坚强智能电网建设成果的最直接途径。

7.5.1 智能配变台区现状

配变台区一般是指涵盖配电变压器高压桩头到用户的供电区域，通常由配电变压器、智能配电单元、低压线路及用户侧设备组成。按照应用场合主要有柱变台区、箱式变电站台区和配电室台区类型，农村以柱变台区居多，城市以配电室、箱式变压器类型台区居多。

作为配网的“最后一公里”，受制于低压电网的复杂性以及电网建设两头薄弱的现状，主要带来如下影响，存在以下诸多困难，主要原因：

（1）台区设备类型和数量多，分散于小区不同位置，户变关系调整后资产管理容易偏差和遗漏，需要人工普查，需要耗费大量的人力物力。

（2）因低压网络结构复杂，且缺乏实时的全面监测，发生用电故障后，抢修人员获取故障时间滞后且现场定位故障点时间长，导致总的抢修时间长，严重制约服务质量提升。

（3）供电半径和负荷容量分配不合理导致用户侧低电压问题；台区运行监控不到位导致停电原因不明、抢修不及时问题；现场运行的部分变压器存在三相负载不均衡和过载问题，已经严重影响了供电服务质量。

（4）部分台区因前期规划或用电负荷变更，存在三相不平衡、低电压、重载等异常情况，但缺乏有力的监测及调节手段。

（5）电能替代及智能充电桩、分布式电源、配电室环境监测等系统均独立部署，缺乏统一监测，不利于精益化管理。

目前，仅实现配电变压器及 0.4kV 配电柜的就地监测和保护，监测范围窄，并且无法通过系统查看和管理。配电变压器及用户数据通过电能表采集上传至用电信息采集系统，但采样周期大于 1h，不满足主动式、实时性的抢修要求。图 7-13 为台区监控现状架构。

7.5.2 智能配变台区系统

在配电自动化主站系统上增加智能配用电综合管控功能模块，在居民小区内部署新型台区终端，对配电变压器、用户表箱进行实时监测和故障分析，每个配电台区由台区智能终端进行数据集中，并统一经无线或光纤通道接入配用电管控模块。图 7-14 为总体建设思路。

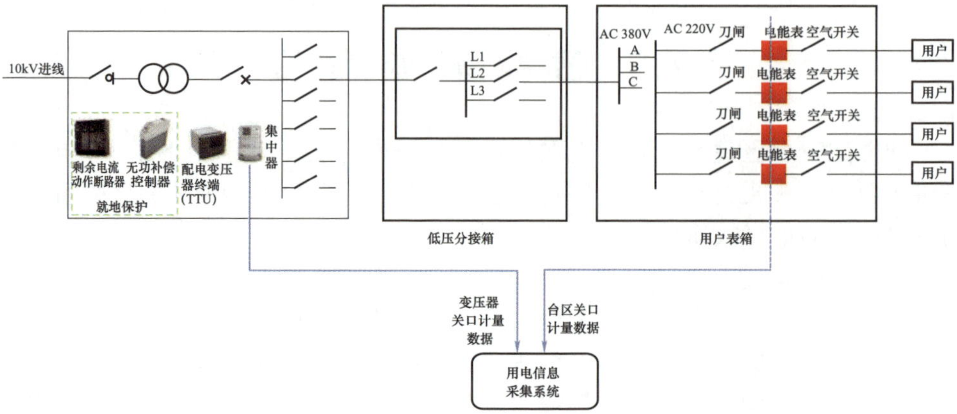

图 7－13　台区监控现状架构图

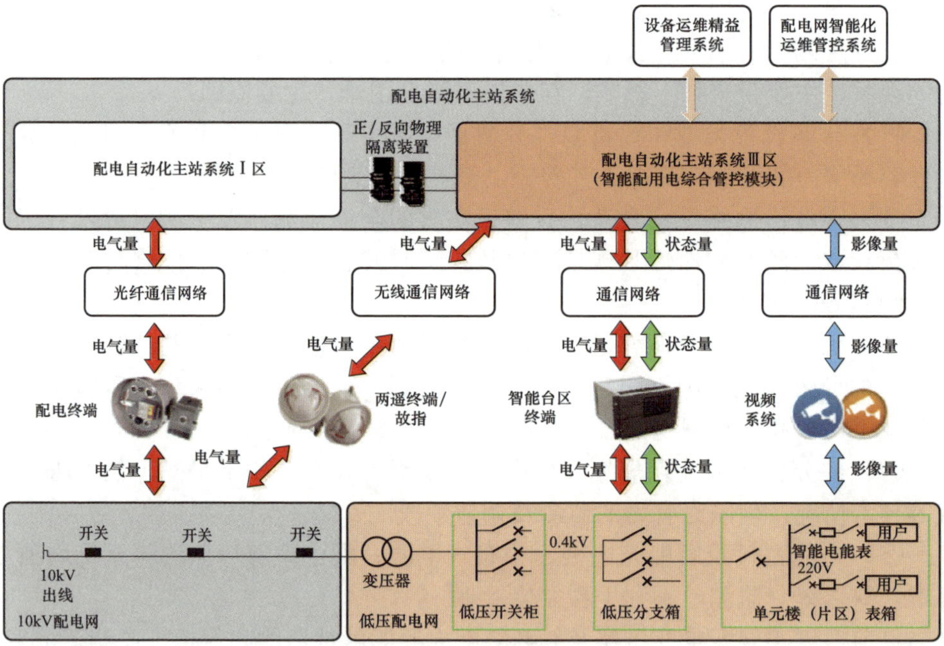

图 7－14　总体建设思路

1. 配电室监测技术方案

（1）按配电变压器数量配置台区智能终端。

（2）进线柜监测，对进线断路器三相电压直接采集，三相电流通过加装 TA 进行采集并接入智能台区终端。

（3）出线柜监测，配置多功能三相表计，采集电压、电流及断路器开关位置信号，并通过 RS485 总线接入智能台区终端。

（4）配电室内配置环境传感装置，包括温湿度传感器、电缆沟水位传感器，通过 485 通信电缆接入台区智能终端。

（5）变压器本体温度监测，通过 RS485 总线接线方式将温度传感器接入台区智能终端。

（6）无功补偿装置具备自动补偿功能，记录无功功率状况，通过 RS485 总线接入台区智能终端。

2. 低压表箱技术方案

在每一层楼用户电能表箱集中区进线塑壳断路器处配置 1 台分布式台区终端，实现表箱总进线三相电压、三相电流及用户出线侧电压量的采集，主要实现电表箱的负荷用户停电告警，电压过高、过低告警，路径信号注入。图 7－15 为低压表箱技术方案。

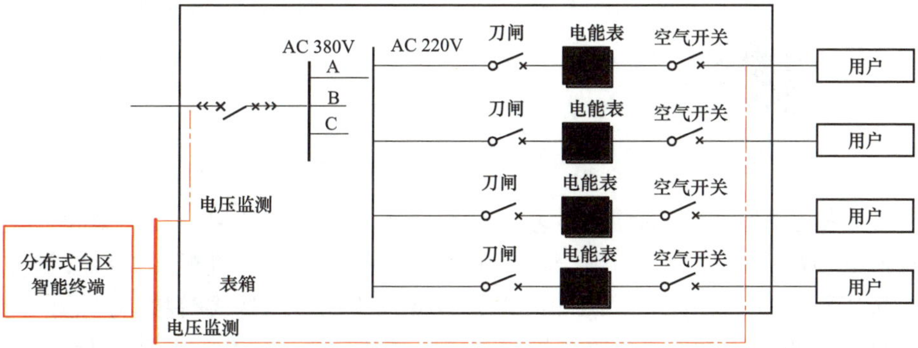

图 7－15　低压表箱技术方案

3. 通信技术方案

图 7－16 为通信技术方案，台区内终端的通信根据小区无线覆盖情况、分支箱和表箱位置，灵活选用微功率无线、低压电力载波、RS 485 总线、光纤通信方式，当环境复杂时，如存在地面阻隔时，可采用多种通信方式相结合。

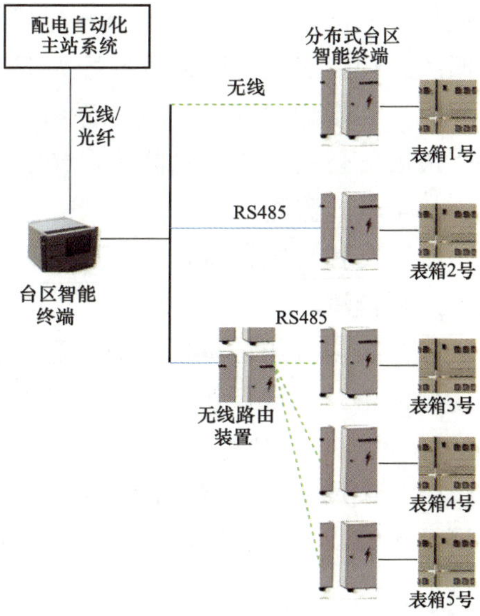

图 7－16　通信技术方案

7.5.3　智能配变台区的应用

智能配电台区的建设针对关键点开展，分为配电变压器和表箱两级，配电变压器侧按配电室、箱式变电站和柱上台变类型建设。当小区为重要供电用户时，可选择增加低压分支箱的监测接入。每个台区配置智能台区终端，实现对台区的监测，数量与变压器一致，安装于配电变压器旁边。用电范围内有多台变压器时，由每台台区终端独立对其所属区内信息集中监测并上送主站系统。在每台用户电能表箱旁配置 1 台分布式台区终端，实现对表箱总进线及用户线路的电气量监测及故障判定，如图 7－17 所示。

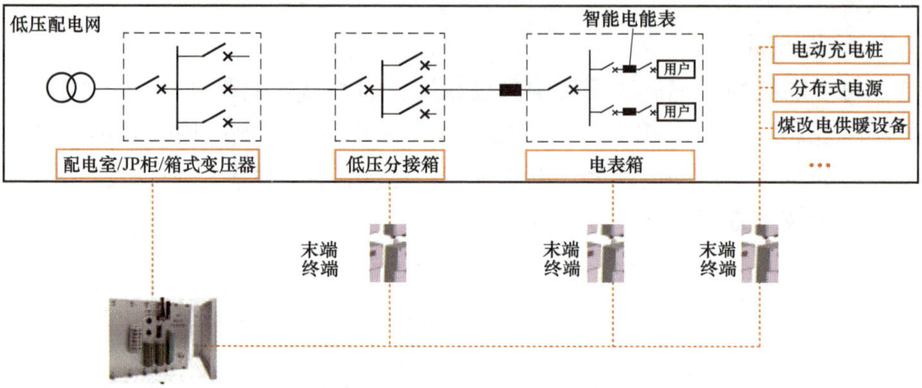

图 7－17　智能配变台区总体技术方案

结合智能配变终端的应用，基于分布式感知、边缘计算、云决策和多模协同组网等新技术，综合运用新一代配电自动化主站系统/智能配用电综合管控平台、智能配变终端、分布式感知终端、手持式移动运维终端等核心产品，构建基于物联网的中低压一体化监测管控系统，具备低压配网数据监测及状态感知、故障研判、风险预警、拓扑识别与分析、电动汽车充电管理等功能，支撑主动式低压配电网设备管控、精益化运维、电能质量分析与优化、新能源接入与消纳服务。智能配变台区建设目标如下：

（1）实现通过配电自动化系统对低压供电半径监测和管理的覆盖，实现配网“最后一公里”的实时监测，10kV 变电站—线路—配电变压器—用户的供电状态的全景式监测。

（2）支撑台区设备资产有序管理，具备台区户表拓扑关系识别，相位识别，表箱终端自注册功能。

（3）实现低压故障的实时告警、快速定位、停电事件主动推送问题，并结合抢修派单，实现低压故障主动式故障抢修，减少因低压故障引起的用户拨打 95598。

（4）实现智能配电室的环境及安防状态的监测及预警，低压主设备的状态监测及预警，配电变压器运行状态监测及预警。

第 8 章　电网运检智能分析管控系统与应用

2016 年，国家电网有限公司提出以智能运检技术发展规划为指导，积极适应“互联网+”为代表的发展新形态，应用“大云物移智”等新技术，融合多源数据，建立管控系统，有力支撑生产管理智能化，实现数据驱动运检业务创新发展和效率提升，全面推动运检工作方式和生产管理模式的革新。

8.1 功 能 定 位

管控系统与智能运检体系关系如图 8-1 所示，设备智能化、通道智能化、运维智能化和检修智能化是智能运检体系的主体，生产管理智能化是智能运检体系的中枢。管控系统作为数据分析和生产指挥平台，主要具有生产指挥、数据分析、智能研判、通道环境预警、可视化等功能；PMS 系统作为基础信息和

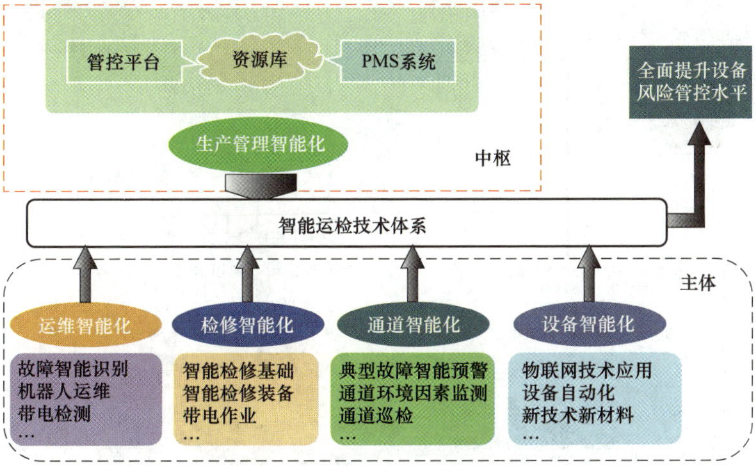

图 8-1　管控系统与智能运检体系的关系图

业务流转平台，主要具有基础台账信息采集、日常业务数据流转等功能。PMS 系统和输变电状态监测系统、机器人系统等多套信息系统共同支撑运检日常业务的开展。管控系统通过汇集 PMS 系统等运检业务系统的数据，深化应用，提升设备状态管控力和运检管理的穿透力。

8.2 总体架构

管控系统采用“两级部署、三级应用”的总体架构，总部与省（市）公司之间纵向贯通，整体架构如图 8-2 所示。不同于 PMS、输变电状态监测等系统的传统

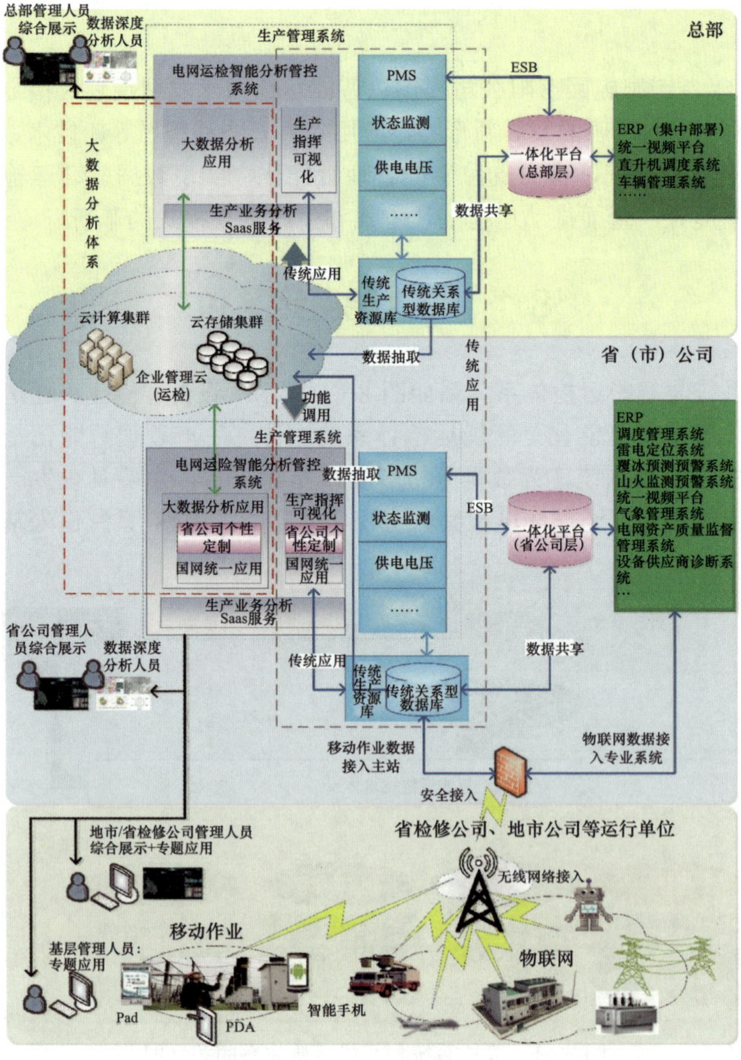

图 8-2 管控系统整体架构图

B/S 架构，管控系统采用分布式云存储与云计算，融合 PMS、状态监测、山火、覆冰、雷电、气象等多套信息系统数据，具有大数据分析能力，同时充分利用电力物联网建设成果，具有实时交互可视化能力。管控系统具备开放性与可扩展性，支持各网省公司个性定制，满足从总部、省公司、地市/检修公司、基层班组各级人员不同的需要，全面、高效支撑运检业务。

8.3　主要功能及实现

按照国家电网有限公司顶层设计，以提质增效为目标，充分利用公司已有信息化成果，不重复录入数据，不增加一线人员工作量，依托“大云物移智”新技术，以数据驱动全面状态分析、主动预测预警、精准故障研判，通过集约指挥实现全景现场可视、精益作业管理、高效指挥决策，实现运检管理精益化、生产指挥集约化、设备状态全景化、数据分析智能化。本节重点介绍设备精细管理、状态智能分析、故障智能诊断、运检过程管控、通道风险评估、项目精益管理等功能。

8.3.1　设备精细管理

1. 设备台账基础管理

构建以设备为中心，通过同步 PMS2.0 台账数据，对设备按电压等级、运维单位、生产厂家、设备类型、数量、分布情况、关键参数等进行多维度统计、分析以及多种形式展示，使设备统计和管理更加便捷直观，设备信息分析如图 8－3 所示。

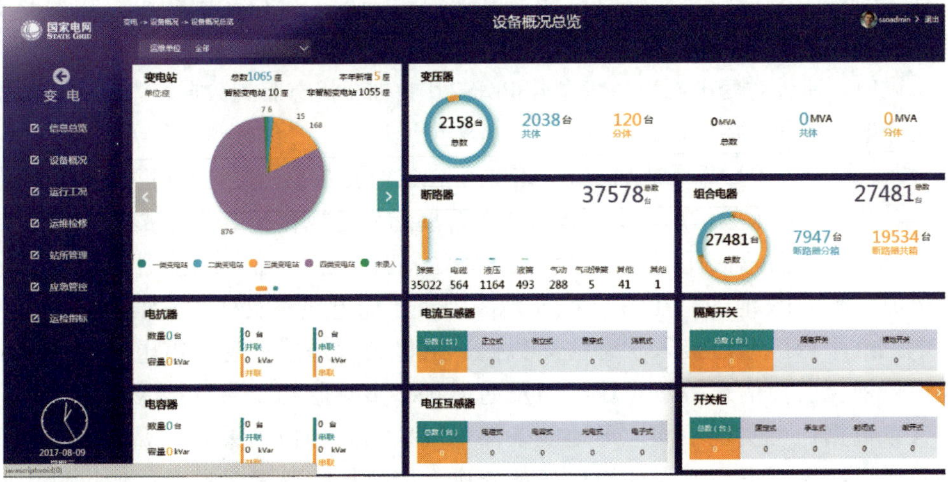

图 8－3　设备信息分析

2. 输变电三维 GIS 应用

搭建高清三维 GIS 平台，开展输电线路参数化建模和重要变电站（换流站）精细化建模，如图 8-4 所示。此外三维 GIS 平台具有距离测量、面积测量、三跨分析等功能，支撑电网设备故障分析、远程查勘等业务的开展。

图 8-4　高清三维 GIS 平台

变电站三维模型中，可采用精细化建模和简化模型两种。其中精细化模型长、宽、高或直径大于 0.01m 的物体应采用建模表现，其他较小部件宜贴图或真实纹理表现；模型轮廓线应反映主变压器的所有凹凸结构的外观细节，设备外观与实景相似度 90%以上。简化模型长、宽、高或直径大于 0.1m 的物体应采用建模表现，其他较小部件宜贴图或真实纹理表现；模型轮廓线应反映主变压器的主要结构。

同时，通过对变电站设备模型与 PMS2.0 数据、状态监测数据、调度运行数据以及变电站辅助监控等进行关联匹配，可实现通过点击三维模型，直观展示设备基础台账、检测试验数据、缺陷及故障信息、在线监测数据、实时负荷（或电流、电压）以及变电站视频信息，支撑运维人员开展远程巡视和变电站全域状态分析。

在输电方面，依托卫星影像、激光雷达扫描数据、无人机/直升机航拍影像等形成三维 GIS 地图，在三维 GIS 地图中搭建输电线路及杆塔三维模型，形成输电三维平台。通过接入状态监测数据、卫星山火遥感信息、雷电监测数据、通道可视化监控信息等，实现线路及通道状态实时监测；通过接入带高程信息的气象数据，可实现不同地形地貌条件下气象预测预报结果的直观展示，为线路及通道防灾减灾、巡视或检修任务安排、应急抢险等提供参考；通过融入河流水系、路网信息等，可实现输电线路交叉跨越的快速智能分析，为运维单位针对性开展“三跨”（跨越铁路、高速公路、重要输电线路）隐患点的排查、巡检等提供参考。基于三维平台的在线监测分析如图 8-5 所示，基于三维 GIS 平台的山火、雷电等监测及分析如图 8-6 所示。

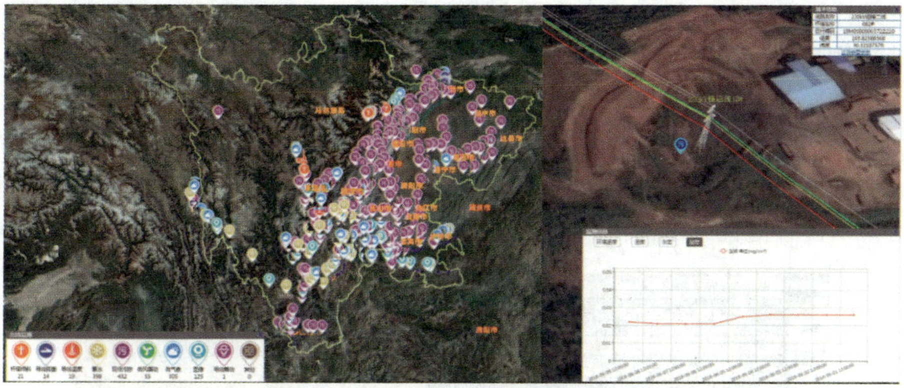

图 8-5　基于三维平台的在线监测分析

图 8-6　基于三维 GIS 平台的山火、雷电等监测及分析

通过接入与电网相关联的实时气象网格数据，将网格数据与设备坐标位置进行关联，可实现乡镇、变电站（换流站）/线路的未来 3 天逐小时温度、风速、降雨等气象预报服务，为一线人员针对性开展现场作业提供辅助支撑。预报精度为 3km×3km，局部区域可达 1km×1km，是常规天气预报精度的 9 倍以上。

8.3.2　状态智能分析

获取运检专业的设备试验、在线监测、缺陷等数据，调控专业的运行工况数据，外部的气象环境数据，开展多维分析；建立设备状态智能评价模型，融合多源数据，智能评价设备状态，提出辅助决策建议，提升设备状态智能分析水平。

1. 缺陷分析

管控系统以图形化方式按设备类型、设备厂家、运行年限等统计分析设备缺陷情况，支持关联查看设备各种信息、同类缺陷分析等功能，如图 8-7 所示。

缺陷基础信息展示通过同步 PMS2.0 数据，将设备缺陷信息按照设备类型、电压等级、运维单位、生产厂家、缺陷数量、缺陷等级、发生时间、分布情况等进行统计、展示，直观展现缺陷总体情况。同时，根据缺陷等级、发现时间，进行消缺情况分析，展示未消缺陷的同时，为检修计划的制定等提供参考。

同类缺陷分析则通过进一步对缺陷数据进行挖掘，从缺陷详表中抽取设备类型、生产厂家、缺陷性质、缺陷部位、缺陷原因数据，并进行多维度关联匹配，实现同类设备缺陷、同厂家设备缺陷、同类缺陷原因缺陷等的快速分析，为运维单位针对性开展缺陷排查、隐患整改，以及家族性缺陷分析等提供参考。

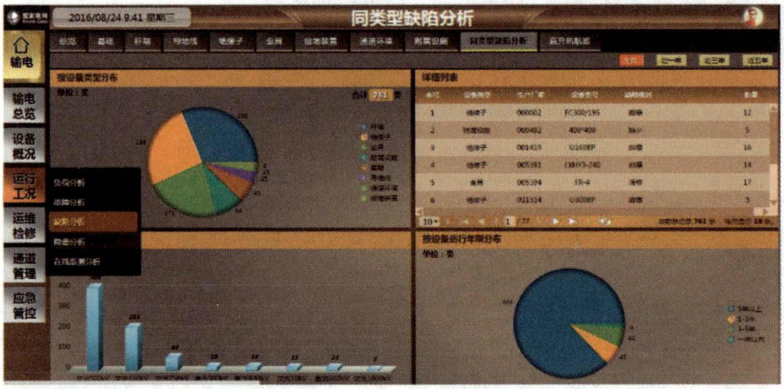

图 8-7　缺陷分析

2. 在线监测分析

管控系统直观展示不同电压等级、不同类型在线监测装置信息，分析在线监测装置运行工况，支持时间、空间等多维信息统计和实时告警数据查看，如图 8-8 所示。

图 8-8　在线监测分析

运行情况通过分析状态监测系统各类装置的数据回传频率，判断是否出现数据中断、数据延迟、装置长时间不在线等情况，为运维单位针对性开展故障装置消缺、保障电网设备监测实时性等提供依据。同时，还可以根据在线监测装置台账，匹配故障率较高的在线监测装置生产厂家、运行年限等，为不同类型监测装置运行维护、新增装置采购等提供支撑。

在线监测数据分析通过对实时数据进行挖掘，根据实际情况设置预告警阈值、设备状态分析模型（如覆冰拉力等值换算模型、油色谱三比值或大卫三角形评价模型、导线舞动评价模型）等，实现设备状态的实时分析和发展趋势判断。

此外，通过将在线监测数据与 GIS 地图结合，将监测装置与地图坐标、线路杆塔及变电站位置相匹配，直观展现故障、告警在线监测装置的分布，便于直观展现当前装置运行情况。

3. 负载率分析

针对变压器、线路，按输变配专业，分析最大负荷、负载率、重过载时长、轻载比例等信息，支持按时间、单位等维度查阅以及分析同期对比，如图 8-9 所示。

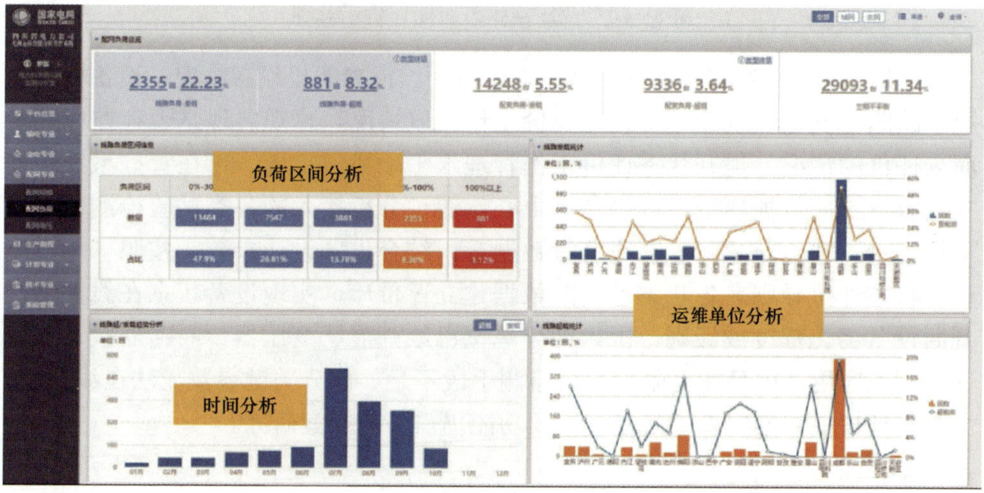

图 8-9　负载率分析

管控系统通过接入调度实时负荷数据，并根据 PMS2.0 设备基础台账中的额定负载或输送功率，判断电网设备是否存在重载、过载情况，根据设备负荷变化的时间规律，可重点排查长期重过载的情况，同时关联 PMS2.0 中对应设备的缺陷情况、历史故障、状态评价结果以及监测试验数据，便于运维单位重点针对存在缺陷、状态评价为异常的重过载设备开展设备运维、检修以及扩容改造等。

4. 状态智能评价

以变压器状态智能评价为例，融合设备台账等静态数据、巡视记录等准动态数据、状态监测等动态数据，搭建设备状态评价和趋势预测大数据分析模型，开展覆冰、山火、雷电等环境信息与设备状态信息关联分析，智能分析评价设备状态，支持辅助决策，如图 8-10 所示。

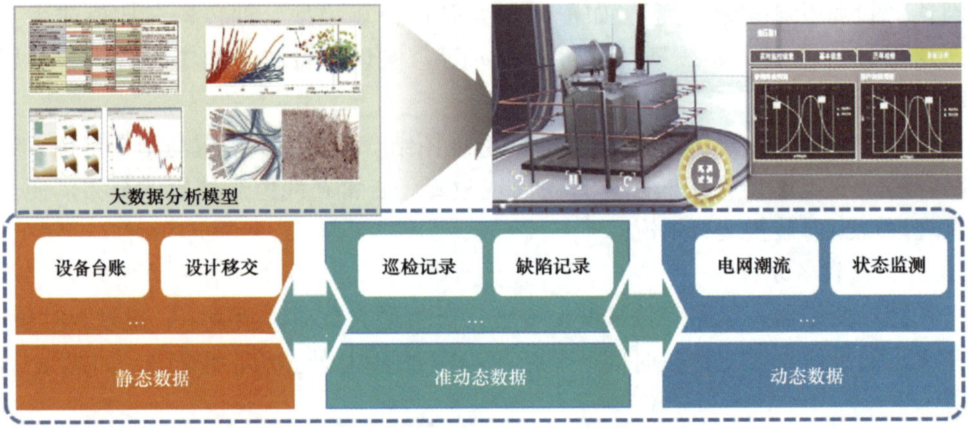

图 8-10　变压器状态智能评价示意图

通过接入 PMS2.0 状态评价数据，一方面，根据新投设备情况、设备检修情况、缺陷情况等，统计分析状态评价工作开展情况，直观展现是否存在应评价而未评价的情况，提升状态评价工作管理水平。另一方面，可在管控系统中建立状态评价大数据模型，以设备为中心，通过分析接入的各类试验检测数据、巡检记录、缺陷及故障、在线监测数据等，结合设备设计参数，按照《输变电设备状态评价导则》各状态量判断依据建立评价库，实现设备状态在线评估，判断设备劣化程度或级别，国内部分单位已经开展了变压器、断路器状态在线评价试点应用，但目前受限于部分监测手段不足、部分关键参数无法在线获取、大数据评价模型不完善等问题，该项功能仍需不断探索研究。

8.3.3　故障智能诊断

设备故障诊断思路如图 8-11 所示，融合保护动作、调度运行、在线监测、分布式行波等数据，关联查看故障设备履历、现场视频等信息，实现故障定位和故障原因初步分析，为快速处置提供决策建议。目前国内针对输电线路故障在线诊断的研究比较多，对于变电设备，由于信息无法全面采集、部分关键参数无法在线获取、诊断模型不完善等问题，智能诊断还需进一步研究和探索，因此本节主要介绍管控系统在输电线路故障智能诊断中的应用。

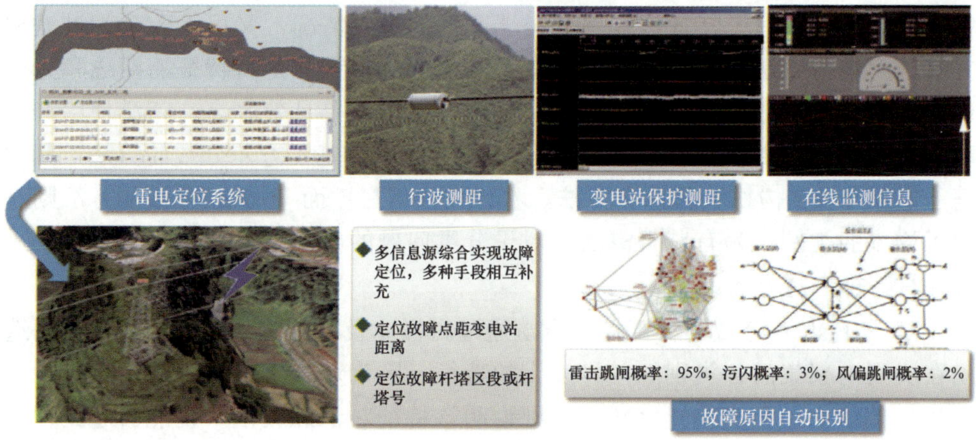

图 8－11 设备故障诊断思路

1. 故障信息判别

首先管控系统需要判断真实跳闸信息，将调度开关实时变位信息、停电检修计划、开关负荷数据接入管控系统，并对所有数据进行解析，以标准格式存入数据库中。当管控系统接收到开关合转分信号后，分析该信号是否与停电检修计划匹配，如匹配则为计划停电，分析结束。如不匹配，则根据合转分时间查找对应开关此时刻之前的负荷值，高于限值则判定为故障，否则为误发信号。

2. 故障点定位及故障原因识别

故障诊断主要分为两个方面，一是故障定位，二是故障原因分析。对于故障定位，可通过接入变电站保护测距、线路行波测距、雷电定位系统、输电线路山火监测数据等，将故障数据与线路杆塔位置进行匹配，综合判断具体的故障点或故障区段。对于安装有保护测距、线路行波测距装置的，优先利用测距信息判断故障点；针对部分测距信息无法采集的线路故障，则可利用雷电定位系统、输电线路山火监测数据、在线监测异常信息等，通过外部信息辅助开展故障定位。

引起输电线路故障的原因主要有雷击、风偏、污闪、山火、鸟害、异物短路、外力破坏等，国内外多个科研院所和高校从外界环境因素及线路内部因素对故障进行了详细的故障机理分析。本章介绍一种由山东大学车仁飞、徐志恒等人提出的基于特征挖掘的输电线路故障原因诊断技术。

（1）基于 Fisher 分数的特征挖掘方法。特征挖掘，从数学角度考虑即为在一组个数为 d 的特征集中选择出数量为 $k(k<d)$ 的部分最有代表性的特征子集，以此达到降低特征空间的维数的目的。按照对数据样本的分类类别考虑的差异程度，将特征选择算法主要分为有监督以及无监督两大类。有监督的特征选择方法建立在特征以及各类别之间的关联程度，作为衡量特征信息重要性的标准，

符合使用要求。对于特征选择与分类器联系的考虑情况，又可大致分为过滤型方法、封装型方法以及嵌入式的方法。其中过滤型方法是将特征的筛选和分类过程分离，仅由数据的自有属性决定，因此过程简单且效率高。广泛使用的过滤型特征筛选主要为基于打 Fisher 分数的算法以及基于方差分数的算法，其中基于方差分数的方法为无监督方法，不计类别信息；而 Fisher 分数的方法则考虑了样本的类别，为有监督算法，对于分类问题的研究更为有效，因此案例采用此种特征选择方法。

基于 Fisher 分数的特征挖掘方法通过对样本及标签在特征中的表现，筛选出在类别内聚集而各类别间差异度大的特征。因为若样本数据在某个特征中类内相似性较大，类间差异度较大，则说明该特征对于此类别来说能够起到很好的表征作用。

对于数量为 N 的待分析数据集，所含种类数为 c，特征的总个数为 K。计算得第 r 维（$r=1$、2、…、K）特征的平均值为 μ_r，方差为 σ_r^2；在样本中对应于第 w 类（$w=1$、2、…、c）的数据子集的数量为 n_w，对应第 r 维特征的均值及方差分别为从 μ_{wr}、σ_{wr}^2 。根据 Fisher 分数的定义，得对应于第 r 维特征的 Fisher 分数 F_r 为

$$F_r = \frac{\sum_{w=1}^{c} n_w(\mu_{wr} - \mu_r)^2}{\sum_{w=1}^{c} n_w \sigma_{wr}^2} \tag{8-1}$$

F_r 数值越大，表明此类特征对样本集种类判别的作用越大，因此特征自然就越为重要。因此，在对于样本信息中全部特征都进行 Fisher 分数的 F_r 计算后，将数值按照由大至小的顺序对其进行排列，对 F_r 数值设定阈值或者选择较大值所对应的特征或者直接选取排序靠前的某些特征，即可实现了故障的特征选择。

（2）故障外部特征挖掘。故障线路运行的恶劣环境因素尤其气象要素，是导致故障的主因，给电力系统安全运行带来巨大安全隐患。如今电力系统调度中的设备愈为先进，环境监测系统、气象监测系统、污秽监测系统及视频监控系统等不断被引入，可实现对输电线路运行的外部环境状况以及电力系统的运行状态的实时监测为故障诊断及故障影响要素分析提供了技术支撑以及信息来源。因此，在进行输电线路故障原因辨识分析研究中考虑气象因素的影响是可行的，也是十分有必要的。

由自然灾害引发的输电线路故障具有如下特点：受自然气象变化规律影响很大，跳闸事件发生的时间相对集中，具有一定的规律。故障规律是对故障发生可能性的一种衡量，对于原因辨识提供一定依据。根据各种线路故障原因的外部特征分析，除了天气、时段和季节特征外，不同故障发生与地形条件、风

力、温度、湿度也具有一定的关系。由于气压、湿度、温度可对空气密度、碰撞电离及吸附过程产生影响，故而间隙临界击穿电压随之改变影响了故障发生的可能性。

鉴于样本数据信息的有限，案例仅考虑了天气、季节以及时段这三种特征对于故障的影响，在之后的研究中，数据样本信息充足时，可对特征进行扩充与完善，以实现更准确地辨识效率。

1）天气特征。天气与输电线路的故障发生之间存在一定的关系，输电线路故障的发生时常伴随着恶劣的天气状况，如雷雨、大风、雪、雾等，因此利用现代电力系统所得的污秽监测设备、雷电监测设备、气象预警设备以及其他外部环境监测设备所得的实时监测信息可为故障原因的辨识分析提供数据来源和技术支撑。所统计的故障样本中，故障发生时刻的天气有晴天、阴天、多云、阴雨、雨夹雪、雷雨、大风、大雾等，案例将其划分为五类：晴朗、雷雨、雨雾（阴雨、毛毛雨、大雾等）、阴云（阴天、多云）以及大风，在图 8-12 中分别用数字 1～5 所表示。案例数据包含 105 个样本，横坐标表示故障样本的序号，故障类型按照雷击、风偏、鸟闪、污闪、树闪以及山火顺序依次排列，并用不同颜色表示，后以文图表表述方法等同。

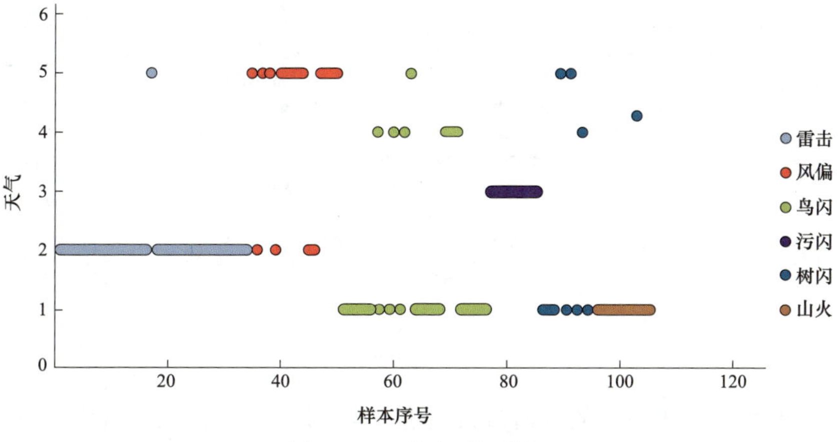

图 8-12　故障天气特征

各种类型的故障都具有较为明显的天气特征，尤其雷击故障以及污闪故障与相应的天气几乎呈现一对一的特征，说明这两种故障的发生与天气具有极大的相关性。对于样本中所选取的五种故障天气，用五个数字来表示相当于拆分为五个特征值。实际故障时的天气与描述一致，则对应的值取为“1”，如雷雨天气则表示为“10000”。对故障样本数据可算出各故障类型对于天气这五个量所对应的 Fisher 分数值见表 8-1。由表 8-1 可以看出，雷击故障与雷雨天气及污闪故障与雨雾天气的值很大，表明具有高度相关化，与理论及图表展示相符合。因此，天气特征可作为输电线路故障辨识的有效特征。

表 8-1　　天气特征 Fisher 分数表

故障原因	晴朗	雷雨	雨雾	阴云	大风
雷击	0.328	3.979	0.046	0.035	0.058
风偏	0.102	0.008	0.017	0.013	0.954
鸟害	0.276	0.215	0.031	0.160	0.037
污闪	0.051	0.053		0.007	0.017
树木	0.062	0.060	0.010	0.002	0.002
山火	0.250	0.060	0.010	0.007	0.019

2）季节特征。由生活常识以及实际经验，在气候特征四季分明的地区，气象灾害也相应具有明显的季节特性。图 8-13 分别给出了不同故障原因类型的故障发生时刻所对应的月份分布图。

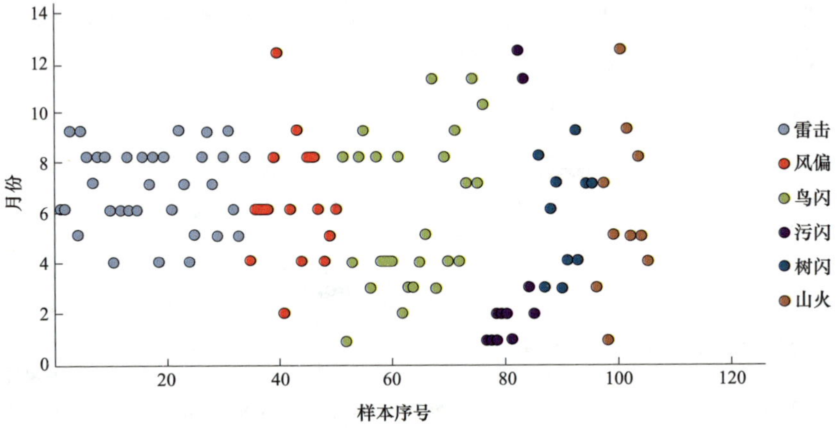

图 8-13　季节故障统计

总体看来，发生故障的峰值月份出现在 4～9 月。雷击以及风偏故障主要集中在夏季前后，因夏季多发雷雨及鹏线风等强对流天气；污闪均发生在温度相对较低、降雨少、污秽积累严重的冬季；在春秋季节发生鸟害和山火，其中鸟闪在 3、4 月以及 8～11 月发生较多，分别对应筑巢期以及候鸟迁徙；树木故障多集中于降雨量多，生长快速地春夏时节。

同理，可用四位数字的组合表示一年的四季。由故障样本数据可算出对于重合闸特征各故障类型所对应的 Fisher 分数值见表 8-2。由表 8-2 可以看出，各故障的 Fisher 分数值大小分布与理论分析以及图形展示的规律相符合。因此，季节也可作为故障原因辨识的有效特征。

表 8-2　　季节特征 Fisher 分数表

故障原因	春季	夏季	秋季	冬季
雷击	0.026	0.101	0.001	0.072
风偏	0.003	0.013	0.008	0.000
鸟害	0.034	0.035	0.010	0.007
污闪	0.018	0.075	0.001	0.566
树木	0.004	0.002	0.001	0.015
山火	0.017	0.023	0.001	0.006

3）时段特征。按照小时将一天划分为 24 个时段，针对 6 种故障类型样本，所对应的故障发生时段统计情况如图 8-14 所示。

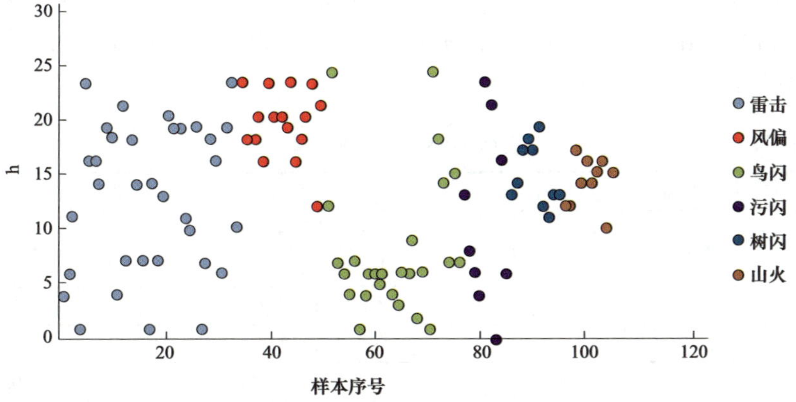

图 8-14　故障时间统计

雷击跳闸多发生于日间，分布较为均匀，汇集于 8:00～20:00，这与雷电活动特征基本相符；在鸟害故障中，凌晨 2:00～7:00 发生较多，与鸟类清晨觅食习性一致；而污闪故障夜间以及凌晨相对较多，对应气温较低、空气湿度大，利于绝缘子表面的污秽层湿润，而分布不似理论分析的集中程度是因为故障样本的不完备。树闪故障以及山火故障多集中温度较高的中午及下午时段。

为了统计计算方便，将故障时间进一步划分为四个时段：清晨（5:00～9:00）、白天（10:00～16:00）、晚上（17:00～22:00）、午夜（23:00～4:00）。由故障样本数据可算出对于时间特征各故障类型所对应的 Fisher 分数值见表 8-3。由表 8-3 可以看出，Fisher 分数数值分布与画图内容相符合。

表 8-3　　时间特征 Fisher 分数表

故障原因	清晨	白天	晚上	午夜
雷击	0.003	0.000	0.005	0.001
风偏	0.049	0.015	0.103	0.001
鸟害	0.197	0.069	0.083	0.031
污闪	0.009	0.004	0.009	0.007
树木	0.028	0.037	0.013	0.030
山火	0.028	0.187	0.012	0.030

4）在线监测特征。同时，通过接入覆冰、雷电、山火、污秽等在线监测数据，对自然环境进行甄别，调整 Fisher 分数。调整公式为

$$F_r' = F_r + F_r \times A \qquad (8-2)$$

式中　F_r'——调整后的 Fisher 分数；

A——在线监测装置特征调整系数。

根据分析故障时刻在线监测装置数据、雷电定位系统数据、山火遥感信息等的统计，得到不同自然灾害的 A 值，各使用单位也可以根据自身电网的特点进行微调。在线监测特征调整系数见表 8-4。

表 8-4　　在线监测特征调整系数

在线监测类型	程度	A 值
覆冰厚度	大于设计厚度 30%	0.9
	小于设计厚度 30%	0.7
雷电（线路周边 2km 范围内）	大于杆塔耐雷水平	0.9
	小于杆塔耐雷水平	0.4
山火	距离线路 1km 内	0.8
	距离线路 1～2km	0.5
	距离线路 2km 以上	0.3
污秽	大于设计污区	0.5
	小于设计污区	0.1

（3）故障内部特征挖掘。故障内部特征主要通过解析故障录波图，故障类型不同，录波图反映出的信息也不同，从中主要得出两类故障信息：①观测所得的故障前后各相电压和电流的波形变化信息，以及跳闸后的重合闸是否成功等直接信息；②由录波数据进行分析计算而获得的间接信息。下面分别从故障重合闸特征、故障相电流非周期分量特征、过零畸变特征以及故障过渡电阻特征几方面进行特征挖掘分析。这里重点介绍对重合闸、故障相电流等特征挖掘。

1）故障相重合闸特征。重合闸是基于故障线路被跳开后，故障点的绝缘性

能能否快速恢复而决定是否能重合成功，具体统计结果如图 8－15 所示。雷击、鸟粪所导致的故障在跳闸后空气的绝缘性能由于电弧熄灭而瞬间恢复，所以重合闸多为成功；而风偏、污闪及山火故障后其主要环境因素在短期内无法得到改善，因此重合闸不易成功。而树闪故障则根据短路的物体不同而表现不同特性，不具有明显特征。因此重合闸特性也可用于故障原因的辨识。

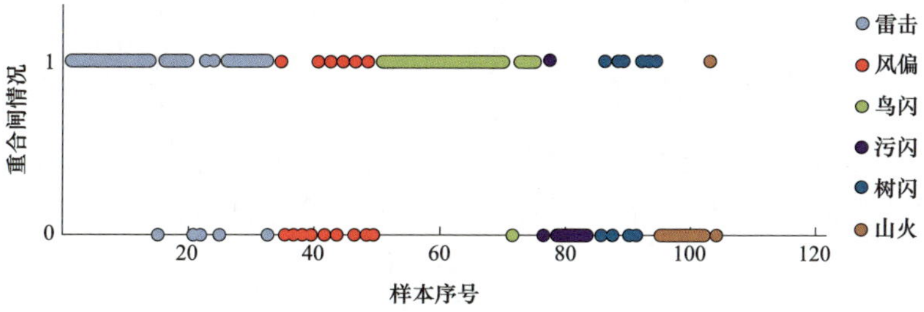

图 8－15　重合闸特征统计

由故障样本数据可算出对于重合闸特征各故障类型所对应的 Fisher 分数值见表 8－5。由于重合闸特性分为两类：雷击、鸟害故障重合闸都相对容易，风偏、污闪、树闪及山火故障失败较多，故障之间对比并不十分明显，Fisher 分数的数值相对都较低。

表 8－5　　重合闸特征 Fisher 分数值

故障原因	雷击	风偏	鸟害	污闪	树木	山火
Fisher	0.095	0.061	0.163	0.132	0.001	0.158

2）故障相电流非周期分量特征。由于非线性的过渡电阻会引入谐波，因此山火、树闪这两种非金属性接地故障分量中往往含有丰富谐波，而雷击、污闪等含量极少。三次谐波在单相接地故障中的特征相较其他次谐波更为突出，因此选用三次谐波作为高频谐波的表征。同时鉴于故障发生瞬间线路电流值以及外界有无能量注入情况不同，部分故障类型的故障相电流存在一定的衰减直流分量。因此，通过对故障相电流提取直流含量及三次谐波分量进行特征分析与验证。

鉴于录波采样数据的离散性，采用离散傅里叶变换方法（DFT），对故障后一周波的故障相电流采样数据 $i(n)$，$n=0$，1，2，…，$n-1$ 进行分解，转化为各次谐波的展开

$$I(k)=\sum_{n=0}^{N-1} i(n)e^{-j\frac{2\pi kn}{N}} \qquad (8-3)$$

式中　k——谐波次数；

N——一周波的采样点个数。

当 $k=0$ 时，$I(0)$ 表示直流分量；$k=1$ 时，$I(0)$ 表示基波分量；$k=1$ 时，

$I(k)$ 表示 k 次谐波分量。

故障相电流的直流分量、基波分量及三次谐波分量计算式分别如下

$$
\begin{aligned}
I(0) &= \sum_{n=0}^{N-1} i(n) \\
I(1) &= \sum_{n=0}^{N-1} i(n) e^{-j\frac{2\pi kn}{N}} = \sum_{n=0}^{N-1} i(n)\left[\cos\frac{2\pi n}{N} - j\sin\frac{2\pi n}{N}\right] \\
I(3) &= \sum_{n=0}^{N-1} i(n) e^{-j\frac{6\pi kn}{N}} = \sum_{n=0}^{N-1} i(n)\left[\cos\frac{6\pi n}{N} - j\sin\frac{6\pi n}{N}\right]
\end{aligned}
\quad (8-4)
$$

分别计算直流分量与基波的比值 I_0 及三相谐波分量与基波的比值 I_3 作为故障相电流的直流含量 W 及谐波含量的评定指标，表达式分别为

$$
\begin{aligned}
I_0 &= I(0) / I(1) \\
I_3 &= I(3) / I(1)
\end{aligned}
\quad (8-5)
$$

鉴于故障发生初期故障信号中大量的高频暂态分量的考虑，选取故障发生时刻半个周波后的录波数据进行分析，高频分量多衰减殆尽，因此显著减小暂态分量对待求参数的影响。通过对故障样本的计算分析，得出样本的故障相电流直流含量以及三次谐波含量情况分别如图 8－16 和图 8－17 所示。

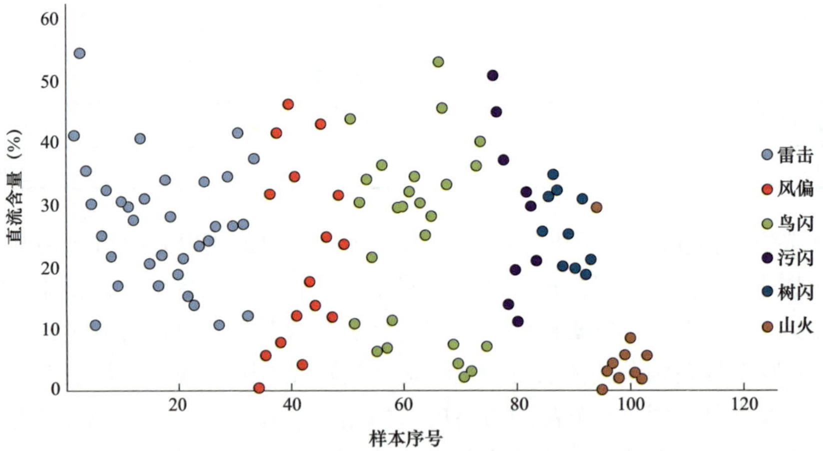

图 8－16　故障相电流直流含量统计图

从数据统计可看出，雷击接地故障的故障相电流直流衰减含量较多，而山火故障所对应含量均少于 9%；与之相反，山火故障的高次谐波含量要比近似金属性故障的三次谐波含量多得多，一般大于 10%，结果与理论分析相符合。

由故障样本数据可算出对于故障相特征各故障类型所对应的 Fisher 分数值见表 8－6。可以看出，雷击故障的直流特征 Fisher 分数值及山火故障的三次谐波特征 Fisher 分数值相对较大，说明对于原因的辨识这两个特征对应的效果更明显，与画图内容相符合。

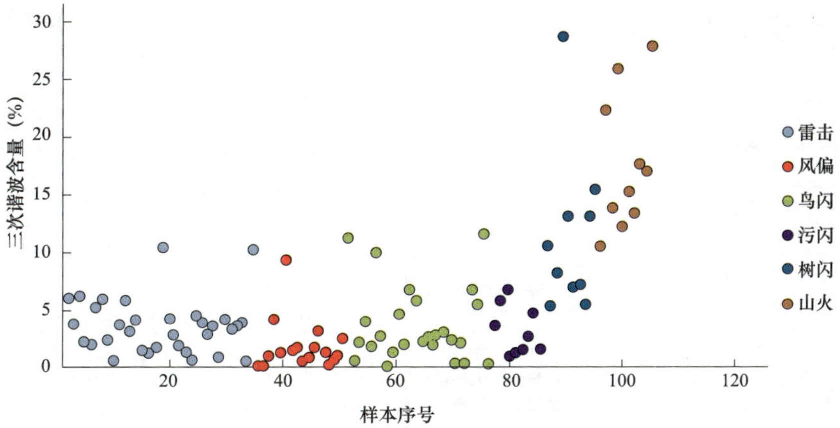

图 8－17　故障相电流三次谐波含量统计图

表 8－6　　　　故障相电流非周期分量特征 Fisher 分数值

故障原因	雷击	风偏	鸟害	污闪	树木	山火
直流特征	0.312	0.023	0.017	0.001	0.003	0.134
三次谐波特征	0.050	0.067	0.028	0.013	0.121	0.821

除上述故障内部特征外，通过对故障录波数据进行解析，还可以实现故障相电流过零点畸变特征挖掘和故障过渡电阻特征挖掘。如山火故障相电流所得到的高频分量在从故障开始时刻至故障结束期间的每个过零点附近都有较大的波形值，而雷击故障仅在故障开始及故障结束时刻存在波动，在故障期间其值都维持在很小的值，无较大波动。

利用故障后线路两端录波器所得电压、电流的采样数据及线路参数，可实现过渡电阻瞬时值的求解。雷击、风偏、鸟害、污闪这几种金属性接地短路故障的过渡电阻均值都较小，一般都在 10Ω 下，属于低阻故障；过渡非金属性异物短路故障的过渡电阻均值相对较大，普遍介于 15～50Ω 之间，属于中阻故障；而山火故障的过渡电阻均值相较于其他故障要大得多，普遍大于 100Ω，可称为高阻故障。

（4）故障特征自适应调整。当故障发生时，利用基于历史信息建立的辨识模型对故障原因进行判别，故障处理结束后，需要将发生的故障作为标准故障类型录入历史故障数据库，并将实际的故障原因与模型判别结果进行对比，对比结果作为是否修改模型训练库的依据。

如果判别结果有所偏差，那么随即修改实际的故障原因模型训练库的样本集，加入该次故障的实际特征数据进行重新训练，得到修正后的辨识模型，从而能够自主学习，适应环境的变化，更加准确地辨识故障原因。如果判别结果与实际结果没有偏差，则不需要修改训练库中的样本，而是记录该故障特征及故障原因，然后经过一定的时间再对训练样本数据库进行更新。通过这种方法可以达到淘汰较老数据，增进新数据的目的，从而使辨识模型能够适应环境的潜移默化。识别算法自更新原理如图 8－18 所示。

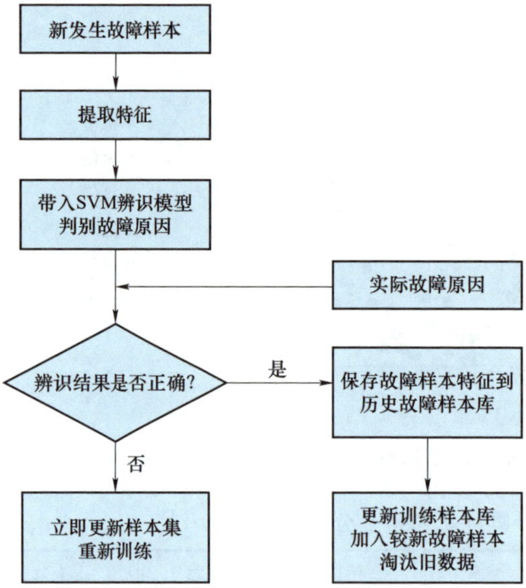

图 8－18　识别算法自更新原理

3. 诊断案例

以某 500kV 线路故障跳闸为例，如图 8－19 所示，管控系统自动关联分析该时刻线路周边落雷情况，发现 107 号杆塔附近 1084m 处，有 1 个落雷点，雷电流幅值达到 192.4kA，根据该基杆塔雷击跳闸风险评估结果，该雷电流远远超过其反击耐雷水平，自动判断为反击跳闸。经运维人员现场核实，故障点及故障类型与系统分析结果一致。

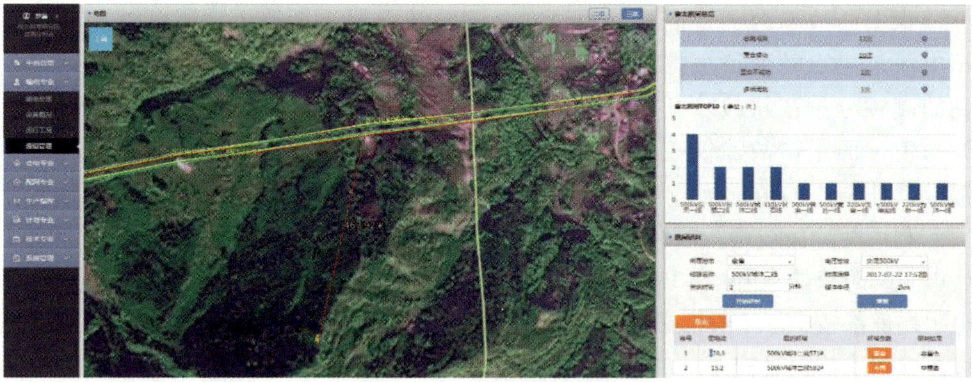

图 8－19　雷击故障诊断

8.3.4　运检过程管控

通过运检管控中心，应用管控系统，有效掌握各项工作关键节点信息。特别是针对现场作业管控，如图 8－20 所示，通过移动视频监控设备，在管控系统实现作业现场与管理人员语音视频互联互通，并关联工作票、管控方案等信息，开展运检作业远程管控和技术诊断、指导，延伸运检作业风险管控的深度和广度，解决春秋检点多面广，管理人员无法面面俱到的问题，使风险管控更加到位。

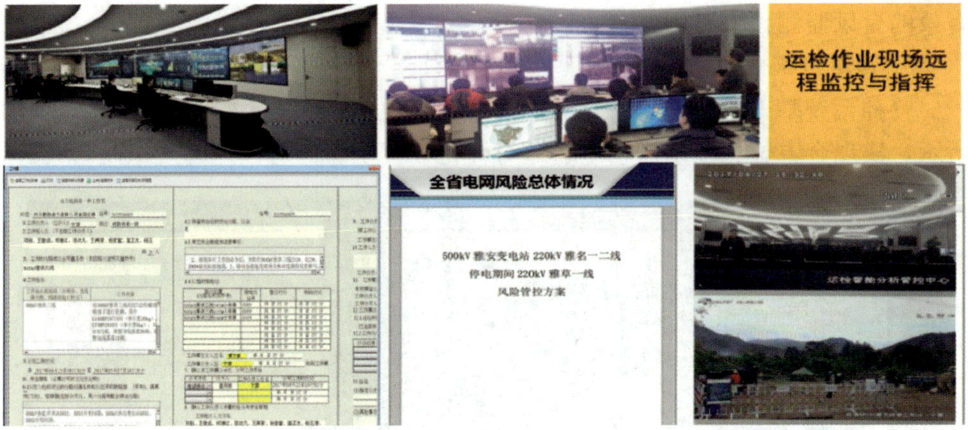

图 8－20　作业远程管控

运检过程管控重点是作业内容、风险等级与 PMS2.0 中工作票、管控方案、设备相关信息以及现场视频等的关联匹配，匹配方法通常通过变电站/线路名称、作业时间等关键字段进行搜索匹配，即可实现作业相关信息的全量快速展示。

8.3.5　通道风险评估

利用三维 GIS 平台，开展雷电、山火、覆冰等风险评估，融合视频、图像、无人机等信息，实现输电通道状态风险管控。重点介绍雷电、覆冰、山火、台风监测预警以及通道可视化功能。涉及的模型、方法具体见 6.3。

1. 雷电监测预警

建立雷电监测预警中心，对 110kV 及以上骨干网架实现雷电监测高精度全覆盖，管控系统根据雷电监测数据，结合线路分布，开展重要输电通道提前 30min～1h 的雷电预警，为针对性开展巡检工作提供支撑。

2. 覆冰预测预警

建立覆冰预测预警中心，覆冰预测预警精度达到全网 3km×3km、典型微地形区域 0.5km×0.5km，管控系统将电网覆冰预测预警精确到杆塔，提高冬季防冰抗冰的能力。

3. 山火监测预警

建立山火监测预警中心，开展输电线路山火同步卫星广域实时监测，管控系统结合线路分布分析影响范围并及时预警，为现场异常快速处置提供有效支撑。

4. 台风监测预警

建立台风监测预警中心，实现公司东部沿海地区 110kV 及以上电压等级电网台风监测全面覆盖，实现 0.5km×0.5km 分辨率台风风场预报，将台风灾害预警信息发布时间间隔缩短至 1h，面向电网输变电设备提供专业、快速、可靠、有效的台风监测预警服务。

5. 通道可视化

管控系统基于三维 GIS，融合直升机、无人机、视频、图像等数据，如图 8－21 所示，实现全方位、多角度输电通道可视化，便于有针对性地开展风险管控。

图 8－21　通道可视化

8.3.6　项目精益管理

管控系统获取 PMS 系统项目计划数据和 ERP 系统项目实施数据，如图 8－22 所示，对大修、技改、零购、城市配网等项目，按前期、招标采购、合同签订、施工、投运、结算等直观环节，进行实施情况管控，并对滞后项目自动提醒和预警，提高项目精益管理水平。

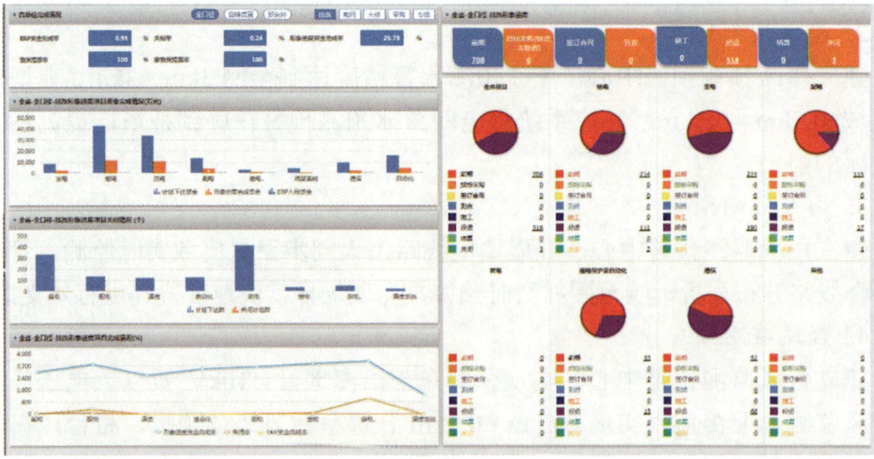

图 8－22　项目精益管理

参 考 文 献

[1] 国家电网公司运维检修部. 电网设备带电检测技术［M］. 北京：中国电力出版社，2014.
[2] 贵州电网有限责任公司. 变电设备在线监测技术工程应用［M］. 北京：中国电力出版社，2014.
[3] 韩晗，潘雪萍. 氧化锌避雷器在线监测方法的现状与发展［J］. 河海大学学报（自然科学版），2017，45（3）：277－282.
[4] 王昊昊. 中国电网自然灾害防御技术现状调查与分析［J］. 电力系统自动化，2010，34（23）：5－13.
[5] 吴勇军. 台风及暴雨对电网故障率的时空影响［J］. 电力系统自动化，2016，40（2）：20－29.
[6] 孙吉波. 广东电网抗击超强台风“威马逊”的经验及反思［J］. 广东电力，2014，27（12）：80－83.
[7] 杜钧. 集合预报的现状和前景［J］. 应用气象学报，2002，13（1）：16－28.
[8] 陈德辉，薛纪善. 数值天气预报业务模式现状与展望［J］. 气象学报，2004，62（5）：623－633.
[9] 沈桐立，田永祥，葛孝贞. 数值天气预报［M］. 北京：气象出版社，2003.
[10] 王建华，张国钢，耿英三，等. 智能电器最新技术研究及应用发展前景［J］. 电工技术学报，2015，30（9）：1－11.
[11] 柯春俊，张国钢，翟小社，等. 基于自积分 Rogowski 线圈的脉冲电流传感器的建模研究［J］. 电工电能新技术，2010，29（2）：67－71.
[12] 张健，及洪泉，远振海，等. 光学电流互感器及其应用评述［J］. 高电压技术，2007，33（5）：32－36.
[13] 张俊双，孟杰，张阳，等. 基于智能 IED 的状态监测系统研究与实践［J］. 电工电气，2016（1）：37－40.
[14] 郭创新，高振兴，张金江，等. 基于物联网技术的输变电设备状态监测与检修资产管理［J］. 电力科学与技术学报，2010，25（4）：36－41.
[15] 黄小庆，张军永，朱玉生，等. 基于物联网的输变电设备监控体系研究［J］. 电力系统保护与控制，2013，41（9）：137－141.
[16] 程莉. 应用于智能变电站的电子式互感器选型分析［J］. 江苏电机工程，2010，29（4）：62－64.
[17] 邱红辉. 电子式互感器的关键技术及其相关理论研究［D］. 大连理工大学（大连），2008.
[18] 魏中夏. 柔性交流输电技术（FACTS）在现代电力系统中的应用展望［J］. 电子测试，

2013，16：283－284.
[19] 林良真．高温超导输电和物理研究［J］．物理，1997（5）：291－295.
[20] 林良真，肖立业．超导电力技术［J］．科技导报，2008，26（1）：53－58.
[21] 汤广福，贺之渊，庞辉．柔性直流输电工程技术研究、应用及发展［J］．电力系统自动化，2013，37（15）：3－8.
[22] 赵畹君．高压直流输电工程技术［M］．北京：中国电力出版社，2004.
[23] 刘振亚，等．智能电网技术［M］．北京：中国电力出版社，2010.
[24] 陈树勇，宋书芳，李兰欣，等．智能电网技术综述［J］．电网技术，2009，33（8）：1－7.
[25] 谭建群，欧阳帆，陈宏．智能变电站技术和管理现状分析及发展方向设想［J］．湖南电力，2013，33（S1）：5－8.
[26] 刘建成．基于 IEEE 1588 协议的精确时钟同步算法改进［J］．电子设计工程，2015，23（4）：105－107.
[27] 徐志强，金广祥，陆俊，等．智能变电站中时延拓展测量时间同步优化方法［J］．电力信息与通信技术，2017，15（1）：26－31.
[28] 黄国方，徐石明，周斌．新型变电站综合测控装置优化设计［J］．电力系统自动化，2009，33（19）：77－79.
[29] 彭志强，霍雪松，曾飞，等．电力系统时间同步状态在线监测技术应用分析机［J］．华东电力，2014，42（10）：2060－2064.
[30] 殷志良，刘万顺，杨奇逊，等．基于 IEC 61850 的通用变电站时间模型［J］．电力系统自动化，2005，29（19）：45－50.
[31] 童旭，王瑕雑．智能变电站时间同步系统在线监测技术的研究［J］．华东电力，2012，40（12）：2184－2186.
[32] 马从淦，李上国，王闯，刘正义，戴瑞成，吴淼喆，李子轩，闫山，杜党晓．班组移动作业终端系统的设计和应用［J］．电力信息与通信技术，2018，16（02）：41－45.
[33] 晏荣煜，李向阳，高秉强．国家电网公司“互联网＋”下的信通支撑架构和运营模式研究［J］．电力信息与通信技术，2018，16（01）：1－5.
[34] 李冰彧．输电线路视频在线监测系统建设及探讨［D］．华北电力大学（北京），2017.
[35] 赏炜．基于智能电网的电力通信运维管理的研究［D］．华北电力大学（北京），2017.
[36] 沈辰．基于在线监测的智能电网状态检修策略研究［D］．华北电力大学，2017.
[37] 徐惠三．中国未来电网的发展模式和关键技术［J］．山东工业技术，2016（16）：149.
[38] 魏宁．基于云计算的宁夏电力公司数据资源管理系统应用研究［D］．宁夏大学，2016.
[39] 刘东，盛万兴，王云，陆一鸣，孙辰．电网信息物理系统的关键技术及其进展［J］．中国电机工程学报，2015，35（14）：3522－3531.
[40] 江秀臣，盛戈皞．电力设备状态大数据分析的研究和应用［J］．高电压技术，2018，44（04）：1041－1050.

[41] 陈敬德，盛戈皞，吴继健，徐友刚，王福菊．大数据技术在智能电网中的应用现状及展望［J］．高压电器，2018，54（01）：35－43．
[42] 尹晓阳．基于大数据分析的电气设备状态评估技术研究［D］．华北电力大学，2017．
[43] 张博文，阎春雨，毕建刚，王峰，韩帅．基于大数据的输变电设备状态预警系统架构研究［J］．电力信息与通信技术，2016，14（12）：26－32．
[44] 李敏，李炜，程明．电网生产大数据平台在运检管理中的研究及应用［J］．数字技术与应用，2016（11）：67－68．
[45] 欧阳曙光．智能配电网大数据应用需求和场景分析研究［J］．科技创新导报，2015，12（31）：11－12．
[46] 刘学军，卢冰．基于云计算及移动公共平台的配网作业全过程管控［J］．企业管理，2016（S1）：148－149．
[47] 马钊，安婷，尚宇炜．国内外配电前沿技术动态及发展［J］．中国电机工程学报，2016，36（06）：1552－1567．
[48] 王纯林，王辉，文锐，项勇．互联网时代苏州电网电缆智慧管理模式研究［J］．中国电业（技术版），2015（09）：105－110．
[49] 曹子健，林今，宋永华．主动配电网中云计算资源的优化配置模型［J］．中国电机工程学报，2014，34（19）：3043－3049．
[50] 尹喜阳，陈文康，曲思衡，刘红昌．物联网技术在输变电设备状态监测中的应用［J］．价值工程，2018，37（11）：194－195．
[51] 徐娟．基于物联网的输变电设备无线监测技术研究［D］．华北电力大学，2017．
[52] 王振．智能电网与物联网关键技术研究［D］．山东大学，2017．
[53] 沈辰．基于在线监测的智能电网状态检修策略研究［D］．华北电力大学，2017．
[54] 李辉杰，王馨，孟凡众．论物联网技术在城市地下电缆的应用研究［J］．河南电力技术，2016（09）：38－40．
[55] 王金鹏，殷璐璐，李文辉，余智浩，张豪．物联网技术在智能电网中应用研究［J］．机电元件，2016，36（02）：33－36．
[56] 荆孟春，王继业，程志华，李凌．电力物联网传感器信息模型研究与应用［J］．电网技术，2014，38（02）：532－537．
[57] 杨成月．基于物联网与空间信息技术的电网应急指挥系统［J］．电网技术，2013，37（06）：1632－1638．
[58] 刘丙午，周鸿．基于物联网技术的智能电网系统分析［J］．中国流通经济，2013，27（02）：67－73．
[59] 赵婷，高昆仑，郑晓崑，徐兴坤．智能电网物联网技术架构及信息安全防护体系研究［J］．中国电力，2012，45（05）：87－90．
[60] 刘通，陈波，杜朝波，江天炎，李剑．输变电设备物联网关键技术研究思路探讨［J］．南

方电网技术，2011，5（05）：47－50.

[61] 龚钢军，孙毅，蔡明明，吴润泽，唐良瑞．面向智能电网的物联网架构与应用方案研究［J］．电力系统保护与控制，2011，39（20）：52－58.

[62] 王春新，杨洪，王焕娟，张君艳．物联网技术在输变电设备管理中的应用［J］．电力系统通信，2011，32（05）：116－122.

[63] 饶威，丁坚勇，李锐．物联网技术在智能电网中的应用［J］．华中电力，2011，24（02）：1－5.

[64] 汪洋，苏斌，赵宏波．电力物联网的理念和发展趋势［J］．电信科学，2010，26（S3）：9－14.

[65] 李祥珍．物联网与智能电网的融合与发展［J］．办公自动化，2010（12）：7－10.

[66] 王广辉，李保卫，胡泽春，宋永华．未来智能电网控制中心面临的挑战和形态演变［J］．电网技术，2011，35（08）：1－5.

[67] 王德文，宋亚奇，朱永利．基于云计算的智能电网信息平台［J］．电力系统自动化，2010，34（22）：7－12.

[68] 曹洪强，王刚，姚文俊．配网供电系统中光纤光栅测温研究［J］．电力电子技术，2017，51（10）：92－94.

[69] 李洋．配变在线测温技术应用的探索［J］．通讯世界，2015（22）：61－62.

[70] 田晓霄，李水清，陈泰，方临川．基于分布式光纤测温的电力电缆温度在线监测系统［J］．电气自动化，2014，36（04）：106－108.

[71] 关志远，张周胜．基于 RFID 传感器的配网设备温度监测系统研究［J］．电子技术应用，2017，43（03）：88－91.

[72] 许高俊，马宏忠，李超群，李凯，许洪华，丁宁．高压开关柜有源无线温度在线监测系统设计［J］．电测与仪表，2014，51（22）：82－86.

[73] 盖鹏宇，曲秀勇，刘玉华．配网柱上开关导线接线处发热处理［J］．山东电力技术，2008（01）：53－54.

[74] 李泽椿，毕宝贵，金荣花，徐枝芳，薛峰．近 10 年中国现代天气预报的发展与应用［J］．气象学报，2014，76（6）：1069－1078.

[75] 刘维成，陶健红，邵爱梅，郑新．雷电监测预警预报技术简述［J］．干旱气象，2014，32（3）：446－453.

[76] 芦浩，李天福，梁标，李超然．配电变压器大电流接地监测装置的研制［J］．机电信息，2018（06）：34－35.

[77] 曾雄杰，江健武，侯俊．TEV 和 UHF 在 10kV 开关柜带电检测中的应用［J］．高压电器，2012，48（01）：41－47.

[78] 陈巧勇，李宏雯，余睿，等．暂态地电压和超声波在开关柜检测中的应用［J］．浙江电力，2012，31（04）：47－50.

[79] 骆洁艺．基于暂态地电压和超声波测试的 10kV 开关柜绝缘状态评估技术的研究［D］．广

州：华南理工大学，2010.
[80] 陆忠，朱卫东，陈桂文，等．多种局部放电检测手段诊断开关柜放电缺陷［J］．高压电器，2012，48（6）：94－98.
[81] 王万亭，姚爱明，张剑，等．新型10kV智能化开关柜的研制与应用［J］．浙江电力，2012，31（4）：43－46.
[82] 孙正来，孙鸣．高压开关柜温度在线监测技术研究［J］．电力信息化，2008，6（6）：62－66.
[83] 张凤英，王宇光．电力变压器局部放电超声定位测量［J］．变压器，2000，37（2）：30－34.
[84] 郑雷．开关柜局部放电声电波检测技术的运用［J］．高压电器，2012，48（11）：87－93.
[85] 杨本星，康琛，曾舒，等．超声波法检测高压开关柜局部放电案例分析［J］．江西电力，2016，40（06）：43－45.
[86] 张倩．基于超声波的远程配电网局部放电快速巡检装置设计［D］．西南交通大学，2015.
[87] 朱虎，李卫国，林冶．绝缘子检测方法的现状与发展［J］．电瓷避雷器，2006（06）：13－17.
[88] 葛为民．变压器局部放电超声定位的现场应用［J］．高压电器，2005（05）：34－36.
[89] 律方成，李海德，王子建，等．基于TEV与超声波的开关柜局部放电检测及定位研究［J］．电测与仪表，2013，50（11）：73－78.
[90] 王科．高压开关柜暂态对地电压局部放电检测设备性能的模拟信号注入法评测［J］．南方电网技术，2013，7（04）：43－46.
[91] 陈庆祺，张伟平，刘勤锋，等．开关柜局部放电暂态对地电压的分布特性研究［J］．高压电器，2012，48（10）：88－93.
[92] 任明，彭华东，陈晓清，等．采用暂态对地电压法综合检测开关柜局部放电［J］．高电压技术，2010，36（10）：2460－2466.
[93] 程云祥．智能化配电网线路状态监测系统设计与应用［D］．山东大学，2017.
[94] 田中歌．正定配电网线路故障在线监测系统的设计与实现［D］．华北电力大学，2014.
[95] 束洪春，朱梦梦，黄文珍，段锐敏，等．基于暂态零序电流时频特征量的配网故障选线方法［J］．电力自动化设备，2013，33（09）：1－6.
[96] 曹海洋．MOA全电流在线监测实验平台设计与实现［J］．电磁避雷器，2012，248（4）：69－73.
[97] 周泽存，沈其工，方瑜，等．高电压技术［M］．北京：中国电力出版社，1988.
[98] 张振洪，臧殿红．氧化锌避雷器在线监测方法的研究［J］．高压电器，2009，45（5）：126－129.
[99] 律方成．高压少油开关泄漏电流的在线监测［J］．华北电力学院学报，1994，21（3）：6－10.

[100] 徐国政，张节容，钱家骊，等. 高压断路器原理与应用［M］. 北京：清华大学出版社，2000.
[101] 孙才新，陈伟根. 电气设备油中气体在线监测与故障诊断技术［M］. 北京：科学出版社，2003.
[102] 胡涛，刘海峰，杜大全. 550kV 罐式断路器局部放电在线检测［J］. 高压电器，2007，43（4）：378－380.
[103] 张晓春. 输变电设备在线监测技术在云南电网的应用［J］. 云南电业，2009（9）：37－38.
[104] 孙才新. 输变电设备状态在线监测与诊断技术现状和前景［J］. 中国电力，2005，38（2）：1－7.
[105] 朱德恒，严璋，谈克雄，等. 电气设备状态监测与故障诊断技术［M］. 北京：中国电力出版社，2009.
[106] 张晓春. 输变电设备在线监测技术在云南电网的应用［J］. 云南电业，2009（9）：37－38.
[107] 王星. 大数据分析：方法与应用［M］. 北京：清华大学出版社，2013.
[108] 曹靖，陈陆燊，邱剑，等. 基于语义框架的电网缺陷文本挖掘技术及其应用［J］. 电网技术，2017，41（2）：637－643.
[109] 严英杰，盛戈皞，陈玉峰，等. 基于时间序列分析的输变电设备状态大数据清洗方法［J］. 电力系统自动化，2015，39（7）：92－96.
[110] 齐波，张鹏，荣智海，等. 基于数据驱动和多判据融合的油色谱监测传感器有效性评估方法［J］. 电网技术，2017，41（11）：3662－3669.
[111] 严英杰，盛戈皞，陈玉峰，等. 基于大数据分析的输变电设备状态数据异常检测方法［J］. 中国电机工程学报，2015，35（1）：52－59.
[112] 严英杰，盛戈皞，陈玉峰，等. 基于高维随机矩阵大数据分析模型的输变电设备关键性能评估方法［J］. 中国电机工程学报，2016，36（2）：435－445.
[113] 朱承治，郭创新，孙旻，等. 基于改进证据推理的变压器状态评估研究［J］. 高电压技术，2008，34（11）：2332－2337.
[114] 邹仁华，王毅超，邓元婧，等. 基于变权综合理论和模糊综合评价的多结果输出输电线路运行状态评价方法［J］. 高电压技术，2017，43（4）：1289－1295.
[115] 廖瑞金，张镱议，黄飞龙，等. 基于可拓分析法的电力变压器本体绝缘状态评估［J］. 高电压技术，2012，38（3）：521－526.
[116] 严英杰，盛戈皞，陈玉峰，等. 基于关联规则和主成分分析的输电线路状态评价关键参数体系的构建［J］. 高电压技术，2015，41（7）：2308－2314.
[117] 丛荣刚. 自然灾害对中国电力系统的影响（文献综述）［J］. 西华大学学报（自然科学版），2013，32（1）：105－112.
[118] 张恒旭，刘玉田. 极端冰雪灾害对电力系统运行影响的综合评估［J］. 中国电机工程

学报，2011，31（10）：52－58.

［119］丁明，肖遥，张晶晶，等. 基于事故链及动态故障树的电网连锁故障风险评估模型[J]. 中国电机工程学报，2015，35（4）：821－829.

［120］费胜巍，孙宇. 融合粗糙集与灰色理论的电力变压器故障预测［J］. 中国电机工程学报，2008，28（16）：14－19.

［121］唐勇波，桂卫华，彭涛. 变压器油中气体的多核核主元回归预测模型［J］. 电机与控制学报，2012，16（11）：92－96.

［122］周湶，孙超，廖瑞金，等. 基于云理论的变压器多重故障诊断及短期预测方法［J］. 高电压技术，2014，40（5）：1453－1460.

［123］周湶，徐智，廖瑞金. 基于云理论和核向量空间模型的电力变压器套管绝缘状态评估［J］. 高电压技术，2013，39（5）：1101－1106.

［124］许婧，王晶，高峰，等. 电力设备状态检修技术研究综述［J］. 电网技术，2000，24（8）：48－52.

［125］余杰，周浩，黄春光. 以可靠性为中心的检修策略［J］. 高电压技术，2005，31（6）：27－28.

［126］周家启，赵霞. 电力系统风险评估方法和应用实例研究［J］. 中国电力，2006，39（8）：77－81.

［127］赵登福，段小峰，张磊. 考虑设备状态和系统风险的设备重要度评估模型［J］. 西安交通大学学报，2012，46（2）：83－87.

［128］何乐彰，张忠会，姚峰，等. 基于状态检修的电网运行风险评估［J］. 电测与仪表，2014，51（24）：22－27.

［129］童杭伟，陈林云，张斌. 输电线路外部雷击风险评估模型的研究［J］. 华东电力，2013，41（9）：1906－1910.

［130］段涛，罗毅，施琳，等. 计及气象因素的输电线路故障概率的实时评估模型［J］. 电力系统保护与控制，2013，41（15）：59－67.

［131］覃剑. 特高频在电力设备局部放电在线监测中的应用［J］. 电网技术. 1997，21（6）：33－36.

［132］B. M. Pryor. A review of partial discharge monitoring in gas insulated substations［C］. IEE Colloquium on Partial Discharges in Gas Insulated Substations：1994.

［133］钱勇，黄成军，江秀臣，等. 基于特高频法的 GIS 局部放电在线监测研究现状及展望［J］. 电网技术，2005（1）：40－43.

［134］黄成军，郁惟镛. 基于小波分解的自适应滤波算法在抑制局部放电窄带周期干扰中的应用［J］. 中国电机工程学报，2003，23（1）：107－111.

［135］肖燕，黄成军，江秀臣，等. 波形匹配追踪算法在多局放脉冲提取中的应用［J］. 中国电机工程学报，2005，25（11）：157－162.

[136] 钱勇，黄成军，江秀臣，等. 多小波消噪算法在局部放电检测中的应用 [J]. 中国电机工程学报，2007，27（6）：89-95.

[137] HuijuanHou，Gehao Sheng，Xiuchen Jiang，et al. Robust Time Delay Estimation Method for Locating UHF Signals of Partial Discharge in Substation [J]. IEEE Trans. on Power Delivery，2013，28（3）：1960-1968.

[138] 王建生，邱毓昌. 气体绝缘开关设备中局部放电的在线监测技术 [J]. 电工电能新技术，2000，19（4）：44-48.

[139] 李信，李成榕，李亚莎，等. 有限时域差分法对 GIS 局部放电传播的分析 [J]. 中国电机工程学报，2005，25（17）：150-155.

[140] 唐炬，许高峰，孙才新，等. GIS 局部放电两种内置传感器响应特性分析 [J]. 高电压技术，2003，29（2）：29-31.

[141] M. D. Judd，L. Yang，I. Hunter. Partial discharge monitoring for power transformers using UHF sensors Part 1：Sensors and signal interpretation [J]. IEEE Electrical Insulation Magazine. 2005，21（2）：5-14.

[142] 胡明友，谢恒堃，蒋雄伟，等. 基于小波变换抑制局部放电监测中平稳性干扰的滤波器的研究 [J]. 中国电机工程学报，2000，20（1）：37-40.

[143] X. Ma，C. Zhou，I. J. Kemp. Interpretaion of Wavelet Analysis and Its Application in Partial Discharge Detection[J]. IEEE Trans. on Dielectrics and Electrical Insulation，2002，9（3）：446-457.

[144] 黄成军，郁惟镛. 基于小波分解的自适应滤波算法在抑制局部放电窄带周期干扰中的应用 [J]. 中国电机工程学报，2003，23（1）：107-111.

[145] 朱德恒，谈克雄. 电绝缘诊断技术 [M]. 北京：中国电力出版社，1999.

[146] 库钦斯基. 高压电器设备局部放电 [M]. 北京：水利电力出版社，1984.

[147] 周力行，何蕾，李卫国，等. 变压器局部放电超声信号特性及放电源定位 [J]. 高电压技术，2003，29（5）：11-13，16.

[148] 王国利，郝艳捧，李彦明，等. 电力变压器局部放电检测技术的现状和发展 [J]. 电工电能新技术，2001，20（2）：52-57.

[149] T. Boczar，Identification of specific type of PD from acoustic emission frequency spectra，IEEE transactions on Dielectrics and Electrical Insulation，2001，8（4）：598-606.

[150] 刘君华，姚明，黄成军，等. 采用声电联合法的 GIS 局部放电定位试验研究 [J]. 高电压技术，2009，35（10）：2458-2463.

[151] 罗勇芬，李彦明，刘丽春，等. 基于超高频和超声波相控接收原理的油中局部放电定位法仿真研究 [J]. 电工技术学报，2004，19（1）：35-39.

[152] 赵明生. 电工高新技术丛书　第 5 分册[M]. 北京：机械工业出版社，2000：189-220.

[153] 贺洪，孔庆军，唐文俊，等. 基于 PCB 型 Rogowski 线圈电流传感器特性研究[J]. 计

量与测试技术，2010，37（10）：48－49.

［154］Luo G，Zhang D．Study on performance of developed and industrial HFCT sensors［C］// Universities Power Engineering Conference （AUPEC），2010 20th Australasian．IEEE，2010：1－5.

［155］Holboll J T，Henriksen M．Frequency dependent PD－pulse distortion in rotating machines［C］//Electrical Insulation，1996.，Conference Record of the 1996 IEEE International Symposium on．IEEE，1996，1：192－196.

［156］冯慈璋，马西奎．工程电磁场导论［M］．高等教育出版社，2000.

［157］朱德恒，严璋，谈克雄．电气设备状态监测与故障诊断技术［M］．北京：中国电力出版社，2009.

［158］Kojovic L．PCB Rogowski coils benefit relay protection［J］．Computer Applications in Power，IEEE，2002，15（3）：50－53.

［159］Luo G，Zhang D．Study on performance of developed and industrial HFCT sensors［C］// Universities Power Engineering Conference （AUPEC），2010 20th Australasian．IEEE，2010：1－5.

［160］马翠姣，罗俊华．局部放电检测用宽频带电流传感器的探讨［J］．高压电器，2001，37（1）：24－26.

［161］赵秀山，王振远，朱德恒．在线监测用电流传感器的研究［J］．清华大学学报 （自然科学版），1995，35（2）：122－127.

［162］吴广宁，陈志清．大型电机局部放电监测用宽频电流传感器及应用的研究［J］．西安交通大学学报，1996，30（6）：8－14.

［163］Renforth L，Seltzer－Grant M，Mackinlay R，et al．Experiences from over 15 years of on－line partial discharge （OLPD）testing of in－service MV and HV cables，switchgear，transformers and rotating machines［C］//Robotics Symposium，2011 IEEE IX Latin American and IEEE Colombian Conference on Automatic Control and Industry Applications （LARC）．IEEE，2011：1－7.

［164］PAOLETTI J G，BLOKHINTSEV I．Experience with on－line partial discharge analysis as a tool for predictive maintenance for medium－voltage switchgear systems［J］．IEEE Industry Applications Magazine，2004，10（5）：41－47.

［165］BERLER Z，BLOKHINTSEV A I，PAOLETTI G，et al．Practical experience in on－line partial discharge measurements of MV switchgear systems［C］// IEEE International Symposium on Electrical Insulation．［S．l．］：IEEE，2000：382－385.

［166］ALISTAIR J R，MARTIN D J，GRAEME D．Simultaneous measurement of partial discharge using TEV，IEC 60270 and UHF techniques［C］// IEEE International Symposium on Electrical Insulation （ISEI）．［S．l．］：IEEE，2012：439－442.

[167] 程述一，律方成，谢庆，等. 基于暂态对地电压和超声阵列信号的变压器局放定位方法 [J]. 电工技术学报，2012，27（4）：255-262.

[168] 任明，彭华东，陈晓清，等. 采用暂态对地电压法综合检测开关柜局部放电 [J]. 高电压技术，2010，36（10）：2460-2466.

[169] 李家伟，陈积懋. 无损检测手册 [M]. 北京：机械工业出版社，2002：294-351.

[170] Adams R D, Cawley P. Vibration techniques in nondestructive testing [C]. Research Techniques in Non-Destructive Testing, Vol. 8, London: Academic Press, 1985: 303-360.

[171] Cawley P. Defect Location in Structures by a Vibration Technique [D]. Imperial College of Science Technology and Medicine, University of London, 1978.

[172] 仲维畅. 声振动无损检测材料强度的方法及其检测机理 [J]. 材料工程，1992（3）：37-40.

[173] Cawley P, Adams R D. Sensitivity of the coin-tap method of non-destructive testing [J]. Materials valuation, 1989 (47): 558-563.

[174] Cawley P. Low frequency NDT techniques for the detection of disbands and delaminations [J]. British Journal of Non Destructive Testing, 1990 (32): 454-461.

[175] 陈积懋. 声学综合无损检测技术 [J]. 中国工程科学，2000，2（4）：64-69.

[176] 宁宁，袁慎芳，沈真，等. 在役航空复合材料结构的无损检测技术 [J]. 航空制造技术，2008，15：50-52.

索 引